GRAND CARNIVAL

전장회로도

머리말

최근 국내 자동차는 새로운 차종 개발에 의한 전기 장치의 새로운 시스템들이 계속적으로 적용되고 있어 전기적인 문제가 중요하게 간주되고 있습니다.
이에 폐사에서는 **GRAND CARNIVAL** 가솔린 3.5L (람다II 엔진), 디젤 2.2L (R 엔진) 장착 차량의 전기 회로를 시스템별로 구분 수록하여 정비 기술자들이 보다 정확하고 효율적으로 활용할 수 있도록 발간하였습니다.

폐사차량에 대한 소비자의 만족을 위해서는 신속하고 정확한 정비 작업의 제공이 필수적입니다. 따라서 정비 기술자들이 본 책자를 충분히 이해하고 필요시 신속한 참고 자료가 될 수 있도록 사용하여 주시길 바랍니다.

본 책자를 이용하시는 동안 내용상의 오류, 오기가 발견되거나 의문사항이 있을 때는 서슴치 마시고 폐사로 연락하여 주시기 바랍니다. 다만, 기술이 진보함에 따라 설계변경이 있을 경우 정비통신및 사양변경 통신으로 통보되고 있사오니 이점에 대해서는 양지하시기 바랍니다.

저희 기아자동차는 보다 완벽한 차량 생산 및 정비기술의 진보 향상에 연구 노력하고 있습니다.
본 책자가 귀하께 보다 많은 도움이 되길 바랍니다.

*본 책자에 수록된 내용은 폐사의 설계변경에 따라 사전 통보없이 변경될 수도 있습니다.

2013년 4월
기아자동차주식회사
해외서비스기술개발팀

일반 사항

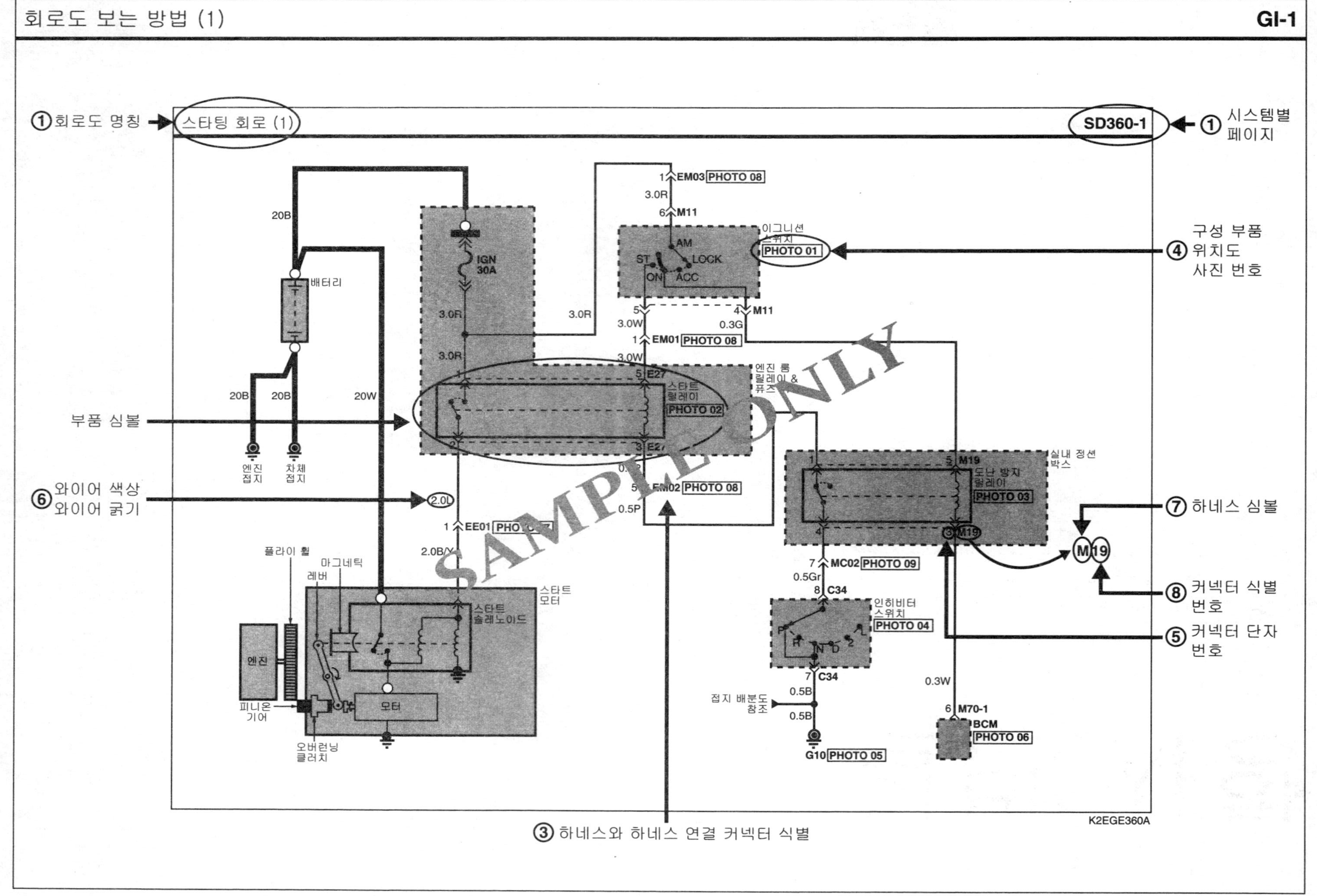

①회로도 명칭
스타팅 회로 (1)
SD360-1
① 시스템별 페이지
구성 부품 ④ 위치도 사진 번호
부품 심볼
⑥ 와이어 색상 와이어 굵기
⑦ 하네스 심볼
⑧ 커넥터 식별 번호
⑤ 커넥터 단자 번호
③ 하네스와 하네스 연결 커넥터 식별
배터리
엔진 접지
차체 접지
20B
20W
IGN 30A
3.0R
EM03 PHOTO 08
M11
이그니션 스위치
PHOTO 01
AM
LOCK
ST
ON
ACC
3.0W
0.3G
EM01 PHOTO 08
엔진 룸 릴레이 & 퓨즈
E27
스타트 릴레이
PHOTO 02
EM02 PHOTO 08
0.5P
2.0L
EE01
2.0B/Y
플라이 휠
마그네틱
레버
스타트 모터
스타트 솔레노이드
엔진
피니온 기어
모터
오버런닝 클러치
실내 정션 박스
M19
도난 방지 릴레이
PHOTO 03
MC02 PHOTO 09
0.5Gr
C34
인히비터 스위치
PHOTO 04
접지 배분도 참조
0.5B
G10 PHOTO 05
0.3W
M70-1
BCM
PHOTO 06
K2EGE360A

② 커넥터 식별도 (부품)

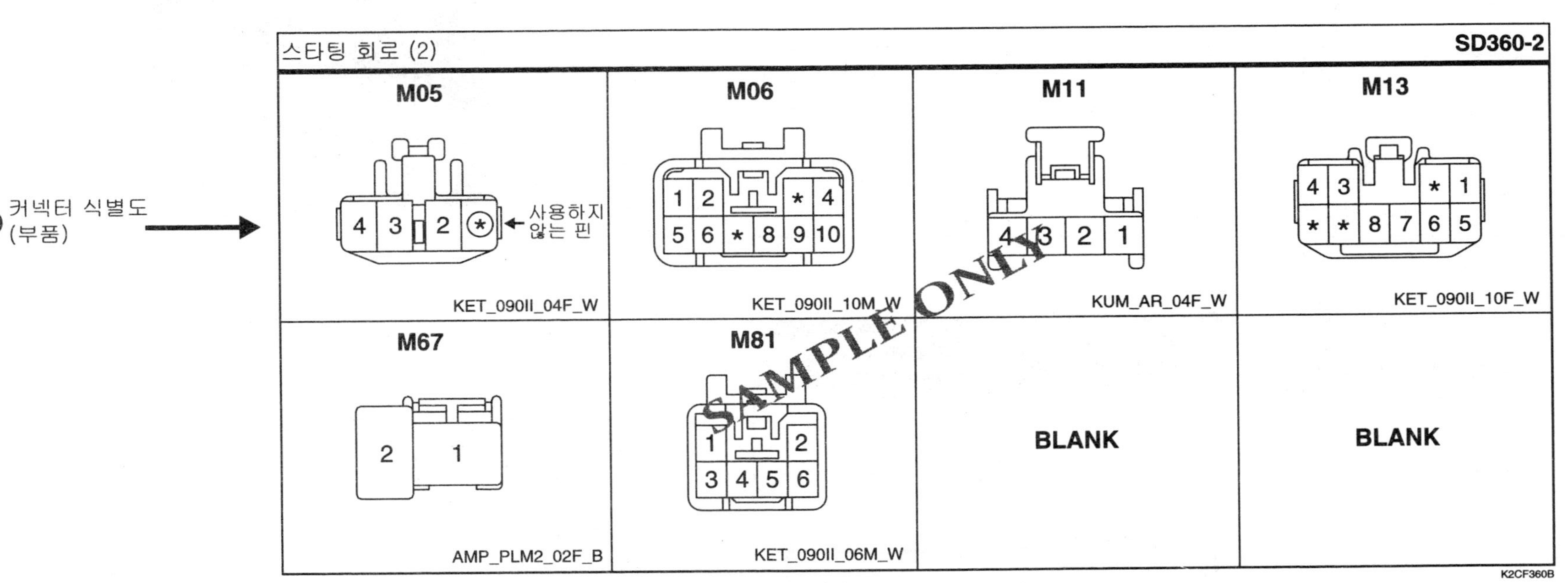

커넥터 하단 코드 부여 설명

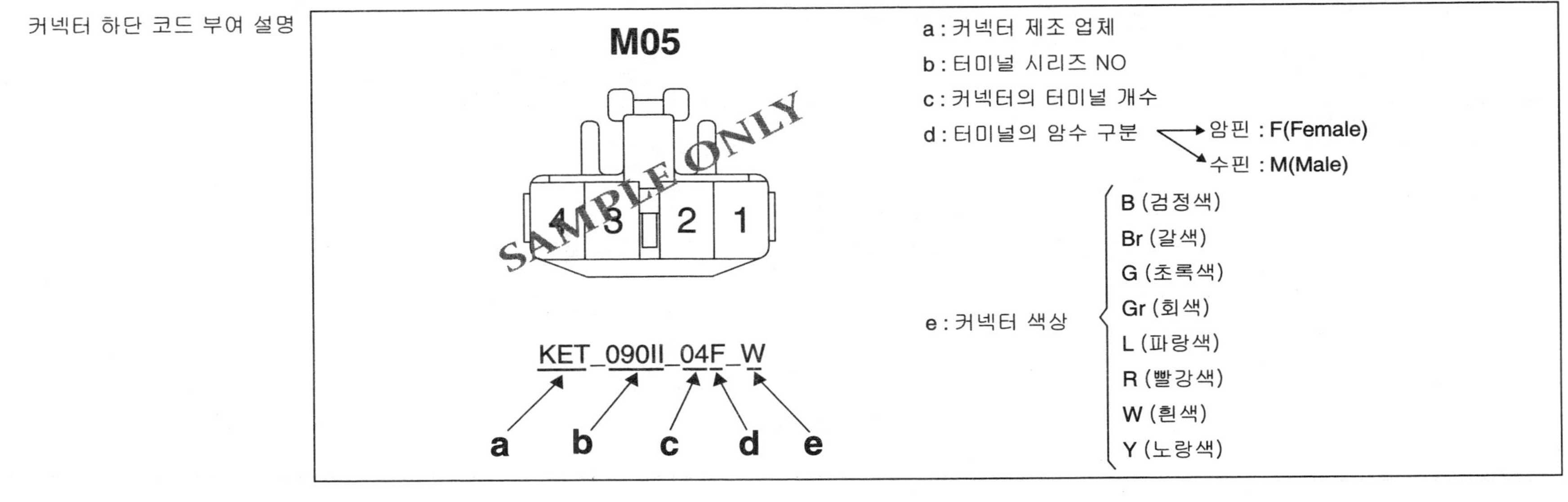

a : 커넥터 제조 업체

b : 터미널 시리즈 NO

c : 커넥터의 터미널 개수

d : 터미널의 암수 구분 → 암핀 : F(Female), 수핀 : M(Male)

e : 커넥터 색상
- B (검정색)
- Br (갈색)
- G (초록색)
- Gr (회색)
- L (파랑색)
- R (빨강색)
- W (흰색)
- Y (노랑색)

①시스템별 페이지/ 회로도 명칭

- 각 장마다 시스템별 회로가 구성되어 있으며, 이 회로도는 전기 흐름 경로와 각 스위치 연결 상태, 기타 관련된 회로 기능등을 동시에 수록하여 실 정비 작업에활용 될수 있도록 구성하였다.
- 고장 진단에 앞서 관련 회로를 정확하게 이해를 하는 것이 무엇보다 중요하다.
- 시스템별 회로 전개는 PART NO에 따라 부여하며, 전장 회로도 목차에 표기되어 있다.

②커넥터 식별도 (부품)

- 시스템별 회로도에서 구성된 부품의 커넥터 형상을 회로도 마지막 쪽에 표기한다.
- 표기 방법은 구성 부품에 하네스 커넥터가 연결되지 않은 상태의 하네스측 커넥터앞 부분을 보여준다. 사용하는 터미널 단자의 번호는 번호 부여 방법에 준하며 미사용 터미널 단자는 (*)로 표기한다.

③커넥터 식별도 (하네스간의 연결)

- 하네스와 하네스간의 커넥터가 연결되는 경우 2개의 암수 커넥터를 모두 보여 주며 별도의 커넥터 식별도 그룹에 표기한다.

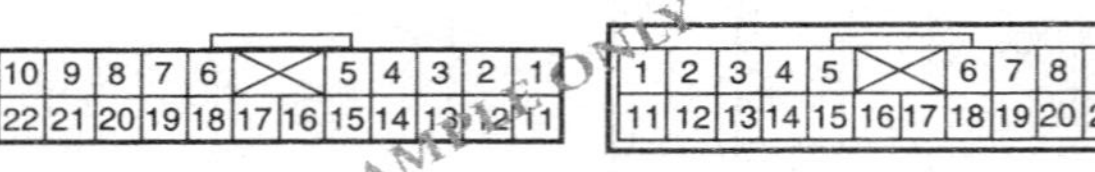

④구성 부품 위치도

- 구성 부품위치도는 회로도상의 구성 부품을 차량에서 쉽게 찾을 수 있도록 부품명 하단에 **PHOTO NO**가 표기되어 있다.
- 사진의 커넥터는 차량에 부착된 상태로 표시되어 커넥터 식별이 용이하도록 하였다.

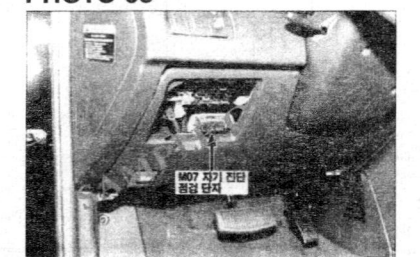

PHOTO 03

⑤커넥터 단자 번호 부여

암 커넥터(하네스측)	수 커넥터(부품측)	비　　고
록킹 포인트 하우징　단자	록킹 포인트 단자　하우징	암 수 커넥터 구별은 하우징 형상이 아닌 단자 형상에 의해서만 이루어진다. 각 커넥터의 단자 번호부여에 대해서는 아래 표를 참조하라. 단, 몇몇 커넥터는 이 단자 번호 부여 체계를 따르지 않을 수도 있다. 자세한 단자 번호는 각 커넥터 식별도를 참조하라.
3 2 1 6 5 4	1 2 3 4 5 6	
3 2 1 6 5 4	1 2 3 4 5 6	암 커넥터 단자 번호는 오른쪽 위에서 왼쪽 밑으로, 수 커넥터 단자 번호는 왼쪽 위에서 오른쪽 밑으로 번호를 매긴다.

⑥ 와이어 색상 지정 약어

• 회로도상의 와이어 색상을 식별하는데 사용되는 약어.

기 호	와이어 색상	기 호	와이어 색상
B	검 정 색 (Black)	O	오랜지색 (Orange)
Br	갈 색 (Brown)	P	분 홍 색 (Pink)
G	초 록 색 (Green)	R	빨 강 색 (Red)
Gr	회 색 (Gray)	W	흰 색 (White)
L	파 랑 색 (Blue)	Y	노 랑 색 (Yellow)
Lg	연 두 색 (Light Green)	Ll	하 늘 색 (Light Blue)

* Ⓨ/Ⓑ: 노랑 바탕색에 검정색 줄무늬 선 (2가지 색)
바탕색 줄무늬색

⑦ 하네스 심볼

•각 하네스를 하네스 명칭, 장착 위치에 의해 분류하여 식별 심볼을 부여함.

심 볼	하네스 명칭	위 치
A	에어백/에어컨 하네스	실내, 크래쉬 패드
C	컨트롤/인젝터/이그니션 코일 하네스 오일 컨트롤 밸브 하네스	엔진 룸
D	도어/슬라이딩 도어/파워 케이블 하네스	도어
E	프런트/배터리 하네스	엔진 룸
F	플로어/연료 하네스	플로어
M	메인/글로브 박스 하네스	실내
R	루프/테일 게이트/BWS EXT.하네스	루프, 차량 뒤
S	시트 하네스	운전석/동승석 시트

* 차종에 따라 변경 가능하므로 상세한 심볼은 하네스 배치도의 하네스 명칭 심볼 확인이 필요함.

⑧ 커넥터 식별 번호

•커넥터 식별 번호는 와이어링 하네스 심볼과 커넥터 일련 번호로 구성되어 있다.

부품과 와이어링의 연결

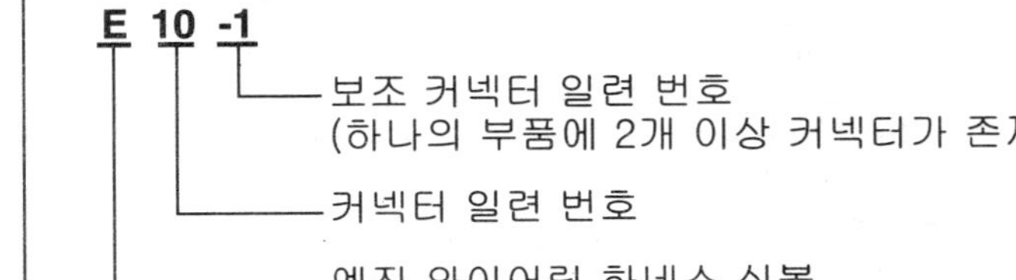

와이어링간의 연결

각 와이어링 하네스를 연결하는 (와이어링과 와이어링의 연결) 커넥터는 아래와 같이 표기한다.

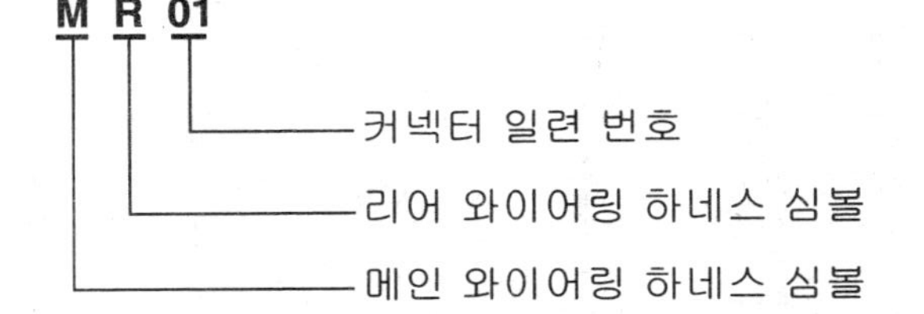

정션 박스와의 연결

정션 박스와 각 와이어링 하네스를 연결하는 커넥터는 아래의 심볼로 나타낸다.

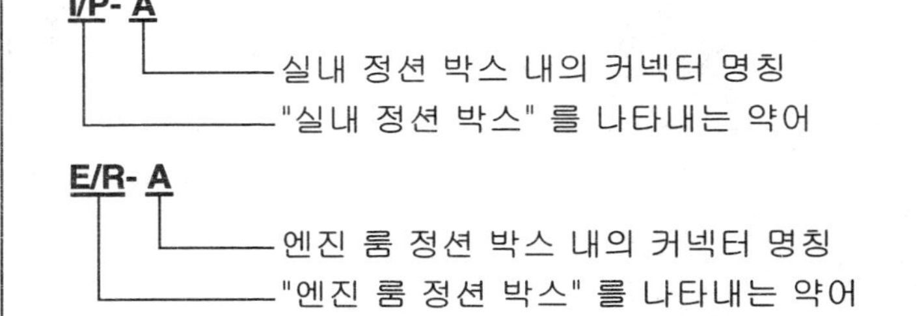

와이어링 하네스 위치도

- 와이어링 하네스 위치도는 책자의 마지막 쪽에 위치하며 주요 와이어링 하네스의 전체적인 위치를 보여주며, 또한 커넥터의 개략적인 위치가 표기된다.

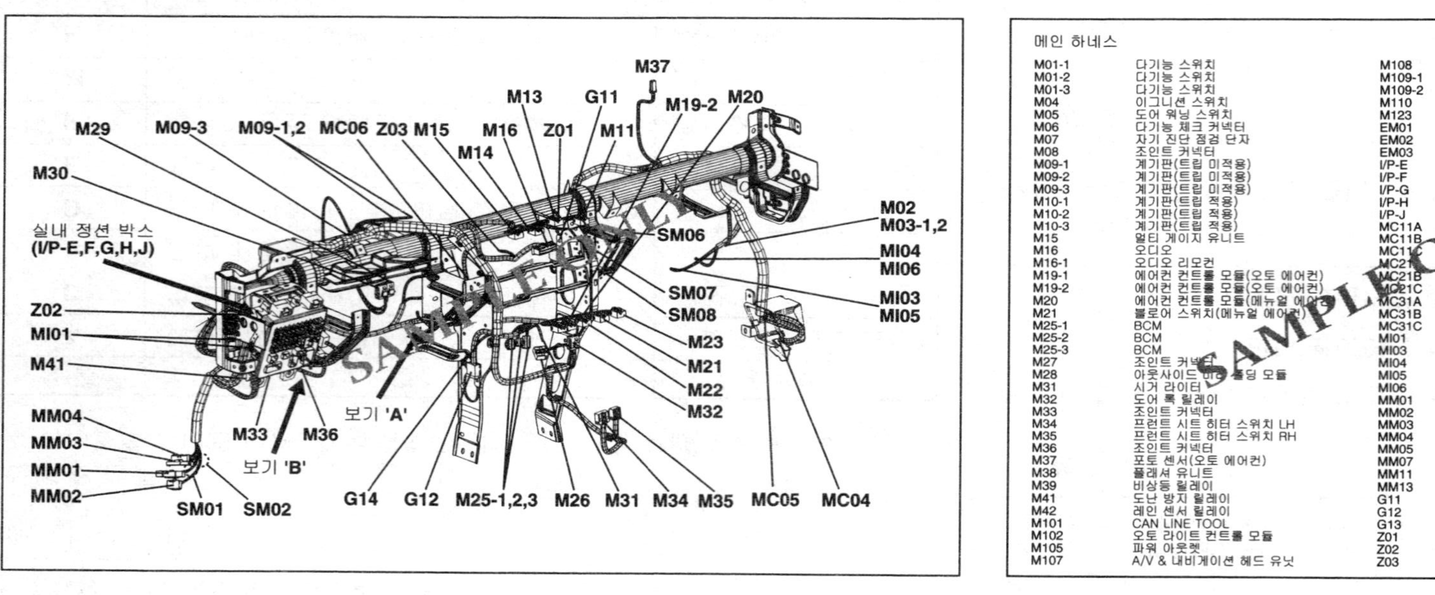

메인 하네스

커넥터	명칭	커넥터	명칭
M01-1	다기능 스위치	M108	윈드실드 열선 릴레이
M01-2	다기능 스위치	M109-1	핸즈프리 모듈
M01-3	다기능 스위치	M109-2	핸즈프리 모듈
M04	이그니션 스위치	M110	핸즈프리 잭
M05	도어 워닝 스위치	M123	이모빌라이저 모듈
M06	다기능 체크 커넥터	EM01	엔진 하네스 접속 커넥터
M07	자기 진단 점검 단자	EM02	엔진 하네스 접속 커넥터
M08	조인트 커넥터	EM03	엔진 하네스 접속 커넥터
M09-1	계기판(트립 미적용)	I/P-E	실내 정션 박스 접속 커넥터
M09-2	계기판(트립 미적용)	I/P-F	실내 정션 박스 접속 커넥터
M09-3	계기판(트립 미적용)	I/P-G	실내 정션 박스 접속 커넥터
M10-1	계기판(트립 적용)	I/P-H	실내 정션 박스 접속 커넥터
M10-2	계기판(트립 적용)	I/P-J	실내 정션 박스 접속 커넥터
M10-3	계기판(트립 적용)	MC11A	컨트롤 하네스 접속 커넥터 (1.6L)
M15	멀티 게이지 유니트	MC11B	컨트롤 하네스 접속 커넥터 (2.0L)
M16	오디오	MC11C	컨트롤 하네스 접속 커넥터 (DSL)
M16-1	오디오 리모컨	MC21A	컨트롤 하네스 접속 커넥터 (1.6L)
M19-1	에어컨 컨트롤 모듈(오토 에어컨)	MC21B	컨트롤 하네스 접속 커넥터 (2.0L)
M19-2	에어컨 컨트롤 모듈(오토 에어컨)	MC21C	컨트롤 하네스 접속 커넥터 (DSL)
M20	에어컨 컨트롤 모듈(메뉴얼 에어컨)	MC31A	컨트롤 하네스 접속 커넥터 (1.6L)
M21	블로어 스위치(메뉴얼 에어컨)	MC31B	컨트롤 하네스 접속 커넥터 (2.0L)
M25-1	BCM	MC31C	컨트롤 하네스 접속 커넥터 (DSL)
M25-2	BCM	MI01	스위치 익스텐션 하네스 접속 커넥터
M25-3	BCM	MI03	에어컨 하네스 접속 커넥터 (메뉴얼 에어컨)
M27	조인트 커넥터	MI04	에어컨 하네스 접속 커넥터 (메뉴얼 에어컨)
M28	아웃사이드 미러 폴딩 모듈	MI05	에어컨 하네스 접속 커넥터 (오토 에어컨)
M31	시거 라이터	MI06	에어컨 하네스 접속 커넥터 (오토 에어컨)
M32	도어 록 릴레이	MM01	플로어 하네스 접속 커넥터
M33	조인트 커넥터	MM02	플로어 하네스 접속 커넥터
M34	프런트 시트 히터 스위치 LH	MM03	플로어 하네스 접속 커넥터
M35	프런트 시트 히터 스위치 RH	MM04	플로어 하네스 접속 커넥터
M36	조인트 커넥터	MM05	플로어 하네스 접속 커넥터
M37	포토 센서(오토 에어컨)	MM07	하자드 익스텐션 하네스 접속 커넥터
M38	플래셔 유니트	MM11	글로브 박스 하네스 접속 커넥터
M39	비상등 릴레이	MM13	루프 하네스 접속 커넥터 (핸즈프리)
M41	도난 방지 릴레이	G11	접지
M42	레인 센서 릴레이	G12	접지
M101	CAN LINE TOOL	G13	접지
M102	오토 라이트 컨트롤 모듈	Z01	다이오드
M105	파워 아웃렛	Z02	다이오드
M107	A/V & 내비게이션 헤드 유닛	Z03	다이오드

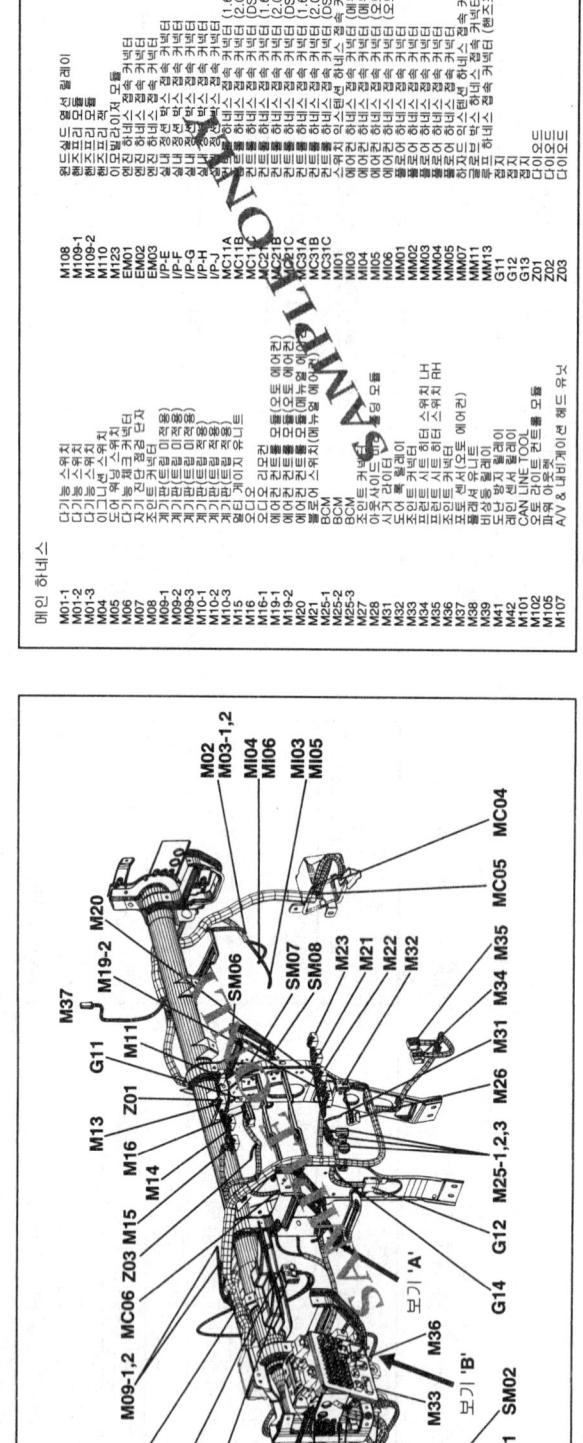

구분	심볼	내용
구성 부품		실선으로 표시된 구성부품은 전체 해당 구성품을 의미한다.
		점선으로 표시된 구성부품은 해당되는 필요 부분만 표시 된 것을 의미한다.
		커넥터가 구성 부품에 직접 연결
		구성 부품에 커넥터가 리드선으로 연결
		구성 부품 자체의 스크류 단자를 의미함.
		이 접지 심볼은 부품의 하우징이 직접 차량의 금속 부위에 붙혀진 다는 의미.
	정지등 스위치 / PHOTO 03	구성 부품의 명칭 : 상단부에는 해당 구성부품의 이름을 나타낸다. 구성 부품 위치도의 사진 번호를 나타낸다.
커넥터	수 커넥터 / 10 M05-2 / 암 커넥터	구성 부품위치 색인표 상에서 참조용으로 각 커넥터의 이름을 나타낸다. 해당단자의 번호가 표시된다. (해당 회로도에서 관계되는 단자만 표시된다.)
	R Y/L 3 1 E35 R Y/L	점선은 각각의 두개의 와이어가 동일한 커넥터(E35)상에서 접속됨을 의미한다.
와이어	B	물결무늬 선은 끊어져 있지만 이전 또는 다음 페이지에 연결되어 계속된다.
	Y/R	노랑 바탕의 적색 줄무늬 선. (2가지색 이상으로 피복된 선)
	좌측 페이지에서 A / 우측 페이지로 A	전류 흐름이 내부에 같은 문자를 갖는 같은 페이지 혹은 다른 페이지의 화살표로 연결됨. 화살표 방향 전류 흐름의 방향임.
	R 회로도 이름	다른 회로와 공유하는 부분임을 표시함. 화살표가 지시하는 회로에서 와이어가 다시 나타남.
	자동 변속기 G 수동 변속기 G G	선택사양 혹은 다른 차종에 대한 와이어의 흐름을 표시한다. (해당 사양에 기준한 회로를 판별토록 지시한다.)
와이어 조인트	L L	조인트는 선에 점을 찍어서 나타내며 차량에서의 실제적인 위치와 연결은 변화 할수 있다.
접지	G06	이는 차량의 금속 부분에 접속되는 와이어의 끝선을 나타냄.

구분	심볼	내용
실드 와이어	G06	와이어에 전파 차단 보호막이 둘러싸여 있는 것을 나타내며, 항상 접지 상태에 있다. (주로 엔진 및 T/M를 컨트롤 하는 센서측에 사용된다.)
조인트 커넥터		커넥터 내부에서 와이어가 조인되는 커넥터임.
슬로우 블로우	상시 전원 / 엔진 룸 퓨즈 & 릴레이 박스 / 이그니션 30A	전원 공급 상태 명칭 용량
퓨즈	ON 전원 / 실내 퓨즈 & 릴레이 박스 / 경음기 퓨즈 10A	전원이 이그니션 'ON' 상태에서 공급되는 것을 의미함. 다른 퓨즈와 연결되어 있다는 뜻 퓨즈 명칭 퓨즈 용량
파워 커넥터		배터리 상시 전원 제어

구분	심볼	내용
램프		더블 필라멘트
		싱글 필라멘트
다이오드		다이오드 -한 방향으로만 전류를 통과 시킨다.
		발광 다이오드 -전류가 흐를때 빛을 발생한다.
		제너 다이오드 -역방향으로 한계이상의 전류를 흘리면 순간적으로 도통한다.
TR	B C E NPN / B C E PNP	스위칭 또는 증폭작용을 한다.
일반 부품 심볼		스위치 (2개 접점) -연결된 점선으로 스위치는 동시에 작동되며 가는 점선은 스위치 사이의 기계적 관계를 나타낸다.
		스위치 (1개 접점)
		히터

구분	심볼	내용	구분	심볼	내용
일반 부품 심볼		센서	일반 부품 심볼		콘덴서
		센더			스피커
		인젝터			혼, 경음기, 부저, 사이렌
		솔레노이드	릴레이		코일을 통한 전류의 흐름이 있을때 스위치가 접속됨.
		모터			코일을 통한 전류의 흐름이 없을때의 릴레이를 나타냄. 코일을 통해 전류가 흐르면 스위치는 접속됨.
		배터리			다이오드 내장 릴레이
					저항 내장 릴레이

고장 진단법

고장 진단법

아래 5단계 고장 진단 과정을 거쳐 문제에 접근한다.

1단계 : 고객 불만 사항 검토

정확한 점검을 위해 문제되는 회로의 구성부품을 작동시킨 후 문제를 검토하고, 그 현상을 기록한다. 확실한 원인 파악전에는 분해나 테스트를 실시하지 말아야 한다.

2단계 : 회로도의 판독 및 분석

회로도에서 고장 회로를 찾아 시스템 구성부품에의 전류 흐름을 파악하여 작업 방법을 결정한다. 작업 방법을 인식하지 못할 경우에는 회로 작동 참고서를 읽는다.
또한 고장 회로를 공유하는 다른 회로를 점검한다. 예를 들어 같은 퓨즈, 접지, 스위치등을 공유하는 회로의 명칭을 각 회로도에서 참조한다.
1단계에서 점검하지 않았던 공유되는 회로를 작동시켜 본다. 공유 회로의 작동이 정상이면 고장회로 자체의 문제이고, 몇 개의 회로가 동시에 문제가 있으면 퓨즈나 접지상의 문제일 것이다.

3단계 : 회로 및 구성 부품 검사

회로 테스트를 실시하여 2단계의 고장 진단을 점검한다. 효율적인 고장 진단은 논리적이고 단순한 과정으로 실시되어야 한다. 고장 진단 힌트 또는 시스템 고장 진단표를 이용하여 확실한 원인 파악을 한다. 가장 큰 원인으로 파악된 부분부터 테스트를 실시하며, 테스트가 쉬운 부분에서 부터 시작한다.

4단계 : 고장 수리

고장이 발견되면 필요한 수리를 실시한다.

5단계 : 회로 작업 확인

수리후 확인을 위해 다시 한번 더 점검을 실시한다. 만약 문제가 퓨즈가 끊어지는 것이었다면, 그 퓨즈를 공유하는 모든 회로의 테스트를 실시한다.

고장 진단 설비

1. 전압계 및 테스트 램프

테스트 램프로 개략적인 전압을 점검한다. 테스트 램프는 한쌍의 리드선으로 접속된 12V 벌브로 구성되어 있다. 한쪽 선을 접지후 전압이 반드시 나타나야 하는 회로를 따라 여러 위치에 테스트 램프를 연결 시켜 벌브가 계속해서 점등되면 테스트 지점에 전압이 흐르는 것이다.

주의

회로는 컴퓨터 제어 인젝션과 함께 사용하는 ECM과 같은 반도체가 포함된 모듈(유니트)을 갖는다. 이러한 회로의 전압은 10MΩ이나 그 이상의 임피더스를 갖는 디지탈 볼트 메타로 테스트해야 한다. 안전 상태의 모듈이 포함된 회로는 테스트 램프 사용시 내부 회로가 손상될 수 있으므로 테스트 램프를 절대 사용하지 말아야 한다.

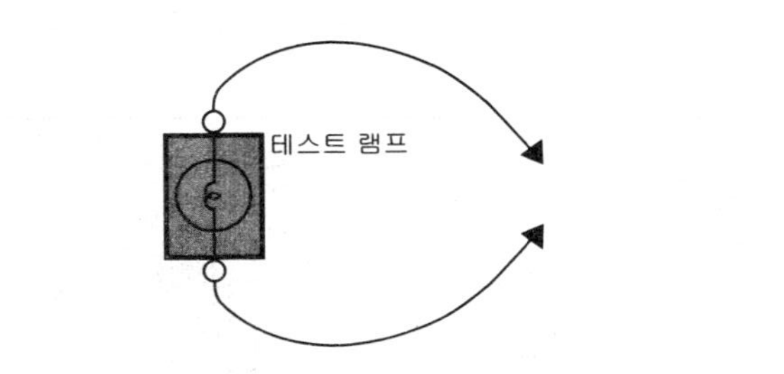

테스트 램프와 동일한 요령으로 전압계를 사용할 수도 있으며, 전압의 유.무만 판독하는 테스트 램프와는 달리 전압계에서는 전압의 세기까지 표시한다.

2. 자체 전원 테스트 램프 및 저항기

통전 여부 점검을 위해 벌브, 배터리, 2개의 리드선으로 구성되는 자체 전원 테스트 램프나 저항기를 사용한다. 두개의 리드선이 모두 접속되면 램프는 계속 점등된다.
그 위치점을 점검하기 전에 우선 배터리 (-) 케이블이나 작업중인 해당 회로의 퓨즈를 탈거한다.

주의

반도체가 포함된 유니트 (ECM, TCM이 접속된 상태) 회로에서는 모듈 (유니트)이 손상 될 위험이 있으므로 자체 전원 테스트 램프를 사용하지 말아야 한다.

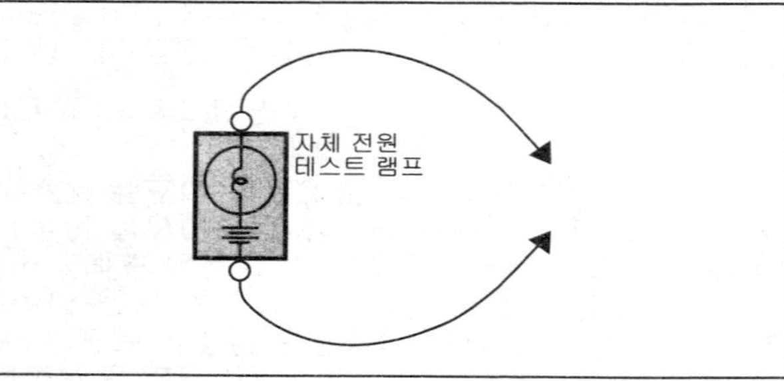

저항기는 자체 전원 테스트 램프 위치에서 사용할 수 있으며, 회로의 두 지점간의 저항을 나타낸다. 낮은 저항은 양호한 통전 상태를 나타낸다. 반도체가 포함된 유니트 회로는 10MΩ이나 임피던스가 큰 용량의 디지탈 멀티메타만 사용해야 한다. 디지탈 멀티미터로 저항 측정시에는 배터리의 (-) 단자는 분리해야 한다.그렇지 않을 경우 부정확한 수치가 나타날 수 있다.
회로상에서 다이오드나 모듈에서는 잘못된 수치를 나타낼 수 있다.
유니트가 측정치에 영향을 줄 경우에는 수치를 한번 측정한 후 리드를 반대로 갖다대고 다시 한번 측정한다. 측정치가 다르면 유니트가 영향을 미치는 것이다.

3. 퓨즈 포함된 점프 와이어

열려진 회로를 점검해야 할때는 점프 와이어를 사용한다. 점프 와이어는 테스트 리드 세트에 인 라인 (IN-LINE) 퓨즈 홀더가 연결되어 있다. 점프 와이어는 스몰 클램프 커넥터와 함께 대부분의 커넥터에 손상을 주지 않고 사용 가능하다.

주의

테스트 되는 회로 보호를 위해 정격 퓨즈 용량 이상의 것은 사용하지 말아야 한다. ECM, TCM 등과 같은 것은 커넥터가 접속된 유니트 상태에서 입출력을 위한 대체용등 어떤 상황에서도 사용해서는 안된다.

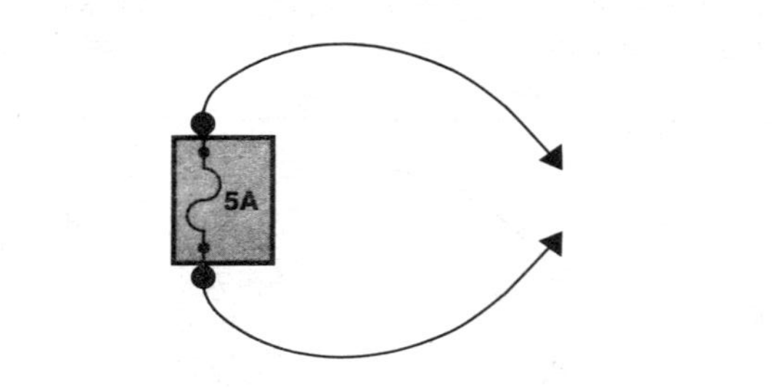

고장 진단 테스트

1. 전압 테스트

커넥터의 전압 측정시에는 커넥터를 분리시키지 않고 탐침을 커넥터 뒷쪽에서 꽂아 점검한다. 커넥터의 접속표면 사이의 오염, 부식으로 전기적 문제가 발생될수 있으므로 항시 커넥터의 양면을 점검해야 한다.

A. 테스트 램프나 전압계의 한쪽 리드선을 접지 시킨다. 전압계 사용시는 접지 시키는 쪽에 반드시 전압계의 (-) 리드선을 연결해야 한다.
B. 테스트 램프나 전압계의 다른 한쪽 리드선은 선택한 테스트 위치 (커넥터나 단자)에 연결한다.
C. 테스트 램프가 켜진다면 전압이 있다는 것을 의미한다.
D. 전압계 사용시는 수치를 읽는다. 규정치보다 1볼트 이상 낮은 경우는 고장이다.

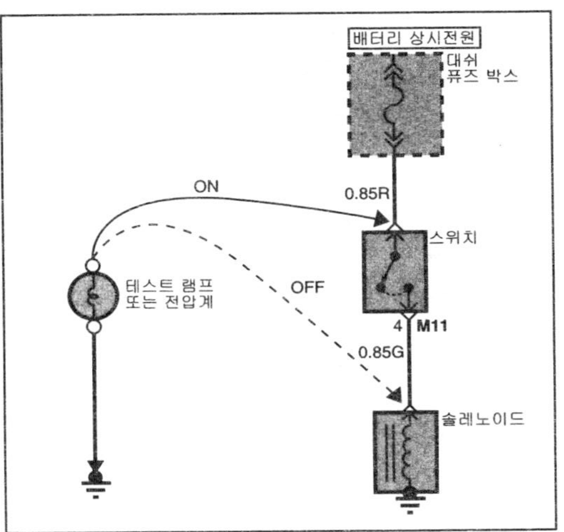

2. 통전 테스트

A. 배터리(-) 단자를 분리한다.
B. 자체 전원 테스트 램프나 저항기의 한쪽 리드선을 테스트하고자 하는 회로의 한쪽 끝에 연결한다. 저항기 사용시에는 리드선 2개를 함께 잡은 다음 저항이 0Ω이 되도록 저항기를 조정한다.
C. 다른 한쪽 리드선은 테스트 하고자하는 회로의 다른 한쪽 끝에 연결한다.
D. 자체 전원 테스크 램프가 켜지면 통전상태이다. 저항기 사용시에는 저항이 0Ω 또는 값이 작을 때 양호한 통전상태를 나타낸다.

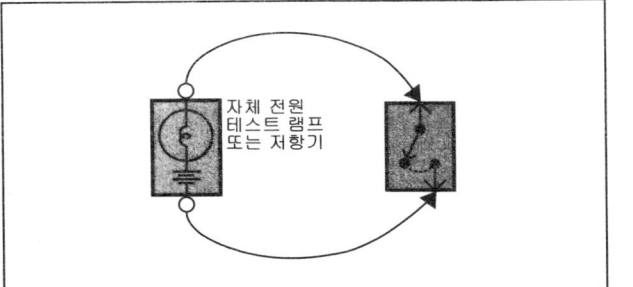

3. 접지 단락 테스트

A. 배터리의 (-) 단자를 분리한다.
B. 자체 전원 테스트 램프나 저항기의 한쪽 리드선을 구성품 한쪽의 퓨즈 단자에 연결한다.
C. 다른 한쪽 리드선은 접지 시킨다.
D. 퓨즈 박스에서 근접해 있는 하네스부터 순차적으로 점검해 간다. 자체 전원 테스트 램프나 저항기를 약15㎝ 간격을 두고 순차적으로 점검해 간다.
E. 자체 전원 테스트 램프가 열화되거나 저항이 기록되면 그 위치점 주위 와이어링의 접지가 단락된 것이다.

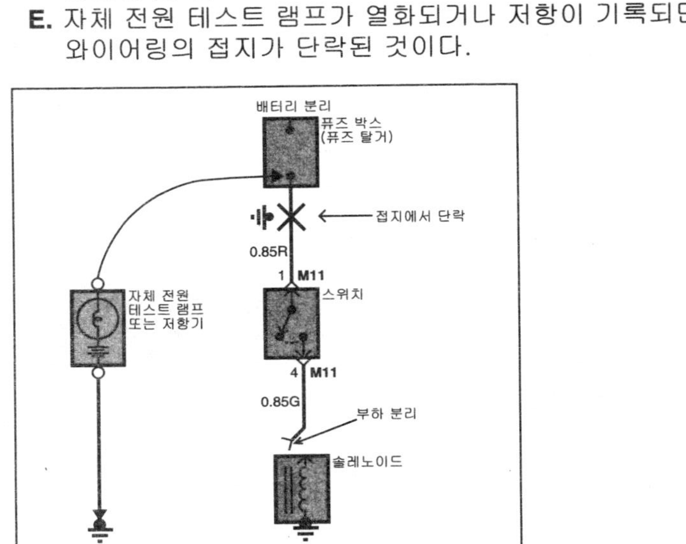

회로도

[GSL] G6DC : LAMBDA II 3.5L
[DSL] D4HB : R 2.2L

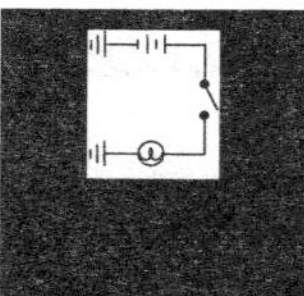

프런트 에어리어 모듈 (Front Area Module)

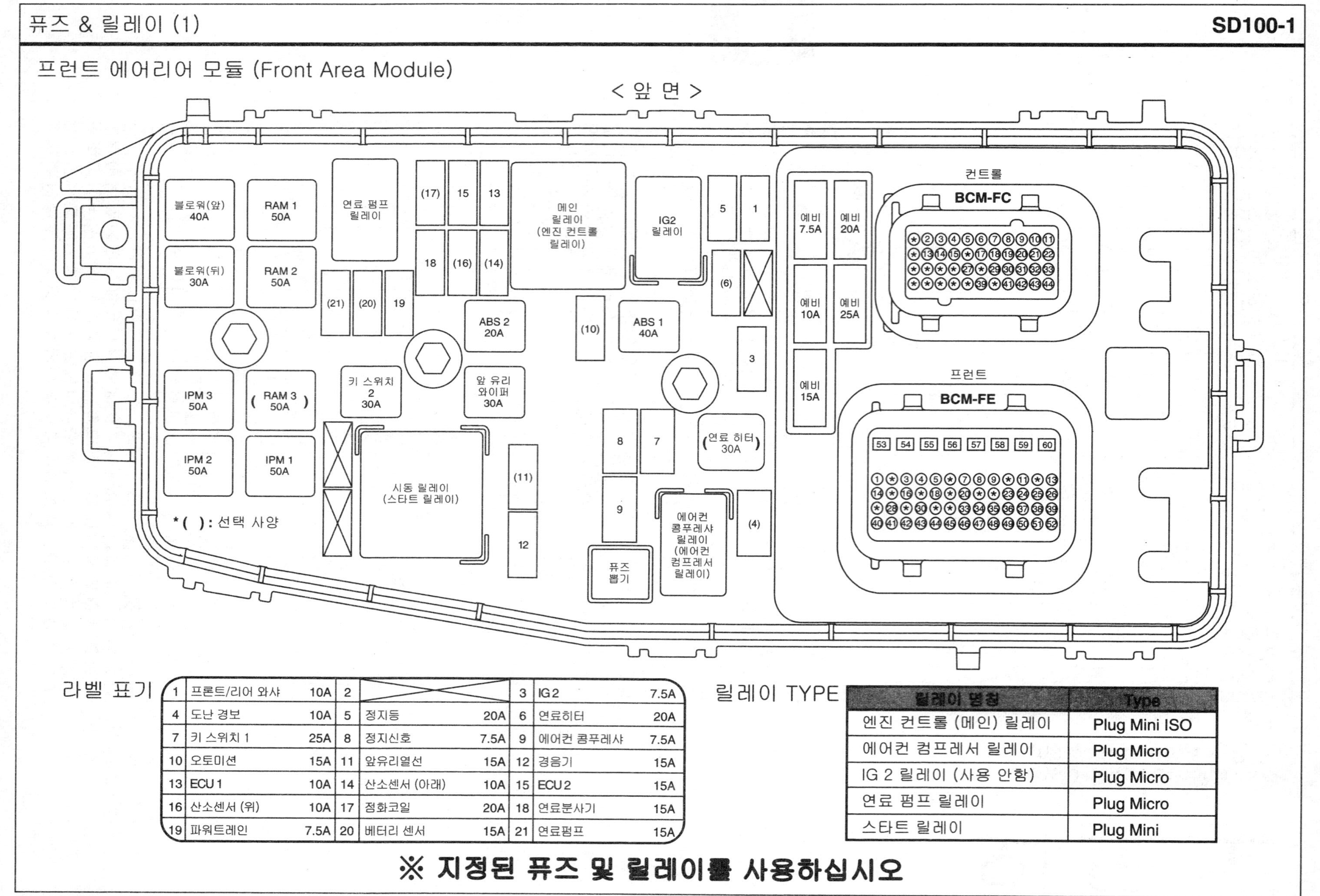

라벨 표기

1	프론트/리어 와샤	10A	2			3	IG 2	7.5A
4	도난 경보	10A	5	정지등	20A	6	연료히터	20A
7	키 스위치 1	25A	8	정지신호	7.5A	9	에어컨 콤푸레샤	7.5A
10	오토미션	15A	11	앞유리열선	15A	12	경음기	15A
13	ECU 1	10A	14	산소센서 (아래)	10A	15	ECU 2	15A
16	산소센서 (위)	10A	17	점화코일	20A	18	연료분사기	15A
19	파워트레인	7.5A	20	베터리 센서	15A	21	연료펌프	15A

릴레이 TYPE

릴레이 명칭	Type
엔진 컨트롤 (메인) 릴레이	Plug Mini ISO
에어컨 컴프레서 릴레이	Plug Micro
IG 2 릴레이 (사용 안함)	Plug Micro
연료 펌프 릴레이	Plug Micro
스타트 릴레이	Plug Mini

※ 지정된 퓨즈 및 릴레이를 사용하십시오

퓨즈 연결 회로

	퓨 즈	용량(A)	연 결 회 로
	(연료 히터)	(30A)	연료 필터 히터 릴레이
	ABS 1	40A	ABS 컨트롤 모듈, VDC 모듈
	ABS 2	20A	ABS 컨트롤 모듈, VDC 모듈
	앞 유리 와이퍼	30A	프런트 와이퍼 ON 릴레이, 프런트 와이퍼 LO/HI 릴레이
	키 스위치 2	30A	스타트 릴레이, 이그니션 스위치
	RAM 1	50A	RAM (퓨즈:파워 아웃렛-좌 15A, 파워 아웃렛-우 15A, 연료 주입구 15A, 후석 전동 윈도우-우 25A, 후석 전동 윈도우-좌 25A, 러기지 램프 7.5A, 휠체어 리프터 20A, 리프트 시트 20A)
	RAM 2	50A	RAM (퓨즈:뒷 유리 열선 25A, 전동 테일 게이트 30A, 전동 쿼터 글라스 10A, 후석 전동 도어 락 20A, 뒷 유리 와이퍼 15A)
	(RAM 3)	(50A)	RAM (퓨즈:전동 슬라이딩 도어-좌 30A, 전동 슬라이딩 도어-우 30A)
	IPM 1	50A	IPM (퓨즈:ILLUMI 7.5A, 운전석 도어 모듈 30A, 시트 열선 20A, 진단기기 7.5A, 전동 썬루프 25A, 키 잠금 7.5A)
	블로워 (앞)	40A	실내 릴레이 박스(프런트 블로어 릴레이)
	블로워 (뒤)	30A	실내 릴레이 박스(리어 블로어 릴레이)
	IPM 3	50A	IPM (퓨즈:션트, 앰프 25A, 룸 램프 7.5A, 운전석 파워 시트 30A, 조수석 파워 시트 20A, 메모리 7.5A, 오디오 15A)
	IPM 2	50A	IPM (퓨즈:조수석 도어 모듈 30A, 파워 아웃렛 1 15A, 전동식 페달 15A)
1	프론트/리어 와샤	10A	프런트 와셔 모터 릴레이, 리어 와셔 모터 릴레이
3	IG2	7.5A	-
4	(도난 경보)	(10A)	도난 방지 경음기 릴레이
5	정지등	20A	정지등 스위치, 정지등 릴레이
6	(연료 히터)	(20A)	-
7	키 스위치 1	25A	이그니션 스위치
8	정지 신호	7.5A	ABS 컨트롤 모듈, VDC 모듈, PCM(G6DC), ECM(D4HB)
9	에어컨 콤푸레샤	7.5A	에어컨 컴프레서 릴레이
10	(오토 미션)	(15A)	TCM(D4HB), P/N 릴레이(G6DC), 스타트 릴레이(G6DC)
11	(앞 유리 열선)	(15A)	앞 유리 열선 릴레이
12	경음기	15A	경음기 릴레이
13	ECU 1	10A	크랭크샤프트 포지션 센서(D4HB), PCM(G6DC), 디젤 박스(냉각 팬 HI 1/2 릴레이, 냉각 팬 LOW 릴레이 : D4HB), 정지등 스위치(D4HB), 이모빌라이저 모듈(G6DC), 에어컨 컴프레서 릴레이
14	(산소 센서(아래))	(10A)	산소 센서 #2/#4(G6DC), 람다 센서(D4HB)
15	ECU 2	15A	PCM(G6DC), 가변 흡기 밸브(G6DC), 캐니스터 퍼지 컨트롤 솔레노이드 밸브(G6DC), 오일 컨트롤 밸브 #1/#2 (흡기/배기)(G6DC), 캐니스터 클로즈 밸브(G6DC), 연료 압력 조절 밸브(D4HB), 냉각 팬 릴레이(G6DC)
16	(산소 센서(위))	(10A)	산소 센서 #1/#3(G6DC), 레일 압력 조절 밸브 (D4HB)
17	(점화 코일)	(20A)	이그니션 코일 #1/#2/#3/#4/#5/#6(G6DC/), 콘덴서 #1/#2 (G6DC), ECM(D4HB)
18	연료 분사기	15A	인젝터 #1/#2/#3/#4/#5/#6(G6DC), PCM(G6DC), 디젤 박스 (피티씨 1/2/3 릴레이 : D4HB), 전자식 VGT 액추에이터(D4HB), EGR 쿨링 바이패스 솔레노이드 밸브(D4HB)
19	파워 트레인	7.5A	엔진 컨트롤 릴레이, PCM(G6DC)
20	(베터리 센서)	(15A)	배터리 센서(G6DC/D4HB)
21	(연료 펌프)	(15A)	연료 펌프 릴레이

*( ) : 선택 사양

※ 지정된 퓨즈 및 릴레이를 사용하십시오

프런트 에어리어 모듈 (Front Area Module)

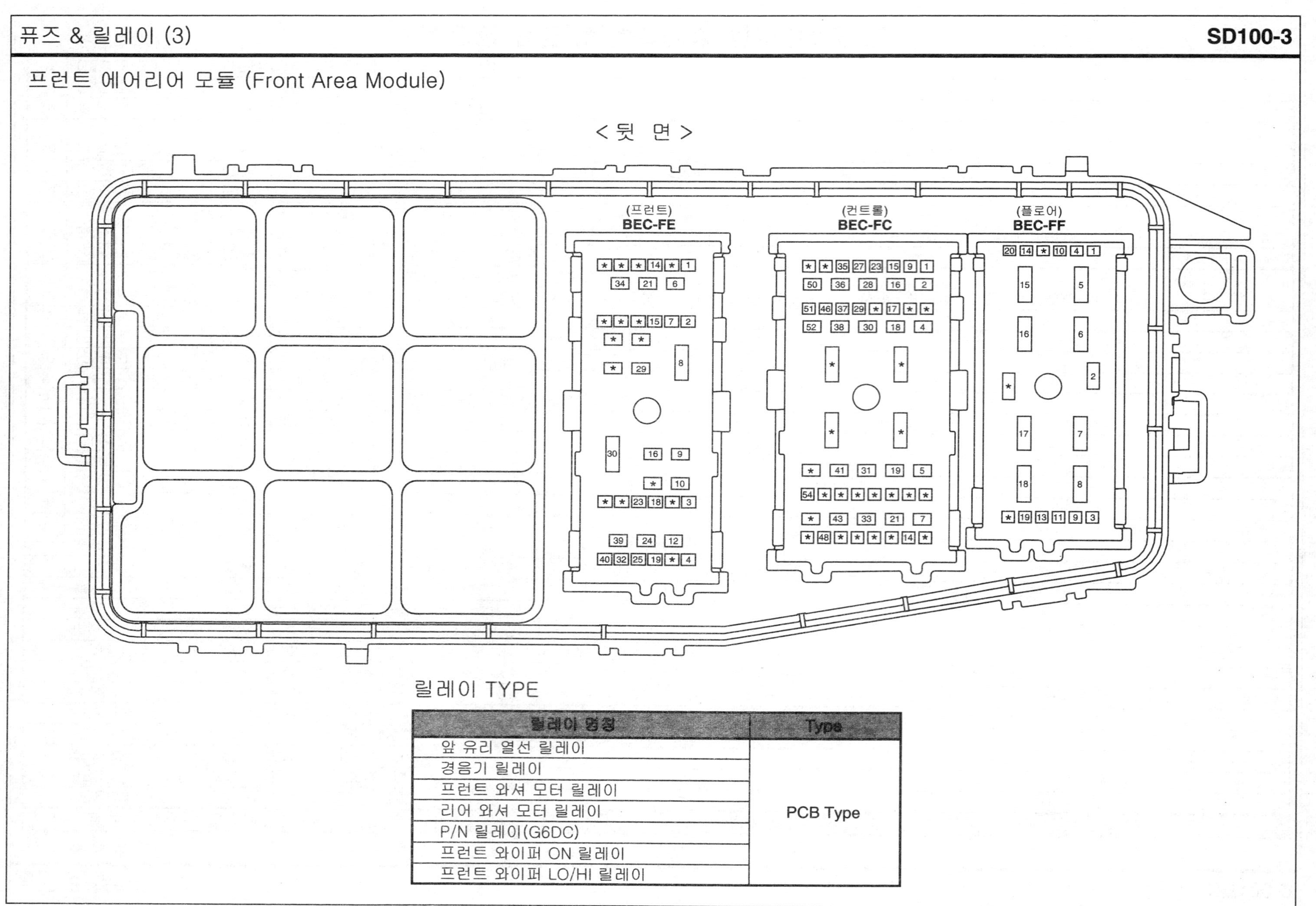

릴레이 TYPE

릴레이 명칭	Type
앞 유리 열선 릴레이	PCB Type
경음기 릴레이	
프런트 와셔 모터 릴레이	
리어 와셔 모터 릴레이	
P/N 릴레이(G6DC)	
프런트 와이퍼 ON 릴레이	
프런트 와이퍼 LO/HI 릴레이	

인스트루먼트 패널 모듈 (Instrument Panel Module)

< 앞 면 >

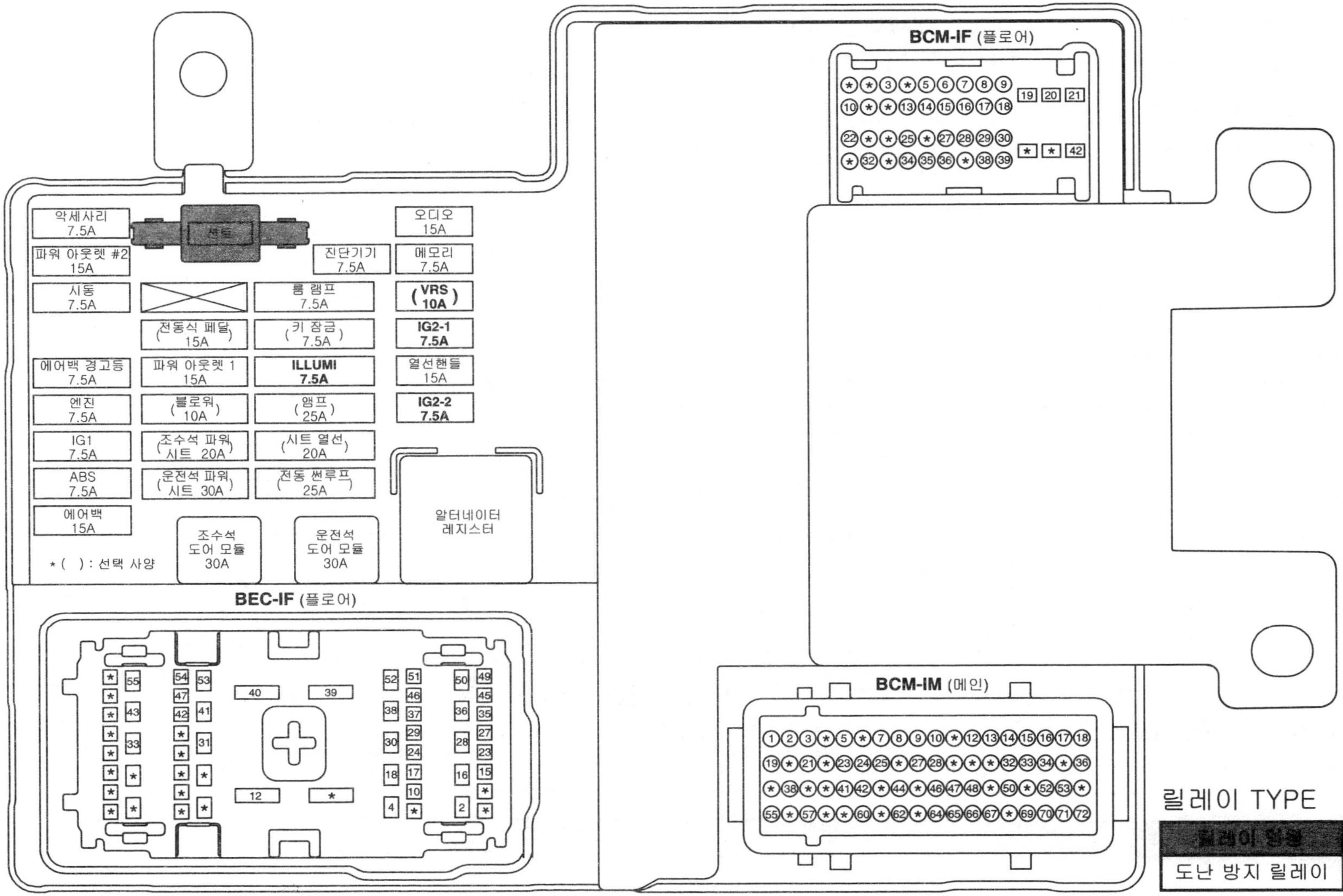

악세사리 7.5A
파워 아웃렛 #2 15A
시동 7.5A
에어백 경고등 7.5A
엔진 7.5A
IG1 7.5A
ABS 7.5A
에어백 15A
센트
전동식 페달 (15A)
파워 아웃렛 1 15A
블로워 (10A)
조수석 파워 시트 (20A)
운전석 파워 시트 (30A)
진단기기 7.5A
룸 램프 7.5A
키 잠금 (7.5A)
ILLUMI 7.5A
앰프 (25A)
시트 열선 (20A)
전동 썬루프 (25A)
오디오 15A
메모리 7.5A
(VRS 10A)
IG2-1 7.5A
열선핸들 15A
IG2-2 7.5A
조수석 도어 모듈 30A
운전석 도어 모듈 30A
알터네이터 레지스터

*( ) : 선택 사양

BEC-IF (플로어)

BCM-IF (플로어)

BCM-IM (메인)

릴레이 TYPE

릴레이 명칭	[illegible]
도난 방지 릴레이	Plug Mini

※ 지정된 퓨즈 및 릴레이를 사용하십시오

퓨즈 연결 회로

퓨 즈	용량(A)	연 결 회 로
운전석 도어 모듈	30A	운전석 세이프티 파워 윈도우 모터, 운전석 도어 모듈
조수석 도어 모듈	30A	동승석 도어 모듈
오디오	15A	A/V 헤드 모듈, RSE 모듈, 오디오, 튜너 모듈, 미디어 모듈, 스텝 램프 LH/RH
메모리	7.5A	트립 컴퓨터, 운전석 파워 시트 모듈(IMS 적용), FAM/RAM(BCM 상시 전원), 에어컨 컨트롤 모듈, 계기판(IND.), 디지털 시계, 내비게이션 모듈, 파워 슬라이딩 도어 모듈 LH/RH, 파워 테일 게이트 모듈, 운전석/동승석 도어 모듈
(VRS)	(10A)	VRS 컨트롤 모듈, VRS 스위치
IG2-1	7.5A	에어컨 컨트롤 모듈, 다기능 스위치(와이퍼), 실내 릴레이 박스(시트 히터 릴레이, 프런트/리어 블로어 릴레이), 이온 발생기(오토 에어컨), 레인 센서
(블로워)	(10A)	PCM(G6DC), ECM(D4HB), 에어컨 컨트롤 모듈(매뉴얼), 블로어 레지스터
IG2-2	7.5A	파워 슬라이딩 도어 모듈 LH/RH, 리어 에어컨 컨트롤 스위치, 파워 테일 게이트 모듈, 운전석/동승석 도어 모듈, 운전석 파워 시트 모듈(IMS 적용), FAM/RAM(BCM ON 전원), 휠체어 리프트 릴레이, 시트 리프트 릴레이
진단기기	7.5A	자기 진단 점검 단자, 다기능 체크 커넥터
룸 램프	7.5A	OC 센서(G6DC), 에어컨 컨트롤 모듈, 오토 컷 릴레이
(키 잠금)	(7.5A)	실내 릴레이 박스(키 인터 록 릴레이:G6DC)
ILLUMI	7.5A	IPM(BCM 상시 전원)
(앰프)	(25A)	앰프
(시트 열선)	(20A)	실내 릴레이 박스(시트 히터 릴레이)
(전동 썬루프)	(25A)	선루프 모듈
(전동식 페달)	(15A)	어드저스트 페달 릴레이
파워 아웃렛 1	15A	시가 라이터 & 파워 아웃렛
(조수석 파워 시트)	(20A)	동승석 파워 시트 모듈
(운전석 파워 시트)	(30A)	운전석 파워 시트 모듈
악세사리	7.5A	오디오, A/V 헤드 모듈, 튜너 모듈, 디지털 시계, 내비게이션 모듈, 미디어 모듈, RSE 모듈, 실내 릴레이 박스(키 인터 록 릴레이:G6DC), 파워 아웃사이드 미러 스위치(IMS 미적용)
파워 아웃렛 2	15A	시가 라이터 & 파워 아웃렛
시동	7.5A	PCM(G6DC), P/N 릴레이(G6DC), 스타트 릴레이(D4HB), 도난 방지 릴레이
에어백 경고등	7.5A	계기판(에어백 IND.)
엔진	7.5A	-D4HB:ECM, TCM, 글로우 릴레이 모듈, 후진등 스위치, 연료 필터 히터 릴레이, 연료 필터 수분 경고 센서, 메스 에어 플로우 센서 -G6DC:PCM, 정지등 스위치 -공통:ATM 레버 스위치, 인히비터 스위치
IG1	7.5A	트립 컴퓨터, 레오스탯, VDC OFF 스위치, OC 센서(G6DC), 다기능 스위치(G6DC), 후방 주차 보조 경보 부저, 계기판(IND.), 알터네이터, 실내 감광 미러, 오디오, A/V 헤드 모듈, ECO 스위치(D4HB)
ABS	7.5A	VDC 모듈, 요(YAW) 레이트 센서, 스티어링 앵글 센서, ABS 컨트롤 모듈, 다기능 체크 커넥터
에어백	15A	디지털 시계(G6DC), 에어백 컨트롤 모듈
열선핸들	15A	스티어링 휠 열선

*( ) : 선택 사양

※ 지정된 퓨즈 및 릴레이를 사용하십시오

인스트루먼트 패널 모듈 (Instrument Panel Module)

< 뒷 면 >

BEC-IM (메인)

BEC-IA (에어백)

리어 에어리어 모듈 (Rear Area Module)

< 앞 면 >

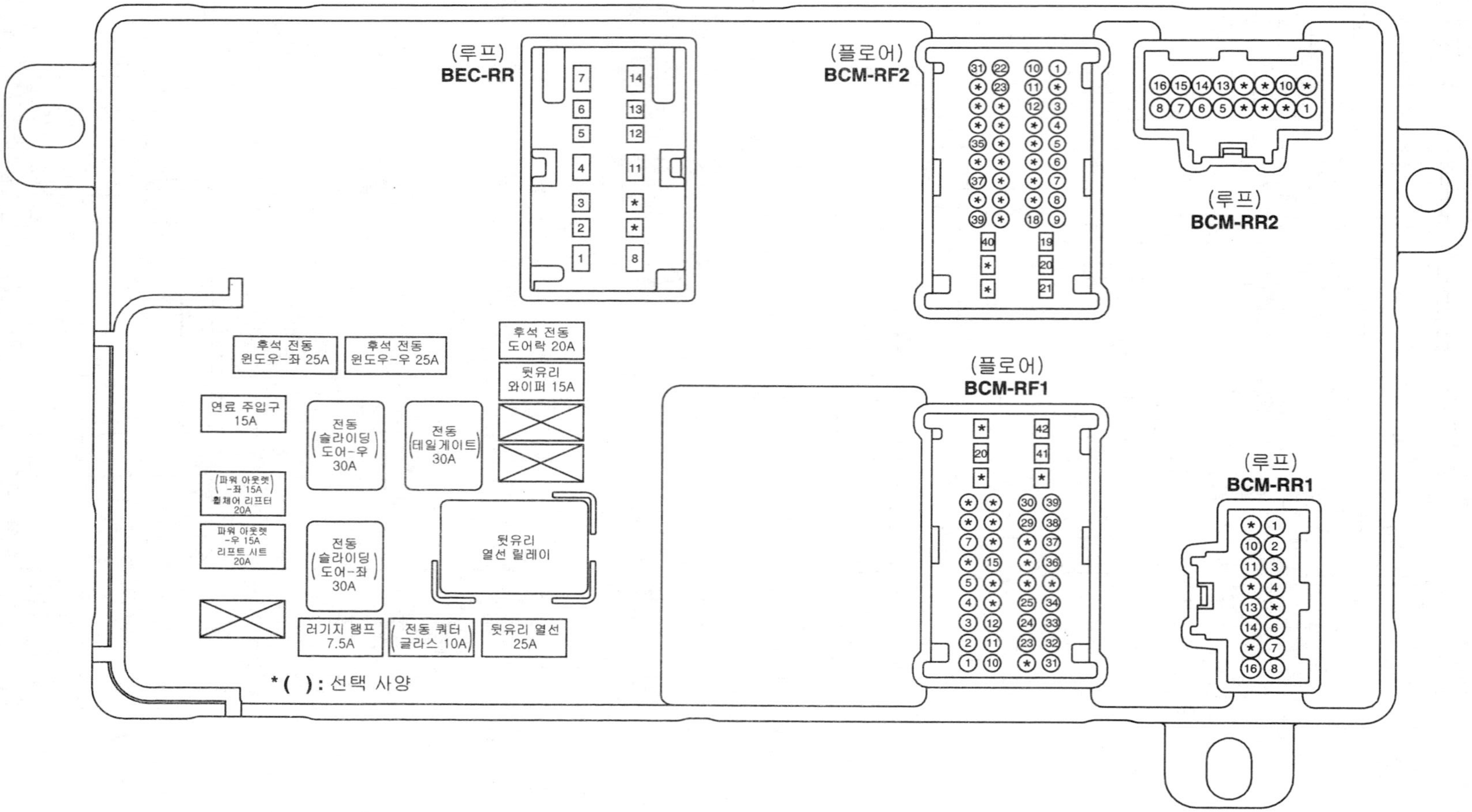

(루프)
BEC-RR

(플로어)
BCM-RF2

(루프)
BCM-RR2

(플로어)
BCM-RF1

(루프)
BCM-RR1

후석 전동 윈도우-좌 25A

후석 전동 윈도우-우 25A

후석 전동 도어락 20A

뒷유리 와이퍼 15A

연료 주입구 15A

전동 (슬라이딩 도어-우) 30A

전동 (테일게이트) 30A

(파워 아웃렛 -좌 15A 휠체어 리프터 20A)

파워 아웃렛 -우 15A 리프트 시트 20A

전동 (슬라이딩 도어-좌) 30A

뒷유리 열선 릴레이

러기지 램프 7.5A

(전동 쿼터 글라스 10A)

뒷유리 열선 25A

*( ): 선택 사양

※ 지정된 퓨즈 및 릴레이를 사용하십시오

퓨즈 연결 회로

퓨즈	용량(A)	연결 회로
(전동 테일게이트)	30A	파워 테일 게이트 모듈
(전동 슬라이딩 도어-우)	(30A)	파워 슬라이딩 도어 모듈 RH
(전동 슬라이딩 도어-좌)	(30A)	파워 슬라이딩 도어 모듈 LH
뒷 유리 열선	25A	뒷 유리 열선 릴레이
(전동 쿼터 글라스)	(10A)	쿼터 글라스 OPEN 릴레이 LH, 쿼터 글라스 OPEN 릴레이 RH, 쿼터 글라스 CLOSE 릴레이 LH 쿼터 글라스 CLOSE 릴레이 RH, 쿼터 글라스 모터 LH, 쿼터 글라스 모터 RH
러기지 램프	7.5A	파워 테일 게이트 ON/OFF 스위치, 러기지 램프
파워 아웃렛-우	15A	리어 파워 아웃렛 RH
(파워 아웃렛-좌)	(15A)	리어 파워 아웃렛 LH
연료 주입구	15A	연료 주입구 릴레이, 연료 주입구 액추에이터
뒷 유리 와이퍼	15A	리어 와이퍼 릴레이, 리어 와이퍼 모터
후석 전동 도어락	20A	슬라이딩 도어 록 릴레이, 슬라이딩 도어 언록 릴레이, 슬라이딩 도어 록 액추에이터 LH, 슬라이딩 도어 록 액추에이터 RH, 테일 게이트 록 액추에이터
후석 전동 윈도우-우	25A	슬라이딩 도어 윈도우 릴레이 (UP) RH, 슬라이딩 도어 윈도우 릴레이 (DN) RH, 슬라이딩 도어 파워 윈도우 모터 RH
후석 전동 윈도우-좌	25A	슬라이딩 도어 윈도우 릴레이 (UP) LH, 슬라이딩 도어 윈도우 릴레이 (DN) LH, 슬라이딩 도어 파워 윈도우 모터 LH
휠체어 리프터	20A	리어 파워 아웃렛 LH, 휠체어 리프트 릴레이
리프트 시트	20A	리어 파워 아웃렛 RH, 시트 리프트 릴레이

*( ): 선택 사양

※ 지정된 퓨즈 및 릴레이를 사용하십시오

리어 에어리어 모듈 (Rear Area Module)

<뒷 면>

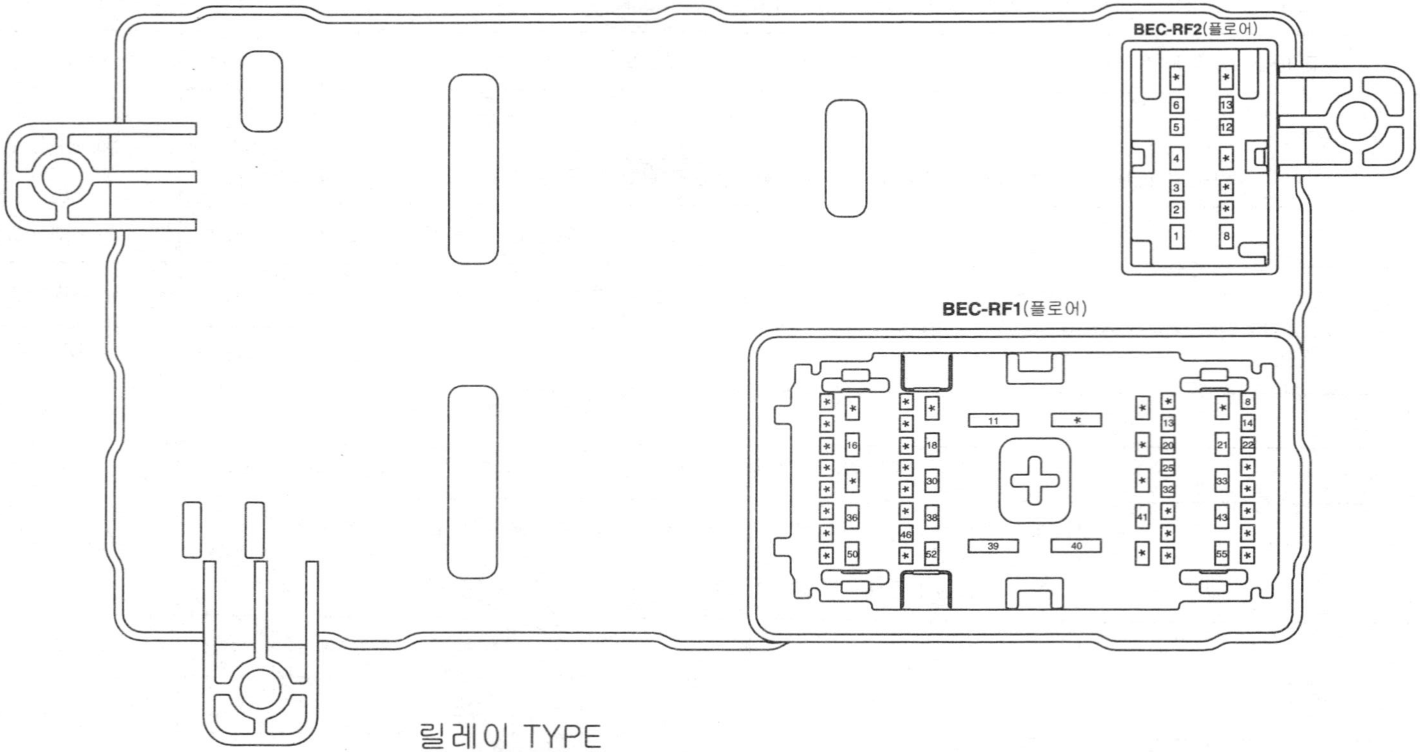

BEC-RF2(플로어)

BEC-RF1(플로어)

릴레이 TYPE

릴레이 명칭	Type	릴레이 명칭	Type
뒷 유리 열선 릴레이	Plug Micro	슬라이딩 도어 록 릴레이	PCB Type
		슬라이딩 도어 언 록 릴레이	
쿼터 글라스 OPEN 릴레이 LH	PCB Type	연료 주입구 릴레이	
쿼터 글라스 CLOSE 릴레이 LH		슬라이딩 도어 윈도우 릴레이 (UP) LH	
쿼터 글라스 OPEN 릴레이 RH		슬라이딩 도어 윈도우 릴레이 (DN) LH	
쿼터 글라스 CLOSE 릴레이 RH		슬라이딩 도어 윈도우 릴레이 (UP) RH	
리어 와이퍼 릴레이		슬라이딩 도어 윈도우 릴레이 (DN) RH	

디젤 박스 (D4HB : R 2.2L)

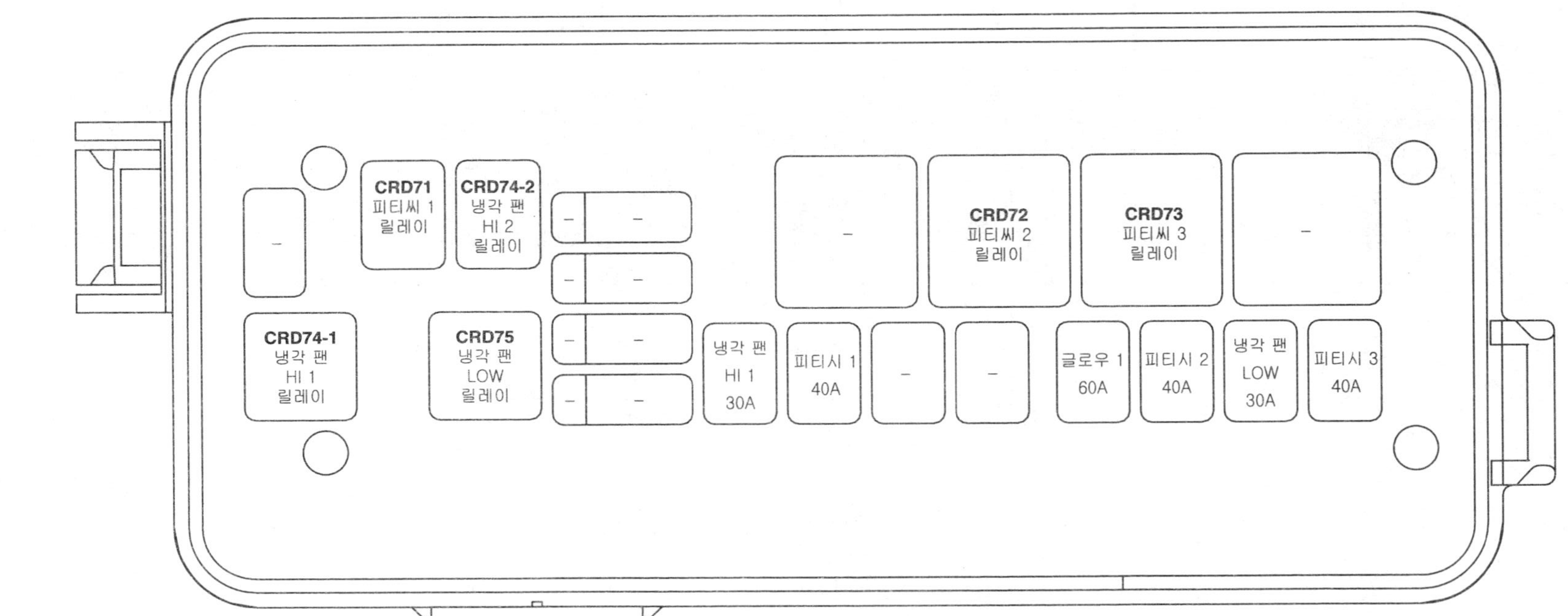

퓨즈 연결 회로

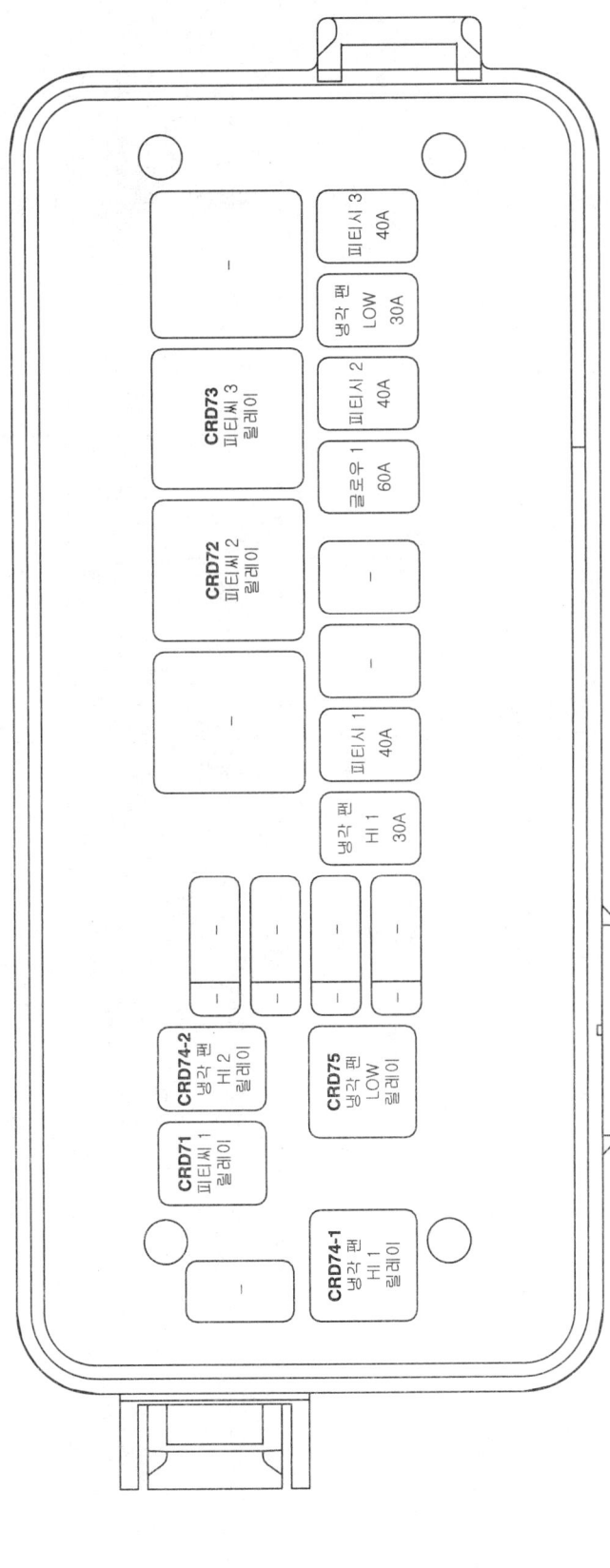

퓨즈	용량(A)	연결 회로
냉각 팬 HI 1	30A	냉각 팬 HI 1릴레이
피티시 1	40A	피티씨 1 릴레이
글로우 1	60A	글로우 릴레이 모듈
피티시 2	40A	피티씨 2 릴레이
냉각 팬 LOW	30A	냉각 팬 LOW 릴레이
피티시 3	40A	피티씨 3 릴레이

릴레이 TYPE

릴레이 NO.	릴레이 명칭	Type
CRD71	피티씨 1 릴레이	Plug Mini
CRD72	피티씨 2 릴레이	Plug Mini
CRD73	피티씨 3 릴레이	Plug Mini
CRD74-1	냉각 팬 HI 1 릴레이	Plug Micro
CRD74-2	냉각 팬 HI 2 릴레이	Plug Mini
CRD75	냉각 팬 LOW 릴레이	Plug Micro

※ 지정된 퓨즈 및 릴레이를 사용하십시오

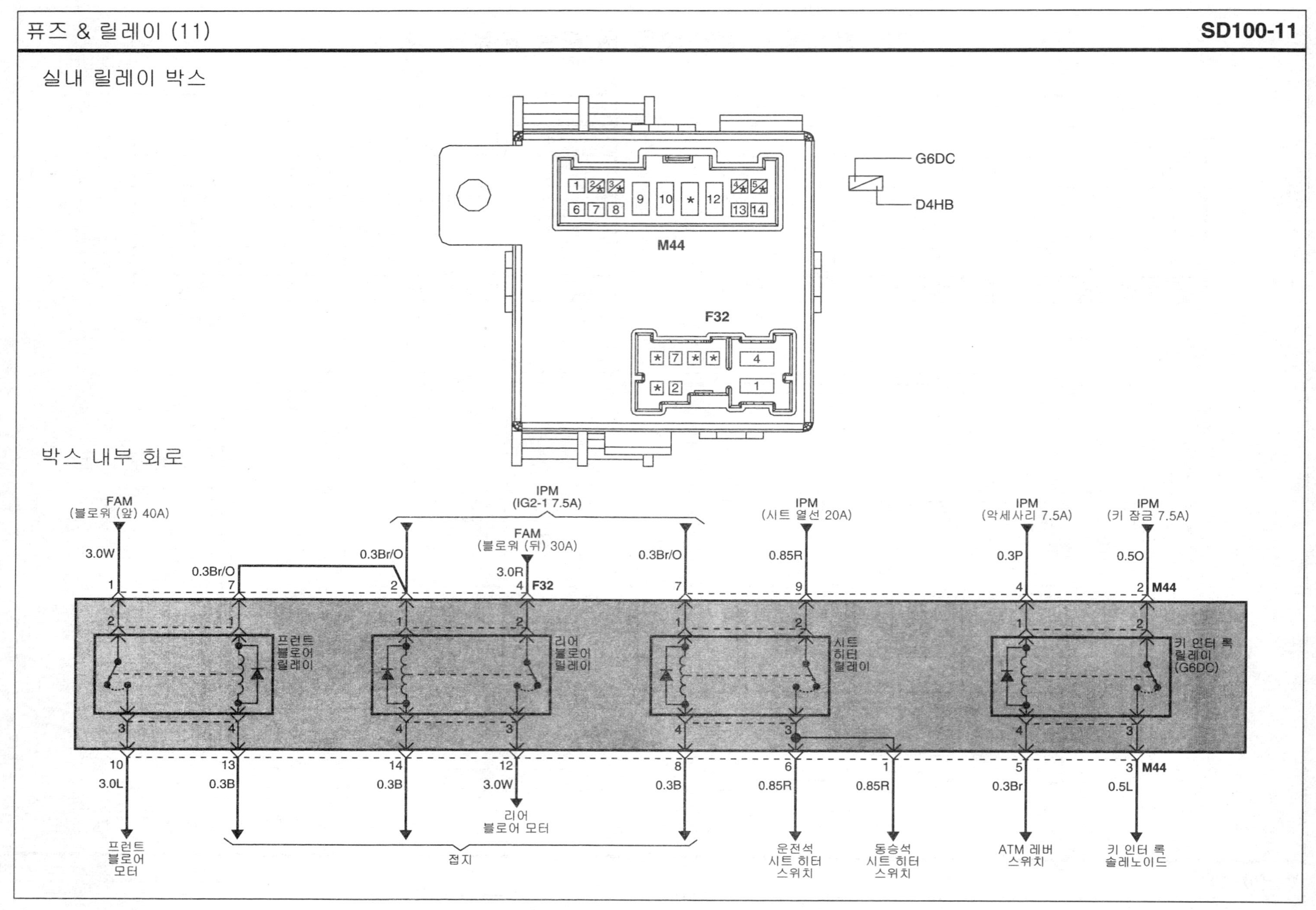
실내 릴레이 박스
M44
F32
G6DC
D4HB
박스 내부 회로
FAM
(블로워 (앞) 40A)
3.0W
IPM
(IG2-1 7.5A)
FAM
(블로워 (뒤) 30A)
3.0R
0.3Br/O
IPM
(시트 열선 20A)
0.85R
IPM
(악세사리 7.5A)
0.3P
IPM
(키 잠금 7.5A)
0.5O
프런트
블로어
릴레이
리어
블로어
릴레이
시트
히터
릴레이
키 인터 록
릴레이
(G6DC)
3.0L
0.3B
3.0W
리어
블로어 모터
0.85R
0.3Br
0.5L
프런트
블로어
모터
접지
운전석
시트 히터
스위치
동승석
시트 히터
스위치
ATM 레버
스위치
키 인터 록
솔레노이드

G6DC : ...AMBDA II 3.5L
D4HB ... 2.2L

FAM
파워 트레인 7.5A로 (SD110-2) (SD110-3)
앞 유리 열선 15A
경음기 15A
프론트/리어 와샤 10A
도난 경보 10A
프런트
리어
앞 유리 열선 릴레이
경음기 릴레이
프런트 와셔 모터 릴레이
리어 와셔 모터 릴레이
40 BEC-FE
0.5W/B
0.5W/B
2
5 E38
도난 방지 경음기 릴레이

15B
20B(G6DC)
30B(D4HB)
1 E96(G6DC) CRD10(D4HB)
스타트 모터

배터리 & 배터리 퓨즈 박스
배터리
냉각 팬 60A
발전기 175A
디젤 박스 150A
G6DC
D4HB
12B

20B(G6DC)
40B(D4HB)
20B(G6DC)
40B(D4HB)
배터리 접지
차체 접지
5.0W
2 E74
냉각 팬 릴레이
20B
1 E91(G6DC) CRD07(D4HB)
알터네이터

디젤 박스
냉각팬 LOW 30A
냉각팬 HI 1 30A
피티시 1 40A
피티시 2 40A
피티시 3 40A
글로우 60A
3.0B
3.0R
3.0Br
3.0O
3.0W
5.0W
1 CRD75
1 CRD74-1
1 CRD71
1 CRD72
1 CRD73
7 CRD70
냉각 팬 LOW 릴레이
냉각 팬 HI 1 릴레이
피티씨 1 릴레이
피티씨 2 릴레이
피티씨 3 릴레이
글로우 릴레이 모듈 (METAL)

G6DC : LAMBDA II 3.5L

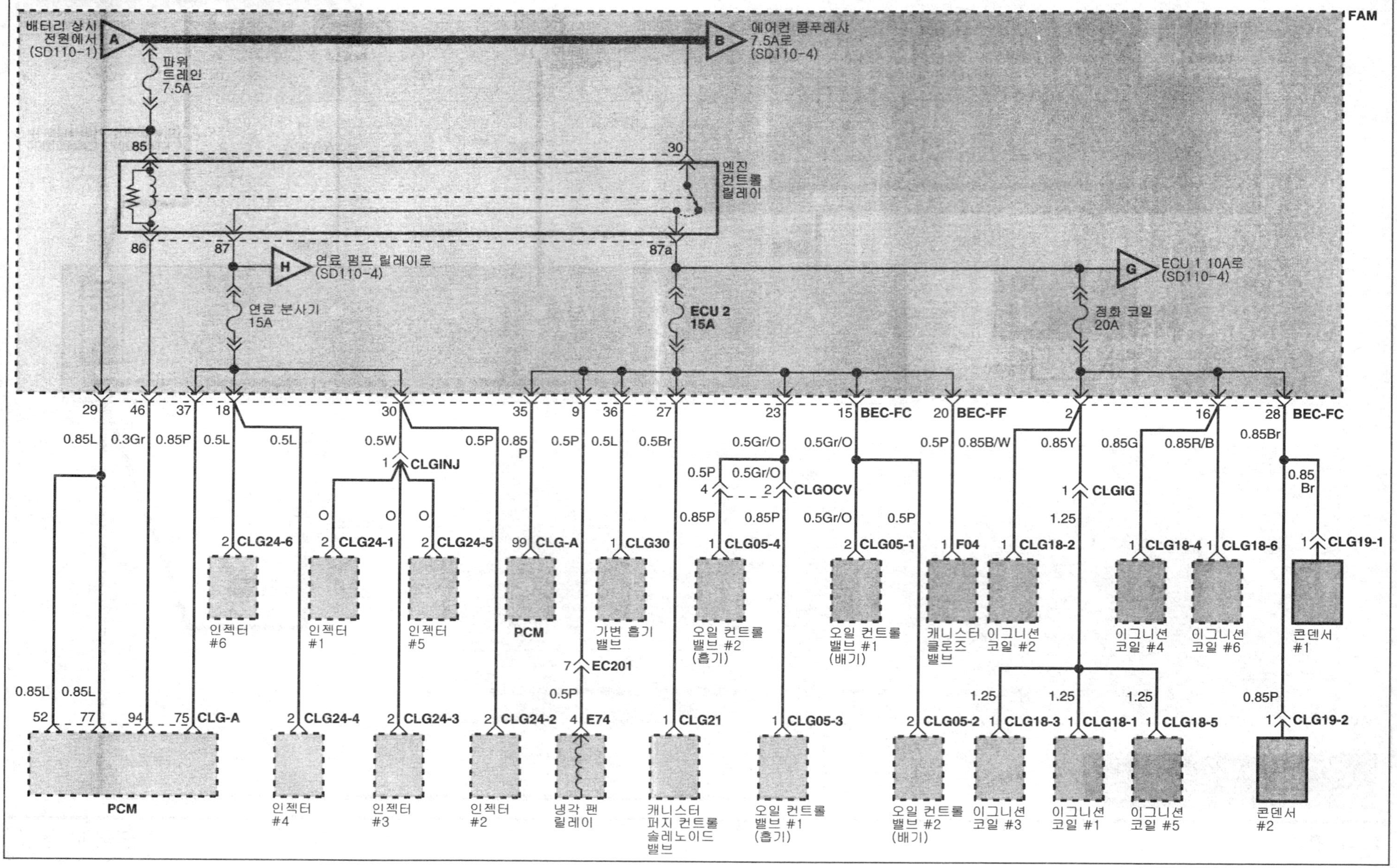

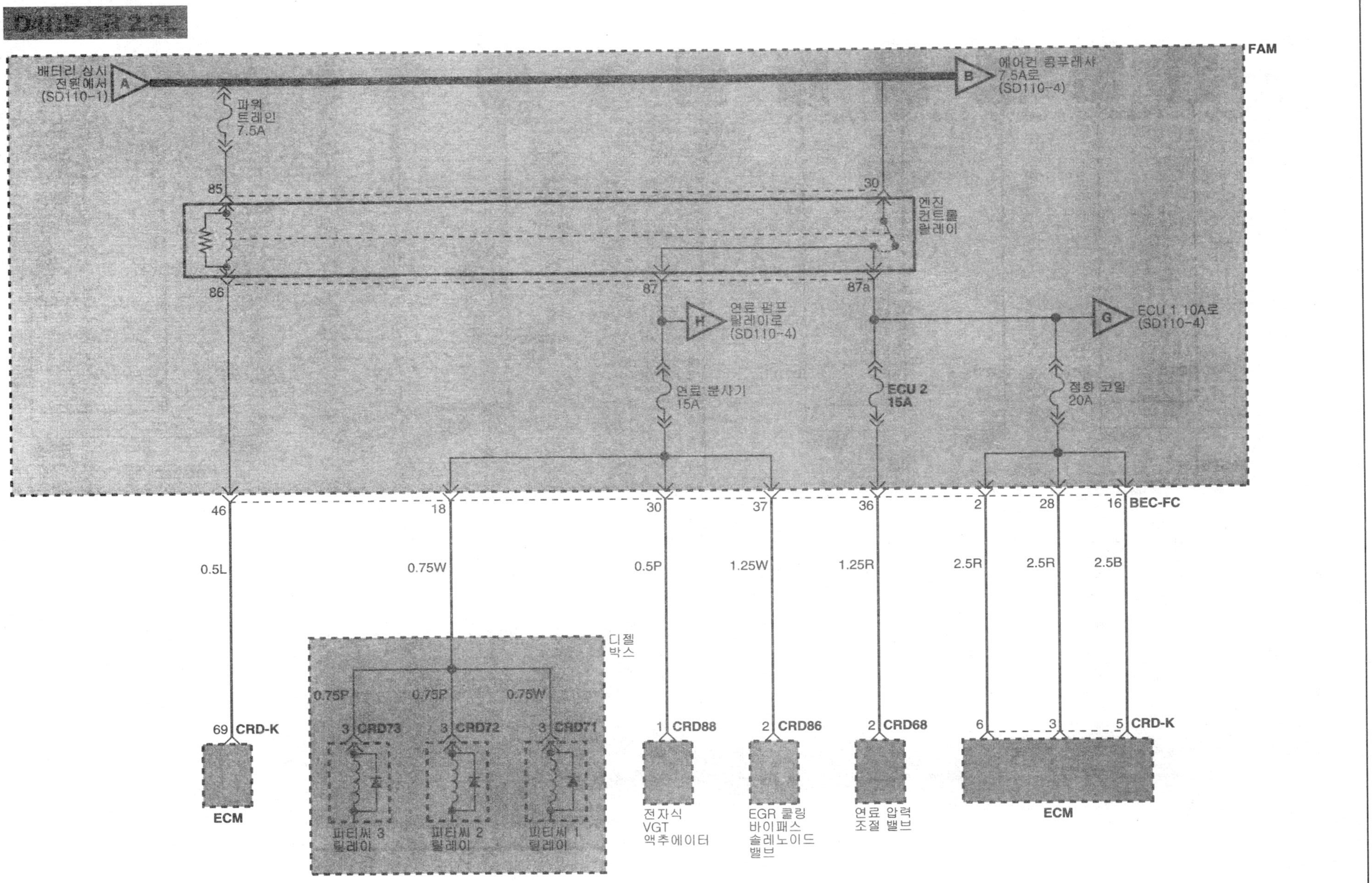

FAM

배터리 상시 전원에서 (SD110-1)

에어컨 콤프레샤 7.5A로 (SD110-4)

파워 트레인 7.5A

엔진 컨트롤 릴레이

85, 86, 30, 87, 87a

연료 펌프 릴레이로 (SD110-4)

ECU 1 10A로 (SD110-4)

연료 분사기 15A

ECU 2 15A

점화 코일 20A

BEC-FC

46, 18, 30, 37, 36, 2, 28, 16

0.5L, 0.75W, 0.5P, 1.25W, 1.25R, 2.5R, 2.5R, 2.5B

디젤 박스

0.75P, 0.75P, 0.75W

69 CRD-K — ECM

3 CRD73 — 피티씨 3 릴레이

3 CRD72 — 피티씨 2 릴레이

3 CRD71 — 피티씨 1 릴레이

1 CRD88 — 전자식 VGT 액추에이터

2 CRD86 — EGR 쿨링 바이패스 솔레노이드 밸브

2 CRD68 — 연료 압력 조절 밸브

6, 3, 5 CRD-K — ECM

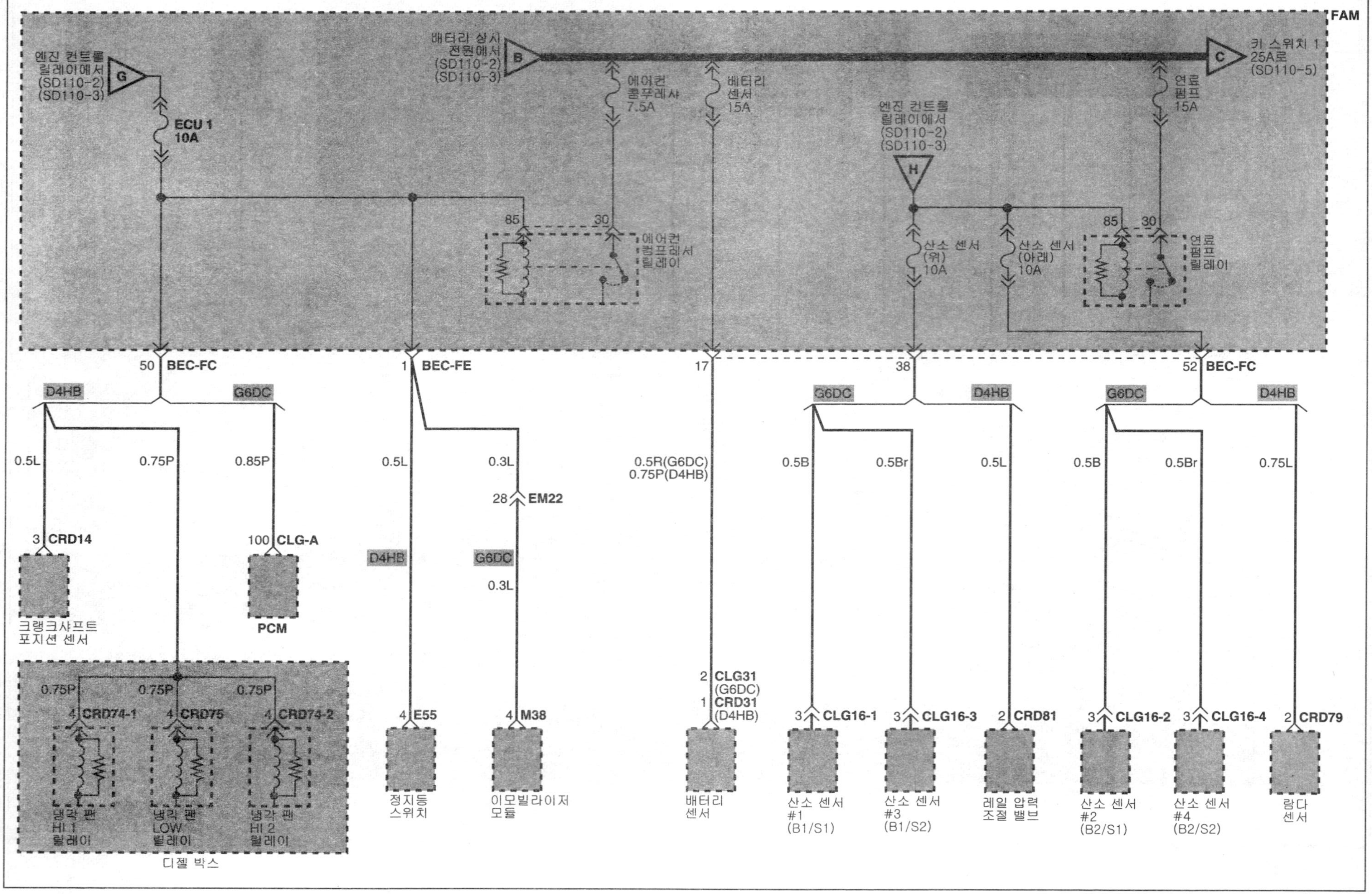

전원 배분도 (4)

FAM
엔진 컨트롤 릴레이에서 (SD110-2) (SD110-3)
G
ECU 1 10A
배터리 상시 전원에서 (SD110-2) (SD110-3)
B
에어컨 콤프레샤 7.5A
배터리 센서 15A
C
키 스위치 1 25A로 (SD110-5)
연료 펌프 15A
85
30
에어컨 컴프레서 릴레이
엔진 컨트롤 릴레이에서 (SD110-2) (SD110-3)
H
산소 센서 (위) 10A
산소 센서 (아래) 10A
85
30
연료 펌프 릴레이
50 BEC-FC
1 BEC-FE
17
38
52 BEC-FC
D4HB
G6DC
0.5L
0.75P
0.85P
3 CRD14
크랭크샤프트 포지션 센서
100 CLG-A
PCM
0.75P
0.75P
0.75P
4 CRD74-1
4 CRD75
4 CRD74-2
냉각 팬 HI 1 릴레이
냉각 팬 LOW 릴레이
냉각 팬 HI 2 릴레이
디젤 박스
0.5L
0.3L
28 EM22
D4HB
G6DC
0.3L
4 E55
정지등 스위치
4 M38
이모빌라이저 모듈
0.5R(G6DC)
0.75P(D4HB)
2 CLG31 (G6DC)
1 CRD31 (D4HB)
배터리 센서
G6DC
D4HB
0.5B
0.5Br
0.5L
3 CLG16-1
산소 센서 #1 (B1/S1)
3 CLG16-3
산소 센서 #3 (B1/S2)
2 CRD81
레일 압력 조절 밸브
G6DC
D4HB
0.5B
0.5Br
0.75L
3 CLG16-2
산소 센서 #2 (B2/S1)
3 CLG16-4
산소 센서 #4 (B2/S2)
2 CRD79
람다 센서

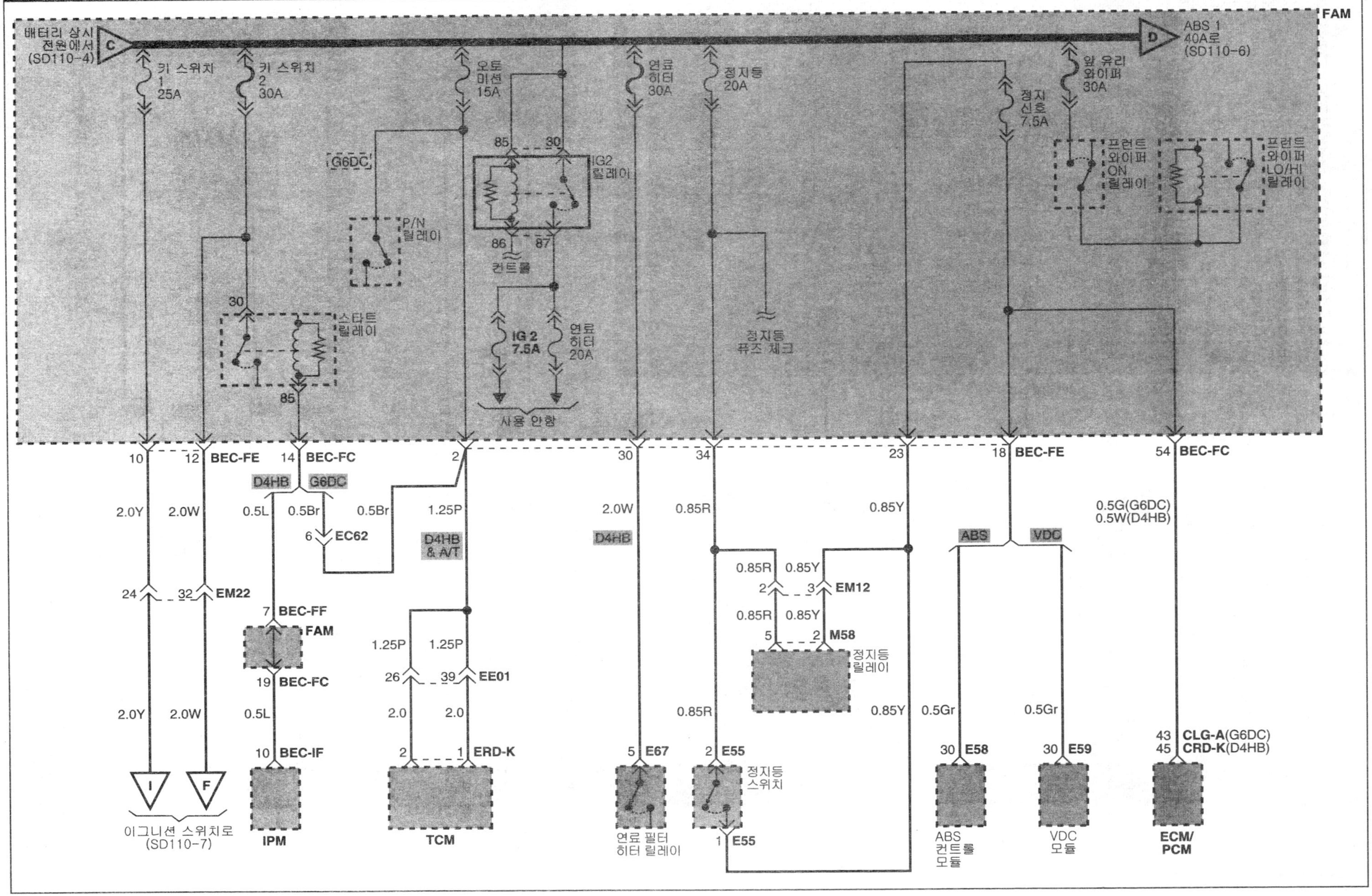

FAM
배터리 상시 전원에서 (SD110-4)
ABS 1 40A로 (SD110-6)
키 스위치 1 25A
키 스위치 2 30A
오토 미션 15A
IG2 릴레이
85
30
86
87
컨트롤
IG 2 7.5A
연료 히터 20A
사용 안함
G6DC
P/N 릴레이
스타트 릴레이
연료 히터 30A
정지등 20A
정지등 퓨즈 체크
정지 신호 7.5A
앞 유리 와이퍼 30A
프런트 와이퍼 ON 릴레이
프런트 와이퍼 LO/HI 릴레이
10
12 BEC-FE
14 BEC-FC
2
30
34
23
18 BEC-FE
54 BEC-FC
2.0Y
2.0W
D4HB
G6DC
0.5L
0.5Br
0.5Br
6 EC62
1.25P
D4HB & A/T
2.0W
0.85R
0.85Y
ABS
VDC
0.5G(G6DC)
0.5W(D4HB)
24
32 EM22
7 BEC-FF
FAM
19 BEC-FC
0.5L
10 BEC-IF
IPM
1.25P
1.25P
26
39 EE01
2.0
2.0
2
1 ERD-K
TCM
0.85R
0.85Y
2
3 EM12
0.85R
0.85Y
5
2 M58
정지등 릴레이
0.85R
0.85Y
5 E67
연료 필터 히터 릴레이
2 E55
정지등 스위치
1 E55
0.5Gr
0.5Gr
30 E58
ABS 컨트롤 모듈
30 E59
VDC 모듈
43 CLG-A(G6DC)
45 CRD-K(D4HB)
ECM/PCM
I
F
이그니션 스위치로 (SD110-7)

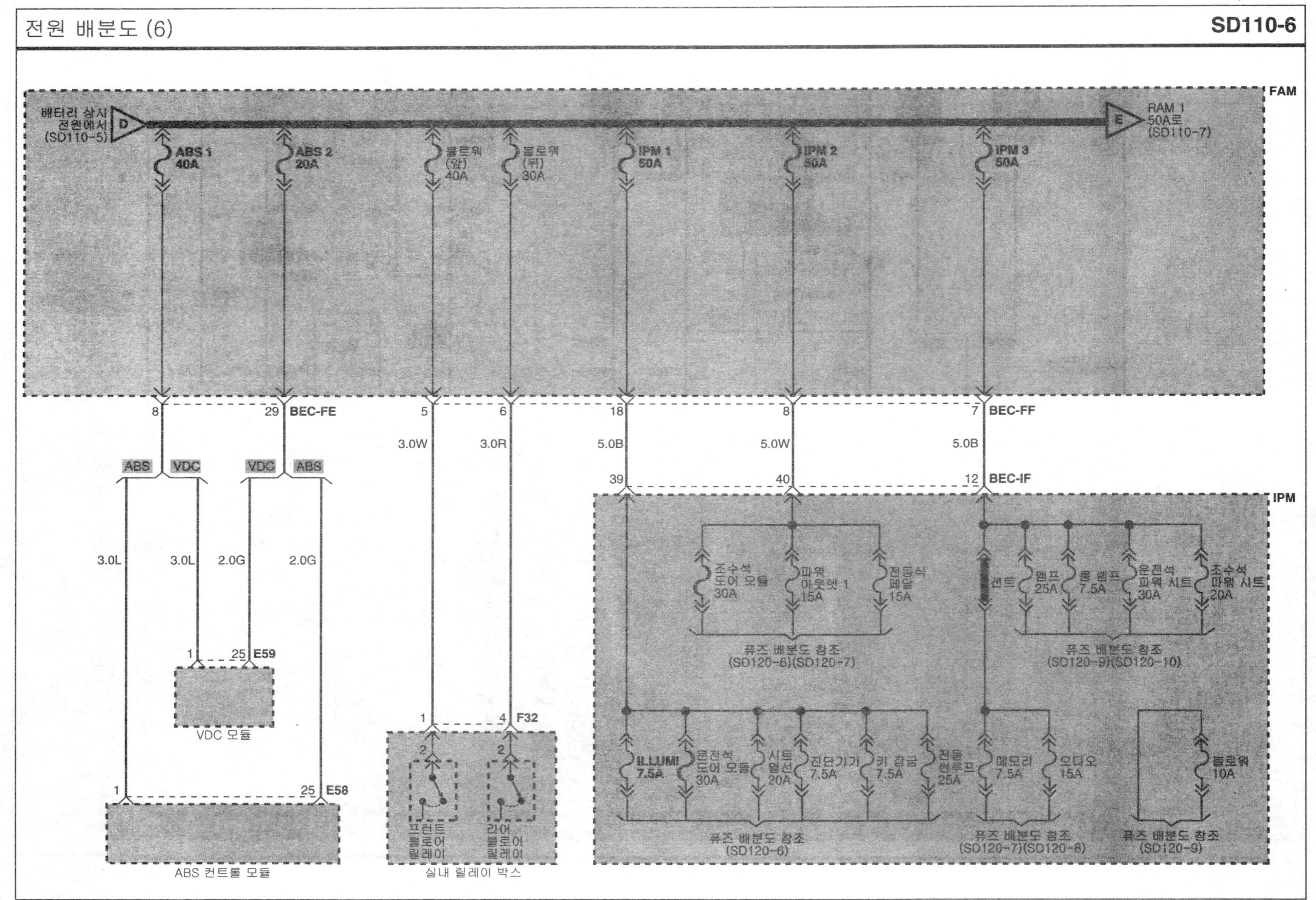
FAM
배터리 상시 전원에서 (SD110-5)
D
E
RAM 1 50A로 (SD110-7)
ABS 1 40A
ABS 2 20A
블로워 (앞) 40A
블로워 (뒤) 30A
IPM 1 50A
IPM 2 50A
IPM 3 50A
8
29 BEC-FE
5
6
18
8
7 BEC-FF
3.0W
3.0R
5.0B
5.0W
5.0B
39
40
12 BEC-IF
ABS
VDC
VDC
ABS
3.0L
3.0L
2.0G
2.0G
1
25 E59
VDC 모듈
1
25 E58
ABS 컨트롤 모듈
1
4 F32
2
2
프런트 블로어 릴레이
리어 블로어 릴레이
실내 릴레이 박스
IPM
조수석 도어 모듈 30A
파워 아웃렛 1 15A
전동식 페달 15A
퓨즈 배분도 참조 (SD120-6)(SD120-7)
션트
램프 25A
룸 램프 7.5A
운전석 파워 시트 30A
조수석 파워 시트 20A
퓨즈 배분도 참조 (SD120-9)(SD120-10)
ILLUMI 7.5A
운전석 도어 모듈 30A
시트 열선 20A
진단기기 7.5A
키 잠금 7.5A
전동 선루프 25A
퓨즈 배분도 참조 (SD120-6)
메모리 7.5A
오디오 15A
퓨즈 배분도 참조 (SD120-7)(SD120-8)
블로워 10A
퓨즈 배분도 참조 (SD120-9)

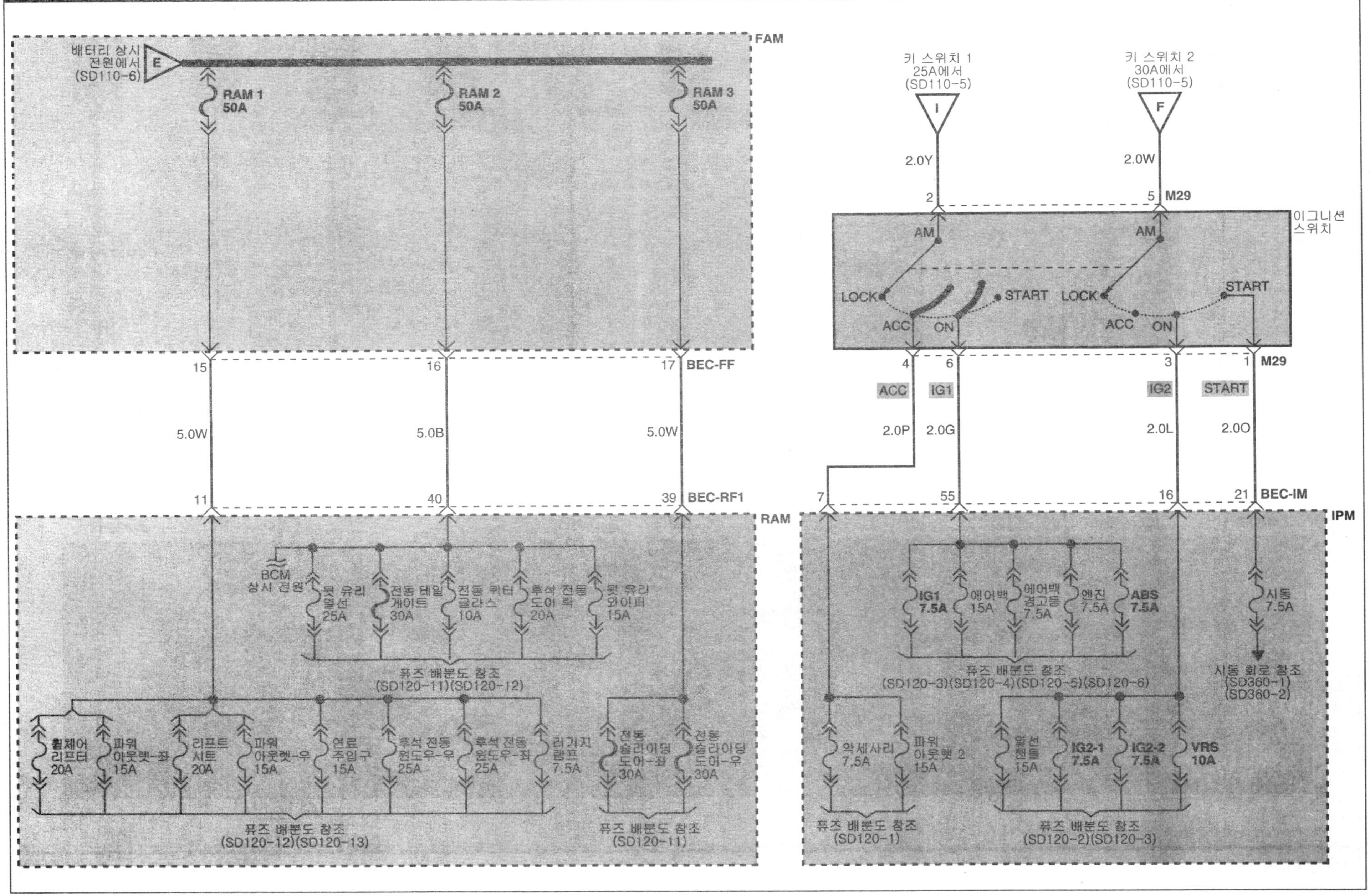

FAM
배터리 상시 전원에서 (SD110-6)
E
RAM 1 50A
RAM 2 50A
RAM 3 50A
15
16
17 BEC-FF
5.0W
5.0B
5.0W
11
40
39 BEC-RF1
RAM
BCM 상시 전원
뒷 유리 열선 25A
전동 테일 게이트 30A
전동 위터 글라스 10A
후석 전동 도어 락 20A
뒷 유리 와이퍼 15A
퓨즈 배분도 참조 (SD120-11)(SD120-12)
휠체어 리프터 20A
파워 아웃렛-좌 15A
리프트 시트 20A
파워 아웃렛-우 15A
연료 주입구 15A
후석 전동 윈도우-우 25A
후석 전동 윈도우-좌 25A
러기지 램프 7.5A
퓨즈 배분도 참조 (SD120-12)(SD120-13)
전동 슬라이딩 도어-좌 30A
전동 슬라이딩 도어-우 30A
퓨즈 배분도 참조 (SD120-11)
키 스위치 1 25A에서 (SD110-5)
I
키 스위치 2 30A에서 (SD110-5)
F
2.0Y
2.0W
2
5 M29
이그니션 스위치
AM
LOCK
ACC
ON
START
4
6
3
1 M29
ACC
IG1
IG2
START
2.0P
2.0G
2.0L
2.0O
7
55
16
21 BEC-IM
IPM
IG1 7.5A
에어백 15A
에어백 경고등 7.5A
엔진 7.5A
ABS 7.5A
퓨즈 배분도 참조 (SD120-3)(SD120-4)(SD120-5)(SD120-6)
시동 7.5A
시동 회로 참조 (SD360-1) (SD360-2)
악세사리 7.5A
파워 아웃렛 2 15A
퓨즈 배분도 참조 (SD120-1)
열선 핸들 15A
IG2-1 7.5A
IG2-2 7.5A
VRS 10A
퓨즈 배분도 참조 (SD120-2)(SD120-3)

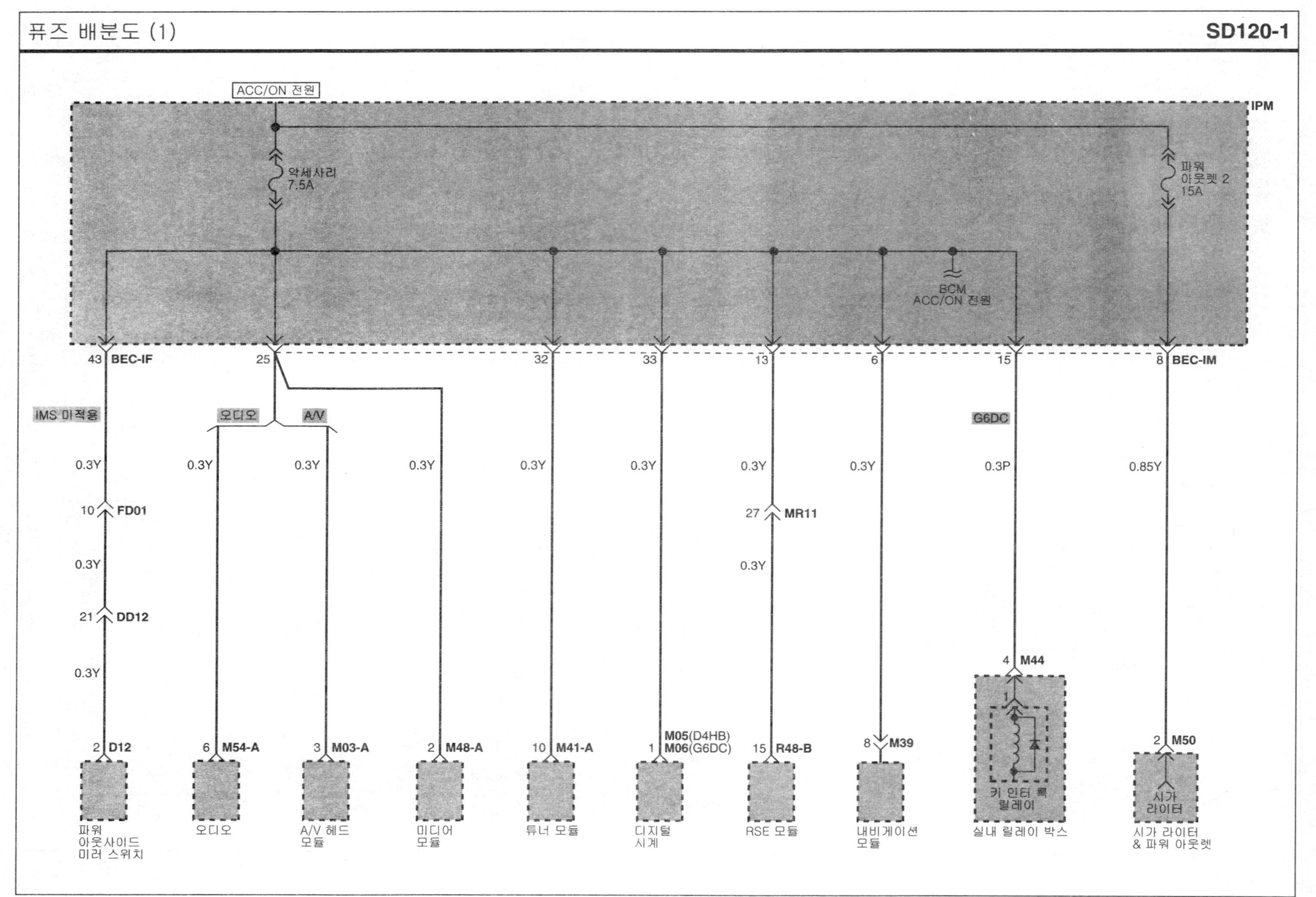
ACC/ON 전원
IPM
악세사리
7.5A
파워
아웃렛 2
15A
BCM
ACC/ON 전원
43 BEC-IF
25
32
33
13
6
15
8 BEC-IM
IMS 미적용
오디오
A/V
G6DC
0.3Y
0.3P
0.85Y
10 FD01
21 DD12
27 MR11
4 M44
1
2 D12
6 M54-A
3 M03-A
2 M48-A
10 M41-A
1 M05(D4HB)
M06(G6DC)
15 R48-B
8 M39
2 M50
파워
아웃사이드
미러 스위치
오디오
A/V 헤드
모듈
미디어
모듈
튜너 모듈
디지털
시계
RSE 모듈
내비게이션
모듈
키 인터 록
릴레이
실내 릴레이 박스
시가
라이터
시가 라이터
& 파워 아웃렛

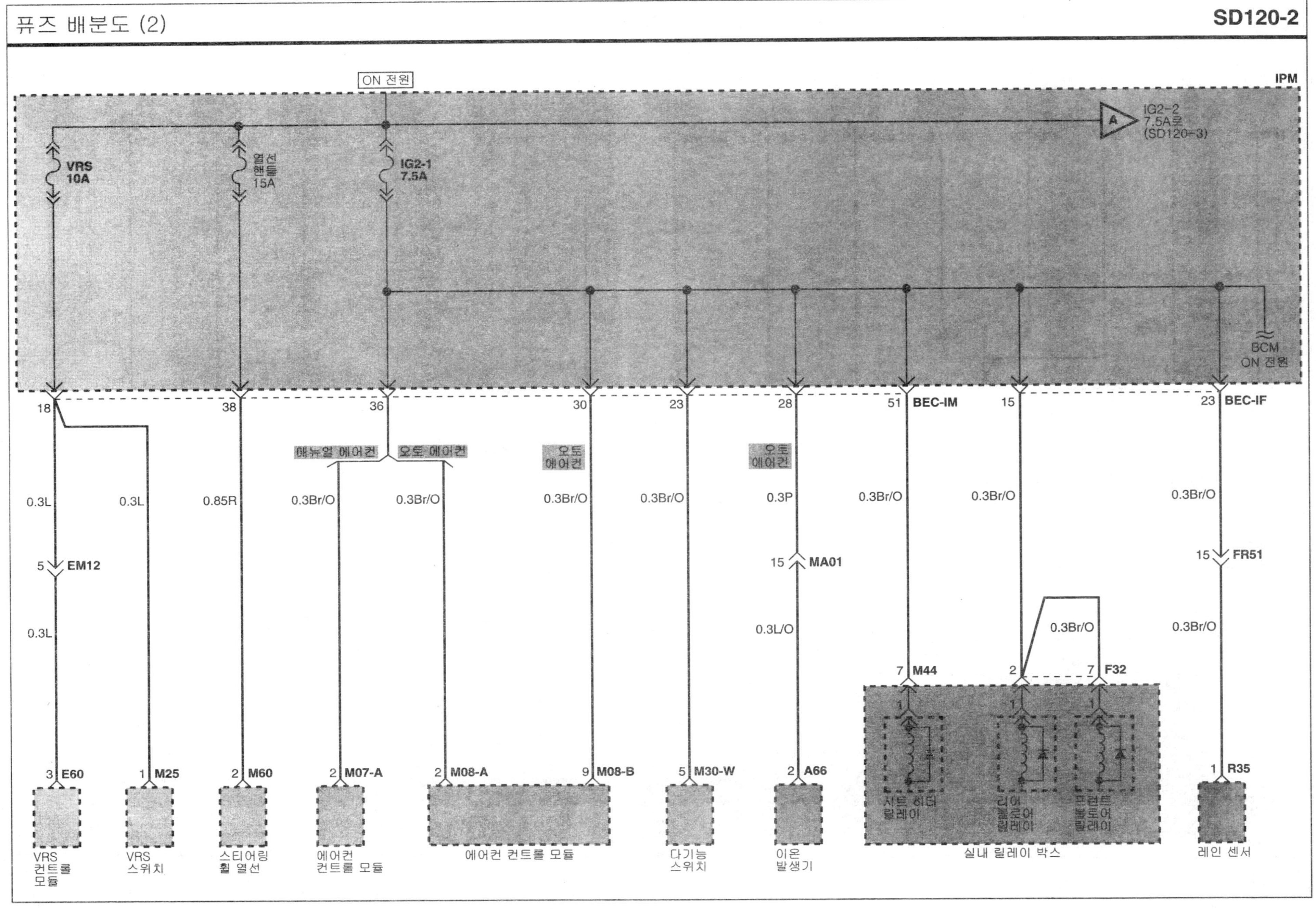
ON 전원
IPM
VRS 10A
열선 핸들 15A
IG2-1 7.5A
IG2-2 7.5A로 (SD120-3)
BCM ON 전원
18
38
36
30
23
28
51 BEC-IM
15
23 BEC-IF
매뉴얼 에어컨
오토 에어컨
오토 에어컨
오토 에어컨
0.3L
0.3L
0.85R
0.3Br/O
0.3Br/O
0.3Br/O
0.3Br/O
0.3P
0.3Br/O
0.3Br/O
0.3Br/O
5 EM12
15 MA01
15 FR51
0.3L
0.3L/O
0.3Br/O
0.3Br/O
7 M44
2
7 F32
3 E60
1 M25
2 M60
2 M07-A
2 M08-A
9 M08-B
5 M30-W
2 A66
1 R35
VRS 컨트롤 모듈
VRS 스위치
스티어링 휠 열선
에어컨 컨트롤 모듈
에어컨 컨트롤 모듈
다기능 스위치
이온 발생기
시트 히터 릴레이
리어 블로어 릴레이
프런트 블로어 릴레이
실내 릴레이 박스
레인 센서

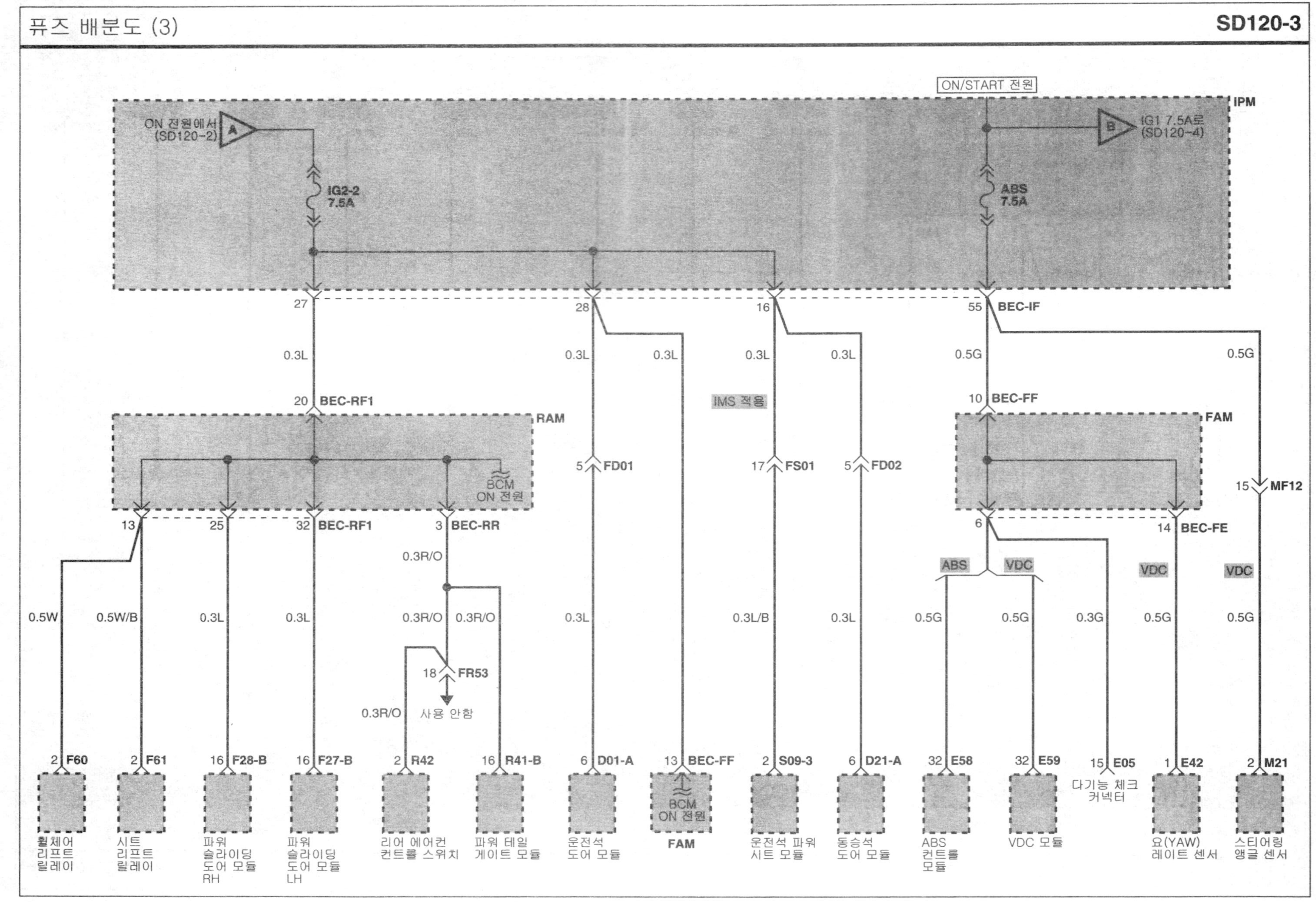
ON/START 전원
IPM
ON 전원에서 (SD120-2)
A
B
IG1 7.5A로 (SD120-4)
IG2-2 7.5A
ABS 7.5A
27
28
16
55
BEC-IF
0.3L
0.5G
20 BEC-RF1
RAM
IMS 적용
10 BEC-FF
FAM
5 FD01
17 FS01
5 FD02
15 MF12
BCM ON 전원
13
25
32 BEC-RF1
3 BEC-RR
6
14 BEC-FE
0.3R/O
ABS
VDC
0.5W
0.5W/B
0.3L/B
0.3G
18 FR53
사용 안함
2 F60
2 F61
16 F28-B
16 F27-B
2 R42
16 R41-B
6 D01-A
13 BEC-FF
2 S09-3
6 D21-A
32 E58
32 E59
15 E05
1 E42
2 M21
다기능 체크 커넥터
휠체어 리프트 릴레이
시트 리프트 릴레이
파워 슬라이딩 도어 모듈 RH
파워 슬라이딩 도어 모듈 LH
리어 에어컨 컨트롤 스위치
파워 테일 게이트 모듈
운전석 도어 모듈
FAM
운전석 파워 시트 모듈
동승석 도어 모듈
ABS 컨트롤 모듈
VDC 모듈
요(YAW) 레이트 센서
스티어링 앵글 센서

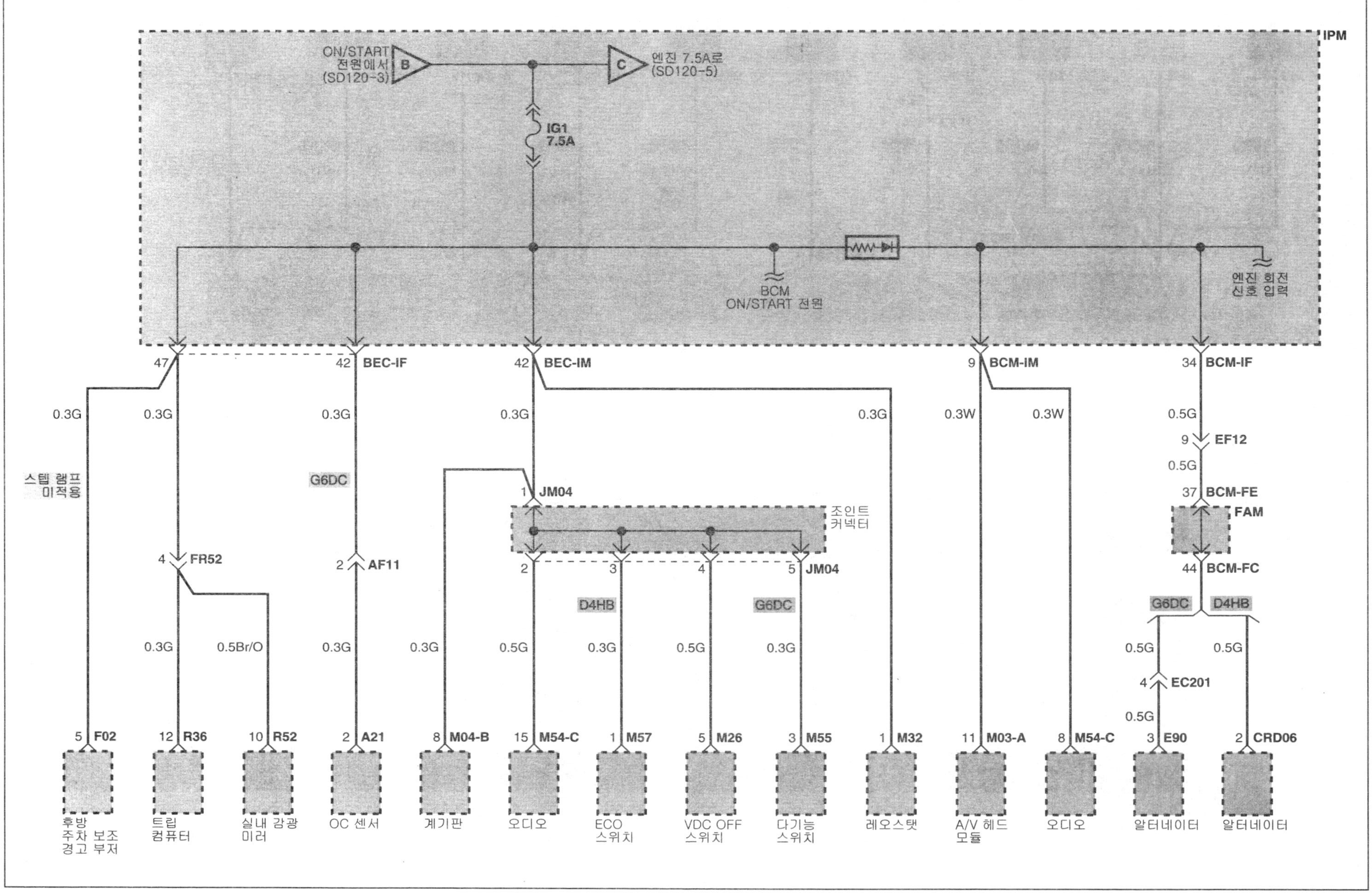

IPM

ON/START 전원에서 (SD120-3) B

C 엔진 7.5A로 (SD120-5)

IG1 7.5A

BCM ON/START 전원

엔진 회전 신호 입력

47 — 0.3G — 스텝 램프 미적용 — 5 F02 후방 주차 보조 경고 부저

47 — 0.3G — 4 FR52 — 0.3G — 12 R36 트립 컴퓨터

FR52 — 0.5Br/O — 10 R52 실내 감광 미러

42 BEC-IF — 0.3G — G6DC — 2 AF11 — 0.3G — 2 A21 OC 센서

42 BEC-IM — 0.3G — 1 JM04 조인트 커넥터

JM04 — 0.3G — 8 M04-B 계기판

JM04 2 — 0.5G — 15 M54-C 오디오

JM04 3 — D4HB — 0.3G — 1 M57 ECO 스위치

JM04 4 — 0.5G — 5 M26 VDC OFF 스위치

JM04 5 — G6DC — 0.3G — 3 M55 다기능 스위치

BEC-IM — 0.3G — 1 M32 레오스탯

9 BCM-IM — 0.3W — 11 M03-A A/V 헤드 모듈

BCM-IM — 0.3W — 8 M54-C 오디오

34 BCM-IF — 0.5G — 9 EF12 — 0.5G — 37 BCM-FE FAM 44 BCM-FC

G6DC — 0.5G — 4 EC201 — 0.5G — 3 E90 알터네이터

D4HB — 0.5G — 2 CRD06 알터네이터

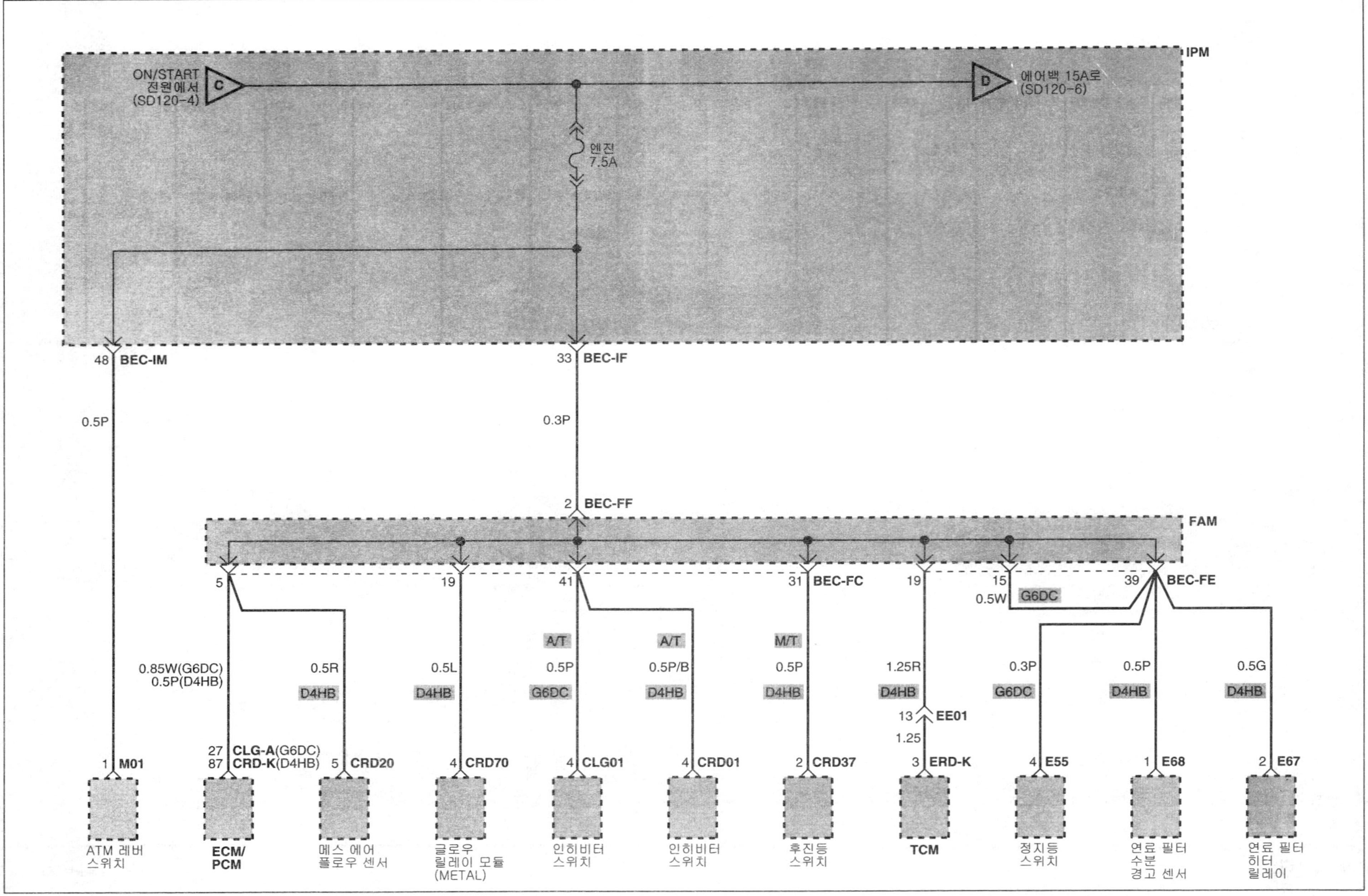

IPM
ON/START 전원에서 (SD120-4)
C
D
에어백 15A로 (SD120-6)
엔진 7.5A

48 BEC-IM
0.5P
1 M01
ATM 레버 스위치

33 BEC-IF
0.3P
2 BEC-FF
FAM

5
0.85W(G6DC)
0.5P(D4HB)
27 CLG-A(G6DC)
87 CRD-K(D4HB)
ECM/PCM

0.5R
D4HB
5 CRD20
메스 에어 플로우 센서

19
0.5L
D4HB
4 CRD70
글로우 릴레이 모듈 (METAL)

41
A/T
0.5P
G6DC
4 CLG01
인히비터 스위치

A/T
0.5P/B
D4HB
4 CRD01
인히비터 스위치

31 BEC-FC
M/T
0.5P
D4HB
2 CRD37
후진등 스위치

19
1.25R
D4HB
13 EE01
1.25
3 ERD-K
TCM

15
0.5W
G6DC
0.3P
G6DC
4 E55
정지등 스위치

39 BEC-FE
0.5P
D4HB
1 E68
연료 필터 수분 경고 센서

0.5G
D4HB
2 E67
연료 필터 히터 릴레이

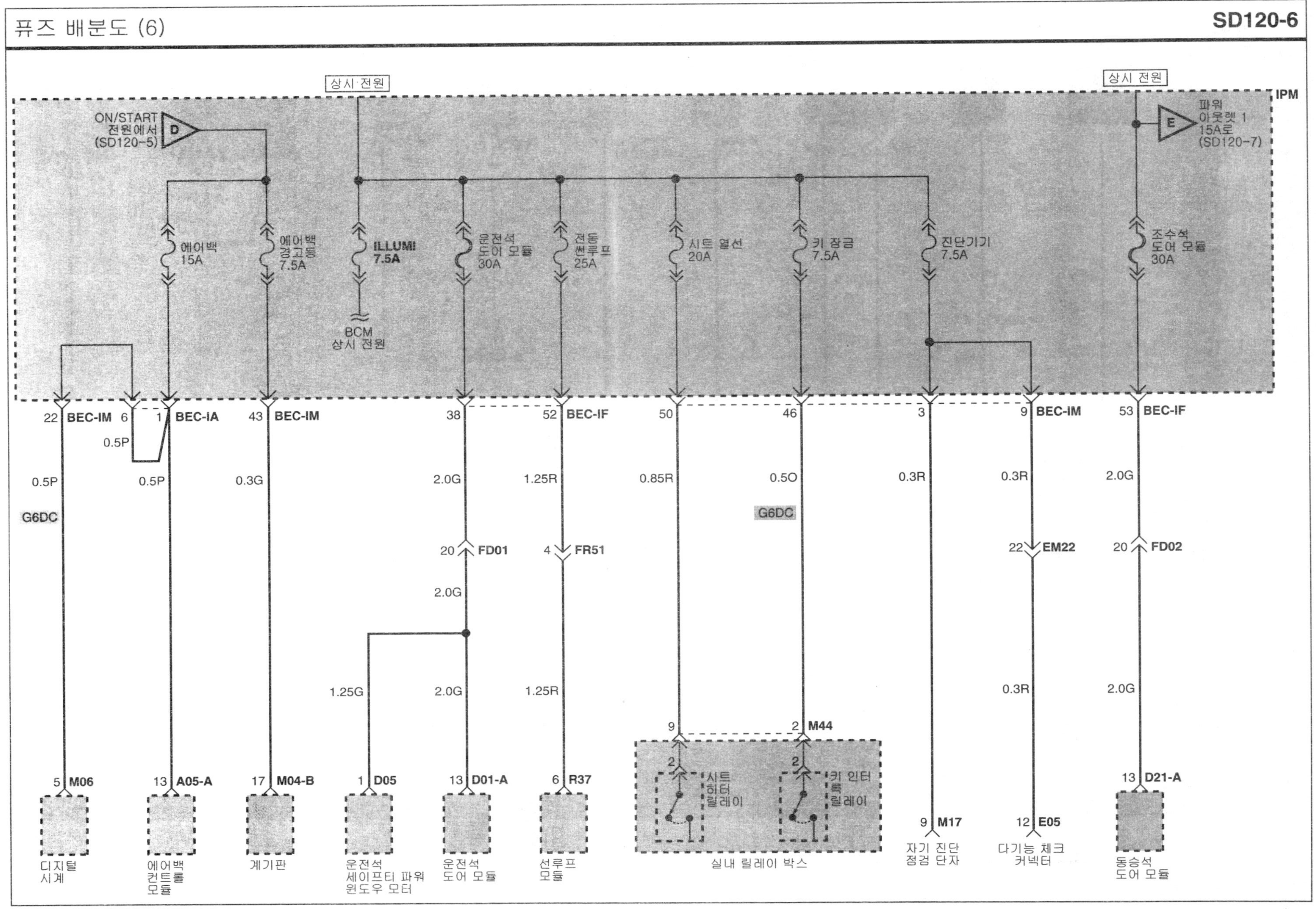
상시 전원
상시 전원
IPM
ON/START 전원에서 (SD120-5)
D
E
파워 아웃렛 1 15A로 (SD120-7)
에어백 15A
에어백 경고등 7.5A
ILLUMI 7.5A
BCM 상시 전원
운전석 도어 모듈 30A
전동 썬루프 25A
시트 열선 20A
키 잠금 7.5A
진단기기 7.5A
조수석 도어 모듈 30A
22 BEC-IM
6
1 BEC-IA
43 BEC-IM
38
52 BEC-IF
50
46
3
9 BEC-IM
53 BEC-IF
0.5P
0.5P
0.5P
0.3G
2.0G
1.25R
0.85R
0.5O
0.3R
0.3R
2.0G
G6DC
G6DC
20 FD01
4 FR51
22 EM22
20 FD02
2.0G
1.25G
2.0G
1.25R
0.3R
2.0G
9
2 M44
2
2
시트 히터 릴레이
키 인터록 릴레이
5 M06
13 A05-A
17 M04-B
1 D05
13 D01-A
6 R37
9 M17
12 E05
13 D21-A
디지털 시계
에어백 컨트롤 모듈
계기판
운전석 세이프티 파워 윈도우 모터
운전석 도어 모듈
선루프 모듈
실내 릴레이 박스
자기 진단 점검 단자
다기능 체크 커넥터
동승석 도어 모듈

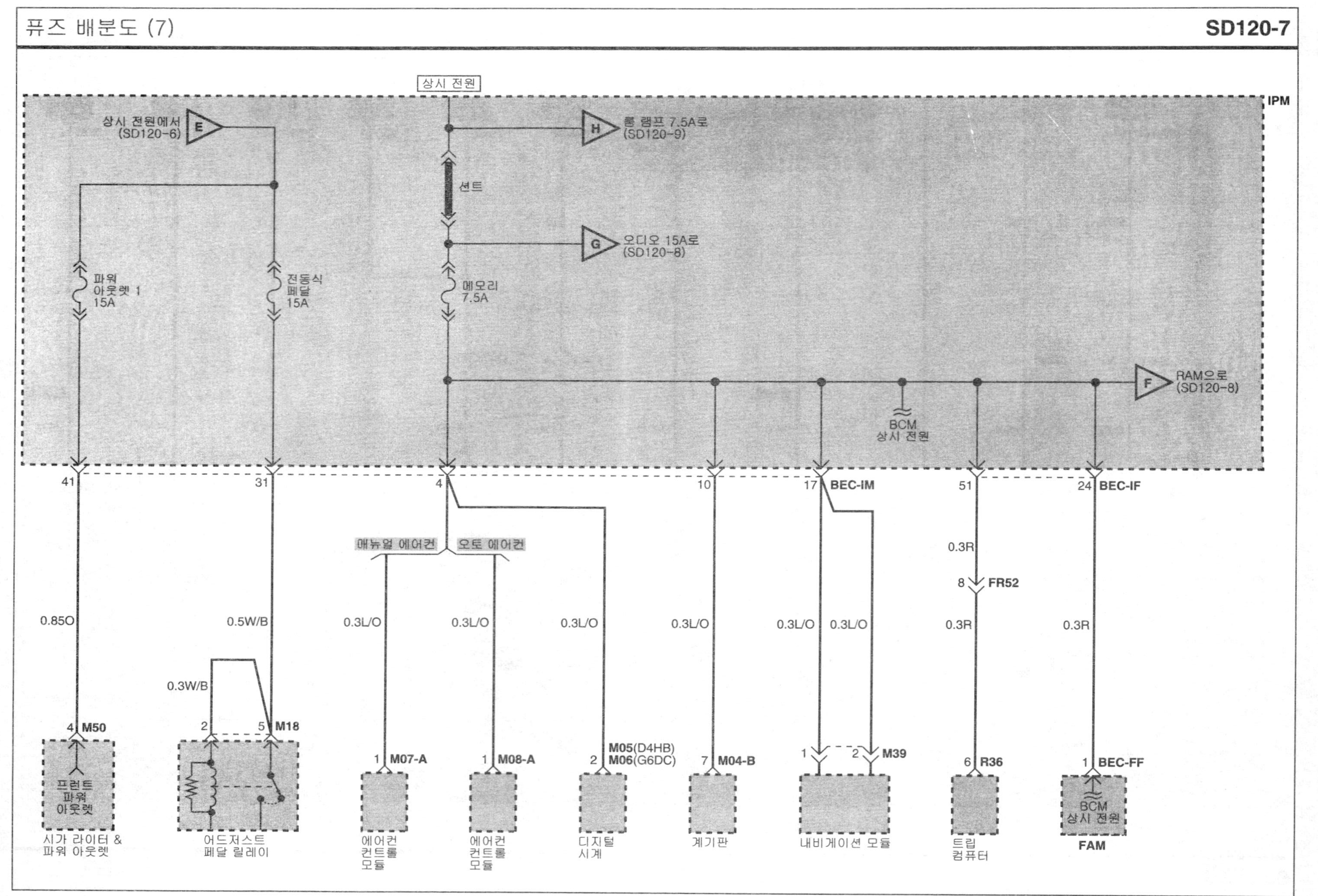
상시 전원
IPM
상시 전원에서 (SD120-6)
E
H
룸 램프 7.5A로 (SD120-9)
션트
G
오디오 15A로 (SD120-8)
파워 아웃렛 1 15A
전동식 페달 15A
메모리 7.5A
F
RAM으로 (SD120-8)
BCM 상시 전원
41
31
4
10
17
BEC-IM
51
24
BEC-IF
매뉴얼 에어컨
오토 에어컨
0.3R
8
FR52
0.85O
0.5W/B
0.3L/O
0.3L/O
0.3L/O
0.3L/O
0.3L/O
0.3L/O
0.3R
0.3R
0.3W/B
4
M50
2
5
M18
1
M07-A
1
M08-A
2
M05(D4HB)
M06(G6DC)
7
M04-B
1
2
M39
6
R36
1
BEC-FF
프런트 파워 아웃렛
BCM 상시 전원
시가 라이터 & 파워 아웃렛
어드저스트 페달 릴레이
에어컨 컨트롤 모듈
에어컨 컨트롤 모듈
디지털 시계
계기판
내비게이션 모듈
트립 컴퓨터
FAM

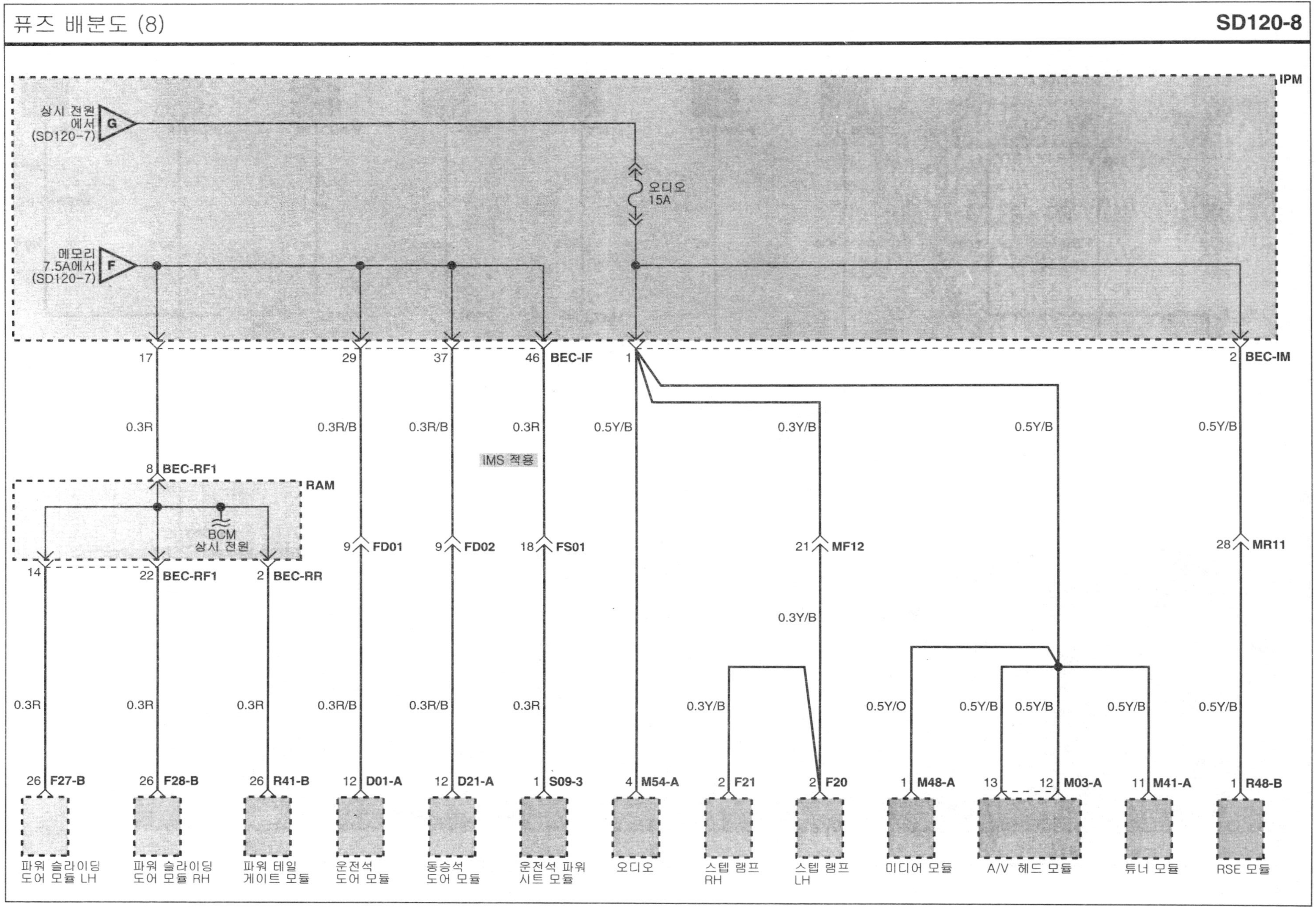

퓨즈 배분도 (8)
SD120-8
IPM
상시 전원 에서 (SD120-7)
G
오디오 15A
메모리 7.5A에서 (SD120-7)
F
17
29
37
46 BEC-IF
1
2 BEC-IM
0.3R
0.3R/B
0.3R/B
0.3R
0.5Y/B
0.3Y/B
0.5Y/B
0.5Y/B
IMS 적용
8 BEC-RF1
RAM
BCM 상시 전원
9 FD01
9 FD02
18 FS01
21 MF12
28 MR11
14
22 BEC-RF1
2 BEC-RR
0.3Y/B
0.3R
0.3R
0.3R
0.3R/B
0.3R/B
0.3R
0.3Y/B
0.5Y/O
0.5Y/B
0.5Y/B
0.5Y/B
0.5Y/B
26 F27-B
26 F28-B
26 R41-B
12 D01-A
12 D21-A
1 S09-3
4 M54-A
2 F21
2 F20
1 M48-A
13
12 M03-A
11 M41-A
1 R48-B
파워 슬라이딩 도어 모듈 LH
파워 슬라이딩 도어 모듈 RH
파워 테일 게이트 모듈
운전석 도어 모듈
동승석 도어 모듈
운전석 파워 시트 모듈
오디오
스텝 램프 RH
스텝 램프 LH
미디어 모듈
A/V 헤드 모듈
튜너 모듈
RSE 모듈

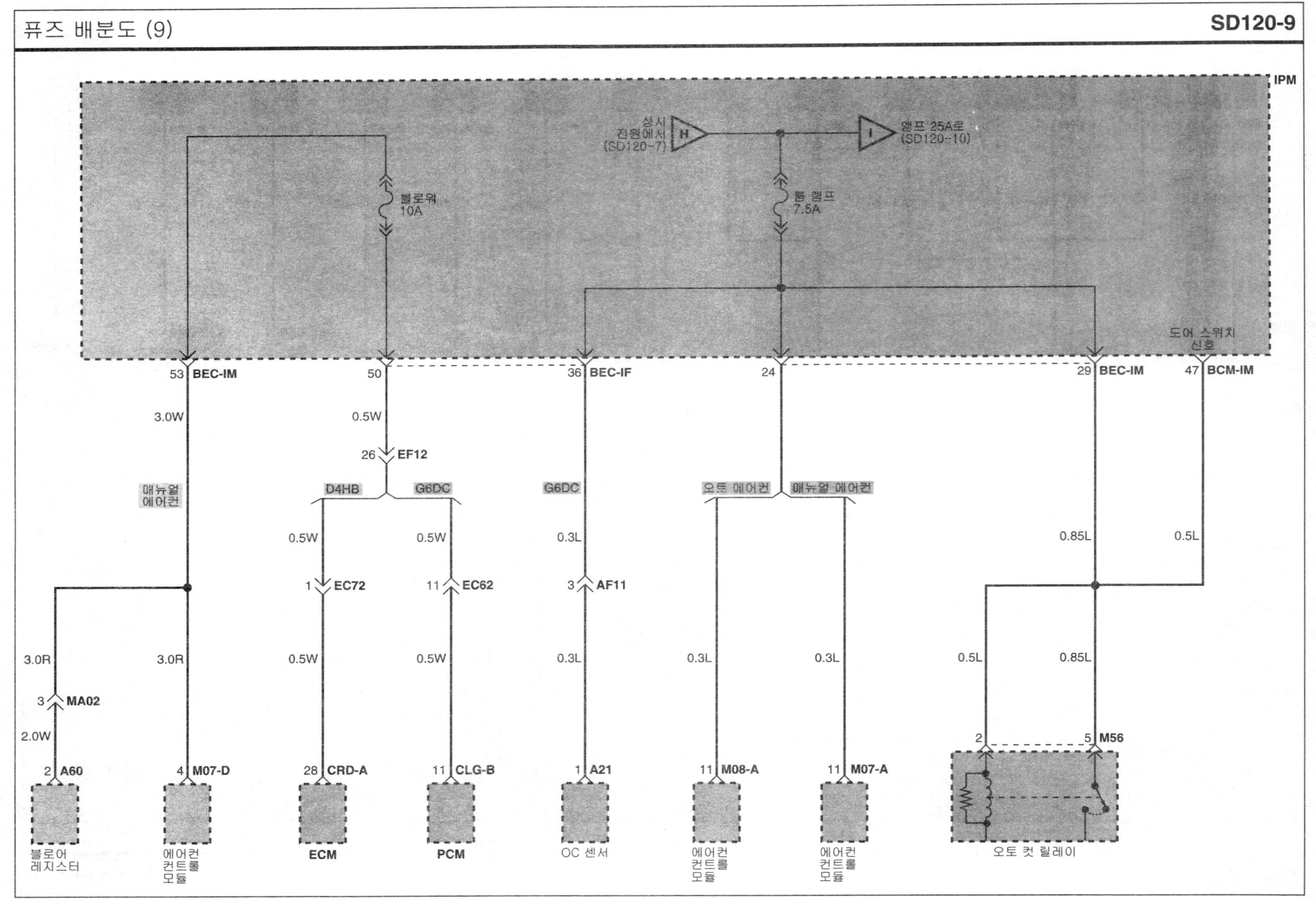

퓨즈 배분도 (9)
SD120-9
IPM
상시 전원에서 (SD120-7)
H
I
램프 25A로 (SD120-10)
블로워 10A
룸 램프 7.5A
도어 스위치 신호
53 BEC-IM
50
36 BEC-IF
24
29 BEC-IM
47 BCM-IM
3.0W
0.5W
26 EF12
매뉴얼 에어컨
D4HB
G6DC
G6DC
오토 에어컨
매뉴얼 에어컨
0.5W
0.5W
0.3L
0.85L
0.5L
1 EC72
11 EC62
3 AF11
3.0R
3.0R
0.5W
0.5W
0.3L
0.3L
0.3L
0.5L
0.85L
3 MA02
2.0W
2 A60
4 M07-D
28 CRD-A
11 CLG-B
1 A21
11 M08-A
11 M07-A
2
5 M56
블로어 레지스터
에어컨 컨트롤 모듈
ECM
PCM
OC 센서
에어컨 컨트롤 모듈
에어컨 컨트롤 모듈
오토 컷 릴레이

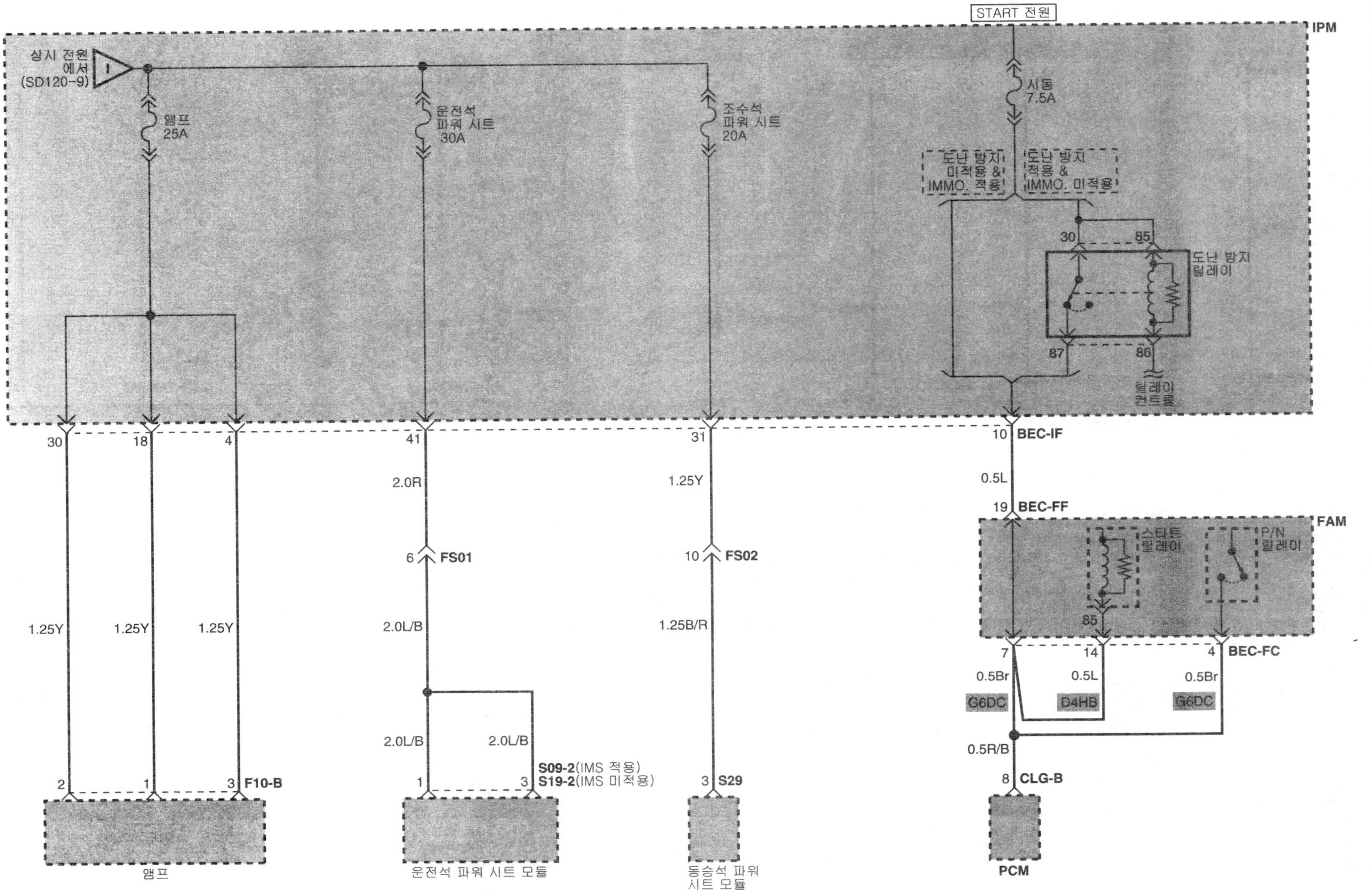

START 전원
IPM
상시 전원 에서 (SD120-9)
앰프 25A
운전석 파워 시트 30A
조수석 파워 시트 20A
시동 7.5A
도난 방지 미적용 & IMMO. 적용
도난 방지 적용 & IMMO. 미적용
30
85
87
86
도난 방지 릴레이
릴레이 컨트롤
30
18
4
41
31
10 BEC-IF
2.0R
1.25Y
0.5L
19 BEC-FF
FAM
스타트 릴레이
P/N 릴레이
85
6 FS01
10 FS02
7
14
4 BEC-FC
1.25Y
1.25Y
1.25Y
2.0L/B
1.25B/R
0.5Br
0.5L
0.5Br
G6DC
D4HB
G6DC
2.0L/B
2.0L/B
0.5R/B
2
1
3 F10-B
1
3 S09-2(IMS 적용) S19-2(IMS 미적용)
3 S29
8 CLG-B
앰프
운전석 파워 시트 모듈
동승석 파워 시트 모듈
PCM

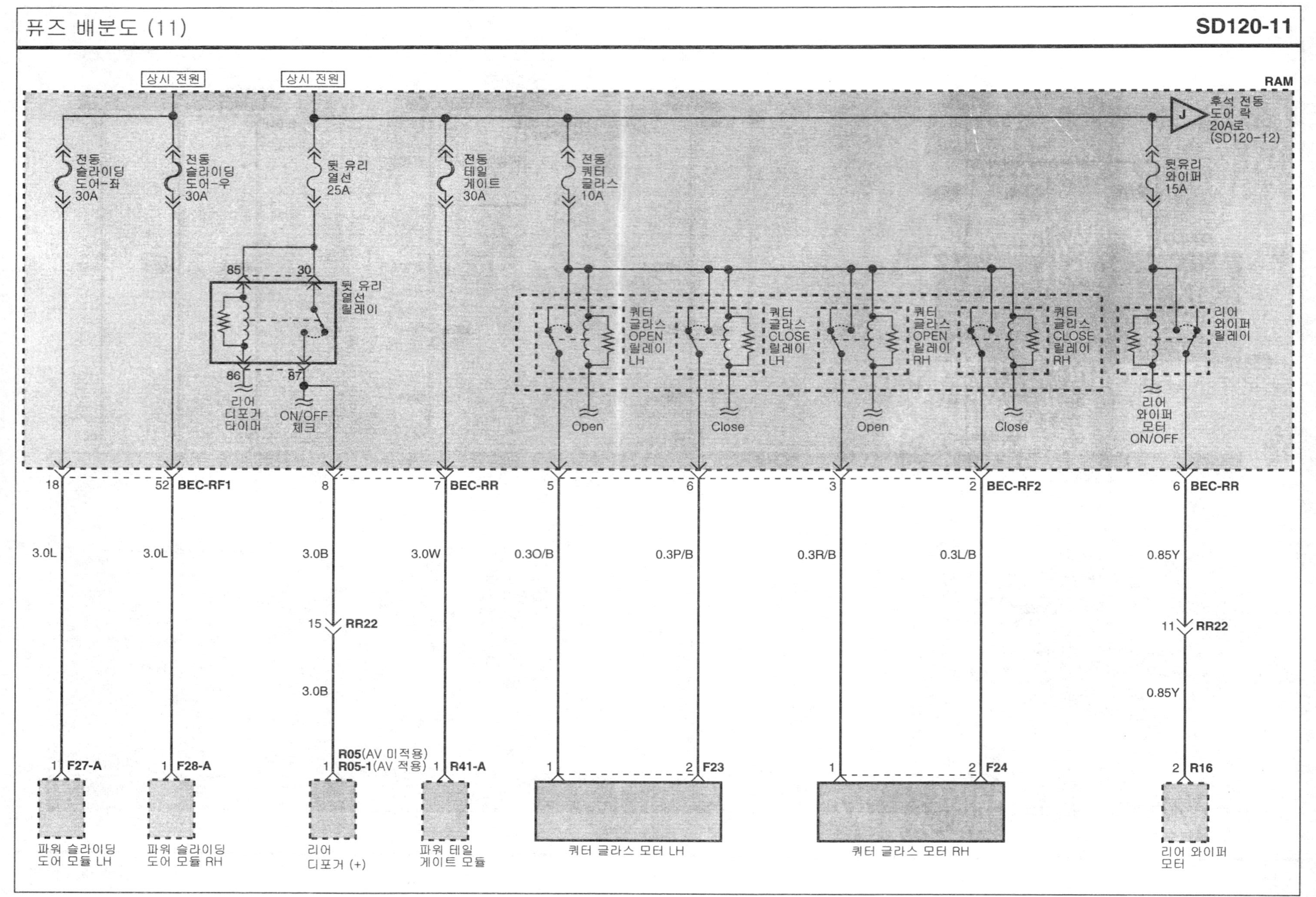

퓨즈 배분도 (11)
SD120-11
상시 전원
상시 전원
RAM
후석 전동 도어 락 20A로 (SD120-12)
전동 슬라이딩 도어-좌 30A
전동 슬라이딩 도어-우 30A
뒷 유리 열선 25A
전동 테일 게이트 30A
전동 쿼터 글라스 10A
뒷유리 와이퍼 15A
85
30
86
87
뒷 유리 열선 릴레이
리어 디포거 타이머
ON/OFF 체크
쿼터 글라스 OPEN 릴레이 LH
쿼터 글라스 CLOSE 릴레이 LH
쿼터 글라스 OPEN 릴레이 RH
쿼터 글라스 CLOSE 릴레이 RH
리어 와이퍼 릴레이
Open
Close
Open
Close
리어 와이퍼 모터 ON/OFF
18
52 BEC-RF1
8
7 BEC-RR
5
6
3
2 BEC-RF2
6 BEC-RR
3.0L
3.0L
3.0B
3.0W
0.3O/B
0.3P/B
0.3R/B
0.3L/B
0.85Y
15 RR22
11 RR22
3.0B
0.85Y
1 F27-A
1 F28-A
R05(AV 미적용)
1 R05-1(AV 적용)
1 R41-A
1
2 F23
1
2 F24
2 R16
파워 슬라이딩 도어 모듈 LH
파워 슬라이딩 도어 모듈 RH
리어 디포거 (+)
파워 테일 게이트 모듈
쿼터 글라스 모터 LH
쿼터 글라스 모터 RH
리어 와이퍼 모터

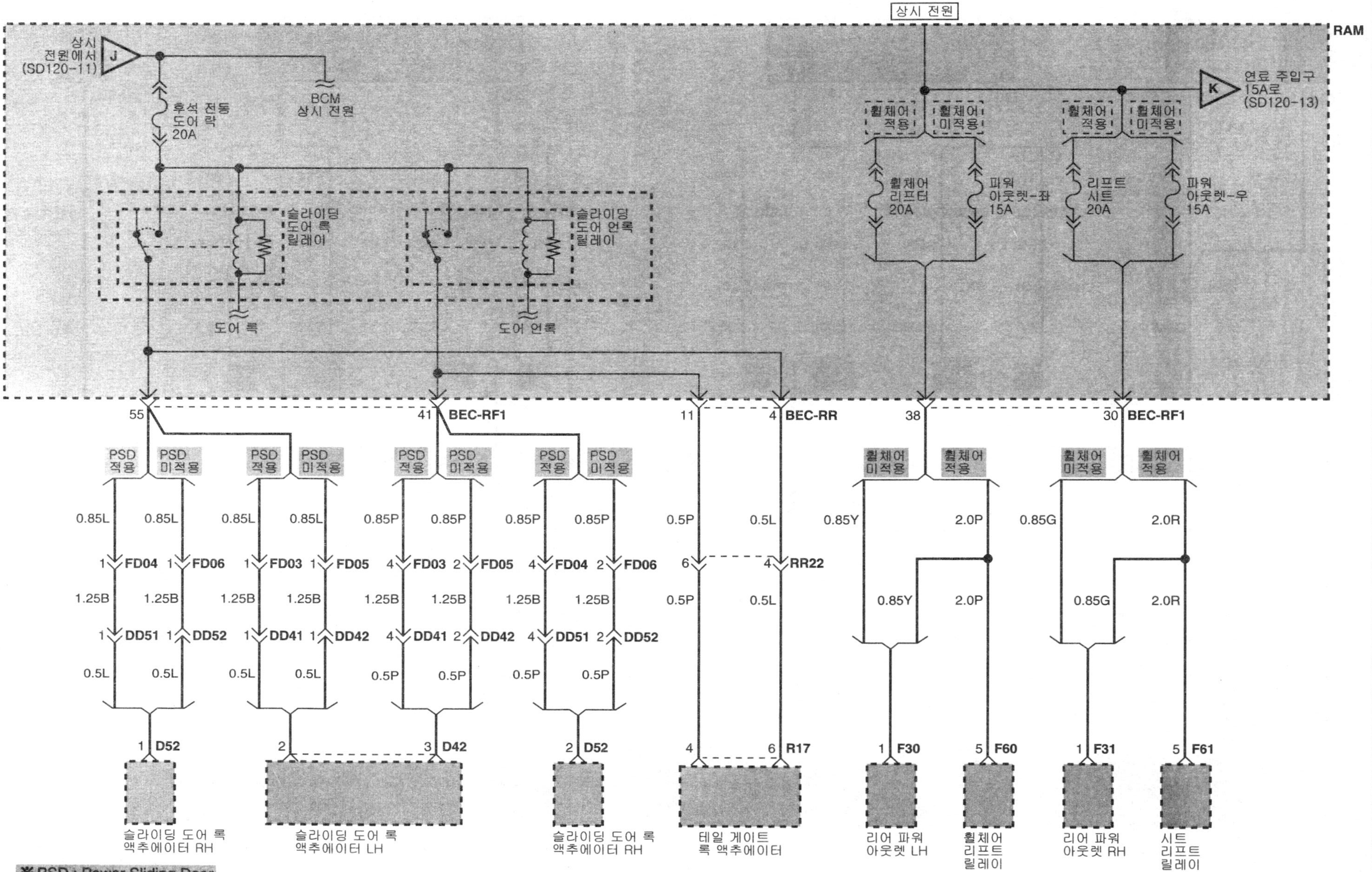

※PSD : Power Sliding Door

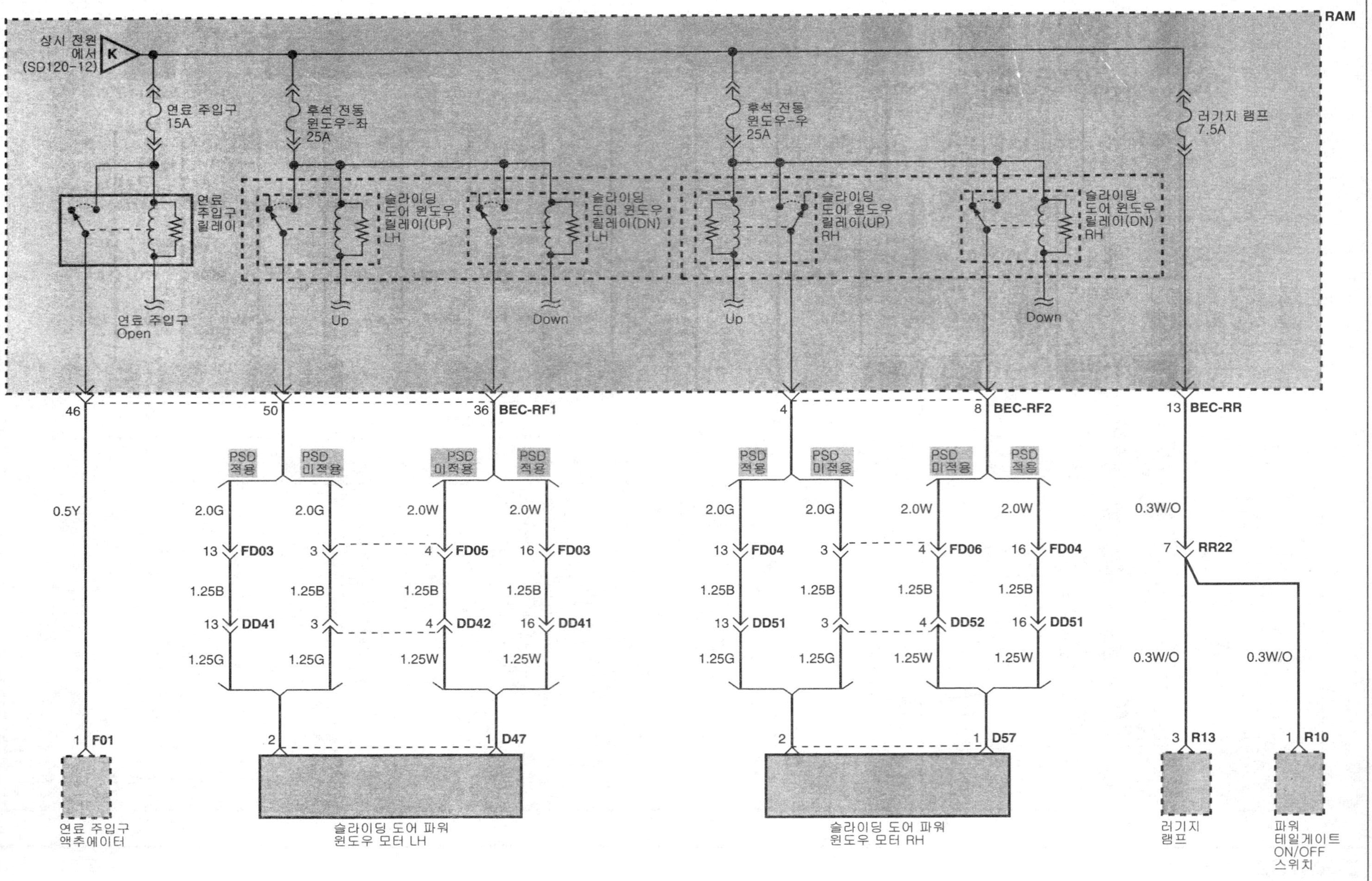

RAM
상시 전원 에서 (SD120-12)
K
연료 주입구 15A
후석 전동 윈도우-좌 25A
후석 전동 윈도우-우 25A
러기지 램프 7.5A
연료 주입구 릴레이
슬라이딩 도어 윈도우 릴레이(UP) LH
슬라이딩 도어 윈도우 릴레이(DN) LH
슬라이딩 도어 윈도우 릴레이(UP) RH
슬라이딩 도어 윈도우 릴레이(DN) RH
연료 주입구 Open
Up
Down
Up
Down
46
50
36 BEC-RF1
4
8 BEC-RF2
13 BEC-RR
PSD 적용
PSD 미적용
PSD 미적용
PSD 적용
PSD 적용
PSD 미적용
PSD 미적용
PSD 적용
0.5Y
2.0G
2.0G
2.0W
2.0W
2.0G
2.0G
2.0W
2.0W
0.3W/O
13 FD03
3
4 FD05
16 FD03
13 FD04
3
4 FD06
16 FD04
7 RR22
1.25B
13 DD41
3
4 DD42
16 DD41
13 DD51
3
4 DD52
16 DD51
1.25G
1.25G
1.25W
1.25W
1.25G
1.25G
1.25W
1.25W
0.3W/O
0.3W/O
1 F01
2
1 D47
2
1 D57
3 R13
1 R10
연료 주입구 액추에이터
슬라이딩 도어 파워 윈도우 모터 LH
슬라이딩 도어 파워 윈도우 모터 RH
러기지 램프
파워 테일게이트 ON/OFF 스위치

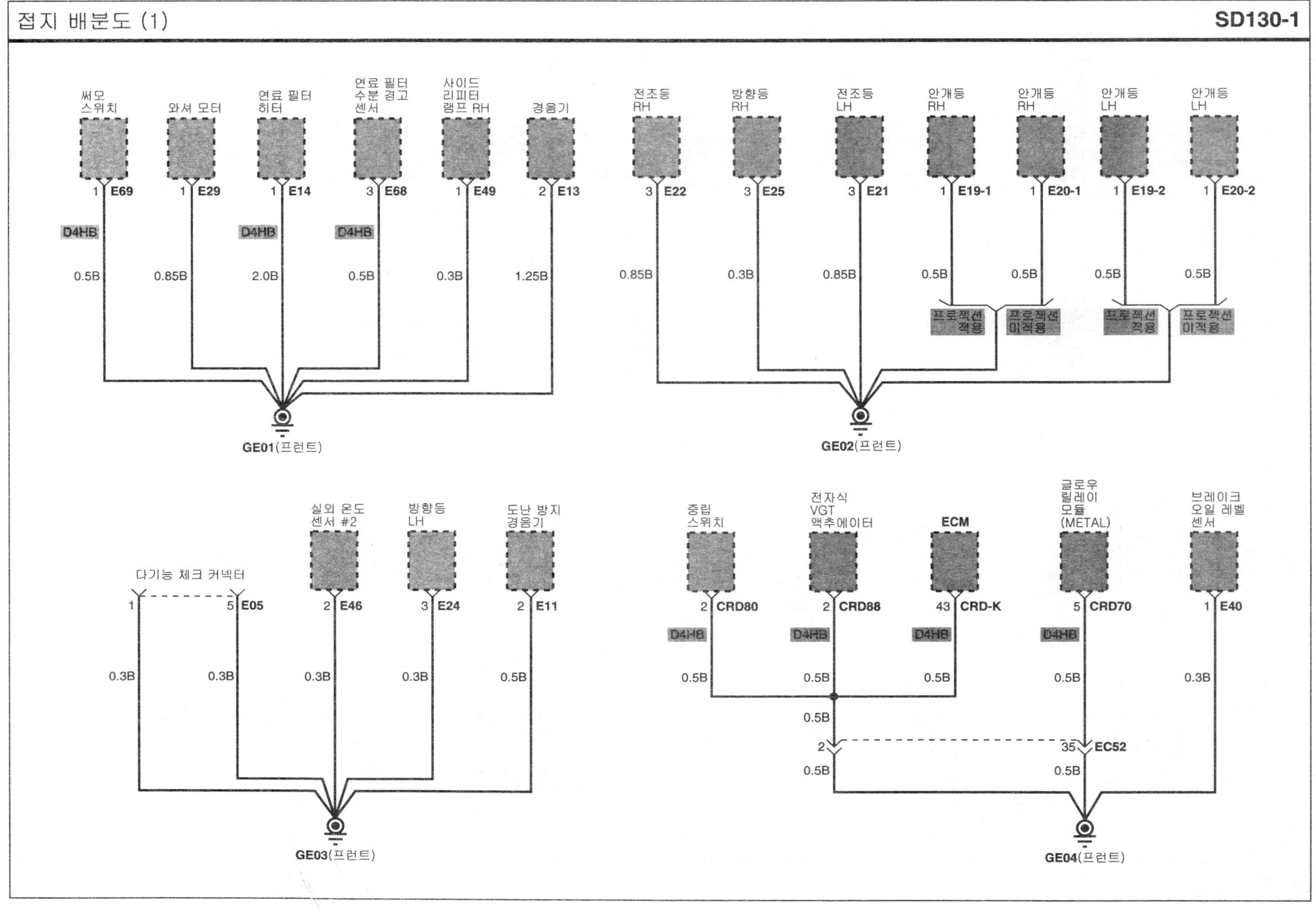
써모 스위치
와셔 모터
연료 필터 히터
연료 필터 수분 경고 센서
사이드 리피터 램프 RH
경음기
1 E69
1 E29
1 E14
3 E68
1 E49
2 E13
D4HB
0.5B
0.85B
2.0B
0.3B
1.25B
GE01(프런트)
전조등 RH
방향등 RH
전조등 LH
안개등 RH
안개등 LH
3 E22
3 E25
3 E21
1 E19-1
1 E20-1
1 E19-2
1 E20-2
프로젝션 적용
프로젝션 미적용
GE02(프런트)
다기능 체크 커넥터
실외 온도 센서 #2
방향등 LH
도난 방지 경음기
1
5 E05
2 E46
3 E24
2 E11
GE03(프런트)
중립 스위치
전자식 VGT 액추에이터
ECM
글로우 릴레이 모듈 (METAL)
브레이크 오일 레벨 센서
2 CRD80
2 CRD88
43 CRD-K
5 CRD70
1 E40
2
35 EC52
GE04(프런트)

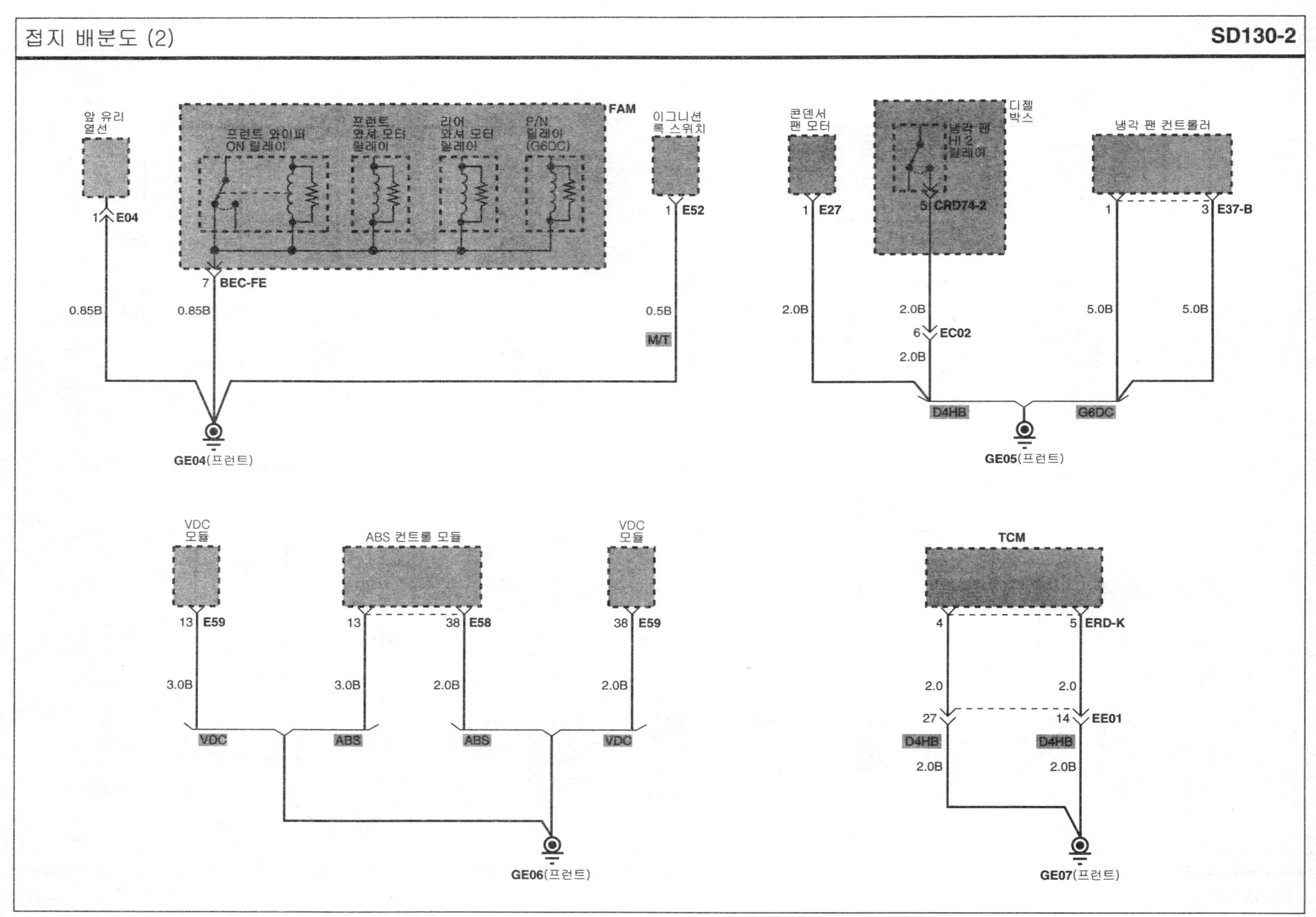

앞 유리 열선
1 E04
0.85B
FAM
프런트 와이퍼 ON 릴레이
프런트 와셔 모터 릴레이
리어 와셔 모터 릴레이
P/N 릴레이 (G6DC)
7 BEC-FE
0.85B
이그니션 록 스위치
1 E52
0.5B
M/T
GE04(프런트)
콘덴서 팬 모터
1 E27
2.0B
디젤 박스
냉각 팬 HI 2 릴레이
5 CRD74-2
2.0B
6 EC02
2.0B
냉각 팬 컨트롤러
1
3 E37-B
5.0B
5.0B
D4HB
G6DC
GE05(프런트)
VDC 모듈
13 E59
3.0B
VDC
ABS 컨트롤 모듈
13
38 E58
3.0B
2.0B
ABS
ABS
VDC 모듈
38 E59
2.0B
VDC
GE06(프런트)
TCM
4
5 ERD-K
2.0
2.0
27
14 EE01
D4HB
D4HB
2.0B
2.0B
GE07(프런트)

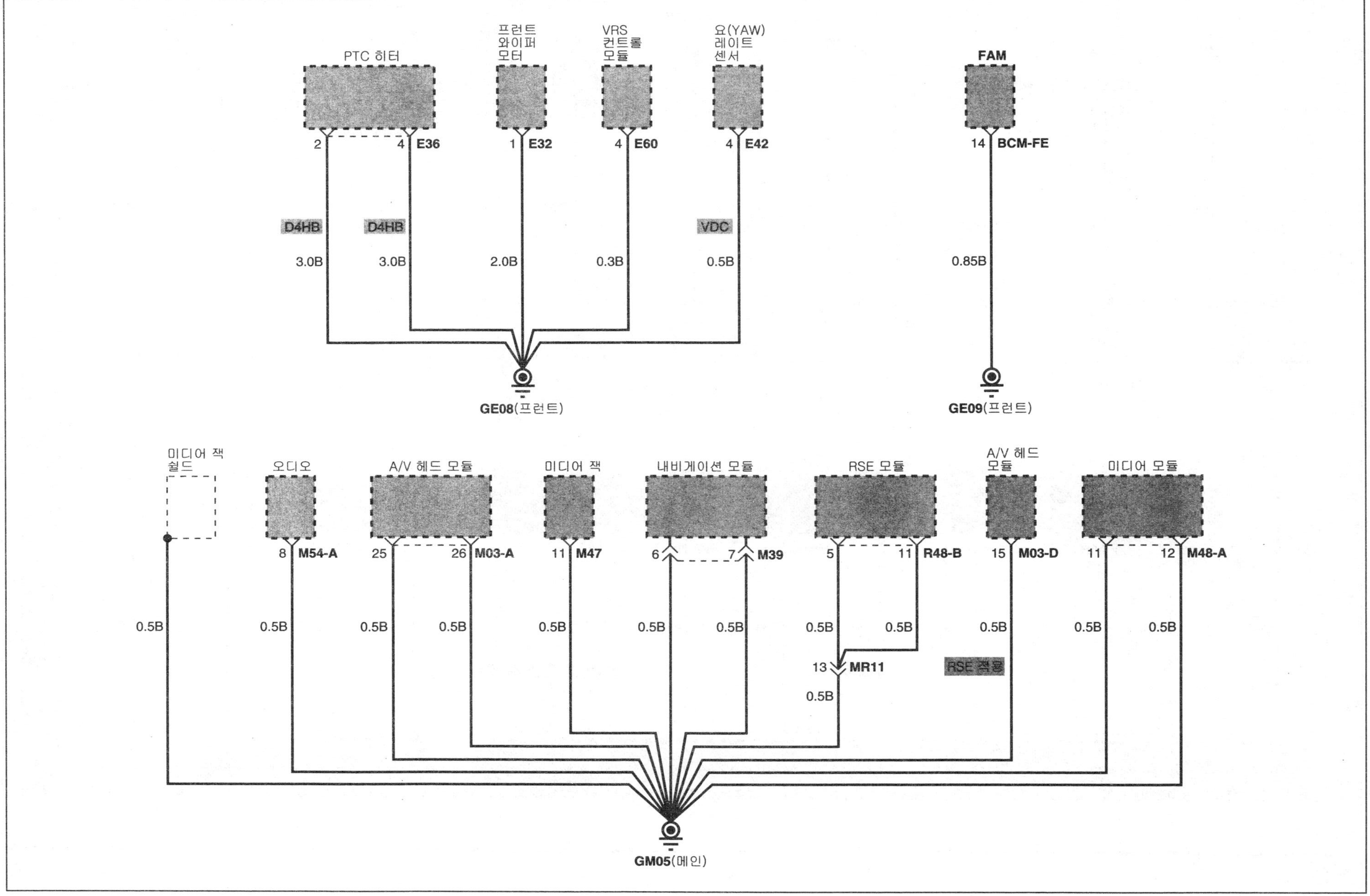

PTC 히터
프런트 와이퍼 모터
VRS 컨트롤 모듈
요(YAW) 레이트 센서
FAM
2
4 E36
1 E32
4 E60
4 E42
14 BCM-FE
D4HB
D4HB
VDC
3.0B
3.0B
2.0B
0.3B
0.5B
0.85B
GE08(프런트)
GE09(프런트)

미디어 잭 쉴드
오디오
A/V 헤드 모듈
미디어 잭
내비게이션 모듈
RSE 모듈
A/V 헤드 모듈
미디어 모듈
8 M54-A
25
26 M03-A
11 M47
6
7 M39
5
11 R48-B
15 M03-D
11
12 M48-A
0.5B
0.5B
0.5B
0.5B
0.5B
0.5B
0.5B
0.5B
0.5B
0.5B
0.5B
0.5B
13 MR11
0.5B
RSE 적용
GM05(메인)

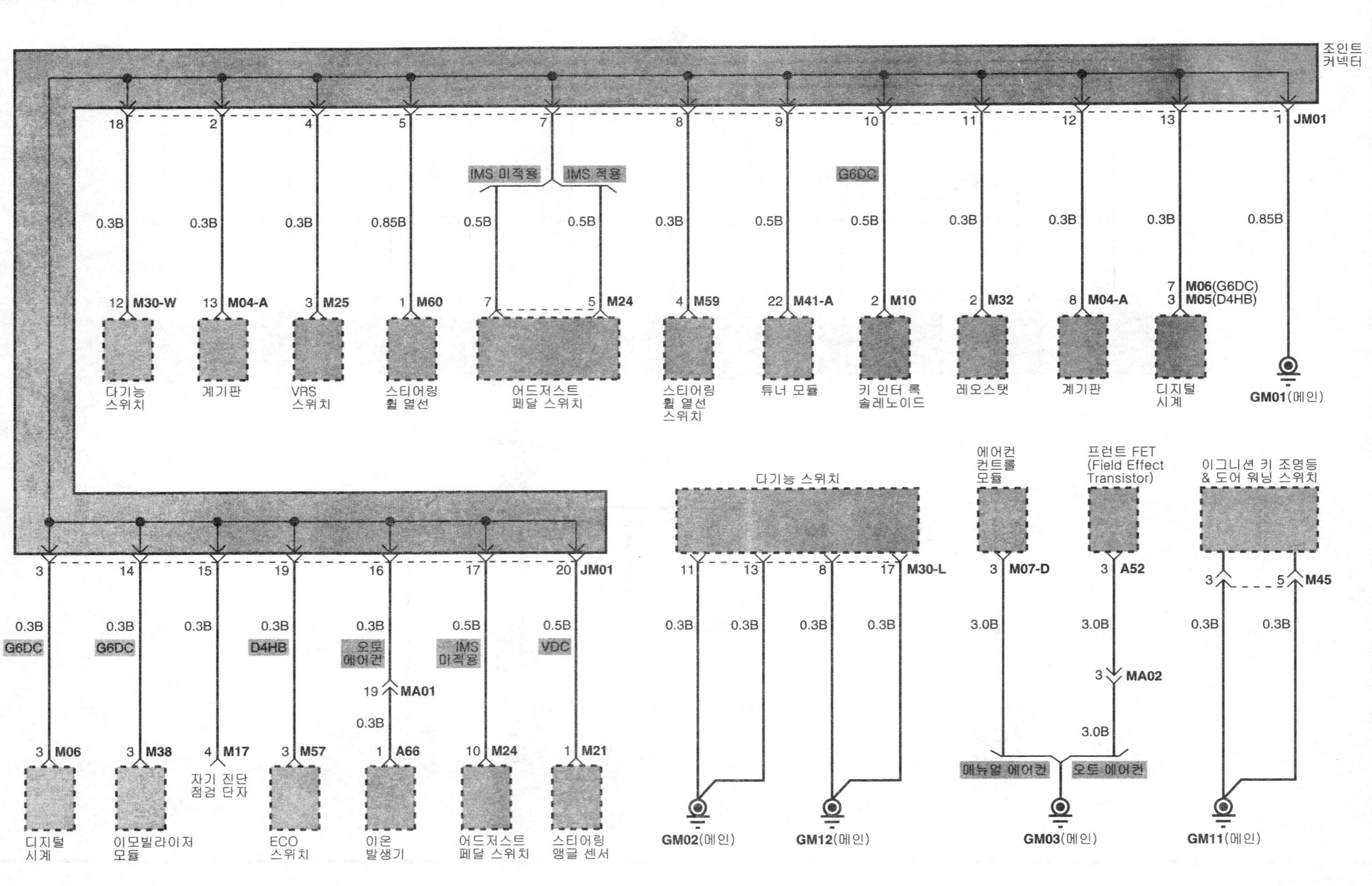

조인트 커넥터
JM01
18 0.3B 12 M30-W 다기능 스위치
2 0.3B 13 M04-A 계기판
4 0.3B 3 M25 VRS 스위치
5 0.85B 1 M60 스티어링 휠 열선
7 IMS 미적용 0.5B 7 / IMS 적용 0.5B 5 M24 어드저스트 페달 스위치
8 0.3B 4 M59 스티어링 휠 열선 스위치
9 0.5B 22 M41-A 튜너 모듈
10 G6DC 0.5B 2 M10 키 인터 록 솔레노이드
11 0.3B 2 M32 레오스탯
12 0.3B 8 M04-A 계기판
13 0.3B 7 M06(G6DC) 3 M05(D4HB) 디지털 시계
1 0.85B GM01(메인)
JM01
3 0.3B G6DC 3 M06 디지털 시계
14 0.3B G6DC 3 M38 이모빌라이저 모듈
15 0.3B 4 M17 자기 진단 점검 단자
19 0.3B D4HB 3 M57 ECO 스위치
16 0.3B 오토 에어컨 19 MA01 0.3B 1 A66 이온 발생기
17 0.5B IMS 미적용 10 M24 어드저스트 페달 스위치
20 0.5B VDC 1 M21 스티어링 앵글 센서
다기능 스위치 M30-L
11 0.3B 13 0.3B GM02(메인)
8 0.3B 17 0.3B GM12(메인)
에어컨 컨트롤 모듈 3 M07-D 3.0B 매뉴얼 에어컨
프런트 FET (Field Effect Transistor) 3 A52 3.0B 3 MA02 3.0B 오토 에어컨
GM03(메인)
이그니션 키 조명등 & 도어 워닝 스위치 3 0.3B 5 M45 0.3B
GM11(메인)

조인트 커넥터
JM03
17 20 12 13 15 14 11 18

매뉴얼 에어컨
오토 에어컨
0.3B
12 M07-A
에어컨 컨트롤 모듈

0.3B
12 M08-A
에어컨 컨트롤 모듈

0.3B
8
0.5B
5 M01
ATM 레버 스위치

0.3B
8 M44
4
시트 히터 릴레이
실내 릴레이 박스

0.3B
30 MR11
0.3B
16 R48-B
RSE 모듈

오토 에어컨
0.3B
16 M08-B
에어컨 컨트롤 모듈

0.3B
4
0.3B
5 M27
앞 유리 열선 스위치

0.85B
4 M58
정지등 릴레이

0.85B
0.85B
5 M50
시가 라이터 & 파워 아웃렛

0.85B

글로브 박스 스위치
2 M72
0.3B
2 MM02
0.3B
GM14(메인)

실내 릴레이 박스
프런트 블로어 릴레이
리어 블로어 릴레이
4
4
13
14 M44
0.3B
0.3B
GM04(메인)

운전석 시트 히터 스위치
2 M35
0.3Br

동승석 시트 히터 스위치
2 M34
0.3Br

VRS 스위치
5 M25
0.3Br

스티어링 휠 열선 스위치
5 M59
0.3Br

VDC OFF 스위치
3 M26
0.3Br

어드저스트 페달 스위치
4 M24
0.3Br

앞 유리 열선 스위치
2 M27
0.3Br

디지털 시계
4 M05(D4HB)
M06(G6DC)
0.3Br

ECO 스위치
5 M57
0.3Br

에어컨 컨트롤 모듈
13 M08-A
0.3Br
오토 에어컨

에어컨 컨트롤 모듈
13 M07-A
0.3Br
매뉴얼 에어컨

ATM 레버 스위치
10 M01
0.3Br

레오스탯
4 M32
0.3Br
레오스탯 적용
레오스탯 미적용

오디오
7 M54-A
0.3Br

시가 라이터 & 파워 아웃렛
6 M50
0.3Br

A/V 헤드 모듈
14 M03-A
0.5Br

계기판
15 M04-A
0.3Br
레오스탯 미적용

다기능 스위치
9 M55
0.3Br

2 3 4 5 6 8 7 1 9 10 JM03
조인트 커넥터

시가 라이터 & 파워 아웃렛
3 M50
0.85B

자기 진단 점검 단자
5 M17
0.3B
GM13(메인)

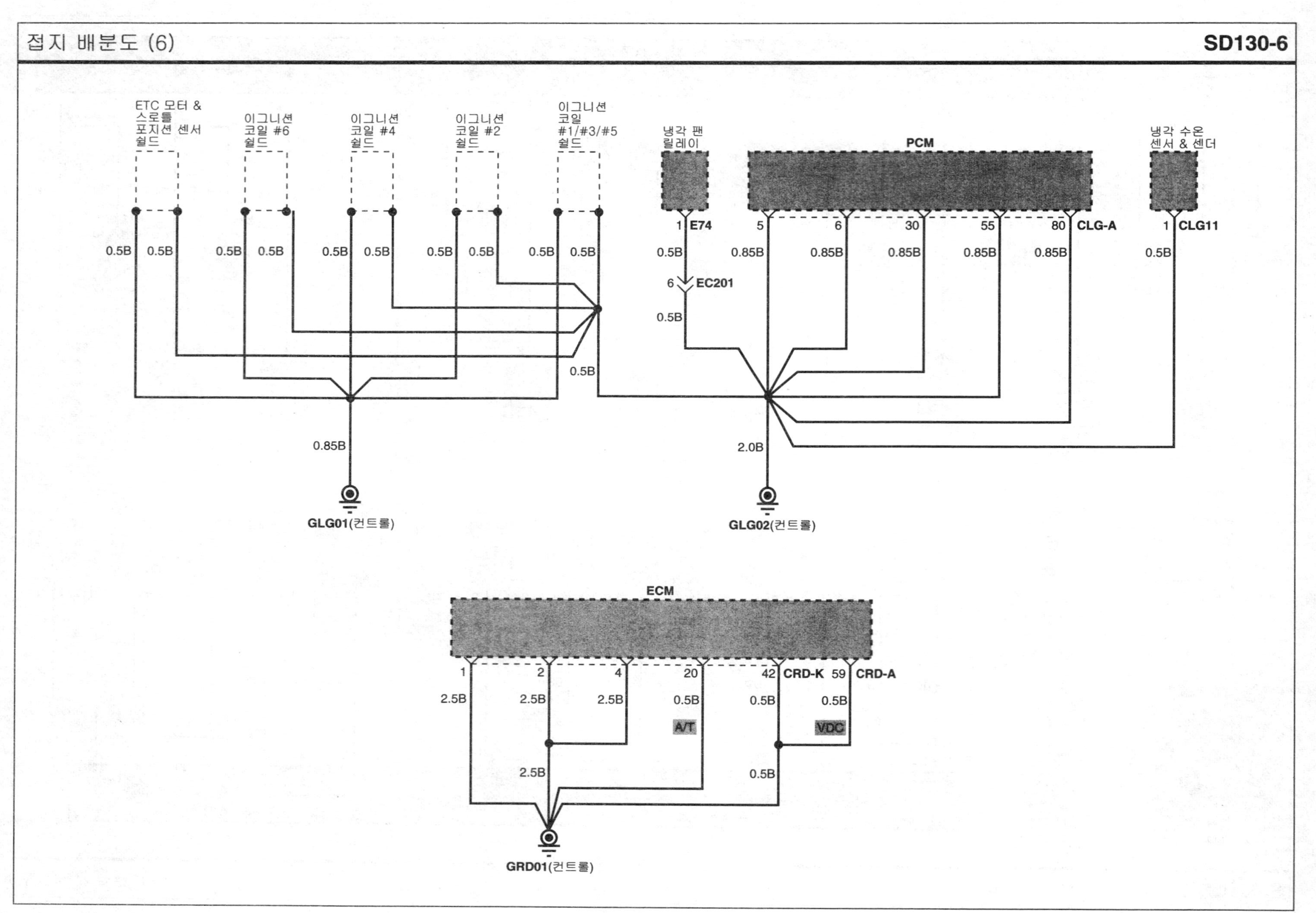

접지 배분도 (6)
SD130-6
ETC 모터 & 스로틀 포지션 센서 쉴드
이그니션 코일 #6 쉴드
이그니션 코일 #4 쉴드
이그니션 코일 #2 쉴드
이그니션 코일 #1/#3/#5 쉴드
냉각 팬 릴레이
PCM
냉각 수온 센서 & 센더
E74
EC201
CLG-A
CLG11
0.5B
0.85B
2.0B
GLG01(컨트롤)
GLG02(컨트롤)
ECM
CRD-K
CRD-A
2.5B
A/T
VDC
GRD01(컨트롤)

접지 배분도 (7)

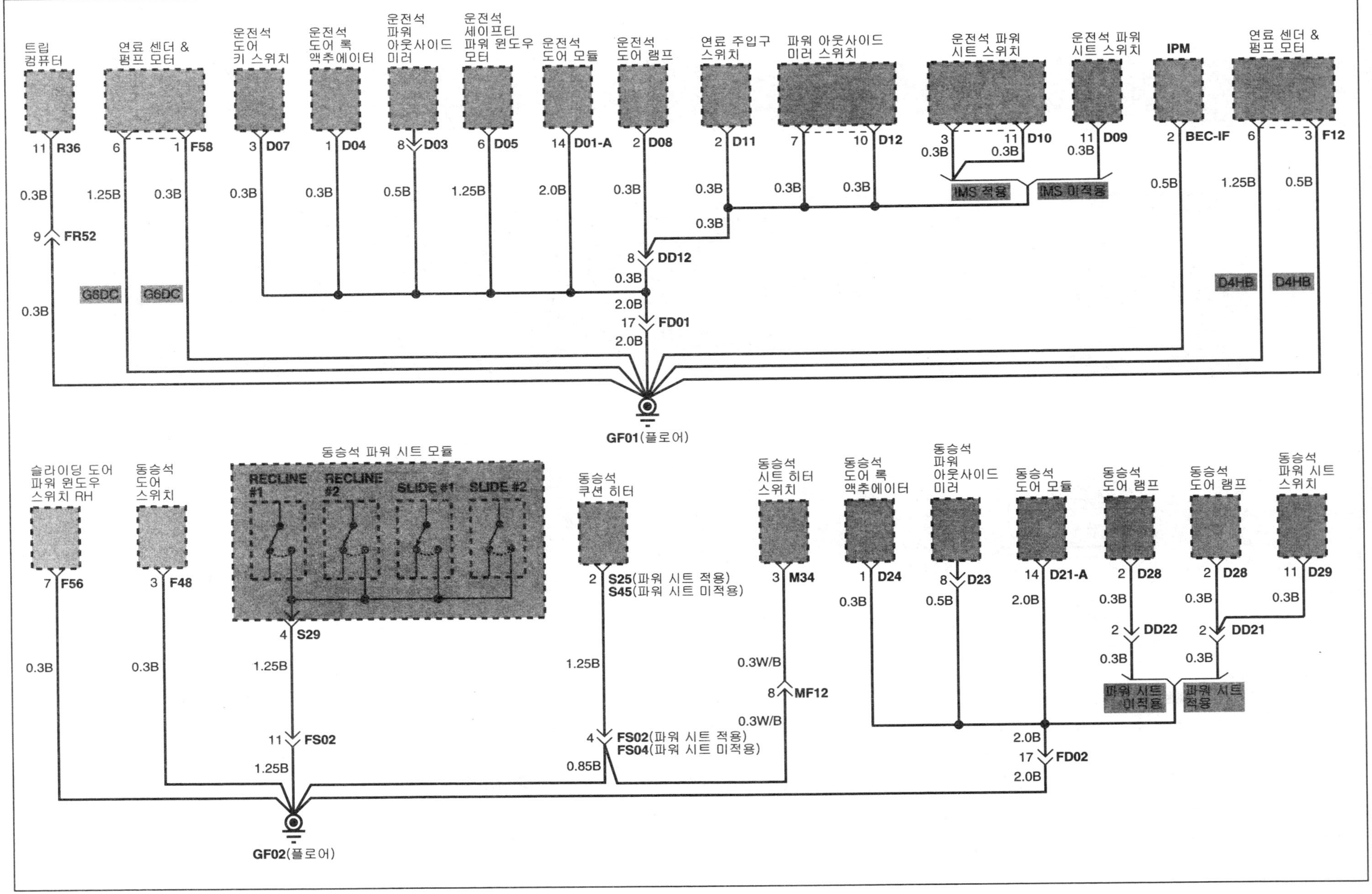

트립 컴퓨터
11 R36
0.3B
9 FR52
0.3B
연료 센더 & 펌프 모터
6
1.25B
1 F58
0.3B
G6DC
G6DC
운전석 도어 키 스위치
3 D07
0.3B
운전석 도어 록 액추에이터
1 D04
0.3B
운전석 파워 아웃사이드 미러
8 D03
0.5B
운전석 세이프티 파워 윈도우 모터
6 D05
1.25B
운전석 도어 모듈
14 D01-A
2.0B
운전석 도어 램프
2 D08
0.3B
8 DD12
0.3B
2.0B
17 FD01
2.0B
연료 주입구 스위치
2 D11
0.3B
0.3B
파워 아웃사이드 미러 스위치
7
0.3B
10 D12
0.3B
운전석 파워 시트 스위치
3
0.3B
11 D10
0.3B
IMS 적용
운전석 파워 시트 스위치
11 D09
0.3B
IMS 미적용
IPM
2 BEC-IF
0.5B
연료 센더 & 펌프 모터
6
1.25B
3 F12
0.5B
D4HB
D4HB
GF01(플로어)
동승석 파워 시트 모듈
RECLINE #1
RECLINE #2
SLIDE #1
SLIDE #2
4 S29
1.25B
11 FS02
1.25B
슬라이딩 도어 파워 윈도우 스위치 RH
7 F56
0.3B
동승석 도어 스위치
3 F48
0.3B
동승석 쿠션 히터
2 S25(파워 시트 적용)
S45(파워 시트 미적용)
1.25B
4 FS02(파워 시트 적용)
FS04(파워 시트 미적용)
0.85B
동승석 시트 히터 스위치
3 M34
0.3W/B
8 MF12
0.3W/B
동승석 도어 록 액추에이터
1 D24
0.3B
동승석 파워 아웃사이드 미러
8 D23
0.5B
동승석 도어 모듈
14 D21-A
2.0B
2.0B
17 FD02
2.0B
동승석 도어 램프
2 D28
0.3B
2 DD22
0.3B
파워 시트 미적용
동승석 도어 램프
2 D28
0.3B
2 DD21
0.3B
파워 시트 적용
동승석 파워 시트 스위치
11 D29
0.3B
GF02(플로어)

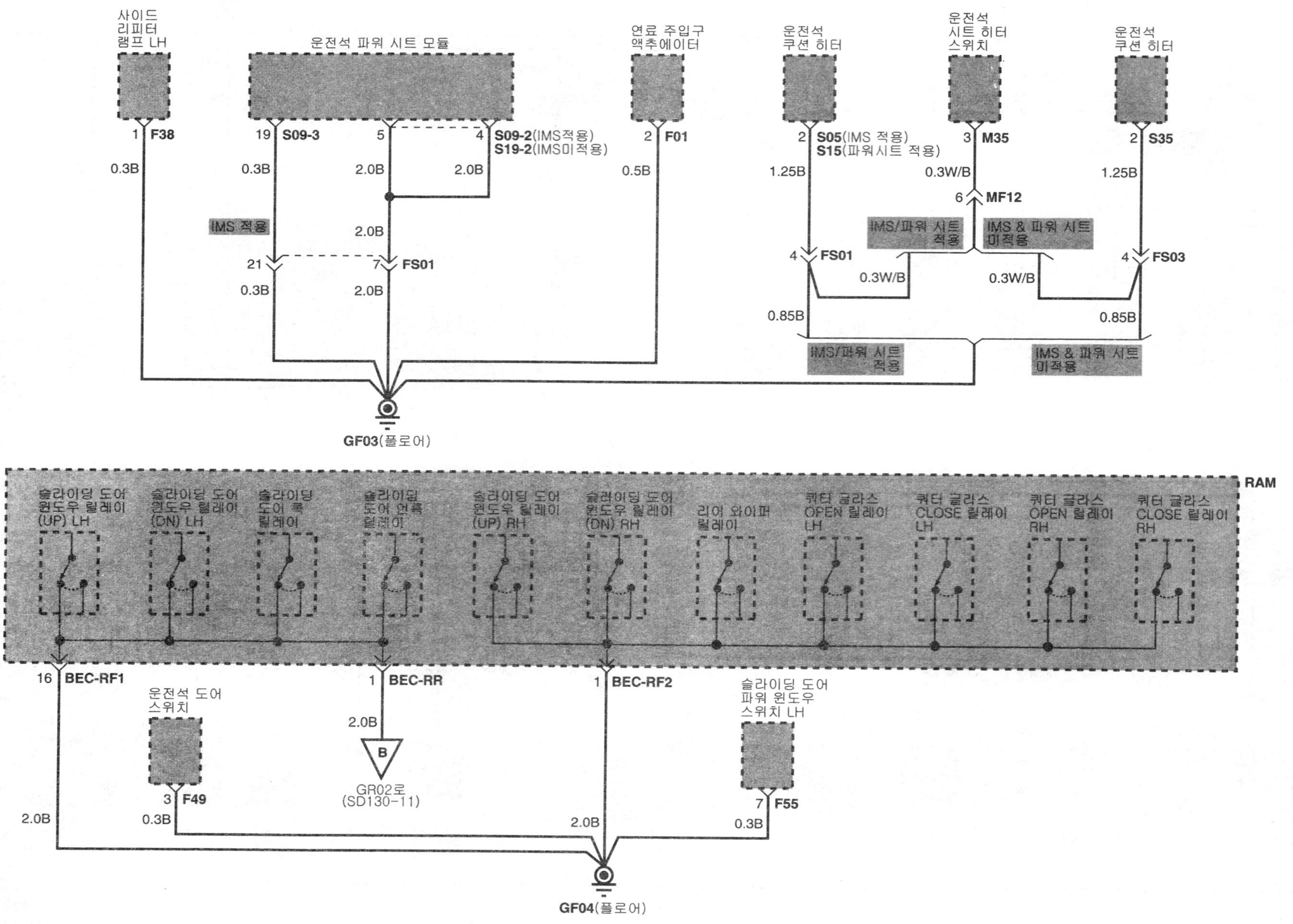

사이드 리피터 램프 LH
1 F38
0.3B
운전석 파워 시트 모듈
19 S09-3
0.3B
IMS 적용
21
0.3B
5
2.0B
2.0B
7 FS01
2.0B
4 S09-2(IMS적용)
S19-2(IMS미적용)
2.0B
연료 주입구 액추에이터
2 F01
0.5B
운전석 쿠션 히터
2 S05(IMS 적용)
S15(파워시트 적용)
1.25B
4 FS01
0.85B
운전석 시트 히터 스위치
3 M35
0.3W/B
6 MF12
IMS/파워 시트 적용
IMS & 파워 시트 미적용
0.3W/B
0.3W/B
운전석 쿠션 히터
2 S35
1.25B
4 FS03
0.85B
IMS/파워 시트 적용
IMS & 파워 시트 미적용
GF03(플로어)
RAM
슬라이딩 도어 윈도우 릴레이 (UP) LH
슬라이딩 도어 윈도우 릴레이 (DN) LH
슬라이딩 도어 록 릴레이
슬라이딩 도어 언록 릴레이
슬라이딩 도어 윈도우 릴레이 (UP) RH
슬라이딩 도어 윈도우 릴레이 (DN) RH
리어 와이퍼 릴레이
쿼터 글라스 OPEN 릴레이 LH
쿼터 글라스 CLOSE 릴레이 LH
쿼터 글라스 OPEN 릴레이 RH
쿼터 글라스 CLOSE 릴레이 RH
16 BEC-RF1
2.0B
운전석 도어 스위치
3 F49
0.3B
1 BEC-RR
2.0B
B
GR02로 (SD130-11)
1 BEC-RF2
2.0B
슬라이딩 도어 파워 윈도우 스위치 LH
7 F55
0.3B
GF04(플로어)

접지 배분도 (9)

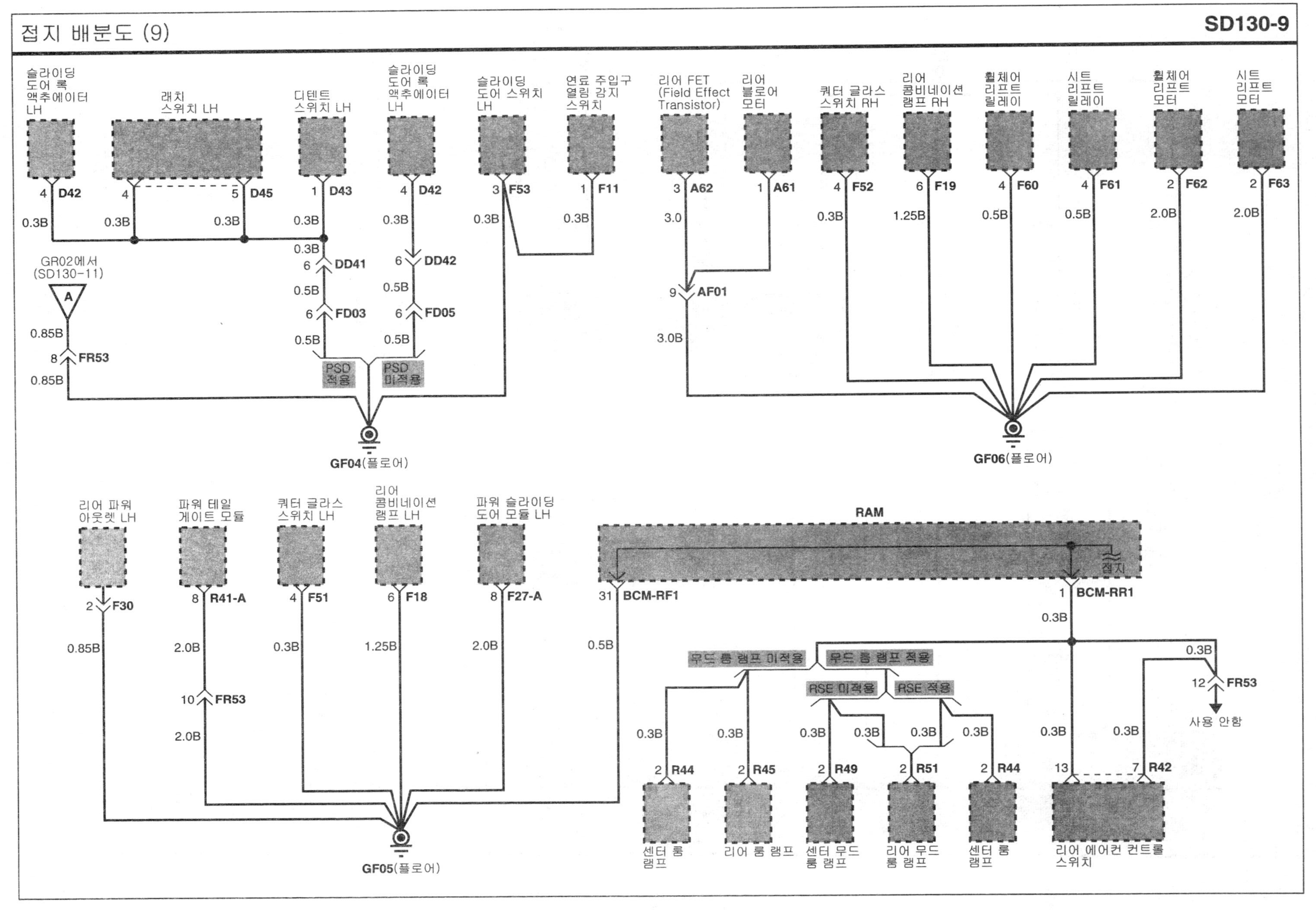

슬라이딩 도어 록 액추에이터 LH
4 D42
0.3B
래치 스위치 LH
4 5 D45
0.3B 0.3B
디텐트 스위치 LH
1 D43
0.3B
0.3B
6 DD41
0.5B
6 FD03
0.5B
PSD 적용
슬라이딩 도어 록 액추에이터 LH
4 D42
0.3B
6 DD42
0.5B
6 FD05
0.5B
PSD 미적용
GR02에서 (SD130-11)
A
0.85B
8 FR53
0.85B
슬라이딩 도어 스위치 LH
3 F53
0.3B
연료 주입구 열림 감지 스위치
1 F11
0.3B
GF04(플로어)
리어 FET (Field Effect Transistor)
3 A62
3.0
리어 블로어 모터
1 A61
9 AF01
3.0B
쿼터 글라스 스위치 RH
4 F52
0.3B
리어 콤비네이션 램프 RH
6 F19
1.25B
휠체어 리프트 릴레이
4 F60
0.5B
시트 리프트 릴레이
4 F61
0.5B
휠체어 리프트 모터
2 F62
2.0B
시트 리프트 모터
2 F63
2.0B
GF06(플로어)
리어 파워 아웃렛 LH
2 F30
0.85B
파워 테일 게이트 모듈
8 R41-A
2.0B
10 FR53
2.0B
쿼터 글라스 스위치 LH
4 F51
0.3B
리어 콤비네이션 램프 LH
6 F18
1.25B
파워 슬라이딩 도어 모듈 LH
8 F27-A
2.0B
GF05(플로어)
RAM
접지
31 BCM-RF1
0.5B
1 BCM-RR1
0.3B
무드 룸 램프 미적용
무드 룸 램프 적용
RSE 미적용
RSE 적용
0.3B
12 FR53
사용 안함
0.3B 0.3B 0.3B 0.3B 0.3B 0.3B 0.3B 0.3B
2 R44
2 R45
2 R49
2 R51
2 R44
13 7 R42
센터 룸 램프
리어 룸 램프
센터 무드 룸 램프
리어 무드 룸 램프
센터 룸 램프
리어 에어컨 컨트롤 스위치

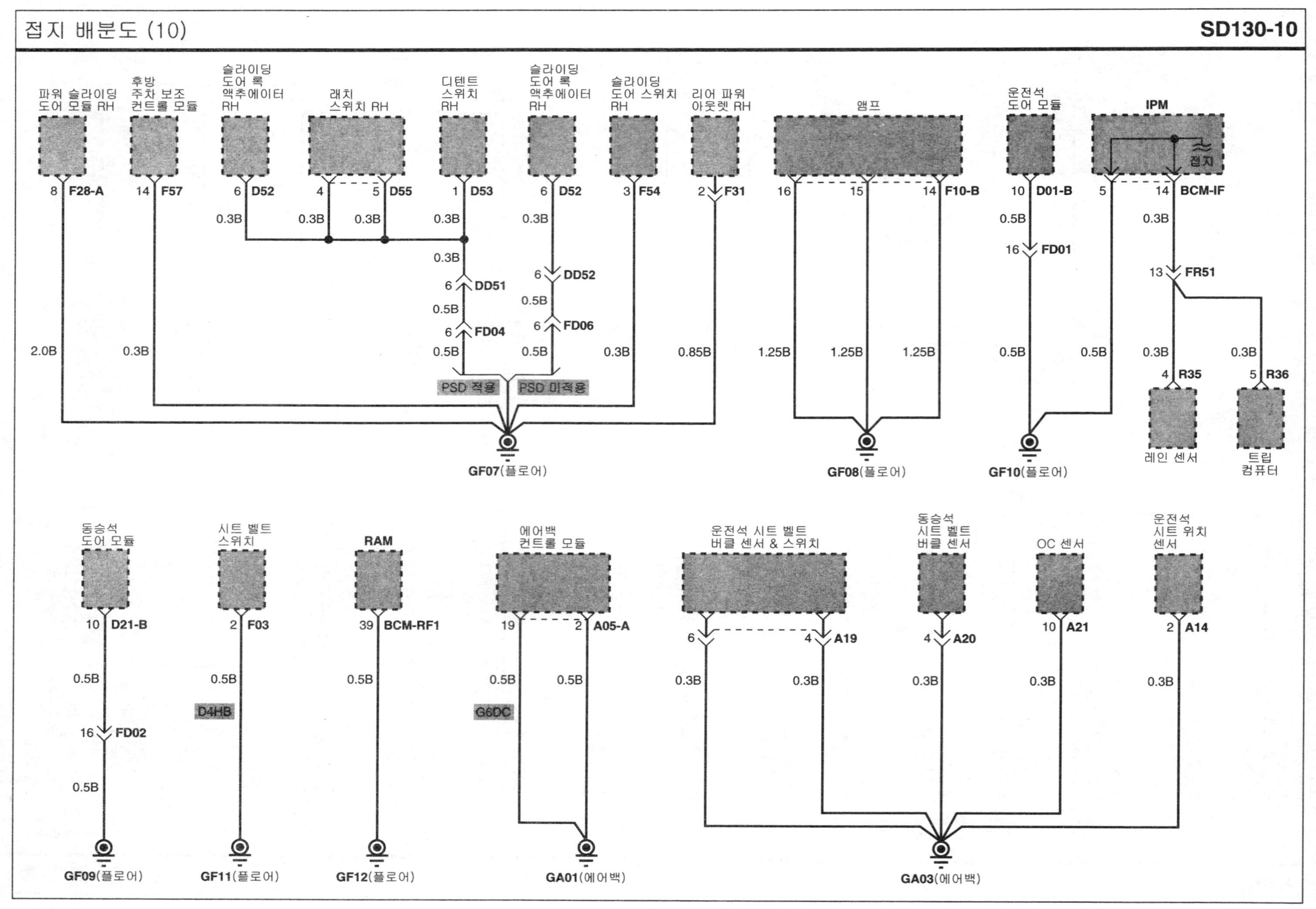

접지 배분도 (10)
SD130-10
파워 슬라이딩 도어 모듈 RH
8 F28-A
2.0B
후방 주차 보조 컨트롤 모듈
14 F57
0.3B
슬라이딩 도어 록 액추에이터 RH
6 D52
0.3B
래치 스위치 RH
4
5 D55
0.3B
0.3B
디텐트 스위치 RH
1 D53
0.3B
0.3B
6 DD51
0.5B
6 FD04
0.5B
PSD 적용
슬라이딩 도어 록 액추에이터 RH
6 D52
0.3B
6 DD52
0.5B
6 FD06
0.5B
PSD 미적용
슬라이딩 도어 스위치 RH
3 F54
0.3B
리어 파워 아웃렛 RH
2 F31
0.85B
GF07(플로어)
앰프
16
15
14 F10-B
1.25B
1.25B
1.25B
GF08(플로어)
운전석 도어 모듈
10 D01-B
0.5B
16 FD01
0.5B
IPM
접지
5
14 BCM-IF
0.5B
0.3B
13 FR51
0.3B
0.3B
4 R35
5 R36
레인 센서
트립 컴퓨터
GF10(플로어)
동승석 도어 모듈
10 D21-B
0.5B
16 FD02
0.5B
GF09(플로어)
시트 벨트 스위치
2 F03
0.5B
D4HB
GF11(플로어)
RAM
39 BCM-RF1
0.5B
GF12(플로어)
에어백 컨트롤 모듈
19
2 A05-A
0.5B
0.5B
G6DC
GA01(에어백)
운전석 시트 벨트 버클 센서 & 스위치
6
4 A19
0.3B
0.3B
동승석 시트 벨트 버클 센서
4 A20
0.3B
OC 센서
10 A21
0.3B
운전석 시트 위치 센서
2 A14
0.3B
GA03(에어백)

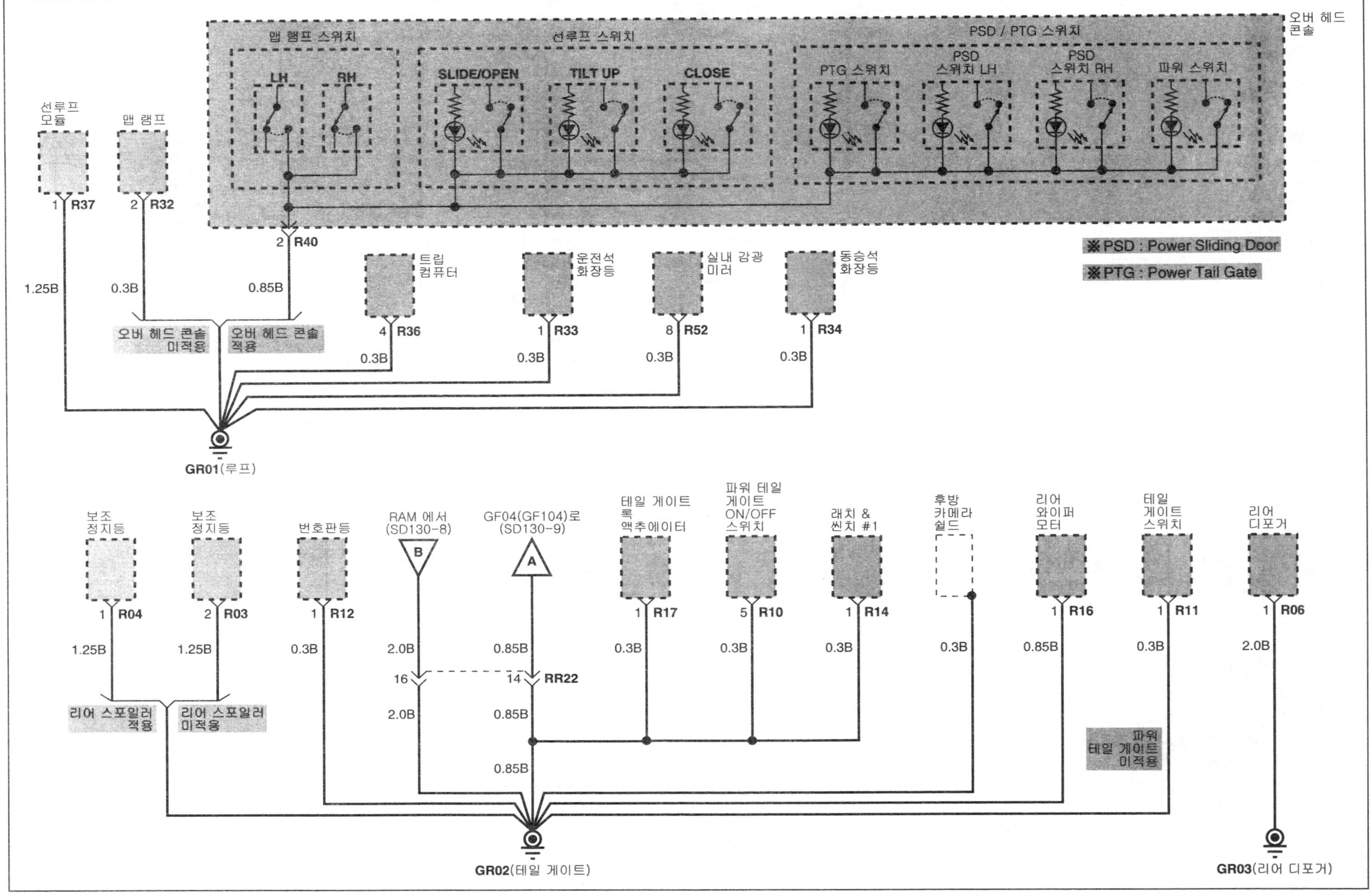

오버 헤드 콘솔
맵 램프 스위치
LH
RH
선루프 스위치
SLIDE/OPEN
TILT UP
CLOSE
PSD / PTG 스위치
PTG 스위치
PSD 스위치 LH
PSD 스위치 RH
파워 스위치
※PSD : Power Sliding Door
※PTG : Power Tail Gate
선루프 모듈
1 R37
1.25B
맵 램프
2 R32
0.3B
2 R40
0.85B
오버 헤드 콘솔 미적용
오버 헤드 콘솔 적용
트립 컴퓨터
4 R36
0.3B
운전석 화장등
1 R33
0.3B
실내 감광 미러
8 R52
0.3B
동승석 화장등
1 R34
0.3B
GR01(루프)
보조 정지등
1 R04
1.25B
보조 정지등
2 R03
1.25B
리어 스포일러 적용
리어 스포일러 미적용
번호판등
1 R12
0.3B
RAM 에서 (SD130-8)
B
2.0B
16
2.0B
GF04(GF104)로 (SD130-9)
A
0.85B
14 RR22
0.85B
0.85B
테일 게이트 록 액추에이터
1 R17
0.3B
파워 테일 게이트 ON/OFF 스위치
5 R10
0.3B
래치 & 씬치 #1
1 R14
0.3B
후방 카메라 쉴드
0.3B
리어 와이퍼 모터
1 R16
0.85B
테일 게이트 스위치
1 R11
0.3B
파워 테일 게이트 미적용
리어 디포거
1 R06
2.0B
GR02(테일 게이트)
GR03(리어 디포거)

자기 진단 점검 단자 회로 (1)

G6DC : LAMBDA II 3.5L

조인트 커넥터에서 (SD200-3)

G — 0.3B — 20 — 0.3G — 1

H — 0.3Y — 21 EM22 PHOTO 39 — 0.3O — 8 JM05

버티칼 레지스터 PHOTO 37 — M19: 1 (0.3B) → 5, 2 (0.3Y) → 12

조인트 커넥터 PHOTO 27 (JM05)

- 6 — 0.5B — 54 BEC-IM, IPM PHOTO 33, 9 BEC-IA — 0.5B — 15 A05-A 에어백 컨트롤 모듈 PHOTO 39
- 3 — 0.3L — E 자기 진단 점검 단자 에서 (SD200-1)
- 4 — 0.3L — 2 (High) M04-B 계기판 PHOTO 35
- 2 — VDC 0.5Br — 3 (High) M21 스티어링 앵글 센서 PHOTO 36 (C-CAN)
- 9 — VDC 0.5W — 4 (Low) M21
- 11 — 0.3R — 3 (Low) M04-B 계기판 PHOTO 35 (C-CAN)
- 10 — 0.3O — F 자기 진단 점검 단자에서 (SD200-1)
- 13 — 0.5W — 34 BEC-IM, IPM PHOTO 33, 8 BEC-IA — 0.5W — 14 A05-A 에어백 컨트롤 모듈 PHOTO 39

조인트 커넥터에서 (SD200-3)

G — 0.3B — 1 JE02

H — 0.3Y — 5 JE02

TCM PHOTO 100 (C-CAN High/Low) — ERD-K: 87 (0.3) → 15 EE01 (0.3Br) → 2; 65 (0.3) → 16 EE01 PHOTO 100 (0.3W) → 6

조인트 커넥터 PHOTO 18 (JE02): 3 — 0.3G — 20 EM22 PHOTO 39 — 0.3G — 1 JM05; 7 — 0.3O — 21 EM22 PHOTO 39 — 0.3O — 8 JM05

버티칼 레지스터 PHOTO 37 — M19: 1 (0.3B) → 5, 2 (0.3Y) → 12

조인트 커넥터 PHOTO 27 (JM05)

- 3 — 0.3L — E 자기 진단 점검 단자 에서 (SD200-1)
- 4 — 0.3L — 2 (High) M04-B 계기판 PHOTO 35
- 2 — 0.5Br VDC — 3 (High) M21 스티어링 앵글 센서 PHOTO 36 (C-CAN)
- 9 — 0.5W VDC — 4 (Low) M21
- 11 — 0.3R — 3 (Low) M04-B 계기판 PHOTO 35 (C-CAN)
- 10 — 0.3O — F 자기 진단 점검 단자에서 (SD200-1)

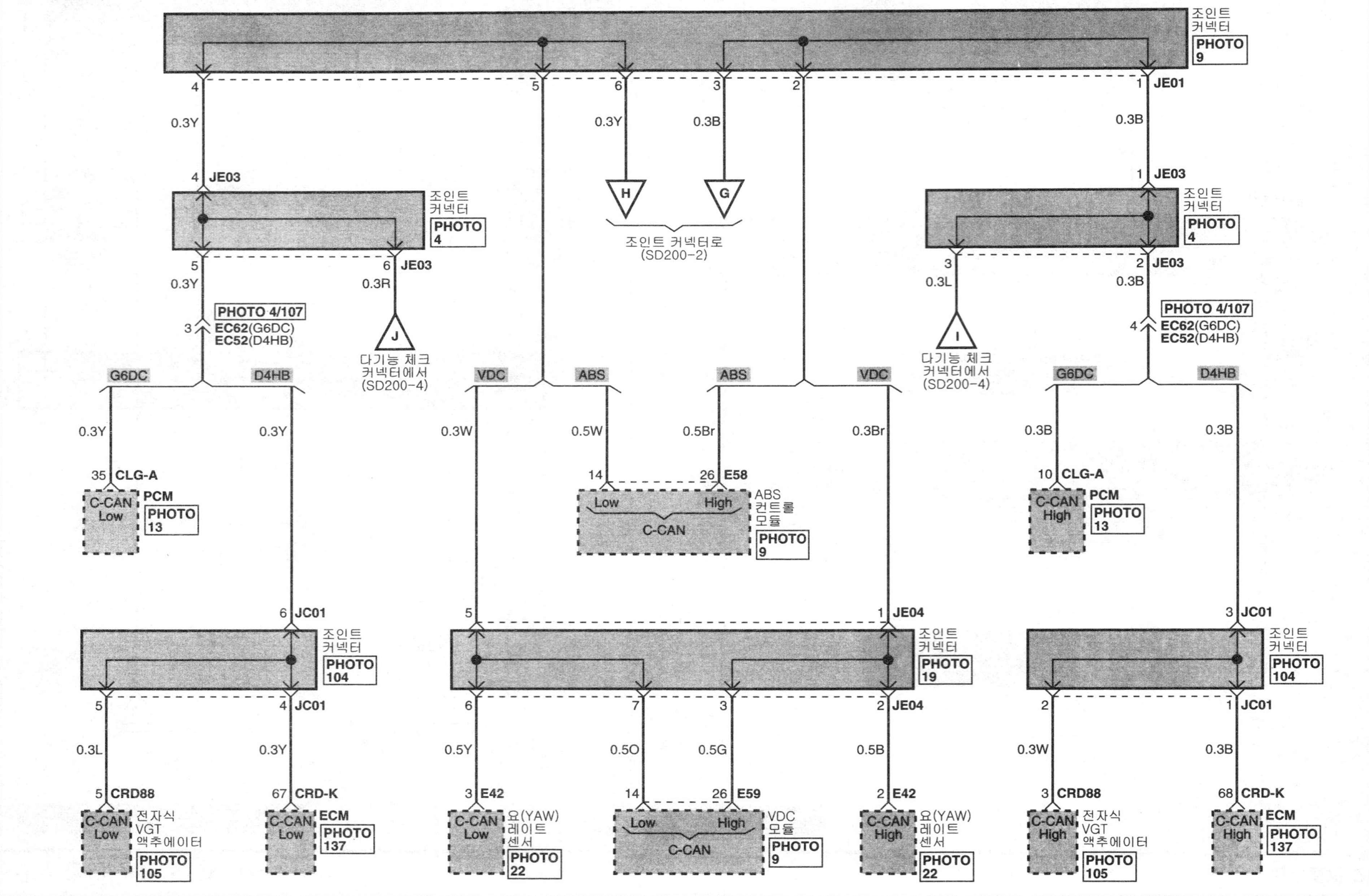

조인트 커넥터 PHOTO 9
JE01: 4 0.3Y, 5, 6 0.3Y, 3 0.3B, 2, 1 0.3B

조인트 커넥터 PHOTO 4
JE03: 4, 5 0.3Y, 6 0.3R

조인트 커넥터 PHOTO 4
JE03: 1, 2 0.3B, 3 0.3L

H, G: 조인트 커넥터로 (SD200-2)

J: 다기능 체크 커넥터에서 (SD200-4)

I: 다기능 체크 커넥터에서 (SD200-4)

PHOTO 4/107
3 EC62(G6DC) EC52(D4HB)

PHOTO 4/107
4 EC62(G6DC) EC52(D4HB)

G6DC 0.3Y — 35 CLG-A C-CAN Low PCM PHOTO 13

D4HB 0.3Y — 6 JC01

VDC 0.3W — 5

ABS 0.5W — 14 Low

ABS 0.5Br — 26 E58 High

C-CAN ABS 컨트롤 모듈 PHOTO 9

VDC 0.3Br — 1 JE04

G6DC 0.3B — 10 CLG-A C-CAN High PCM PHOTO 13

D4HB 0.3B — 3 JC01

조인트 커넥터 PHOTO 104
JC01: 5 0.3L, 4 0.3Y

조인트 커넥터 PHOTO 19
JE04: 6 0.5Y, 7 0.5O, 3 0.5G, 2 0.5B

조인트 커넥터 PHOTO 104
JC01: 2 0.3W, 1 0.3B

5 CRD88 C-CAN Low 전자식 VGT 액추에이터 PHOTO 105

67 CRD-K C-CAN Low ECM PHOTO 137

3 E42 C-CAN Low 요(YAW) 레이트 센서 PHOTO 22

14 Low, 26 E59 High, C-CAN VDC 모듈 PHOTO 9

2 E42 C-CAN High 요(YAW) 레이트 센서 PHOTO 22

3 CRD88 C-CAN High 전자식 VGT 액추에이터 PHOTO 105

68 CRD-K C-CAN High ECM PHOTO 137

ON/START 전원
IPM
PHOTO 32
전원 배분도 참조 (SD110-7)
ABS 7.5A
55 BEC-IF
0.5G
10 BEC-FF
FAM
PHOTO 11
퓨즈 배분도 참조 (SD120-3)
6 BEC-FE
0.3G

진단기기 7.5A 에서 (SD200-1)
D
0.3R
22 EM22
PHOTO 39
0.3R

사용 안함
38 BCM-FC
FAM
PHOTO 12
7 BCM-FE
0.3W/O
D4HB

자기 진단 점검 단자로 (SD200-1)
A
0.3W/O
22 EM12
PHOTO 39
0.3W/O
0.3W/O

조인트 커넥터로 (SD200-3)
J
I
0.3R
0.3L

E05
다기능 체크 커넥터
PHOTO 29

4	3					2	1 접지
12 상시 전원	11	10	9 C-CAN High	8 K-라인	7	6 CCP-CAN High	5 접지
20	19 K-라인	18 K-라인	17 C-CAN Low	16	15 ON/START 전원	14 CCP-CAN Low	13

0.3W
1
0.3W
C
조인트 커넥터 에서 (SD200-1)

0.3R
23 EM12
PHOTO 39
0.3R
B
자기 진단 점검 단자로 (SD200-1)

G6DC
D4HB
0.3B
24
0.3B
9
0.3Y
25 EC62
PHOTO 4
0.3Y
34 CLG-A
PCM
PHOTO 13
High
Low
CCP-CAN

G6DC
D4HB
0.3B
28
0.3
86
0.3Y
3 EE01
PHOTO 100
0.3
85 ERD-K
TCM
PHOTO 100
High
Low
CCP-CAN

0.3B
0.3B
GE03
PHOTO 7

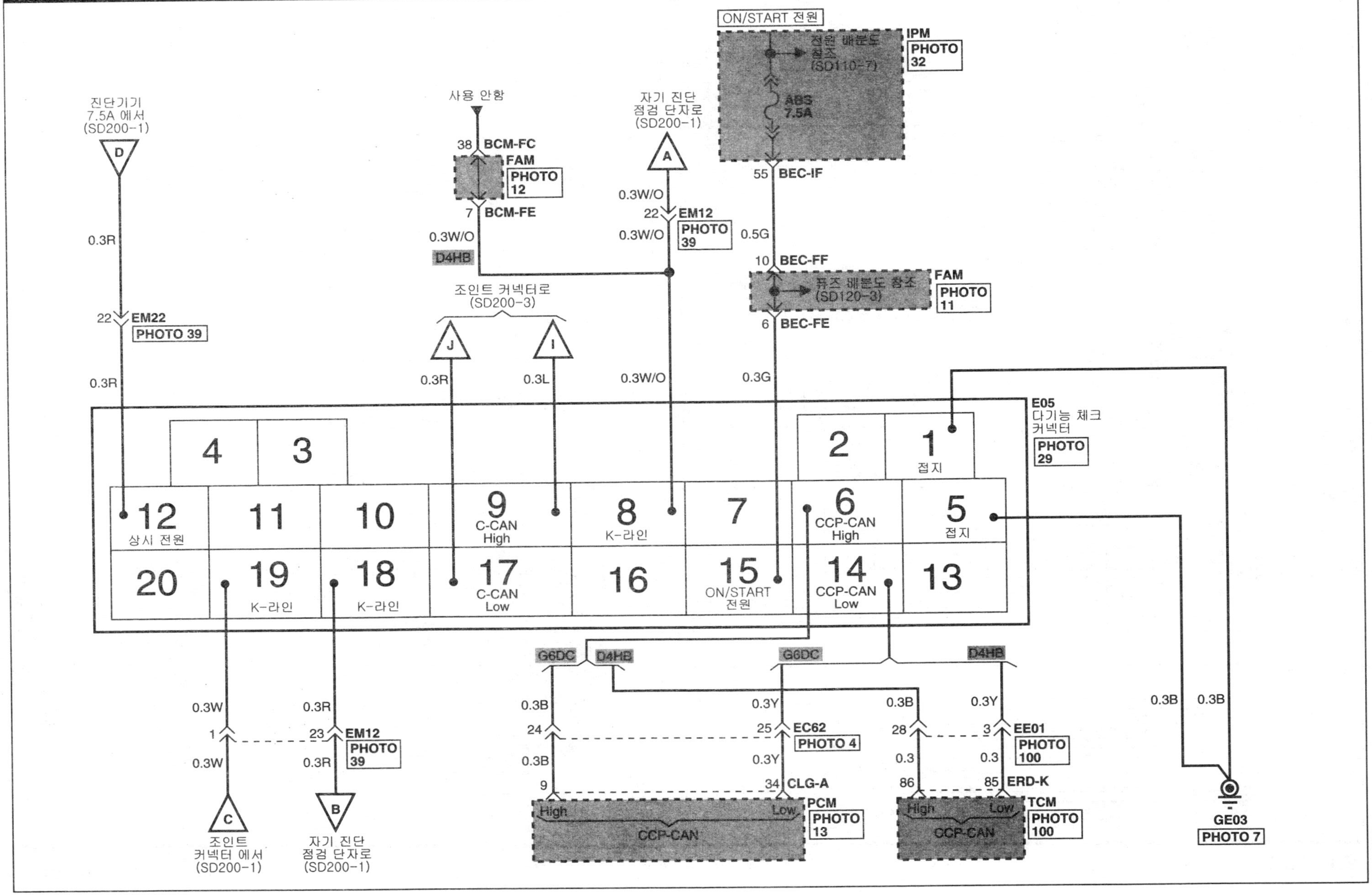

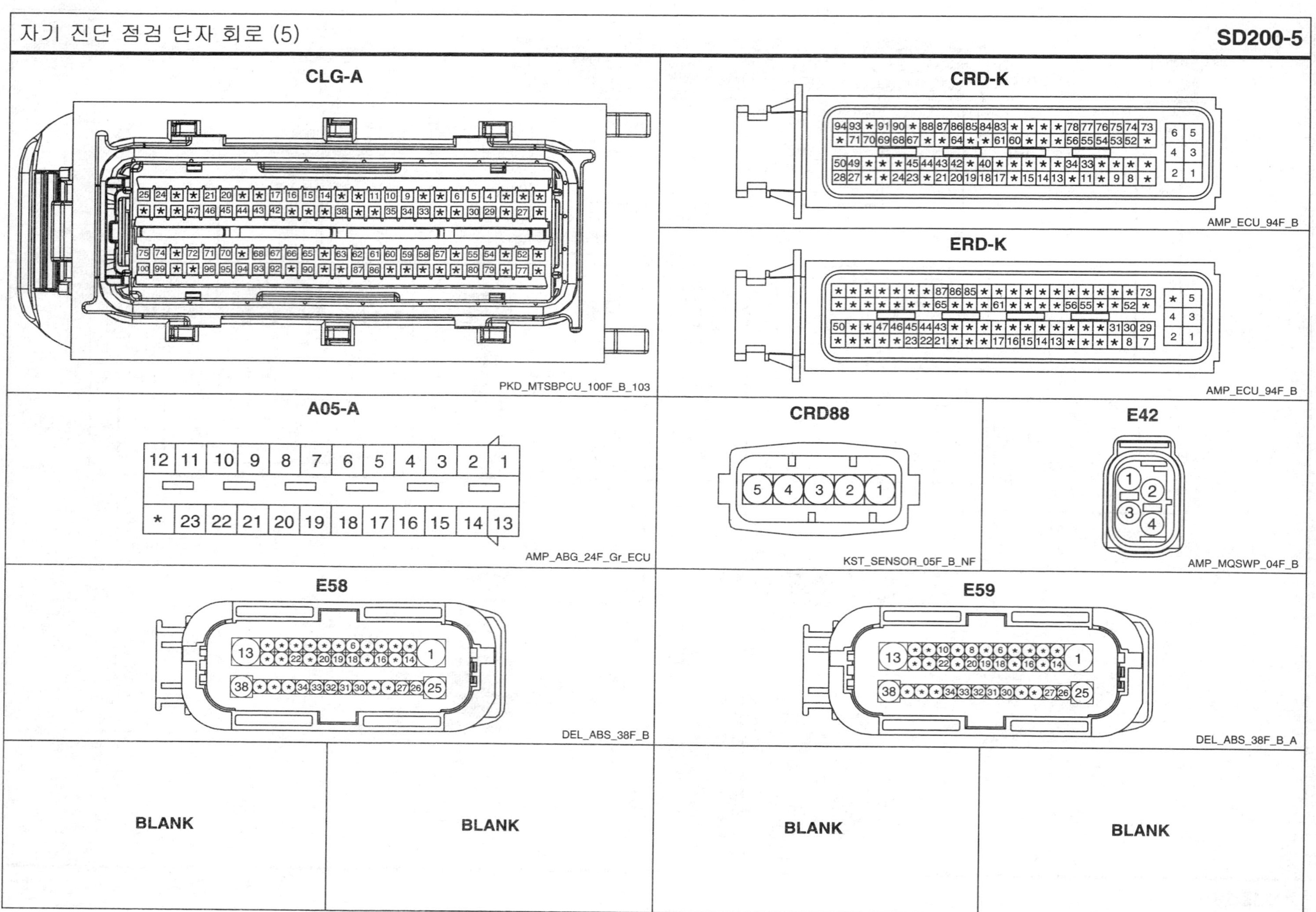
CLG-A
PKD_MTSBPCU_100F_B_103
CRD-K
AMP_ECU_94F_B
ERD-K
AMP_ECU_94F_B
A05-A
AMP_ABG_24F_Gr_ECU
CRD88
KST_SENSOR_05F_B_NF
E42
AMP_MQSWP_04F_B
E58
DEL_ABS_38F_B
E59
DEL_ABS_38F_B_A
BLANK
BLANK
BLANK
BLANK

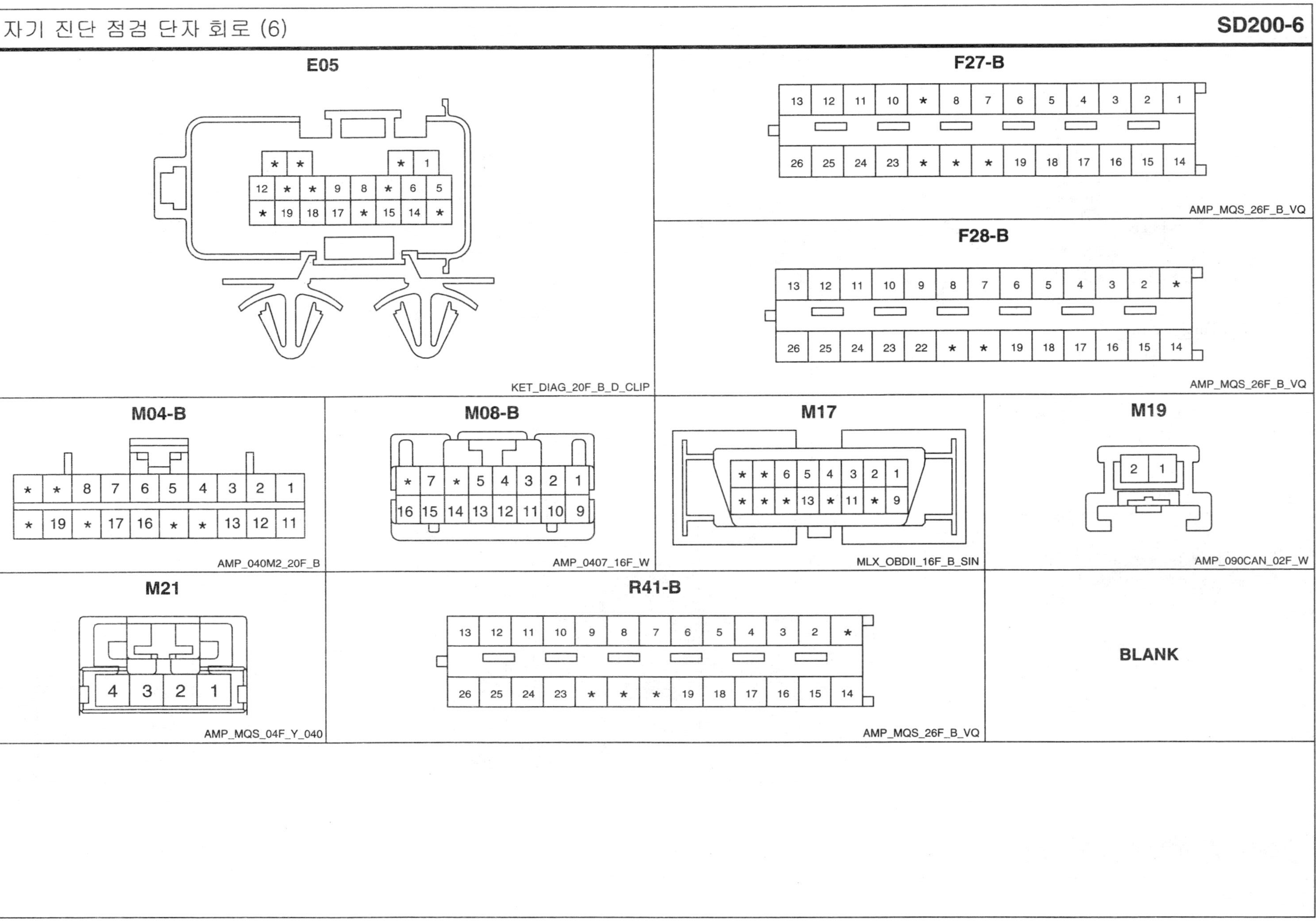
E05
* *
* 1
12 * * 9 8 * 6 5
* 19 18 17 * 15 14 *
KET_DIAG_20F_B_D_CLIP
F27-B
13 12 11 10 * 8 7 6 5 4 3 2 1
26 25 24 23 * * * 19 18 17 16 15 14
AMP_MQS_26F_B_VQ
F28-B
13 12 11 10 9 8 7 6 5 4 3 2 *
26 25 24 23 22 * * 19 18 17 16 15 14
AMP_MQS_26F_B_VQ
M04-B
* * 8 7 6 5 4 3 2 1
* 19 * 17 16 * * 13 12 11
AMP_040M2_20F_B
M08-B
* 7 * 5 4 3 2 1
16 15 14 13 12 11 10 9
AMP_0407_16F_W
M17
* * 6 5 4 3 2 1
* * * 13 * 11 * 9
MLX_OBDII_16F_B_SIN
M19
2 1
AMP_090CAN_02F_W
M21
4 3 2 1
AMP_MQS_04F_Y_040
R41-B
13 12 11 10 9 8 7 6 5 4 3 2 *
26 25 24 23 * * * 19 18 17 16 15 14
AMP_MQS_26F_B_VQ
BLANK

G6DC - LAMBDA II 3.5L

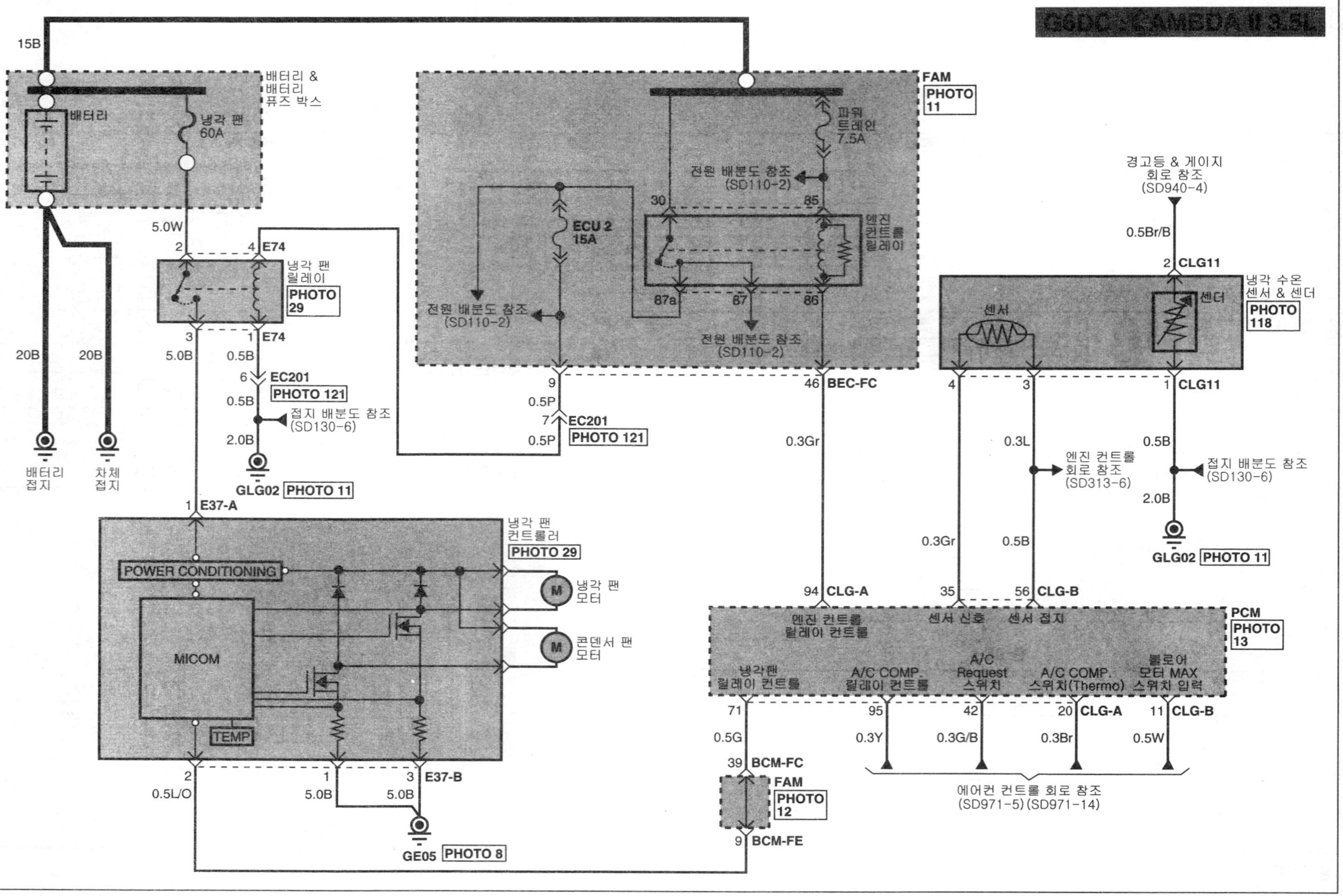

D4HB : R 2.2L

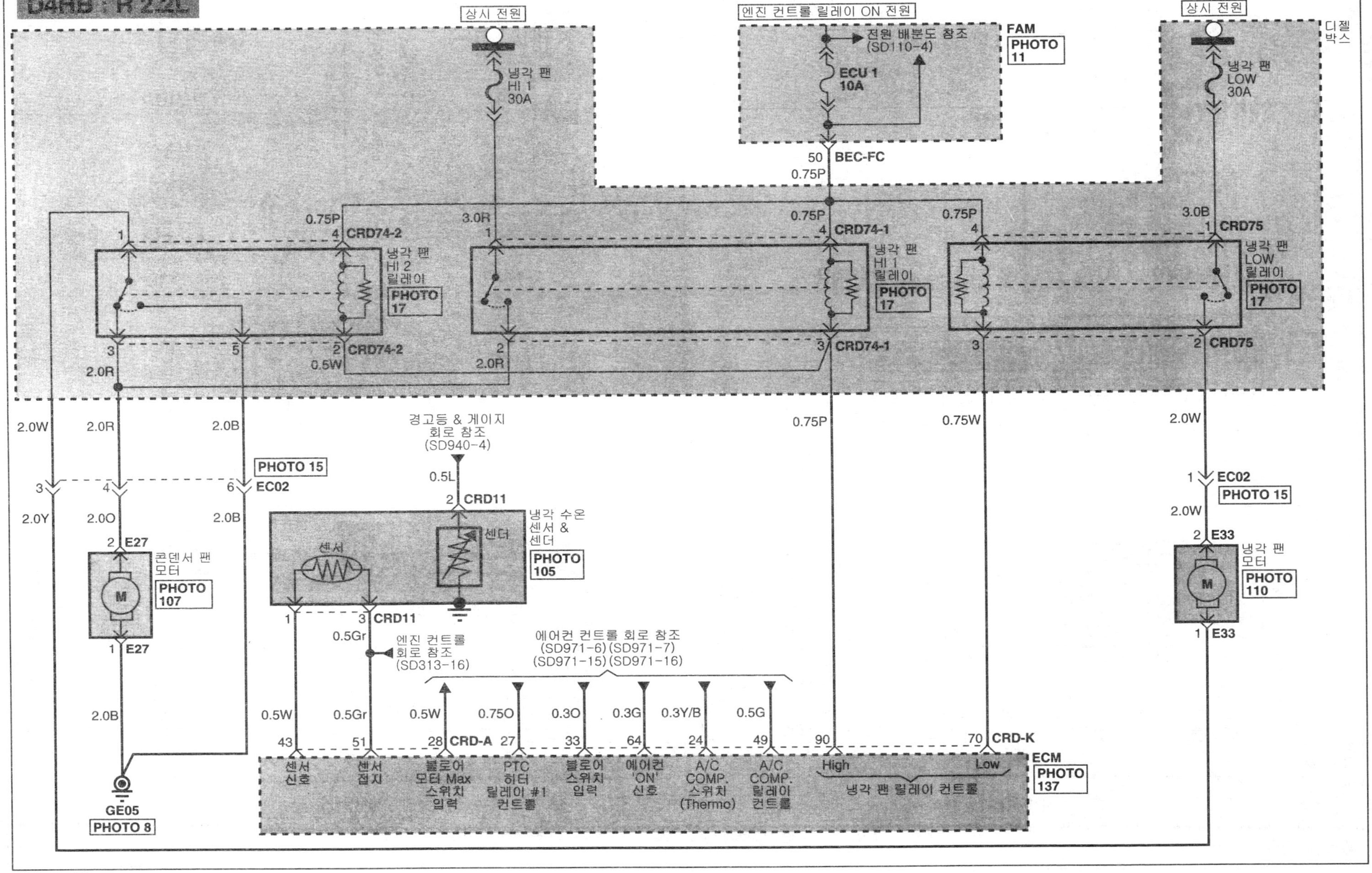

상시 전원
냉각 팬 HI 1 30A
엔진 컨트롤 릴레이 ON 전원
전원 배분도 참조 (SD110-4)
ECU 1 10A
FAM
PHOTO 11
50 BEC-FC
0.75P
상시 전원
냉각 팬 LOW 30A
디젤 박스
0.75P
4 CRD74-2
1
냉각 팬 HI 2 릴레이
PHOTO 17
3
5
2 CRD74-2
0.5W
2.0R
3.0R
1
2
2.0R
0.75P
4 CRD74-1
냉각 팬 HI 1 릴레이
PHOTO 17
3 CRD74-1
0.75P
4
3
3.0B
1 CRD75
냉각 팬 LOW 릴레이
PHOTO 17
2 CRD75
2.0W
2.0R
2.0B
경고등 & 게이지 회로 참조 (SD940-4)
0.75P
0.75W
2.0W
PHOTO 15
3
4
6 EC02
0.5L
2 CRD11
1 EC02
PHOTO 15
2.0Y
2.0O
2.0B
냉각 수온 센서 & 센더
센서
센더
PHOTO 105
2.0W
2 E27
콘덴서 팬 모터
PHOTO 107
M
1 E27
2 E33
냉각 팬 모터
PHOTO 110
M
1 E33
1
3 CRD11
0.5Gr
엔진 컨트롤 회로 참조 (SD313-16)
에어컨 컨트롤 회로 참조 (SD971-6) (SD971-7) (SD971-15) (SD971-16)
2.0B
0.5W
0.5Gr
0.5W
0.75O
0.3O
0.3G
0.3Y/B
0.5G
43
51
28 CRD-A
27
33
64
24
49
90
70 CRD-K
센서 신호
센서 접지
블로어 모터 Max 스위치 입력
PTC 히터 릴레이 #1 컨트롤
블로어 스위치 입력
에어컨 'ON' 신호
A/C COMP. 스위치 (Thermo)
A/C COMP. 릴레이 컨트롤
High
Low
냉각 팬 릴레이 컨트롤
ECM
PHOTO 137
GE05
PHOTO 8

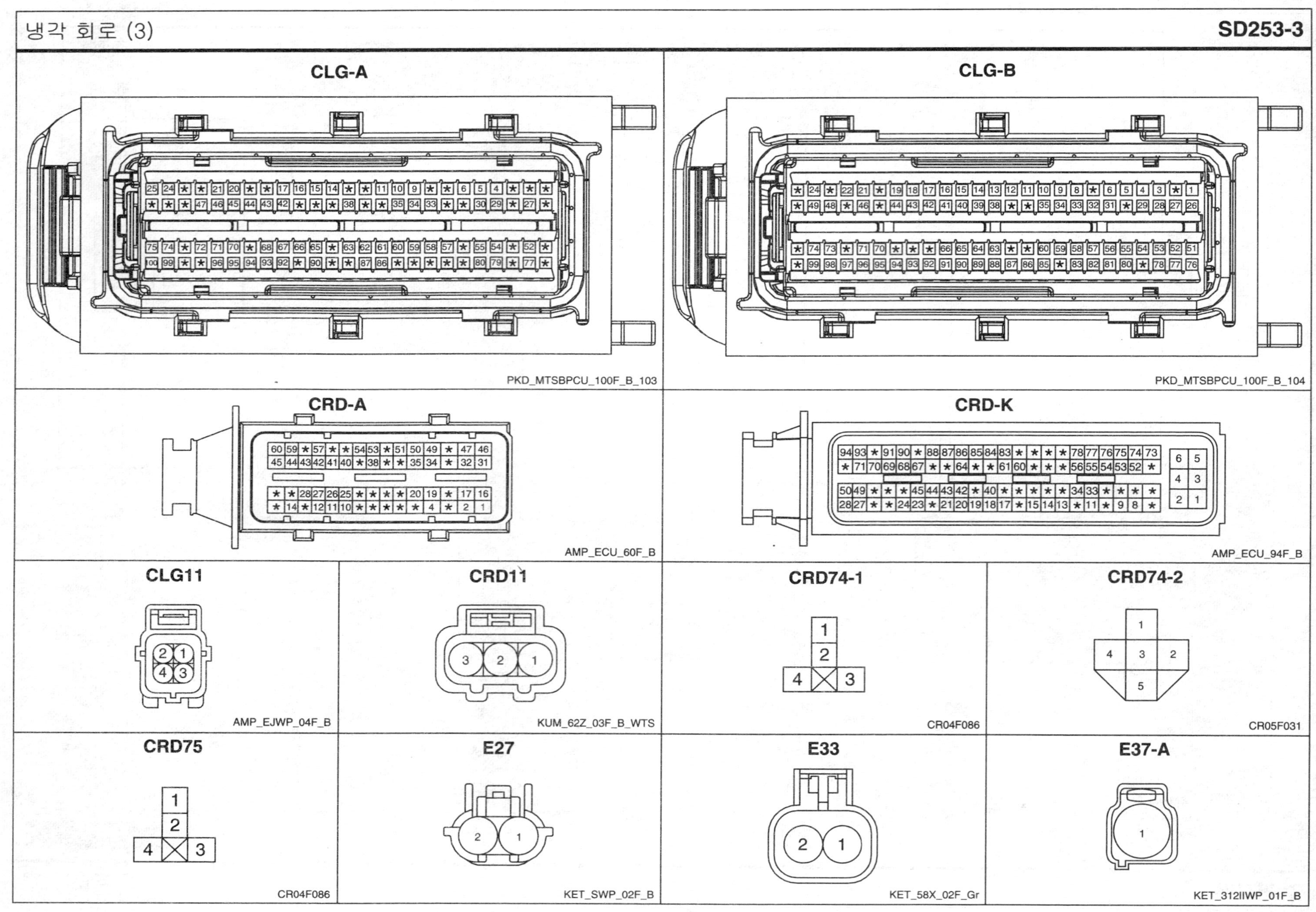
CLG-A
PKD_MTSBPCU_100F_B_103
CLG-B
PKD_MTSBPCU_100F_B_104
CRD-A
AMP_ECU_60F_B
CRD-K
AMP_ECU_94F_B
CLG11
AMP_EJWP_04F_B
CRD11
KUM_62Z_03F_B_WTS
CRD74-1
CR04F086
CRD74-2
CR05F031
CRD75
CR04F086
E27
KET_SWP_02F_B
E33
KET_58X_02F_Gr
E37-A
KET_312IIWP_01F_B

E37-B	E74	BLANK	BLANK
3 2 1 KET_3118_03F_GR	1 2 3 4 KET_3725_04F_B		

PCM 단자 정보

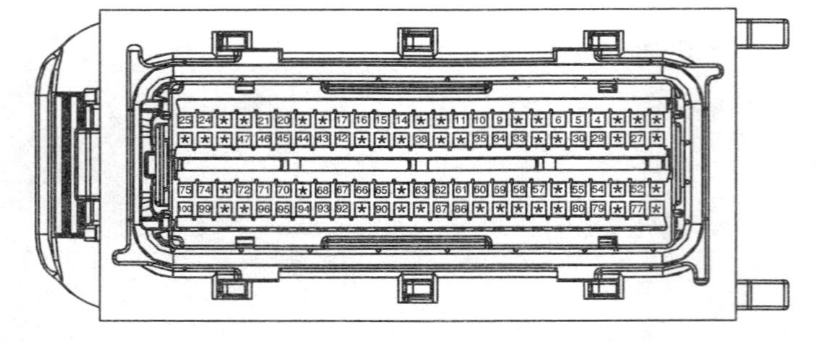

CLG-A

PIN	COLOR	DESCRIPTION	PIN	COLOR	DESCRIPTION	PIN	COLOR	DESCRIPTION
A1	-	-	A35	Y	C-CAN (Low)	A69	-	-
A2	-	-	A36	-	-	A70	P/B	엔진 회전 신호 (Tacho)
A3	-	-	A37	-	-	A71	G	냉각 팬 릴레이 컨트롤
A4	R	IMMO. IND.	A38	Gr	APS. 1 신호	A72	O	알터네이터 (COM)
A5	B	접지	A39	-	-	A73	-	-
A6	B	접지	A40	-	-	A74	G	IMMO. 데이타라인
A7	-	-	A41	-	-	A75	P	엔진 컨트롤 릴레이 'ON' 전원
A8	-	-	A42	G/B	A/C Request 스위치	A76	-	-
A9	B	CCP-CAN (High)	A43	G	브레이크 Light 스위치	A77	L	상시 전원
A10	B	C-CAN (High)	A44	G/B	[A/T] 포지션 스위치 코드 (S1)	A78	-	-
A11	G	FTPS 신호	A45	Br/B	[A/T] 포지션 스위치 코드 (S2)	A79	Gr	[A/T] Select 스위치
A12	-	-	A46	G	[A/T] 포지션 스위치 코드 (S3)	A80	B	접지
A13	-	-	A47	Gr	[A/T] 포지션 스위치 코드 (S4)	A81	-	-
A14	Br	APS. 1 전원	A48	-	-	A82	-	-
A15	P	APT 전원	A49	-	-	A83	-	-
A16	W	연료 탱크 레벨 센더	A50	-	-	A84	-	-
A17	G	파워 스티어링 스위치	A51	-	-	A85	-	-
A18	-	-	A52	L	상시 전원	A86	W	[A/T] 스타트 릴레이 컨트롤
A19	-	-	A53	-	-	A87	O	LIN/Diagnostic 데이타 라인
A20	Br	A/C COMP. 스위치 (Thermo)	A54	G	[A/T] Down 시프트	A88	-	-
A21	Br	브레이크 Test 스위치	A55	B	접지	A89	-	-
A22	-	-	A56	-	-	A90	R	APS.2 전원
A23	-	-	A57	G/B	연료 펌프 릴레이 컨트롤	A91	-	-
A24	Y	알터네이터 (FR)	A58	L	크루즈 SET. IND.	A92	L	Fuel Consumption 출력
A25	G	엔진 체크 IND.	A59	L	APS. 2 접지	A93	Br	스타트 오버런닝
A26	-	-	A60	B	APS. 1 접지	A94	Gr	엔진 컨트롤 릴레이 컨트롤
A27	W	ON/START 전원	A61	Gr/B	FTPS 접지	A95	Y	A/C COMP. 릴레이 컨트롤
A28	-	-	A62	Gr	크루즈 컨트롤 스위치 접지	A96	G	CCV 컨트롤
A29	W	[A/T] Up 시프트	A63	P	APT 접지	A97	-	-
A30	B	접지	A64	-	-	A98	-	-
A31	-	-	A65	Br	FTPS 전원	A99	P	엔진 컨트롤 릴레이 'ON' 전원
A32	-	-	A66	W	크루즈 컨트롤 스위치 신호	A100	P	엔진 컨트롤 릴레이 'ON' 전원
A33	W	크루즈 IND.	A67	L/W	APT 전원			
A34	Y	CCP-CAN (Low)	A68	P	APS. 2 전원			

CLG-B

PIN	COLOR	DESCRIPTION	PIN	COLOR	DESCRIPTION	PIN	COLOR	DESCRIPTION
B1	Y	[A/T] OD_VFS	B35	Gr	ECTS 신호	B69	-	-
B2	-	-	B36	-	-	B70	R	CMPS 신호 (Bank1 배기)
B3	Gr	[A/T] 입력 스피드 신호	B37	-	-	B71	G	CMPS 신호 (Bank1 흡기)
B4	G	[A/T] 출력 스피드 신호	B38	Gr	산소 센서 #1 (HI)	B72	-	-
B5	P	INCAM B1/EXCAM B2 전원	B39	G	산소 센서 #1 (LO)	B73	P	INCAM B2/EXCAM B1 전원
B6	Gr	TPS 전원	B40	B	노크 센서 쉴드 접지	B74	Y	이그니션 코일 #5 컨트롤
B7	-	-	B41	Y	노크 센서 #2 (LO)	B75	-	-
B8	R/B	크랭크 Reguest	B42	P	노크 센서 #1 (LO)	B76	G	[A/T]V_SOL 1
B9	O	BPS 신호	B43	G	CKPS (LO)	B77	O	[A/T] V_SOL 2
B10	W	오일 온도 센서 신호	B44	Br	INCAM B2/EXCAM B1 접지	B78	Y	[A/T] 26_VFS
B11	W	블로어 모터 Max 스위치 입력	B45	-	-	B79	-	-
B12	G	TPS 신호 2	B46	G	CMPS 신호 (Bank 2 배기)	B80	W	ETC 모터 (HI)
B13	Y	MAP 센서 전원	B47	-	-	B81	L	ETC 모터 (LO)
B14	W	흡기 (매니폴드) Air Temp.	B48	L	BPS/MAP 센서 전원	B82	P	산소 센서 #3 히터
B15	Gr	차속 입력	B49	B	이그니션 코일 #3 컨트롤	B83	P/B	산소 센서 #4 히터
B16	Gr	노크 센서 #2 (HI)	B50	-	-	B84	-	-
B17	O	노크 센서 #1 (HI)	B51	Y/B	[A/T] LP_VFS	B85	Gr/B	인젝터 #2 컨트롤
B18	W	CKPS (HI)	B52	P	[A/T] UD_VFS	B86	O	인젝터 #5 컨트롤
B19	B	오일 온도 센서 접지	B53	R	[A/T] SS-B	B87	Y	인젝터 #3 컨트롤
B20	-	-	B54	W/B	[A/T] 출력 스피드 전원	B88	Gr/B	인젝터 #6 컨트롤
B21	Gr	CMPS 신호 (Bank 2 흡기)	B55	L	[A/T] 오일 온도 센서 (-)	B89	Gr/B	인젝터 #4 컨트롤
B22	P	와이퍼 'P'단 입력	B56	B	BPS/ECTS/MAP 센서 접지	B90	B	인젝터 #1 컨트롤
B23	-	-	B57	W	[A/T] 오일 온도 센서 (+)	B91	P	산소 센서 # 1 히터
B24	W	이그니션 코일 #1 컨트롤	B58	Gr	산소 센서 #4 (HI)	B92	P	산소 센서 # 2 히터
B25	-	-	B59	W	산소 센서 #3 (HI)	B93	G	CVVT (배기) - Bank 2
B26	Br	[A/T] EC_VFS	B60	Br	산소 센서 #3 (LO)	B94	L	CVVT (배기) - Bank 1
B27	G	[A/T] 35R_VFS	B61	-	-	B95	W	CVVT (흡기) - Bank 2
B28	L	[A/T] SS-A	B62	-	-	B96	L	CVVT (흡기) - Bank 1
B29	L	[A/T] 입력 스피드 전원	B63	G/B	산소 센서 #2 (HI)	B97	G	이그니션 코일 #2 컨트롤
B30	-	-	B64	W	산소 센서 #2 (LO)	B98	L	이그니션 코일 #6 컨트롤
B31	Br	TPS 접지	B65	L	VIS 컨트롤	B99	R	이그니션 코일 #4 컨트롤
B32	B	INCAM B1/EXCAM B2 접지	B66	G	PCSV 컨트롤	B100	-	-
B33	Br	산소 센서 #4 (LO)	B67	-	-			
B34	W	TPS 신호 1	B68	-	-			

※ [A/T] : 자동 변속기 컨트롤 회로 참조 (SD450)

PCM 외부 결선도

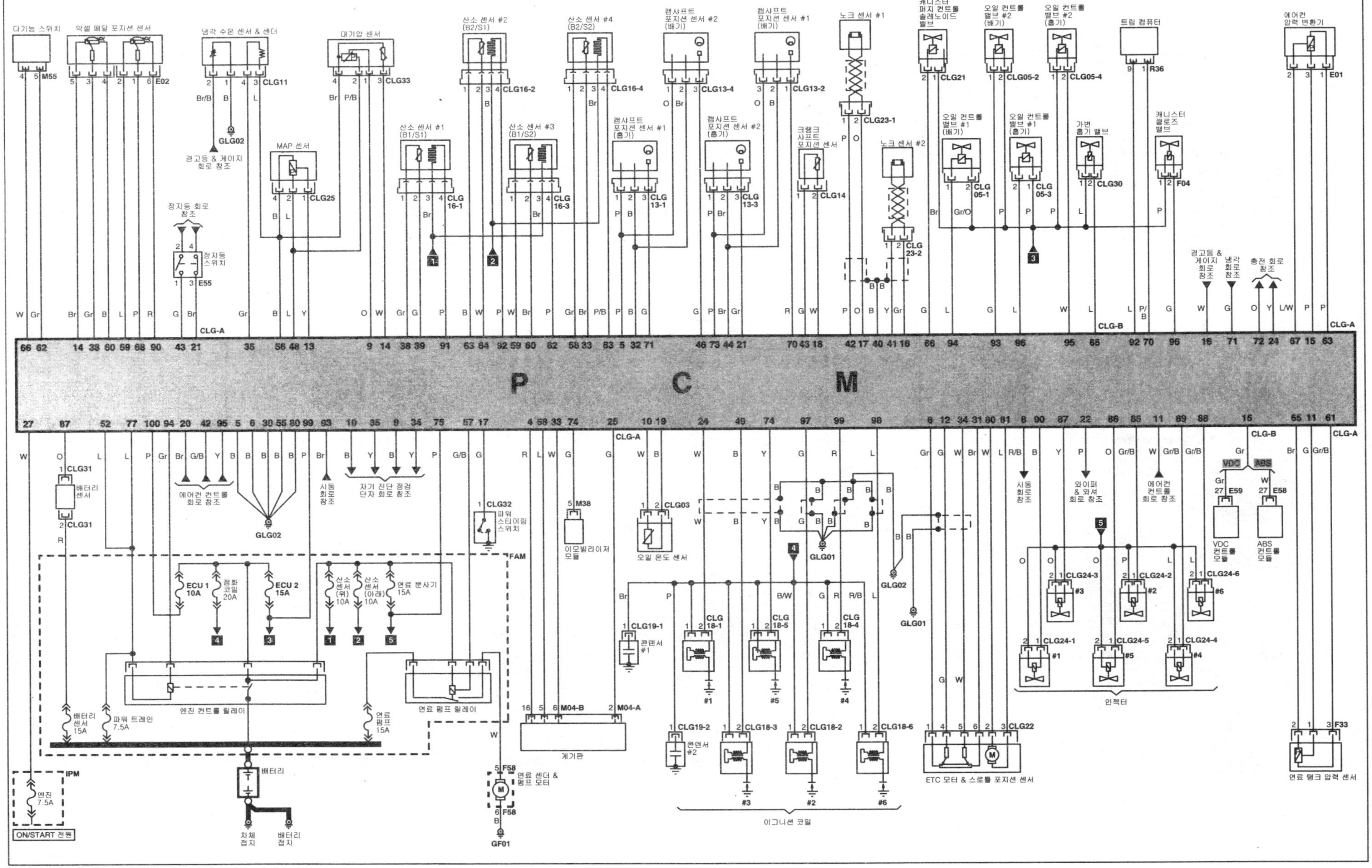

다기능 스위치 M55

악셀 페달 포지션 센서 E02

냉각 수온 센서 & 센더 CLG11

GLG02

경고등 & 게이지 회로 참조

대기압 센서 CLG33

MAP 센서 CLG25

정지등 회로 참조

정지등 스위치 E55

산소 센서 #1 (B1/S1) CLG 16-1

산소 센서 #2 (B2/S1) CLG16-2

산소 센서 #3 (B1/S2) CLG 16-3

산소 센서 #4 (B2/S2) CLG16-4

캠샤프트 포지션 센서 #1 (흡기) CLG 13-1

캠샤프트 포지션 센서 #2 (배기) CLG13-4

캠샤프트 포지션 센서 #2 (흡기) CLG 13-3

캠샤프트 포지션 센서 #1 (배기) CLG13-2

크랭크 샤프트 포지션 센서 CLG14

노크 센서 #1 CLG23-1

노크 센서 #2 CLG 23-2

캐니스터 퍼지 컨트롤 솔레노이드 밸브 CLG21

오일 컨트롤 밸브 #1 (배기) CLG 05-1

오일 컨트롤 밸브 #2 (배기) CLG05-2

오일 컨트롤 밸브 #1 (흡기) CLG 05-3

오일 컨트롤 밸브 #2 (흡기) CLG05-4

가변 흡기 밸브 CLG30

트립 컴퓨터 R36

캐니스터 클로즈 밸브 F04

경고등 & 게이지 회로 참조

냉각 회로 참조

충전 회로 참조

에어컨 압력 변환기 E01

CLG-A

CLG-B

PCM

배터리 센서 CLG31

에어컨 컨트롤 회로 참조

GLG02

시동 회로 참조

자기 진단 점검 단자 회로 참조

파워 스티어링 스위치 CLG32

FAM

ECU 1 10A

점화 코일 20A

ECU 2 15A

산소 센서 (위) 10A

산소 센서 (아래) 10A

연료 분사기 15A

엔진 컨트롤 릴레이

연료 펌프 릴레이

배터리 센서 15A

파워 트레인 7.5A

연료 펌프 15A

IPM

엔진 7.5A

ON/START 전원

배터리

차체 접지

배터리 접지

연료 센더 & 펌프 모터 F58

GF01

이모빌라이저 모듈 M38

계기판 M04-B M04-A

오일 온도 센서 CLG03

GLG01

GLG02

콘덴서 #1 CLG19-1

콘덴서 #2 CLG19-2

이그니션 코일 CLG 18-1 #1, CLG 18-5 #5, CLG 18-4 #4, CLG18-3 #3, CLG18-2 #2, CLG18-6 #6

ETC 모터 & 스로틀 포지션 센서 CLG22

시동 회로 참조

와이퍼 & 와셔 회로 참조

에어컨 컨트롤 회로 참조

인젝터 CLG24-3 #3, CLG24-2 #2, CLG24-6 #6, CLG24-1 #1, CLG24-5 #5, CLG24-4 #4

VDC 컨트롤 모듈 E59

ABS 컨트롤 모듈 E58

연료 탱크 압력 센서 F33

엔진 컨트롤 회로 (G6DC : LAMBDA II 3.5L) (3)

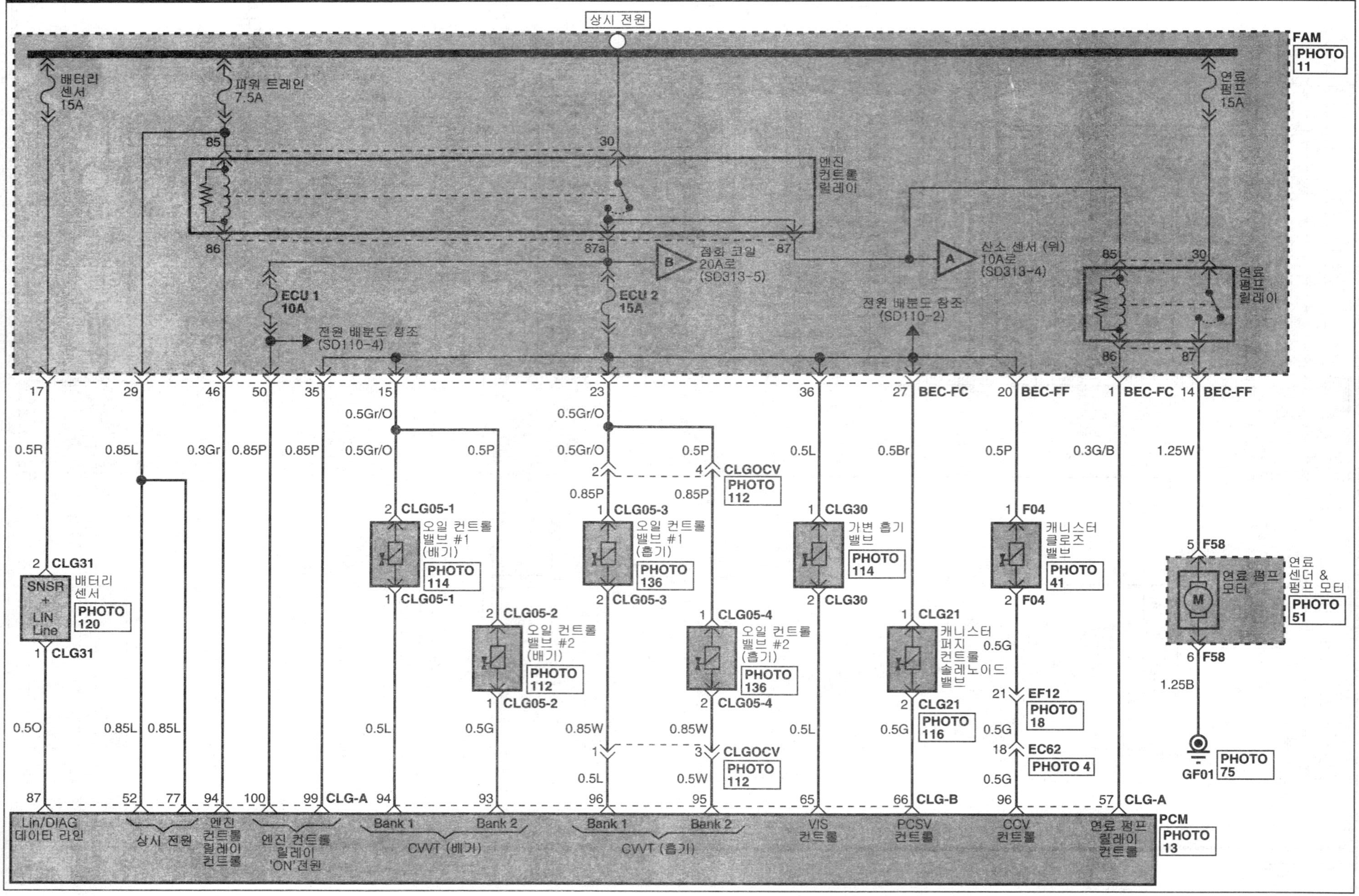

상시 전원

FAM PHOTO 11

배터리 센서 15A

파워 트레인 7.5A

연료 펌프 15A

엔진 컨트롤 릴레이

85 86 30 87a 87

ECU 1 10A

ECU 2 15A

점화 코일 20A로 (SD313-5)

산소 센서 (위) 10A로 (SD313-4)

전원 배분도 참조 (SD110-4)

전원 배분도 참조 (SD110-2)

연료 펌프 릴레이

17 29 46 50 35 15 23 36 27 BEC-FC 20 BEC-FF 1 BEC-FC 14 BEC-FF

0.5R 0.85L 0.3Gr 0.85P 0.85P 0.5Gr/O 0.5Gr/O 0.5P 0.5Gr/O 0.5P 0.5L 0.5Br 0.5P 0.3G/B 1.25W

2 CLG31 SNSR + LIN Line 배터리 센서 PHOTO 120 1 CLG31

2 CLG05-1 오일 컨트롤 밸브 #1 (배기) PHOTO 114 1 CLG05-1

2 CLG05-2 오일 컨트롤 밸브 #2 (배기) PHOTO 112 1 CLG05-2

2 4 CLGOCV PHOTO 112

0.85P 0.85P

1 CLG05-3 오일 컨트롤 밸브 #1 (흡기) PHOTO 136 2 CLG05-3

1 CLG05-4 오일 컨트롤 밸브 #2 (흡기) PHOTO 136 2 CLG05-4

1 CLG30 가변 흡기 밸브 PHOTO 114 2 CLG30

1 CLG21 캐니스터 퍼지 컨트롤 솔레노이드 밸브 2 CLG21 PHOTO 116

1 F04 캐니스터 클로즈 밸브 PHOTO 41 2 F04

0.5G 21 EF12 PHOTO 18 0.5G 18 EC62 PHOTO 4 0.5G

5 F58 연료 센더 & 펌프 모터 연료 펌프 모터 M PHOTO 51 6 F58

1.25B GF01 PHOTO 75

0.5O 0.85L 0.85L 0.5L 0.5G 0.85W 0.85W 1 3 CLGOCV PHOTO 112 0.5L 0.5W 0.5L 0.5G

87 52 77 94 100 99 CLG-A 94 93 96 95 65 66 CLG-B 96 57 CLG-A

PCM PHOTO 13

Lin/DIAG 데이타 라인

상시 전원

엔진 컨트롤 릴레이 컨트롤

엔진 컨트롤 릴레이 'ON'전원

Bank 1 Bank 2 CVVT (배기)

Bank 1 Bank 2 CVVT (흡기)

VIS 컨트롤

PCSV 컨트롤

CCV 컨트롤

연료 펌프 릴레이 컨트롤

FAM
PHOTO 11

엔진 컨트롤 릴레이에서 (SD313-3) A

연료 분사기 15A로 (SD313-5) C

산소 센서 (위) 10A

산소 센서 (아래) 10A

38
52 BEC-FC

ABS 컨트롤 모듈 PHOTO 9
27 E58
0.5W
ABS

VDC 모듈 PHOTO 9
27 E59
0.5Gr
VDC

17 EC62 PHOTO 4
0.3Gr
15

0.5B
3 2 CLG16-1
HTR. SNSR.
산소 센서 #1 (B1/S1) PHOTO 135
4 1 CLG16-1
0.5P 0.3Gr 0.3G
91 38 39

0.5B
2 3 CLG16-2
SNSR. HTR.
산소 센서 #2 (B2/S1) PHOTO 111
1 4 CLG16-2
0.3W 0.3G/B 0.5P
64 63 92

0.5Br
3 2 CLG16-3
HTR. SNSR.
산소 센서 #3 (B1/S2) PHOTO 135
4 1 CLG16-3
0.5P 0.3W 0.3Br
82 59 60

0.5Br
2 3 CLG16-4
SNSR. HTR.
산소 센서 #4 (B2/S2) PHOTO 115
1 4 CLG16-4
0.3Br 0.3Gr 0.5P/B
33 58 83 CLG-B

PCM
PHOTO 13

차속 입력

히터 HI LO — 산소 센서 (Bank1 Front)
LO HI 히터 — 산소 센서 (Bank2 Front)
히터 HI LO — 산소 센서 (Bank1 Rear)
LO HI 히터 — 산소 센서 (Bank2 Rear)

FTPS: 전원 신호 접지
APT: 전원 신호 접지
APS. 1: 신호 전원 접지
APS. 2: 접지 전원 신호
ETC 모터: HI LO
TPS: 전원 신호 1 신호 2 접지

65 11 61 | 15 67 63 | 38 14 60 | 59 90 68 CLG-A
0.3Br 0.3G 0.3Gr/B | 0.3P 0.3L/W 0.5P | 0.3Gr 0.3Br 0.3B | 0.3L 0.3R 0.3P
19 22 15 | 42 17 41 | 43 20 27 | 21 14 32 BCM-FC

FAM
PHOTO 12

45 35 41 | 38 43 25 | 49 33 8 | 47 28 48 BCM-FE
0.5W 0.5Y 0.5W/B | 0.3L 0.3Y 0.3B | 0.5W 0.5P 0.5G | 0.5L/O 0.5L 0.5G/O
16 11 22 EF12 PHOTO 18
0.5W 0.5Y 0.5W/B
2 1 3 F33

연료 탱크 압력 센서 PHOTO 51

3 2 1 E01
에어컨 압력 변환기 PHOTO 5

3 5 4 2 6 1 E02
악셀 페달 포지션 센서 PHOTO 20

80 81 6 34 12 31 CLG-B
0.5W 0.5L 0.3Gr 0.3W 0.3G 0.3Br
0.3W 0.3G
2 3 1 5 4 6 CLG22

M
모터
스로틀 포지션 센서
ETC 모터 & 스로틀 포지션 센서 PHOTO 117

0.5B 0.5B
접지 배분도 참조 (SD130-6)
0.85B 2.0B
GLG01 PHOTO 111
GLG02 PHOTO 11

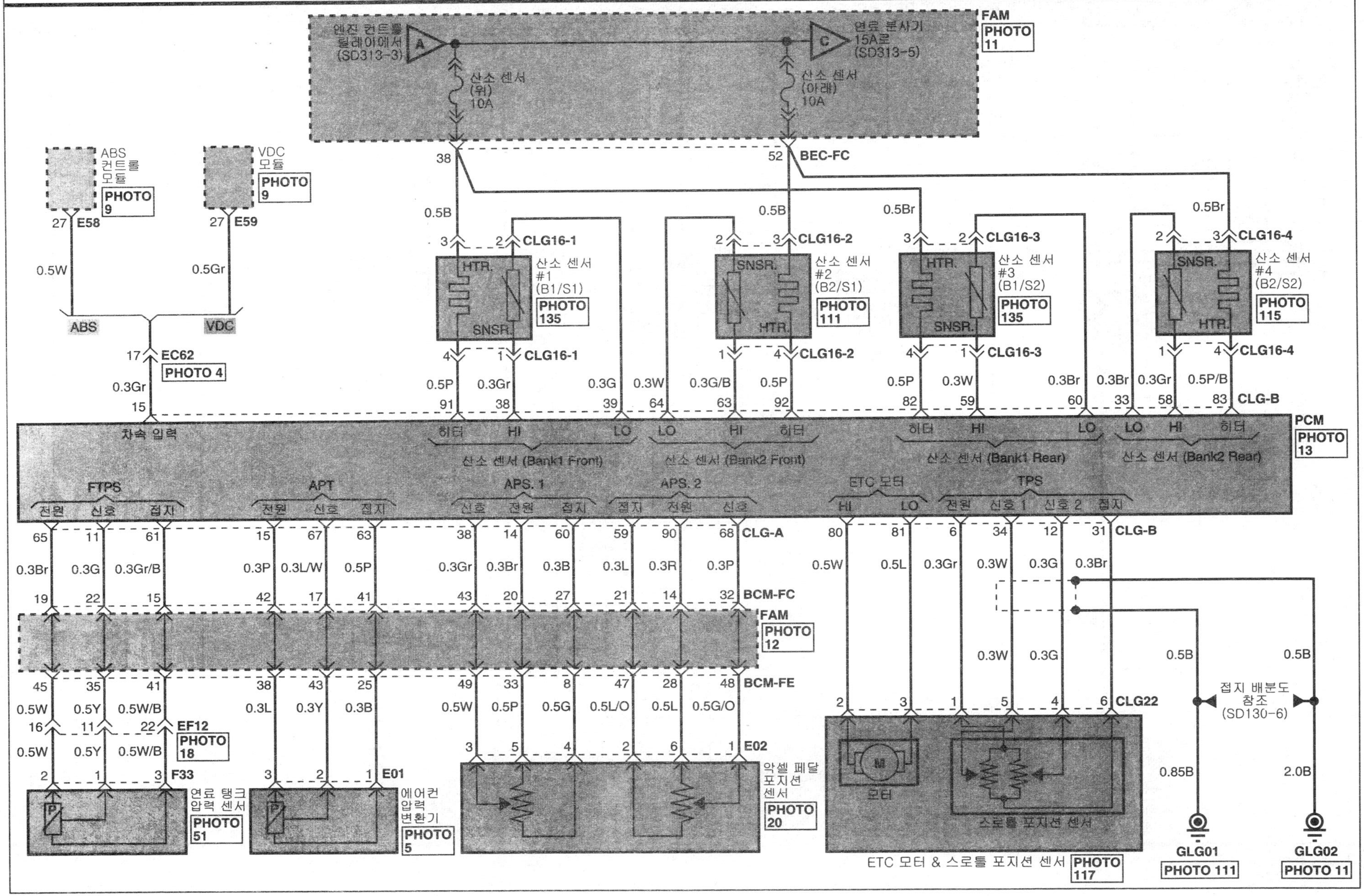

엔진 컨트롤 회로 (G6DC : LAMBDA II 3.5L) (5)

엔진 컨트롤 릴레이에서 (SD313-4) C — 연료 분사기 15A

엔진 컨트롤 릴레이에서 (SD313-8) B — 점화 코일 20A

FAM PHOTO 11

37 · 18 · 30 · 28 · 2 · 16 BEC-FC

0.85P · 0.5L · 0.5L · 0.5W · 0.5P · 0.85Br · 0.85P · 0.85Y · 0.85B/W · 0.85G · 0.85R/B

CLGINJ PHOTO 114 · CLG19-2 콘덴서 #2 PHOTO 111 · CLG19-1 콘덴서 #1 PHOTO 111 · CLGIG PHOTO 114

CLG24-4 인젝터 #4 PHOTO 113 · CLG24-6 인젝터 #6 PHOTO 113 · CLG24-1 인젝터 #1 PHOTO 119 · CLG24-3 인젝터 #3 PHOTO 119 · CLG24-5 인젝터 #5 PHOTO 119 · CLG24-2 인젝터 #2 PHOTO 113

CLG18-1 이그니션 코일 #1 PHOTO 119 · CLG18-3 이그니션 코일 #3 PHOTO 119 · CLG18-5 이그니션 코일 #5 PHOTO 119 · CLG18-2 이그니션 코일 #2 PHOTO 113 · CLG18-4 이그니션 코일 #4 PHOTO 113 · CLG18-6 이그니션 코일 #6 PHOTO 113

접지 배분도 참조 (SD130-6) · GLG01 PHOTO 111 · GLG02 PHOTO 11

0.5Gr/B · 0.5Gr/B · 0.5B · 0.5Y · 0.5O · 0.5Gr/B · 0.85W · 0.85B · 0.85Y · 0.85G · 0.85R · 0.85L

75 CLG-A 89 · 88 · 90 · 87 · 86 · 85 · 24 · 49 · 74 · 97 · 99 · 98 CLG-B

PCM PHOTO 13

엔진 컨트롤 릴레이 'ON'전원 · #4 #6 #1 #3 #5 #2 인젝터 컨트롤 · #1 #3 #5 #2 #4 #6 이그니션 코일 컨트롤

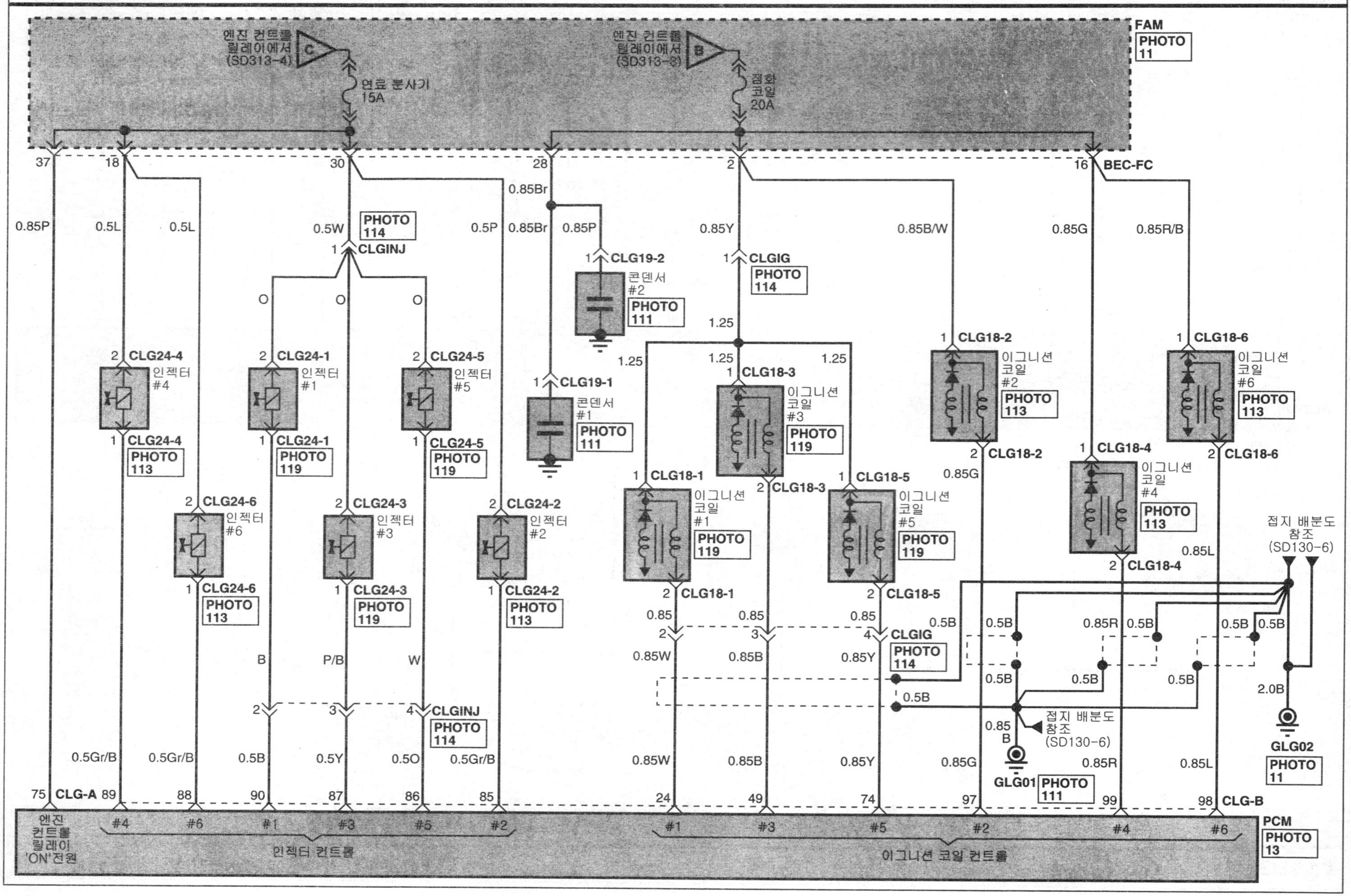

크랭크 샤프트 포지션 센서 PHOTO 121
S N
1 2 CLG14
0.5G 0.5W
43 18

노크 센서 #1 PHOTO 117
1 2 CLG23-1
0.5P 0.5O
42 17

0.5B 0.5B
0.5B
40

노크 센서 #2 PHOTO 112
1 2 CLG23-2
0.5Y 0.5Gr
41 16

MAP 센서 PHOTO 116
1 2 4 CLG25
0.5L 0.5B
0.3Y 0.5L 0.5B
13 48 56

경고등 & 게이지 회로 참조 (SD940-4)
0.5Br/B
2 CLG11
냉각 수온 센서 & 센더 PHOTO 118
센서 센더
3 4 1 CLG11
0.3L 0.3Gr 0.5B
접지 배분도 참조 (SD130-6)
2.0B
GLG02 PHOTO 11
35

대기압 센서 PHOTO 120
4 2 1 3 CLG33
0.5Br 0.5P/B
0.5O 0.5W
9 14 CLG-B

PCM PHOTO 13
LO HI CKPS
LO HI 노크 센서 #1
쉴드 접지
LO HI 노크 센서#2
MAP 센서 전원
전원 접지 센서
ECTS 신호
BPS 신호
흡기 (매니폴드) Air Temp.
오일 온도 센서 신호 접지
CMPS 신호 (Bank #1 배기)
INCAMB2/ EXCAMB1 전원
INCAMB2/ EXCAMB1 접지
CMPS 신호 (Bank #2 흡기)
CMPS 신호 (Bank #2 배기)
INCAMB1/ EXCAMB2 전원
INCAMB1/ EXCAMB2 접지
CMPS 신호 (Bank #1 흡기)

10 19 70 73 44 21 46 5 32 71 CLG-B
0.5W 0.5B 0.3R 0.3P 0.3Br 0.3Gr 0.3G 0.3P 0.3B 0.3G
0.3B 0.3O 0.3P 0.3Br 0.3Br 0.3O 0.3P 0.3B

1 2 CLG03
오일 온도 센서 PHOTO 118

1 2 3 CLG13-2
캠샤프트 포지션 센서 #1 (배기) PHOTO 117
TR

1 2 3 CLG13-3
캠샤프트 포지션 센서 #2 (흡기) PHOTO 113
TR

3 2 1 CLG13-4
캠샤프트 포지션 센서 #2 (배기) PHOTO 115
TR

1 2 3 CLG13-1
캠샤프트 포지션 센서 #1 (흡기) PHOTO 117
TR

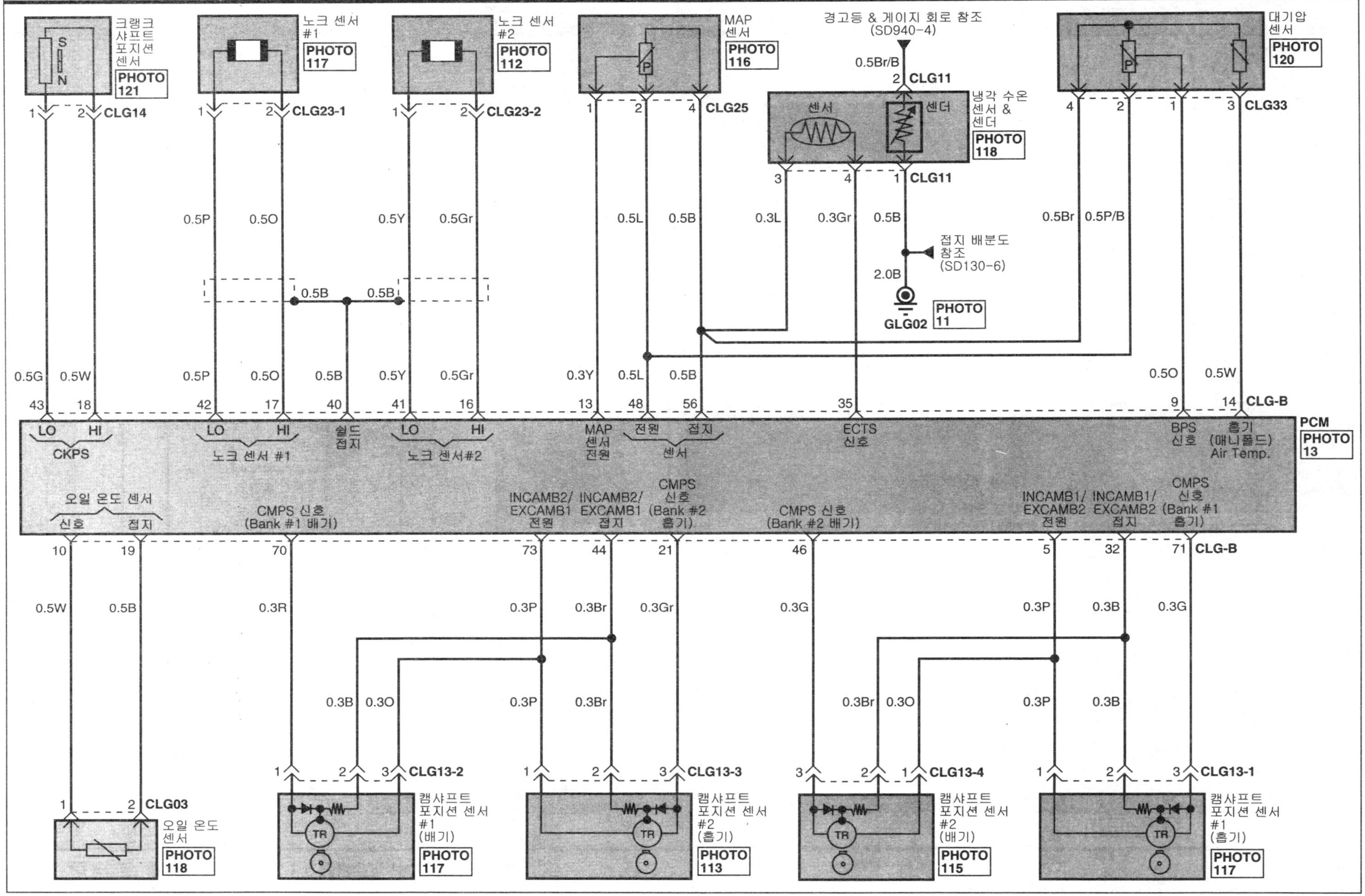

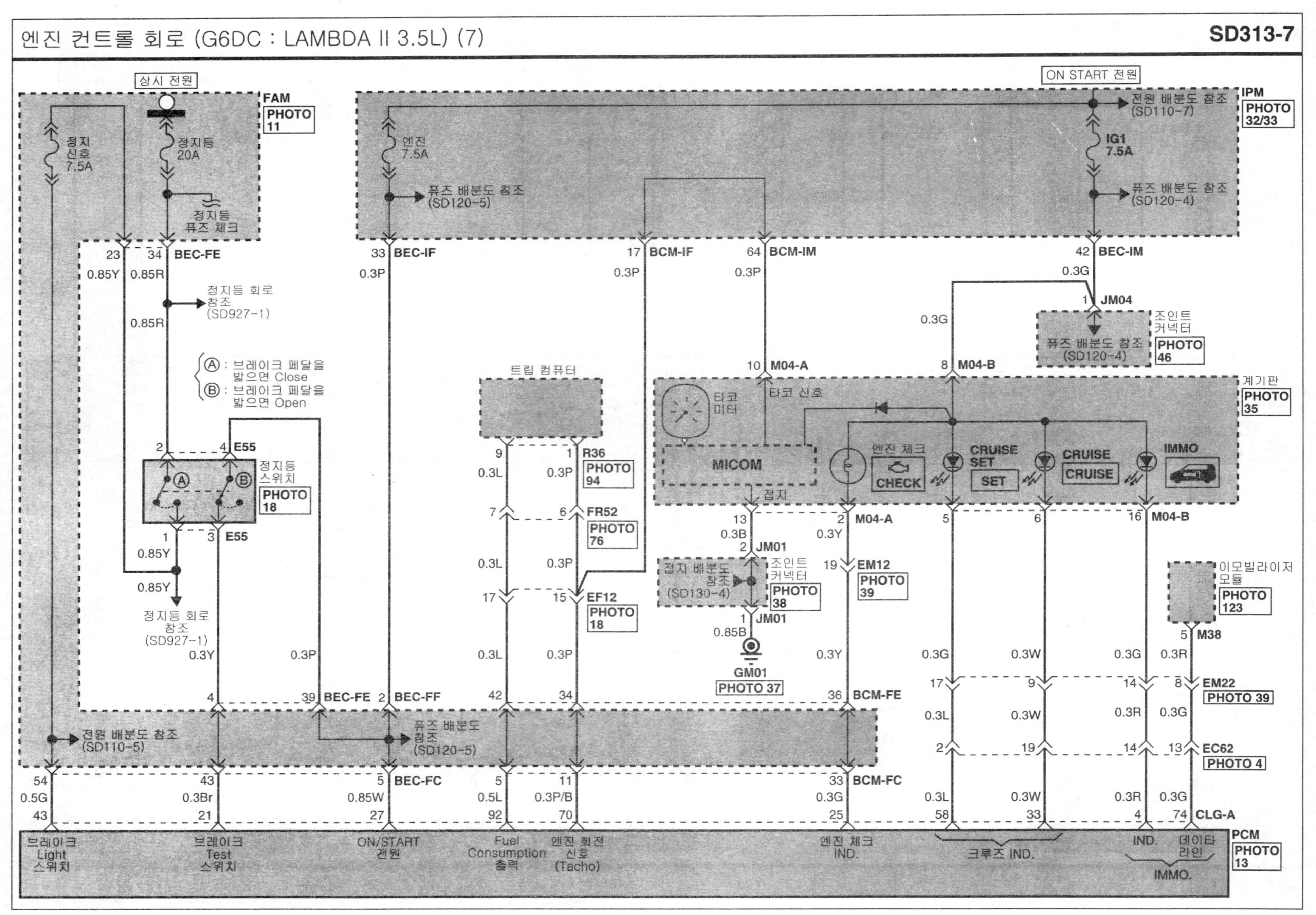

엔진 컨트롤 회로 (G6DC : LAMBDA II 3.5L) (7)
SD313-7
상시 전원
FAM
PHOTO 11
정지 신호 7.5A
정지등 20A
정지등 퓨즈 체크
BEC-FE
0.85Y
0.85R
정지등 회로 참조 (SD927-1)
Ⓐ : 브레이크 페달을 밟으면 Close
Ⓑ : 브레이크 페달을 밟으면 Open
E55
정지등 스위치
PHOTO 18
0.3Y
0.3P
ON START 전원
IPM
PHOTO 32/33
엔진 7.5A
퓨즈 배분도 참조 (SD120-5)
전원 배분도 참조 (SD110-7)
IG1 7.5A
퓨즈 배분도 참조 (SD120-4)
BEC-IF
BCM-IF
BCM-IM
BEC-IM
0.3G
JM04
조인트 커넥터
PHOTO 46
M04-A
M04-B
트립 컴퓨터
R36
PHOTO 94
FR52
PHOTO 76
EF12
PHOTO 18
0.3L
계기판
PHOTO 35
타코 미터
타코 신호
MICOM
접지
엔진 체크
CHECK
CRUISE SET
SET
CRUISE
CRUISE
IMMO
0.3B
JM01
접지 배분도 참조 (SD130-4)
PHOTO 38
0.85B
GM01
PHOTO 37
EM12
PHOTO 39
이모빌라이저 모듈
PHOTO 123
M38
0.3W
0.3R
EM22
PHOTO 39
EC62
PHOTO 4
전원 배분도 참조 (SD110-5)
BEC-FF
퓨즈 배분도 참조 (SD120-5)
BCM-FE
BEC-FC
BCM-FC
0.5G
0.3Br
0.85W
0.5L
0.3P/B
CLG-A
PCM
PHOTO 13
브레이크 Light 스위치
브레이크 Test 스위치
ON/START 전원
Fuel Consumption 출력
엔진 회전 신호 (Tacho)
엔진 체크 IND.
크루즈 IND.
IND.
데이타 라인
IMMO.

ON/START 전원
IPM
PHOTO 33
전원 배분도 참조 (SD110-7)
IG1 7.5A
퓨즈 배분도 참조 (SD120-4)
42 BEC-IM
0.3G
1 JM04
조인트 커넥터
PHOTO 46
5 JM04
0.3G

경고등 & 게이지 회로 참조 (SD940-4)
충전 회로 참조 (SD373-1)
자기 진단 점검 단자 회로 참조 (SD200-3)(SD200-4)
냉각 회로 참조 (SD253-1)
시동 회로 참조 (SD360-1)
와이퍼 & 와셔 회로 참조 (SD981-1) (SD981-2)

0.3W 0.5Y 0.5O 0.3B 0.3Y 0.3B 0.3Y 0.5G 0.5Br 0.5R/B 0.85P
16 24 72 9 34 10 35 71 93 CLG-A 8 22 CLG-B

PCM
PHOTO 13
연료 탱크 레벨 센더
FR COM 알터네이터
High Low CCP-CAN
High Low C-CAN
냉각 팬 릴레이 컨트롤
스타트 오버런닝
크랭크 Request
와이퍼 'P'단 입력
블로어 모터 Max SW. 입력
A/C COMP. 릴레이 컨트롤
A/C COMP. 스위치 (Thermo)
A/C Request 스위치
파워 스티어링 스위치
접지
크루즈 컨트롤 스위치
신호 접지

11 CLG-B 95 20 42 17 5 6 30 55 80 66 62 CLG-A
0.5W 0.3Y 0.3Br 0.3G/B 0.5G 0.85B 0.85B 0.85B 0.85B 0.85B 0.3W 0.3Gr

에어컨 컨트롤 회로 참조 (SD971-5)(SD971-16)
접지 배분도 참조 (SD130-6)
2.0B
GLG02
PHOTO 11
1 CLG32
파워 스티어링 스위치
PHOTO 135

9 10 EC62
PHOTO 4
0.3W 0.3Gr
3 EM22
PHOTO 39
21 EM12
PHOTO 39
0.3W 0.3B
조명등 회로 참조 (SD941-2) (SD941-4)
0.3R 0.3Br
10 9 4 5 3 M55
다기능 스위치 (리모컨)
PHOTO 36
클락 스프링
스티어링 휠
크루즈 리모컨 스위치
(+) (-)
ILL.
CRUISE MAIN
CANCEL
SET/ COAST
RESUME/ ACCEL

CLG-A

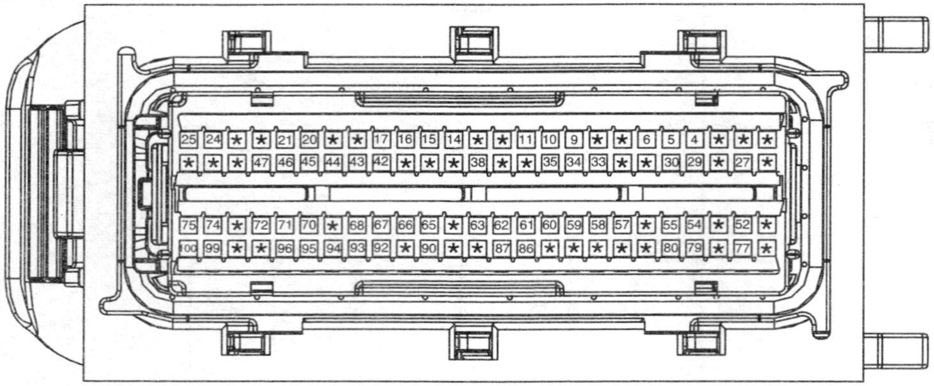

PKD_MTSBPCU_100F_B_103

CLG-B

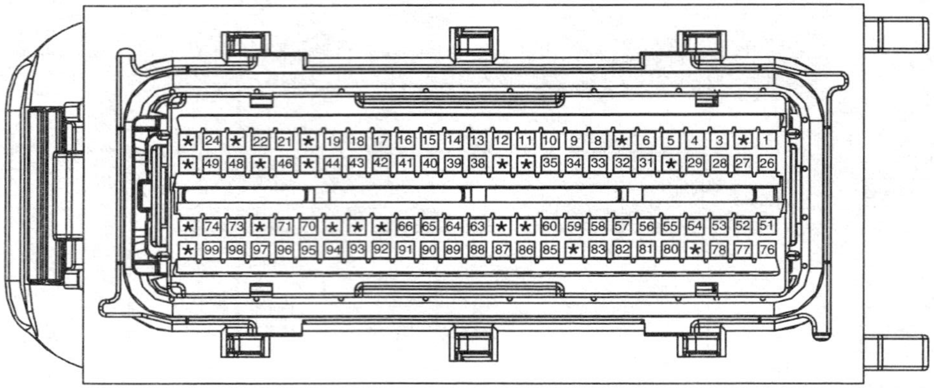

PKD_MTSBPCU_100F_B_104

CLG03

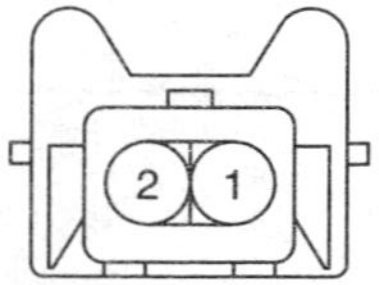

PKD_280WP_02F_B_CLIP

CLG05-1

PKD_GT150_02F_GR_3

CLG05-2

PKD_GT150_02F_B_3

CLG05-3

CR02F134

CLG05-4

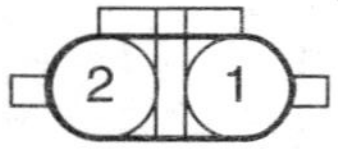

CR02F134

CLG11

AMP_EJWP_04F_B

CLG13-1

PKD_150WP_03F_B_L

CLG13-2

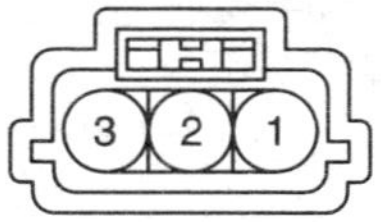

KUM_NDWP_03F_B

CLG13-3

PKD_150WP_03F_B

CLG13-4

PKD_150WP_03F_B_L

CLG14

PKD_2.8MM_02F_B

CLG16-1

KUM_KNMWP_04F_Br

엔진 컨트롤 회로 (G6DC : LAMBDA II 3.5L) (10)

SD313-10

CLG16-2 1 2 3 4 KUM_KNMWP_04F_Gr	**CLG16-3** 1 2 3 4 KUM_NMWP_04F_L	**CLG16-4** 1 2 3 4 KUM_NMWP_04F_B	**CLG18-1** 1 2 KET_090IIWP_02F_Gr_VER
CLG18-2 1 2 KET_090IIWP_02F_Gr_VER	**CLG18-3** 1 2 KET_090IIWP_02F_Gr_VER	**CLG18-4** 1 2 KET_090IIWP_02F_Gr_VER	**CLG18-5** 1 2 KET_090IIWP_02F_Gr_VER
CLG18-6 1 2 KET_090IIWP_02F_Gr_VER	**CLG19-1** 1 KET_250WP_01F_B	**CLG19-2** 1 KET_250WP_01F_B	**CLG21** 2 1 PKD_2.8WP_02F_B
CLG22 3 2 1 6 5 4 DEL_GT150_06F_B	**CLG23-1** 2 1 PKD_2.8MM_02F_B	**CLG23-2** 2 1 PKD_2.8MM_02F_B	**CLG24-1** 1 2 KUM_XWP_02F_B
CLG24-2 1 2 KUM_XWP_02F_B	**CLG24-3** 1 2 KUM_XWP_02F_B	**CLG24-4** 1 2 KUM_XWP_02F_B	**CLG24-5** 1 2 KUM_XWP_02F_B

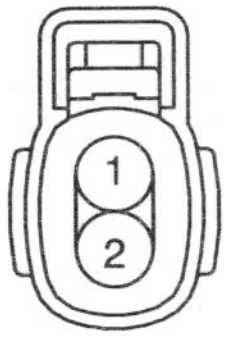

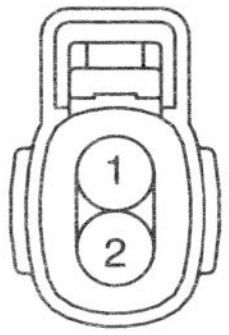

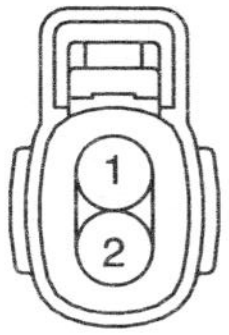

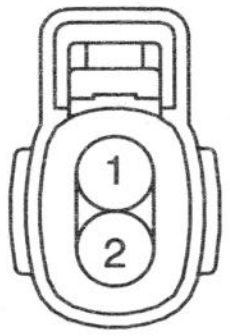

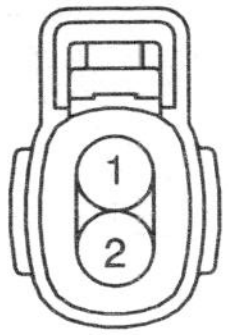

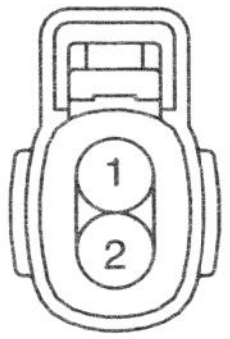

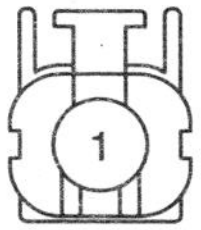

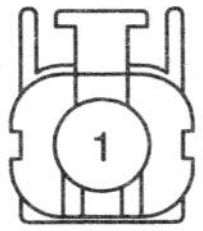

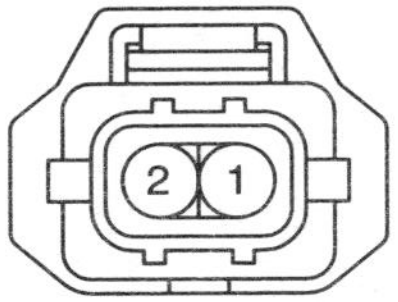

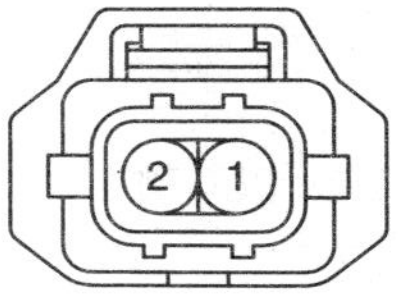

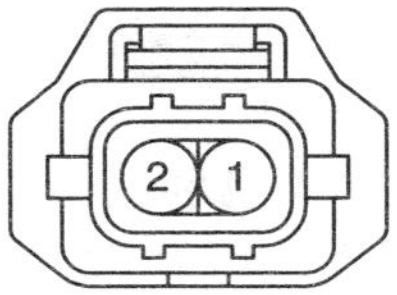

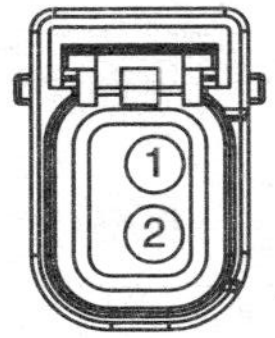

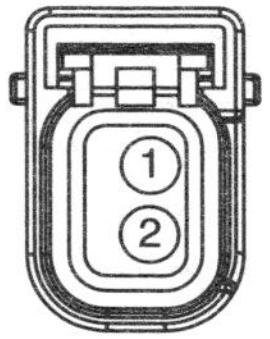

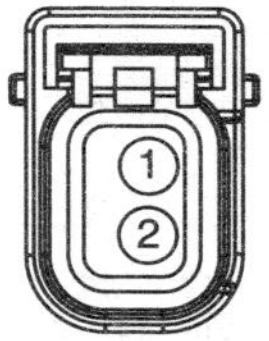

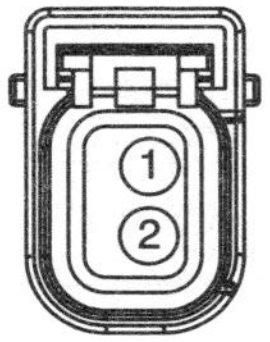

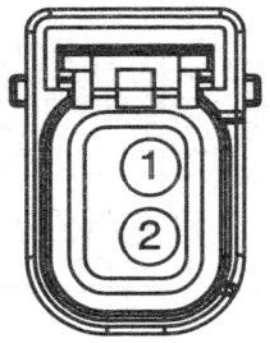

엔진 컨트롤 회로 (G6DC : LAMBDA II 3.5L) (11) SD313-11

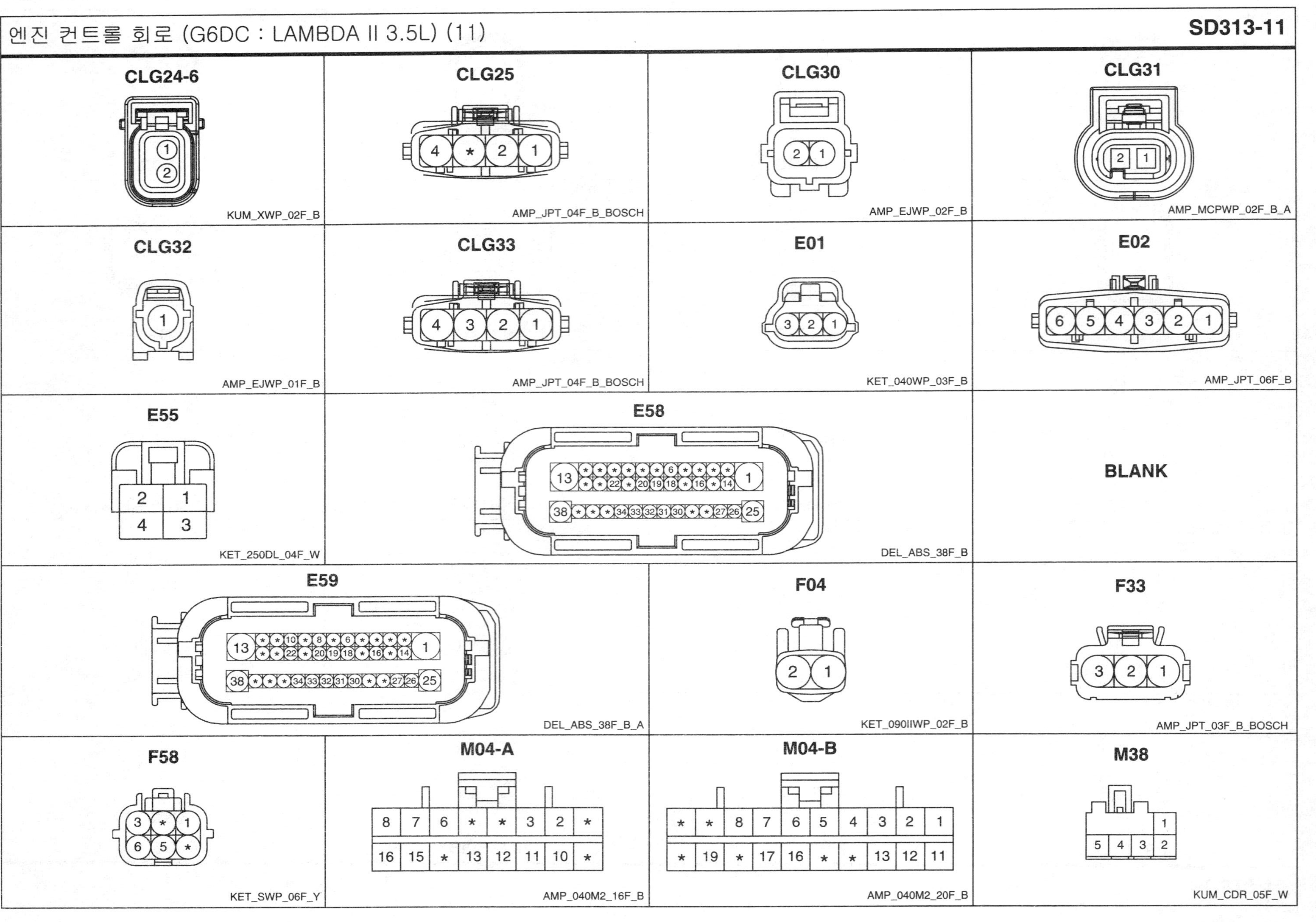

M55

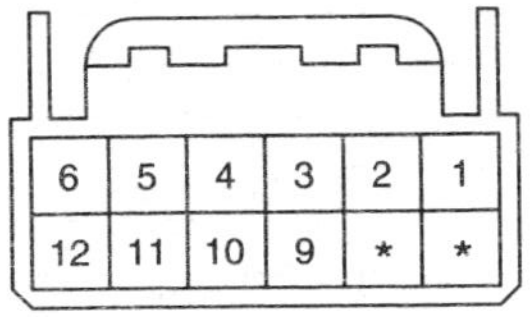

6	5	4	3	2	1
12	11	10	9	*	*

AMP_025_12F_W

R36

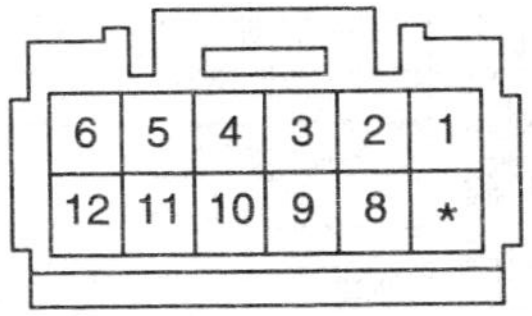

6	5	4	3	2	1
12	11	10	9	8	*

MLX_165_12F_W

BLANK

BLANK

ECM 단자 정보

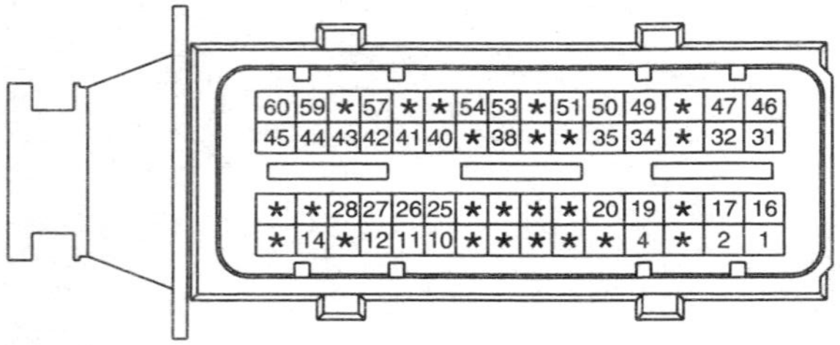

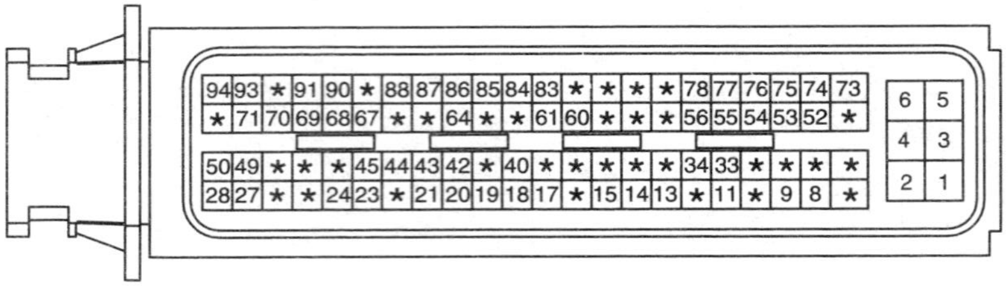

CRD-A

PIN	COLOR	DESCRIPTION	PIN	COLOR	DESCRIPTION
1	R	인젝터 #2 컨트롤	31	W	인젝터 #4 컨트롤
2	P	인젝터 #3 컨트롤	32	Y	인젝터 #1 컨트롤
3	-	–	33	-	–
4	L	ACV 모터 (–)	34	R	EGR 모터 (–)
5	-	–	35	L	VSA 모터 (–)
6	-	–	36	-	–
7	-	–	37	-	–
8	-	–	38	B	CMPS 접지
9	-	–	39	-	–
10	W/B	ACV, VSA, EGR 전원	40	W	RPS 신호
11	Y/O	알터네이터 (Feedback)	41	Y	피드백 신호 (ACV)
12	B	RPS 접지	42	G	FTS 신호
13	-	–	43	W	ECTS 신호
14	L	EGR 쿨링 바이패스 솔레노이드 밸브	44	Gr	CMPS 신호
15	-	–	45	O	레일 압력 조절 밸브
16	Gr	인젝터 #2 컨트롤	46	P	인젝터 #4 컨트롤
17	L	인젝터 #3 컨트롤	47	W	인젝터 #1 컨트롤
18	-	–	48	-	–
19	O	ACV 모터 (+)	49	G	EGR 모터 (+)
20	G	전자식 VGT PWM IN	50	P	VSA 모터 (+)
21	-	–	51	Gr	센서 접지
22	-	–	52	-	–
23	-	–	53	B	APT/DPF 접지
24	-	–	54	Br	ACV, VSA, EGR 접지
25	O	RPS/BPS/DPF/CMPS 전원	55	-	–
26	R	피드백 신호 (VSA)	56	-	–
27	P/B	피드백 신호 (EGR)	57	G	APT 신호
28	W	블로어 모터 Max 스위치 입력	58	-	–
29	-	–	59	B	접지
30	-	–	60	Gr	연료 압력 조절 밸브

CRD-K

PIN	COLOR	DESCRIPTION	PIN	COLOR	DESCRIPTION	PIN	COLOR	DESCRIPTION
1	B	접지	33	O	블로어 스위치	65	-	–
2	B	접지	34	Y	DPF 신호	66	-	–
3	R	엔진 컨트롤 릴레이 'ON' 전원	35	-	–	67	Y	C–CAN (Low)
4	B	접지	36	-	–	68	B	C–CAN (High)
5	B	엔진 컨트롤 릴레이 'ON' 전원	37	-	–	69	L	엔진 컨트롤 릴레이 컨트롤
6	R	엔진 컨트롤 릴레이 'ON' 전원	38	-	–	70	W	냉각 팬 릴레이 Low 컨트롤
7	-	–	39	-	–	71	W	연료 펌프 릴레이 컨트롤
8	G	APS. 2 접지	40	P/B	CKPS 신호	72	-	–
9	Y/B	배기 가스 온도 센서 (신호)	41	-	–	73	R	람다 센서 (히터)
10	-	–	42	B	접지	74	R	APS. 1 접지
11	P	BPS 신호	43	B	접지	75	O	ITS 신호
12	-	–	44	L	이그니션 록 스위치 신호	76	Y/B	AFS (에어 온도 센서 신호)
13	P/B	APS. 1 전원	45	W	브레이크 신호 (Normal)	77	Br	람다 센서 (펌핑셀 전압)
14	G	크루즈 컨트롤 (전원)	46	-	–	78	O	람다 센서 (Nernst 셀 전압)
15	L	APS. 2 전원	47	-	–	79	-	–
16	-	–	48	-	–	80	-	–
17	P	APT 전원	49	G	A/C COMP. 릴레이 컨트롤	81	-	–
18	Br	AFS 신호	50	Br	엔진 체크 IND.	82	-	–
19	G	피드백 신호	51	-	–	83	O	중립 스위치
20	B	접지	52	W	크루즈 컨트롤 (신호)	84	Br	연비 신호
21	Y/B	Redundant 브레이크 스위치	53	W/B	APS. 1 신호	85	P	와이퍼 모터 Detection 입력
22	-	–	54	Br	APS. 2 신호	86	Y	LIN/Diagnostic 데이타 라인
23	P/B	AFS 전원	55	W	람다 센서 (보정 전압)	87	P	ON/START 전원
24	Y/B	A/C COMP.스위치 (Thermo)	56	G	람다 센서 (가상 접지)	88	Y	수분 경고 센서 신호
25	-	–	57	-	–	89	-	–
26	-	–	58	-	–	90	P	냉각 팬 릴레이 High 컨트롤
27	O	PTC 히터 릴레이 #1 컨트롤	59	-	–	91	W	크루즈 IND.
28	Gr	글로우 타임 IND.	60	O	엔진 RPM 신호	92	-	–
29	-	–	61	O	출력 신호	93	G	크루즈 SET IND.
30	-	–	62	-	–	94	L	알터네이터 (Regulator)
31	-	–	63	-	–			
32	-	–	64	G	에어컨 'ON' 신호			

ECM 외부 결선도

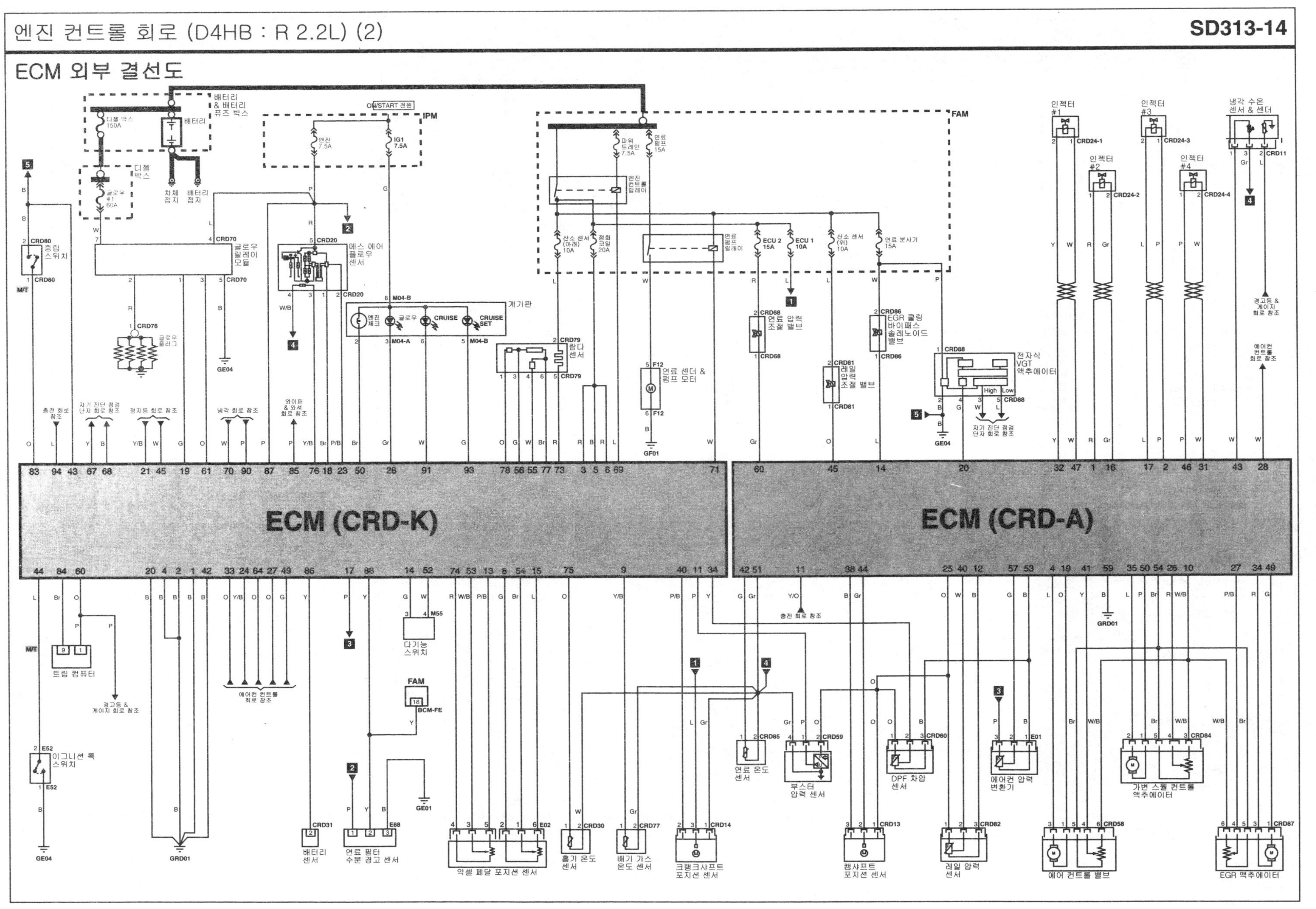
배터리 & 배터리 퓨즈 박스
디젤 박스 150A
배터리
디젤 박스
글로우 #1 60A
차체 접지
배터리 접지
ON/START 전원
IPM
엔진 7.5A
IG1 7.5A
FAM
파워 트레인 7.5A
연료 펌프 15A
엔진 컨트롤 릴레이
산소 센서 (아래) 10A
점화 코일 20A
연료 펌프 릴레이
ECU 2 15A
ECU 1 10A
산소 센서 (위) 10A
연료 분사기 15A
인젝터 #1
인젝터 #2
인젝터 #3
인젝터 #4
냉각 수온 센서 & 센더
경고등 & 게이지 회로 참조
에어컨 컨트롤 회로 참조
중립 스위치
글로우 릴레이 모듈
글로우 플러그
메스 에어 플로우 센서
계기판
엔진 체크
글로우
CRUISE
CRUISE SET
람다 센서
연료 센더 & 펌프 모터
연료 압력 조절 밸브
레일 압력 조절 밸브
EGR 쿨링 바이패스 솔레노이드 밸브
전자식 VGT 액추에이터
자기 진단 점검 단자 회로 참조
충전 회로 참조
정지등 회로 참조
냉각 회로 참조
와이퍼 & 와셔 회로 참조
ECM (CRD-K)
ECM (CRD-A)
트립 컴퓨터
이그니션 록 스위치
다기능 스위치
배터리 센서
연료 필터 수분 경고 센서
악셀 페달 포지션 센서
흡기 온도 센서
배기 가스 온도 센서
크랭크샤프트 포지션 센서
연료 온도 센서
부스터 압력 센서
캠샤프트 포지션 센서
DPF 차압 센서
레일 압력 센서
에어컨 압력 변환기
에어 컨트롤 밸브
가변 스월 컨트롤 액추에이터
EGR 액추에이터

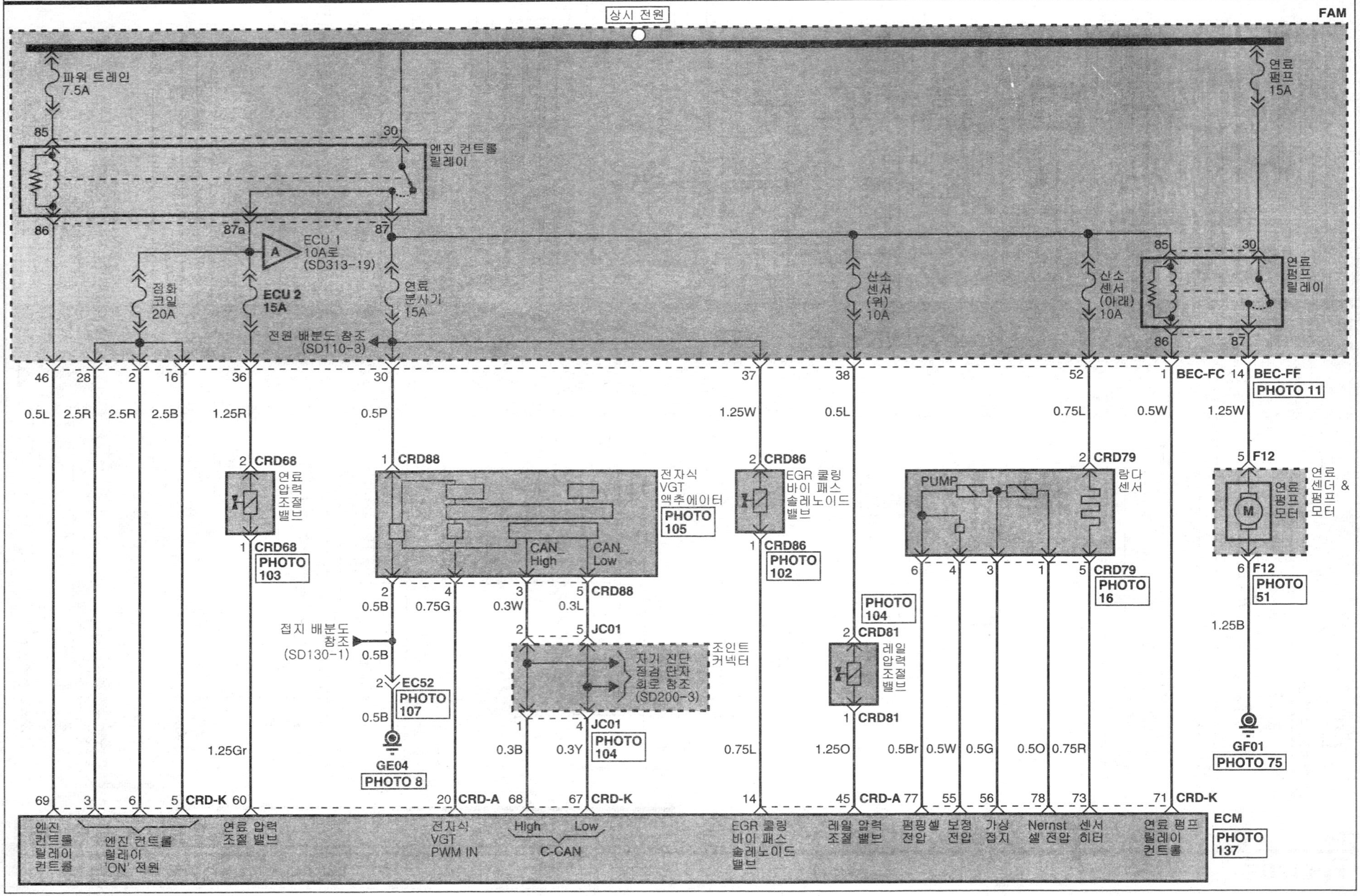

상시 전원

FAM

파워 트레인 7.5A

연료 펌프 15A

엔진 컨트롤 릴레이

85 30 86 87a 87

ECU 1 10A로 (SD313-19)

점화 코일 20A

ECU 2 15A

연료 분사기 15A

전원 배분도 참조 (SD110-3)

산소 센서 (위) 10A

산소 센서 (아래) 10A

연료 펌프 릴레이

46 28 2 16 36 30 37 38 52 1 BEC-FC 14 BEC-FF PHOTO 11

0.5L 2.5R 2.5R 2.5B 1.25R 0.5P 1.25W 0.5L 0.75L 0.5W 1.25W

2 CRD68 연료 압력 조절 밸브 1 CRD68 PHOTO 103

1 CRD88 전자식 VGT 액추에이터 PHOTO 105

CAN_High CAN_Low

2 0.5B 4 0.75G 3 0.3W 5 CRD88 0.3L

접지 배분도 참조 (SD130-1) 0.5B

2 EC52 PHOTO 107 0.5B GE04 PHOTO 8

2 5 JC01

조인트 커넥터

자기 진단 점검 단자 회로 참조 (SD200-3)

1 4 JC01 PHOTO 104

0.3B 0.3Y

2 CRD86 EGR 쿨링 바이 패스 솔레노이드 밸브 1 CRD86 PHOTO 102

PHOTO 104 2 CRD81 레일 압력 조절 밸브 1 CRD81

2 CRD79 람다 센서 PUMP 6 4 3 1 5 CRD79 PHOTO 16

5 F12 연료 센더 & 펌프 모터 연료 펌프 모터 M 6 F12 PHOTO 51

1.25B GF01 PHOTO 75

1.25Gr 0.75L 1.25O 0.5Br 0.5W 0.5G 0.5O 0.75R

69 3 6 5 CRD-K 60 20 CRD-A 68 67 CRD-K 14 45 CRD-A 77 55 56 78 73 71 CRD-K

ECM PHOTO 137

엔진 컨트롤 릴레이 컨트롤

엔진 컨트롤 릴레이 'ON' 전원

연료 압력 조절 밸브

전자식 VGT PWM IN

High Low C-CAN

EGR 쿨링 바이 패스 솔레노이드 밸브

레일 압력 조절 밸브

펌핑셀 전압

보정 전압

가상 접지

Nernst 셀 전압

센서 히터

연료 펌프 릴레이 컨트롤

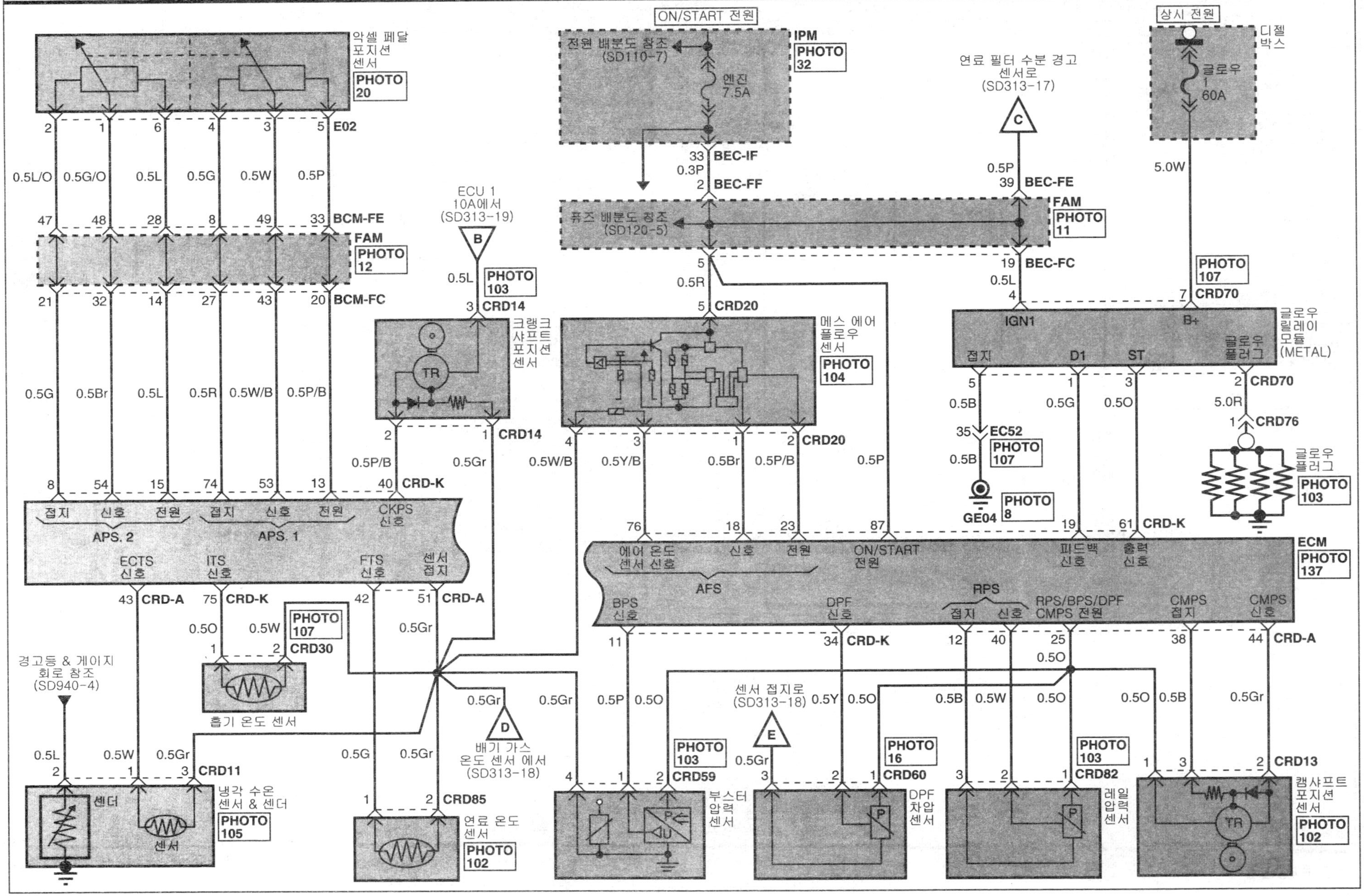

ON/START 전원
전원 배분도 참조 (SD110-7)
엔진 7.5A
IPM PHOTO 32
33 BEC-IF 0.3P 2 BEC-FF
퓨즈 배분도 참조 (SD120-5)
FAM PHOTO 11
5 0.5R 5 CRD20
연료 필터 수분 경고 센서로 (SD313-17)
C
0.5P 39 BEC-FE
19 BEC-FC 0.5L 4
상시 전원
디젤 박스
글로우 1 60A
5.0W
PHOTO 107
7 CRD70
글로우 릴레이 모듈 (METAL)
IGN1 B+ 접지 D1 ST 글로우 플러그
5 0.5B 35 EC52 PHOTO 107 0.5B GE04 PHOTO 8
1 0.5G 3 0.5O 2 CRD70 5.0R 1 CRD76
글로우 플러그 PHOTO 103

악셀 페달 포지션 센서 PHOTO 20
2 1 6 4 3 5 E02
0.5L/O 0.5G/O 0.5L 0.5G 0.5W 0.5P
47 48 28 8 49 33 BCM-FE
FAM PHOTO 12
21 32 14 27 43 20 BCM-FC
0.5G 0.5Br 0.5L 0.5R 0.5W/B 0.5P/B
8 54 15 74 53 13
접지 신호 전원 APS. 2
접지 신호 전원 APS. 1
CKPS 신호
ECTS 신호 ITS 신호 FTS 신호 센서 접지
43 CRD-A 75 CRD-K 42 51 CRD-A
40 CRD-K

ECU 1 10A에서 (SD313-19)
B
0.5L PHOTO 103
3 CRD14
크랭크 샤프트 포지션 센서
2 1 CRD14
0.5P/B 0.5Gr

메스 에어 플로우 센서 PHOTO 104
4 3 1 2 CRD20
0.5W/B 0.5Y/B 0.5Br 0.5P/B 0.5P
76 18 23 87
에어 온도 센서 신호 신호 전원 AFS
ON/START 전원
피드백 신호 출력 신호
19 61 CRD-K
ECM PHOTO 137
BPS 신호 DPF 신호
RPS 접지 신호
RPS/BPS/DPF CMPS 전원
CMPS 접지 CMPS 신호
11 34 CRD-K 12 40 25 38 44 CRD-A
0.5O

경고등 & 게이지 회로 참조 (SD940-4)
0.5L 0.5W 0.5Gr
2 1 3 CRD11
센더 센서
냉각 수온 센서 & 센더 PHOTO 105
0.5O 0.5W PHOTO 107
1 2 CRD30
흡기 온도 센서
0.5G 0.5Gr
1 2 CRD85
연료 온도 센서 PHOTO 102
0.5Gr
D
배기 가스 온도 센서 에서 (SD313-18)
0.5Gr 0.5P 0.5O
PHOTO 103
4 1 2 CRD59
부스터 압력 센서
센서 접지로 (SD313-18)
E
0.5Gr 0.5Y 0.5O
PHOTO 16
3 2 1 CRD60
DPF 차압 센서
0.5B 0.5W 0.5O
PHOTO 103
3 2 1 CRD82
레일 압력 센서
0.5O 0.5B 0.5Gr
1 3 2 CRD13
캠샤프트 포지션 센서 PHOTO 102

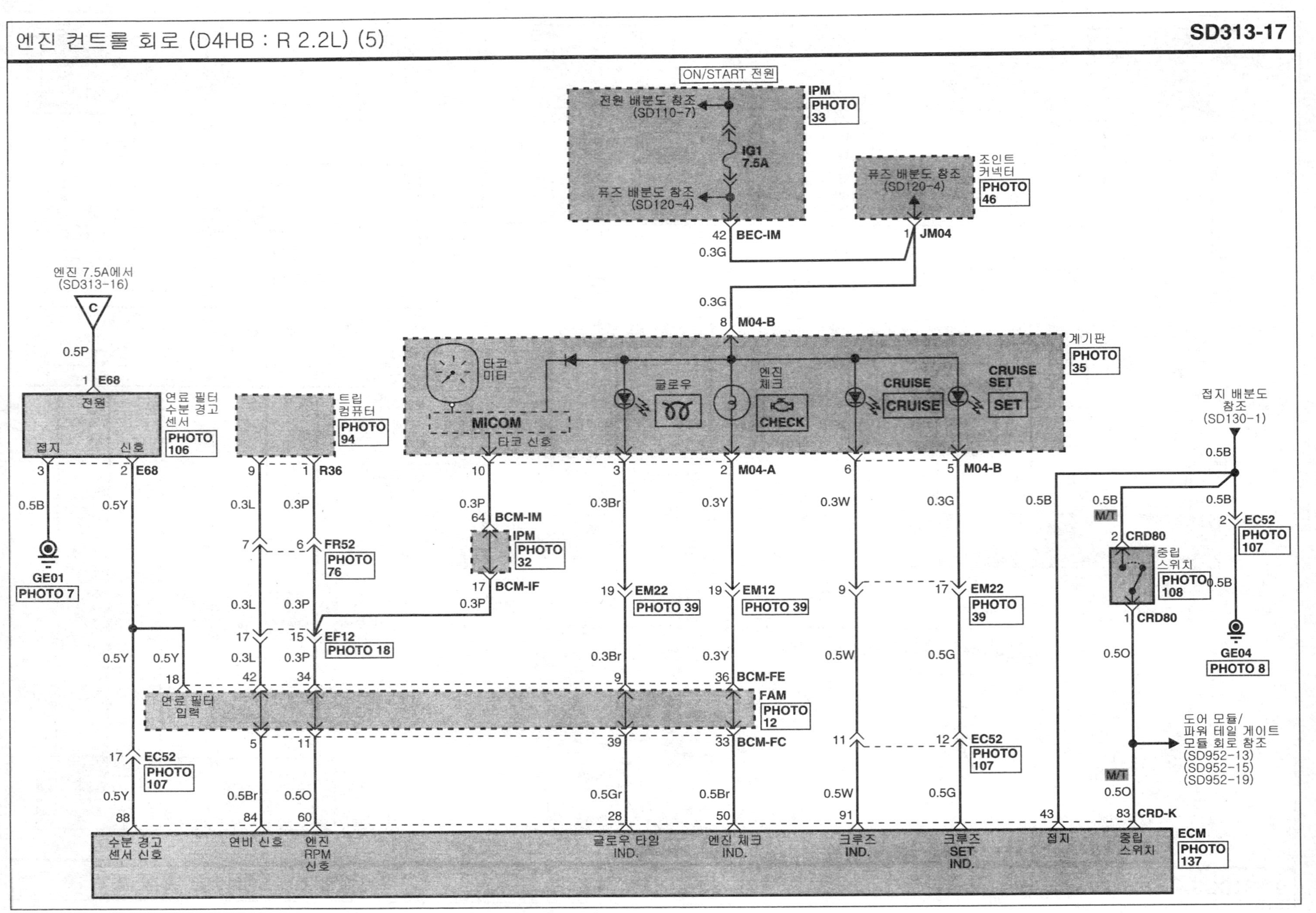
ON/START 전원
IPM
PHOTO 33
전원 배분도 참조 (SD110-7)
IG1 7.5A
퓨즈 배분도 참조 (SD120-4)
42 BEC-IM
0.3G
조인트 커넥터
PHOTO 46
퓨즈 배분도 참조 (SD120-4)
1 JM04
0.3G
8 M04-B
엔진 7.5A에서 (SD313-16)
C
0.5P
1 E68
전원
연료 필터 수분 경고 센서
PHOTO 106
접지
신호
3
2 E68
0.5B
0.5Y
GE01
PHOTO 7
트립 컴퓨터
PHOTO 94
9
1 R36
0.3L
0.3P
7
6 FR52
PHOTO 76
계기판
PHOTO 35
타코 미터
MICOM
타코 신호
글로우
엔진 체크
CHECK
CRUISE
CRUISE SET
SET
10
3
2 M04-A
6
5 M04-B
0.3P
64 BCM-IM
IPM
PHOTO 32
17 BCM-IF
0.3Br
0.3Y
0.3W
0.3G
19 EM22
PHOTO 39
19 EM12
PHOTO 39
9
17 EM22
PHOTO 39
17
15 EF12
PHOTO 18
0.5Y
18
연료 필터 입력
42
34
36 BCM-FE
FAM
PHOTO 12
5
11
39
33 BCM-FC
11
12 EC52
PHOTO 107
17 EC52
PHOTO 107
0.5Br
0.5O
0.5Gr
0.5W
0.5G
88
84
60
28
50
91
43
83 CRD-K
수분 경고 센서 신호
연비 신호
엔진 RPM 신호
글로우 타임 IND.
엔진 체크 IND.
크루즈 IND.
크루즈 SET IND.
접지
중립 스위치
ECM
PHOTO 137
접지 배분도 참조 (SD130-1)
0.5B
M/T
2 CRD80
중립 스위치
PHOTO 108
1 CRD80
0.5O
2 EC52
PHOTO 107
GE04
PHOTO 8
도어 모듈/ 파워 테일 게이트 모듈 회로 참조 (SD952-13) (SD952-15) (SD952-19)

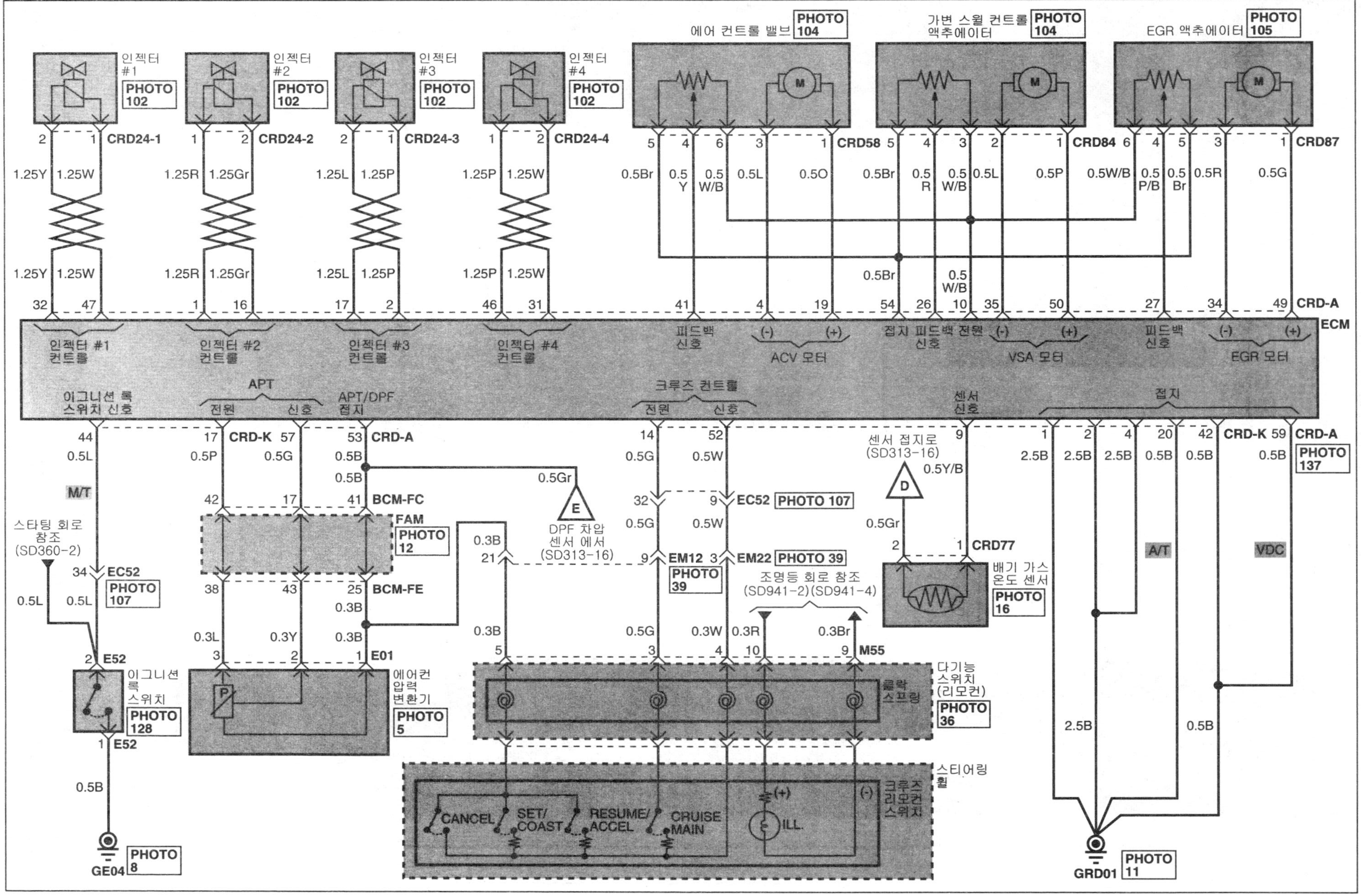

엔진 컨트롤 회로 (D4HB : R 2.2L) (6)

인젝터 #1 PHOTO 102
CRD24-1
인젝터 #2 PHOTO 102
CRD24-2
인젝터 #3 PHOTO 102
CRD24-3
인젝터 #4 PHOTO 102
CRD24-4
에어 컨트롤 밸브 PHOTO 104
CRD58
가변 스월 컨트롤 액추에이터 PHOTO 104
CRD84
EGR 액추에이터 PHOTO 105
CRD87
1.25Y 1.25W 1.25R 1.25Gr 1.25L 1.25P 1.25P 1.25W
0.5Br 0.5 Y 0.5 W/B 0.5L 0.5O 0.5Br 0.5 R 0.5 W/B 0.5L 0.5P 0.5W/B 0.5 P/B 0.5 Br 0.5R 0.5G
CRD-A
ECM
인젝터 #1 컨트롤
인젝터 #2 컨트롤
인젝터 #3 컨트롤
인젝터 #4 컨트롤
피드백 신호
ACV 모터
접지 피드백 전원 신호
VSA 모터
피드백 신호
EGR 모터
이그니션 록 스위치 신호
APT 전원 신호
APT/DPF 접지
크루즈 컨트롤 전원 신호
센서 신호
접지
CRD-K CRD-A
M/T
스타팅 회로 참조 (SD360-2)
EC52 PHOTO 107
E52
이그니션 록 스위치 PHOTO 128
E52
GE04 PHOTO 8
BCM-FC
FAM PHOTO 12
BCM-FE
E01
에어컨 압력 변환기 PHOTO 5
DPF 차압 센서 에서 (SD313-16)
EC52 PHOTO 107
EM12 PHOTO 39
EM22 PHOTO 39
조명등 회로 참조 (SD941-2)(SD941-4)
M55
다기능 스위치 (리모컨) PHOTO 36
클락 스프링
스티어링 휠
크루즈 리모컨 스위치
CANCEL SET/COAST RESUME/ACCEL CRUISE MAIN ILL.
센서 접지로 (SD313-16)
CRD77
배기 가스 온도 센서 PHOTO 16
A/T
VDC
PHOTO 137
GRD01 PHOTO 11

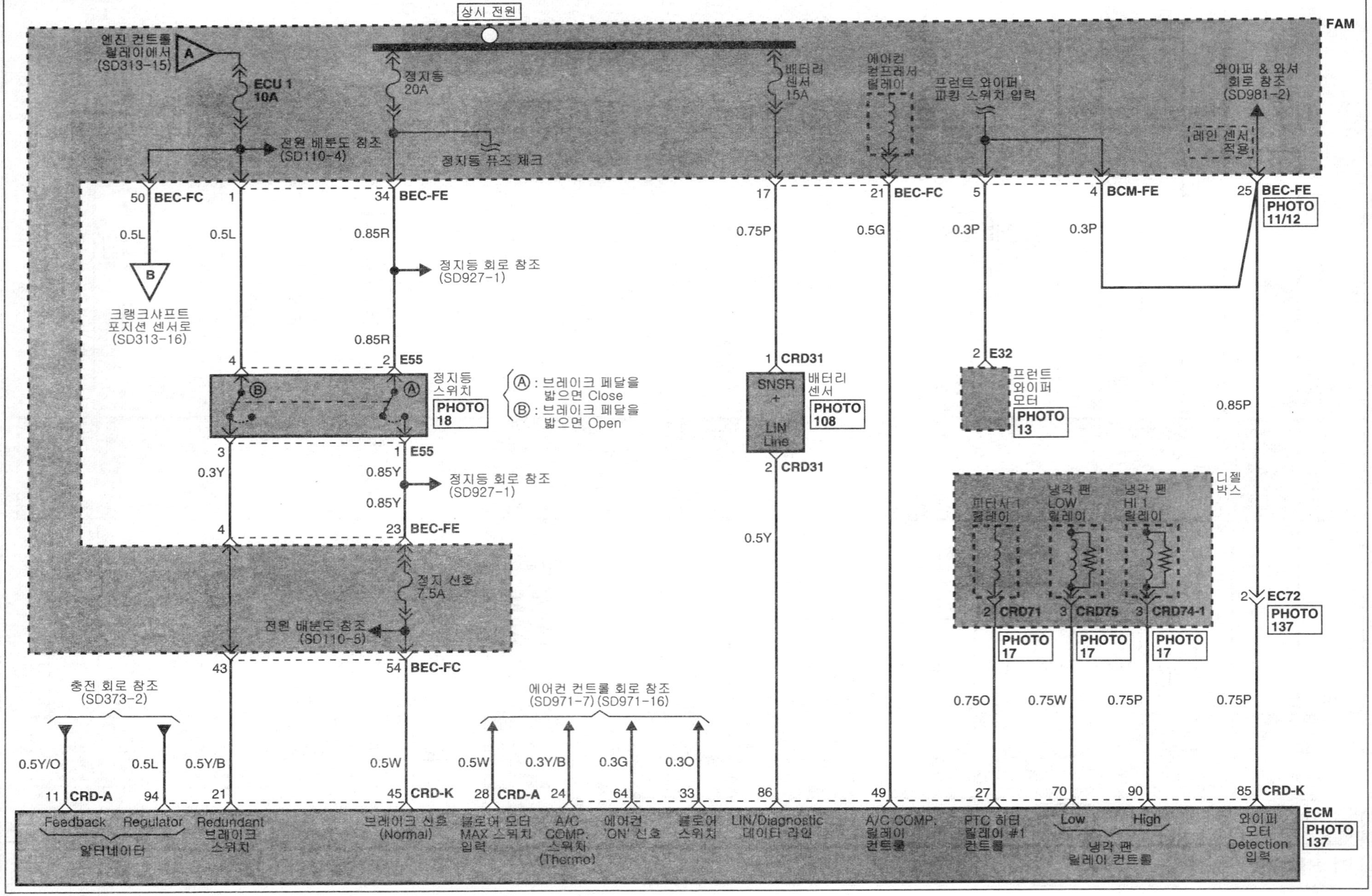

상시 전원

FAM

엔진 컨트롤 릴레이에서 (SD313-15) A

ECU 1 10A

전원 배분도 참조 (SD110-4)

정지등 20A

정지등 퓨즈 체크

배터리 센서 15A

에어컨 컴프레서 릴레이

프런트 와이퍼 파킹 스위치 입력

와이퍼 & 와셔 회로 참조 (SD981-2)

레인 센서 적용

50 BEC-FC 0.5L

B 크랭크샤프트 포지션 센서로 (SD313-16)

1 0.5L

34 BEC-FE 0.85R

정지등 회로 참조 (SD927-1)

0.85R 2 E55

4

정지등 스위치 PHOTO 18

Ⓐ : 브레이크 페달을 밟으면 Close

Ⓑ : 브레이크 페달을 밟으면 Open

3 0.3Y 4

1 E55 0.85Y

정지등 회로 참조 (SD927-1)

0.85Y 23 BEC-FE

정지 신호 7.5A

전원 배분도 참조 (SD110-5)

43

54 BEC-FC

17 0.75P

1 CRD31

SNSR + LIN Line

배터리 센서 PHOTO 108

2 CRD31 0.5Y

21 BEC-FC 0.5G

5 0.3P

2 E32

프런트 와이퍼 모터 PHOTO 13

4 BCM-FE 0.3P

25 BEC-FE PHOTO 11/12

0.85P

2 EC72 PHOTO 137

디젤 박스

피티시 1 릴레이 2 CRD71 PHOTO 17

냉각 팬 LOW 릴레이 3 CRD75 PHOTO 17

냉각 팬 HI 1 릴레이 3 CRD74-1 PHOTO 17

0.75O 0.75W 0.75P 0.75P

충전 회로 참조 (SD373-2)

에어컨 컨트롤 회로 참조 (SD971-7) (SD971-16)

0.5Y/O 0.5L 0.5Y/B 0.5W 0.5W 0.3Y/B 0.3G 0.3O

11 CRD-A 94 21 45 CRD-K 28 CRD-A 24 64 33 86 49 27 70 90 85 CRD-K

ECM PHOTO 137

Feedback Regulator 알터네이터

Redundant 브레이크 스위치

브레이크 신호 (Normal)

블로어 모터 MAX 스위치 입력

A/C COMP. 스위치 (Thermo)

에어컨 'ON' 신호

블로어 스위치

LIN/Diagnostic 데이터 라인

A/C COMP. 릴레이 컨트롤

PTC 히터 릴레이 #1 컨트롤

Low High 냉각 팬 릴레이 컨트롤

와이퍼 모터 Detection 입력

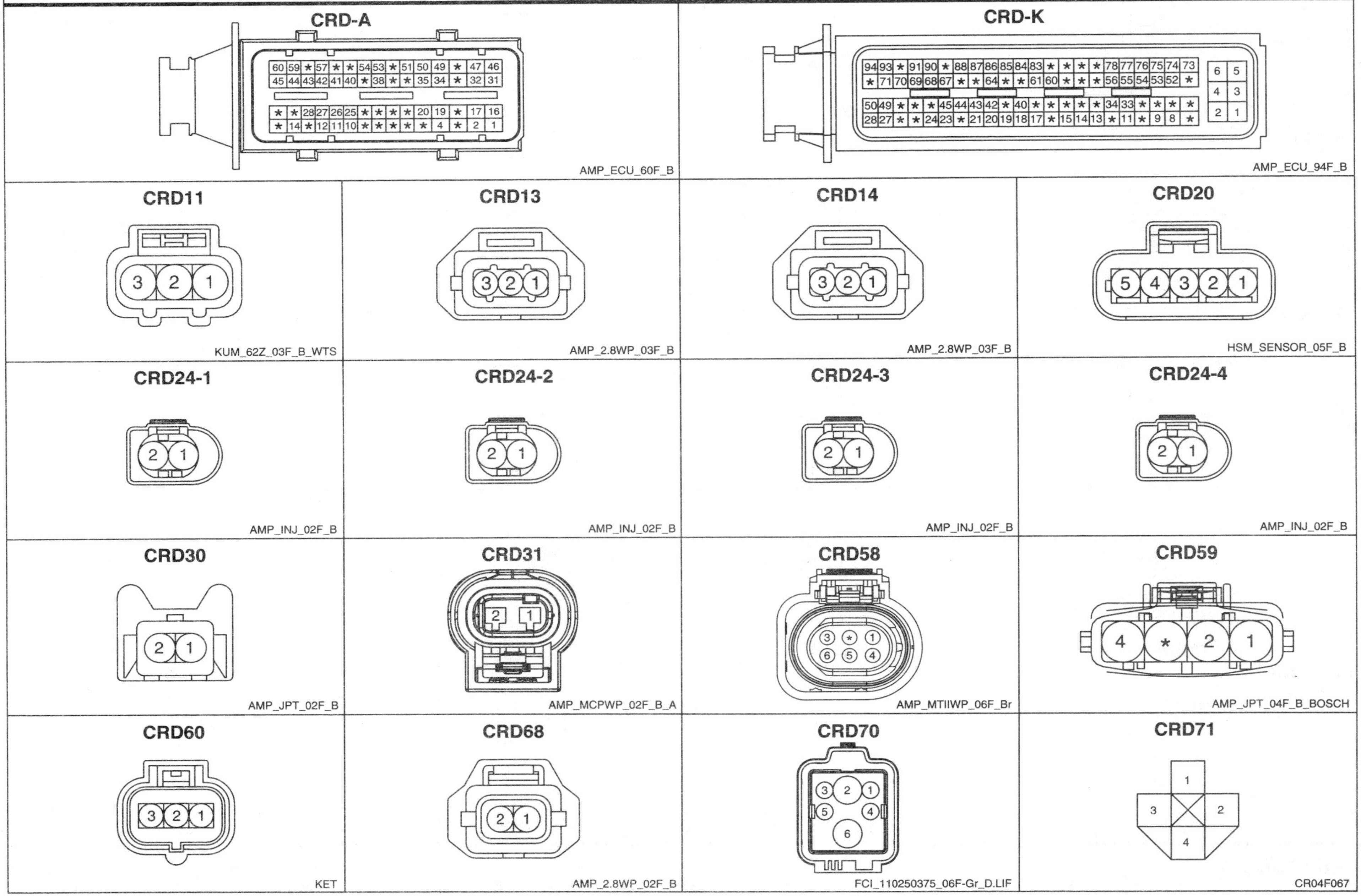

CRD-A		CRD-K	
AMP_ECU_60F_B		AMP_ECU_94F_B	
CRD11	**CRD13**	**CRD14**	**CRD20**
KUM_62Z_03F_B_WTS	AMP_2.8WP_03F_B	AMP_2.8WP_03F_B	HSM_SENSOR_05F_B
CRD24-1	**CRD24-2**	**CRD24-3**	**CRD24-4**
AMP_INJ_02F_B	AMP_INJ_02F_B	AMP_INJ_02F_B	AMP_INJ_02F_B
CRD30	**CRD31**	**CRD58**	**CRD59**
AMP_JPT_02F_B	AMP_MCPWP_02F_B_A	AMP_MTIIWP_06F_Br	AMP_JPT_04F_B_BOSCH
CRD60	**CRD68**	**CRD70**	**CRD71**
KET	AMP_2.8WP_02F_B	FCI_110250375_06F-Gr_D.LIF	

CR04F067

CRD74-1	CRD75	CRD76	CRD77
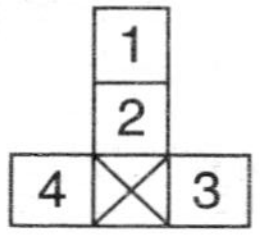 1, 2, 4, 3 — CR04F086	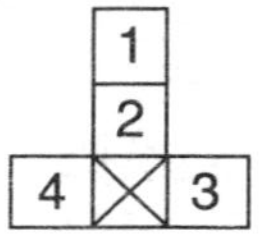 1, 2, 4, 3 — CR04F086	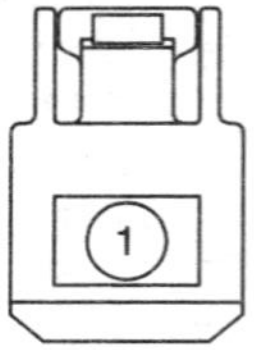 1 — YAZ_58LWP_01F_B	 2, 1 — KUM_NMWP_02F_B
CRD79	**CRD80**	**CRD81**	**CRD82**
 3, 2, 1, 6, 5, 4 — BSH_SENSOR_06F_B_NF	 2, 1 — AMP_EJWP_02F_B	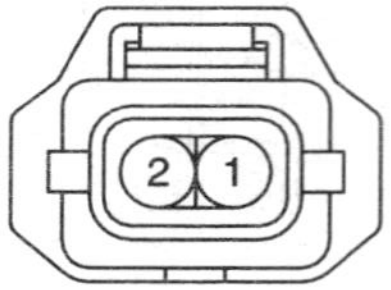 2, 1 — AMP_2.8WP_02F_B	 3, 2, 1 — AMP_2.8WP_03F_B
CRD84	**CRD85**	**CRD86**	**CRD87**
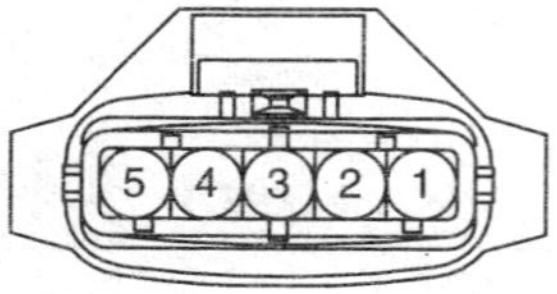 5, 4, 3, 2, 1 — AMP_JPT_05F_B_SFT	 2, 1 — KET_SSD_02F_B	 2, 1 — KET_ITC_02F_B	 3, *, 1, 6, 5, 4 — FEP_EGR_06F_GR
CRD88	**E01**	**E02**	**E32**
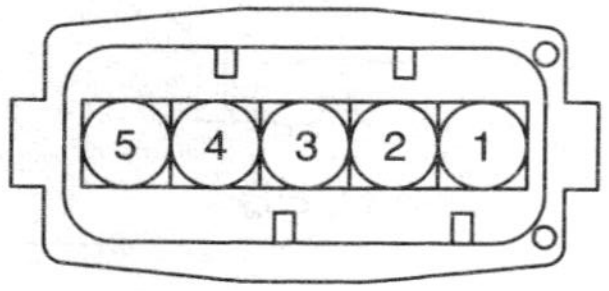 5, 4, 3, 2, 1 — KST_SENSOR_05F_B_NF	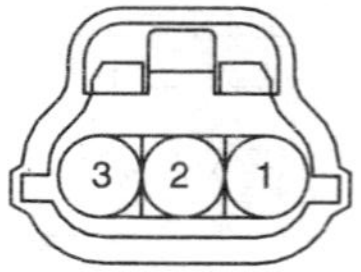 3, 2, 1 — KET_040WP_03F_B	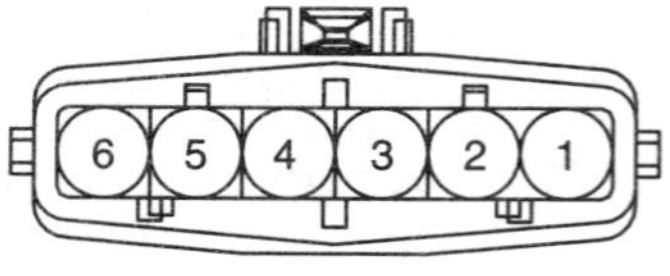 6, 5, 4, 3, 2, 1 — AMP_JPT_06F_B	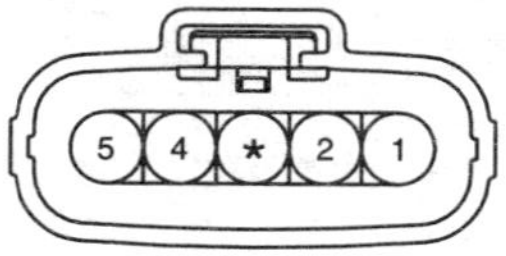 5, 4, *, 2, 1 — KUM_NDWP_05F_B
E52	**E55**	**E68**	**F12**
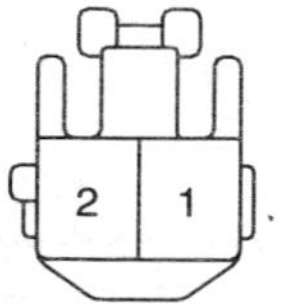 2, 1 — KET_090III_02F_W_L	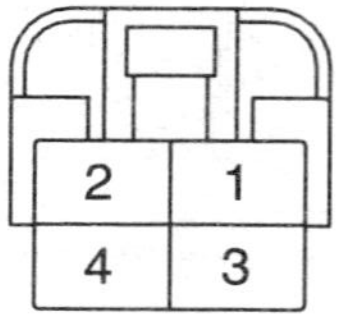 2, 1, 4, 3 — KET_250DL_04F_W	 3, 2, 1 — AMP_090_03F_B_WP	 3, *, 1, 6, 5, * — KET_SWP_06F_B

M04-A

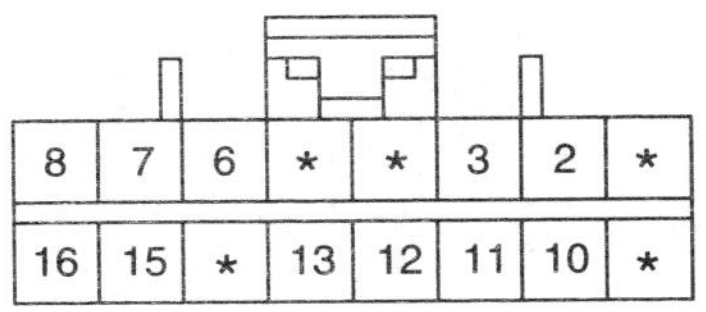

8	7	6	*	*	3	2	*
16	15	*	13	12	11	10	*

AMP_040M2_16F_B

M04-B

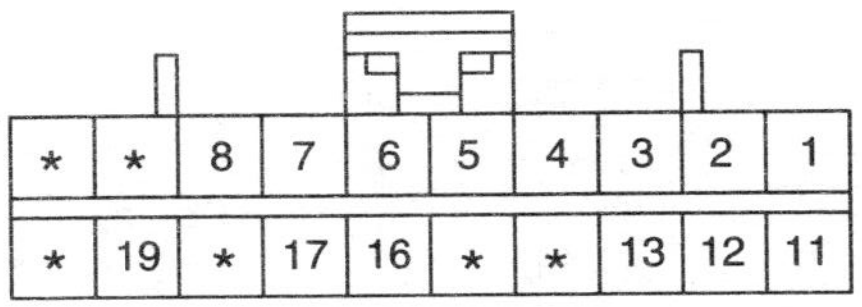

*	*	8	7	6	5	4	3	2	1
*	19	*	17	16	*	*	13	12	11

AMP_040M2_20F_B

M55

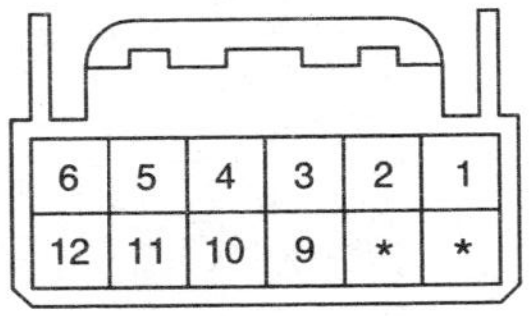

6	5	4	3	2	1
12	11	10	9	*	*

AMP_025_12F_W

R36

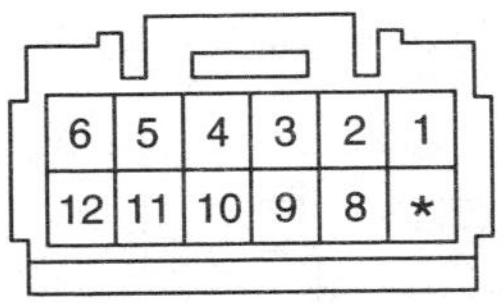

6	5	4	3	2	1
12	11	10	9	8	*

MLX_165_12F_W

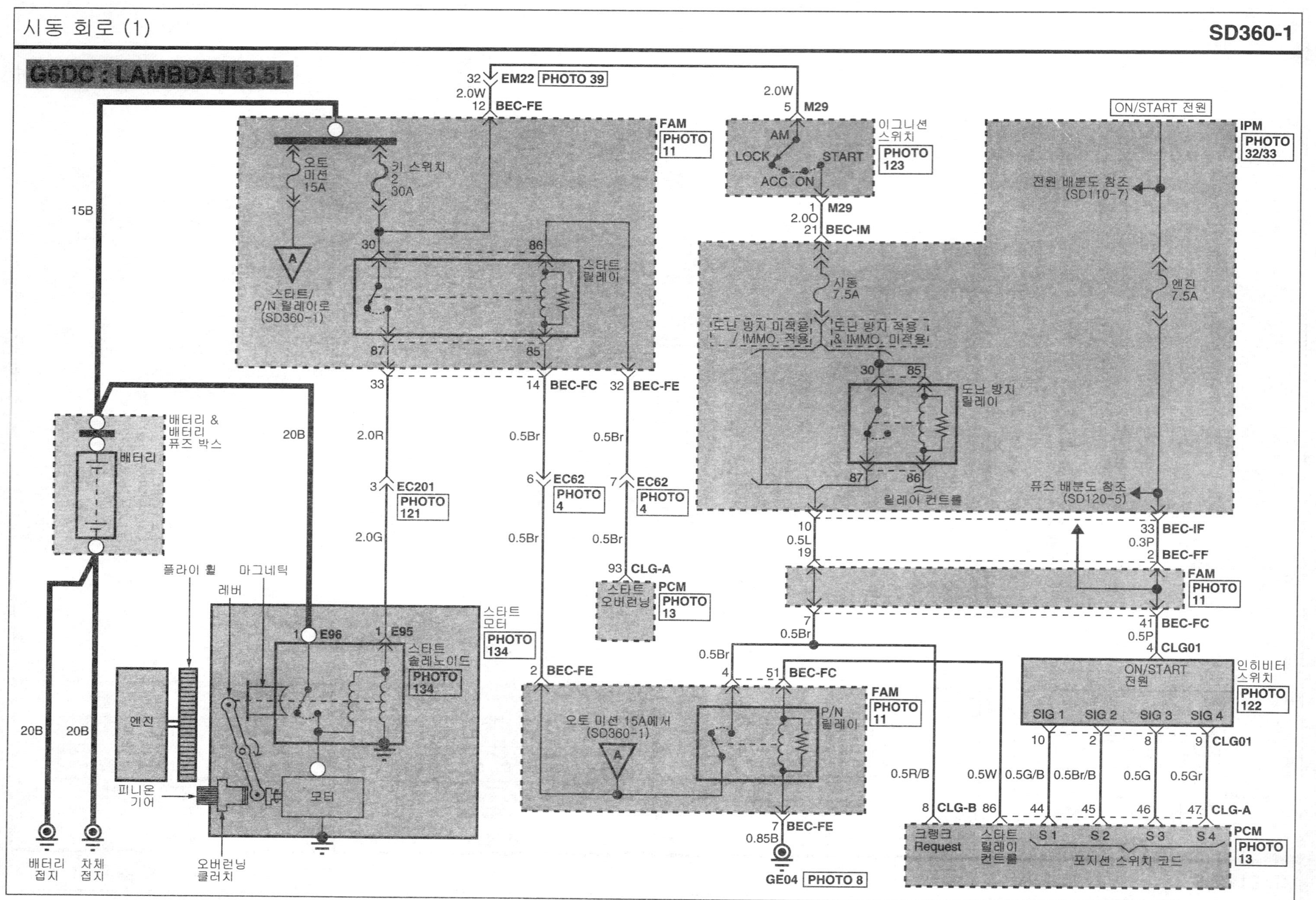
G6DC : LAMBDA II 3.5L
32 EM22 PHOTO 39
2.0W
12 BEC-FE
FAM PHOTO 11
오토 미션 15A
키 스위치 2 30A
스타트/P/N 릴레이로 (SD360-1)
스타트 릴레이
30
86
87
85
15B
33
14 BEC-FC
32 BEC-FE
2.0R
0.5Br
3 EC201 PHOTO 121
6 EC62 PHOTO 4
7 EC62 PHOTO 4
2.0G
93 CLG-A
스타트 오버런닝
PCM PHOTO 13
배터리 & 배터리 퓨즈 박스
배터리
20B
플라이 휠
마그네틱
레버
스타트 모터 PHOTO 134
1 E96
1 E95
스타트 솔레노이드 PHOTO 134
엔진
모터
피니온 기어
오버런닝 클러치
배터리 접지
차체 접지
2.0W
5 M29
이그니션 스위치 PHOTO 123
AM
LOCK
START
ACC ON
1 M29
2.0O
21 BEC-IM
시동 7.5A
도난 방지 미적용 / IMMO. 적용
도난 방지 적용 & IMMO. 미적용
도난 방지 릴레이
릴레이 컨트롤
ON/START 전원
IPM PHOTO 32/33
전원 배분도 참조 (SD110-7)
엔진 7.5A
퓨즈 배분도 참조 (SD120-5)
10
0.5L
19
33 BEC-IF
0.3P
2 BEC-FF
FAM PHOTO 11
7
0.5Br
41 BEC-FC
0.5P
4 CLG01
2 BEC-FE
4
51 BEC-FC
오토 미션 15A에서 (SD360-1)
P/N 릴레이
7 BEC-FE
0.85B
GE04 PHOTO 8
ON/START 전원
인히비터 스위치 PHOTO 122
SIG 1
SIG 2
SIG 3
SIG 4
10
2
8
9 CLG01
0.5R/B
0.5W
0.5G/B
0.5Br/B
0.5G
0.5Gr
8 CLG-B 86
44
45
46
47 CLG-A
크랭크 Request
스타트 릴레이 컨트롤
S 1
S 2
S 3
S 4
포지션 스위치 코드
PCM PHOTO 13

D4HB : R 2.2L
배터리 & 배터리 퓨즈 박스
배터리
15B
30B
40B
40B
배터리 접지
차체 접지
FAM PHOTO 11
키 스위치 2 30A
32 EM22 PHOTO 39
2.0W
12 BEC-FE
30
85
87
86
스타트 릴레이
33 BEC-FC
3.0R
32 BEC-FE
14 BEC-FC
M/T
A/T
0.5L
0.5L
0.5L
0.5L
34 EC52 PHOTO 107
0.5L
44 CRD-K
이그니션 록 스위치 신호
ECM PHOTO 137
2 E52
이그니션 록 스위치 PHOTO 128
1 E52
0.5B
GE04 PHOTO 8
플라이 휠
마그네틱
레버
엔진
피니온 기어
오버런닝 클러치
1 CRD10
1 CRD09
스타트 솔레노이드 PHOTO 101
모터
스타트 모터 PHOTO 101
2.0W
5 M29
이그니션 스위치 PHOTO 123
AM
LOCK
START
ACC
ON
1 M29
2.0O
21 BEC-IM
ON/START 전원
IPM PHOTO 32/33
전원 배분도 참조 (SD110-7)
시동 7.5A
엔진 7.5A
도난 방지 미적용
도난 방지 적용
30
85
87
86
도난 방지 릴레이
릴레이 컨트롤
퓨즈 배분도 참조 (SD120-5)
10
0.5L
19
33 BEC-IF
0.3P
2 BEC-FF
FAM PHOTO 11
7
41 BEC-FC
0.5P/B
4 CRD01
ON/START 전원
인히비터 스위치 PHOTO 109
SIG 1
SIG 2
SIG 3
SIG 4
10 0.5Y 27 0.5Y/B 21 0.5 23
2 0.5G 28 0.5Gr 36 0.5 13
8 0.5W 25 0.5W 9 0.5 21
9 0.5R 26 0.5R 34 0.5 22
CRD01
EC52 PHOTO 107
EE01 PHOTO 100
ERD-K
37
0.75
7
스타트 릴레이 컨트롤
S 1
S 2
S 3
S 4
포지션 스위치 코드
TCM PHOTO 100

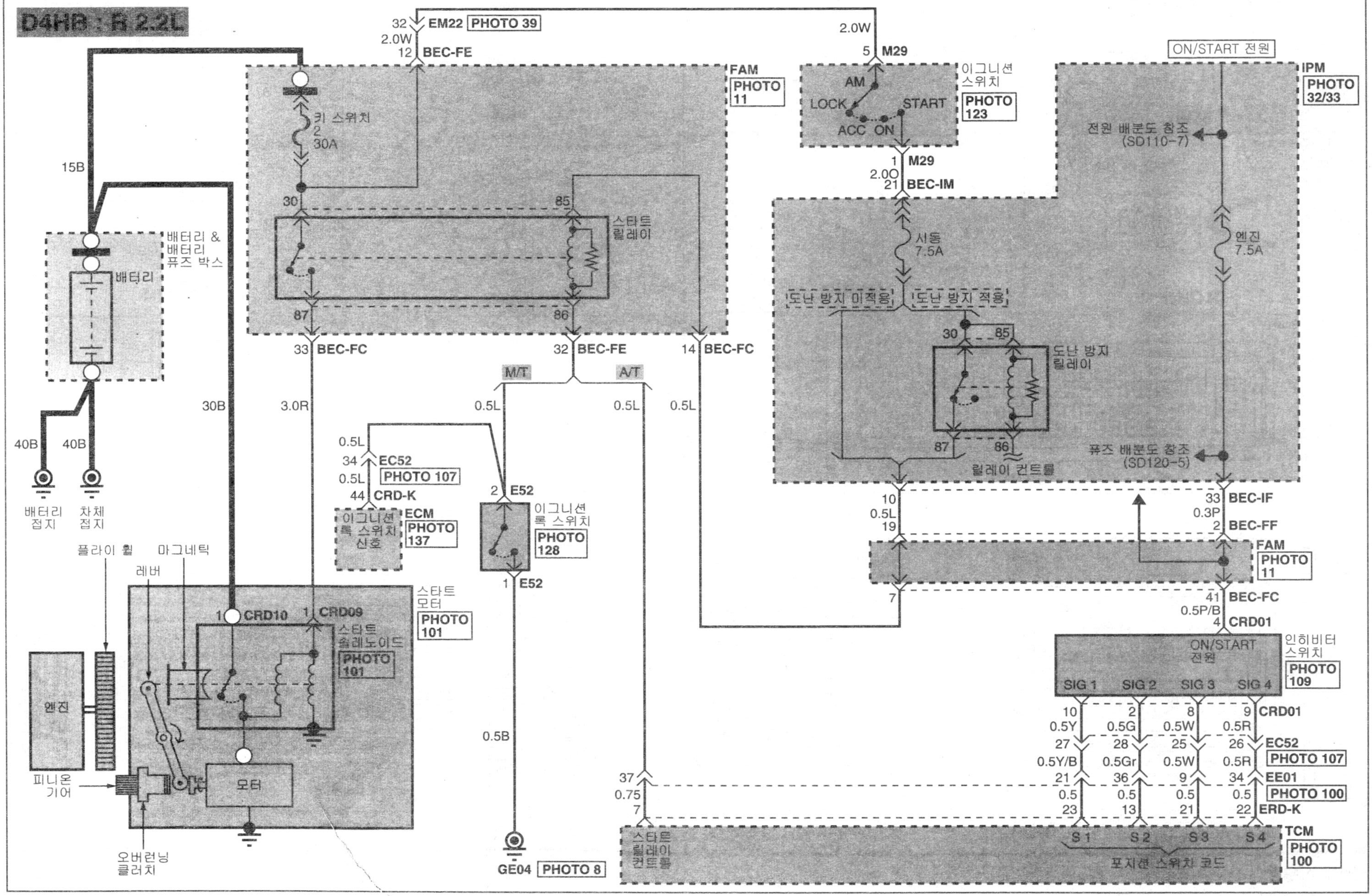

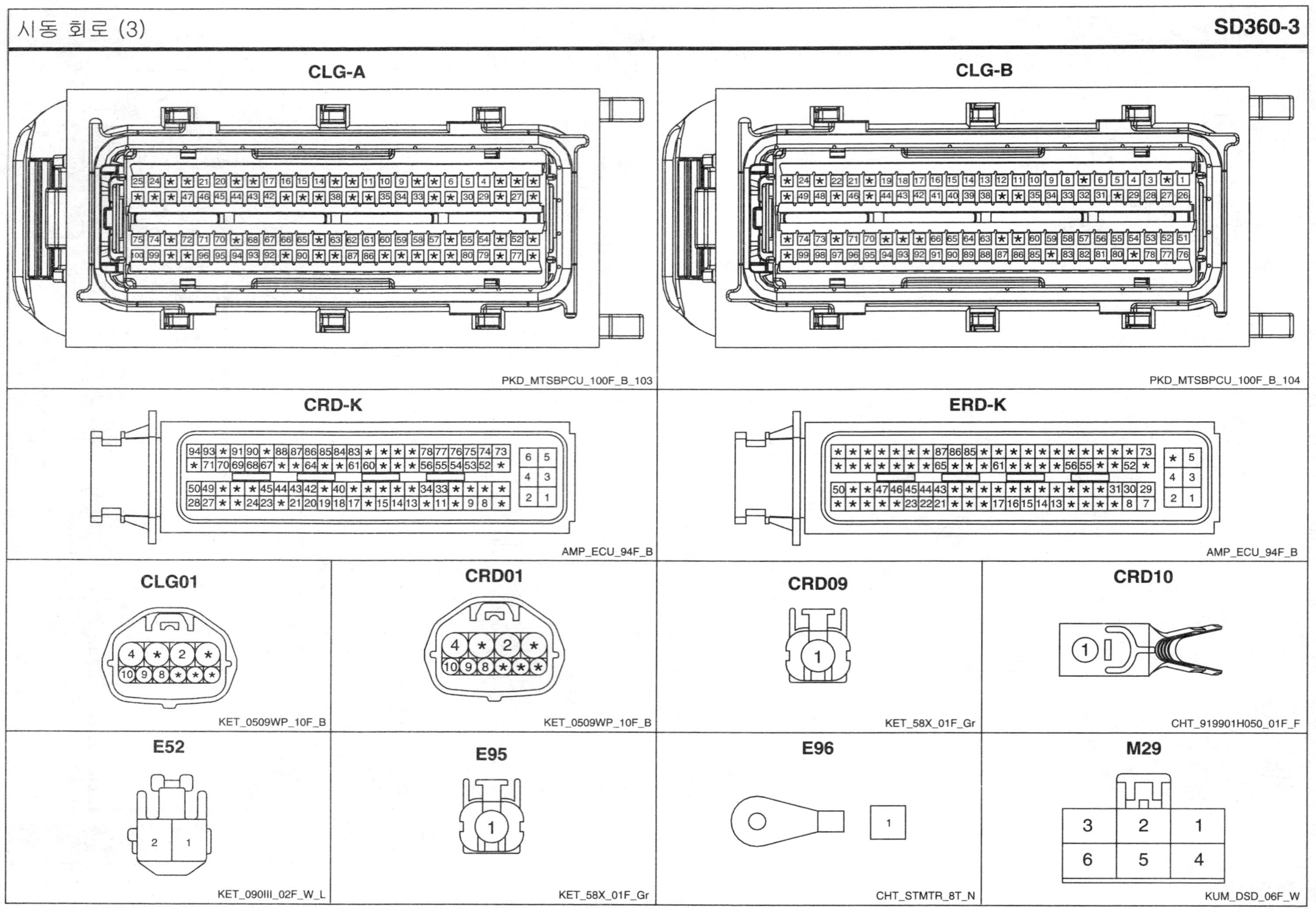
CLG-A
PKD_MTSBPCU_100F_B_103
CLG-B
PKD_MTSBPCU_100F_B_104
CRD-K
AMP_ECU_94F_B
ERD-K
AMP_ECU_94F_B
CLG01
KET_0509WP_10F_B
CRD01
KET_0509WP_10F_B
CRD09
KET_58X_01F_Gr
CRD10
CHT_919901H050_01F_F
E52
KET_090III_02F_W_L
E95
KET_58X_01F_Gr
E96
CHT_STMTR_8T_N
M29
KUM_DSD_06F_W

D4HB : R 2.2L

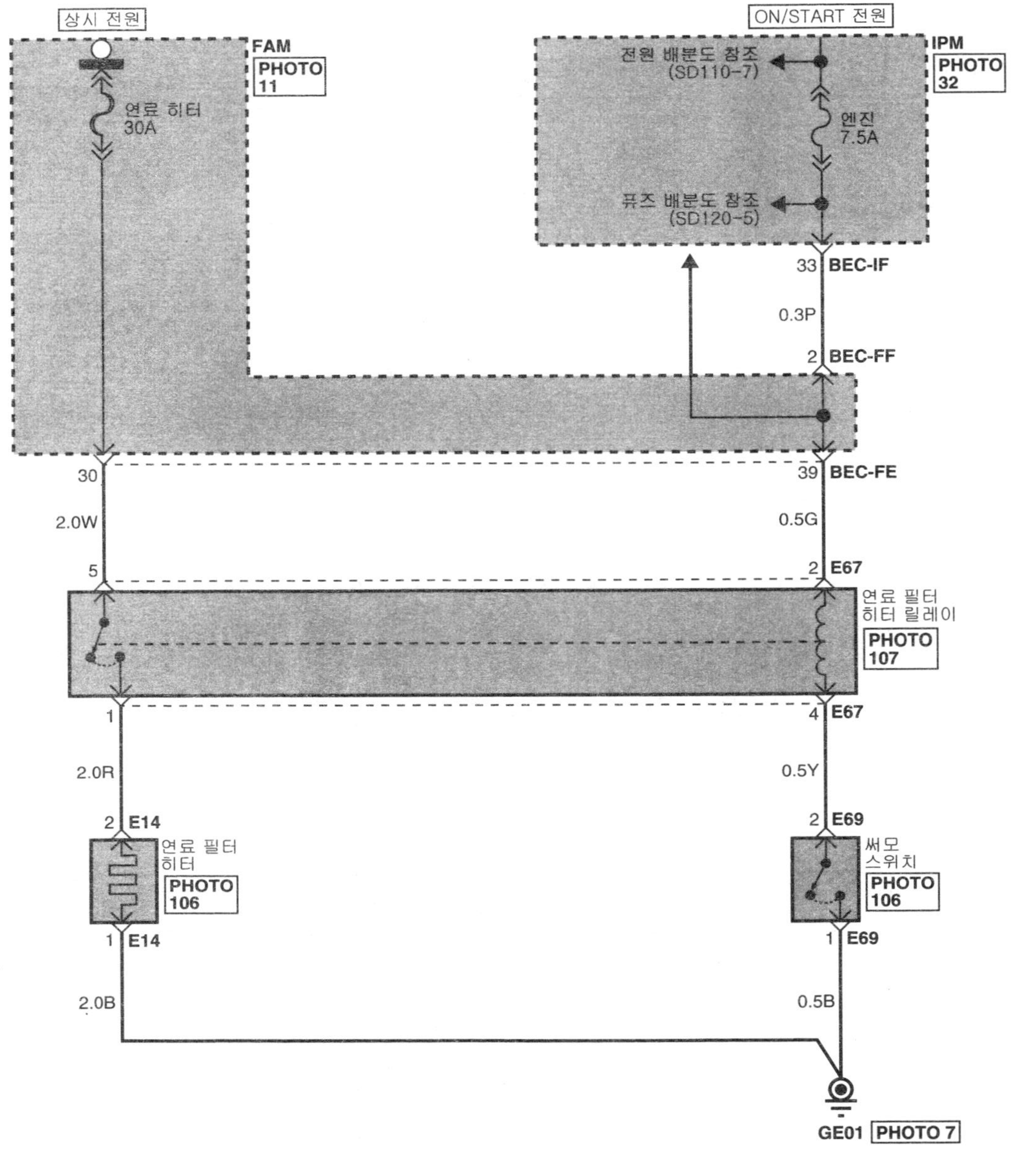

상시 전원
FAM
PHOTO 11
연료 히터 30A
ON/START 전원
IPM
PHOTO 32
전원 배분도 참조 (SD110-7)
엔진 7.5A
퓨즈 배분도 참조 (SD120-5)
33 BEC-IF
0.3P
2 BEC-FF
30
39 BEC-FE
2.0W
0.5G
5
2 E67
연료 필터 히터 릴레이
PHOTO 107
1
4 E67
2.0R
0.5Y
2 E14
연료 필터 히터
PHOTO 106
2 E69
써모 스위치
PHOTO 106
1 E14
1 E69
2.0B
0.5B
GE01
PHOTO 7

E14	E67	E69	BLANK
2 1	5 2 * 4 1	 2 1	
PKD_280WP_02F_B_1	KET_250_05F_B_RLY	AMP_090WP_02F_B	

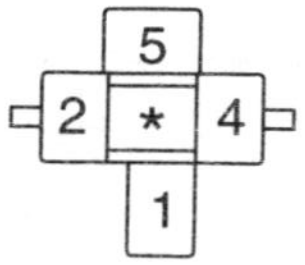

G6DC : LAMBDA II 3.5L

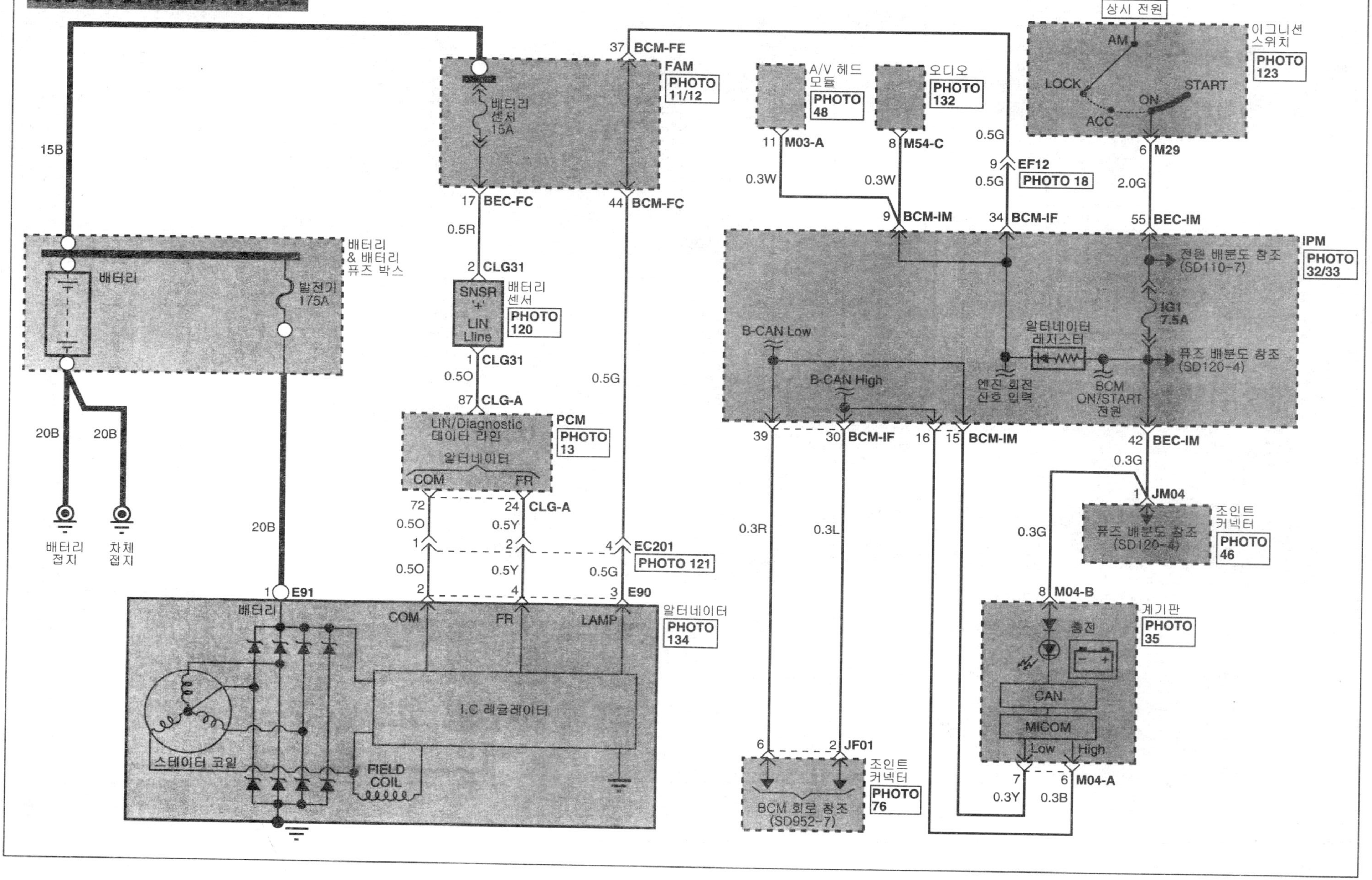

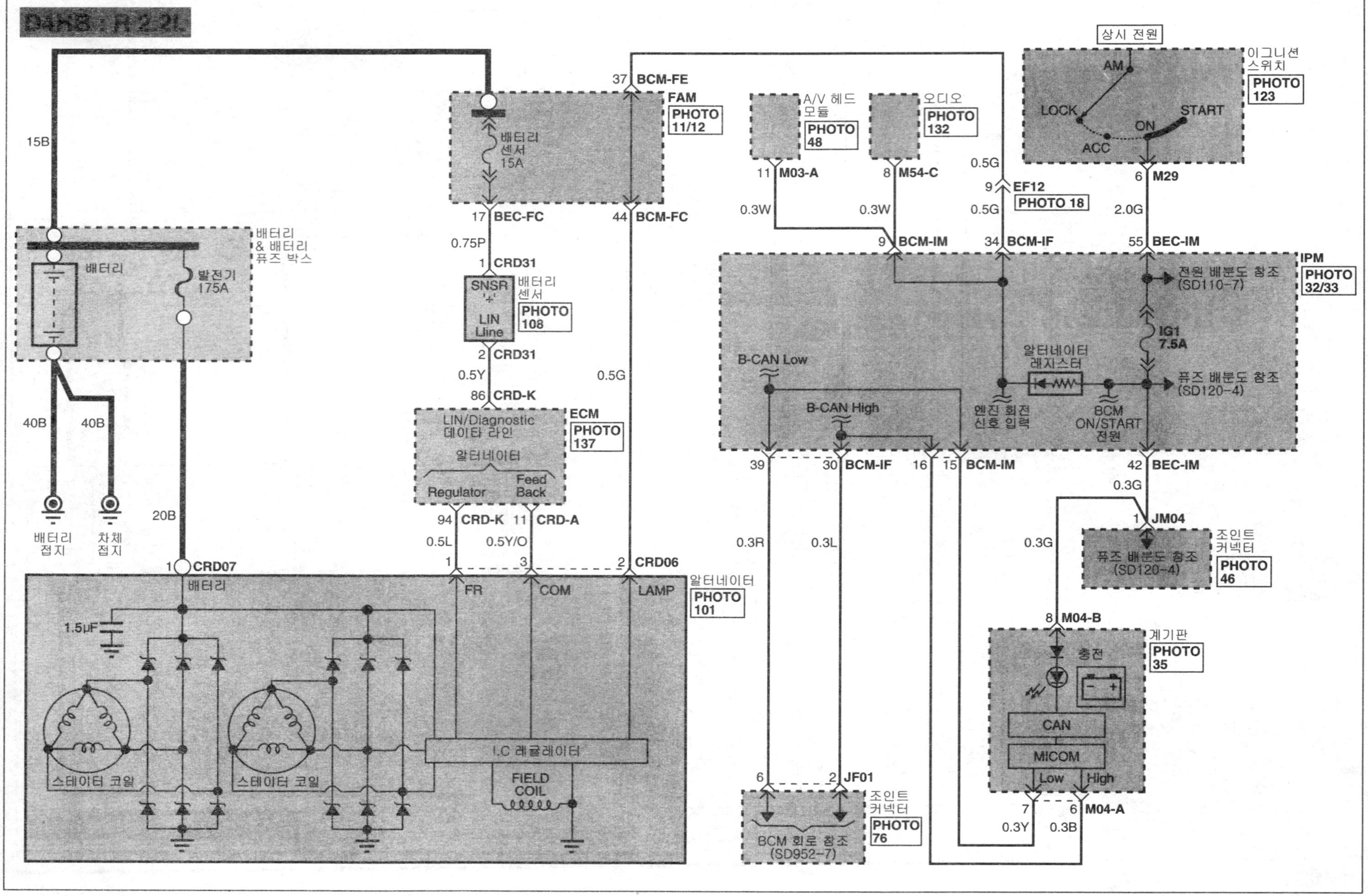

D4HB : R 2.2L

상시 전원
이그니션 스위치 PHOTO 123
AM
LOCK
START
ON
ACC
6 M29
2.0G
55 BEC-IM
IPM PHOTO 32/33
전원 배분도 참조 (SD110-7)
IG1 7.5A
알터네이터 레지스터
퓨즈 배분도 참조 (SD120-4)
엔진 회전 신호 입력
BCM ON/START 전원
B-CAN Low
B-CAN High
42 BEC-IM
0.3G
1 JM04
조인트 커넥터 PHOTO 46
퓨즈 배분도 참조 (SD120-4)
0.3G
8 M04-B
계기판 PHOTO 35
충전
CAN
MICOM
Low
High
7
6 M04-A
0.3Y
0.3B
39
30 BCM-IF
16
15 BCM-IM
0.3R
0.3L
6
2 JF01
조인트 커넥터 PHOTO 76
BCM 회로 참조 (SD952-7)
A/V 헤드 모듈 PHOTO 48
11 M03-A
0.3W
오디오 PHOTO 132
8 M54-C
0.3W
9 BCM-IM
0.5G
9 EF12 PHOTO 18
0.5G
34 BCM-IF
37 BCM-FE
FAM PHOTO 11/12
배터리 센서 15A
17 BEC-FC
44 BCM-FC
0.75P
1 CRD31
SNSR '+'
LIN Lline
배터리 센서 PHOTO 108
2 CRD31
0.5Y
86 CRD-K
0.5G
ECM PHOTO 137
LIN/Diagnostic 데이타 라인
알터네이터
Regulator
Feed Back
94 CRD-K
11 CRD-A
0.5L
0.5Y/O
1
3
2 CRD06
FR
COM
LAMP
알터네이터 PHOTO 101
15B
배터리 & 배터리 퓨즈 박스
배터리
발전기 175A
40B
40B
배터리 접지
차체 접지
20B
1 CRD07
배터리
1.5μF
스테이터 코일
스테이터 코일
I.C 레귤레이터
FIELD COIL

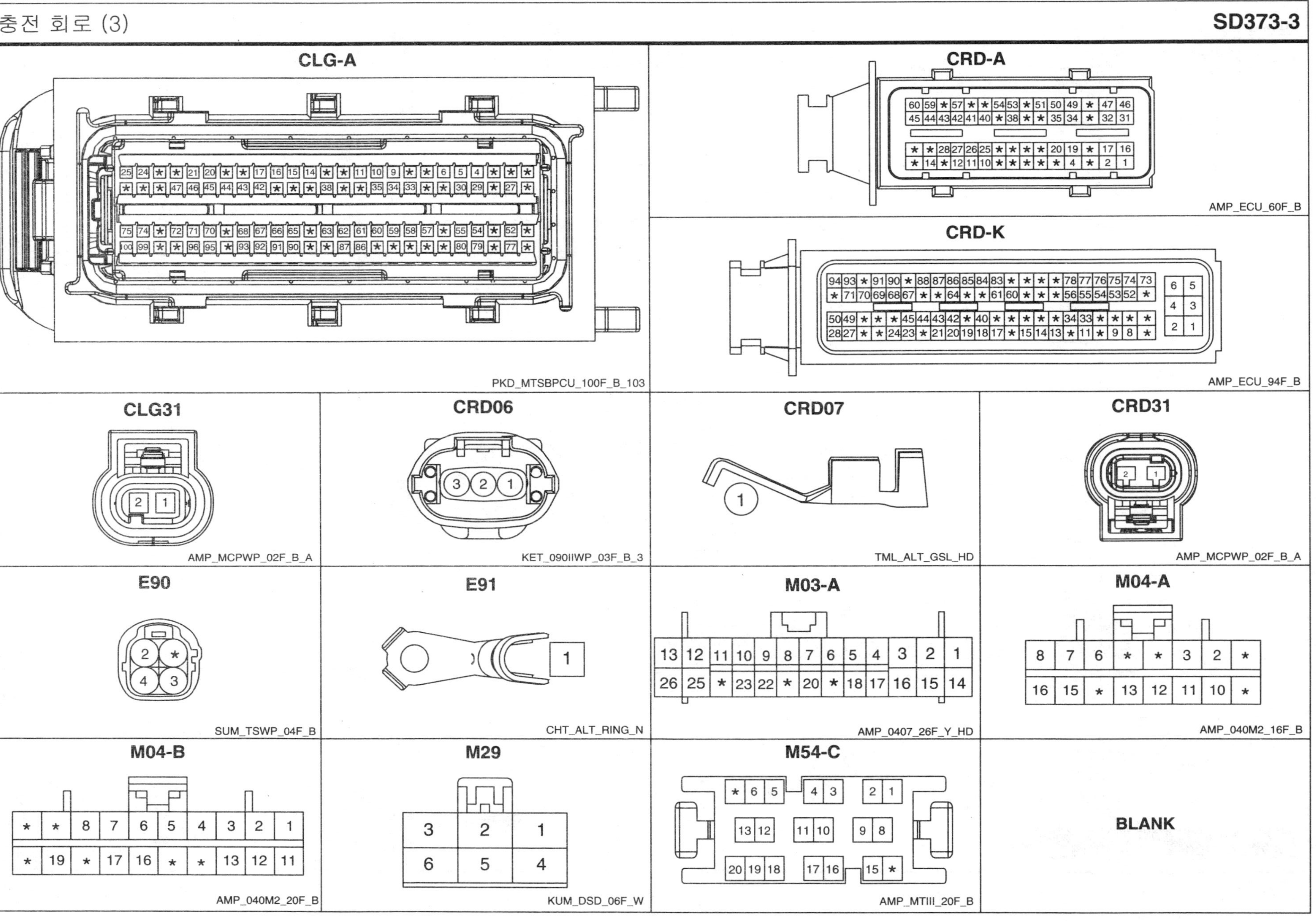
CLG-A
PKD_MTSBPCU_100F_B_103
CRD-A
AMP_ECU_60F_B
CRD-K
AMP_ECU_94F_B
CLG31
AMP_MCPWP_02F_B_A
CRD06
KET_090IIWP_03F_B_3
CRD07
TML_ALT_GSL_HD
CRD31
AMP_MCPWP_02F_B_A
E90
SUM_TSWP_04F_B
E91
CHT_ALT_RING_N
M03-A
AMP_0407_26F_Y_HD
M04-A
AMP_040M2_16F_B
M04-B
AMP_040M2_20F_B
M29
KUM_DSD_06F_W
M54-C
AMP_MTIII_20F_B
BLANK

G6DC : LAMBDA II 3.5L

ON/START 전원

상시 전원

IPM PHOTO 33

전원 배분도 참조 (SD110-6) (SD110-7)

IG1 7.5A

션트

메모리 7.5A

퓨즈 배분도 참조 (SD120-4) (SD120-7)

42 0.3G

10 BEC-IM 0.3L/O

1 JM04

퓨즈 배분도 참조 (SD120-4)

조인트 커넥터 PHOTO 46

0.3G 8

7

계기판 PHOTO 35

LCD OUTPUT (4P OUT)

CAN

속도계

타코 미터

4-Pulse Output

MICOM

접지

C-CAN High Low

8 13 M04-A

0.3B 0.3B

12 2 JM01

접지 배분도 참조 (SD130-4)

조인트 커넥터 PHOTO 38

1 JM01

0.85B

GM01 PHOTO 37

2 3 M04-B

0.3L 0.3R

4 11 JM05

자기 진단 점검 단자 회로 참조 (SD200-2)

조인트 커넥터 PHOTO 27

1 8 JM05

0.3G 0.3O

20 21 EM22 PHOTO 39

0.3B 0.3Y

3 6

자기 진단 점검 단자 회로 참조 (SD200-3)

조인트 커넥터 PHOTO 9

VDC 모듈에서 (SD436-3)

C D

0.5O 7

0.5G 3 JE04

자기 진단 점검 단자 회로 참조 (SD200-3)

조인트 커넥터 PHOTO 19

5 1 JE04

ABS 컨트롤 모듈에서 (SD436-3)

A B

0.3W 0.5W 0.5Br 0.3Br

VDC ABS ABS VDC

5 2 JE01

오디오 PHOTO 132

1 M54-A

내비게이션 모듈 PHOTO 73

4 M39

A/V 헤드 모듈 PHOTO 48

7 M03-A

에어컨 컨트롤 모듈 PHOTO 43/44

18 M07-A(매뉴얼 에어컨)

10 M08-B(오토 에어컨)

0.3W/B 0.3W/B 0.3W/B 0.3W/B

11 14 12 JM04

조인트 커넥터 PHOTO 46

15 16 13 JM04

0.5Gr

1 M04-B

0.3W/B 0.3W/B 0.3W/B

20 EM12 PHOTO 39

6 M17 자기 진단 점검 단자 PHOTO 32

12 MF32 PHOTO 47

0.3W/B

3 BCM-FE

FAM PHOTO 12

사용 안함

0.3W/B

0.3W/B 0.3W/B 0.3W/B 0.3W/B

13 BEC-RF2

RAM PHOTO 58/60

12 BEC-RR

3 FR52 PHOTO 76

0.3Gr/B 0.3W/B

4 R41-B

파워 테일 게이트 모듈 PHOTO 62

4 F28-B

파워 슬라이딩 도어 모듈 RH PHOTO 67

8 R36

트립 컴퓨터 PHOTO 94

4 F27-B

파워 슬라이딩 도어 모듈 LH PHOTO 55

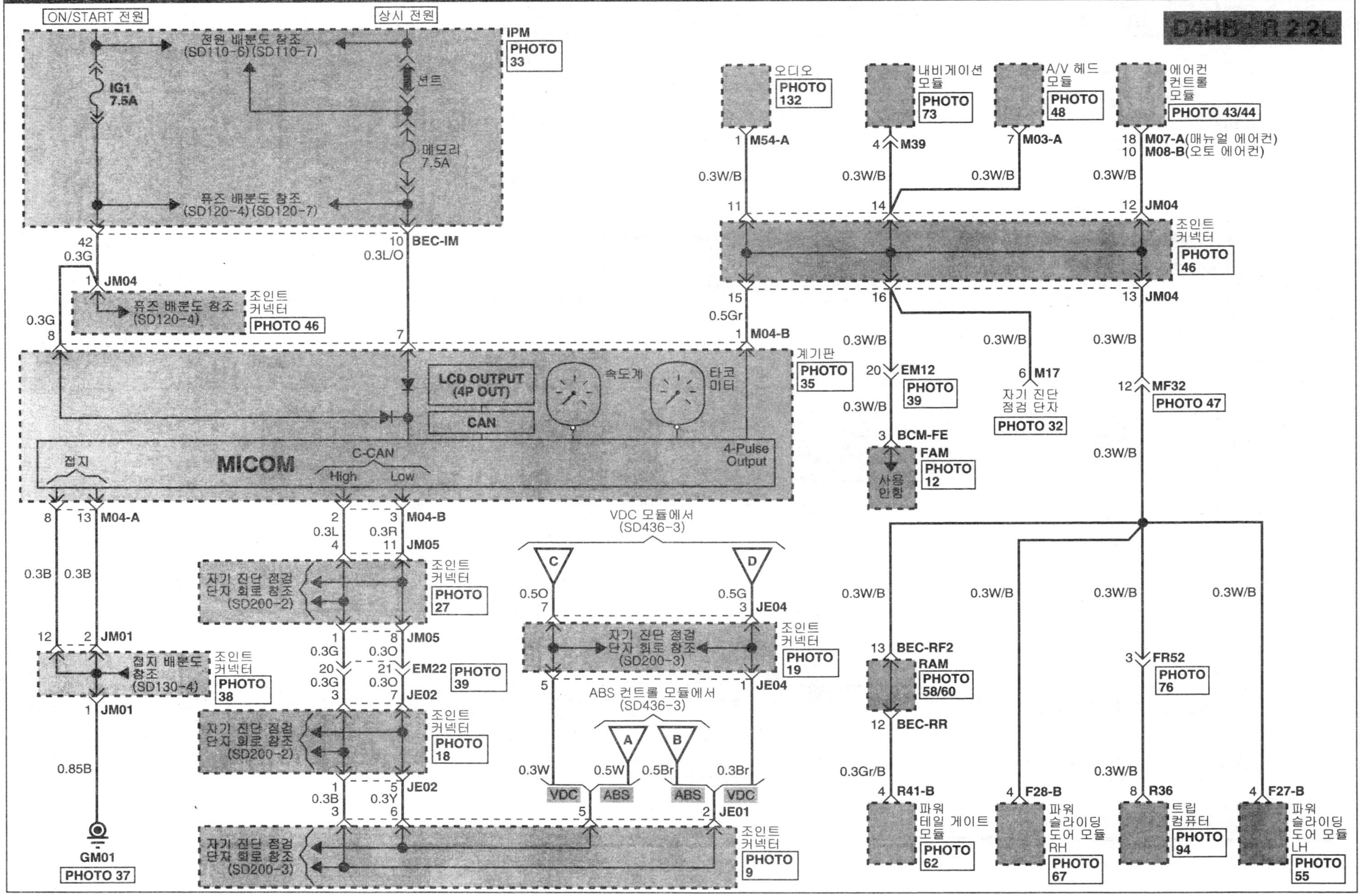

D4HB - R 2.2L
ON/START 전원
상시 전원
전원 배분도 참조 (SD110-6) (SD110-7)
IPM
PHOTO 33
IG1 7.5A
션트
메모리 7.5A
퓨즈 배분도 참조 (SD120-4) (SD120-7)
42
0.3G
10 BEC-IM
0.3L/O
1 JM04
퓨즈 배분도 참조 (SD120-4)
조인트 커넥터
PHOTO 46
0.3G
8
7
LCD OUTPUT (4P OUT)
CAN
속도계
타코미터
계기판
PHOTO 35
MICOM
접지
C-CAN
High
Low
4-Pulse Output
8
13 M04-A
0.3B 0.3B
12
2 JM01
접지 배분도 참조 (SD130-4)
조인트 커넥터
PHOTO 38
1 JM01
0.85B
GM01
PHOTO 37
2
0.3L
4
3 M04-B
0.3R
11 JM05
자기 진단 점검 단자 회로 참조 (SD200-2)
조인트 커넥터
PHOTO 27
1
0.3G
20
0.3G
3
8 JM05
0.3O
21 EM22
PHOTO 39
0.3O
7 JE02
자기 진단 점검 단자 회로 참조 (SD200-2)
조인트 커넥터
PHOTO 18
1
0.3B
3
5 JE02
0.3Y
6
자기 진단 점검 단자 회로 참조 (SD200-3)
조인트 커넥터
PHOTO 9
VDC 모듈에서 (SD436-3)
C
D
0.5O
7
0.5G
3 JE04
자기 진단 점검 단자 회로 참조 (SD200-3)
조인트 커넥터
PHOTO 19
5
1 JE04
ABS 컨트롤 모듈에서 (SD436-3)
A
B
0.3W
0.5W
0.5Br
0.3Br
VDC
ABS
ABS
VDC
5
2 JE01
오디오
PHOTO 132
1 M54-A
0.3W/B
11
15
0.5Gr
1 M04-B
내비게이션 모듈
PHOTO 73
4 M39
0.3W/B
14
16
A/V 헤드 모듈
PHOTO 48
7 M03-A
0.3W/B
에어컨 컨트롤 모듈
PHOTO 43/44
18 M07-A(매뉴얼 에어컨)
10 M08-B(오토 에어컨)
0.3W/B
12 JM04
조인트 커넥터
PHOTO 46
13 JM04
0.3W/B
20 EM12
PHOTO 39
0.3W/B
3 BCM-FE
FAM
PHOTO 12
사용 안함
0.3W/B
6 M17
자기 진단 점검 단자
PHOTO 32
0.3W/B
12 MF32
PHOTO 47
0.3W/B
0.3W/B
13 BEC-RF2
RAM
PHOTO 58/60
12 BEC-RR
0.3Gr/B
4 R41-B
파워 테일 게이트 모듈
PHOTO 62
0.3W/B
4 F28-B
파워 슬라이딩 도어 모듈 RH
PHOTO 67
0.3W/B
3 FR52
PHOTO 76
0.3W/B
8 R36
트립 컴퓨터
PHOTO 94
0.3W/B
4 F27-B
파워 슬라이딩 도어 모듈 LH
PHOTO 55

ABS 적용

ABS 컨트롤 모듈 PHOTO 9

C-CAN Low, High

Terminal	Pin	Wire	Connector	Wire	Connector / Pin	Component
C-CAN Low	14	0.5W			A	조인트 커넥터로 (SD436-1) (SD436-2)
C-CAN High	26	0.5Br			B	조인트 커넥터로 (SD436-1) (SD436-2)
FL VCC	34	0.5R	2 (EF12)	0.5R	F35 - 1	프런트 휠 센서 LH PHOTO 21
FL SIG	22	0.5L	1 (EF12, PHOTO 18)	0.5L	F35 - 2	프런트 휠 센서 LH PHOTO 21
FR VCC	18	0.5O			E43 - 1	프런트 휠 센서 RH PHOTO 6
FR SIG	6	0.5G			E43 - 2	프런트 휠 센서 RH PHOTO 6
RL VCC	33	0.5Y	4 (EF12)	0.5Y	F36 - 1	리어 휠 센서 LH PHOTO 25
RL SIG	20	0.5B	3 (EF12)	0.5B	F36 - 2	리어 휠 센서 LH PHOTO 25
RR VCC	19	0.5O	6 (EF12)	0.5O	F37 - 1	리어 휠 센서 RH PHOTO 25
RR SIG	31 (E58)	0.5L	5 (EF12, PHOTO 18)	0.5L	F37 - 2	리어 휠 센서 RH PHOTO 25

VDC 적용

VDC 모듈 PHOTO 9

C-CAN Low, High

Terminal	Pin	Wire	Connector	Wire	Connector / Pin	Component
C-CAN Low	14	0.5O			C	조인트 커넥터로 (SD436-1) (SD436-2)
C-CAN High	26	0.5G			D	조인트 커넥터로 (SD436-1) (SD436-2)
FL VCC	34	0.5R	2 (EF12)	0.5R	F35 - 1	프런트 휠 센서 LH PHOTO 21
FL SIG	22	0.5L	1 (EF12, PHOTO 18)	0.5L	F35 - 2	프런트 휠 센서 LH PHOTO 21
FR VCC	18	0.5O			E43 - 1	프런트 휠 센서 RH PHOTO 6
FR SIG	6	0.5G			E43 - 2	프런트 휠 센서 RH PHOTO 6
RL VCC	33	0.5Y	4 (EF12)	0.5Y	F36 - 1	리어 휠 센서 LH PHOTO 25
RL SIG	20	0.5B	3 (EF12)	0.5B	F36 - 2	리어 휠 센서 LH PHOTO 25
RR VCC	19	0.5O	6 (EF12)	0.5O	F37 - 1	리어 휠 센서 RH PHOTO 25
RR SIG	31 (E59)	0.5L	5 (EF12, PHOTO 18)	0.5L	F37 - 2	리어 휠 센서 RH PHOTO 25

P S

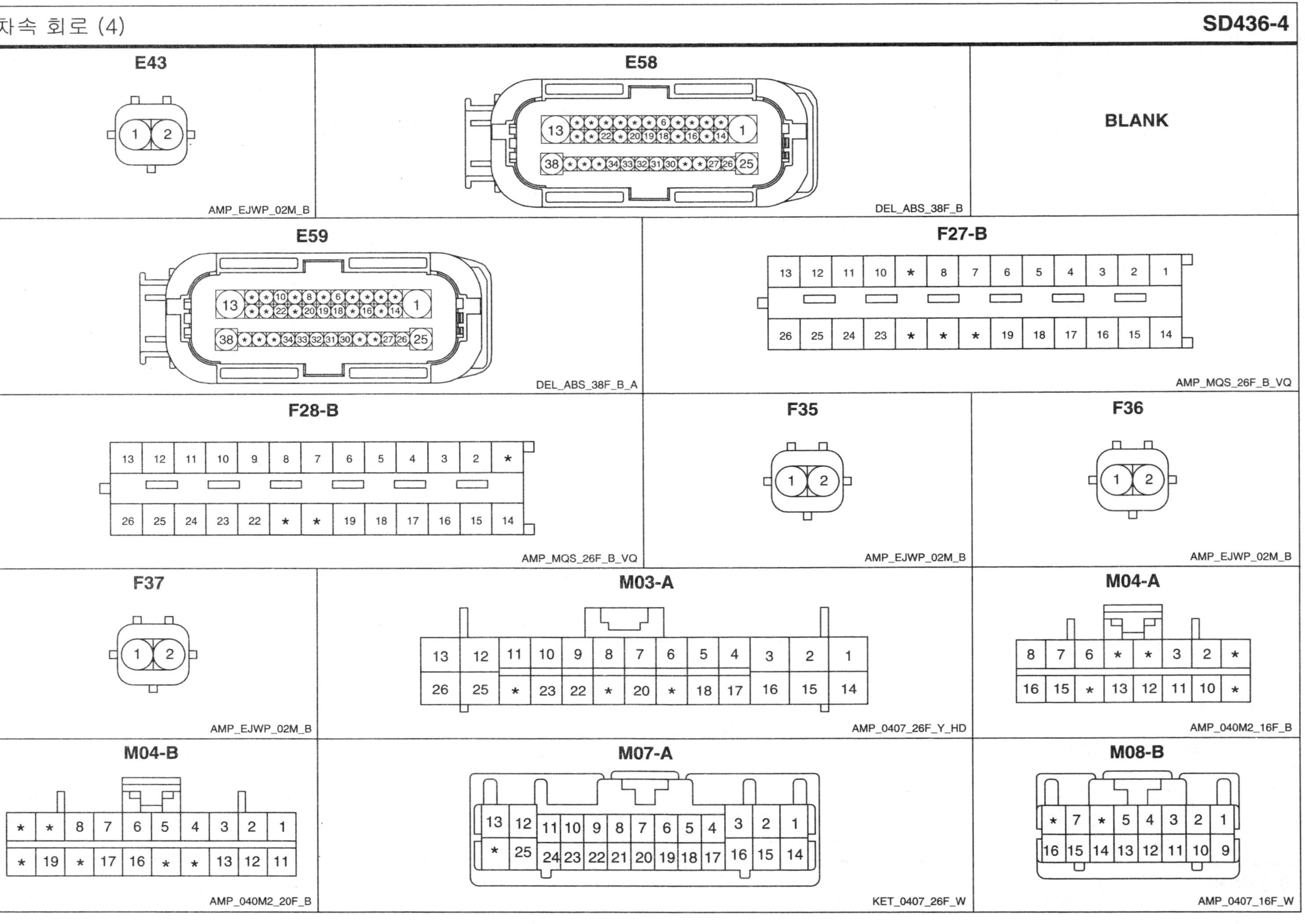
E43
AMP_EJWP_02M_B
E58
DEL_ABS_38F_B
BLANK
E59
DEL_ABS_38F_B_A
F27-B
AMP_MQS_26F_B_VQ
F28-B
AMP_MQS_26F_B_VQ
F35
AMP_EJWP_02M_B
F36
AMP_EJWP_02M_B
F37
AMP_EJWP_02M_B
M03-A
AMP_0407_26F_Y_HD
M04-A
AMP_040M2_16F_B
M04-B
AMP_040M2_20F_B
M07-A
KET_0407_26F_W
M08-B
AMP_0407_16F_W

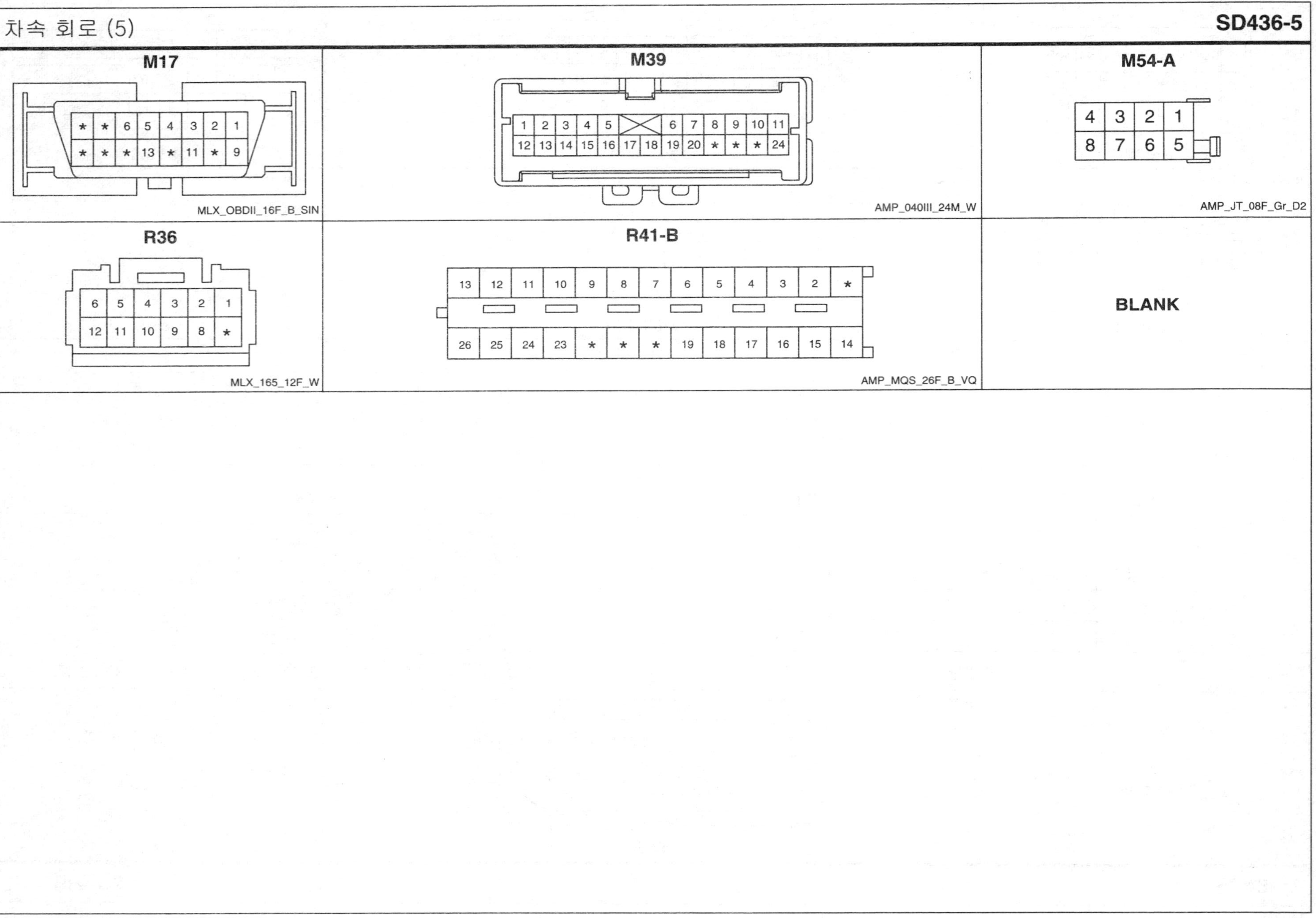
M17
* * 6 5 4 3 2 1
* * * 13 * 11 * 9
MLX_OBDII_16F_B_SIN
M39
1 2 3 4 5 6 7 8 9 10 11
12 13 14 15 16 17 18 19 20 * * * 24
AMP_040III_24M_W
M54-A
4 3 2 1
8 7 6 5
AMP_JT_08F_Gr_D2
R36
6 5 4 3 2 1
12 11 10 9 8 *
MLX_165_12F_W
R41-B
13 12 11 10 9 8 7 6 5 4 3 2 *
26 25 24 23 * * * 19 18 17 16 15 14
AMP_MQS_26F_B_VQ
BLANK

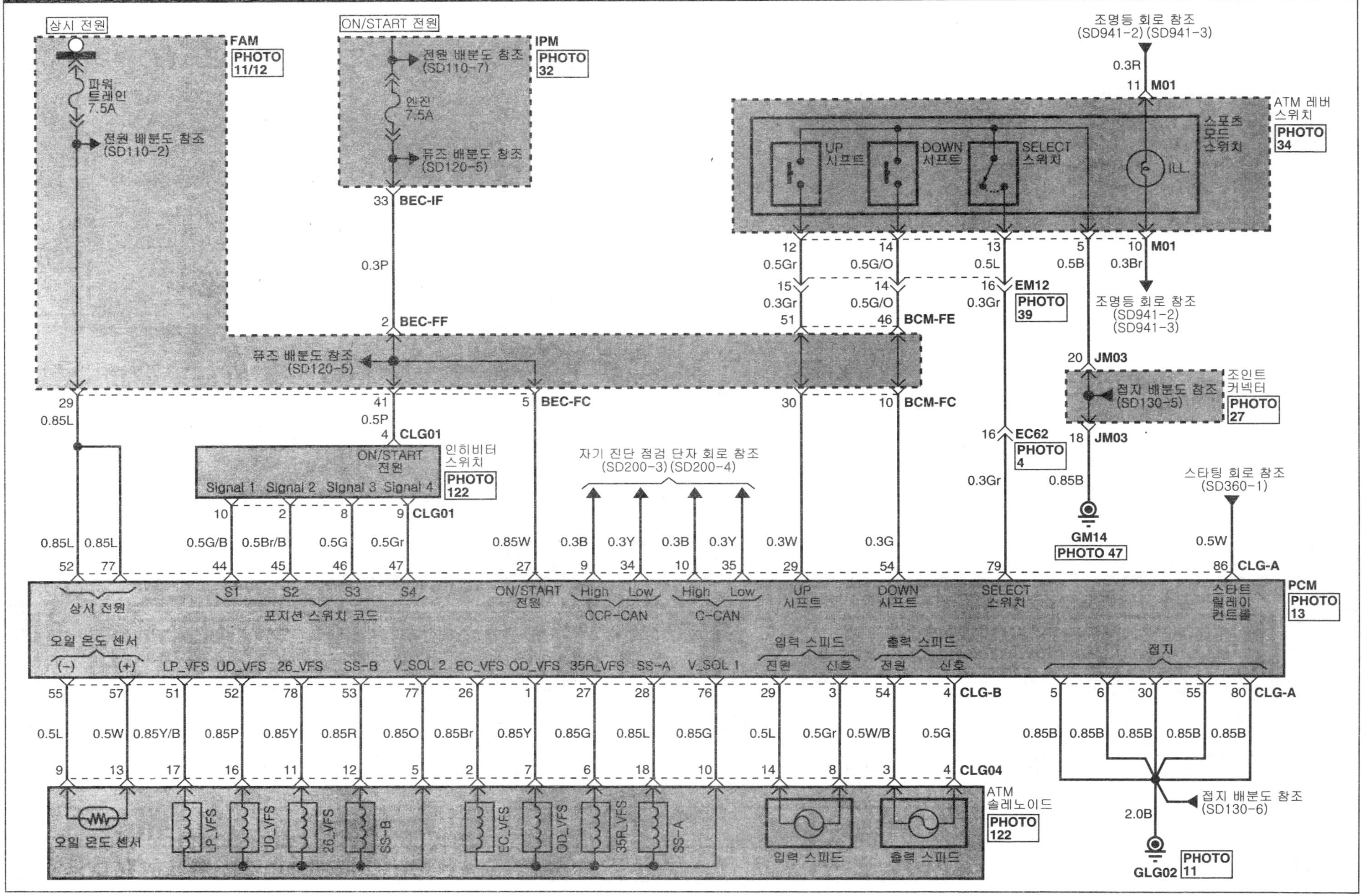

자동 변속기 컨트롤 회로 (G6DC : LAMBDA II 3.5L) (1)

상시 전원
FAM
PHOTO 11/12
파워 트레인 7.5A
전원 배분도 참조 (SD110-2)

ON/START 전원
IPM
PHOTO 32
전원 배분도 참조 (SD110-7)
엔진 7.5A
퓨즈 배분도 참조 (SD120-5)
33 BEC-IF
0.3P
2 BEC-FF
퓨즈 배분도 참조 (SD120-5)
29 0.85L
41 0.5P
5 BEC-FC
4 CLG01

인히비터 스위치
PHOTO 122
ON/START 전원
Signal 1 Signal 2 Signal 3 Signal 4
10 2 8 9 CLG01
0.5G/B 0.5Br/B 0.5G 0.5Gr
44 45 46 47

자기 진단 점검 단자 회로 참조 (SD200-3) (SD200-4)
0.3B 0.3Y 0.3B 0.3Y
9 34 10 35

조명등 회로 참조 (SD941-2) (SD941-3)
0.3R
11 M01
ATM 레버 스위치
PHOTO 34
UP 시프트
DOWN 시프트
SELECT 스위치
ILL.
스포츠 모드 스위치
12 14 13 5 10 M01
0.5Gr 0.5G/O 0.5L 0.5B 0.3Br
조명등 회로 참조 (SD941-2) (SD941-3)
15 14 16 EM12
PHOTO 39
0.3Gr 0.5G/O 0.3Gr
51 46 BCM-FE
30 10 BCM-FC
20 JM03
접지 배분도 참조 (SD130-5)
조인트 커넥터
PHOTO 27
18 JM03
16 EC62
PHOTO 4
0.3Gr 0.85B
GM14
PHOTO 47
스타팅 회로 참조 (SD360-1)
0.5W
86 CLG-A

0.85L 0.85L 0.85W 0.3W 0.3G
52 77 27 29 54 79

PCM
PHOTO 13
상시 전원 / S1 S2 S3 S4 포지션 스위치 코드 / ON/START 전원 / High Low CCP-CAN / High Low C-CAN / UP 시프트 / DOWN 시프트 / SELECT 스위치 / 스타트 릴레이 컨트롤
오일 온도 센서 (-) (+) / LP_VFS UD_VFS 26_VFS SS-B V_SOL 2 EC_VFS OD_VFS 35R_VFS SS-A V_SOL 1 / 입력 스피드 전원 신호 / 출력 스피드 전원 신호 / 접지

55	57	51	52	78	53	77	26	1	27	28	76	29	3	54	4 CLG-B	5	6	30	55	80 CLG-A
0.5L	0.5W	0.85Y/B	0.85P	0.85Y	0.85R	0.85O	0.85Br	0.85Y	0.85G	0.85L	0.85G	0.5L	0.5Gr	0.5W/B	0.5G	0.85B	0.85B	0.85B	0.85B	0.85B
9	13	17	16	11	12	5	2	7	6	18	10	14	8	3	4 CLG04					

오일 온도 센서
LP_VFS UD_VFS 26_VFS SS-B EC_VFS OD_VFS 35R_VFS SS-A
입력 스피드 출력 스피드
ATM 솔레노이드
PHOTO 122

접지 배분도 참조 (SD130-6)
2.0B
GLG02
PHOTO 11

CLG-A

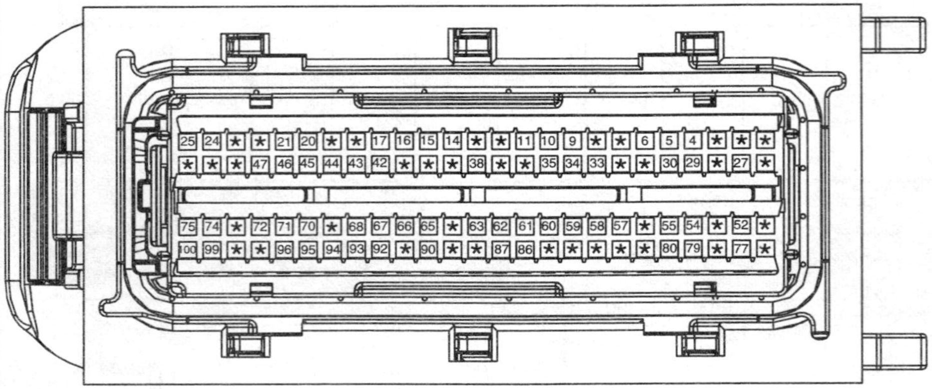

PKD_MTSBPCU_100F_B_103

CLG-B

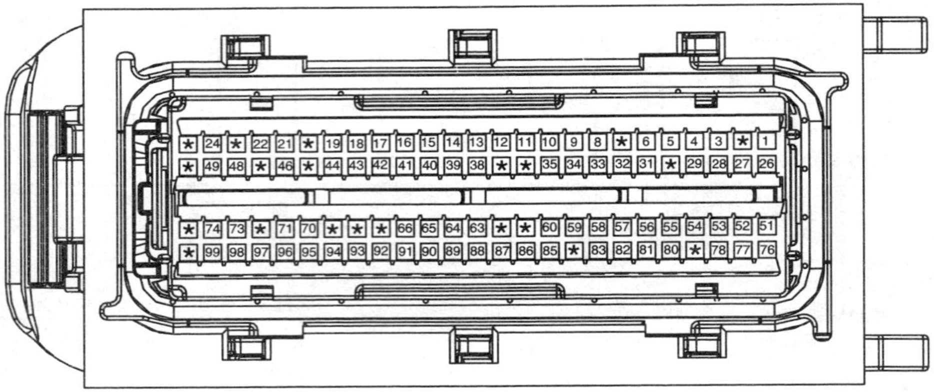

PKD_MTSBPCU_100F_B_104

CLG01

KET_0509WP_10F_B

CLG04

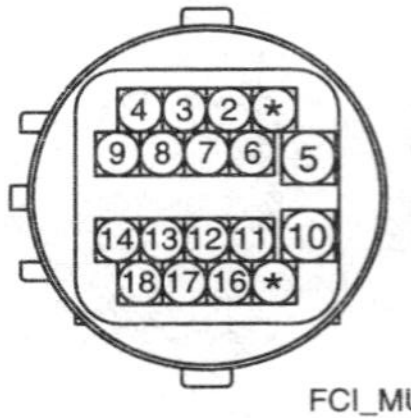

FCI_MULWP_18F_B_1

M01

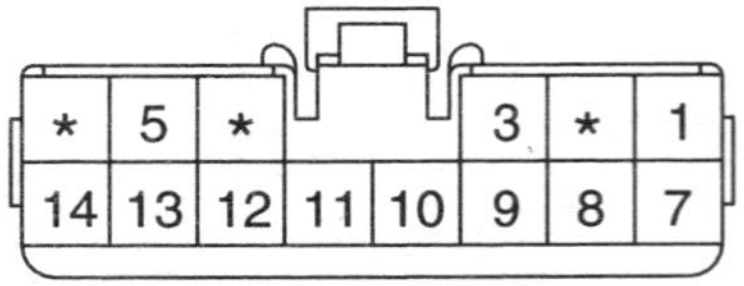

KET_090II_14F_W

BLANK

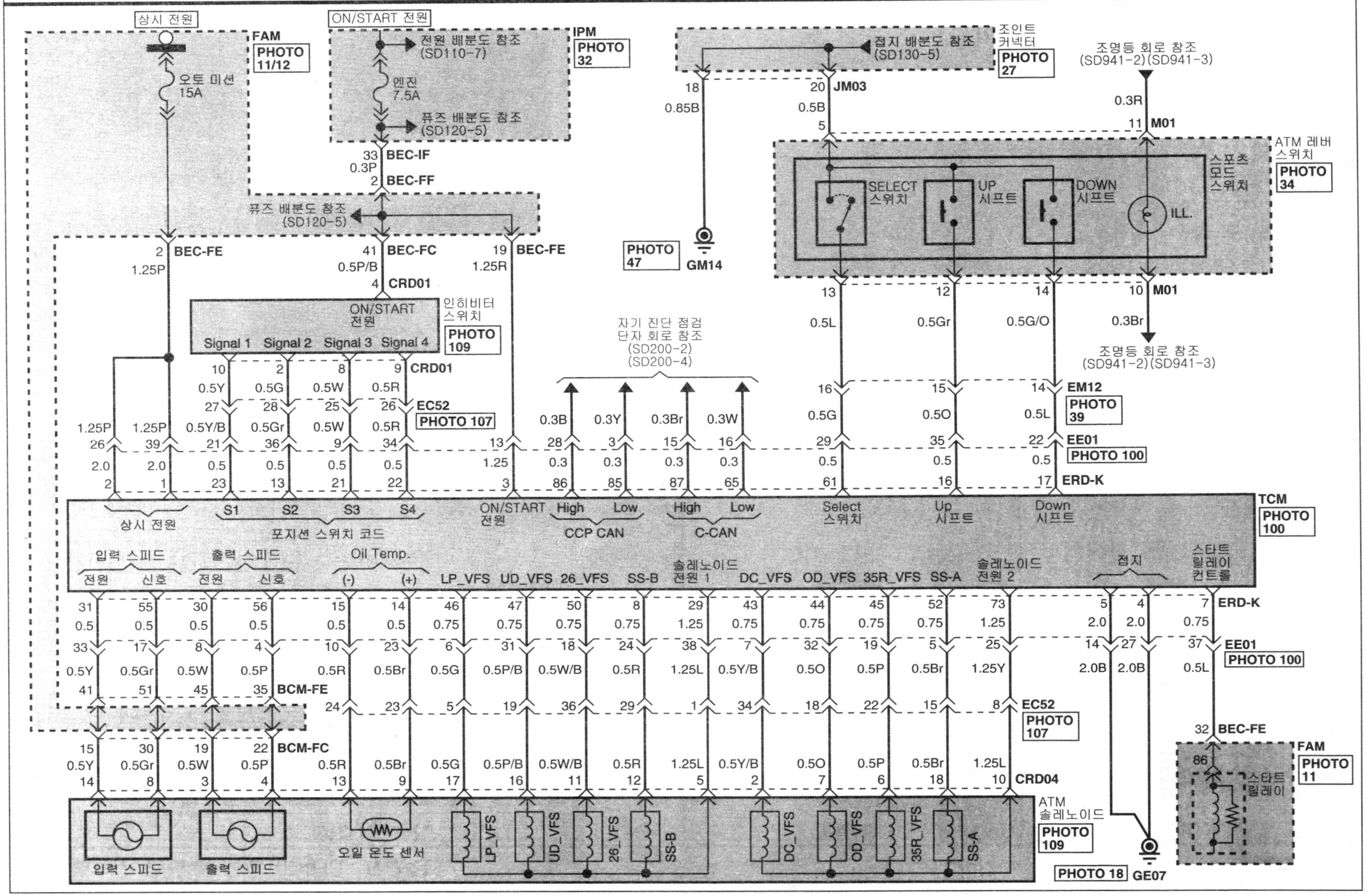

자동 변속기 컨트롤 회로 (D4HB : R 2.2L) (1)

상시 전원
FAM PHOTO 11/12
오토 미션 15A
ON/START 전원
IPM PHOTO 32
전원 배분도 참조 (SD110-7)
엔진 7.5A
퓨즈 배분도 참조 (SD120-5)
33 0.3P BEC-IF
2 BEC-FF
퓨즈 배분도 참조 (SD120-5)
2 BEC-FE 1.25P
41 BEC-FC 0.5P/B
4 CRD01
19 BEC-FE 1.25R
인히비터 스위치 PHOTO 109
ON/START 전원
Signal 1 Signal 2 Signal 3 Signal 4
10 0.5Y 27 0.5Y/B 21 0.5 23
2 0.5G 28 0.5Gr 36 0.5 13
8 0.5W 25 0.5W 9 0.5 21
9 CRD01 0.5R 26 EC52 PHOTO 107 0.5R 34 0.5 22
1.25P 26 2.0 2
1.25P 39 2.0 1
13 1.25 3
조인트 커넥터 PHOTO 27
접지 배분도 참조 (SD130-5)
18 0.85B GM14 PHOTO 47
20 JM03 0.5B 5
자기 진단 점검 단자 회로 참조 (SD200-2) (SD200-4)
0.3B 28 0.3 86
0.3Y 3 0.3 85
0.3Br 15 0.3 87
0.3W 16 0.3 65
조명등 회로 참조 (SD941-2)(SD941-3)
0.3R 11 M01
ATM 레버 스위치 PHOTO 34
스포츠 모드 스위치
SELECT 스위치
UP 시프트
DOWN 시프트
ILL.
13 0.5L 16 0.5G 29 0.5 61
12 0.5Gr 15 0.5O 35 0.5 16
14 0.5G/O 14 EM12 PHOTO 39 0.5L 22 EE01 PHOTO 100 0.5 17 ERD-K
10 M01 0.3Br
조명등 회로 참조 (SD941-2)(SD941-3)

TCM PHOTO 100
상시 전원
S1 S2 S3 S4
포지션 스위치 코드
ON/START 전원
High Low CCP CAN
High Low C-CAN
Select 스위치
Up 시프트
Down 시프트
입력 스피드 (전원, 신호)
출력 스피드 (전원, 신호)
Oil Temp. (-) (+)
LP_VFS UD_VFS 26_VFS SS-B 솔레노이드 전원 1 DC_VFS OD_VFS 35R_VFS SS-A 솔레노이드 전원 2
접지
스타트 릴레이 컨트롤

31 0.5 33 0.5Y 41 — 15 0.5Y 14
55 0.5 17 0.5Gr 51 — 30 0.5Gr 8
30 0.5 8 0.5W 45 — 19 0.5W 3
56 0.5 4 0.5P 35 BCM-FE — 22 BCM-FC 0.5P 4
15 0.5 10 0.5R 24 0.5R 13
14 0.5 23 0.5Br 23 0.5Br 9
46 0.75 6 0.5G 5 0.5G 17
47 0.75 31 0.5P/B 19 0.5P/B 16
50 0.75 18 0.5W/B 36 0.5W/B 11
8 0.75 24 0.5R 29 0.5R 12
29 1.25 38 1.25L 1 1.25L 5
43 0.75 7 0.5Y/B 34 0.5Y/B 2
44 0.75 32 0.5O 18 0.5O 7
45 0.75 19 0.5P 22 0.5P 6
52 0.75 5 0.5Br 15 0.5Br 18
73 1.25 25 1.25Y 8 EC52 PHOTO 107 1.25L 10 CRD04
5 2.0 14 2.0B
4 2.0 27 2.0B
GE07 PHOTO 18
7 ERD-K 0.75 37 EE01 PHOTO 100 0.5L 32 BEC-FE
FAM PHOTO 11
86 스타트 릴레이

입력 스피드
출력 스피드
오일 온도 센서
LP_VFS UD_VFS 26_VFS SS-B DC_VFS OD_VFS 35R_VFS SS-A
ATM 솔레노이드 PHOTO 109

ERD-K	CRD01	CRD04
AMP_ECU_94F_B	KET_0509WP_10F_B	FCI_MULWP_18F_B_1

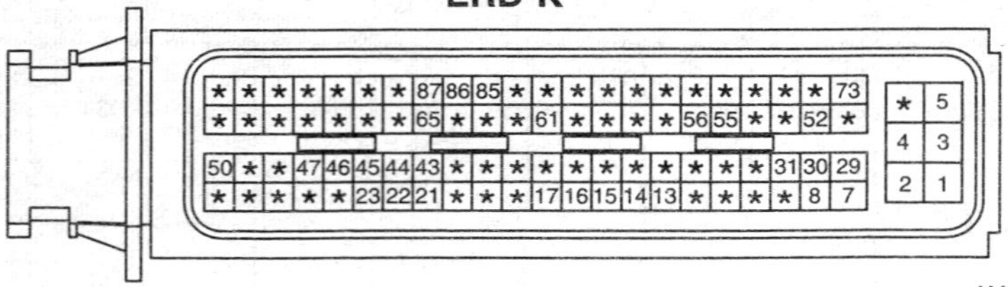

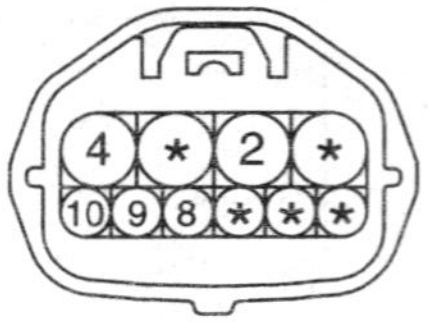

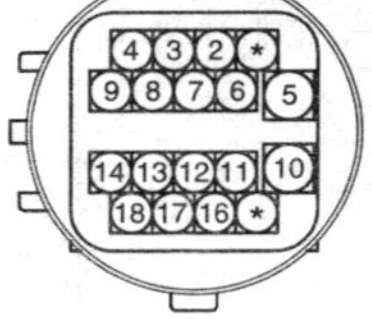

M01			
KET_090II_14F_W	BLANK	BLANK	BLANK

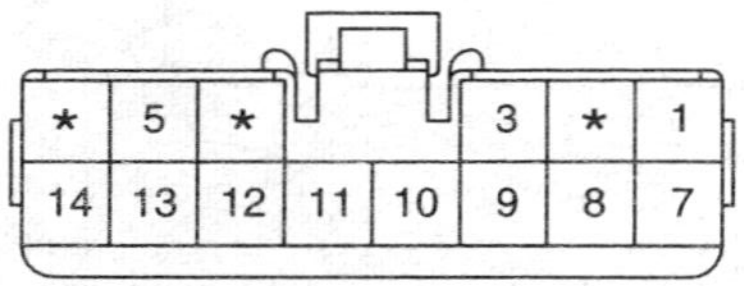

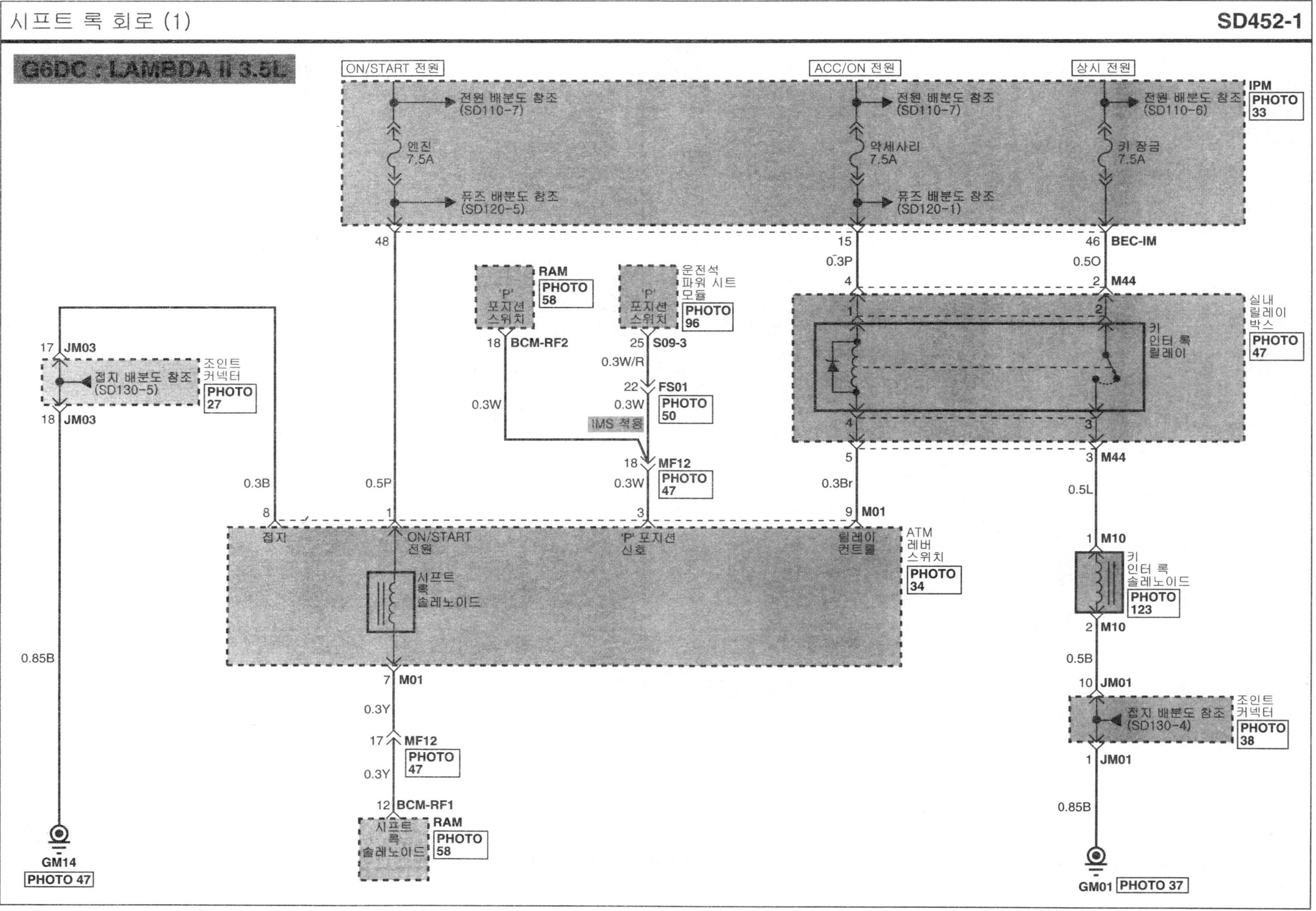
G6DC : LAMBDA II 3.5L
ON/START 전원
ACC/ON 전원
상시 전원
IPM
PHOTO 33
전원 배분도 참조 (SD110-7)
엔진 7.5A
퓨즈 배분도 참조 (SD120-5)
전원 배분도 참조 (SD110-7)
악세사리 7.5A
퓨즈 배분도 참조 (SD120-1)
전원 배분도 참조 (SD110-6)
키 잠금 7.5A
48
15 BEC-IM
46
0.3P
0.5O
4
2 M44
실내 릴레이 박스
PHOTO 47
키 인터 록 릴레이
RAM
PHOTO 58
'P' 포지션 스위치
18 BCM-RF2
0.3W
운전석 파워 시트 모듈
PHOTO 96
'P' 포지션 스위치
25 S09-3
0.3W/R
22 FS01
PHOTO 50
0.3W
IMS 적용
18 MF12
PHOTO 47
0.3W
5
3 M44
0.3Br
0.5L
17 JM03
18 JM03
접지 배분도 참조 (SD130-5)
조인트 커넥터
PHOTO 27
0.3B
0.5P
8
1
3
9 M01
접지
ON/START 전원
'P' 포지션 신호
릴레이 컨트롤
ATM 레버 스위치
PHOTO 34
시프트 록 솔레노이드
1 M10
키 인터 록 솔레노이드
PHOTO 123
2 M10
0.5B
10 JM01
조인트 커넥터
접지 배분도 참조 (SD130-4)
PHOTO 38
1 JM01
0.85B
0.85B
7 M01
0.3Y
17 MF12
PHOTO 47
0.3Y
12 BCM-RF1
RAM
PHOTO 58
시프트 록 솔레노이드
GM14
PHOTO 47
GM01
PHOTO 37

D4HB : R 2.2L

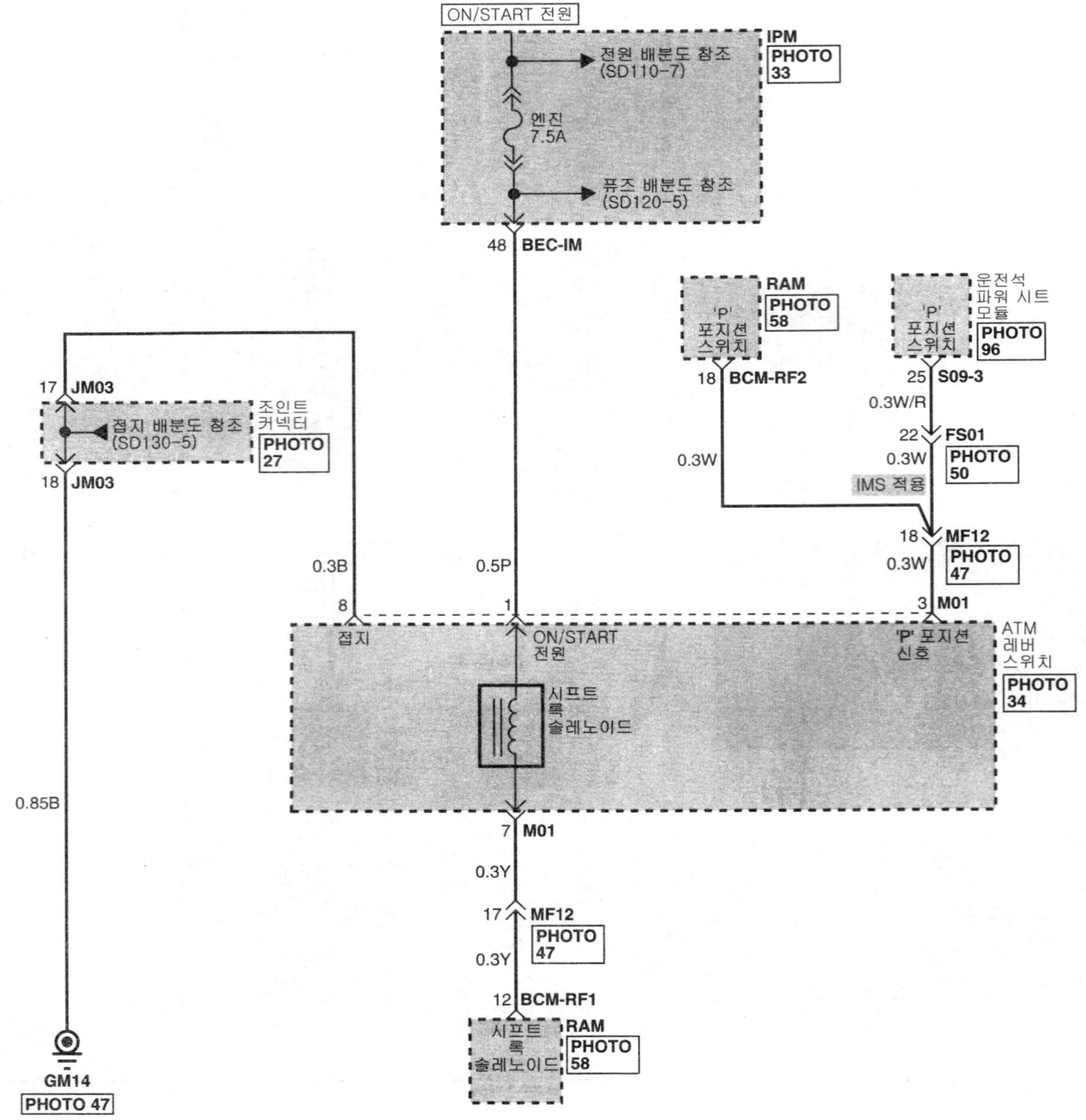

ON/START 전원
IPM
PHOTO 33
전원 배분도 참조 (SD110-7)
엔진 7.5A
퓨즈 배분도 참조 (SD120-5)
48 BEC-IM
0.5P

RAM
PHOTO 58
'P' 포지션 스위치
18 BCM-RF2
0.3W

운전석 파워 시트 모듈
PHOTO 96
'P' 포지션 스위치
25 S09-3
0.3W/R
22 FS01
PHOTO 50
0.3W
IMS 적용
18 MF12
PHOTO 47
0.3W
3 M01

ATM 레버 스위치
PHOTO 34
1 ON/START 전원
'P' 포지션 신호
8 접지
시프트 록 솔레노이드
7 M01
0.3Y
17 MF12
PHOTO 47
0.3Y
12 BCM-RF1
RAM
PHOTO 58
시프트 록 솔레노이드

0.3B
17 JM03
조인트 커넥터
PHOTO 27
접지 배분도 참조 (SD130-5)
18 JM03
0.85B
GM14
PHOTO 47

M01

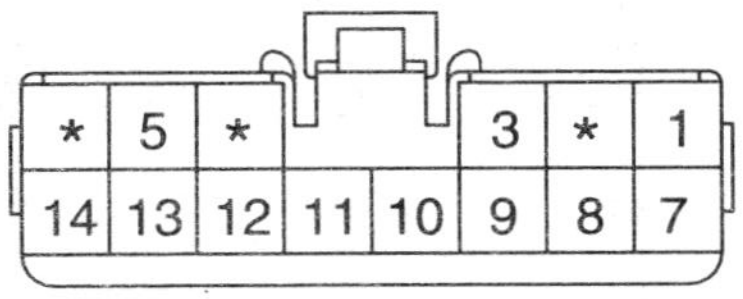

*	5	*			3	*	1
14	13	12	11	10	9	8	7

KET_090II_14F_W

M10

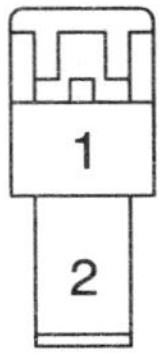

1
2

KUM_DSD_02F_W

M44

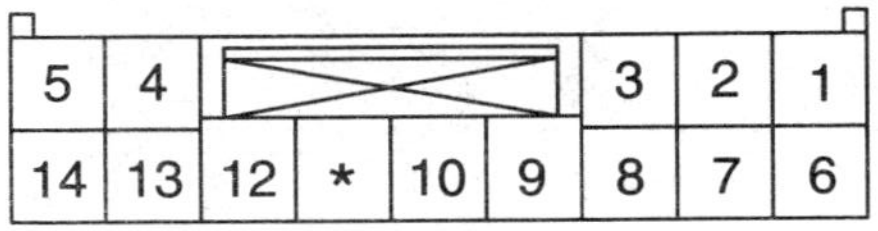

5	4					3	2	1
14	13	12	*	10	9	8	7	6

AMP_0925_14F_W

BLANK

S09-3

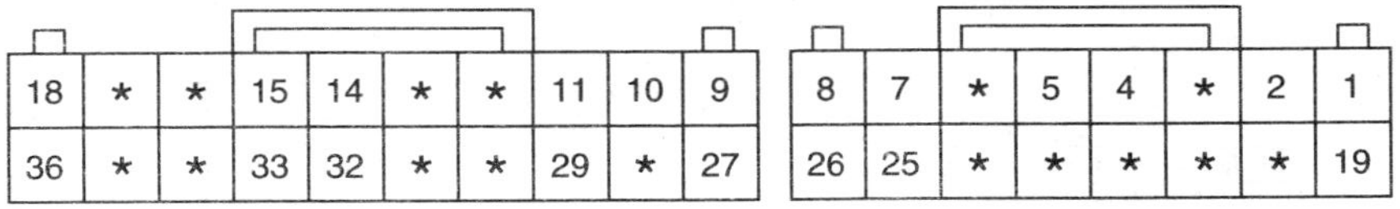

18	*	*	15	14	*	*	11	10	9
36	*	*	33	32	*	*	29	*	27

AMP_175967_2

8	7	*	5	4	*	2	1
26	25	*	*	*	*	*	19

AMP_175966_2

BLANK

BLANK

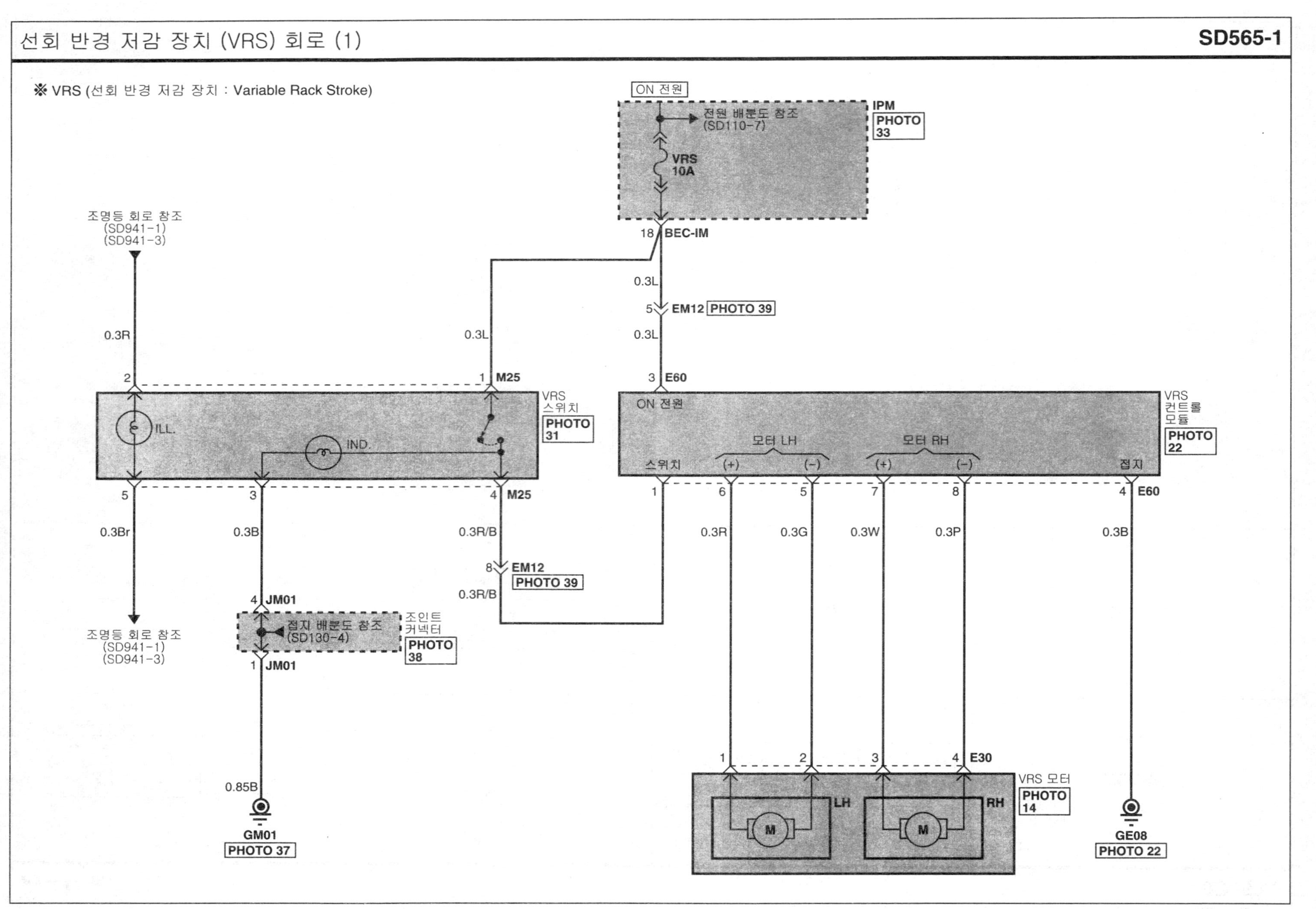

선회 반경 저감 장치 (VRS) 회로 (1)
SD565-1
※ VRS (선회 반경 저감 장치 : Variable Rack Stroke)
ON 전원
IPM
PHOTO 33
전원 배분도 참조 (SD110-7)
VRS 10A
18 BEC-IM
0.3L
5 EM12 PHOTO 39
0.3L
3 E60
VRS 컨트롤 모듈
PHOTO 22
ON 전원
모터 LH
모터 RH
스위치
(+)
(-)
접지
1 6 5 7 8 4 E60
0.3R 0.3G 0.3W 0.3P 0.3B
1 2 3 4 E30
VRS 모터
PHOTO 14
LH
RH
M
GE08
PHOTO 22
조명등 회로 참조 (SD941-1) (SD941-3)
0.3R
0.3L
2
1 M25
VRS 스위치
PHOTO 31
ILL.
IND.
5 3 4 M25
0.3Br 0.3B 0.3R/B
8 EM12
PHOTO 39
0.3R/B
4 JM01
접지 배분도 참조 (SD130-4)
조인트 커넥터
PHOTO 38
1 JM01
0.85B
GM01
PHOTO 37

E30	E60	M25	BLANK
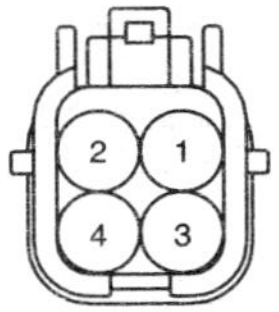 2 1 4 3	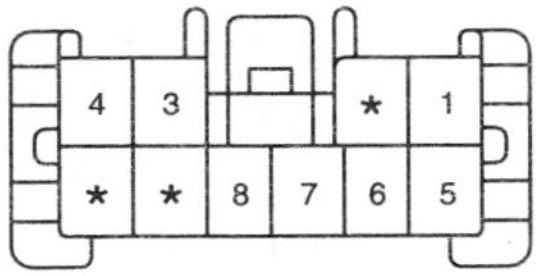 4 3 * 1 * * 8 7 6 5	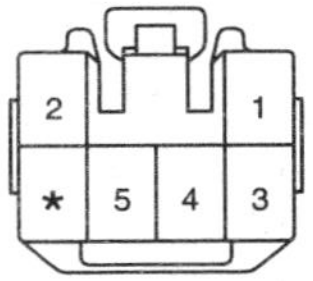 2 1 * 5 4 3	
KET_SWP_04F_B	KET_070II_10F_W	KET_090II_06F_L	

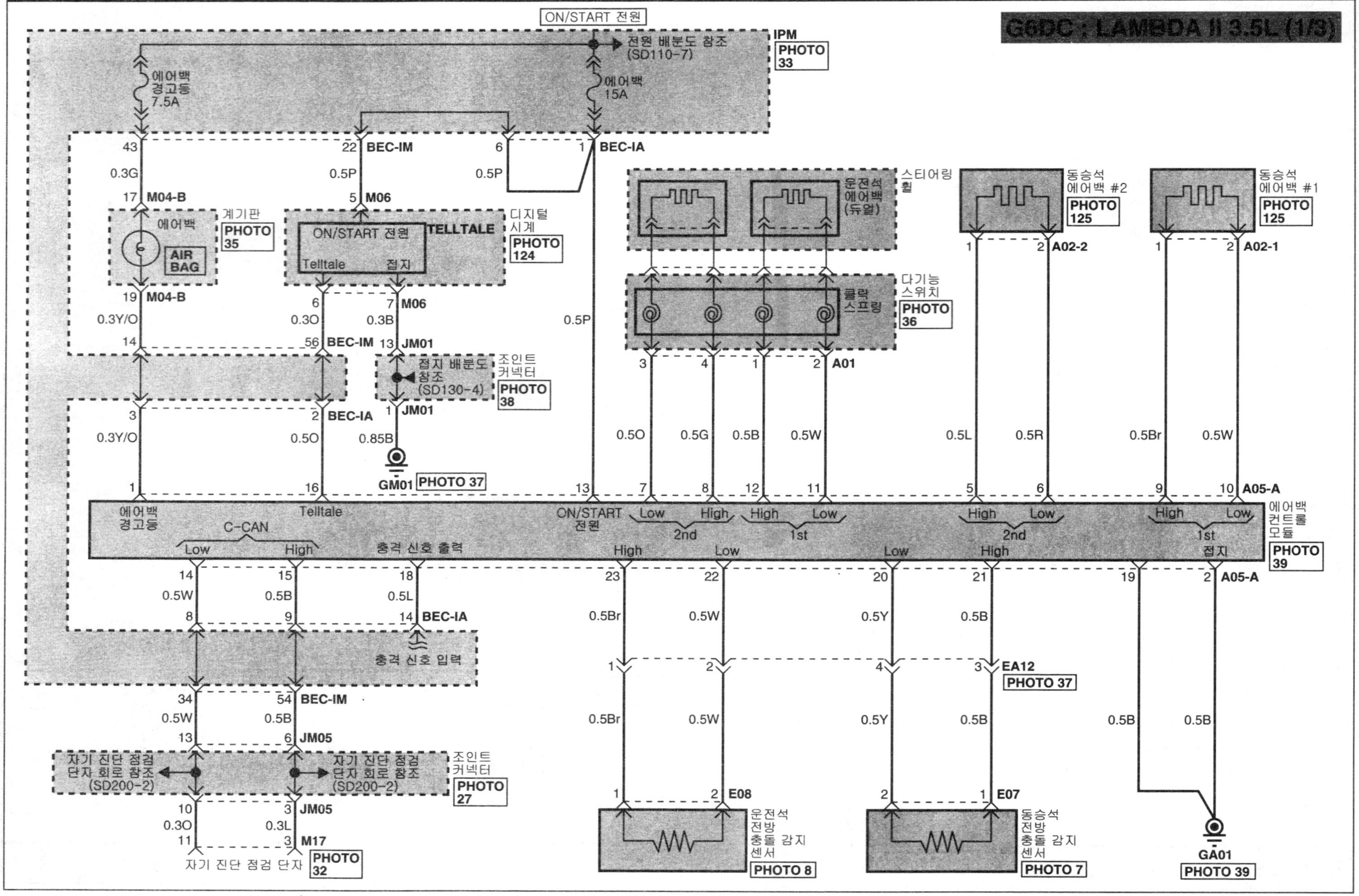

G6DC : LAMBDA II 3.5L (1/3)

ON/START 전원
전원 배분도 참조 (SD110-7)
IPM PHOTO 33
에어백 경고등 7.5A
에어백 15A
43 22 BEC-IM 6 1 BEC-IA
0.3G 0.5P 0.5P
17 M04-B 5 M06
에어백 AIR BAG 계기판 PHOTO 35
ON/START 전원 TELLTALE Telltale 접지 디지털 시계 PHOTO 124
19 M04-B 6 7 M06
0.3Y/O 0.3O 0.3B 0.5P
14 56 BEC-IM 13 JM01
접지 배분도 참조 (SD130-4) 조인트 커넥터 PHOTO 38
3 2 BEC-IA 1 JM01
0.3Y/O 0.5O 0.85B
GM01 PHOTO 37
운전석 에어백 (듀얼) 스티어링 휠
클락 스프링 다기능 스위치 PHOTO 36
3 4 1 2 A01
0.5O 0.5G 0.5B 0.5W
동승석 에어백 #2 PHOTO 125
1 2 A02-2
0.5L 0.5R
동승석 에어백 #1 PHOTO 125
1 2 A02-1
0.5Br 0.5W
1 16 13 7 8 12 11 5 6 9 10 A05-A
에어백 경고등 Telltale ON/START 전원 Low High 2nd High Low 1st High Low 2nd High Low 1st
C-CAN Low High 충격 신호 출력 High Low Low High 접지
에어백 컨트롤 모듈 PHOTO 39
14 15 18 23 22 20 21 19 2 A05-A
0.5W 0.5B 0.5L 0.5Br 0.5W 0.5Y 0.5B
8 9 14 BEC-IA
충격 신호 입력
1 2 4 3 EA12 PHOTO 37
34 54 BEC-IM
0.5W 0.5B 0.5Br 0.5W 0.5Y 0.5B 0.5B 0.5B
13 6 JM05
자기 진단 점검 단자 회로 참조 (SD200-2)
자기 진단 점검 단자 회로 참조 (SD200-2)
조인트 커넥터 PHOTO 27
10 3 JM05
0.3O 0.3L
11 3 M17
자기 진단 점검 단자 PHOTO 32
1 2 E08
운전석 전방 충돌 감지 센서 PHOTO 8
2 1 E07
동승석 전방 충돌 감지 센서 PHOTO 7
GA01 PHOTO 39

G6DC : LAMBDA II 3.5L (3/2)

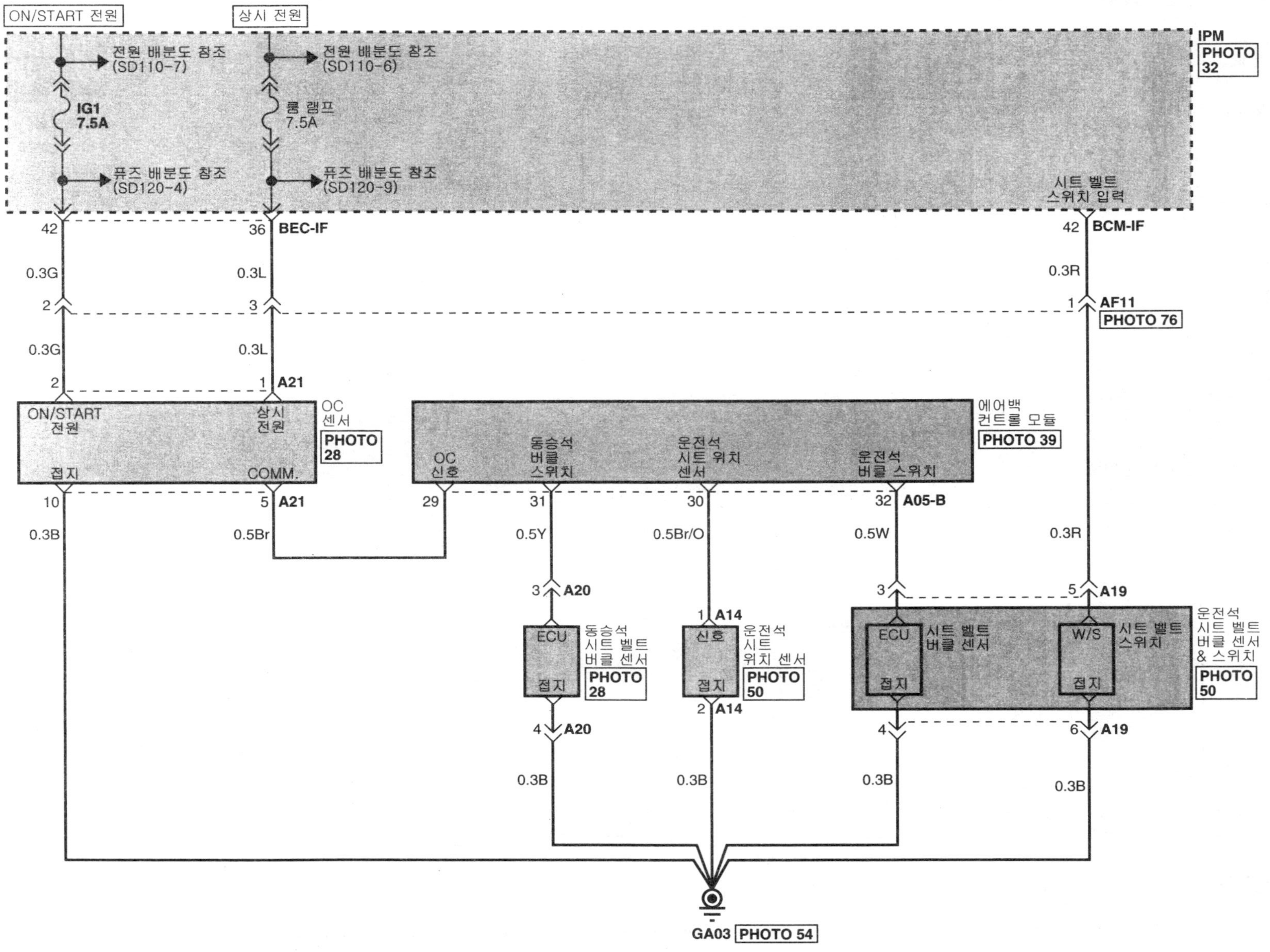

ON/START 전원
상시 전원
전원 배분도 참조 (SD110-7)
IG1 7.5A
퓨즈 배분도 참조 (SD120-4)
전원 배분도 참조 (SD110-6)
룸 램프 7.5A
퓨즈 배분도 참조 (SD120-9)
시트 벨트 스위치 입력
IPM PHOTO 32
42 36 BEC-IF
42 BCM-IF
0.3G 0.3L 0.3R
2 3 1 AF11 PHOTO 76
0.3G 0.3L
2 1 A21
ON/START 전원
상시 전원
접지
COMM.
OC 센서 PHOTO 28
10 5 A21
0.3B 0.5Br
OC 신호
동승석 버클 스위치
운전석 시트 위치 센서
운전석 버클 스위치
에어백 컨트롤 모듈 PHOTO 39
29 31 30 32 A05-B
0.5Y 0.5Br/O 0.5W 0.3R
3 A20
1 A14
3
5 A19
ECU 접지
동승석 시트 벨트 버클 센서 PHOTO 28
신호 접지
운전석 시트 위치 센서 PHOTO 50
ECU 접지 시트 벨트 버클 센서
W/S 접지 시트 벨트 스위치
운전석 시트 벨트 버클 센서 & 스위치 PHOTO 50
4 A20
2 A14
4
6 A19
0.3B 0.3B 0.3B 0.3B
GA03 PHOTO 54

G6DC : LAMBDA II 3.5L (3/3)

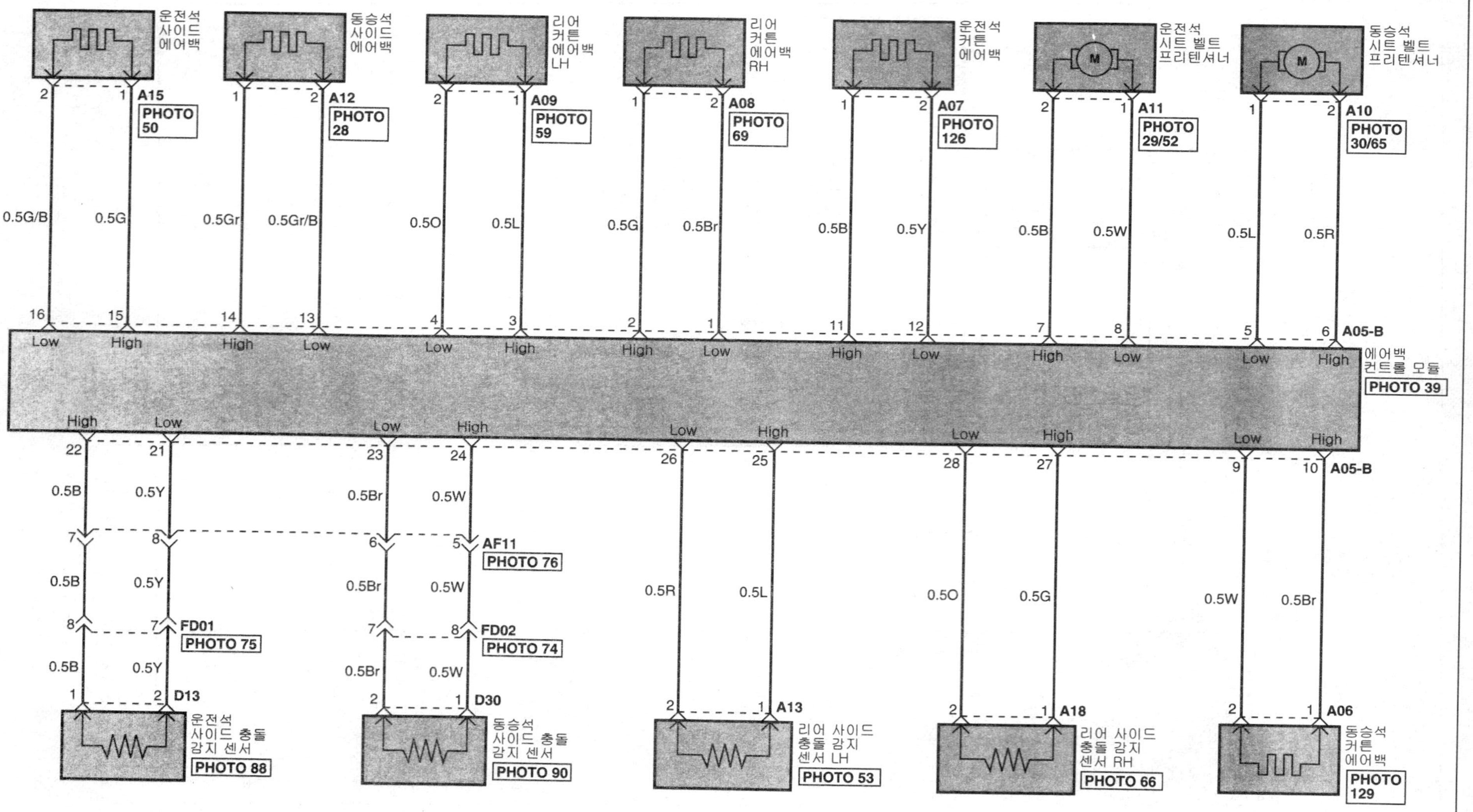

D4HB : R 2.2L (1/2)
ON/START 전원 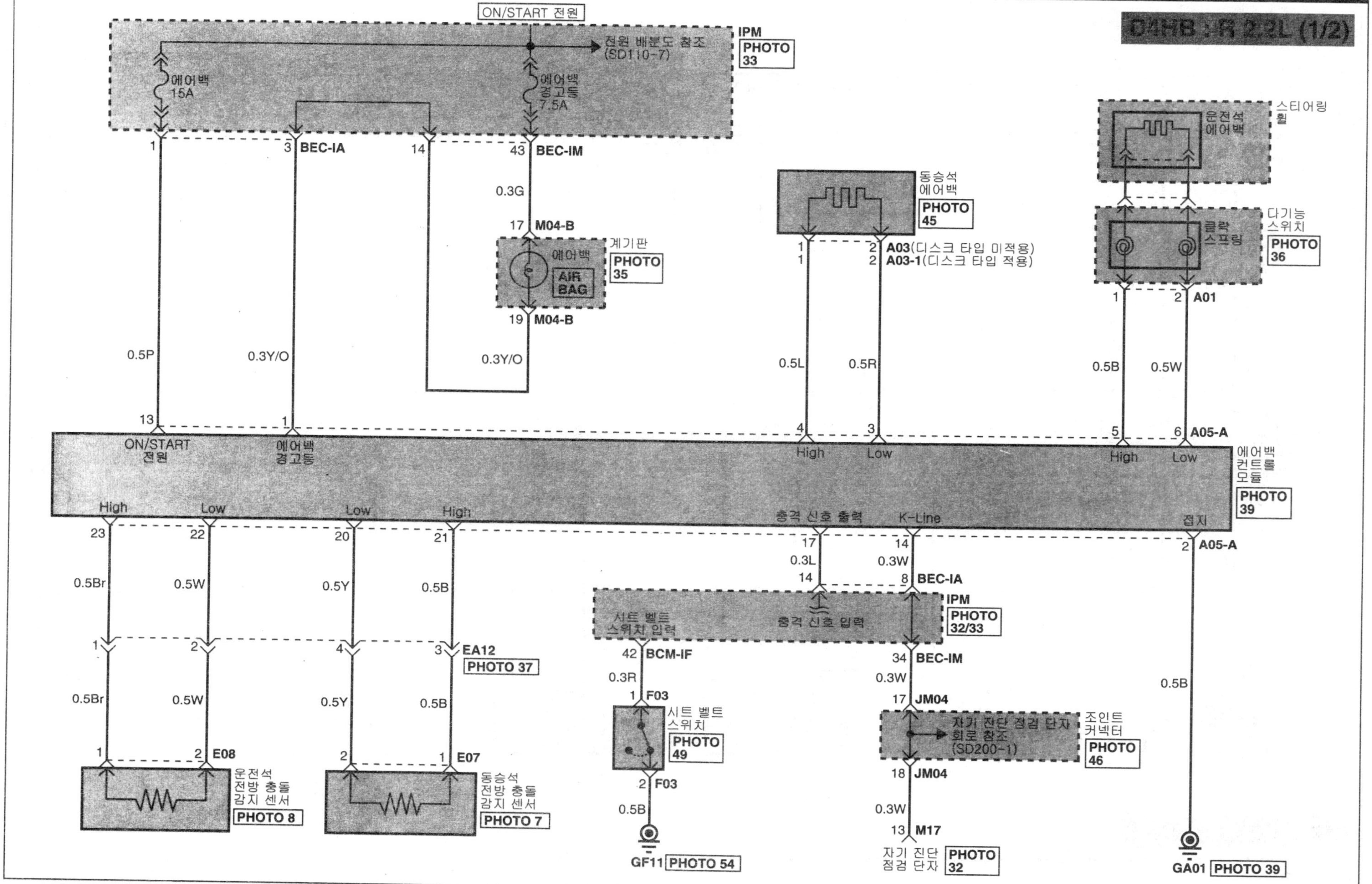
IPM
PHOTO 33
전원 배분도 참조 (SD110-7)
에어백 15A
에어백 경고등 7.5A
1
3 BEC-IA
14
43 BEC-IM
0.3G
17 M04-B
에어백
AIR BAG
계기판
PHOTO 35
19 M04-B
0.5P
0.3Y/O
0.3Y/O
13
1
ON/START 전원
에어백 경고등
동승석 에어백
PHOTO 45
A03(디스크 타입 미적용)
A03-1(디스크 타입 적용)
0.5L
0.5R
4
3
High
Low
운전석 에어백
스티어링 휠
클락 스프링
다기능 스위치
PHOTO 36
1
2 A01
0.5B
0.5W
5
6 A05-A
High
Low
에어백 컨트롤 모듈
PHOTO 39
High
Low
Low
High
충격 신호 출력
K-Line
접지
23
22
20
21
17
14
2 A05-A
0.5Br
0.5W
0.5Y
0.5B
0.3L
0.3W
14
8 BEC-IA
IPM
PHOTO 32/33
시트 벨트 스위치 입력
충격 신호 입력
42 BCM-IF
34 BEC-IM
0.3R
0.3W
1 F03
17 JM04
시트 벨트 스위치
PHOTO 49
자기 진단 점검 단자 회로 참조 (SD200-1)
조인트 커넥터
PHOTO 46
2 F03
18 JM04
0.5B
0.3W
13 M17
GF11 PHOTO 54
자기 진단 점검 단자
PHOTO 32
0.5B
GA01 PHOTO 39
1
2
4
3 EA12
PHOTO 37
0.5Br
0.5W
0.5Y
0.5B
1
2 E08
운전석 전방 충돌 감지 센서
PHOTO 8
2
1 E07
동승석 전방 충돌 감지 센서
PHOTO 7

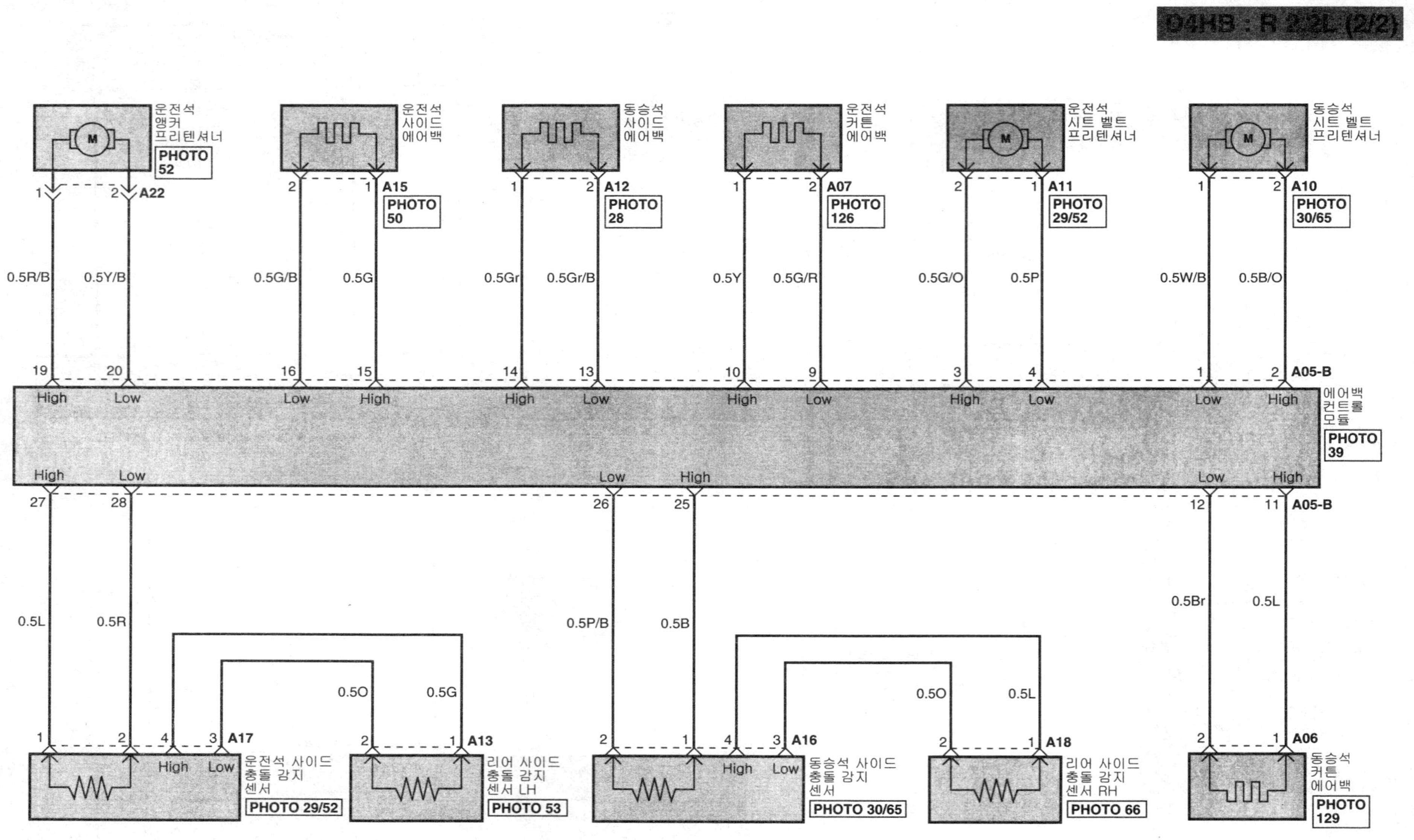

D4HB : R 2.2L (2/2)

운전석 앵커 프리텐셔너 PHOTO 52 — A22: 1 (0.5R/B), 2 (0.5Y/B)

운전석 사이드 에어백 A15 PHOTO 50 — 2 (0.5G/B), 1 (0.5G)

동승석 사이드 에어백 A12 PHOTO 28 — 1 (0.5Gr), 2 (0.5Gr/B)

운전석 커튼 에어백 A07 PHOTO 126 — 1 (0.5Y), 2 (0.5G/R)

운전석 시트 벨트 프리텐셔너 A11 PHOTO 29/52 — 2 (0.5G/O), 1 (0.5P)

동승석 시트 벨트 프리텐셔너 A10 PHOTO 30/65 — 1 (0.5W/B), 2 (0.5B/O)

에어백 컨트롤 모듈 PHOTO 39 — A05-B

Pin	Signal	Wire
19	High	0.5R/B
20	Low	0.5Y/B
16	Low	0.5G/B
15	High	0.5G
14	High	0.5Gr
13	Low	0.5Gr/B
10	High	0.5Y
9	Low	0.5G/R
3	High	0.5G/O
4	Low	0.5P
1	Low	0.5W/B
2	High	0.5B/O
27	High	0.5L
28	Low	0.5R
26	Low	0.5P/B
25	High	0.5B
12	Low	0.5Br
11	High	0.5L

운전석 사이드 충돌 감지 센서 A17 PHOTO 29/52 — 1 (0.5L), 2 (0.5R), 4 High, 3 Low

리어 사이드 충돌 감지 센서 LH A13 PHOTO 53 — 2 (0.5O), 1 (0.5G)

동승석 사이드 충돌 감지 센서 A16 PHOTO 30/65 — 2 (0.5P/B), 1 (0.5B), 4 High, 3 Low

리어 사이드 충돌 감지 센서 RH A18 PHOTO 66 — 2 (0.5O), 1 (0.5L)

동승석 커튼 에어백 A06 PHOTO 129 — 2 (0.5Br), 1 (0.5L)

A01

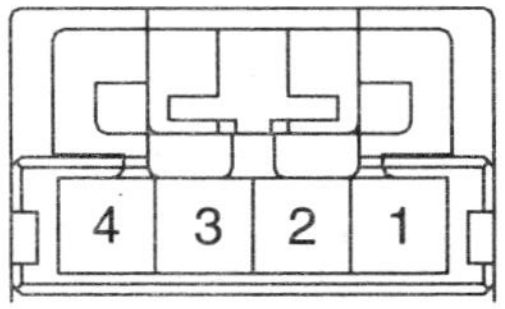

4	3	2	1

YAZ_040_04F_Y

A02-1

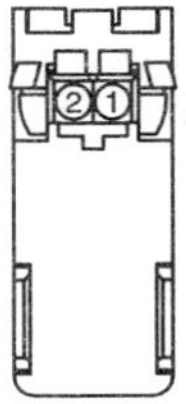

2 1

FCI_SQUIB_2F

A02-2

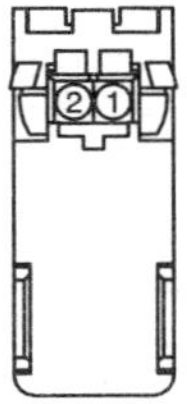

2 1

FCI_SQUIB_2F

A03

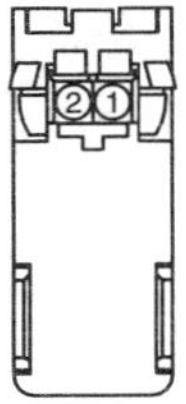

2 1

FCI_SQUIB_2F

A03-1

2 1

YAZ_040WP_02F_Y_GH

A05-A

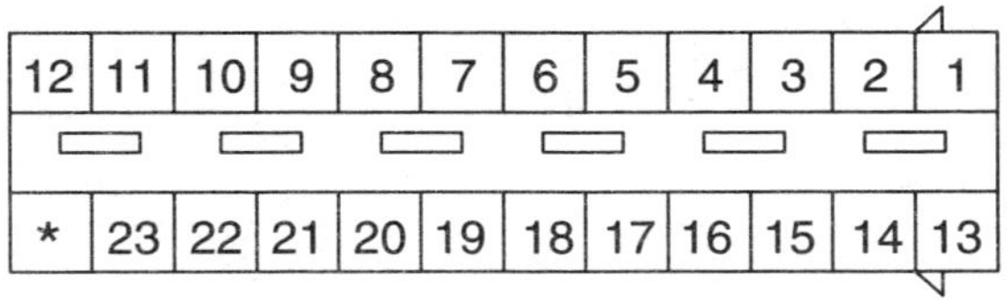

12	11	10	9	8	7	6	5	4	3	2	1
*	23	22	21	20	19	18	17	16	15	14	13

AMP_ABG_24F_Gr_ECU

BLANK

A05-B

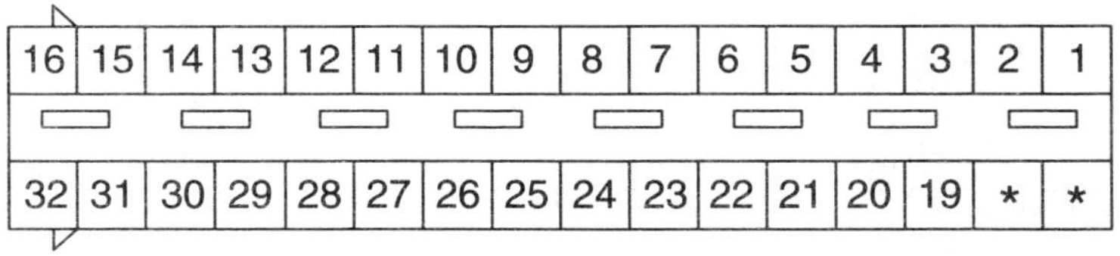

16	15	14	13	12	11	10	9	8	7	6	5	4	3	2	1
32	31	30	29	28	27	26	25	24	23	22	21	20	19	*	*

AMP_ABG_32F_Y_ECU

A06

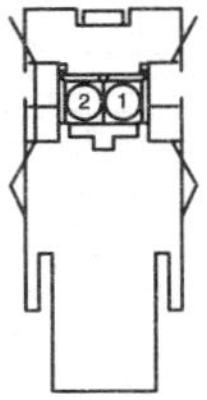

2 1

JST_SOS_A_02F_B

A07

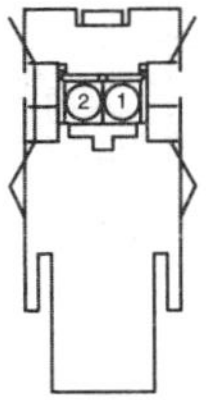

2 1

JST_SOS_A_02F_B

A08

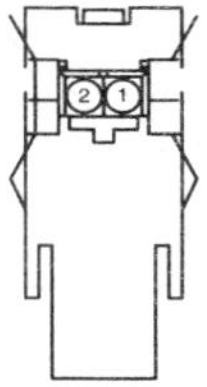

2 1

JST_SOS_A_02F_B

A09

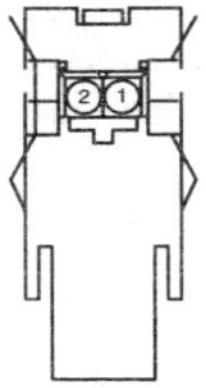

2 1

JST_SOS_A_02F_B

A10

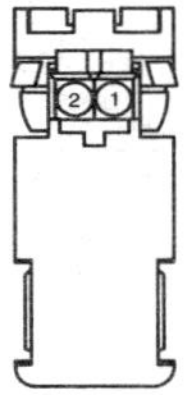

2 1

AMP_SQUIB_02F_Y

A11

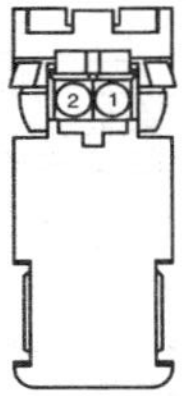

2 1

AMP_SQUIB_02F_Y

A12

2 1

KET_040AWP_2F

A13

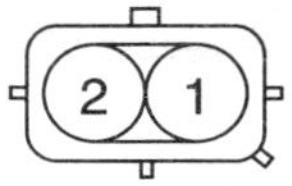

2 1

YAZ_040_02F_Y

A14

2 1

AMP_MQSWP_02F_B

A15

2 1

KET_040AWP_2F

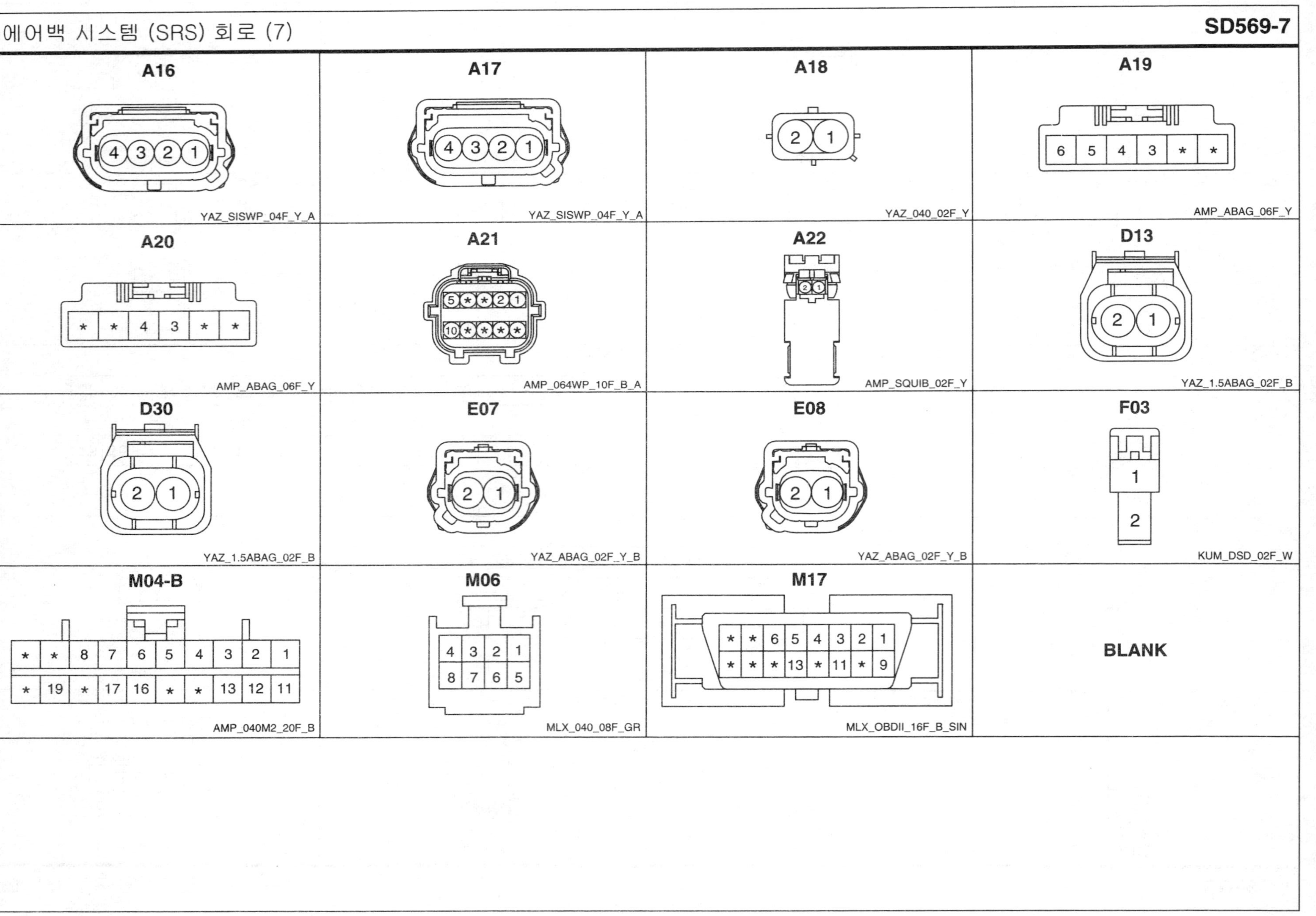
A16
4 3 2 1
YAZ_SISWP_04F_Y_A
A17
4 3 2 1
YAZ_SISWP_04F_Y_A
A18
2 1
YAZ_040_02F_Y
A19
6 5 4 3 * *
AMP_ABAG_06F_Y
A20
* * 4 3 * *
AMP_ABAG_06F_Y
A21
5 * * 2 1
10 * * * *
AMP_064WP_10F_B_A
A22
2 1
AMP_SQUIB_02F_Y
D13
2 1
YAZ_1.5ABAG_02F_B
D30
2 1
YAZ_1.5ABAG_02F_B
E07
2 1
YAZ_ABAG_02F_Y_B
E08
2 1
YAZ_ABAG_02F_Y_B
F03
1
2
KUM_DSD_02F_W
M04-B
* * 8 7 6 5 4 3 2 1
* 19 * 17 16 * * 13 12 11
AMP_040M2_20F_B
M06
4 3 2 1
8 7 6 5
MLX_040_08F_GR
M17
* * 6 5 4 3 2 1
* * * 13 * 11 * 9
MLX_OBDII_16F_B_SIN
BLANK

ON/START 전원
상시 전원

8 M04-B
계기판 PHOTO 35
ABS
CAN
C-CAN
High Low
MICOM
접지
2 3 M04-B
13 M04-A
0.3L 0.3R
0.3B
2 JM01
접지 배분도 참조 (SD130-4)
조인트 커넥터 PHOTO 38
1 JM01
0.85B
GM01 PHOTO 37
자기 진단 점검 단자 회로 참조 (SD200-2)(SD200-3)
0.5Br 0.5W
0.3G

IPM PHOTO 33
전원 배분도 참조 (SD110-7)
IG1 7.5A
퓨즈 배분도 참조 (SD120-4)
42 BEC-IM
0.3G
1 JM04
퓨즈 배분도 참조 (SD120-4)
조인트 커넥터 PHOTO 46

FAM PHOTO 12
30 BCM-FE
0.5L/O

PCM PHOTO 13
차속 입력
15 CLG-B
0.3Gr
17 EC62 PHOTO 4
G6DC
0.5W

FAM PHOTO 11
정지 신호 7.5A
정지등 20A
전원 배분도 참조 (SD110-5)
정지등 퓨즈 체크
18 23 34 BEC-FE
0.5Gr 0.85Y 0.85R
Ⓐ: 브레이크 페달을 밟으면 Close
Ⓑ: 브레이크 페달을 밟으면 Open
정지등 회로 참조 (SD927-1)
0.3P(G6DC) 0.5L(D4HB)
2 4 E55
정지등 스위치 PHOTO 18
1 3 E55
0.85Y 0.85Y 0.3Y
정지등 회로 참조 (SD927-1)

26 14 16 27 30 E58
ABS 컨트롤 모듈 PHOTO 9
ABS UNIT
High Low C-CAN
EBD IND. 차속 출력 정지등 스위치
FR SIG FR VCC FL SIG FL VCC RL SIG RL VCC RR SIG RR VCC
6 18 22 34 20 33 31 19 E58
0.5G 0.5O 0.5L 0.5R 0.5B 0.5Y 0.5L 0.5O
1 2 3 4 5 6 EF12 PHOTO 18
0.5L 0.5R 0.5B 0.5Y 0.5L 0.5O
2 1 E43
프런트 휠 센서 RH PHOTO 6
2 1 F35
프런트 휠 센서 LH PHOTO 21
2 1 F36
리어 휠 센서 LH PHOTO 25
2 1 F37
리어 휠 센서 RH PHOTO 25
S P

안티 록 브레이크 시스템 (ABS) 회로 (2)

SD587-2

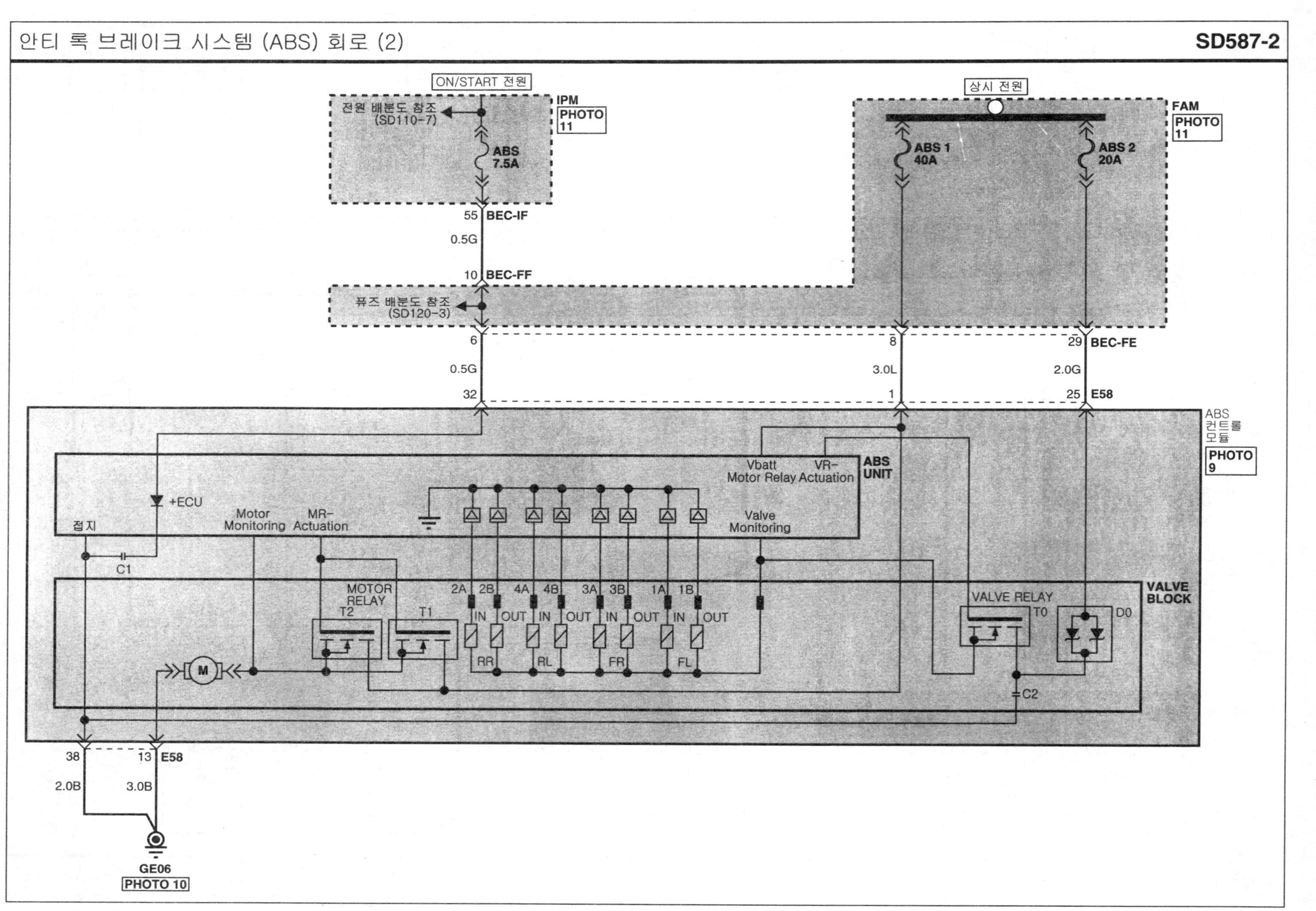

ON/START 전원
전원 배분도 참조 (SD110-7)
IPM
PHOTO 11
ABS 7.5A
55 BEC-IF
0.5G
10 BEC-FF
퓨즈 배분도 참조 (SD120-3)
6
0.5G
32
상시 전원
FAM
PHOTO 11
ABS 1 40A
ABS 2 20A
3.0L
1
29 BEC-FE
2.0G
25 E58
ABS 컨트롤 모듈
PHOTO 9
ABS UNIT
Vbatt
VR- Motor Relay Actuation
+ECU
접지
Motor Monitoring
MR- Actuation
Valve Monitoring
C1
VALVE BLOCK
MOTOR RELAY
T2
T1
2A 2B 4A 4B 3A 3B 1A 1B
IN OUT IN OUT IN OUT IN OUT
RR RL FR FL
VALVE RELAY
T0
D0
C2
M
38
13 E58
2.0B
3.0B
GE06
PHOTO 10

CLG-B

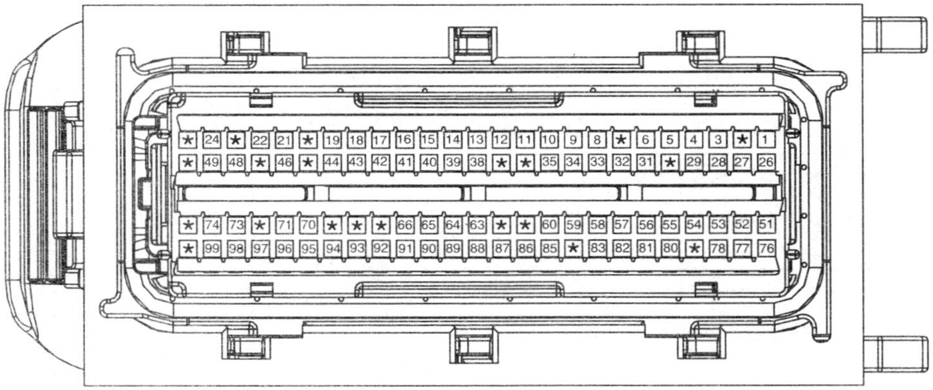

PKD_MTSBPCU_100F_B_104

E43

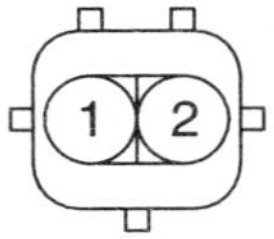

AMP_EJWP_02M_B

E55

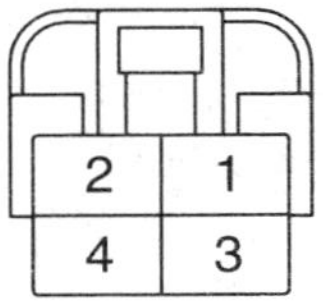

KET_250DL_04F_W

E58

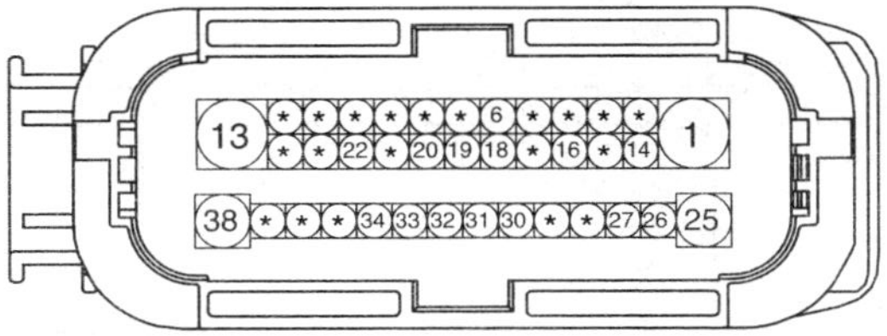

DEL_ABS_38F_B

F35

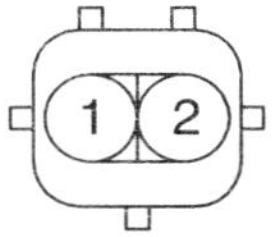

AMP_EJWP_02M_B

F36

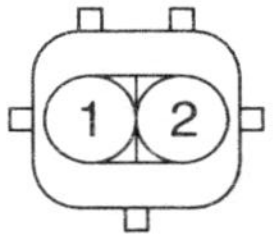

AMP_EJWP_02M_B

F37

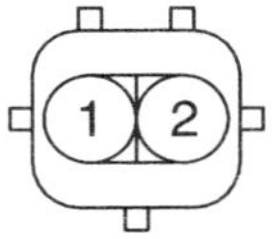

AMP_EJWP_02M_B

M04-A

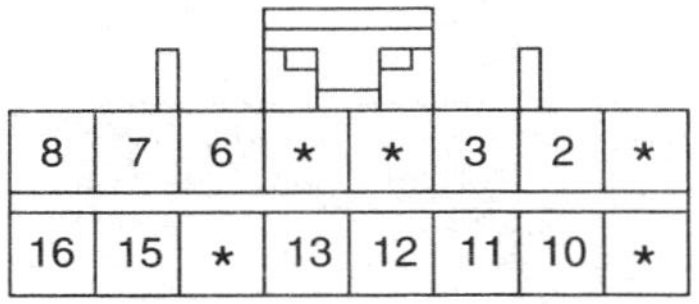

8	7	6	*	*	3	2	*
16	15	*	13	12	11	10	*

AMP_040M2_16F_B

M04-B

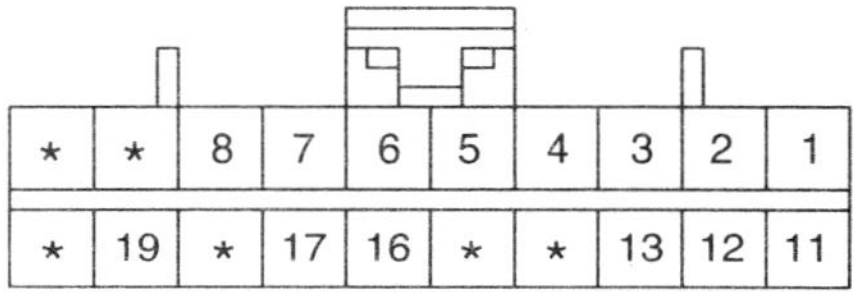

*	*	8	7	6	5	4	3	2	1
*	19	*	17	16	*	*	13	12	11

AMP_040M2_20F_B

BLANK

BLANK

BLANK

차량 자세 제어 장치 (VDC) 회로 (1)

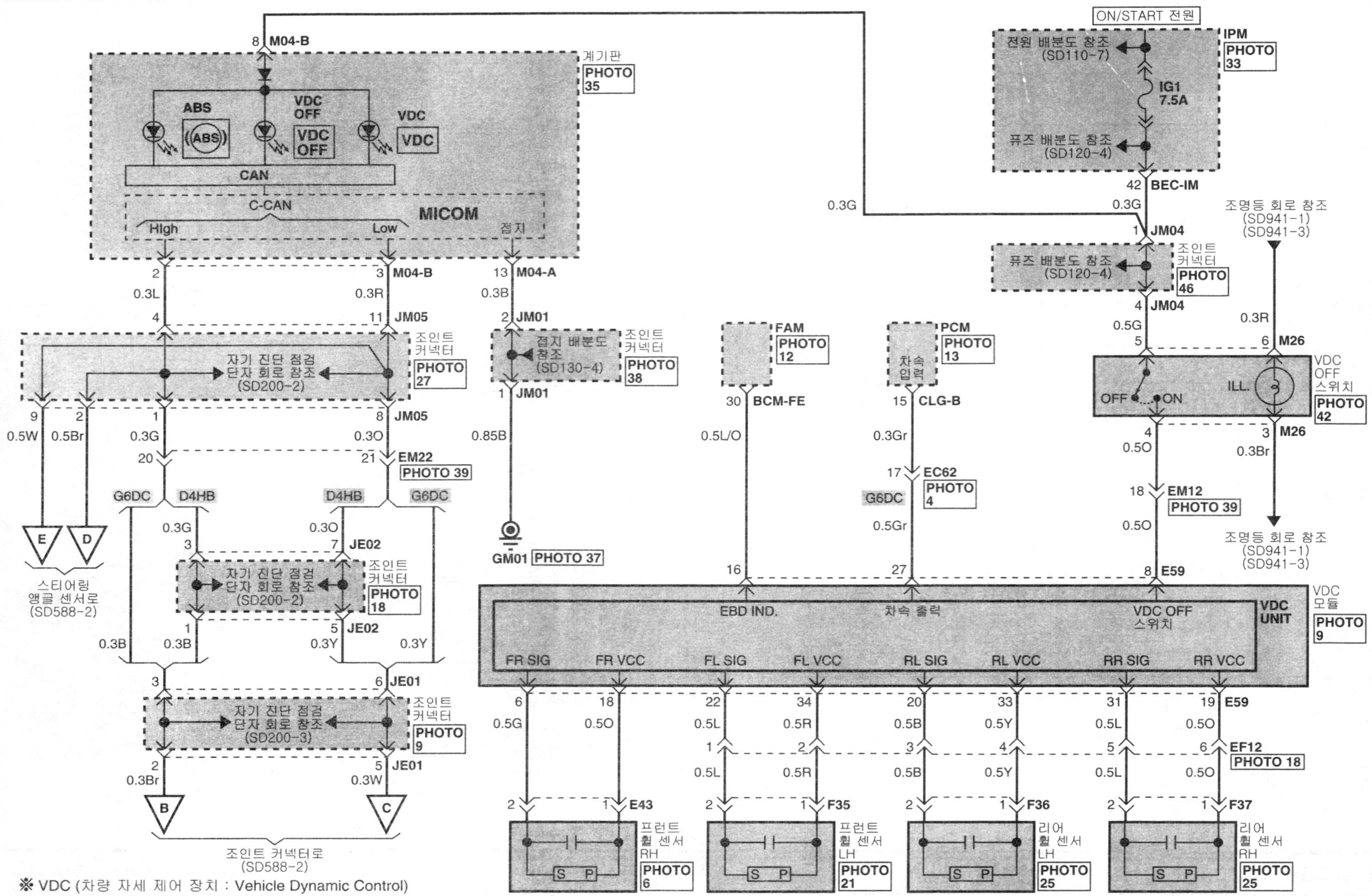

SD588-1

※ VDC (차량 자세 제어 장치 : Vehicle Dynamic Control)

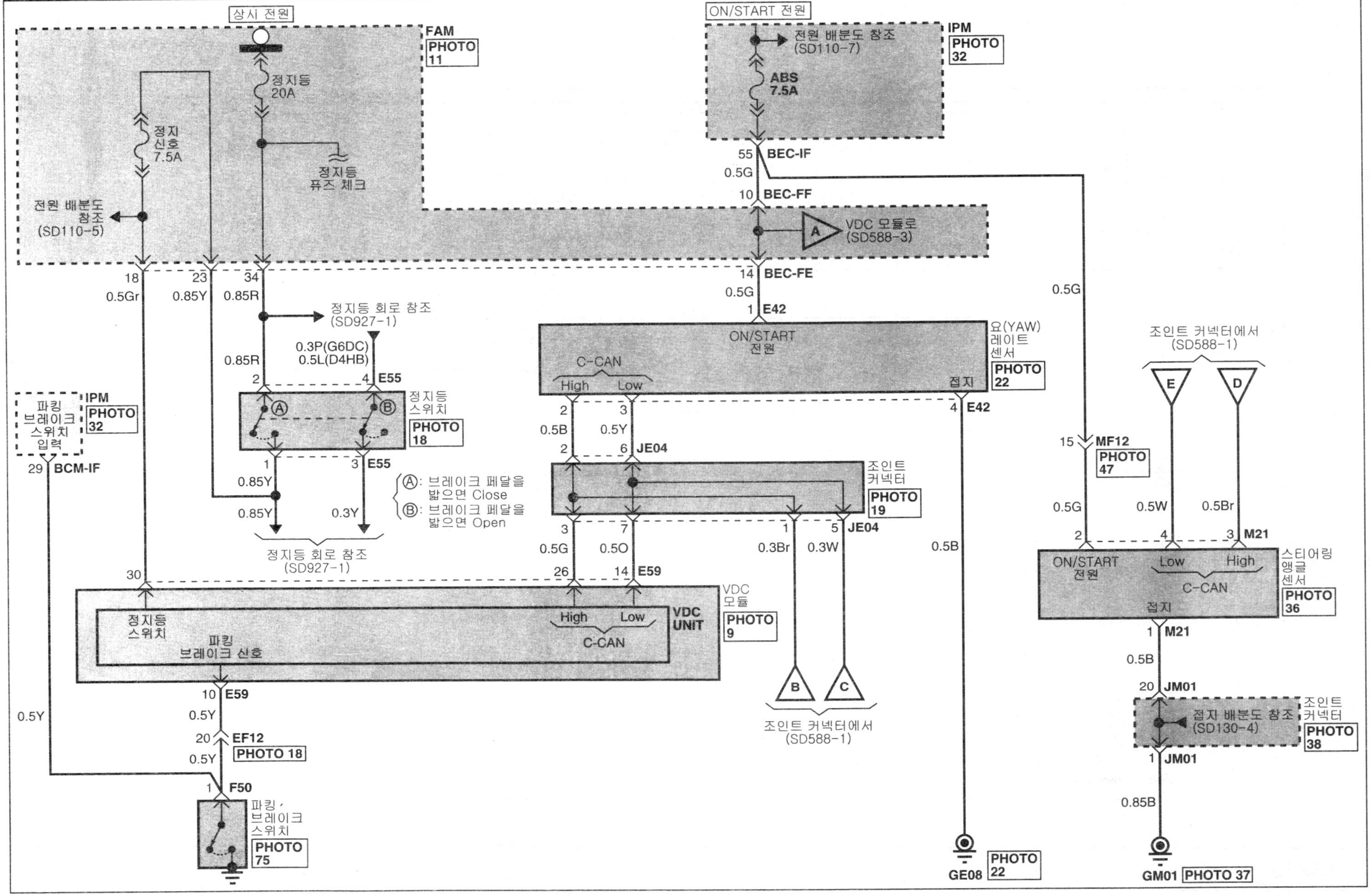

상시 전원

FAM PHOTO 11

정지등 20A

정지 신호 7.5A

정지등 퓨즈 체크

전원 배분도 참조 (SD110-5)

ON/START 전원

IPM PHOTO 32

전원 배분도 참조 (SD110-7)

ABS 7.5A

55 BEC-IF 0.5G

10 BEC-FF

VDC 모듈로 (SD588-3)

14 BEC-FE 0.5G

1 E42

18 0.5Gr

23 0.85Y

34 0.85R

정지등 회로 참조 (SD927-1)

0.3P(G6DC) 0.5L(D4HB)

0.85R

2 4 E55

정지등 스위치 PHOTO 18

1 3 E55

0.85Y 0.85Y 0.3Y

정지등 회로 참조 (SD927-1)

Ⓐ: 브레이크 페달을 밟으면 Close
Ⓑ: 브레이크 페달을 밟으면 Open

파킹 브레이크 스위치 입력

IPM PHOTO 32

29 BCM-IF

요(YAW) 레이트 센서 PHOTO 22

ON/START 전원

C-CAN High Low

접지

2 3 0.5B 0.5Y

2 6 JE04

조인트 커넥터 PHOTO 19

3 7 1 5 JE04

0.5G 0.5O 0.3Br 0.3W

26 14 E59

30

4 E42 0.5B

VDC 모듈 PHOTO 9

VDC UNIT

정지등 스위치

파킹 브레이크 신호

C-CAN High Low

10 E59 0.5Y

20 EF12 PHOTO 18

0.5Y 0.5Y

1 F50

파킹 브레이크 스위치 PHOTO 75

조인트 커넥터에서 (SD588-1)

B C

GE08 PHOTO 22

0.5G

15 MF12 PHOTO 47

조인트 커넥터에서 (SD588-1)

E D

0.5G 0.5W 0.5Br

2 4 3 M21

스티어링 앵글 센서 PHOTO 36

ON/START 전원

C-CAN Low High

접지

1 M21

0.5B

20 JM01

접지 배분도 참조 (SD130-4)

조인트 커넥터 PHOTO 38

1 JM01

0.85B

GM01 PHOTO 37

차량 자세 제어 장치 (VDC) 회로 (3)

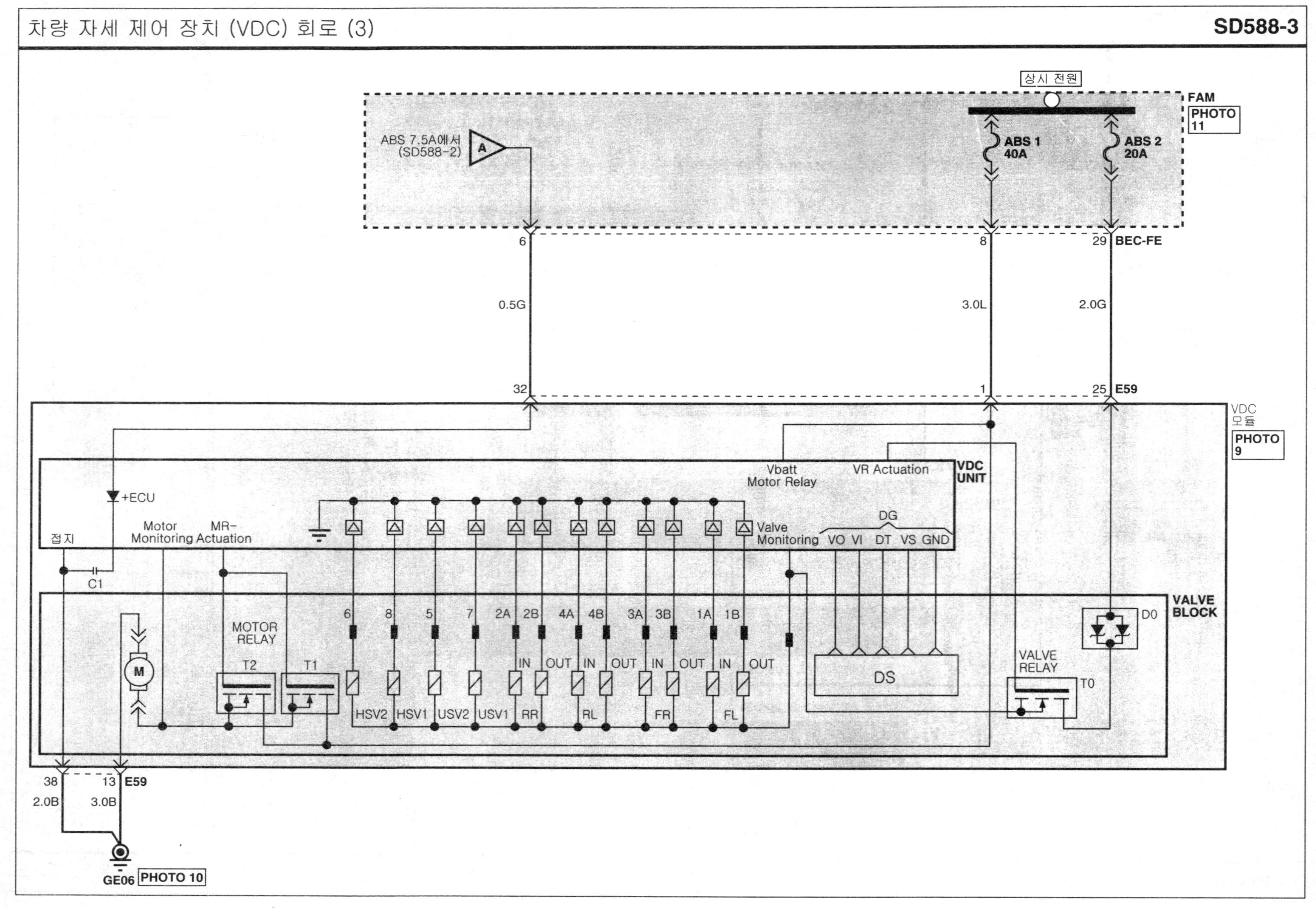

CLG-B

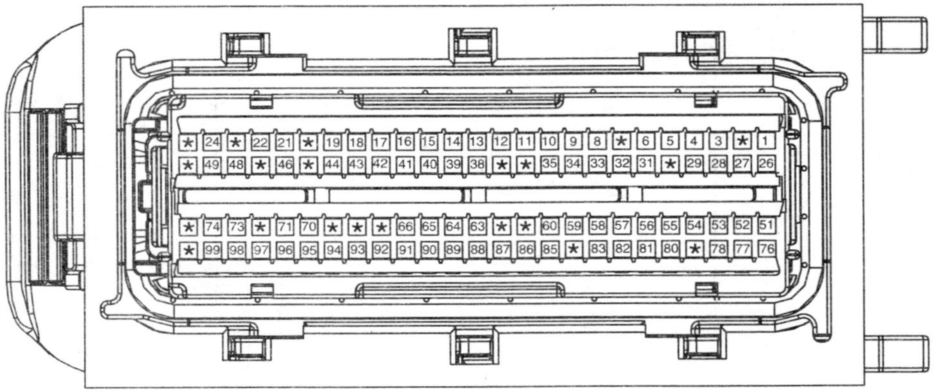

PKD_MTSBPCU_100F_B_104

E42

AMP_MQSWP_04F_B

E43

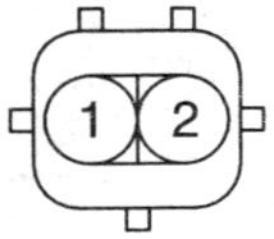

AMP_EJWP_02M_B

E55

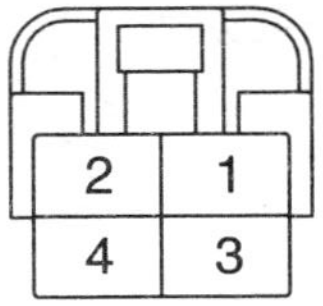

KET_250DL_04F_W

BLANK

E59

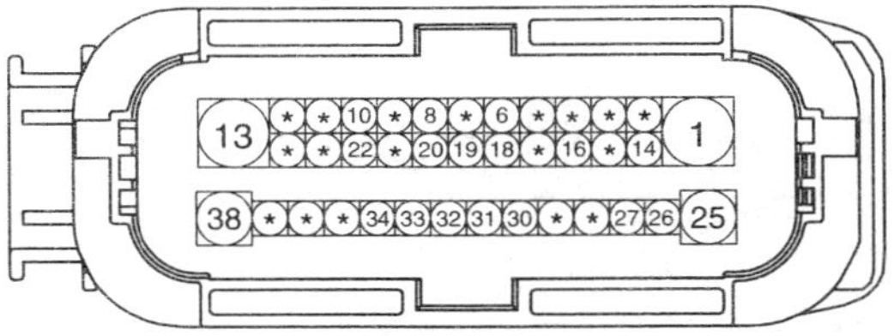

DEL_ABS_38F_B_A

F35

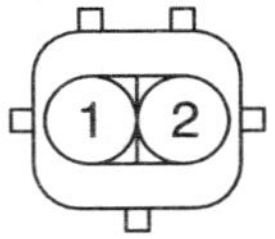

AMP_EJWP_02M_B

F36

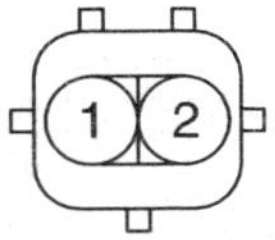

AMP_EJWP_02M_B

F37

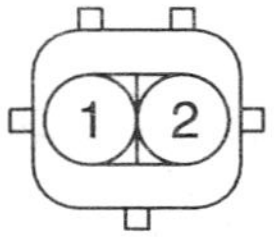

AMP_EJWP_02M_B

F50

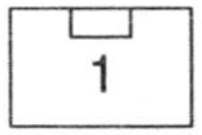

AMP_PLM1_01F_B

M04-A

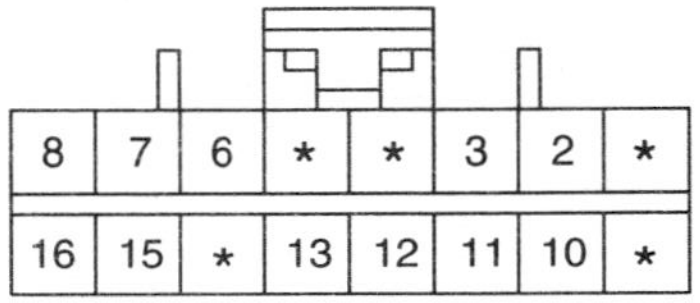

AMP_040M2_16F_B

M04-B

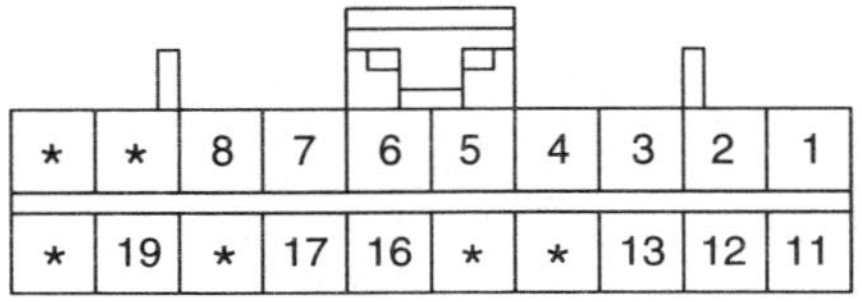

AMP_040M2_20F_B

M21

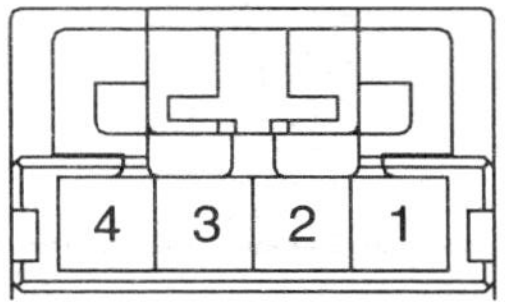

AMP_MQS_04F_Y_040

M26

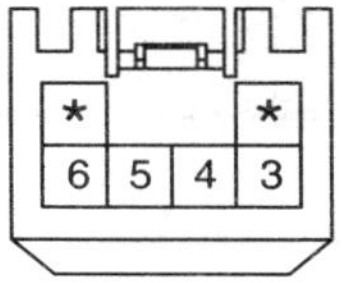

AMP_090III_06F_B_2

BLANK

BLANK

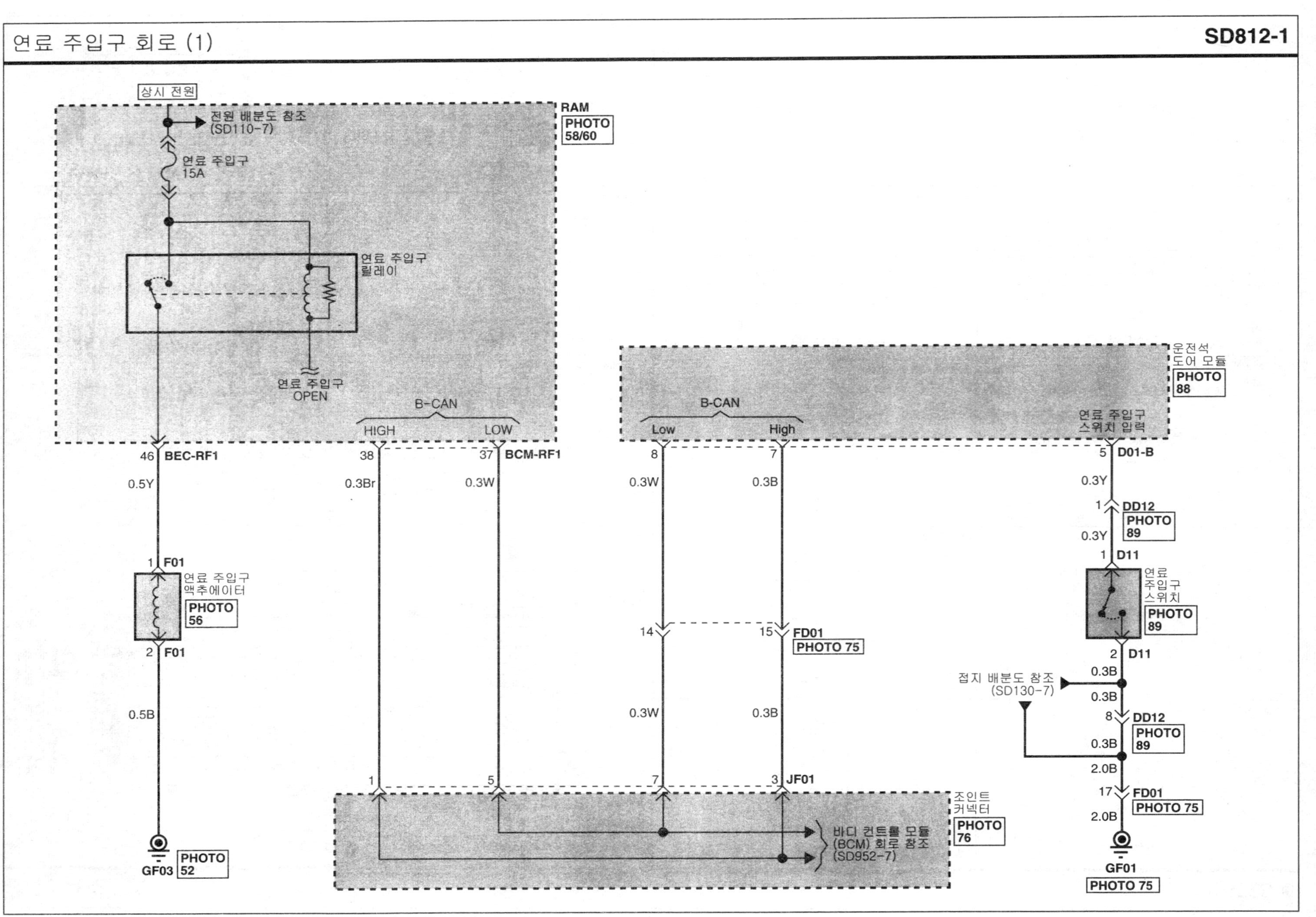

상시 전원
전원 배분도 참조 (SD110-7)
연료 주입구 15A
연료 주입구 릴레이
연료 주입구 OPEN
RAM
PHOTO 58/60
B-CAN
HIGH
LOW
46 BEC-RF1
0.5Y
38
0.3Br
37 BCM-RF1
0.3W
1 F01
연료 주입구 액추에이터
PHOTO 56
2 F01
0.5B
GF03
PHOTO 52
운전석 도어 모듈
PHOTO 88
B-CAN
Low
High
연료 주입구 스위치 입력
8
0.3W
7
0.3B
5 D01-B
0.3Y
1 DD12
PHOTO 89
0.3Y
1 D11
연료 주입구 스위치
PHOTO 89
2 D11
0.3B
접지 배분도 참조 (SD130-7)
0.3B
8 DD12
PHOTO 89
0.3B
2.0B
17 FD01
PHOTO 75
2.0B
GF01
PHOTO 75
14
15 FD01
PHOTO 75
0.3W
0.3B
1
5
7
3 JF01
조인트 커넥터
PHOTO 76
바디 컨트롤 모듈 (BCM) 회로 참조 (SD952-7)

D01-B	D11	F01	BLANK
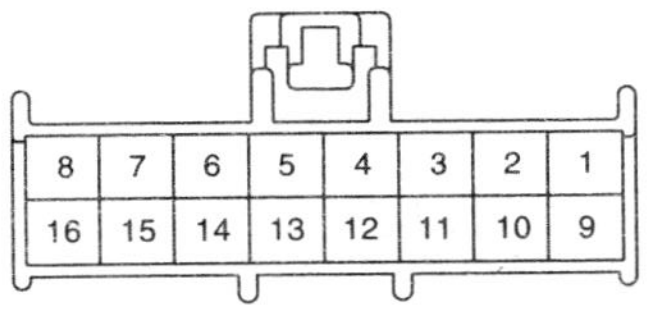 8 7 6 5 4 3 2 1 16 15 14 13 12 11 10 9 PKD_ASM_16F_B	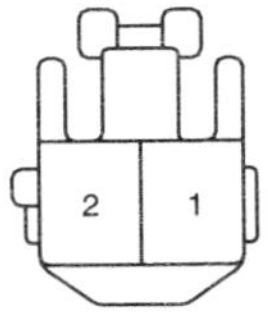 2 1 KET_090II_02F_W_L	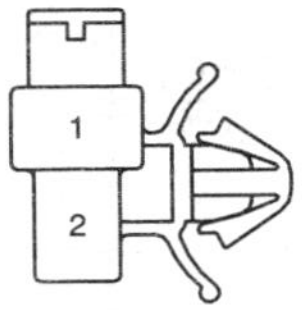 1 2 KET_250_02F_B_CLIP	

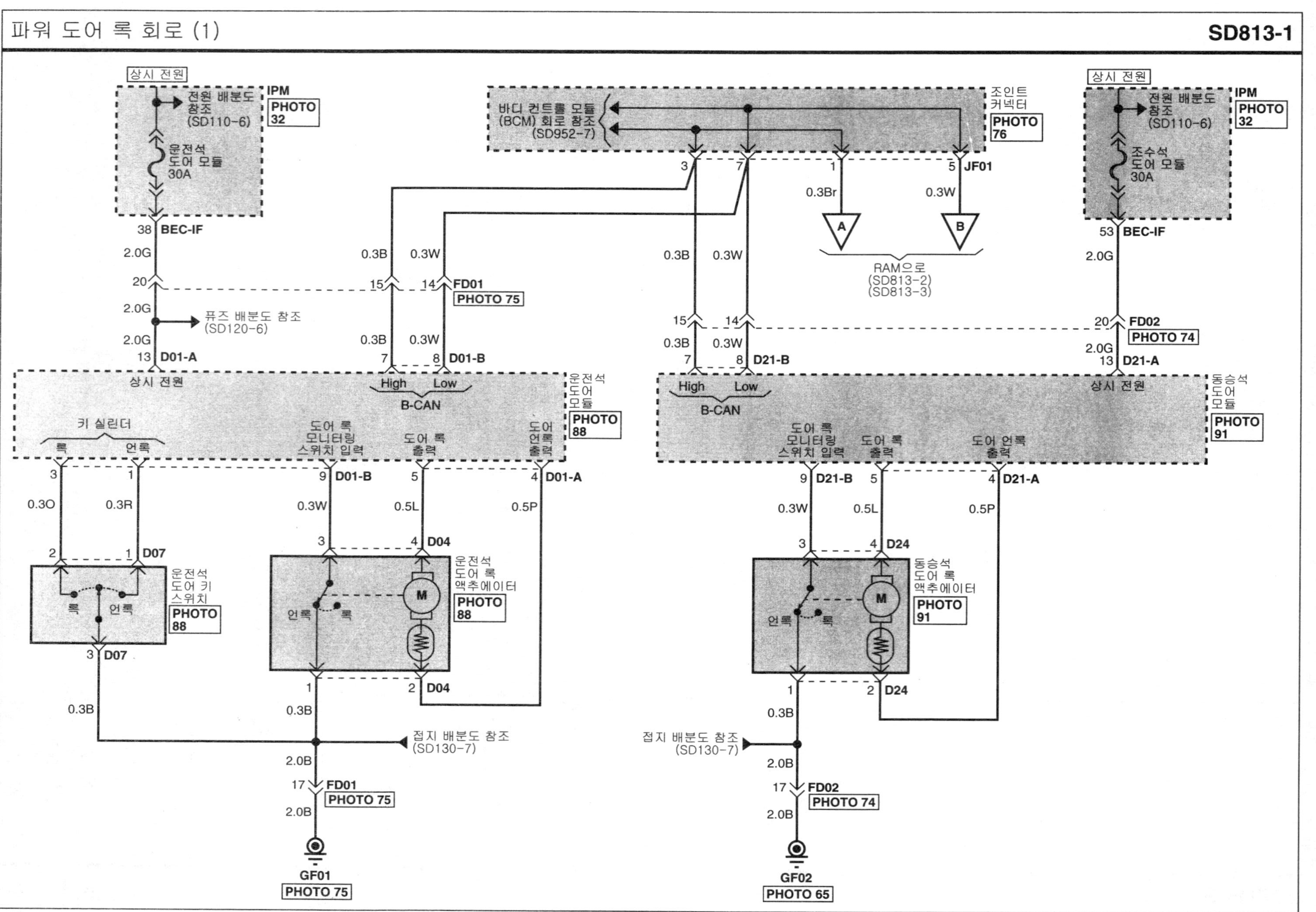
상시 전원
전원 배분도 참조 (SD110-6)
IPM
PHOTO 32
운전석 도어 모듈 30A
38 BEC-IF
2.0G
20
퓨즈 배분도 참조 (SD120-6)
13 D01-A
바디 컨트롤 모듈 (BCM) 회로 참조 (SD952-7)
조인트 커넥터
PHOTO 76
JF01
0.3Br
0.3W
RAM으로 (SD813-2) (SD813-3)
0.3B
0.3W
FD01
PHOTO 75
D01-B
상시 전원
High
Low
B-CAN
운전석 도어 모듈
PHOTO 88
키 실린더
록
언록
도어 록 모니터링 스위치 입력
도어 록 출력
도어 언록 출력
0.3O
0.3R
0.5L
0.5P
D07
운전석 도어 키 스위치
PHOTO 88
D04
운전석 도어 록 액추에이터
PHOTO 88
M
접지 배분도 참조 (SD130-7)
2.0B
GF01
PHOTO 75
조수석 도어 모듈 30A
53 BEC-IF
FD02
PHOTO 74
D21-A
D21-B
동승석 도어 모듈
PHOTO 91
D24
동승석 도어 록 액추에이터
PHOTO 91
GF02
PHOTO 65

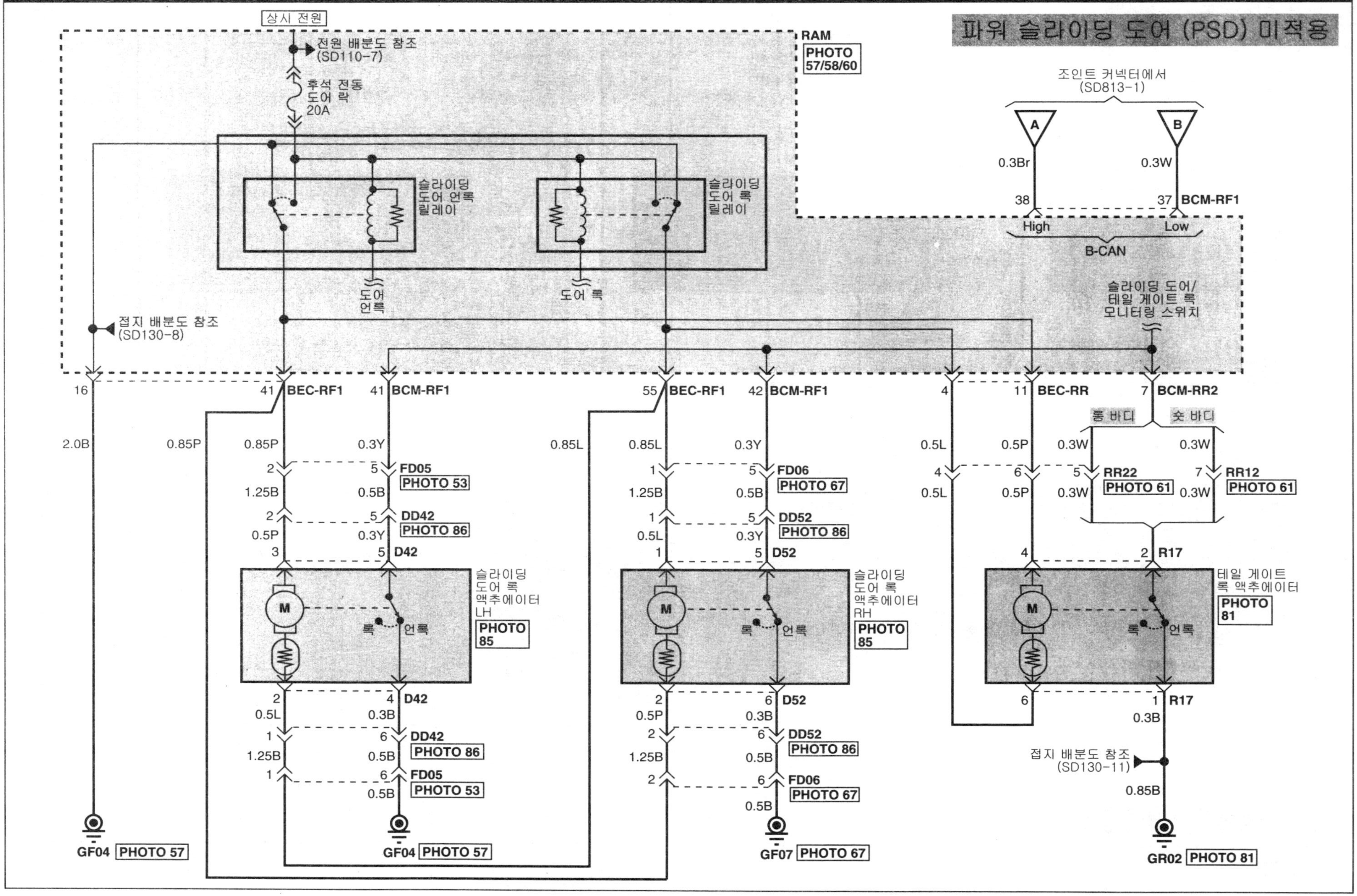

파워 슬라이딩 도어 (PSD) 미적용
상시 전원
전원 배분도 참조 (SD110-7)
후석 전동 도어 락 20A
RAM
PHOTO 57/58/60
슬라이딩 도어 언록 릴레이
슬라이딩 도어 록 릴레이
도어 언록
도어 록
접지 배분도 참조 (SD130-8)
조인트 커넥터에서 (SD813-1)
A
B
0.3Br
0.3W
38
37
BCM-RF1
High
Low
B-CAN
슬라이딩 도어/ 테일 게이트 록 모니터링 스위치
16
41 BEC-RF1
41 BCM-RF1
55 BEC-RF1
42 BCM-RF1
4
11 BEC-RR
7 BCM-RR2
룸 바디
숏 바디
2.0B
0.85P
0.85P
0.3Y
0.85L
0.85L
0.3Y
0.5L
0.5P
0.3W
0.3W
2
5 FD05
PHOTO 53
1
5 FD06
PHOTO 67
4
6
5 RR22
PHOTO 61
7 RR12
PHOTO 61
1.25B
0.5B
1.25B
0.5B
0.5L
0.5P
0.3W
0.3W
2
5 DD42
PHOTO 86
1
5 DD52
PHOTO 86
0.5P
0.3Y
0.5L
0.3Y
3
5 D42
1
5 D52
4
2 R17
M
록
언록
슬라이딩 도어 록 액추에이터 LH
PHOTO 85
슬라이딩 도어 록 액추에이터 RH
PHOTO 85
테일 게이트 록 액추에이터
PHOTO 81
2
4 D42
2
6 D52
6
1 R17
0.5L
0.3B
0.5P
0.3B
0.3B
1
6 DD42
PHOTO 86
2
6 DD52
PHOTO 86
1.25B
0.5B
1.25B
0.5B
1
6 FD05
PHOTO 53
2
6 FD06
PHOTO 67
0.5B
0.5B
접지 배분도 참조 (SD130-11)
0.85B
GF04 PHOTO 57
GF04 PHOTO 57
GF07 PHOTO 67
GR02 PHOTO 81

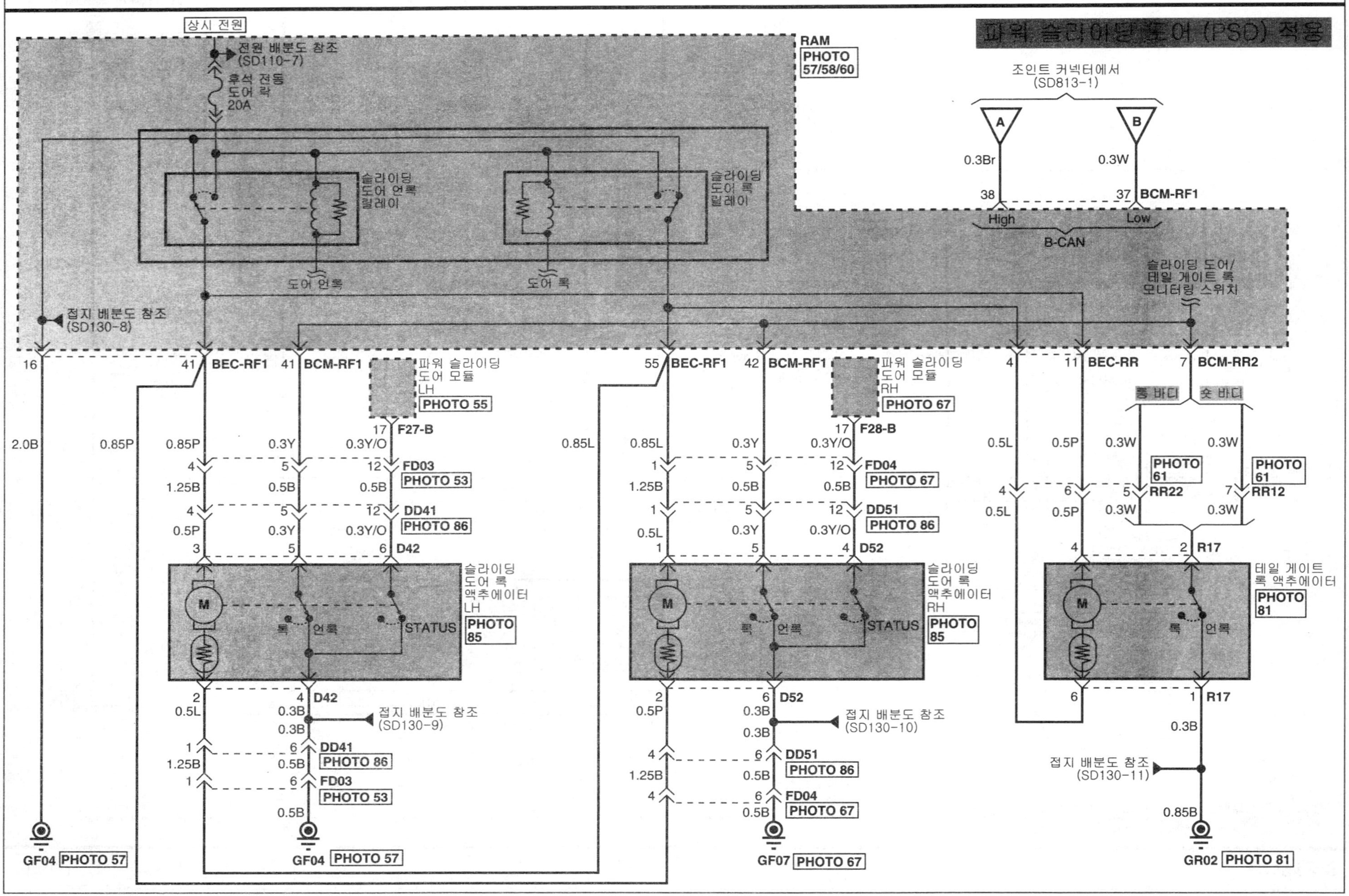

파워 도어 록 회로 (3)

파워 슬라이딩 도어 (PSD) 적용

상시 전원
전원 배분도 참조 (SD110-7)
후석 전동 도어 락 20A
RAM PHOTO 57/58/60
슬라이딩 도어 언록 릴레이
슬라이딩 도어 록 릴레이
도어 언록
도어 록
접지 배분도 참조 (SD130-8)
조인트 커넥터에서 (SD813-1)
A
B
0.3Br
0.3W
38
37 BCM-RF1
High
Low
B-CAN
슬라이딩 도어/ 테일 게이트 록 모니터링 스위치
16
41 BEC-RF1
41 BCM-RF1
파워 슬라이딩 도어 모듈 LH PHOTO 55
17 F27-B
55 BEC-RF1
42 BCM-RF1
파워 슬라이딩 도어 모듈 RH PHOTO 67
17 F28-B
4
11 BEC-RR
7 BCM-RR2
롱 바디
숏 바디
2.0B
0.85P
0.85P
0.3Y
0.3Y/O
0.85L
0.85L
0.3Y
0.3Y/O
0.5L
0.5P
0.3W
0.3W
FD03 PHOTO 53
FD04 PHOTO 67
PHOTO 61 RR22
PHOTO 61 RR12
1.25B
0.5B
0.5B
DD41 PHOTO 86
DD51 PHOTO 86
0.5P
0.3Y
0.3Y/O
0.5L
0.3Y
0.3Y/O
0.5L
0.5P
0.3W
0.3W
D42
D52
R17
슬라이딩 도어 록 액추에이터 LH PHOTO 85
슬라이딩 도어 록 액추에이터 RH PHOTO 85
테일 게이트 록 액추에이터 PHOTO 81
M
록
언록
STATUS
D42
D52
R17
0.5L
0.3B
0.5P
0.3B
0.3B
접지 배분도 참조 (SD130-9)
접지 배분도 참조 (SD130-10)
접지 배분도 참조 (SD130-11)
DD41 PHOTO 86
FD03 PHOTO 53
DD51 PHOTO 86
FD04 PHOTO 67
1.25B
0.5B
0.85B
GF04 PHOTO 57
GF04 PHOTO 57
GF07 PHOTO 67
GR02 PHOTO 81

D01-A

6	5	4	3	2	1
12	11	10	9	8	7
16	15	14	13		

PKD_ASM_16F_B_1

D01-B

8	7	6	5	4	3	2	1
16	15	14	13	12	11	10	9

PKD_ASM_16F_B

D04

2	1
4	3

KET_SWP_04F_B

D07

3	2	1

KET_SWP_03F_B

D21-A

6	5	4	3	2	*
12	11	10	9	8	7
16	15	14	13		

PKD_ASM_16F_B_1

D21-B

8	7	*	*	*	*	2	*
16	*	*	13	12	11	10	9

PKD_ASM_16F_B

D24

2	1
4	3

KET_SWP_04F_B

D42

3	2	*
6	5	4

KET_SSD_06F_B

D52

*	2	1
6	5	4

KET_SSD_06F_B

F27-B

13	12	11	10	*	8	7	6	5	4	3	2	1
26	25	24	23	*	*	*	19	18	17	16	15	14

AMP_MQS_26F_B_VQ

BLANK

F28-B

13	12	11	10	9	8	7	6	5	4	3	2	*
26	25	24	23	22	*	*	19	18	17	16	15	14

AMP_MQS_26F_B_VQ

R17

*	2	1
6	*	4

KET_SSD_06F_B

BLANK

무선 도어 잠금 & 도난 방지 회로 (1)

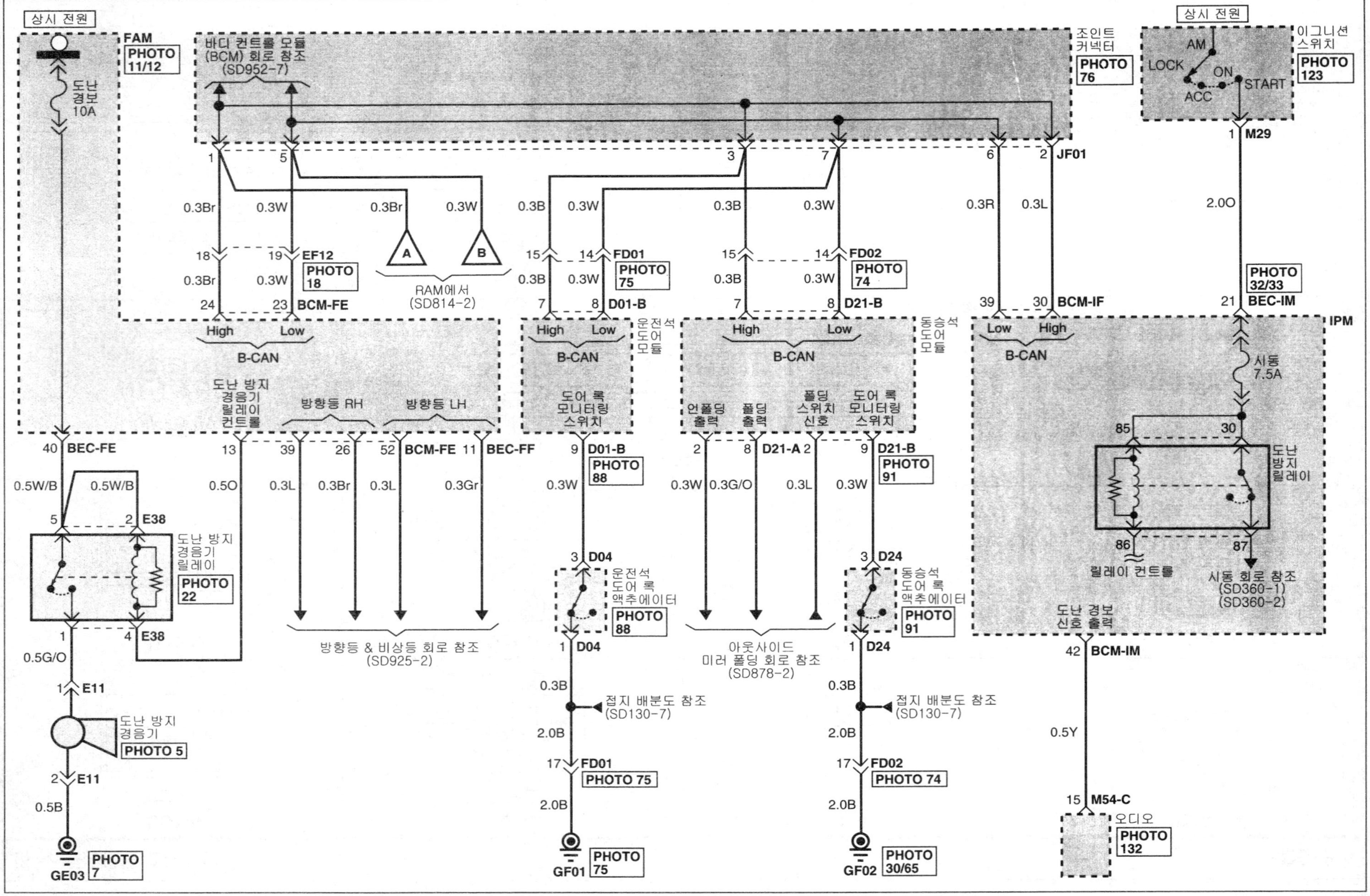

무선 도어 잠금 & 도난 방지 회로 (2)

SD814-2

RAM
PHOTO 57/58

슬라이딩 도어/
테일 게이트 록
모니터링 스위치

B-CAN
High 38 — 0.3Br — A
Low 37 — 0.3W — B

조인트 커넥터로
(SD814-1)

41
PSD 미적용
0.3Y
5 FD05 PHOTO 53
0.5B
5 DD42 PHOTO 86
0.3Y
5 D42
슬라이딩 도어 록 액추에이터 LH
PHOTO 85
4 D42
0.3B
6 DD42 PHOTO 86
0.5B
6 FD05 PHOTO 53
0.5B

PSD 적용
0.3Y
5 FD03 PHOTO 53
0.5B
5 DD41 PHOTO 86
0.3Y
5 D42
슬라이딩 도어 록 액추에이터 LH
PHOTO 85
4 D42
0.3B
접지 배분도 참조
(SD130-9)
0.3B
6 DD41 PHOTO 86
0.5B
6 FD03 PHOTO 53
0.5B

GF04
PHOTO 57

42 BCM-RF1
PSD 미적용
0.3Y
5 FD06 PHOTO 67
0.5B
5 DD52 PHOTO 86
0.3Y
5 D52
슬라이딩 도어 록 액추에이터 RH
PHOTO 85
6 D52
0.3B
6 DD52 PHOTO 86
0.5B
6 FD06 PHOTO 67
0.5B

PSD 적용
0.3Y
5 FD04 PHOTO 67
0.5B
5 DD51 PHOTO 86
0.3Y
5 D52
슬라이딩 도어 록 액추에이터 RH
PHOTO 85
6 D52
0.3B
접지 배분도 참조
(SD130-10)
0.3B
6 DD51 PHOTO 86
0.5B
6 FD04 PHOTO 67
0.5B

GF07
PHOTO 67

7 BCM-RR2
롱 바디
0.3W
5 RR22 PHOTO 61
0.3W

숏 바디
0.3W
7 RR12 PHOTO 61
0.3W

2 R17
테일 게이트 록 액추에이터
PHOTO 81
1 R17
0.3B
접지 배분도 참조
(SD130-11)
0.85B

GR02
PHOTO 81

무선 도어 잠금 & 도난 방지 회로 (3)

SD814-3

D01-B	D04	D21-B	D24
8 7 6 5 4 3 2 1 16 15 14 13 12 11 10 9 PKD_ASM_16F_B	2 1 4 3 KET_SWP_04F_B	8 7 * * * * 2 * 16 * * 13 12 11 10 9 PKD_ASM_16F_B	2 1 4 3 KET_SWP_04F_B
D42	**D52**	**E11**	**E38**
3 2 * 6 5 4 KET_SSD_06F_B	* 2 1 6 5 4 KET_SSD_06F_B	2 1 MLX_HORN_02F_B_FILT	1 4 * 2 5 KET_250_05F_B_RLY
M29	**M54-C**	**R17**	**BLANK**
3 2 1 6 5 4 KUM_DSD_06F_W	* 6 5 4 3 2 1 13 12 11 10 9 8 20 19 18 17 16 15 * AMP_MTIII_20F_B	* 2 1 6 * 4 KET_SSD_06F_B	

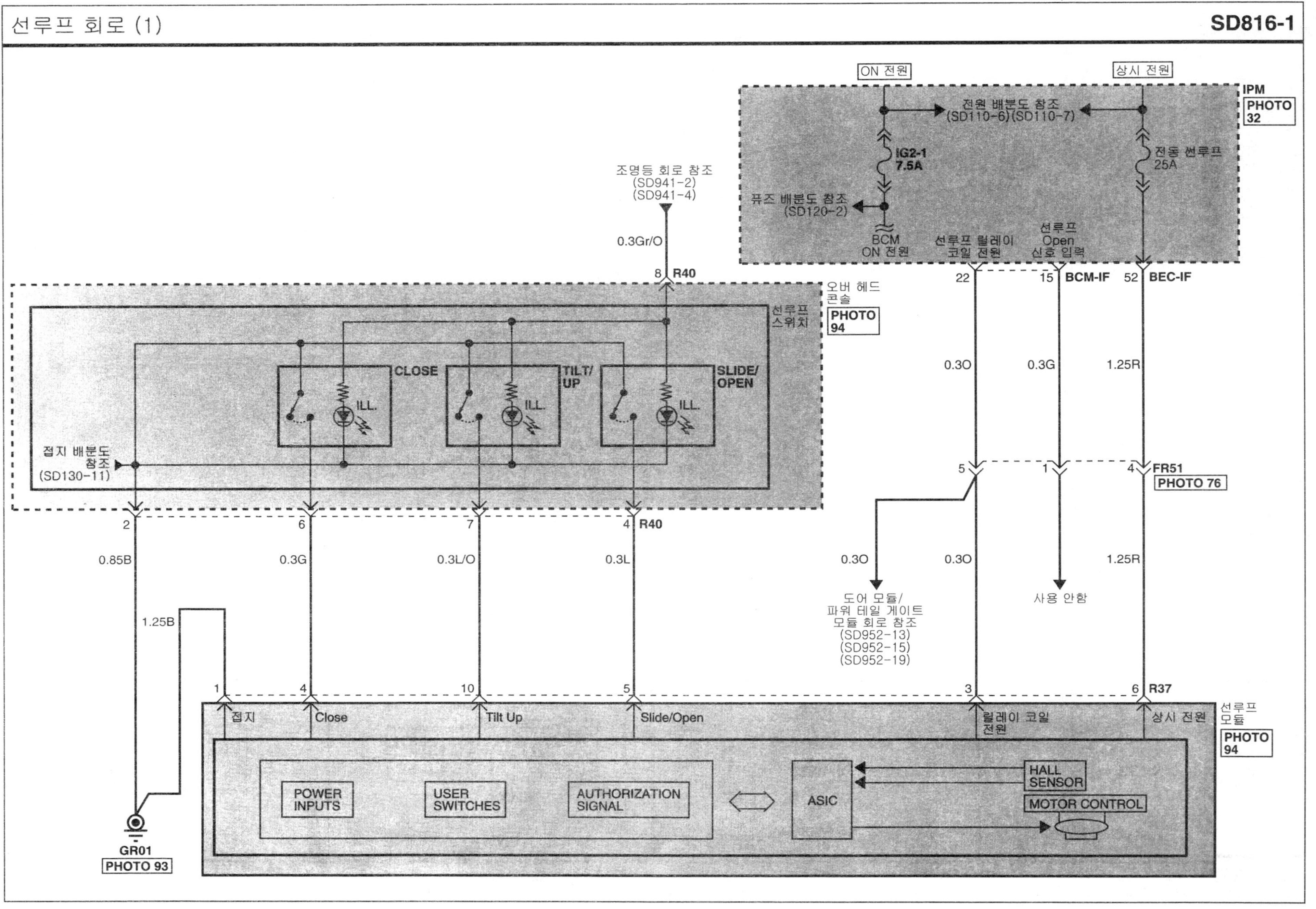
ON 전원
상시 전원
IPM
PHOTO 32
전원 배분도 참조 (SD110-6)(SD110-7)
IG2-1 7.5A
전동 썬루프 25A
퓨즈 배분도 참조 (SD120-2)
BCM ON 전원
선루프 릴레이 코일 전원
선루프 Open 신호 입력
조명등 회로 참조 (SD941-2) (SD941-4)
0.3Gr/O
8 R40
22
15 BCM-IF
52 BEC-IF
오버 헤드 콘솔
PHOTO 94
선루프 스위치
CLOSE
TILT/ UP
SLIDE/ OPEN
ILL.
접지 배분도 참조 (SD130-11)
0.3O
0.3G
1.25R
5
1
4 FR51
PHOTO 76
2
6
7
4 R40
0.85B
0.3G
0.3L/O
0.3L
0.3O
도어 모듈/ 파워 테일 게이트 모듈 회로 참조 (SD952-13) (SD952-15) (SD952-19)
사용 안함
1.25B
1
4
10
5
3
6 R37
접지
Close
Tilt Up
Slide/Open
릴레이 코일 전원
상시 전원
선루프 모듈
PHOTO 94
POWER INPUTS
USER SWITCHES
AUTHORIZATION SIGNAL
ASIC
HALL SENSOR
MOTOR CONTROL
GR01
PHOTO 93

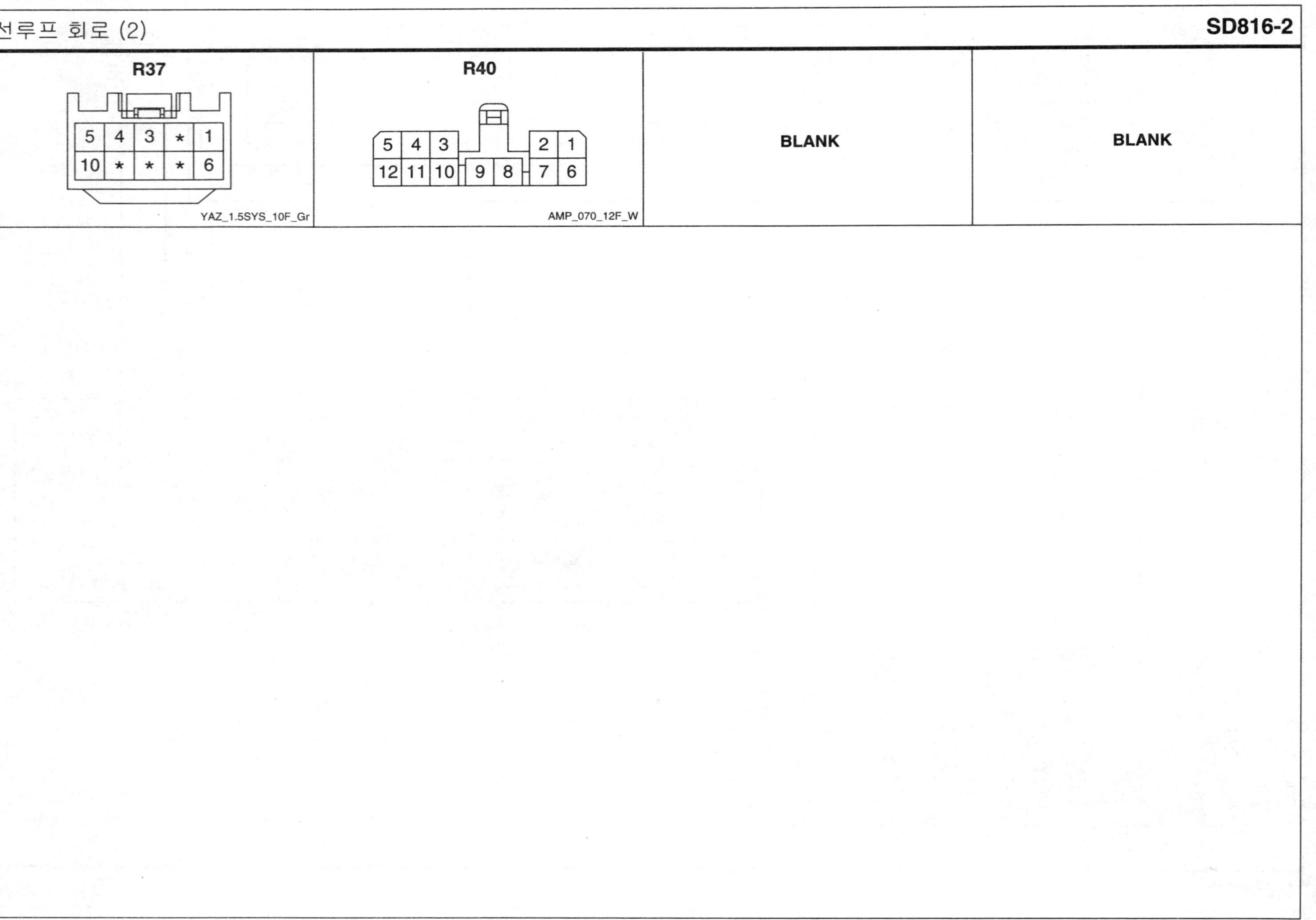
R37
5
4
3
*
1
10
*
*
*
6
YAZ_1.5SYS_10F_Gr
R40
5
4
3
2
1
12
11
10
9
8
7
6
AMP_070_12F_W
BLANK
BLANK

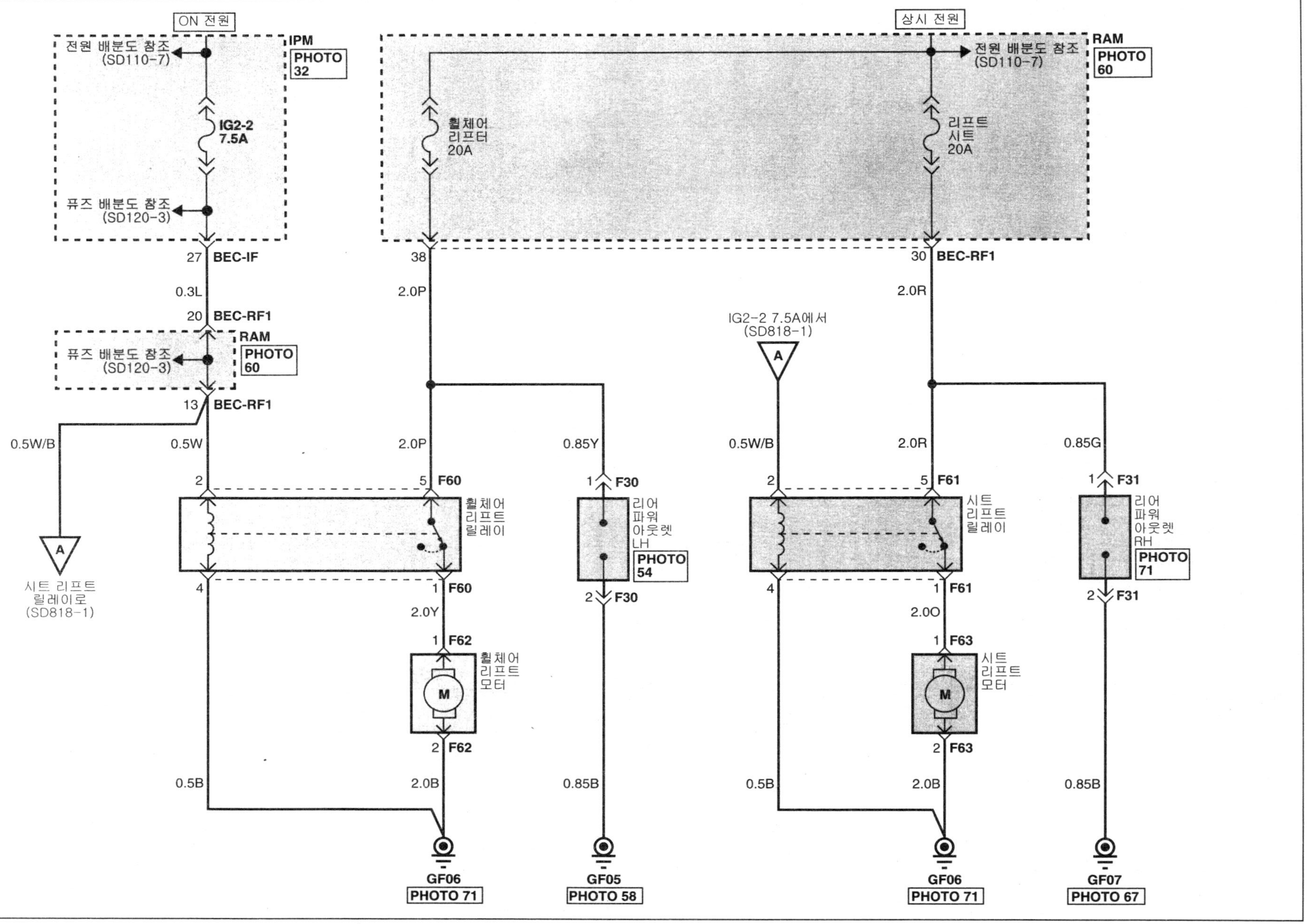

휠체어 록 회로 (1)

SD818-1

F30	F31	F60	F61
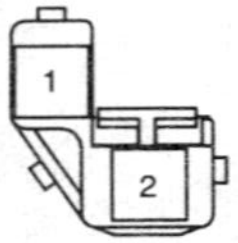 1 2 KET_2505_02F_B_CIGAR	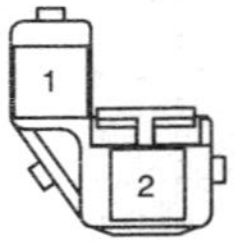 1 2 KET_2505_02F_B_CIGAR	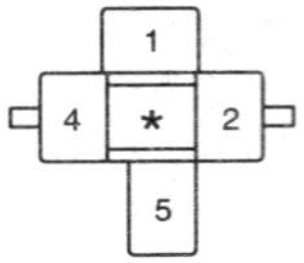 1 4 * 2 5 KET_250_05F_B_RLY	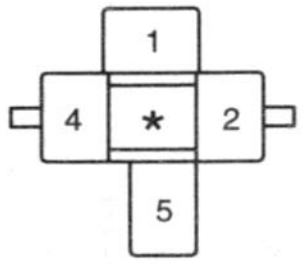 1 4 * 2 5 KET_250_05F_B_RLY
F62 1 2 KET_250DL_02F_W	**F63** 1 2 KET_250DL_02F_W	**BLANK**	**BLANK**

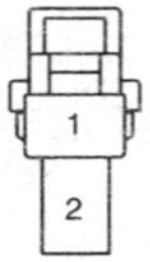

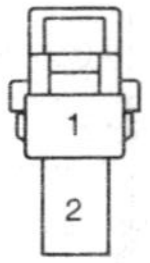

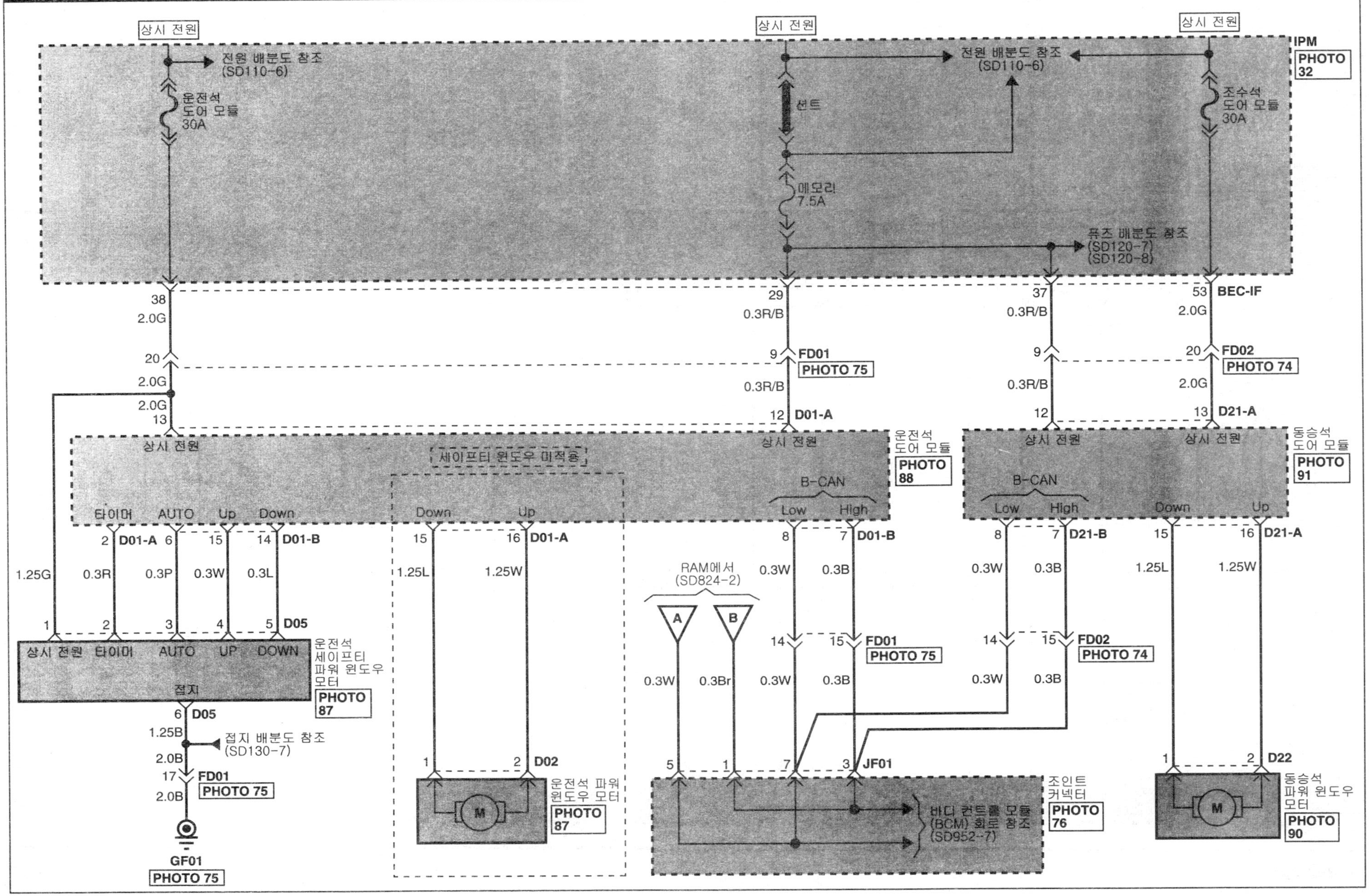

파워 윈도우 회로 (1)

상시 전원
전원 배분도 참조 (SD110-6)
운전석 도어 모듈 30A
38 2.0G
20 2.0G
2.0G 13

상시 전원
선트
메모리 7.5A
퓨즈 배분도 참조 (SD120-7) (SD120-8)
29 0.3R/B
9 FD01 PHOTO 75
0.3R/B
12 D01-A

37 0.3R/B
9 0.3R/B
12

상시 전원
조수석 도어 모듈 30A
IPM PHOTO 32
53 BEC-IF 2.0G
20 FD02 PHOTO 74
2.0G
13 D21-A

운전석 도어 모듈 PHOTO 88
상시 전원
세이프티 윈도우 미적용
타이머 AUTO Up Down
2 D01-A 6 15 14 D01-B
1.25G 0.3R 0.3P 0.3W 0.3L
1 2 3 4 5 D05
상시 전원 타이머 AUTO UP DOWN
접지
운전석 세이프티 파워 윈도우 모터 PHOTO 87
6 D05
1.25B
접지 배분도 참조 (SD130-7)
2.0B
17 FD01 PHOTO 75
2.0B
GF01 PHOTO 75

Down Up
15 16 D01-A
1.25L 1.25W
1 2 D02
운전석 파워 윈도우 모터 PHOTO 87

B-CAN Low High
8 7 D01-B
0.3W 0.3B
14 15 FD01 PHOTO 75
0.3W 0.3B

RAM에서 (SD824-2)
A B
0.3W 0.3Br
5 1 7 3 JF01
바디 컨트롤 모듈 (BCM) 회로 참조 (SD952-7)
조인트 커넥터 PHOTO 76

동승석 도어 모듈 PHOTO 91
상시 전원 상시 전원
B-CAN Low High
8 7 D21-B
0.3W 0.3B
14 15 FD02 PHOTO 74
0.3W 0.3B

Down Up
15 16 D21-A
1.25L 1.25W
1 2 D22
동승석 파워 윈도우 모터 PHOTO 90

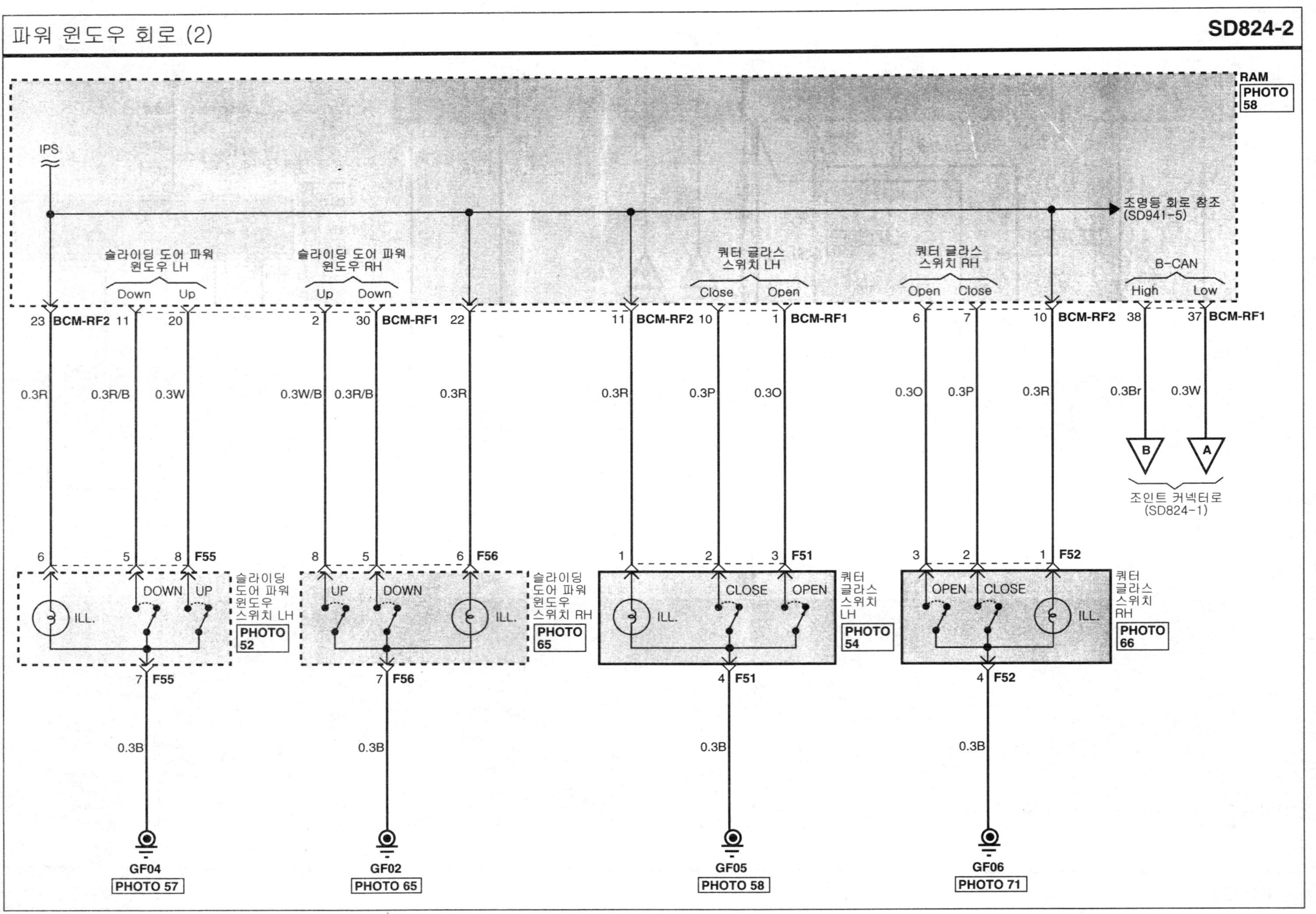
RAM
PHOTO 58
IPS
조명등 회로 참조 (SD941-5)
슬라이딩 도어 파워 윈도우 LH
Down
Up
슬라이딩 도어 파워 윈도우 RH
Up
Down
쿼터 글라스 스위치 LH
Close
Open
쿼터 글라스 스위치 RH
Open
Close
B-CAN
High
Low
23 BCM-RF2 11
20
2
30 BCM-RF1 22
11 BCM-RF2 10
1 BCM-RF1
6
7
10 BCM-RF2 38
37 BCM-RF1
0.3R
0.3R/B
0.3W
0.3W/B
0.3R/B
0.3R
0.3R
0.3P
0.3O
0.3O
0.3P
0.3R
0.3Br
0.3W
B
A
조인트 커넥터로 (SD824-1)
6
5
8 F55
8
5
6 F56
1
2
3 F51
3
2
1 F52
DOWN
UP
ILL.
슬라이딩 도어 파워 윈도우 스위치 LH
PHOTO 52
UP
DOWN
ILL.
슬라이딩 도어 파워 윈도우 스위치 RH
PHOTO 65
ILL.
CLOSE
OPEN
쿼터 글라스 스위치 LH
PHOTO 54
OPEN
CLOSE
ILL.
쿼터 글라스 스위치 RH
PHOTO 66
7 F55
7 F56
4 F51
4 F52
0.3B
0.3B
0.3B
0.3B
GF04
PHOTO 57
GF02
PHOTO 65
GF05
PHOTO 58
GF06
PHOTO 71

상시 전원
* PSD : 파워 슬라이딩 도어
RAM
PHOTO 60
전원 배분도 참조 (SD110-7)
후석 전동 윈도우-좌 25A
후석 전동 윈도우-우 25A
접지 배분도 참조 (SD130-8)
접지 배분도 참조 (SD130-8)
슬라이딩 도어 윈도우 릴레이 (UP) LH
슬라이딩 도어 윈도우 릴레이 (DN) LH
슬라이딩 도어 윈도우 릴레이 (UP) RH
슬라이딩 도어 윈도우 릴레이 (DN) RH
슬라이딩 도어 파워 윈도우 (UP) LH
슬라이딩 도어 파워 윈도우 (DOWN) LH
슬라이딩 도어 파워 윈도우 (UP) RH
슬라이딩 도어 파워 윈도우 (DOWN) RH
50
36
16 BEC-RF1
4
8
1 BEC-RF2
PSD 적용
PSD 미적용
PSD 미적용
PSD 적용
PSD 적용
PSD 미적용
PSD 미적용
PSD 적용
2.0G
2.0G
2.0W
2.0W
2.0G
2.0G
2.0W
2.0W
13 FD03 PHOTO 53
3
4 FD05 PHOTO 53
16 FD03 PHOTO 53
13 FD04 PHOTO 67
3
4 FD06 PHOTO 67
16 FD04 PHOTO 67
1.25B
13 DD41 PHOTO 86
3
4 DD42 PHOTO 86
16 DD41 PHOTO 86
13 DD51 PHOTO 86
3
4 DD52 PHOTO 85
16 DD51 PHOTO 86
1.25G
1.25G
1.25W
1.25W
2.0B
1.25G
1.25G
1.25W
1.25W
2.0B
2
1 D47
M
슬라이딩 도어 파워 윈도우 모터 LH
PHOTO 85
GF04
PHOTO 57
2
1 D57
M
슬라이딩 도어 파워 윈도우 모터 RH
PHOTO 85
GF04
PHOTO 57

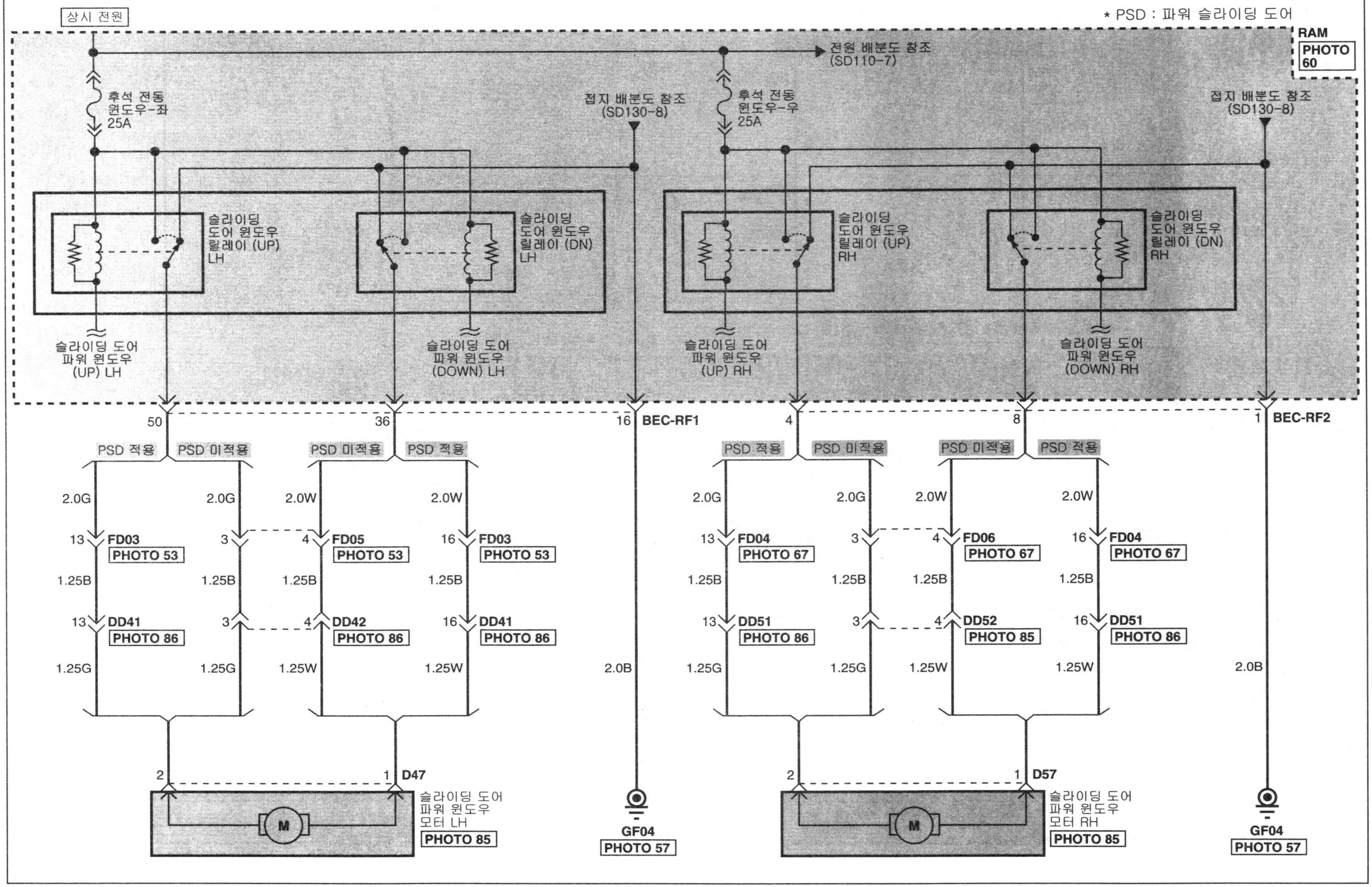

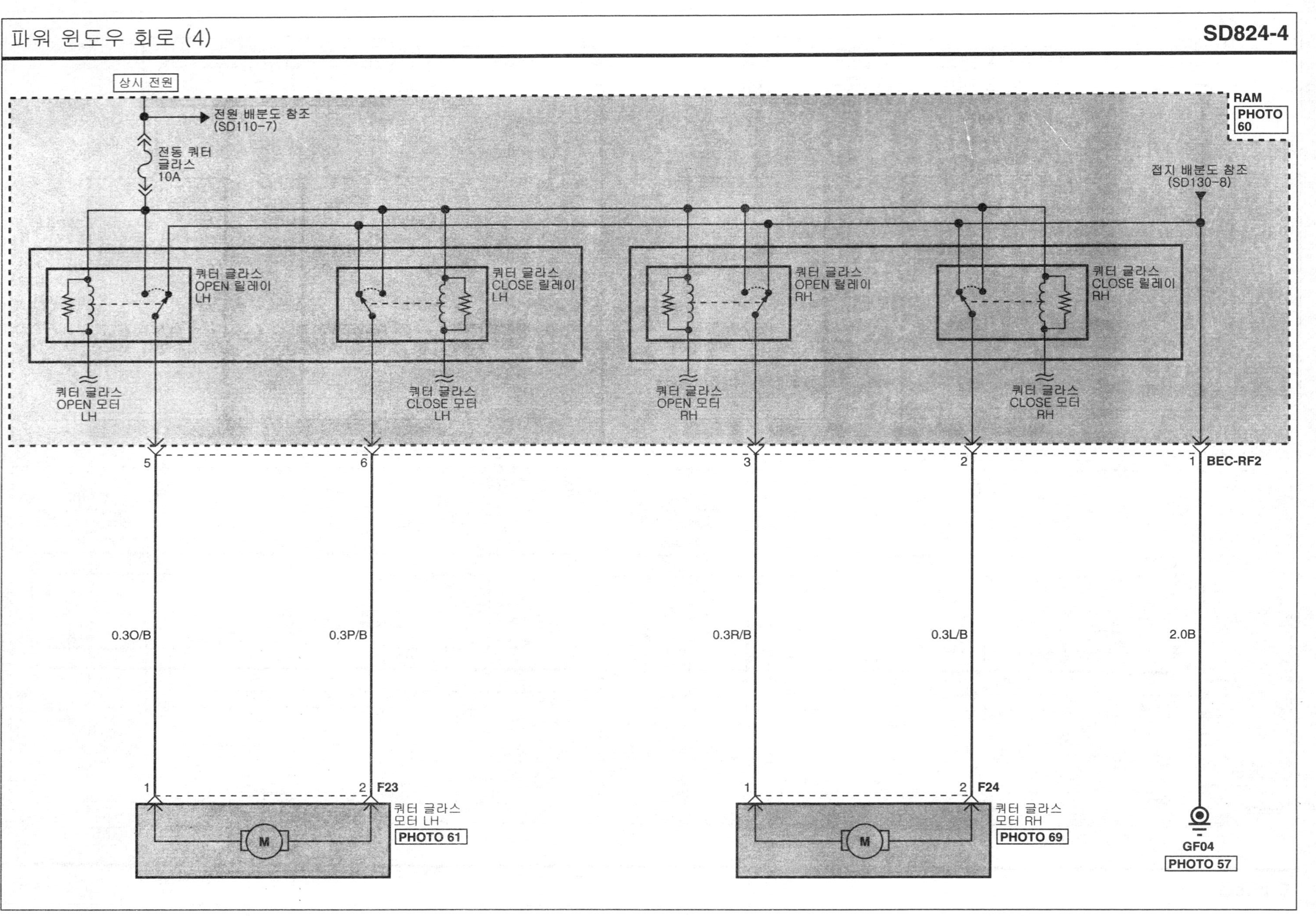
파워 윈도우 회로 (4)
SD824-4
상시 전원
전원 배분도 참조
(SD110-7)
전동 쿼터
글라스
10A
RAM
PHOTO
60
접지 배분도 참조
(SD130-8)
쿼터 글라스
OPEN 릴레이
LH
쿼터 글라스
CLOSE 릴레이
LH
쿼터 글라스
OPEN 릴레이
RH
쿼터 글라스
CLOSE 릴레이
RH
쿼터 글라스
OPEN 모터
LH
쿼터 글라스
CLOSE 모터
LH
쿼터 글라스
OPEN 모터
RH
쿼터 글라스
CLOSE 모터
RH
5
6
3
2
1
BEC-RF2
0.3O/B
0.3P/B
0.3R/B
0.3L/B
2.0B
1
2
F23
1
2
F24
M
M
쿼터 글라스
모터 LH
PHOTO 61
쿼터 글라스
모터 RH
PHOTO 69
GF04
PHOTO 57

D01-A	D01-B	D02	D05
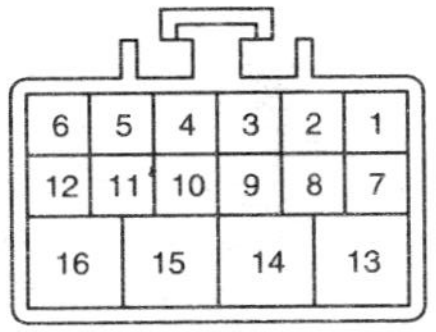 6 5 4 3 2 1 / 12 11 10 9 8 7 / 16 15 14 13	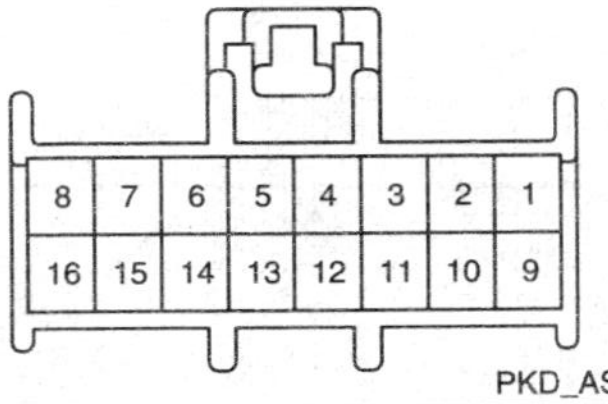 8 7 6 5 4 3 2 1 / 16 15 14 13 12 11 10 9	2 1	 3 2 1 / 6 5 4
PKD_ASM_16F_B_1	PKD_ASM_16F_B	KET_090IIWP_02F_B_L	KET_090IIWP_06F_B
D21-A	**D21-B**	**D22**	**D47**
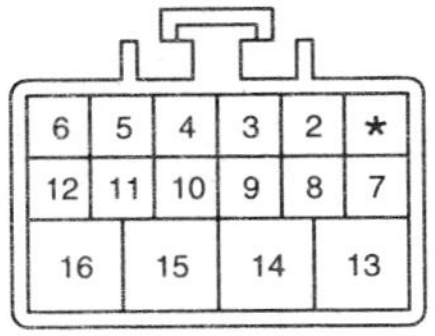 6 5 4 3 2 * / 12 11 10 9 8 7 / 16 15 14 13	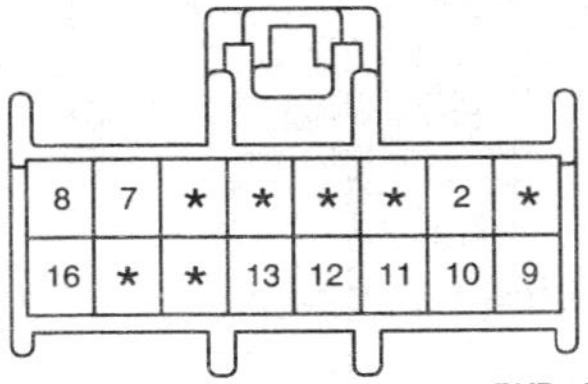 8 7 * * * * 2 * / 16 * * 13 12 11 10 9	2 1	2 1
PKD_ASM_16F_B_1	PKD_ASM_16F_B	KET_090IIWP_02F_B_L	KET_090IIWP_02F_B_L
D57	**F23**	**F24**	**F51**
2 1	2 1	2 1	4 3 2 1
KET_090IIWP_02F_B_L	KET_090II_02F_W_L	KET_090II_02F_W_L	AMP_040M1_04F_B
F52	**F55**	**F56**	**BLANK**
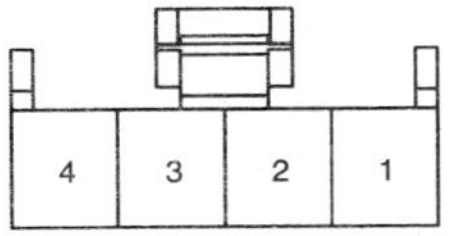 4 3 2 1	* * * 1 / 8 7 6 5	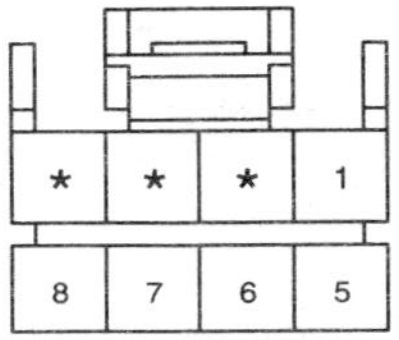 * * * 1 / 8 7 6 5	
AMP_040M1_04F_B	AMP_040M1_08F_B	AMP_040M1_08F_B	

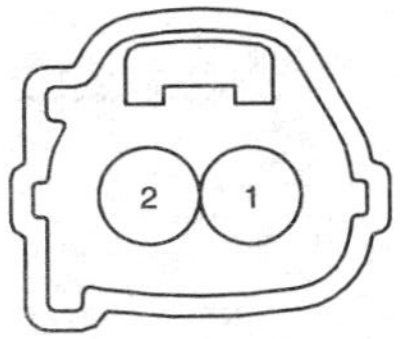

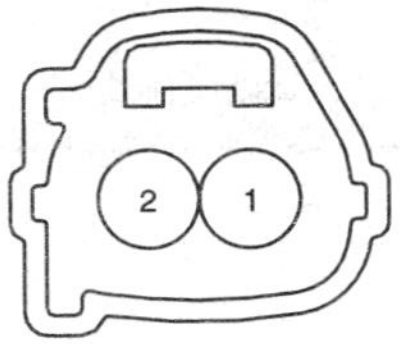

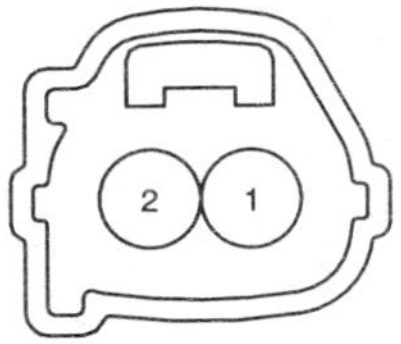

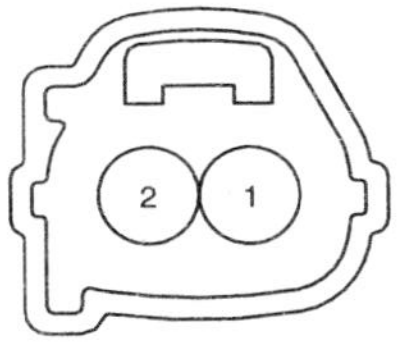

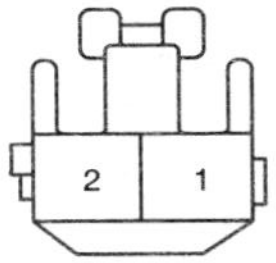

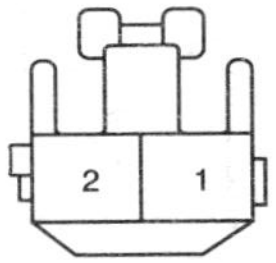

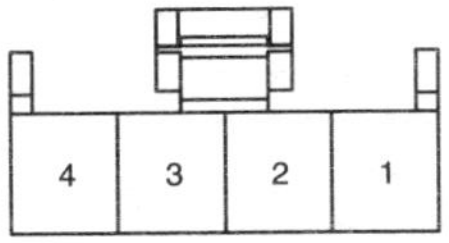

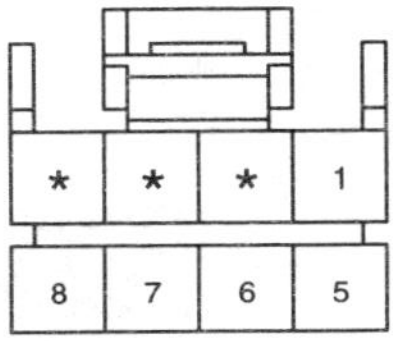

ECM+ETCS

※ ETCS (자동 요금 징수 시스템 : Electronic Toll Collection System)

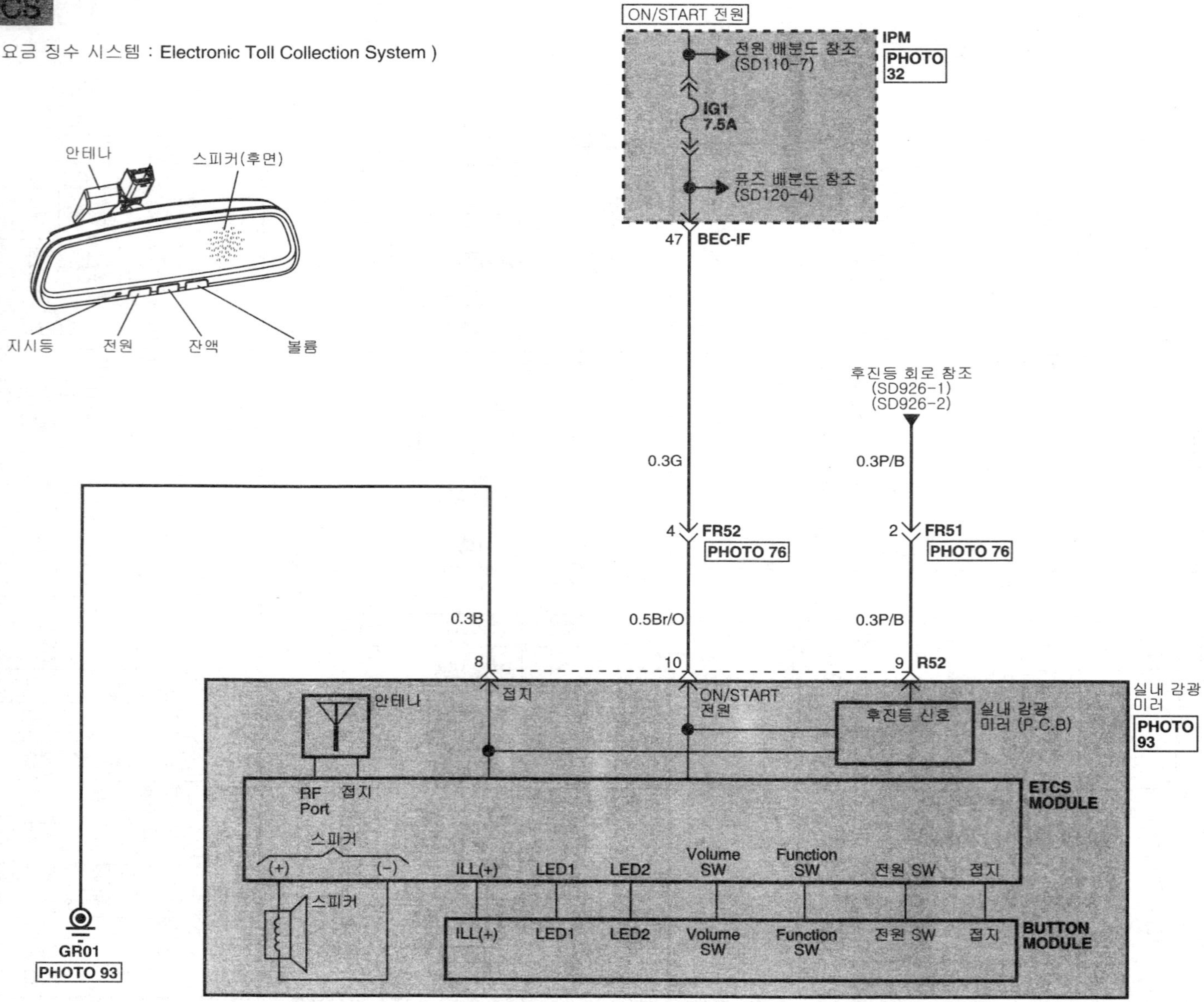

안테나
스피커(후면)
지시등
전원
잔액
볼륨

ON/START 전원
IPM
PHOTO 32
전원 배분도 참조 (SD110-7)
IG1 7.5A
퓨즈 배분도 참조 (SD120-4)
47 BEC-IF
0.3G
4 FR52 PHOTO 76
0.5Br/O
10 ON/START 전원

후진등 회로 참조 (SD926-1) (SD926-2)
0.3P/B
2 FR51 PHOTO 76
0.3P/B
9 R52

0.3B
8 접지
GR01
PHOTO 93

실내 감광 미러
PHOTO 93
후진등 신호
실내 감광 미러 (P.C.B)
안테나
RF Port
접지
스피커
(+) (-)
ILL(+) LED1 LED2 Volume SW Function SW 전원 SW 접지
ETCS MODULE
스피커
ILL(+) LED1 LED2 Volume SW Function SW 전원 SW 접지
BUTTON MODULE

ECM+ETCS+RCD

※ ETCS (자동 요금 징수 시스템 : Electronic Toll Collection System)

※ RCD (후방 카메라 디스플레이 : Rear Camera Display)

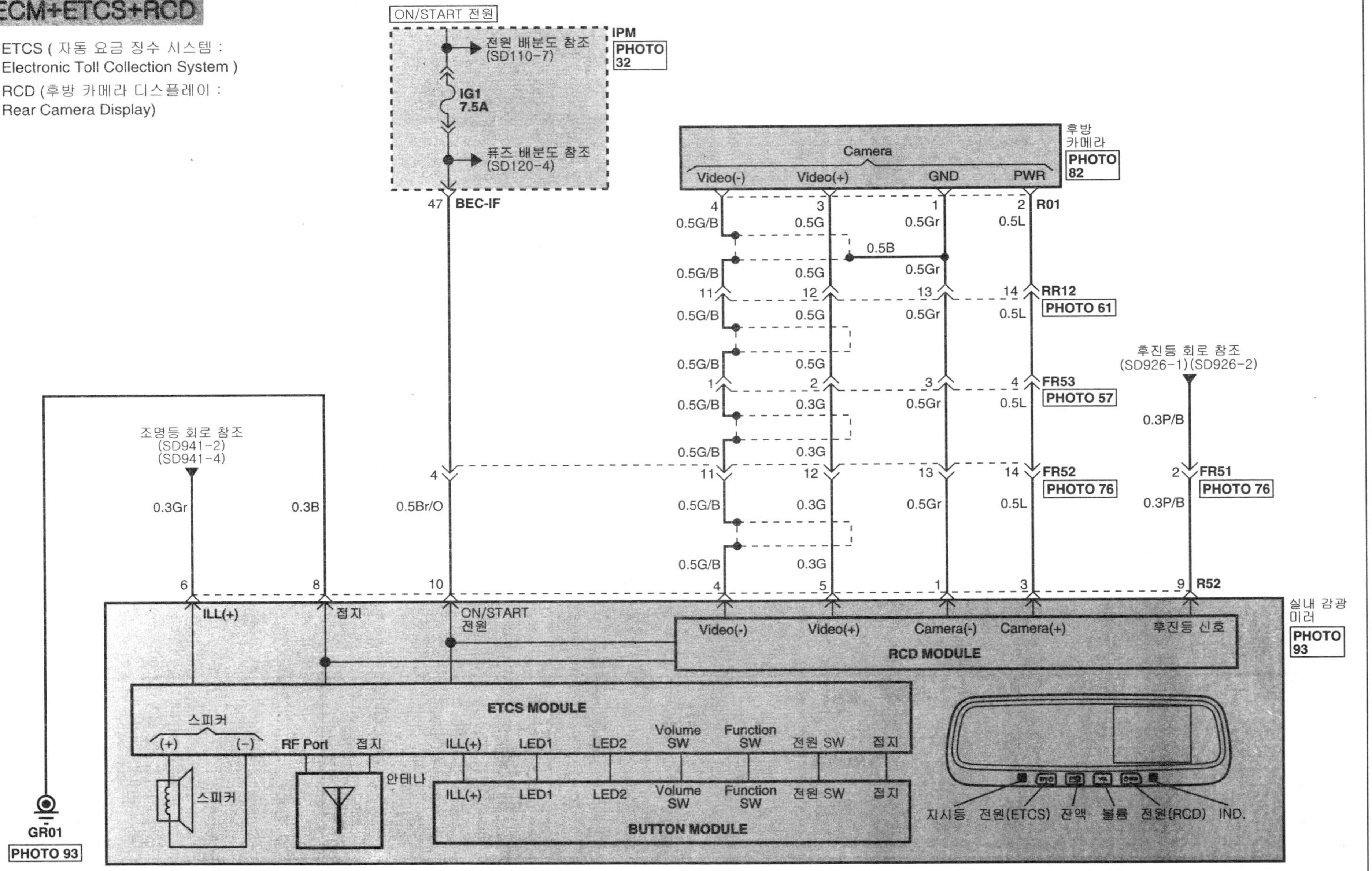

R01	R52	BLANK	BLANK
 2 1 4 3 AMP_EJWP_04F_B	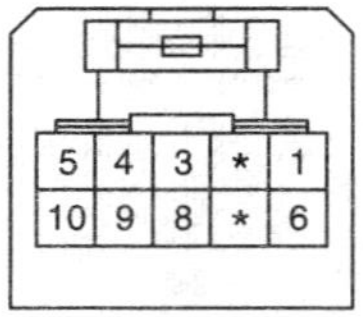 5 4 3 * 1 10 9 8 * 6 SUM_025_10F_B		

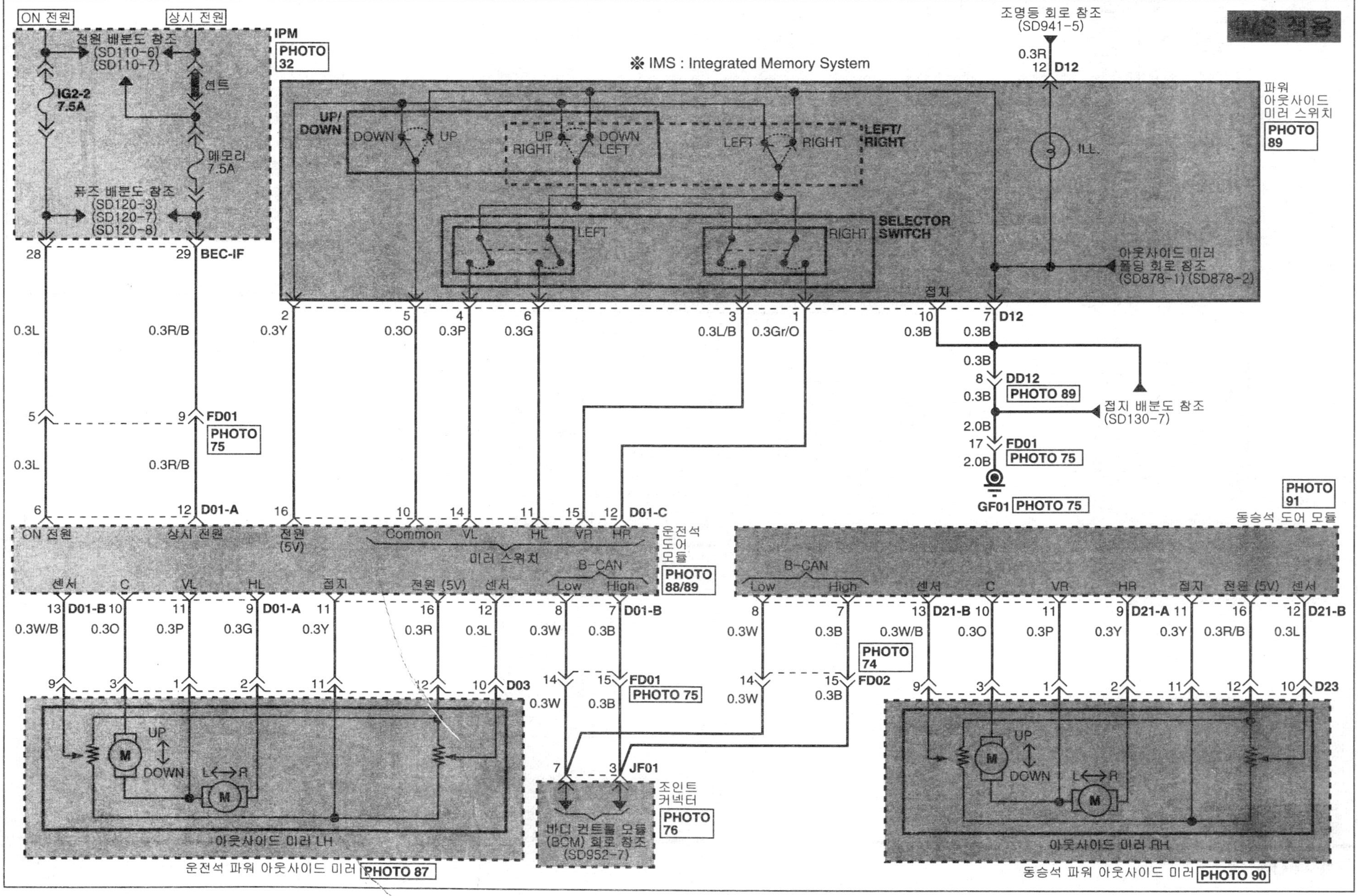

IMS 적용

※ IMS : Integrated Memory System

ON 전원
상시 전원
IPM
PHOTO 32
전원 배분도 참조 (SD110-6) (SD110-7)
IG2-2 7.5A
센트
메모리 7.5A
퓨즈 배분도 참조 (SD120-3) (SD120-7) (SD120-8)
28
29 BEC-IF
0.3L
0.3R/B
5
9 FD01
PHOTO 75
0.3L
0.3R/B
6
12 D01-A

조명등 회로 참조 (SD941-5)
0.3R
12 D12
파워 아웃사이드 미러 스위치
PHOTO 89
UP/DOWN
DOWN
UP
UP RIGHT
DOWN LEFT
LEFT
RIGHT
LEFT/RIGHT
SELECTOR SWITCH
ILL.
아웃사이드 미러 폴딩 회로 참조 (SD878-1) (SD878-2)
접지

2 0.3Y
5 0.3O
4 0.3P
6 0.3G
3 0.3L/B
1 0.3Gr/O
10 0.3B
7 D12 0.3B
0.3B
8 DD12
PHOTO 89
0.3B
접지 배분도 참조 (SD130-7)
2.0B
17 FD01
PHOTO 75
2.0B
GF01 PHOTO 75

16
10
14
11
15
12 D01-C
ON 전원
상시 전원
전원 (5V)
Common
VL
HL
VR
HR
미러 스위치
B-CAN
Low
High
운전석 도어 모듈
PHOTO 88/89
센서
C
VL
HL
접지
전원 (5V)
센서
13 D01-B 0.3W/B
10 0.3O
11 0.3P
9 D01-A 0.3G
11 0.3Y
16 0.3R
12 0.3L
8 0.3W
7 D01-B 0.3B
9
3
1
2
11
12
10 D03
14 0.3W
15 FD01 0.3B
PHOTO 75
UP
DOWN
L R
M
아웃사이드 미러 LH
운전석 파워 아웃사이드 미러 PHOTO 87

7
3 JF01
조인트 커넥터
PHOTO 76
바디 컨트롤 모듈 (BCM) 회로 참조 (SD952-7)

PHOTO 91
동승석 도어 모듈
B-CAN
Low
High
센서
C
VR
HR
접지
전원 (5V)
센서
8 0.3W
7 0.3B
PHOTO 74
13 D21-B 0.3W/B
10 0.3O
11 0.3P
9 D21-A 0.3Y
11 0.3Y
16 0.3R/B
12 D21-B 0.3L
14 0.3W
15 FD02 0.3B
9
3
1
2
11
12
10 D23
UP
DOWN
L R
M
아웃사이드 미러 RH
동승석 파워 아웃사이드 미러 PHOTO 90

파워 아웃사이드 미러 회로 (2)

IMS 미적용

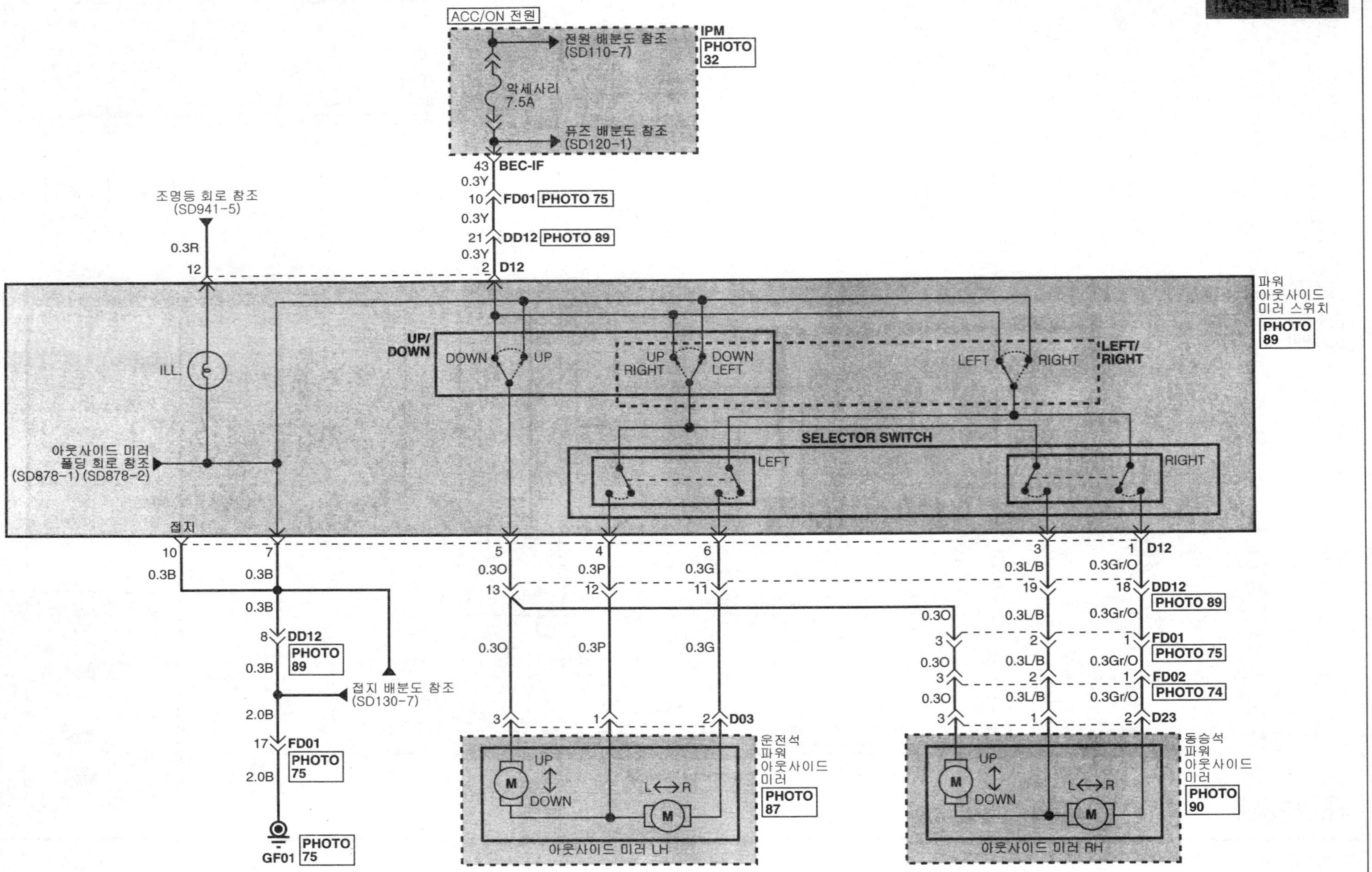

ACC/ON 전원

IPM PHOTO 32

전원 배분도 참조 (SD110-7)

악세사리 7.5A

퓨즈 배분도 참조 (SD120-1)

43 BEC-IF

0.3Y

10 FD01 PHOTO 75

0.3Y

21 DD12 PHOTO 89

0.3Y

2 D12

조명등 회로 참조 (SD941-5)

0.3R

12

파워 아웃사이드 미러 스위치 PHOTO 89

UP/DOWN

DOWN UP

UP RIGHT

DOWN LEFT

LEFT RIGHT

LEFT/RIGHT

ILL.

SELECTOR SWITCH

LEFT

RIGHT

아웃사이드 미러 폴딩 회로 참조 (SD878-1) (SD878-2)

접지

10 0.3B

7 0.3B

0.3B

8 DD12 PHOTO 89

0.3B

접지 배분도 참조 (SD130-7)

2.0B

17 FD01 PHOTO 75

2.0B

GF01 PHOTO 75

5 0.3O / 4 0.3P / 6 0.3G

13 / 12 / 11

0.3O / 0.3P / 0.3G

3 / 1 / 2 D03

운전석 파워 아웃사이드 미러 PHOTO 87

UP DOWN M L↔R M

아웃사이드 미러 LH

3 0.3L/B / 1 0.3Gr/O D12

19 0.3L/B / 18 0.3Gr/O DD12 PHOTO 89

0.3O

3 / 2 / 1 FD01 PHOTO 75

0.3O / 0.3L/B / 0.3Gr/O

3 / 2 / 1 FD02 PHOTO 74

0.3O / 0.3L/B / 0.3Gr/O

3 / 1 / 2 D23

동승석 파워 아웃사이드 미러 PHOTO 90

UP DOWN M L↔R M

아웃사이드 미러 RH

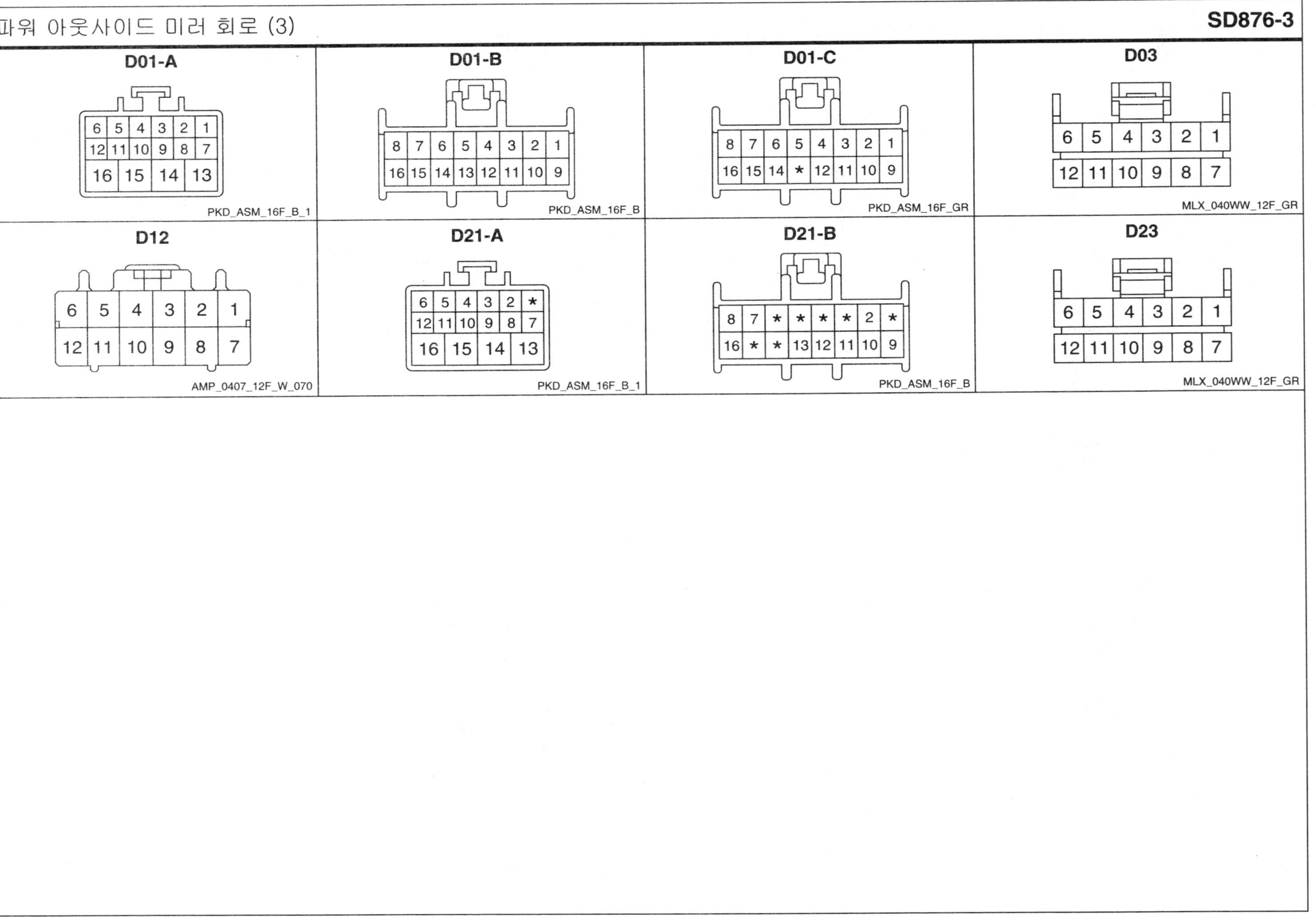

파워 아웃사이드 미러 회로 (3)
SD876-3
D01-A
PKD_ASM_16F_B_1
D01-B
PKD_ASM_16F_B
D01-C
PKD_ASM_16F_GR
D03
MLX_040WW_12F_GR
D12
AMP_0407_12F_W_070
D21-A
PKD_ASM_16F_B_1
D21-B
PKD_ASM_16F_B
D23
MLX_040WW_12F_GR

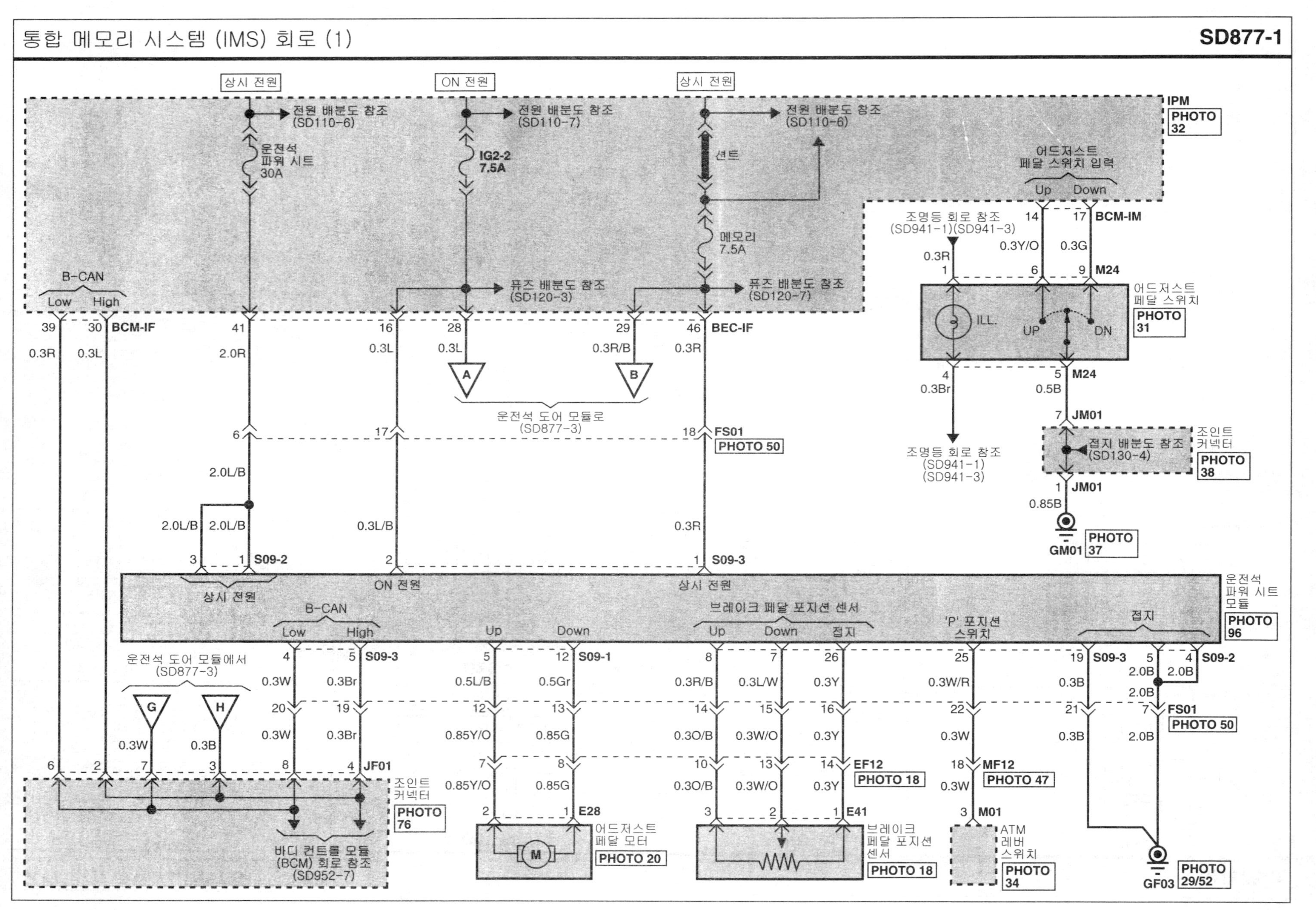

통합 메모리 시스템 (IMS) 회로 (1)
SD877-1
상시 전원
ON 전원
상시 전원
전원 배분도 참조 (SD110-6)
운전석 파워 시트 30A
전원 배분도 참조 (SD110-7)
IG2-2 7.5A
전원 배분도 참조 (SD110-6)
션트
메모리 7.5A
퓨즈 배분도 참조 (SD120-3)
퓨즈 배분도 참조 (SD120-7)
IPM
PHOTO 32
어드저스트 페달 스위치 입력
Up Down
BCM-IM
B-CAN
Low High
BCM-IF
BEC-IF
운전석 도어 모듈로 (SD877-3)
FS01
PHOTO 50
조명등 회로 참조 (SD941-1)(SD941-3)
M24
어드저스트 페달 스위치
PHOTO 31
ILL.
UP
DN
JM01
접지 배분도 참조 (SD130-4)
조인트 커넥터
PHOTO 38
GM01
PHOTO 37
S09-2
S09-3
상시 전원
ON 전원
운전석 파워 시트 모듈
PHOTO 96
브레이크 페달 포지션 센서
'P' 포지션 스위치
접지
운전석 도어 모듈에서 (SD877-3)
S09-1
JF01
조인트 커넥터
PHOTO 76
바디 컨트롤 모듈 (BCM) 회로 참조 (SD952-7)
E28
어드저스트 페달 모터
PHOTO 20
EF12
PHOTO 18
E41
브레이크 페달 포지션 센서
MF12
PHOTO 47
M01
ATM 레버 스위치
PHOTO 34
GF03
PHOTO 29/52

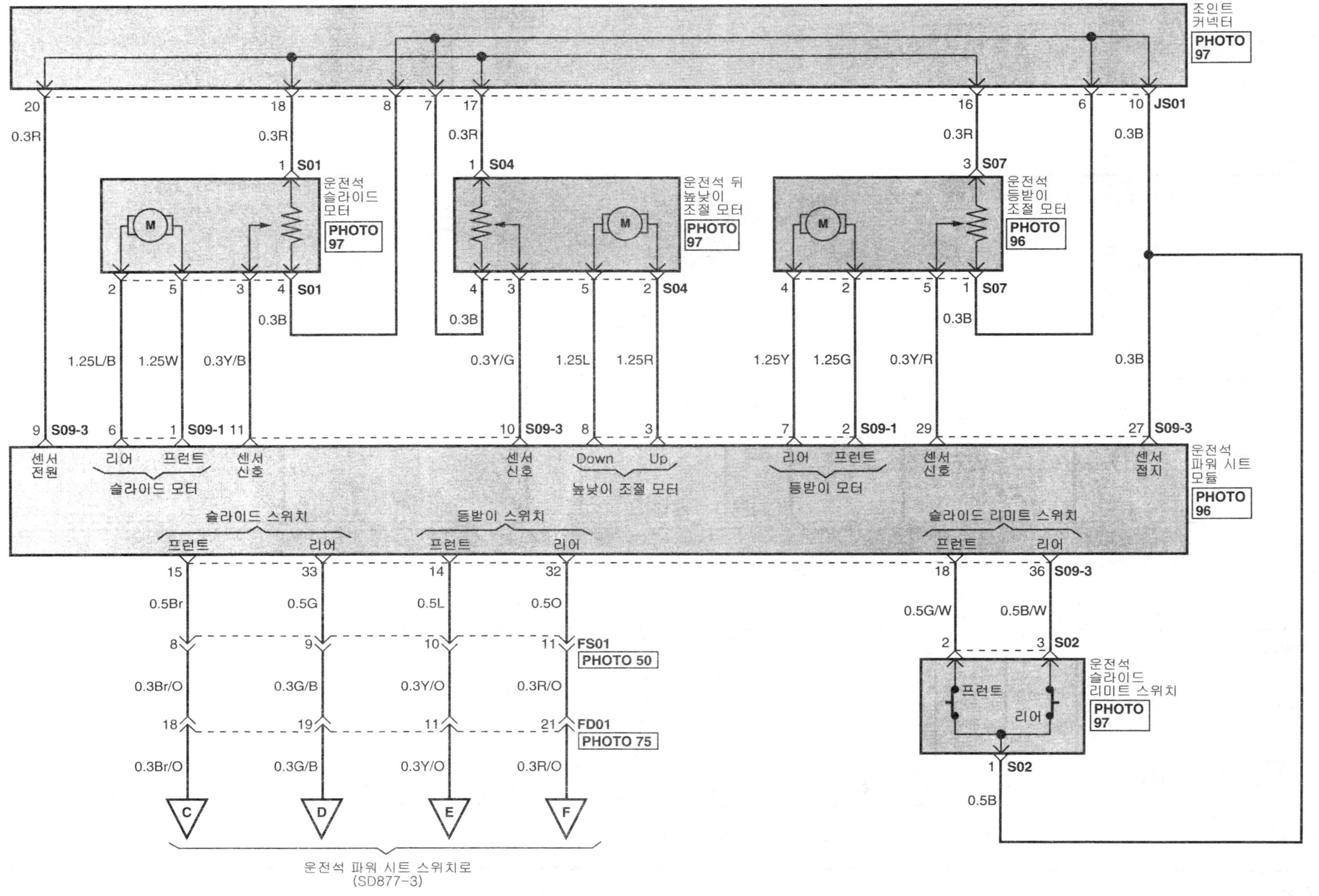

조인트 커넥터
PHOTO 97
JS01
20 18 8 7 17 16 6 10
0.3R 0.3R 0.3R 0.3R 0.3B

1 S01
운전석 슬라이드 모터
PHOTO 97
M
2 5 3 4 S01
0.3B
1.25L/B 1.25W 0.3Y/B

1 S04
운전석 뒤 높낮이 조절 모터
PHOTO 97
M
4 3 5 2 S04
0.3B
0.3Y/G 1.25L 1.25R

3 S07
운전석 등받이 조절 모터
PHOTO 96
M
4 2 5 1 S07
0.3B
1.25Y 1.25G 0.3Y/R
0.3B

9 S09-3 6 1 S09-1 11 10 S09-3 8 3 7 2 S09-1 29 27 S09-3

운전석 파워 시트 모듈
PHOTO 96

센서 전원
리어 프런트 — 슬라이드 모터
센서 신호
센서 신호
Down Up — 높낮이 조절 모터
리어 프런트 — 등받이 모터
센서 신호
센서 접지

슬라이드 스위치: 프런트 리어
등받이 스위치: 프런트 리어
슬라이드 리미트 스위치: 프런트 리어

15 33 14 32
0.5Br 0.5G 0.5L 0.5O
8 9 10 11 FS01
PHOTO 50
0.3Br/O 0.3G/B 0.3Y/O 0.3R/O
18 19 11 21 FD01
PHOTO 75
0.3Br/O 0.3G/B 0.3Y/O 0.3R/O
C D E F
운전석 파워 시트 스위치로 (SD877-3)

18 36 S09-3
0.5G/W 0.5B/W
2 3 S02
운전석 슬라이드 리미트 스위치
PHOTO 97
프런트
리어
1 S02
0.5B

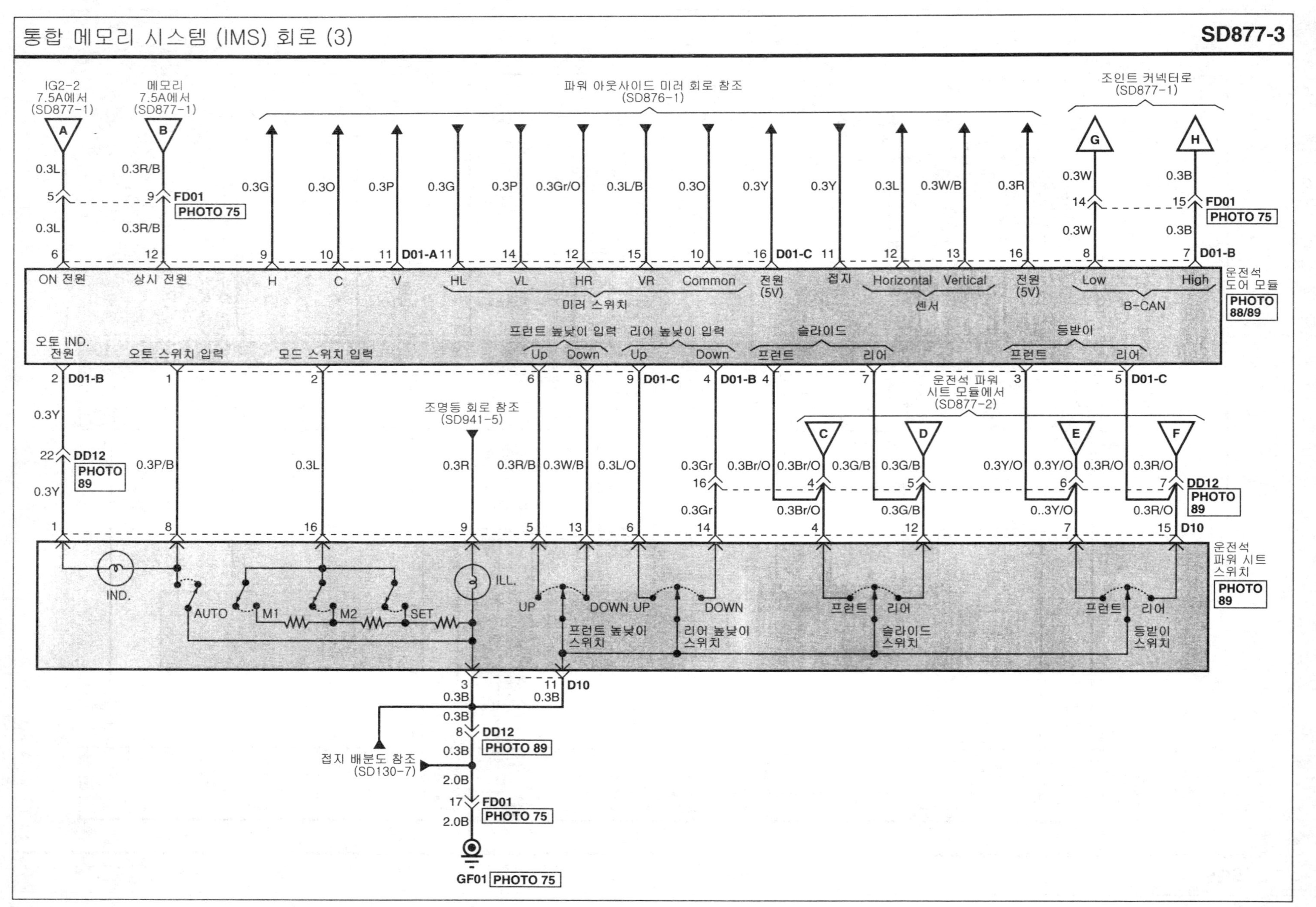
IG2-2
7.5A에서
(SD877-1)
메모리
7.5A에서
(SD877-1)
파워 아웃사이드 미러 회로 참조
(SD876-1)
조인트 커넥터로
(SD877-1)
FD01
PHOTO 75
D01-A
D01-B
D01-C
ON 전원
상시 전원
H
C
V
HL
VL
HR
VR
Common
전원
(5V)
접지
Horizontal
Vertical
Low
High
미러 스위치
센서
B-CAN
운전석
도어 모듈
PHOTO
88/89
오토 IND.
전원
오토 스위치 입력
모드 스위치 입력
프런트 높낮이 입력
리어 높낮이 입력
Up
Down
슬라이드
등받이
프런트
리어
조명등 회로 참조
(SD941-5)
운전석 파워
시트 모듈에서
(SD877-2)
DD12
PHOTO
89
D10
IND.
AUTO
M1
M2
SET
ILL.
UP
DOWN
프런트 높낮이
스위치
리어 높낮이
스위치
슬라이드
스위치
등받이
스위치
운전석
파워 시트
스위치
PHOTO 89
접지 배분도 참조
(SD130-7)
GF01
PHOTO 75

D01-A

6	5	4	3	2	1
12	11	10	9	8	7
16	15	14	13		

PKD_ASM_16F_B_1

D01-B

8	7	6	5	4	3	2	1
16	15	14	13	12	11	10	9

PKD_ASM_16F_B

D01-C

8	7	6	5	4	3	2	1
16	15	14	*	12	11	10	9

PKD_ASM_16F_GR

D10

8	7	6	5	4	3	*	1
16	15	14	13	12	11	*	9

AMP_040M2_16F_B

E28

2			1
*	*	*	*

KET_070_06F_W

E41

1
2
3

AMP_070_03F_B

M01

*	5	*		3	*	1
14	13	12	11	10	9	8	7

KET_090II_14F_W

M24

4	*			*	1
10	9	*	7	6	5

KET_090II_10F_G

S01

3	2	1
*	5	4

KET_MG641107

S02

	1
3	2

DSD_03F

S04

3	2	1
*	5	4

KET_MG641107

S07

2			1
*	5	4	3

KET_MG610398

S09-1

5	*			3	2	1
12	*	*	*	8	7	6

AMP_173851

S09-2

3	*	1
5		4

AMP_171806_2

S09-3

18	*	*	15	14	*	*	11	10	9
36	*	*	33	32	*	*	29	*	27

AMP_175967_2

8	7	*	5	4	*	2	1
26	25	*	*	*	*	*	19

AMP_175966_2

리모컨 아웃사이드 미러 폴딩 미적용
ON 전원
상시 전원
전원 배분도 참조 (SD110-7)
IG2-2 7.5A
퓨즈 배분도 참조 (SD120-3)
전원 배분도 참조 (SD110-6)
운전석 도어 모듈 30A
IPM
PHOTO 32
28
0.3L
5
0.3L
6
38
BEC-IF
2.0G
20
FD01
PHOTO 75
2.0G
퓨즈 배분도 참조 (SD120-6)
2.0G
13
D01-A
ON 전원
상시 전원
폴딩 미러 타이머 신호 출력
운전석 도어 모듈
PHOTO 88
8
D01-A
0.3L
20
DD12
PHOTO 89
0.3L
11
D12
조명등 회로 참조 (SD941-5)
0.3R
12
ILL.
OFF
FOLD
UNFOLD
OFF
FOLD
UNFOLD
미러 폴딩 스위치
파워 아웃사이드 미러 스위치
PHOTO 89
접지
7
0.3B
10
0.3B
0.3B
8
DD12
PHOTO 89
0.3B
접지 배분도 참조 (SD130-7)
2.0B
17
FD01
PHOTO 75
2.0B
GF01
PHOTO 75
9
0.3W
2
8
D12
0.3G/O
3
DD12
PHOTO 89
0.3W
0.3G/O
6
5
D03
폴딩 모터 LH
운전석 파워 아웃사이드 미러
PHOTO 87
0.3W
7
0.3W
7
0.3W
6
0.3G/O
8
FD01
PHOTO 75
0.3G/O
8
FD02
PHOTO 74
0.3G/O
5
D23
폴딩 모터 RH
동승석 파워 아웃사이드 미러
PHOTO 90

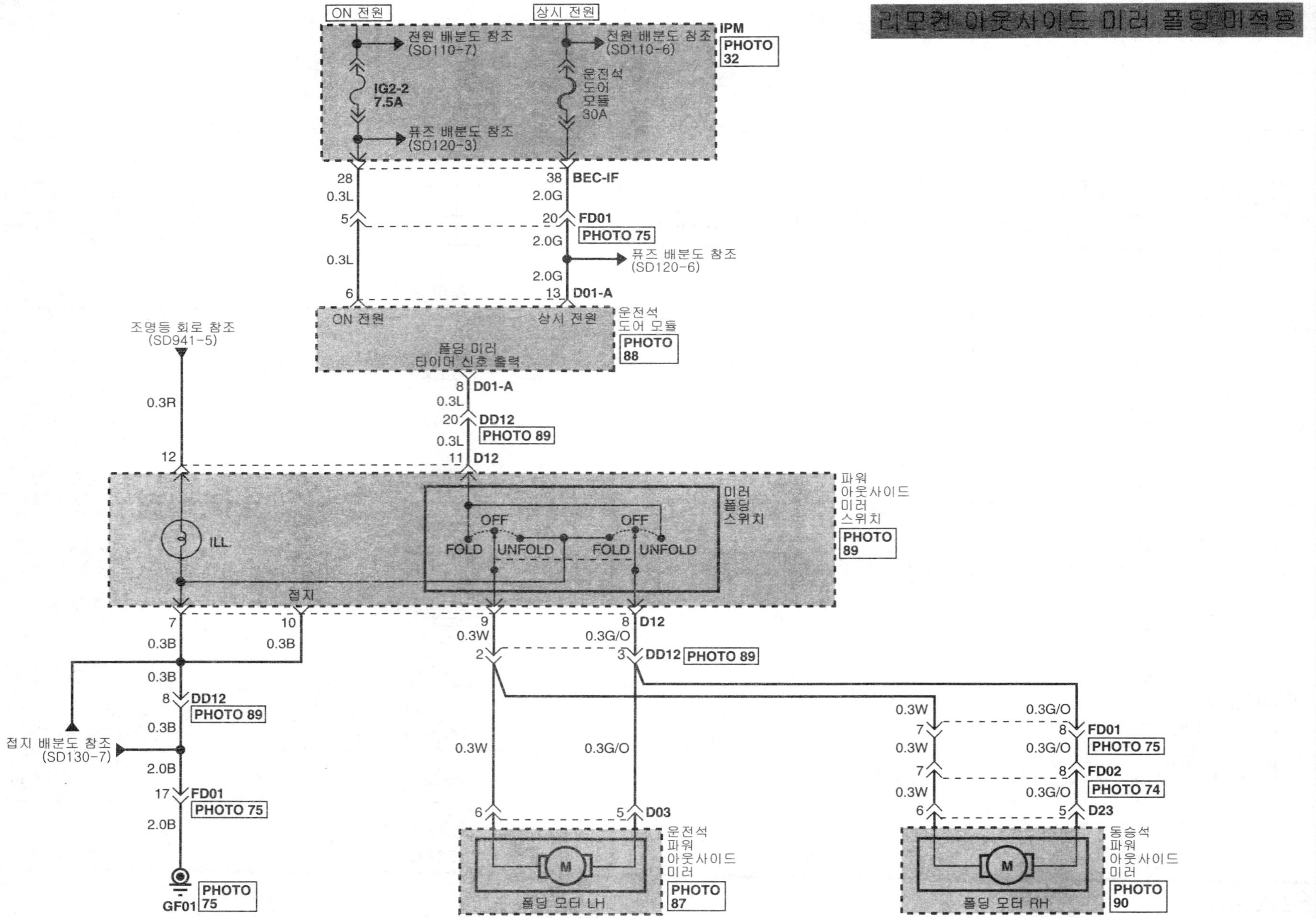

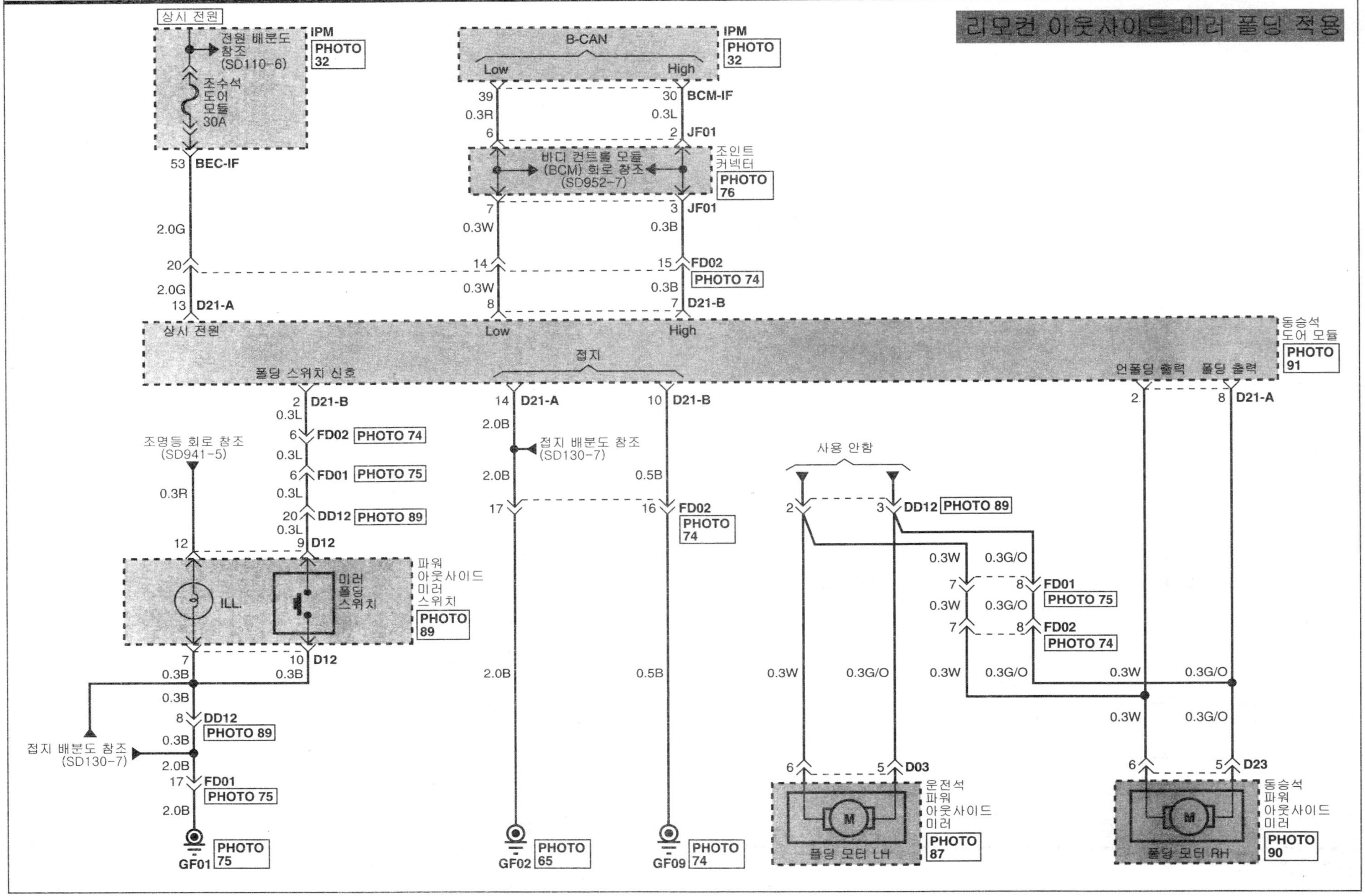

리모컨 아웃사이드 미러 폴딩 적용

상시 전원

IPM PHOTO 32

전원 배분도 참조 (SD110-6)

조수석 도어 모듈 30A

53 BEC-IF

2.0G

20

2.0G

13 D21-A

B-CAN

Low High

39 30 BCM-IF

0.3R 0.3L

6 2 JF01

바디 컨트롤 모듈 (BCM) 회로 참조 (SD952-7)

조인트 커넥터 PHOTO 76

7 3 JF01

0.3W 0.3B

14 15 FD02 PHOTO 74

0.3W 0.3B

8 7 D21-B

상시 전원 Low High

접지

폴딩 스위치 신호

언폴딩 출력 폴딩 출력

동승석 도어 모듈 PHOTO 91

2 D21-B

0.3L

6 FD02 PHOTO 74

0.3L

6 FD01 PHOTO 75

0.3L

20 DD12 PHOTO 89

0.3L

9 D12

조명등 회로 참조 (SD941-5)

0.3R

12

ILL.

미러 폴딩 스위치

파워 아웃사이드 미러 스위치 PHOTO 89

7 10 D12

0.3B 0.3B

0.3B

8 DD12 PHOTO 89

0.3B

접지 배분도 참조 (SD130-7)

2.0B

17 FD01 PHOTO 75

2.0B

GF01 PHOTO 75

14 D21-A

2.0B

접지 배분도 참조 (SD130-7)

2.0B

17

2.0B

GF02 PHOTO 65

10 D21-B

0.5B

16 FD02 PHOTO 74

0.5B

GF09 PHOTO 74

사용 안함

2 3 DD12 PHOTO 89

0.3W 0.3G/O

7 8 FD01 PHOTO 75

0.3W 0.3G/O

7 8 FD02 PHOTO 74

0.3W 0.3G/O 0.3W 0.3G/O

2 8 D21-A

0.3W 0.3G/O

0.3W 0.3G/O

6 5 D03

M

폴딩 모터 LH

운전석 파워 아웃사이드 미러 PHOTO 87

6 5 D23

M

폴딩 모터 RH

동승석 파워 아웃사이드 미러 PHOTO 90

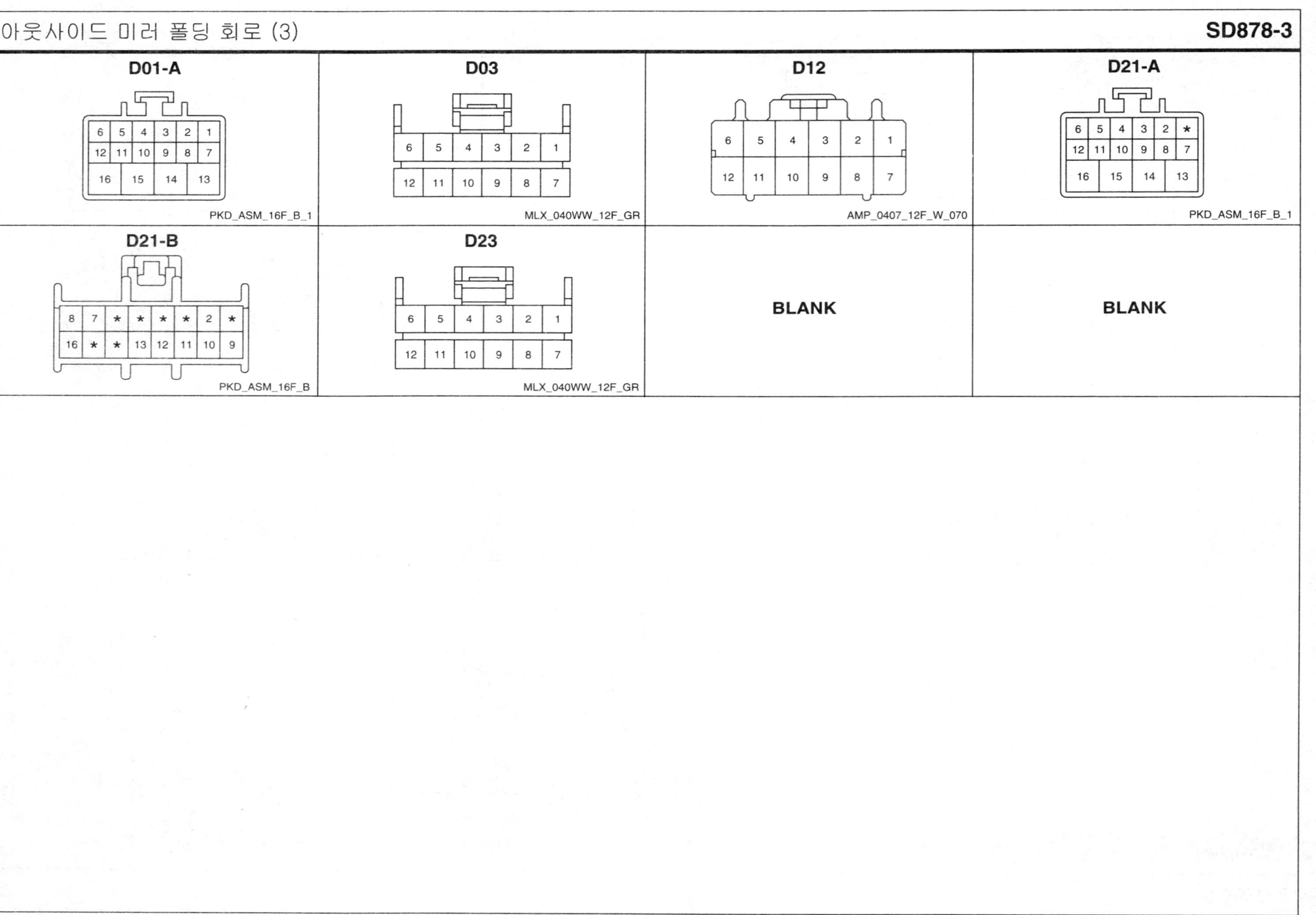
D01-A
6 5 4 3 2 1
12 11 10 9 8 7
16 15 14 13
PKD_ASM_16F_B_1
D03
6 5 4 3 2 1
12 11 10 9 8 7
MLX_040WW_12F_GR
D12
6 5 4 3 2 1
12 11 10 9 8 7
AMP_0407_12F_W_070
D21-A
6 5 4 3 2 *
12 11 10 9 8 7
16 15 14 13
PKD_ASM_16F_B_1
D21-B
8 7 * * * * 2 *
16 * * 13 12 11 10 9
PKD_ASM_16F_B
D23
6 5 4 3 2 1
12 11 10 9 8 7
MLX_040WW_12F_GR
BLANK
BLANK

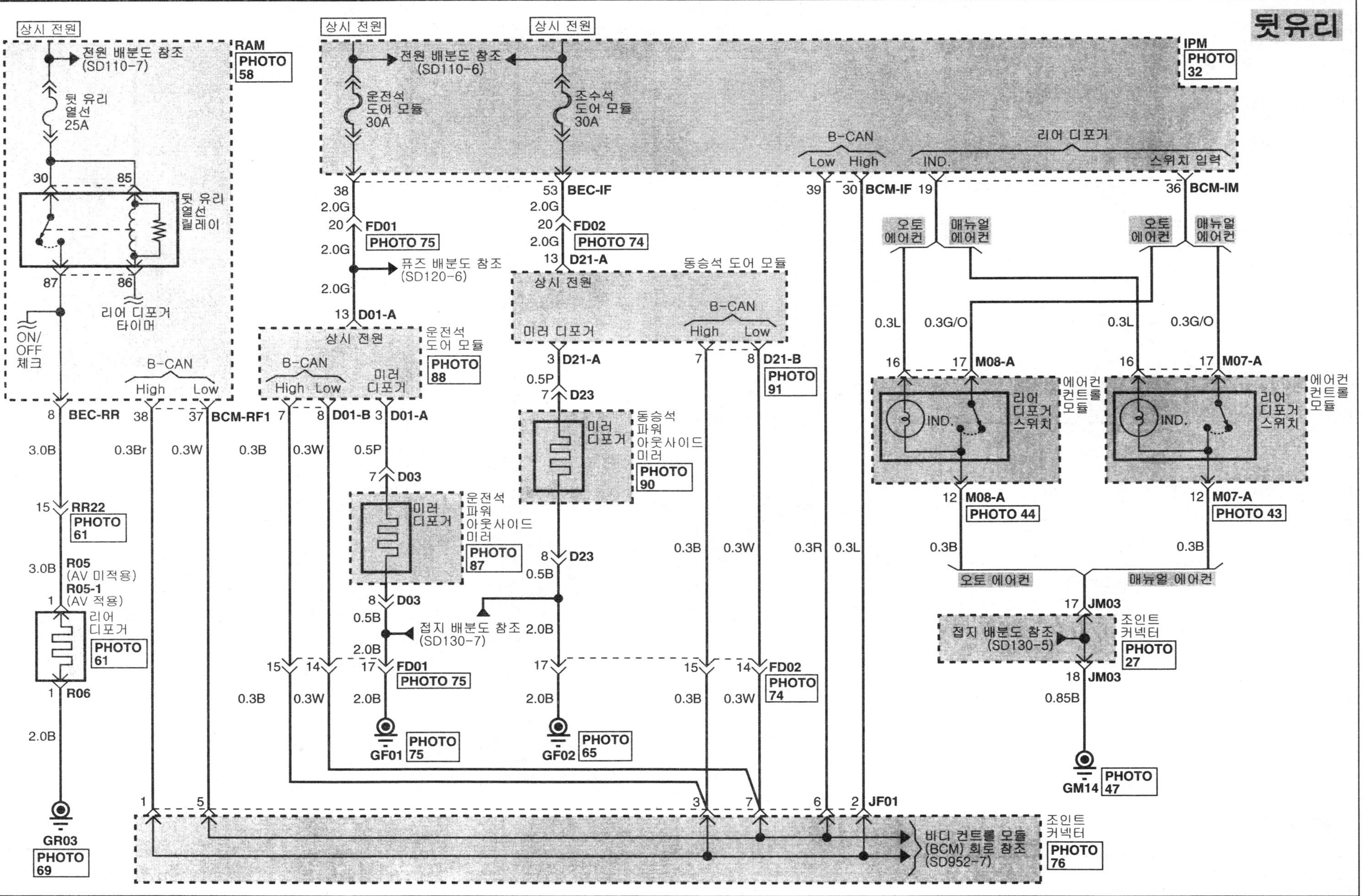

뒷유리

상시 전원
전원 배분도 참조 (SD110-7)
뒷 유리 열선 25A
RAM
PHOTO 58
30
85
뒷 유리 열선 릴레이
87
86
리어 디포거 타이머
ON/OFF 체크
B-CAN
High
Low
8 BEC-RR
38
37 BCM-RF1
3.0B
0.3Br
0.3W
15 RR22
PHOTO 61
3.0B
R05 (AV 미적용)
R05-1 (AV 적용)
1
리어 디포거
PHOTO 61
1 R06
2.0B
GR03
PHOTO 69
상시 전원
상시 전원
전원 배분도 참조 (SD110-6)
운전석 도어 모듈 30A
조수석 도어 모듈 30A
IPM
PHOTO 32
B-CAN
Low High
리어 디포거
IND.
스위치 입력
38
2.0G
20 FD01
PHOTO 75
2.0G
퓨즈 배분도 참조 (SD120-6)
2.0G
13 D01-A
상시 전원
B-CAN
High Low
미러 디포거
운전석 도어 모듈
PHOTO 88
7
8 D01-B
3 D01-A
0.3B
0.3W
0.5P
7 D03
미러 디포거
운전석 파워 아웃사이드 미러
PHOTO 87
8 D03
0.5B
접지 배분도 참조 (SD130-7)
2.0B
15
14
17 FD01
PHOTO 75
0.3B
0.3W
2.0B
GF01
PHOTO 75
53 BEC-IF
2.0G
20 FD02
2.0G
PHOTO 74
13 D21-A
동승석 도어 모듈
상시 전원
B-CAN
High Low
미러 디포거
3 D21-A
0.5P
7 D23
미러 디포거
동승석 파워 아웃사이드 미러
PHOTO 90
8 D23
0.5B
2.0B
17
2.0B
GF02
PHOTO 65
7
8 D21-B
PHOTO 91
0.3B
0.3W
15
14 FD02
PHOTO 74
0.3B
0.3W
39
30 BCM-IF 19
36 BCM-IM
0.3R
0.3L
오토 에어컨
매뉴얼 에어컨
오토 에어컨
매뉴얼 에어컨
0.3L
0.3G/O
0.3L
0.3G/O
16
17 M08-A
16
17 M07-A
IND.
리어 디포거 스위치
에어컨 컨트롤 모듈
IND.
리어 디포거 스위치
에어컨 컨트롤 모듈
12 M08-A
PHOTO 44
12 M07-A
PHOTO 43
0.3B
0.3B
오토 에어컨
매뉴얼 에어컨
17 JM03
접지 배분도 참조 (SD130-5)
조인트 커넥터
PHOTO 27
18 JM03
0.85B
GM14
PHOTO 47
1
5
3
7
6
2 JF01
바디 컨트롤 모듈 (BCM) 회로 참조 (SD952-7)
조인트 커넥터
PHOTO 76

앞유리

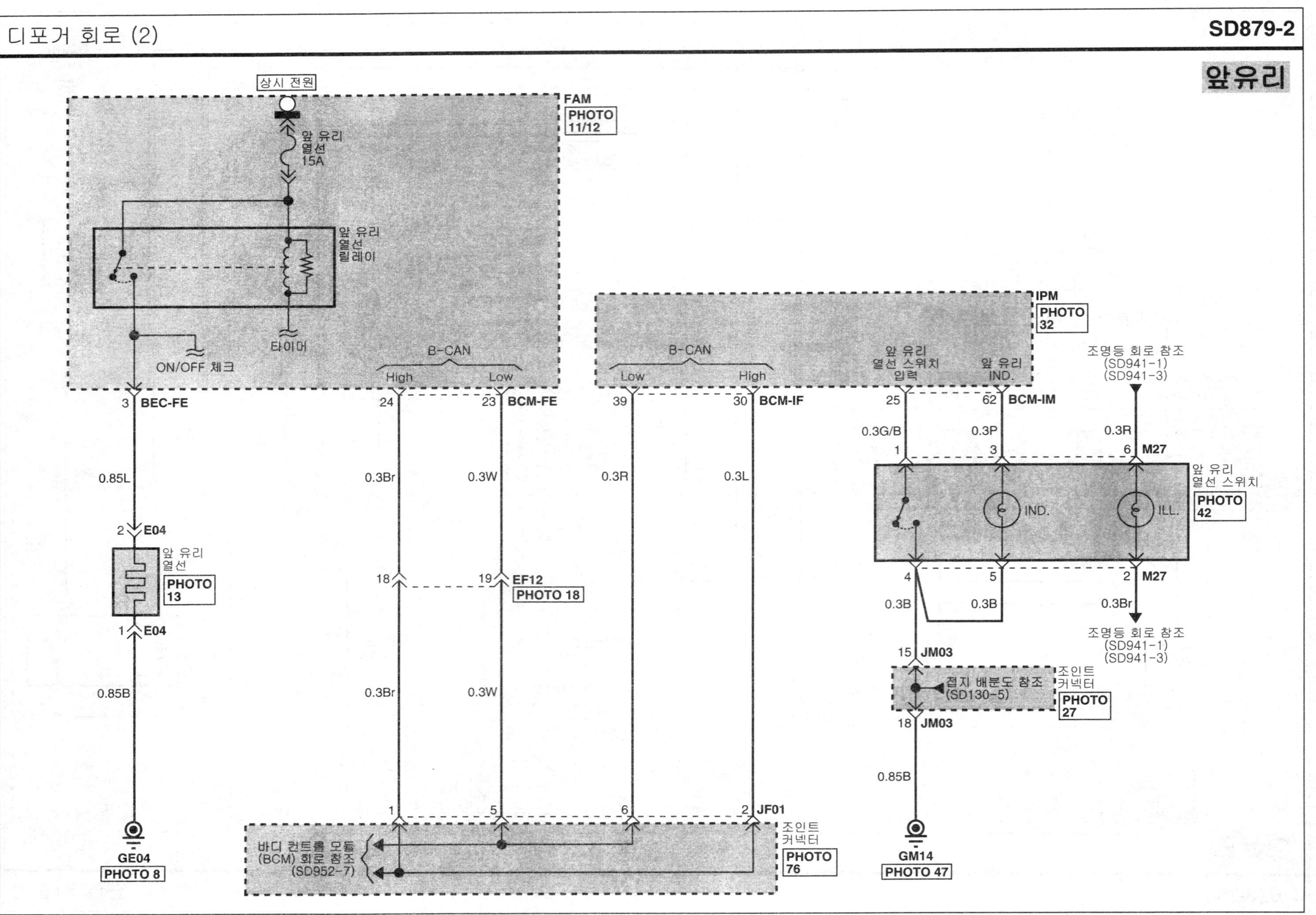
상시 전원
FAM
PHOTO 11/12
앞 유리 열선 15A
앞 유리 열선 릴레이
타이머
ON/OFF 체크
B-CAN
High
Low
3 BEC-FE
0.85L
2 E04
앞 유리 열선
PHOTO 13
1 E04
0.85B
GE04
PHOTO 8
24
23 BCM-FE
0.3Br
0.3W
18
19 EF12
PHOTO 18
0.3Br
0.3W
IPM
PHOTO 32
B-CAN
Low
High
39
30 BCM-IF
0.3R
0.3L
1
5
6
2 JF01
조인트 커넥터
PHOTO 76
바디 컨트롤 모듈 (BCM) 회로 참조 (SD952-7)
앞 유리 열선 스위치 입력
앞 유리 IND.
25
62 BCM-IM
0.3G/B
0.3P
1
3
6 M27
조명등 회로 참조 (SD941-1) (SD941-3)
0.3R
앞 유리 열선 스위치
PHOTO 42
IND.
ILL.
4
5
2 M27
0.3B
0.3B
0.3Br
조명등 회로 참조 (SD941-1) (SD941-3)
15 JM03
접지 배분도 참조 (SD130-5)
조인트 커넥터
PHOTO 27
18 JM03
0.85B
GM14
PHOTO 47

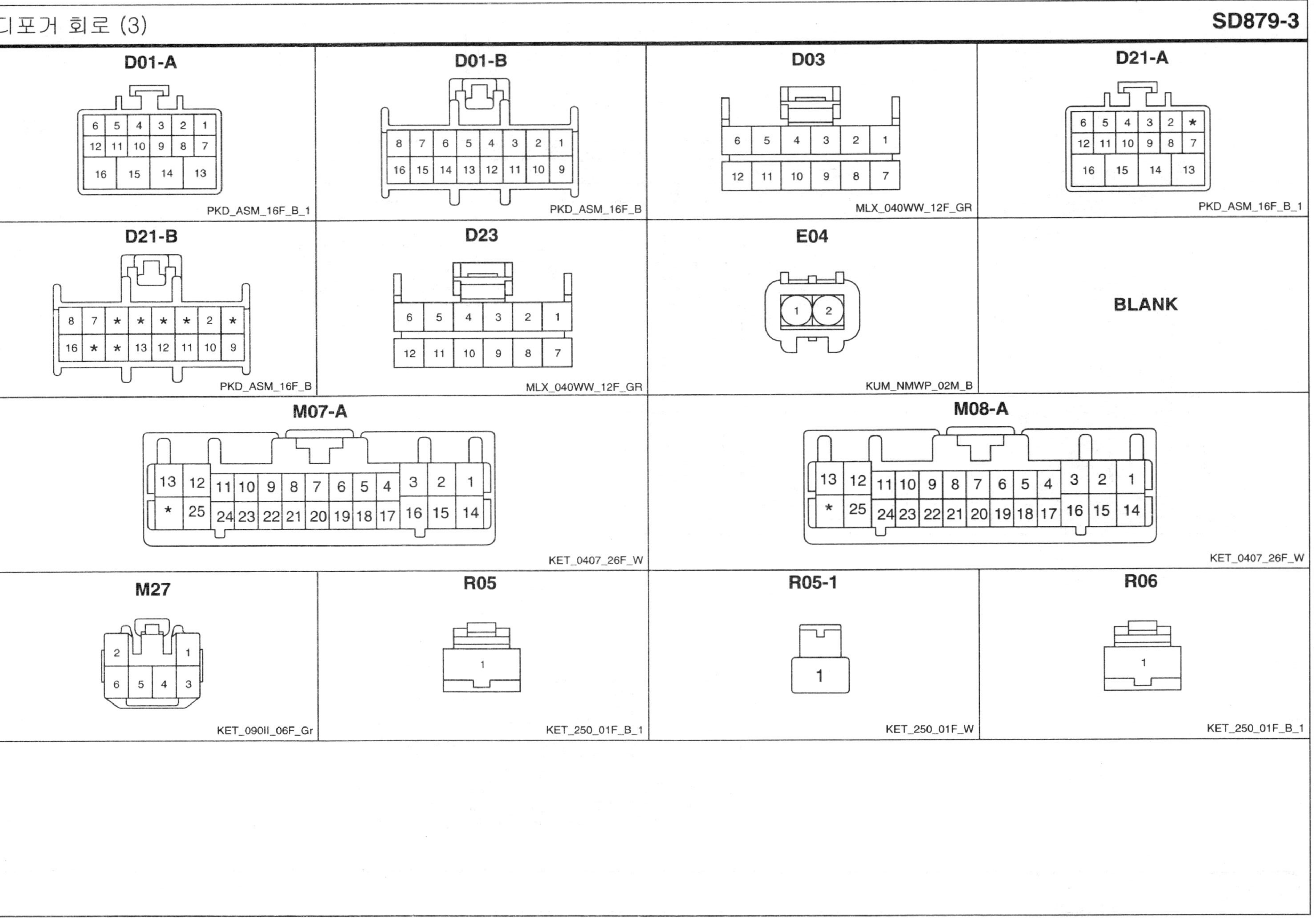
D01-A
PKD_ASM_16F_B_1
D01-B
PKD_ASM_16F_B
D03
MLX_040WW_12F_GR
D21-A
PKD_ASM_16F_B_1
D21-B
PKD_ASM_16F_B
D23
MLX_040WW_12F_GR
E04
KUM_NMWP_02M_B
BLANK
M07-A
KET_0407_26F_W
M08-A
KET_0407_26F_W
M27
KET_090II_06F_Gr
R05
KET_250_01F_B_1
R05-1
KET_250_01F_W
R06
KET_250_01F_B_1

스티어링 휠 열선 회로 (1)

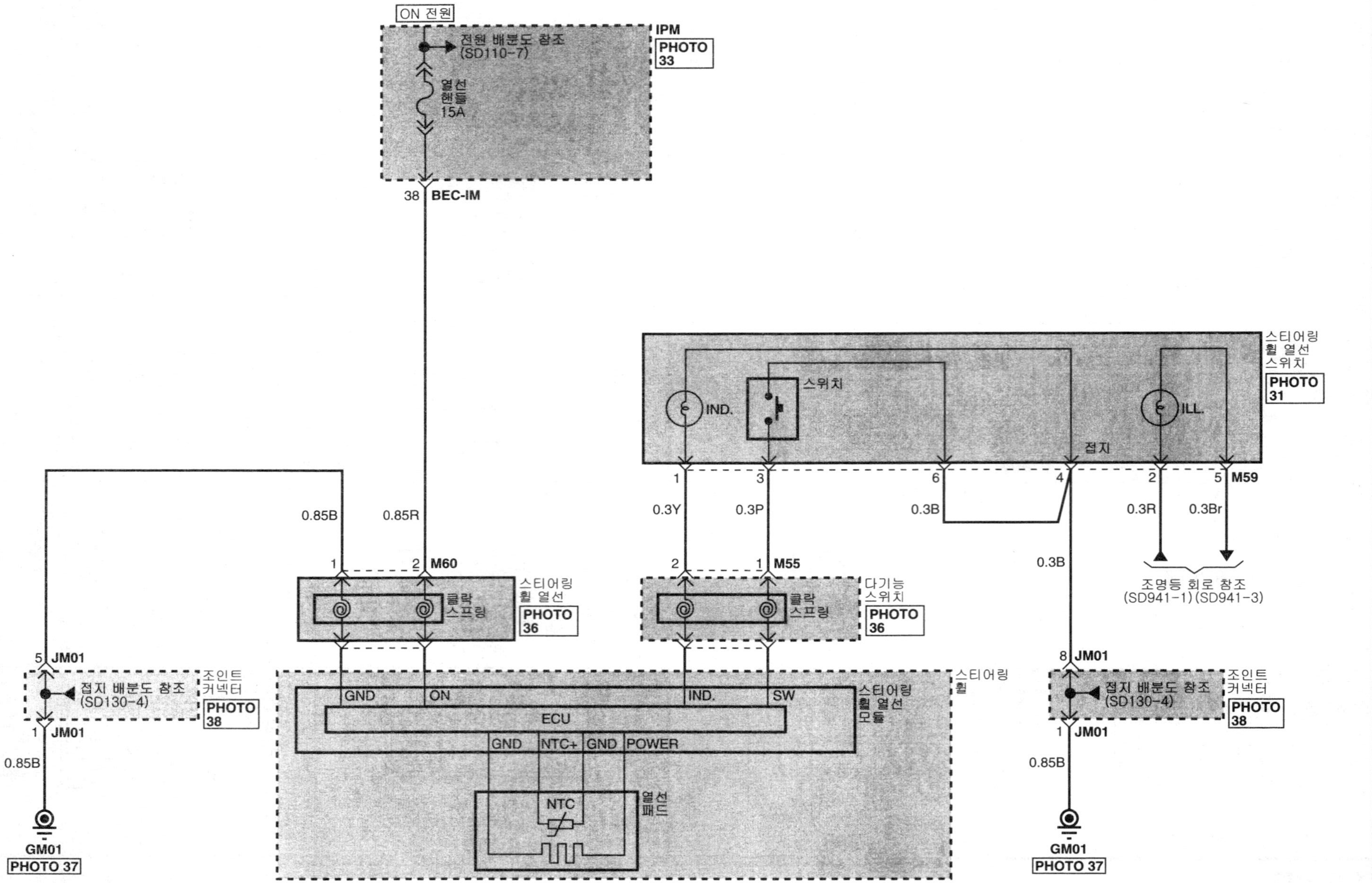

SD879-4

ON 전원
전원 배분도 참조 (SD110-7)
열선 핸들 15A
IPM
PHOTO 33
38 BEC-IM
0.85R
0.85B
1
2 M60
클락 스프링
스티어링 휠 열선
PHOTO 36
스티어링 휠 열선 스위치
PHOTO 31
IND.
스위치
ILL.
접지
1
3
6
4
2
5 M59
0.3Y
0.3P
0.3B
0.3R
0.3Br
조명등 회로 참조 (SD941-1) (SD941-3)
2
1 M55
클락 스프링
다기능 스위치
PHOTO 36
0.3B
8 JM01
접지 배분도 참조 (SD130-4)
조인트 커넥터
PHOTO 38
1 JM01
0.85B
GM01
PHOTO 37
스티어링 휠
스티어링 휠 열선 모듈
GND
ON
IND.
SW
ECU
GND
NTC+
GND
POWER
NTC
열선 패드
5 JM01
접지 배분도 참조 (SD130-4)
조인트 커넥터
PHOTO 38
1 JM01
0.85B
GM01
PHOTO 37

M55	M59	M60	BLANK
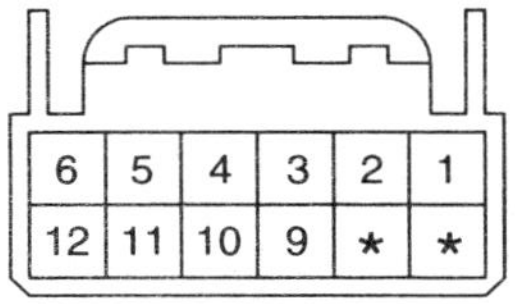 6 5 4 3 2 1 12 11 10 9 * *	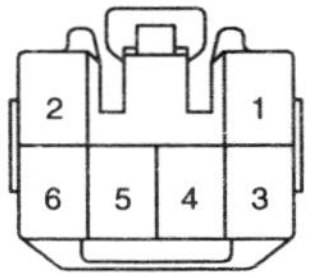 2 1 6 5 4 3	2 1	
AMP_025_12F_W	KET_090II_06F_Y	PKD_150_02F_R	

운전석

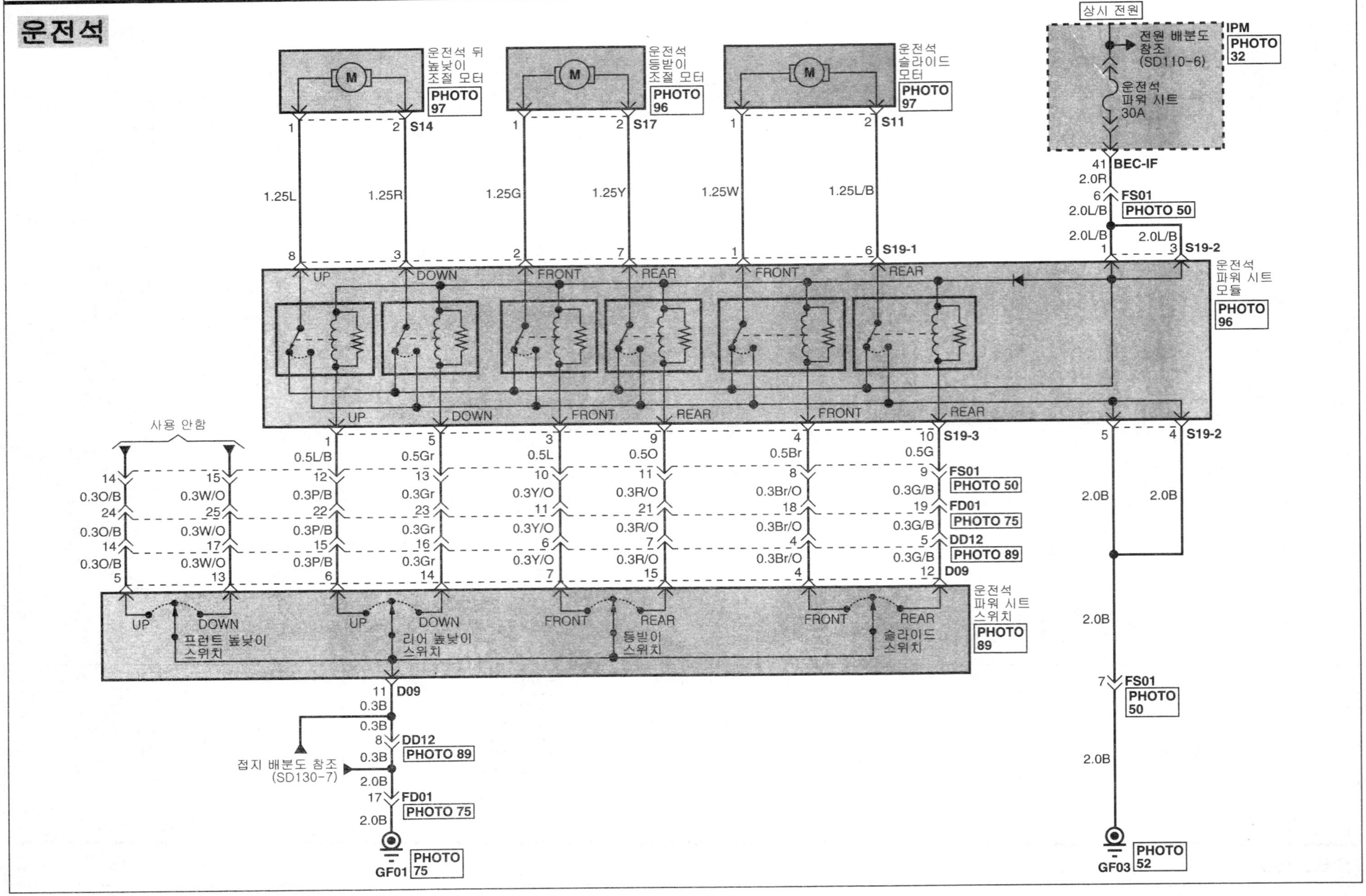

상시 전원
IPM PHOTO 32
전원 배분도 참조 (SD110-6)
운전석 파워 시트 30A
41 BEC-IF
2.0R
6 FS01 PHOTO 50
2.0L/B
2.0L/B 1
2.0L/B 3 S19-2
운전석 파워 시트 모듈 PHOTO 96

운전석 뒤 높낮이 조절 모터 PHOTO 97
1 2 S14
1.25L 1.25R
8 UP 3 DOWN

운전석 등받이 조절 모터 PHOTO 96
1 2 S17
1.25G 1.25Y
2 FRONT 7 REAR

운전석 슬라이드 모터 PHOTO 97
1 2 S11
1.25W 1.25L/B
1 FRONT 6 REAR S19-1

UP DOWN FRONT REAR FRONT REAR
1 5 3 9 4 10 S19-3
0.5L/B 0.5Gr 0.5L 0.5O 0.5Br 0.5G
12 13 10 11 8 9 FS01 PHOTO 50
0.3P/B 0.3Gr 0.3Y/O 0.3R/O 0.3Br/O 0.3G/B
22 23 11 21 18 19 FD01 PHOTO 75
0.3P/B 0.3Gr 0.3Y/O 0.3R/O 0.3Br/O 0.3G/B
15 16 6 7 4 5 DD12 PHOTO 89
0.3P/B 0.3Gr 0.3Y/O 0.3R/O 0.3Br/O 0.3G/B
6 14 7 15 4 12 D09

사용 안함
14 15
0.3O/B 0.3W/O
24 25
0.3O/B 0.3W/O
14 17
0.3O/B 0.3W/O
5 13

운전석 파워 시트 스위치 PHOTO 89
UP DOWN 프런트 높낮이 스위치
UP DOWN 리어 높낮이 스위치
FRONT REAR 등받이 스위치
FRONT REAR 슬라이드 스위치

11 D09
0.3B
0.3B
8 DD12 PHOTO 89
0.3B
접지 배분도 참조 (SD130-7)
2.0B
17 FD01 PHOTO 75
2.0B
GF01 PHOTO 75

5 4 S19-2
2.0B 2.0B
2.0B
7 FS01 PHOTO 50
2.0B
GF03 PHOTO 52

동승석

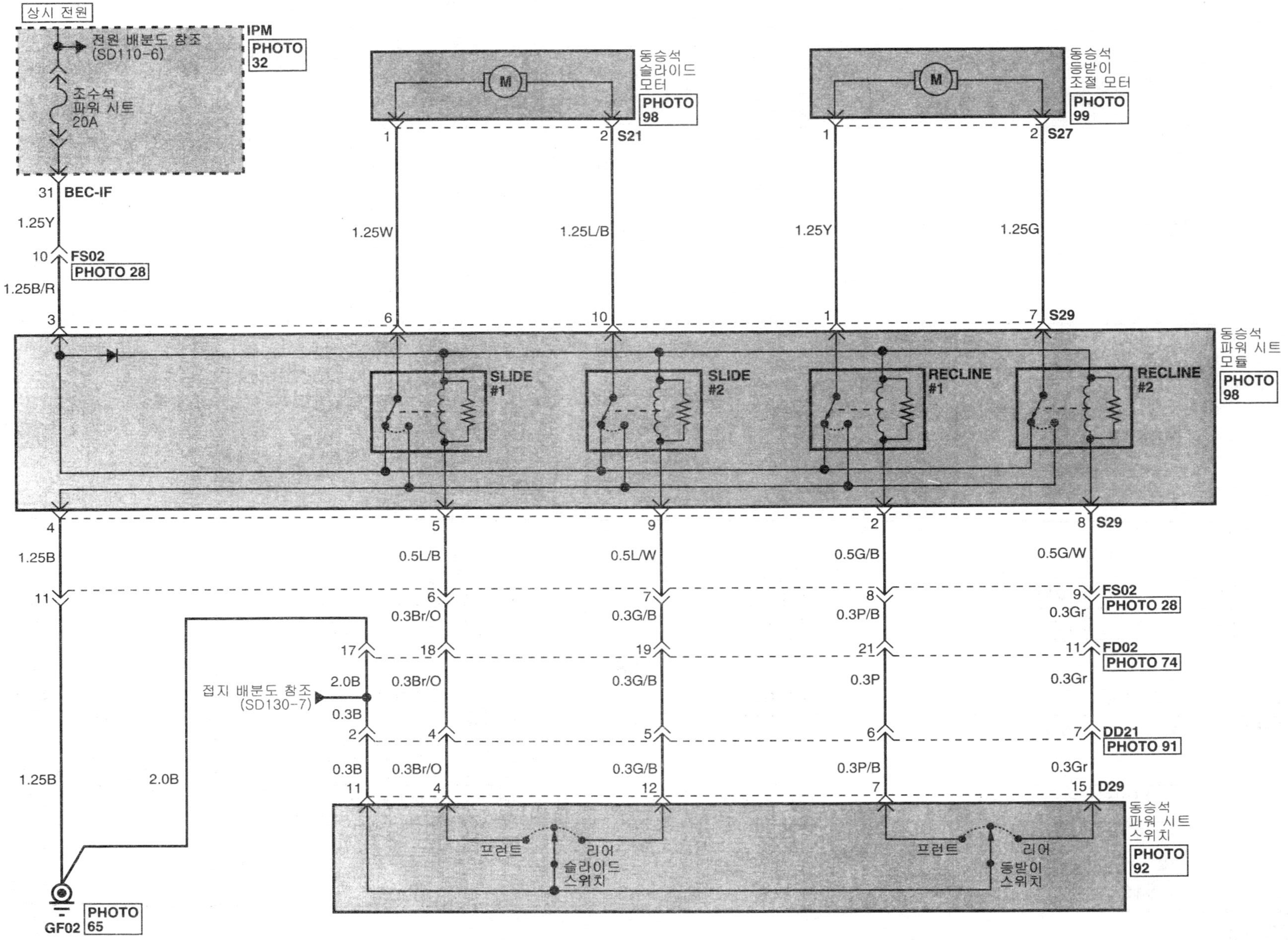

상시 전원

IPM PHOTO 32
전원 배분도 참조 (SD110-6)
조수석 파워 시트 20A

31 BEC-IF
1.25Y
10 FS02 PHOTO 28
1.25B/R
3

동승석 슬라이드 모터 PHOTO 98
1 2 S21
1.25W 1.25L/B
6 10

동승석 등받이 조절 모터 PHOTO 99
1 2 S27
1.25Y 1.25G
1 7 S29

동승석 파워 시트 모듈 PHOTO 98
SLIDE #1
SLIDE #2
RECLINE #1
RECLINE #2

4 5 9 2 8 S29
1.25B 0.5L/B 0.5L/W 0.5G/B 0.5G/W
11 6 7 8 9 FS02 PHOTO 28
0.3Br/O 0.3G/B 0.3P/B 0.3Gr
17 18 19 21 11 FD02 PHOTO 74
2.0B 0.3Br/O 0.3G/B 0.3P 0.3Gr
접지 배분도 참조 (SD130-7)
0.3B
2 4 5 6 7 DD21 PHOTO 91
1.25B 2.0B 0.3B 0.3Br/O 0.3G/B 0.3P/B 0.3Gr
11 4 12 7 15 D29

동승석 파워 시트 스위치 PHOTO 92
프런트 리어 슬라이드 스위치
프런트 리어 등받이 스위치

GF02 PHOTO 65

D09

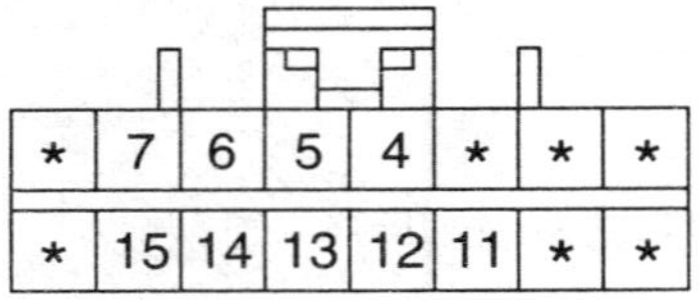

*	7	6	5	4	*	*	*
*	15	14	13	12	11	*	*

AMP_040M2_16F_B

D29

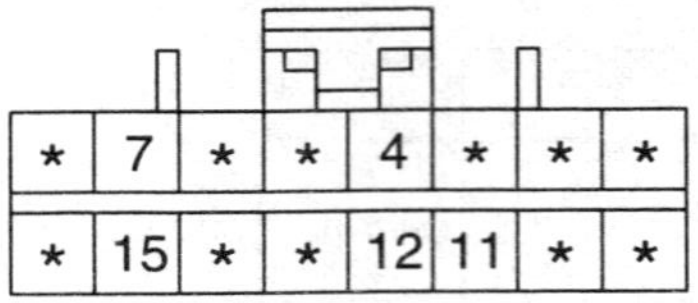

*	7	*	*	4	*	*	*
*	15	*	*	12	11	*	*

AMP_040M2_16F_B

S11

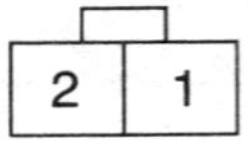

2	1

KET_MG610320

S14

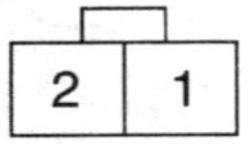

2	1

KET_MG610320

S17

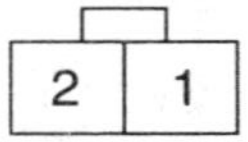

2	1

KET_MG610392

S19-1

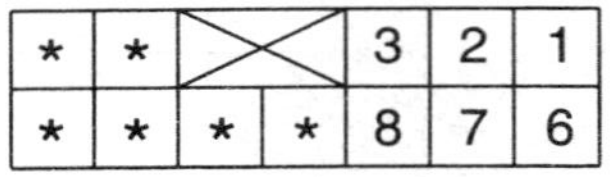

*	*		3	2	1
*	*	*	*	8	7	6

AMP_173851

S19-2

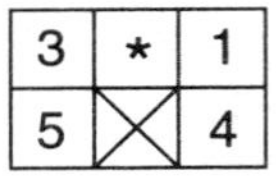

3	*	1
5		4

AMP_171806_2

S19-3

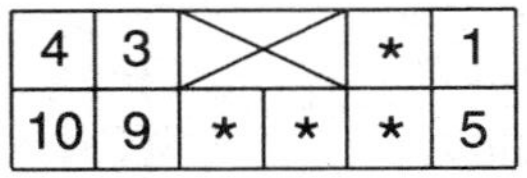

4	3		*	1
10	9	*	*	*	5

KET_MG610404

S21

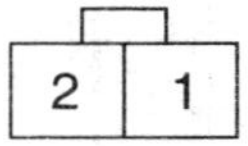

2	1

KET_MG610320

S27

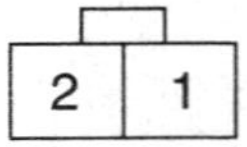

2	1

KET_MG610392

S29

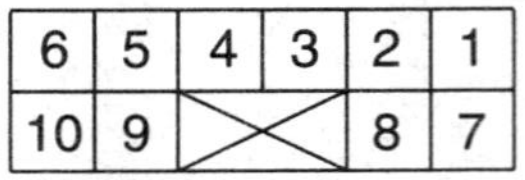

6	5	4	3	2	1
10	9			8	7

KET_MG651056

BLANK

IMS / 파워 시트 적용

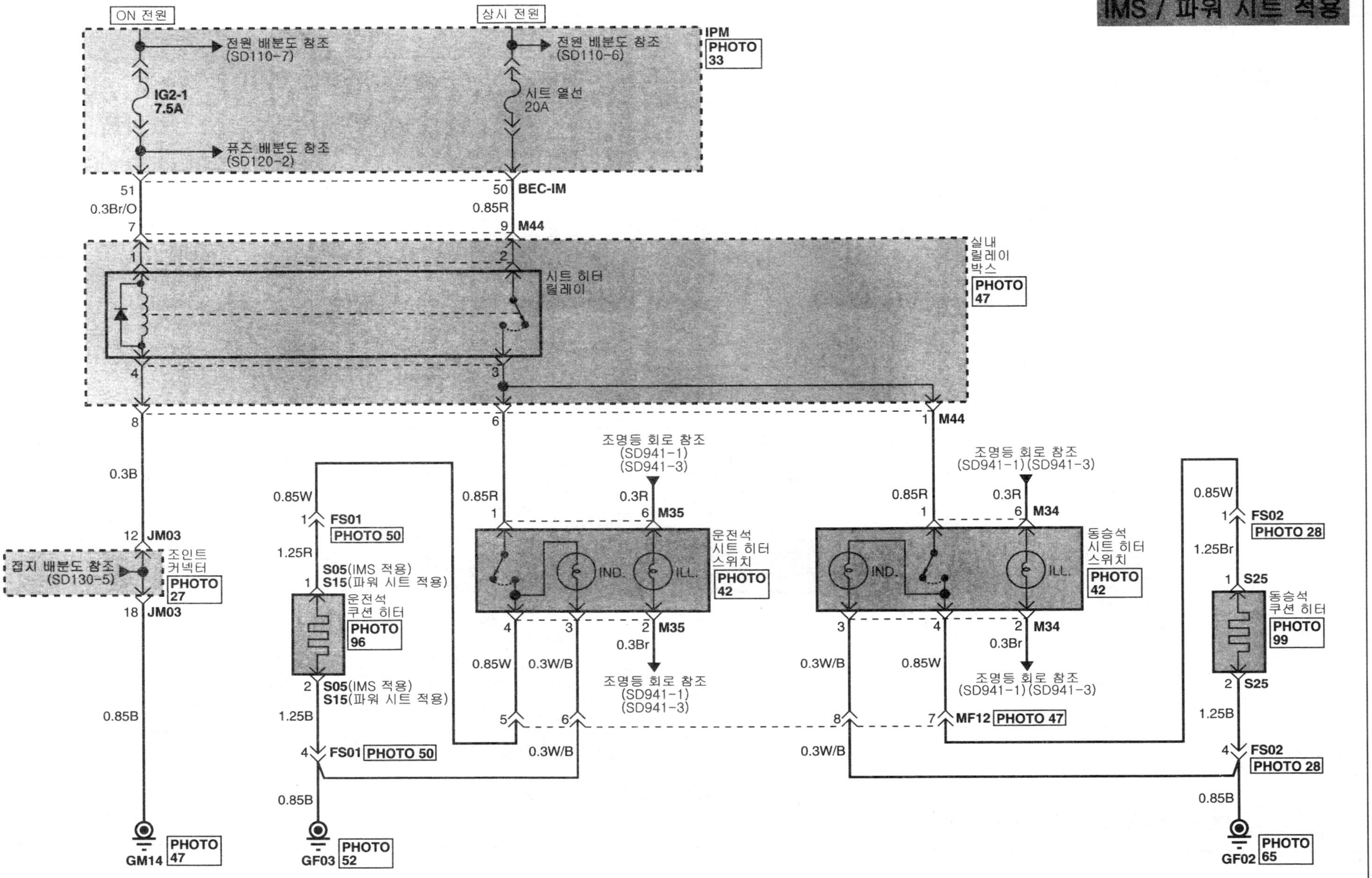

ON 전원
상시 전원
전원 배분도 참조 (SD110-7)
전원 배분도 참조 (SD110-6)
IPM PHOTO 33
IG2-1 7.5A
시트 열선 20A
퓨즈 배분도 참조 (SD120-2)
51
0.3Br/O
7
50 BEC-IM
0.85R
9 M44
실내 릴레이 박스 PHOTO 47
1
2
시트 히터 릴레이
4
3
8
6
1 M44
0.3B
12 JM03
접지 배분도 참조 (SD130-5)
조인트 커넥터 PHOTO 27
18 JM03
0.85B
GM14 PHOTO 47
0.85W
1 FS01 PHOTO 50
1.25R
1 S05(IMS 적용) S15(파워 시트 적용)
운전석 쿠션 히터 PHOTO 96
2 S05(IMS 적용) S15(파워 시트 적용)
1.25B
4 FS01 PHOTO 50
0.85B
GF03 PHOTO 52
0.85R
조명등 회로 참조 (SD941-1) (SD941-3)
0.3R
6 M35
운전석 시트 히터 스위치 PHOTO 42
IND.
ILL.
4
3
2 M35
0.85W
0.3W/B
0.3Br
조명등 회로 참조 (SD941-1) (SD941-3)
5
6
0.3W/B
0.85R
1
조명등 회로 참조 (SD941-1) (SD941-3)
0.3R
6 M34
동승석 시트 히터 스위치 PHOTO 42
IND.
ILL.
3
4
2 M34
0.3W/B
0.85W
0.3Br
조명등 회로 참조 (SD941-1) (SD941-3)
8
7 MF12 PHOTO 47
0.3W/B
0.85W
1 FS02 PHOTO 28
1.25Br
1 S25
동승석 쿠션 히터 PHOTO 99
2 S25
1.25B
4 FS02 PHOTO 28
0.85B
GF02 PHOTO 65

IMS & 파워 시트 미적용 (매뉴얼 시트)

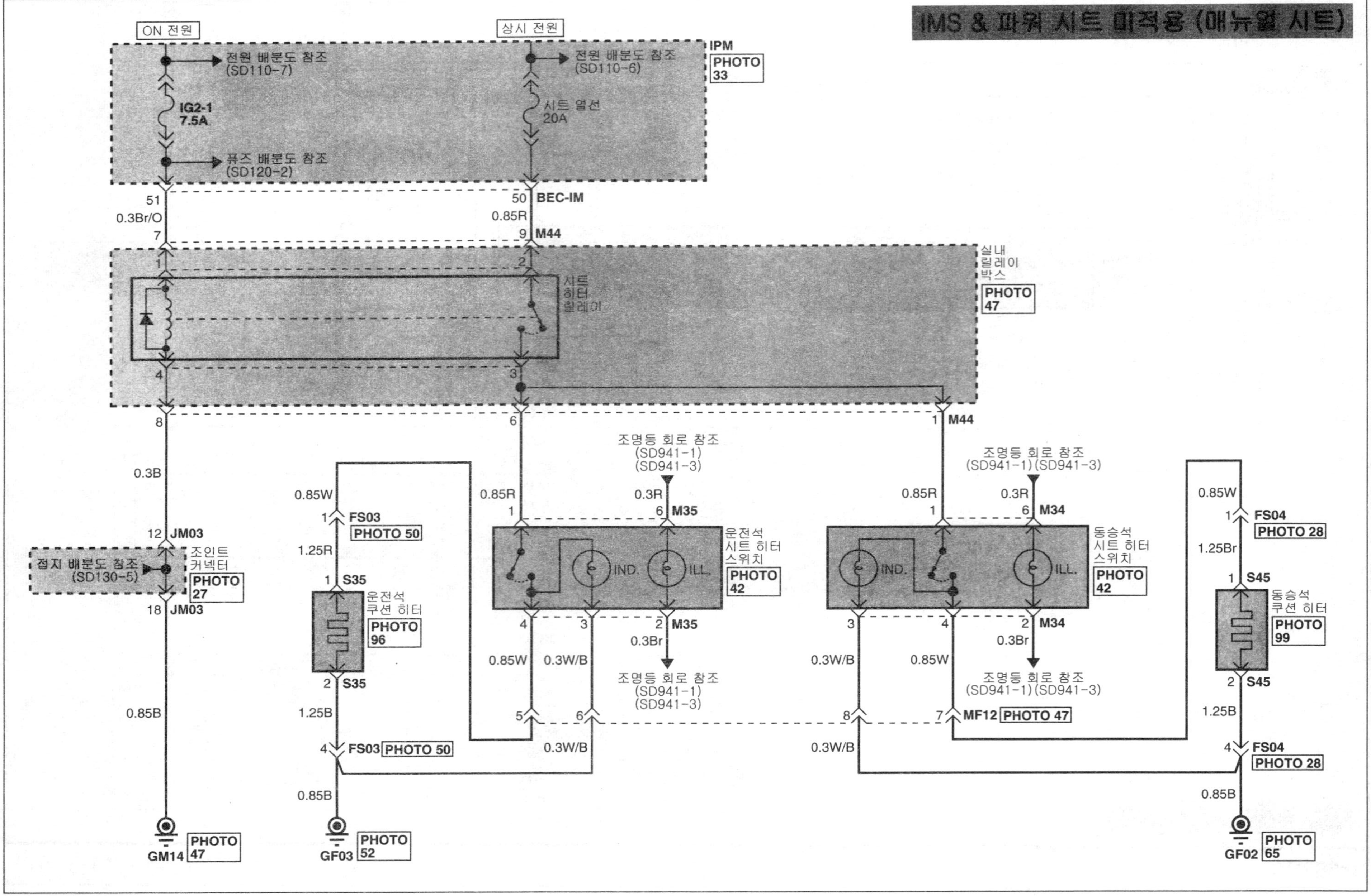

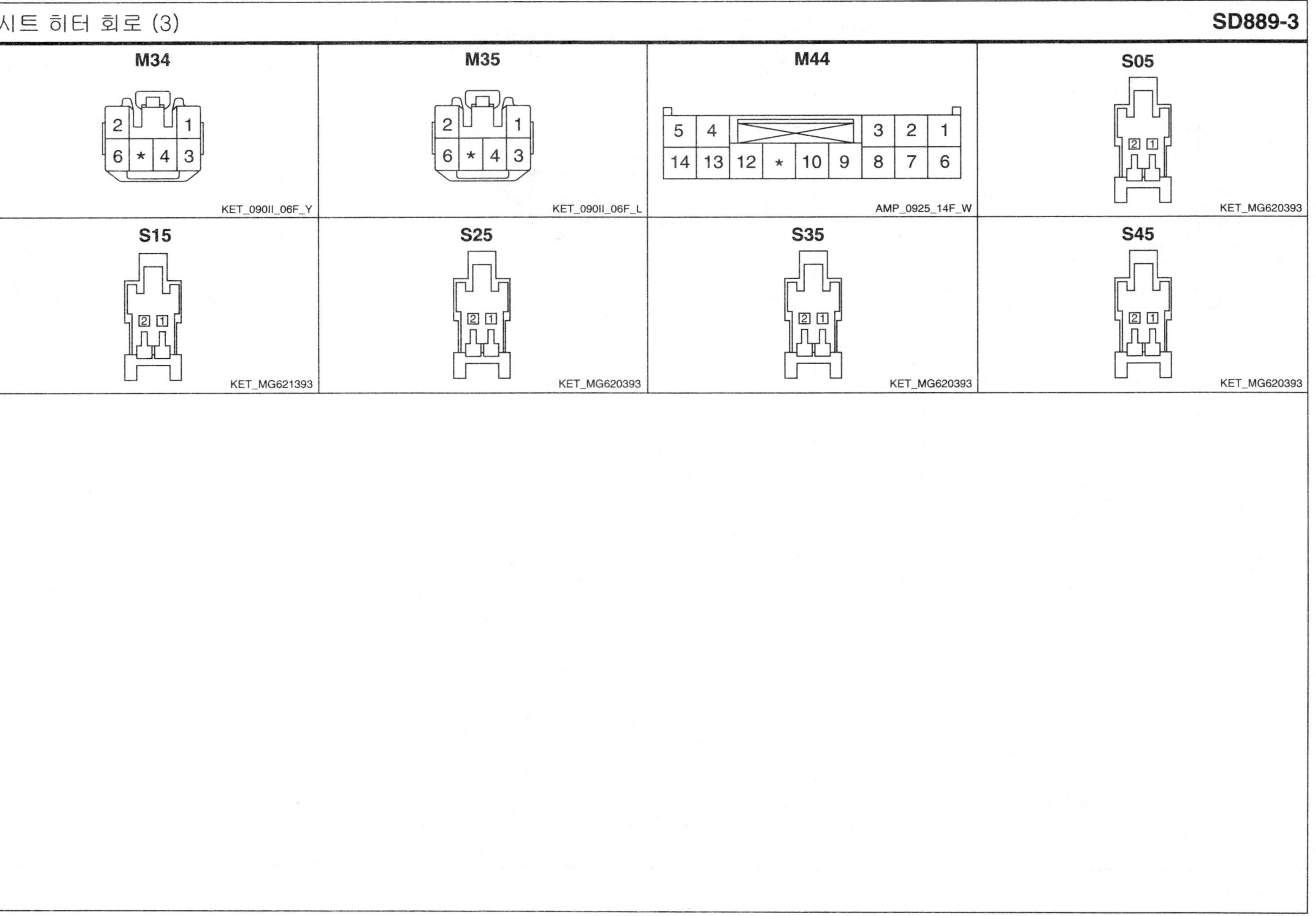
M34
2
1
6
*
4
3
KET_090II_06F_Y
M35
2
1
6
*
4
3
KET_090II_06F_L
M44
5 4 3 2 1
14 13 12 * 10 9 8 7 6
AMP_0925_14F_W
S05
2 1
KET_MG620393
S15
2 1
KET_MG621393
S25
2 1
KET_MG620393
S35
2 1
KET_MG620393
S45
2 1
KET_MG620393

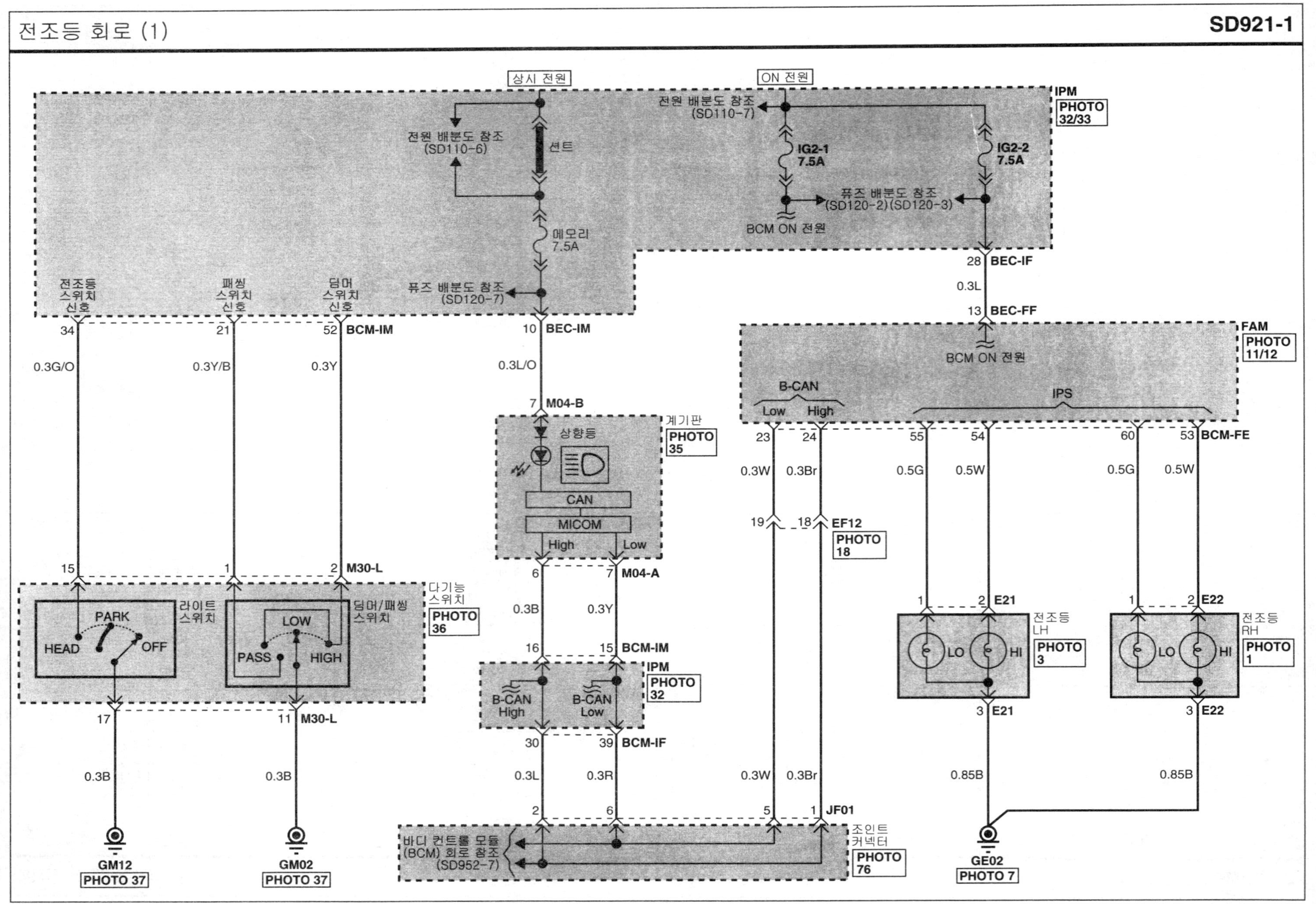

상시 전원
ON 전원
IPM
PHOTO 32/33
전원 배분도 참조 (SD110-7)
전원 배분도 참조 (SD110-6)
션트
IG2-1 7.5A
IG2-2 7.5A
퓨즈 배분도 참조 (SD120-2)(SD120-3)
BCM ON 전원
메모리 7.5A
28 BEC-IF
0.3L
13 BEC-FF
FAM
PHOTO 11/12
BCM ON 전원
B-CAN
Low High
IPS
전조등 스위치 신호
패씽 스위치 신호
딤머 스위치 신호
퓨즈 배분도 참조 (SD120-7)
34 21 52 BCM-IM
10 BEC-IM
0.3G/O
0.3Y/B
0.3Y
0.3L/O
7 M04-B
계기판
PHOTO 35
상향등
CAN
MICOM
High Low
6 7 M04-A
0.3B 0.3Y
16 15 BCM-IM
IPM
PHOTO 32
B-CAN High
B-CAN Low
30 39 BCM-IF
0.3L 0.3R
2 6 5 1 JF01
조인트 커넥터
PHOTO 76
바디 컨트롤 모듈 (BCM) 회로 참조 (SD952-7)
23 24 55 54 60 53 BCM-FE
0.3W 0.3Br 0.5G 0.5W 0.5G 0.5W
19 18 EF12
PHOTO 18
0.3W 0.3Br
1 2 E21
1 2 E22
전조등 LH
PHOTO 3
전조등 RH
PHOTO 1
LO HI
3 E21
3 E22
0.85B
0.85B
GE02
PHOTO 7
15 1 2 M30-L
다기능 스위치
PHOTO 36
라이트 스위치
PARK
HEAD
OFF
딤머/패씽 스위치
LOW
PASS
HIGH
17 11 M30-L
0.3B 0.3B
GM12
PHOTO 37
GM02
PHOTO 37

E21

2	1
*	3

KUM_NMWP_04F_B

E22

2	1
*	3

KUM_NMWP_04F_B

M04-A

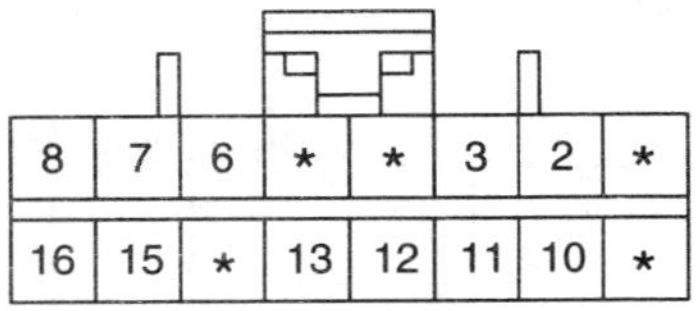

8	7	6	*	*	3	2	*
16	15	*	13	12	11	10	*

AMP_040M2_16F_B

M04-B

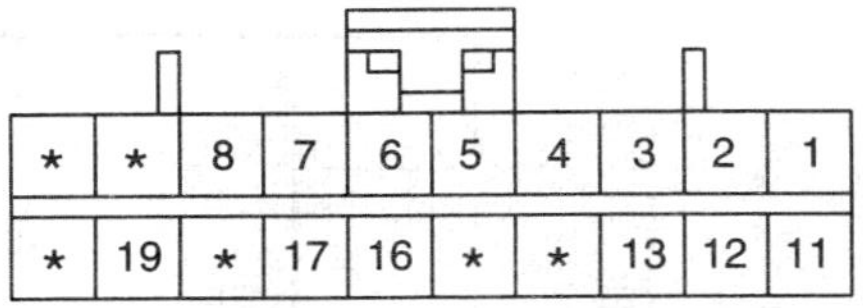

*	*	8	7	6	5	4	3	2	1
*	19	*	17	16	*	*	13	12	11

AMP_040M2_20F_B

M30-L

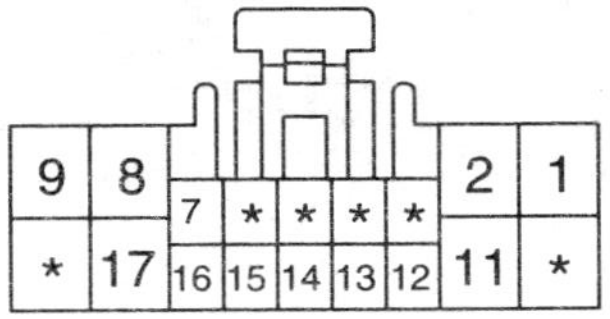

9	8	7	*	*	*	*	2	1
*	17	16	15	14	13	12	11	*

KET_0509_18F_B

BLANK

BLANK

BLANK

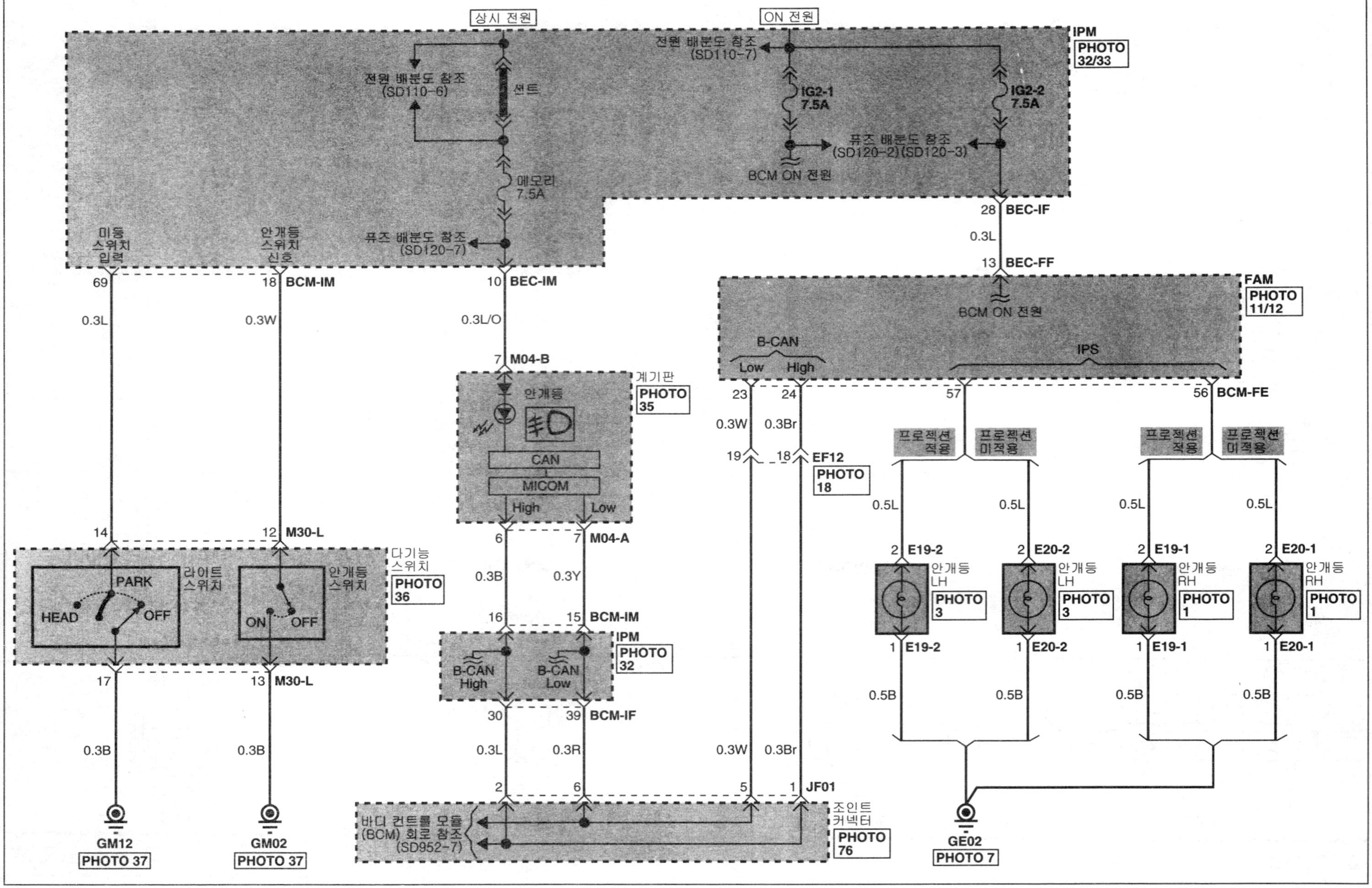

상시 전원
ON 전원
IPM PHOTO 32/33
전원 배분도 참조 (SD110-6)
센트
메모리 7.5A
퓨즈 배분도 참조 (SD120-7)
전원 배분도 참조 (SD110-7)
IG2-1 7.5A
IG2-2 7.5A
퓨즈 배분도 참조 (SD120-2)(SD120-3)
BCM ON 전원
미등 스위치 입력
안개등 스위치 신호
69 0.3L
18 BCM-IM 0.3W
10 BEC-IM 0.3L/O
28 BEC-IF 0.3L
13 BEC-FF
FAM PHOTO 11/12
BCM ON 전원
B-CAN Low High
IPS
23 0.3W
24 0.3Br
57
56 BCM-FE
19 18 EF12 PHOTO 18
7 M04-B
계기판 PHOTO 35
안개등
CAN
MICOM
High Low
6 0.3B
7 M04-A 0.3Y
16 15 BCM-IM
IPM PHOTO 32
B-CAN High
B-CAN Low
30 0.3L
39 BCM-IF 0.3R
2 6 5 1 JF01
0.3W 0.3Br
바디 컨트롤 모듈 (BCM) 회로 참조 (SD952-7)
조인트 커넥터 PHOTO 76
14 12 M30-L
다기능 스위치 PHOTO 36
라이트 스위치
PARK HEAD OFF
안개등 스위치
ON OFF
17 13 M30-L
0.3B 0.3B
GM12 PHOTO 37
GM02 PHOTO 37
프로젝션 적용
프로젝션 미적용
프로젝션 적용
프로젝션 미적용
0.5L 0.5L 0.5L 0.5L
2 E19-2 안개등 LH PHOTO 3 1 E19-2
2 E20-2 안개등 LH PHOTO 3 1 E20-2
2 E19-1 안개등 RH PHOTO 1 1 E19-1
2 E20-1 안개등 RH PHOTO 1 1 E20-1
0.5B 0.5B 0.5B 0.5B
GE02 PHOTO 7

E19-1

2	1

PKD_280WP_02F_Gr

E19-2

2	1

PKD_280WP_02F_Gr

E20-1

2	1

KET_110WP_02F_B_FOG

E20-2

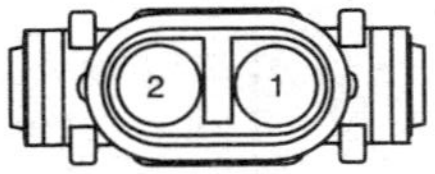

2	1

KET_110WP_02F_B_FOG

M04-A

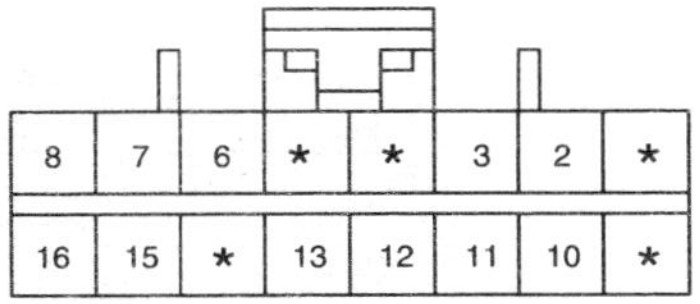

8	7	6	*	*	3	2	*
16	15	*	13	12	11	10	*

AMP_040M2_16F_B

M04-B

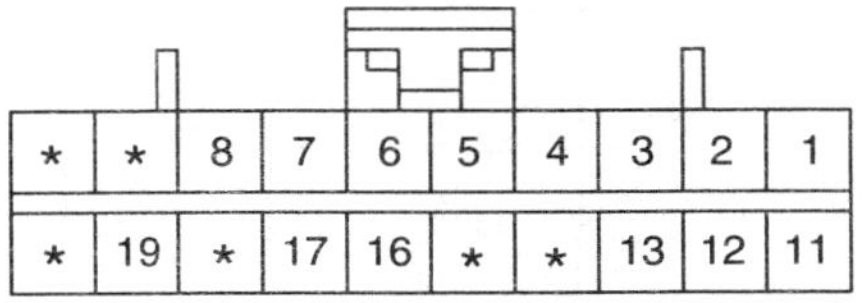

*	*	8	7	6	5	4	3	2	1
*	19	*	17	16	*	*	13	12	11

AMP_040M2_20F_B

M30-L

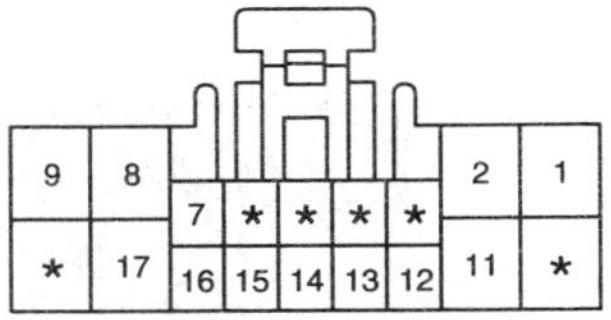

9	8	7	*	*	*	*	2	1
*	17	16	15	14	13	12	11	*

KET_0509_18F_B

BLANK

방향등 & 비상등 회로 (1)

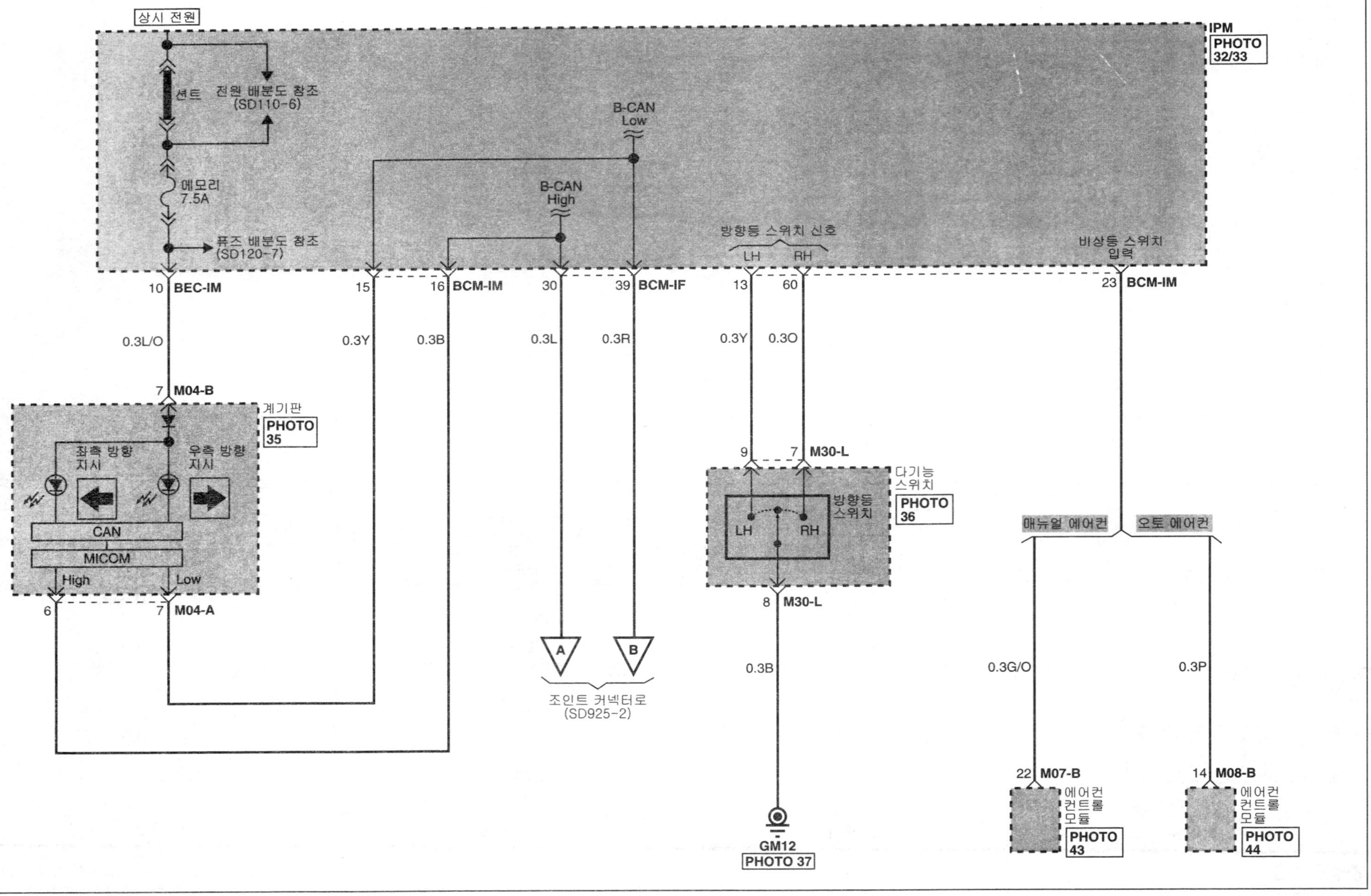

상시 전원
IPM
PHOTO 32/33
센트
전원 배분도 참조 (SD110-6)
메모리 7.5A
퓨즈 배분도 참조 (SD120-7)
B-CAN Low
B-CAN High
방향등 스위치 신호
LH
RH
비상등 스위치 입력
10 BEC-IM
15
16 BCM-IM
30
39 BCM-IF
13
60
23 BCM-IM
0.3L/O
0.3Y
0.3B
0.3L
0.3R
0.3Y
0.3O
7 M04-B
계기판
PHOTO 35
좌측 방향 지시
우측 방향 지시
CAN
MICOM
High
Low
6
7 M04-A
A
B
조인트 커넥터로 (SD925-2)
9
7 M30-L
다기능 스위치
PHOTO 36
방향등 스위치
LH
RH
8 M30-L
0.3B
GM12
PHOTO 37
매뉴얼 에어컨
오토 에어컨
0.3G/O
0.3P
22 M07-B
에어컨 컨트롤 모듈
PHOTO 43
14 M08-B
에어컨 컨트롤 모듈
PHOTO 44

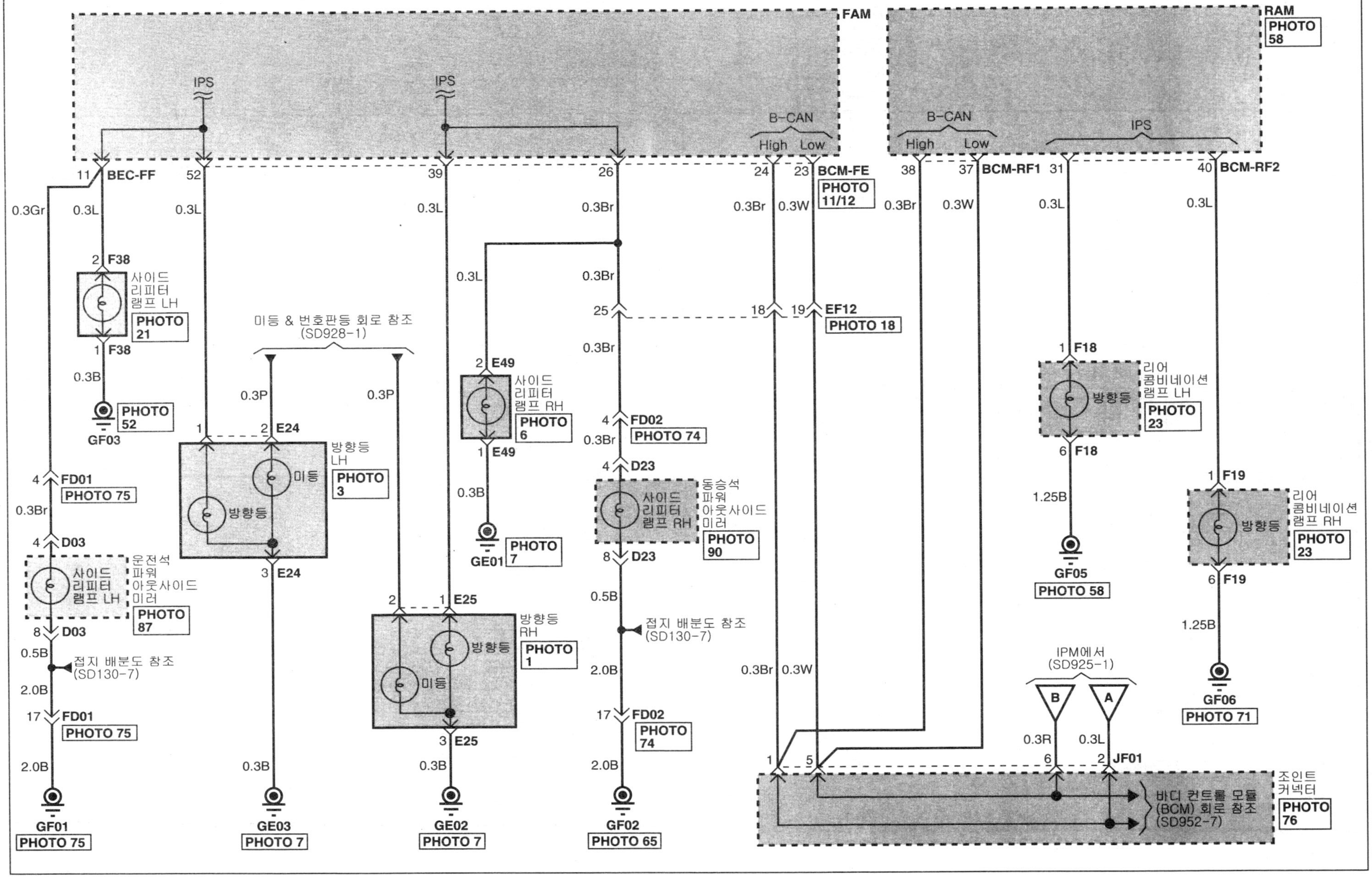

FAM
RAM
PHOTO 58
IPS
B-CAN
High
Low
BEC-FF
BCM-FE
PHOTO 11/12
BCM-RF1
BCM-RF2
11
52
39
26
24
23
38
37
31
40
0.3Gr
0.3L
0.3Br
0.3W
F38
사이드 리피터 램프 LH
PHOTO 21
PHOTO 52
GF03
미등 & 번호판등 회로 참조 (SD928-1)
0.3P
E24
방향등 LH
PHOTO 3
미등
방향등
E49
사이드 리피터 램프 RH
PHOTO 6
GE01
PHOTO 7
25
18
19
EF12
PHOTO 18
FD02
PHOTO 74
D23
동승석 파워 아웃사이드 미러
PHOTO 90
0.5B
접지 배분도 참조 (SD130-7)
2.0B
FD01
PHOTO 75
D03
운전석 파워 아웃사이드 미러
PHOTO 87
E25
방향등 RH
PHOTO 1
F18
리어 콤비네이션 램프 LH
PHOTO 23
1.25B
GF05
PHOTO 58
F19
리어 콤비네이션 램프 RH
GF06
PHOTO 71
IPM에서 (SD925-1)
B
A
0.3R
JF01
조인트 커넥터
PHOTO 76
바디 컨트롤 모듈 (BCM) 회로 참조 (SD952-7)
GF01
PHOTO 75
GE03
PHOTO 7
GE02
PHOTO 7
GF02
PHOTO 65

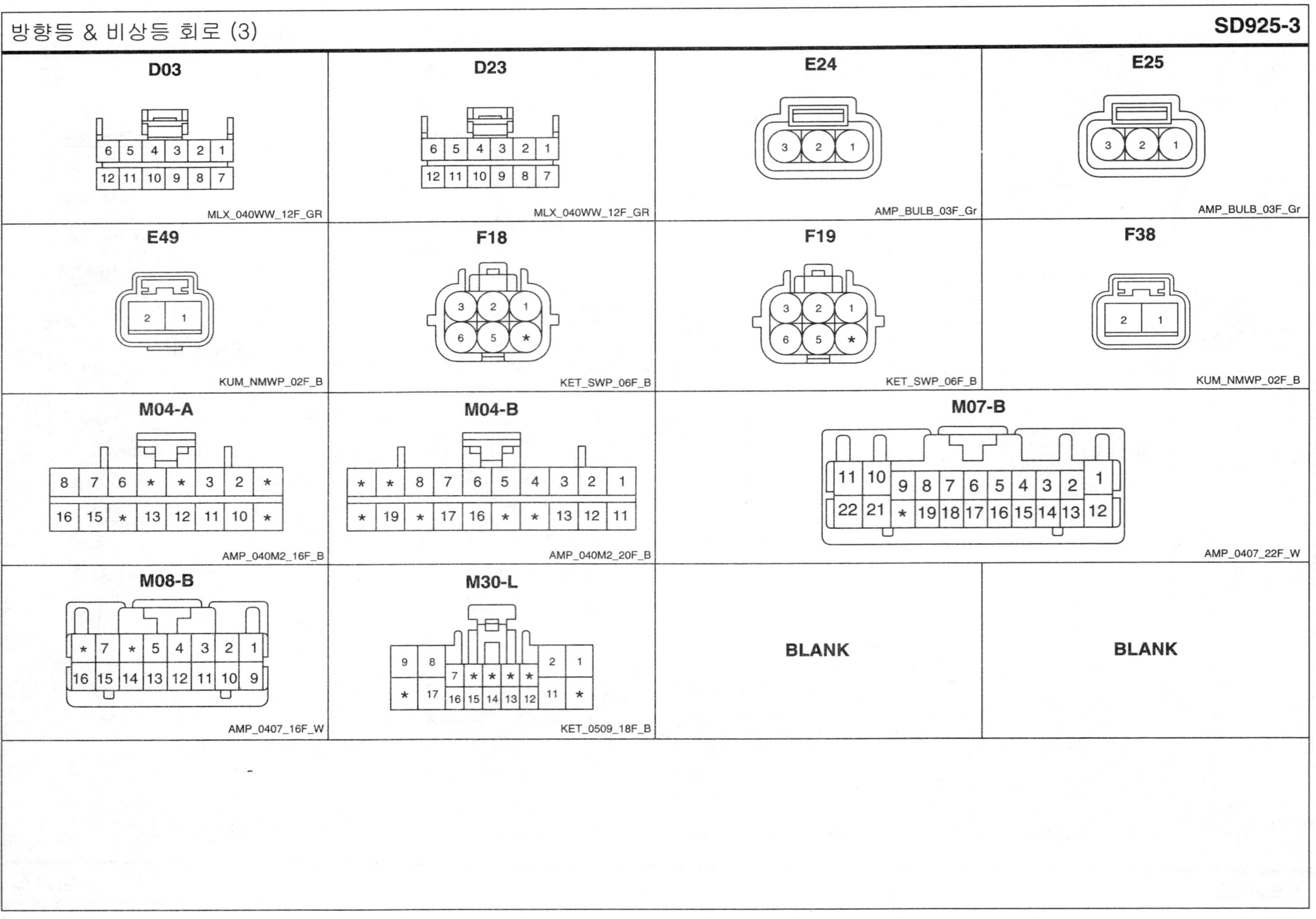
방향등 & 비상등 회로 (3)
SD925-3
D03
MLX_040WW_12F_GR
D23
MLX_040WW_12F_GR
E24
AMP_BULB_03F_Gr
E25
AMP_BULB_03F_Gr
E49
KUM_NMWP_02F_B
F18
KET_SWP_06F_B
F19
KET_SWP_06F_B
F38
KUM_NMWP_02F_B
M04-A
AMP_040M2_16F_B
M04-B
AMP_040M2_20F_B
M07-B
AMP_0407_22F_W
M08-B
AMP_0407_16F_W
M30-L
KET_0509_18F_B
BLANK
BLANK

G6DC : LAMBDA II 3.5L / D4HB : R 2.2L (A/T)

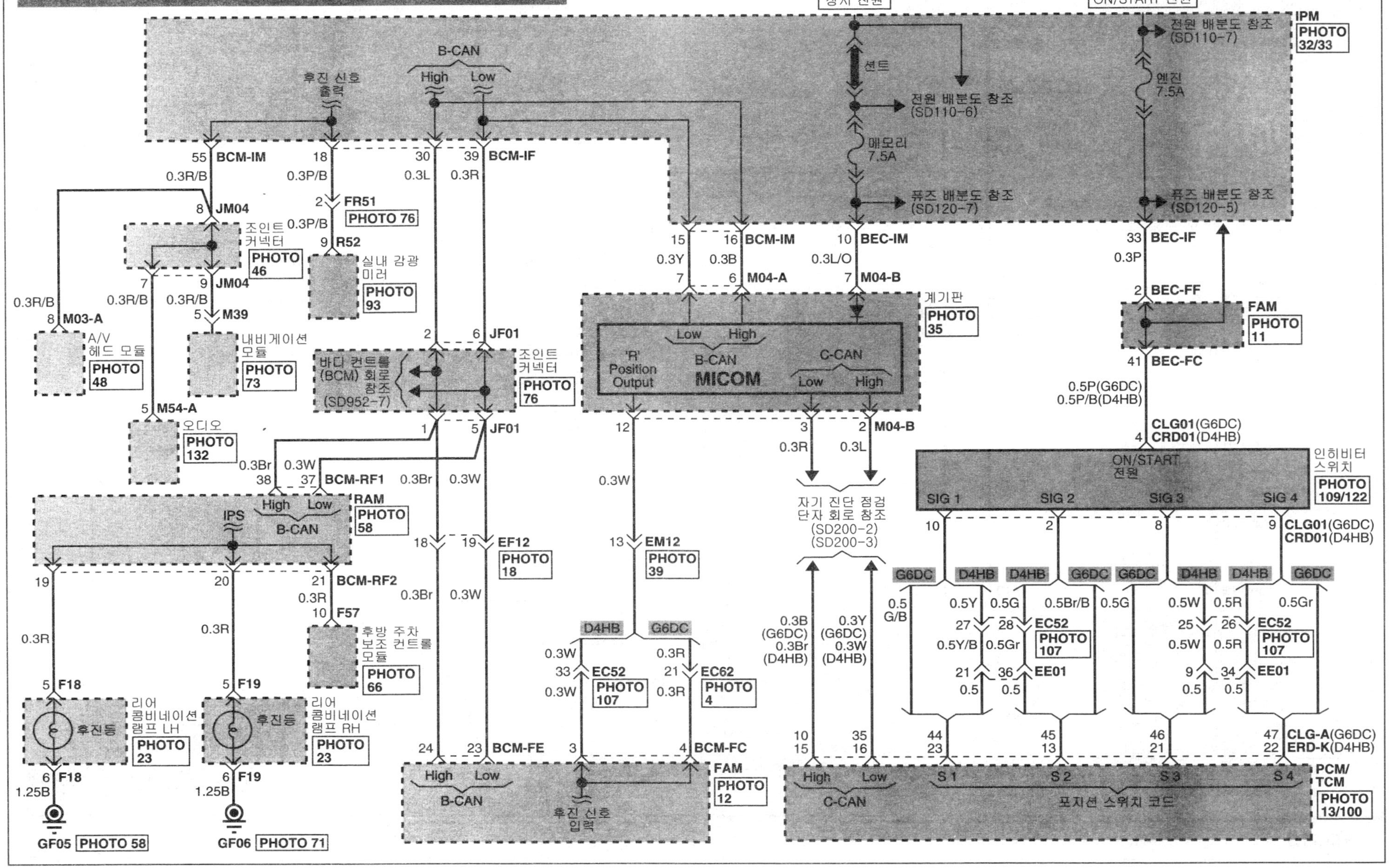

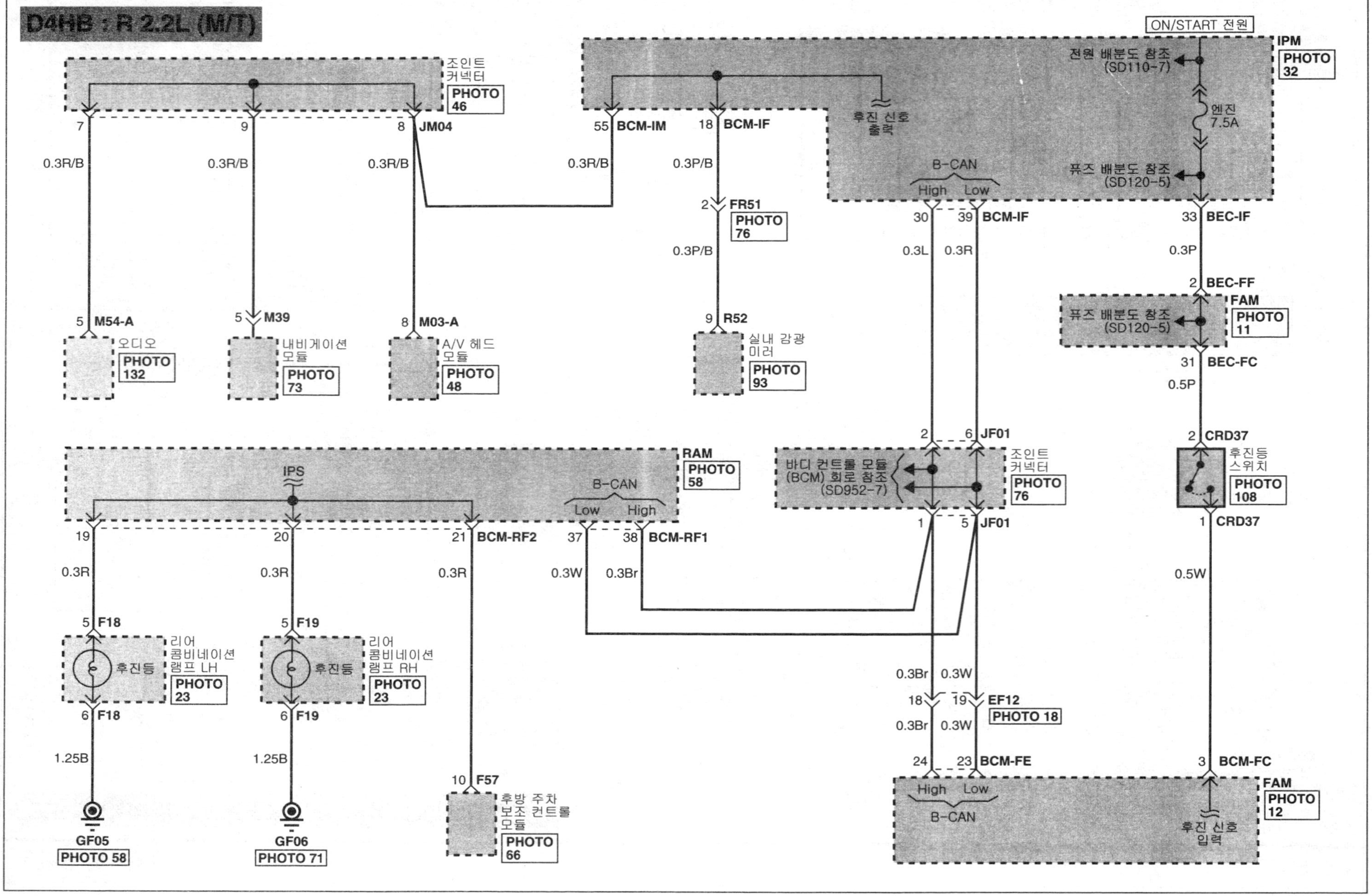

D4HB : R 2.2L (M/T)

ON/START 전원
IPM
PHOTO 32
전원 배분도 참조 (SD110-7)
엔진 7.5A
퓨즈 배분도 참조 (SD120-5)
후진 신호 출력
B-CAN
High Low
30 39 BCM-IF
0.3L 0.3R
33 BEC-IF
0.3P
2 BEC-FF
FAM
PHOTO 11
퓨즈 배분도 참조 (SD120-5)
31 BEC-FC
0.5P
2 CRD37
후진등 스위치
PHOTO 108
1 CRD37
0.5W
3 BCM-FC
FAM
PHOTO 12
후진 신호 입력
B-CAN
High Low
24 23 BCM-FE
0.3Br 0.3W
18 19 EF12
PHOTO 18
0.3Br 0.3W
2 6 JF01
바디 컨트롤 모듈 (BCM) 회로 참조 (SD952-7)
조인트 커넥터
PHOTO 76
1 5 JF01

조인트 커넥터
PHOTO 46
7 9 8 JM04
0.3R/B 0.3R/B 0.3R/B
5 M54-A
오디오
PHOTO 132
5 M39
내비게이션 모듈
PHOTO 73
8 M03-A
A/V 헤드 모듈
PHOTO 48
55 BCM-IM
0.3R/B
18 BCM-IF
0.3P/B
2 FR51
PHOTO 76
0.3P/B
9 R52
실내 감광 미러
PHOTO 93

RAM
PHOTO 58
IPS
B-CAN
Low High
37 38 BCM-RF1
0.3W 0.3Br
19 20 21 BCM-RF2
0.3R 0.3R 0.3R
5 F18
후진등
리어 콤비네이션 램프 LH
PHOTO 23
6 F18
1.25B
GF05
PHOTO 58
5 F19
후진등
리어 콤비네이션 램프 RH
PHOTO 23
6 F19
1.25B
GF06
PHOTO 71
10 F57
후방 주차 보조 컨트롤 모듈
PHOTO 66

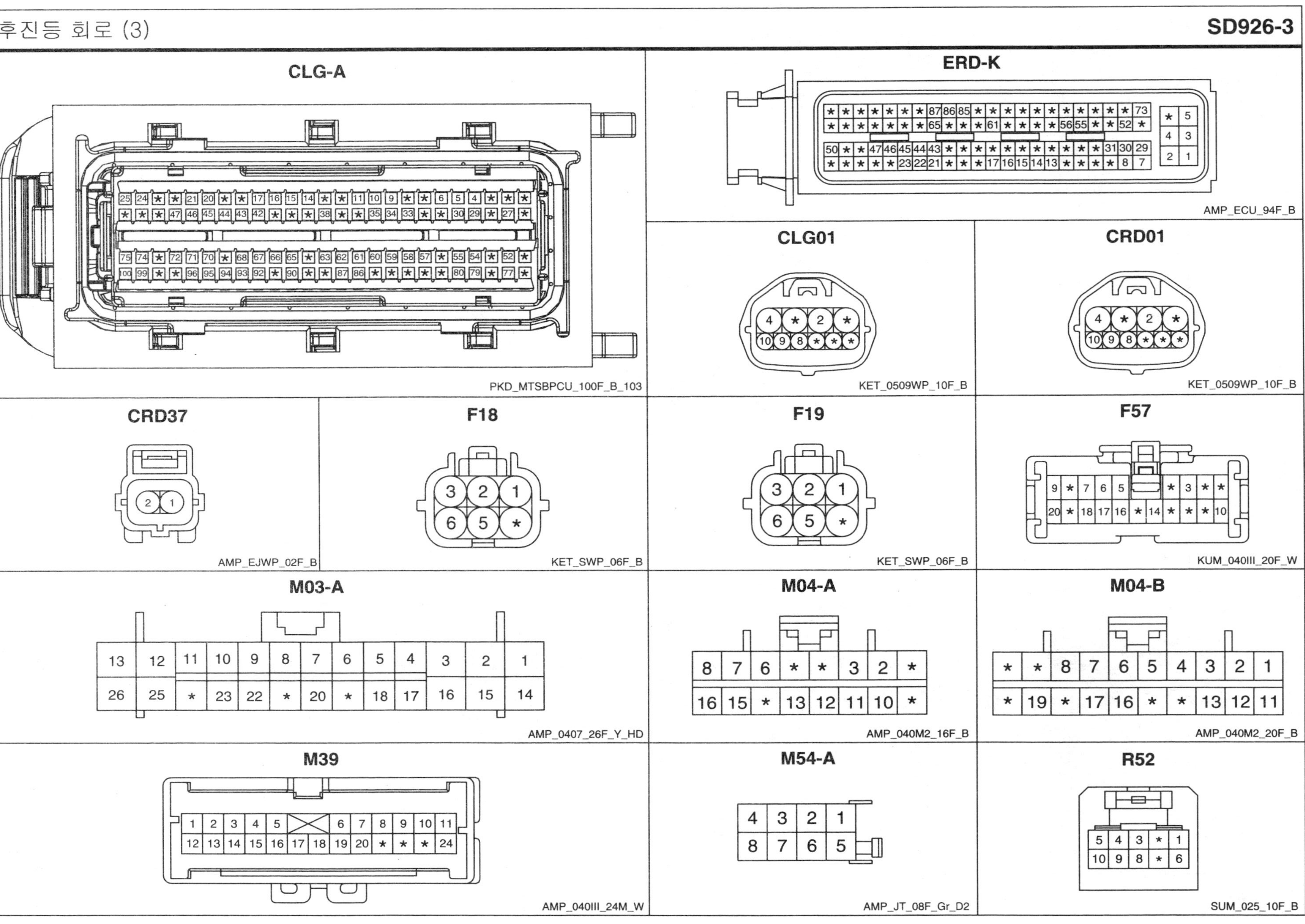
CLG-A
PKD_MTSBPCU_100F_B_103
ERD-K
AMP_ECU_94F_B
CLG01
KET_0509WP_10F_B
CRD01
KET_0509WP_10F_B
CRD37
AMP_EJWP_02F_B
F18
KET_SWP_06F_B
F19
KET_SWP_06F_B
F57
KUM_040III_20F_W
M03-A
AMP_0407_26F_Y_HD
M04-A
AMP_040M2_16F_B
M04-B
AMP_040M2_20F_B
M39
AMP_040III_24M_W
M54-A
AMP_JT_08F_Gr_D2
R52
SUM_025_10F_B

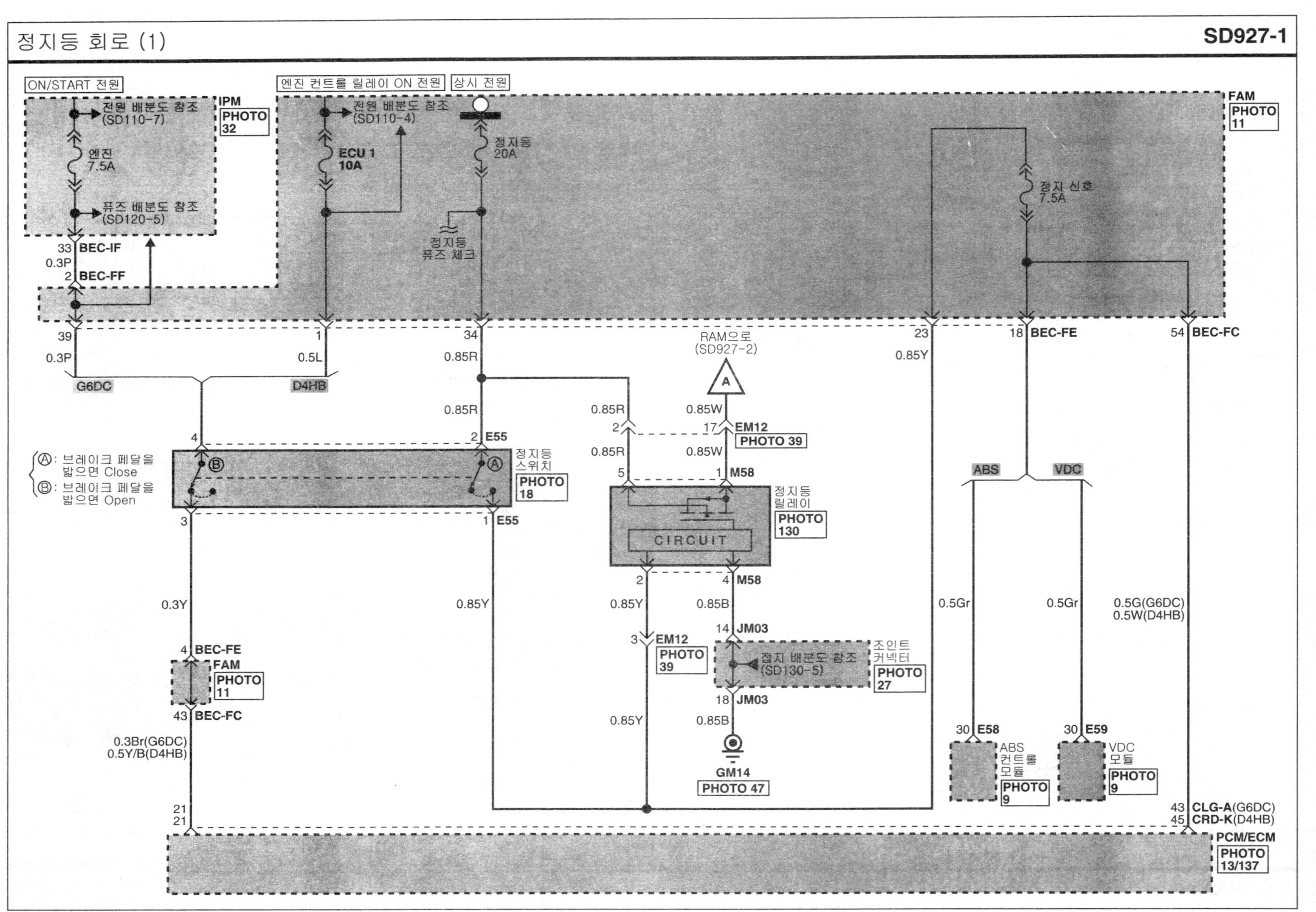

정지등 회로 (1)
SD927-1
ON/START 전원
엔진 컨트롤 릴레이 ON 전원
상시 전원
IPM
PHOTO 32
전원 배분도 참조 (SD110-7)
엔진 7.5A
퓨즈 배분도 참조 (SD120-5)
전원 배분도 참조 (SD110-4)
ECU 1 10A
정지등 20A
정지등 퓨즈 체크
정지 신호 7.5A
FAM
PHOTO 11
33 BEC-IF
0.3P
2 BEC-FF
39
0.3P
1
0.5L
G6DC
D4HB
34
0.85R
23
0.85Y
18 BEC-FE
54 BEC-FC
RAM으로 (SD927-2)
A
0.85W
17 EM12
PHOTO 39
2
0.85R
5
1 M58
정지등 릴레이
PHOTO 130
CIRCUIT
2
4 M58
0.85Y
0.85B
3 EM12
14 JM03
조인트 커넥터
PHOTO 27
접지 배분도 참조 (SD130-5)
18 JM03
GM14
PHOTO 47
4
2 E55
정지등 스위치
PHOTO 18
3
1 E55
Ⓐ: 브레이크 페달을 밟으면 Close
Ⓑ: 브레이크 페달을 밟으면 Open
0.3Y
4 BEC-FE
43 BEC-FC
0.3Br(G6DC)
0.5Y/B(D4HB)
21
21
ABS
VDC
0.5Gr
30 E58
30 E59
ABS 컨트롤 모듈
PHOTO 9
VDC 모듈
PHOTO 9
0.5G(G6DC)
0.5W(D4HB)
43 CLG-A(G6DC)
45 CRD-K(D4HB)
PCM/ECM
PHOTO 13/137

RAM
PHOTO 58/60
정지 신호 입력
21
43
33 BEC-RF1
14 BEC-RR
1.25W
10 RR22 PHOTO 61
리어 스포일러 미적용
리어 스포일러 적용
0.85W
1.25W
1.25W
1.25W
1.25W
2 F18
2 F19
1 R03
2 R04
24 EF12
PHOTO 18
정지등
리어 콤비네이션 램프 LH
PHOTO 23
정지등
리어 콤비네이션 램프 RH
PHOTO 23
보조 정지등
PHOTO 84
보조 정지등
PHOTO 84
6 F18
6 F19
2 R03
1 R04
0.85W
1.25B
1.25B
1.25B
1.25B
A
정지등 릴레이에서 (SD927-1)
GF05
PHOTO 58
GF06
PHOTO 71
GR02
PHOTO 81

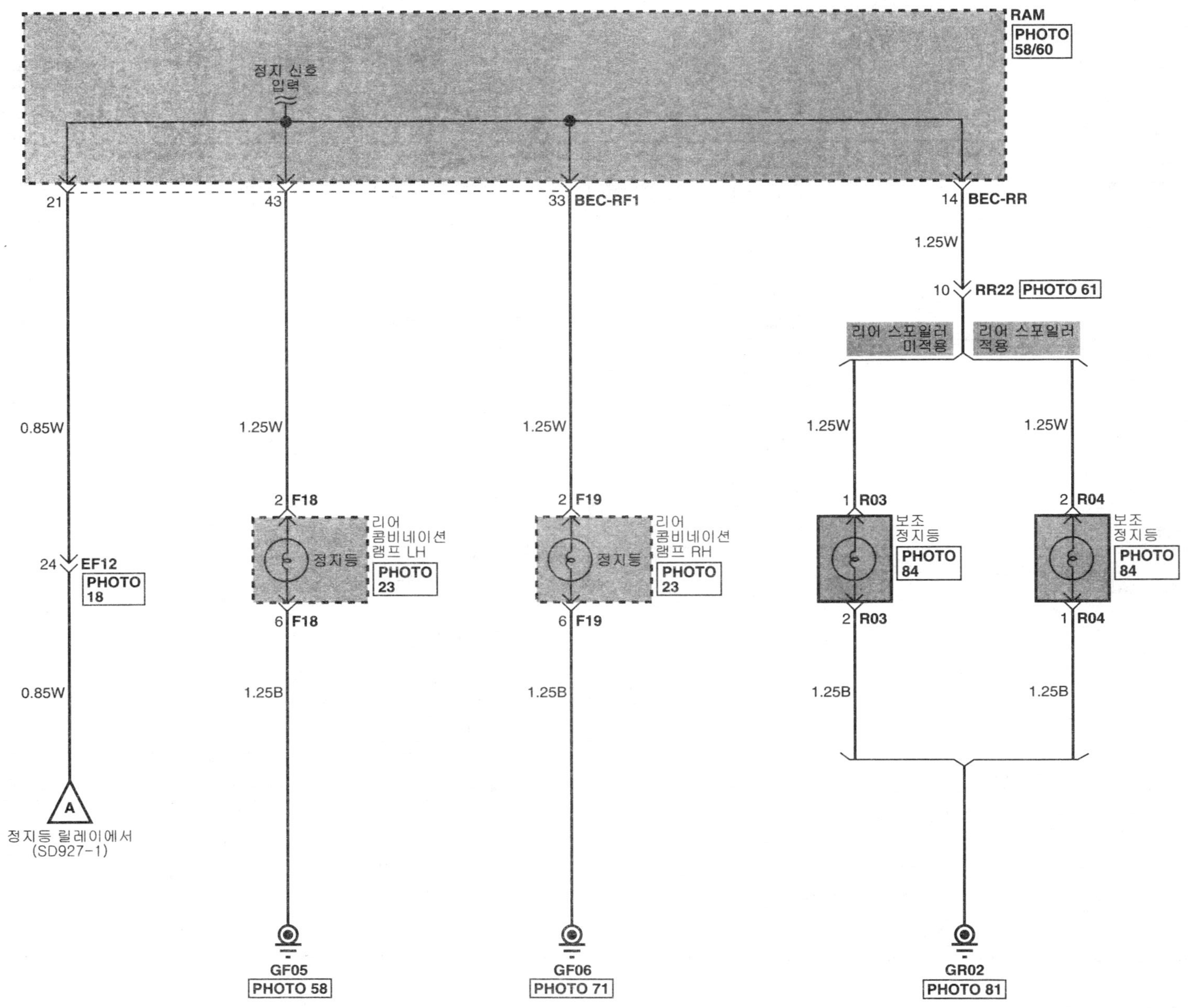

CLG-A

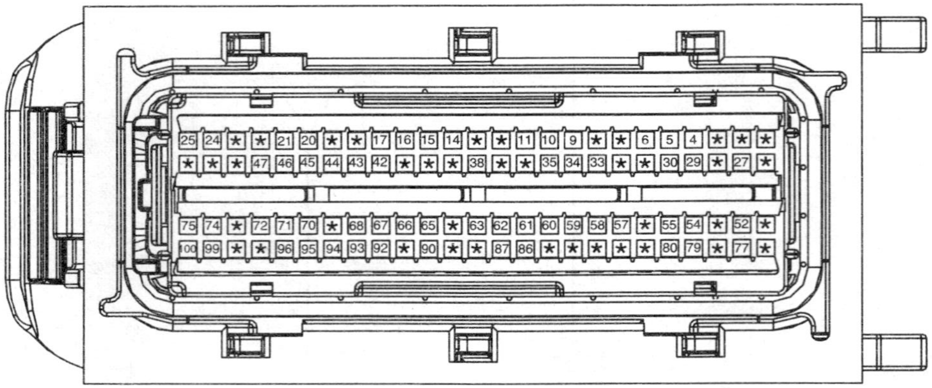

PKD_MTSBPCU_100F_B_103

CRD-K

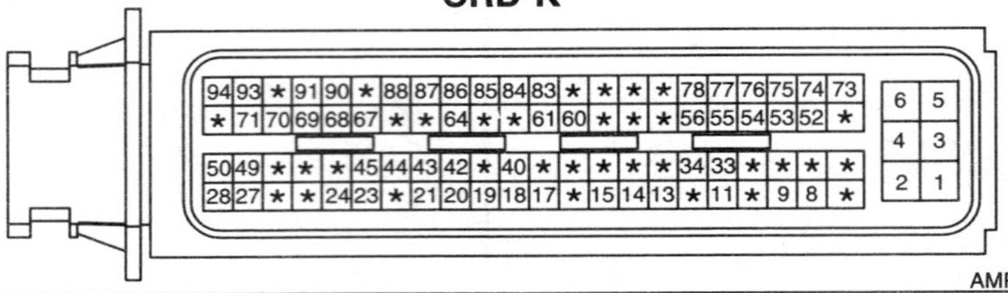

AMP_ECU_94F_B

E58

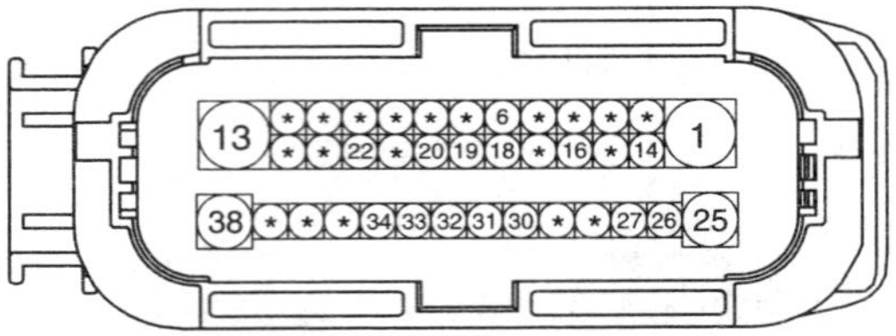

DEL_ABS_38F_B

E59

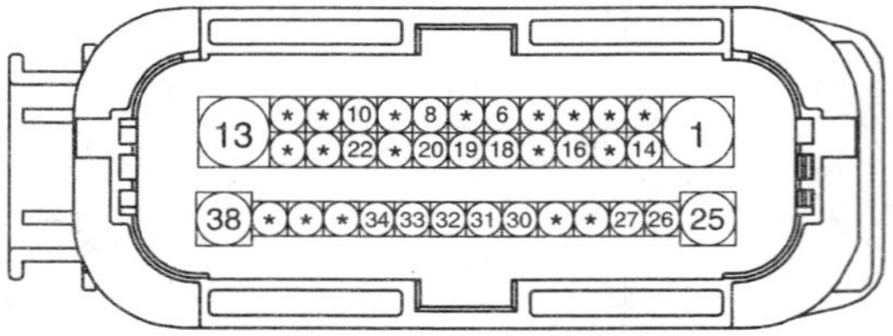

DEL_ABS_38F_B_A

E55

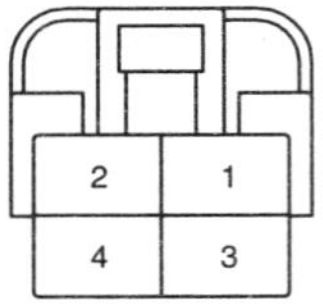

KET_250DL_04F_W

F18

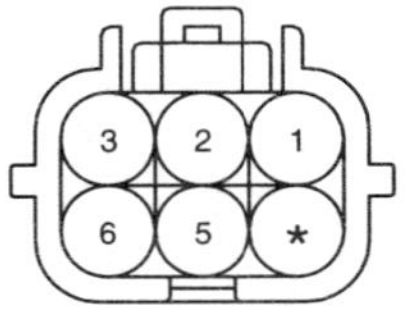

KET_SWP_06F_B

F19

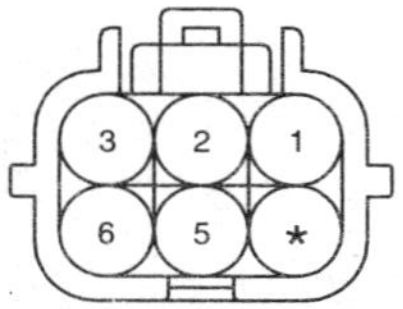

KET_SWP_06F_B

M58

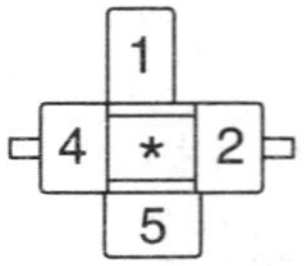

KET_250_05F_B_RLY

R03

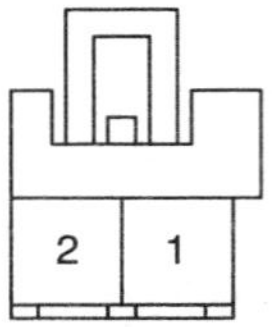

KUM_CDR_02F_W

R04

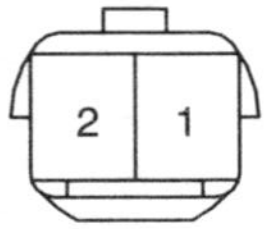

KET_090_02F_W

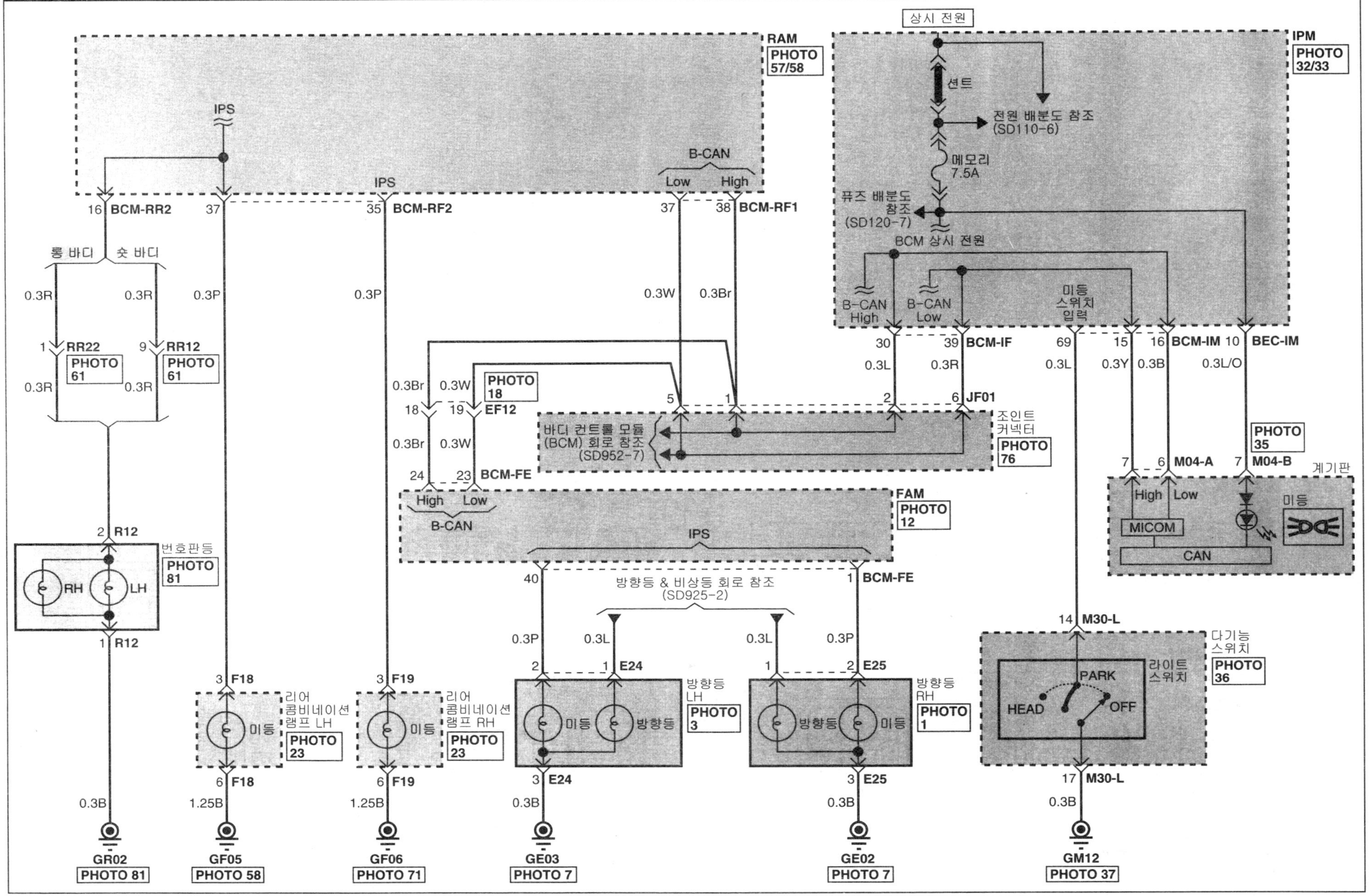

상시 전원

RAM PHOTO 57/58
IPS
B-CAN Low High
16 BCM-RR2
37
IPS
35 BCM-RF2
37 38 BCM-RF1

롱 바디 숏 바디
0.3R 0.3R 0.3P 0.3P 0.3W 0.3Br
1 RR22 PHOTO 61
9 RR12 PHOTO 61
0.3R 0.3R

IPM PHOTO 32/33
센트
전원 배분도 참조 (SD110-6)
메모리 7.5A
퓨즈 배분도 참조 (SD120-7)
BCM 상시 전원
B-CAN High
B-CAN Low
미등 스위치 입력
30 39 BCM-IF
69
15 16 BCM-IM 10 BEC-IM
0.3L 0.3R 0.3L 0.3Y 0.3B 0.3L/O

0.3Br 0.3W PHOTO 18
18 19 EF12
0.3Br 0.3W
24 23 BCM-FE
5 1 2 6 JF01
바디 컨트롤 모듈 (BCM) 회로 참조 (SD952-7)
조인트 커넥터 PHOTO 76

PHOTO 35
7 6 M04-A 7 M04-B
계기판
High Low
MICOM
CAN
미등

FAM PHOTO 12
High Low
B-CAN
IPS
40 1 BCM-FE

2 R12
번호판등 PHOTO 81
RH LH
1 R12

방향등 & 비상등 회로 참조 (SD925-2)
0.3P 0.3L 0.3L 0.3P
2 1 E24
1 2 E25
방향등 LH PHOTO 3
미등 방향등
방향등 미등
방향등 RH PHOTO 1

14 M30-L
다기능 스위치 PHOTO 36
라이트 스위치
PARK HEAD OFF
17 M30-L

3 F18
리어 콤비네이션 램프 LH PHOTO 23
미등
6 F18

3 F19
리어 콤비네이션 램프 RH PHOTO 23
미등
6 F19

3 E24
3 E25

0.3B 1.25B 1.25B 0.3B 0.3B 0.3B

GR02 PHOTO 81
GF05 PHOTO 58
GF06 PHOTO 71
GE03 PHOTO 7
GE02 PHOTO 7
GM12 PHOTO 37

미등 & 번호판등 회로 (2) SD928-2

E24

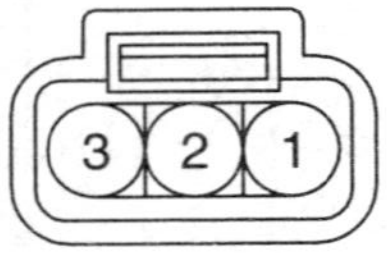

3	2	1

AMP_BULB_03F_Gr

E25

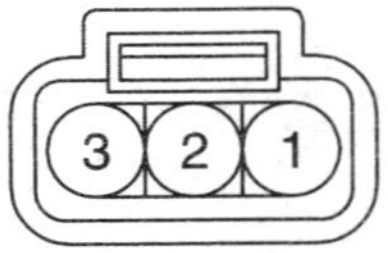

3	2	1

AMP_BULB_03F_Gr

F18

3	2	1
6	5	*

KET_SWP_06F_B

F19

3	2	1
6	5	*

KET_SWP_06F_B

M04-A

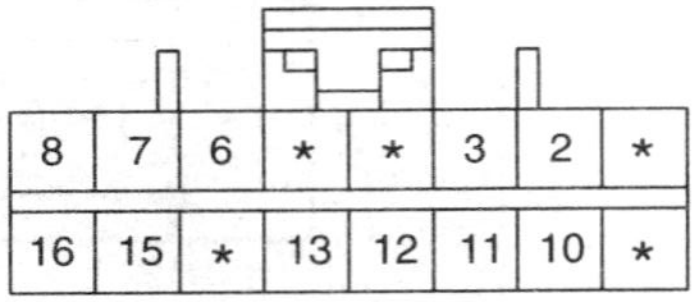

8	7	6	*	*	3	2	*
16	15	*	13	12	11	10	*

AMP_040M2_16F_B

M04-B

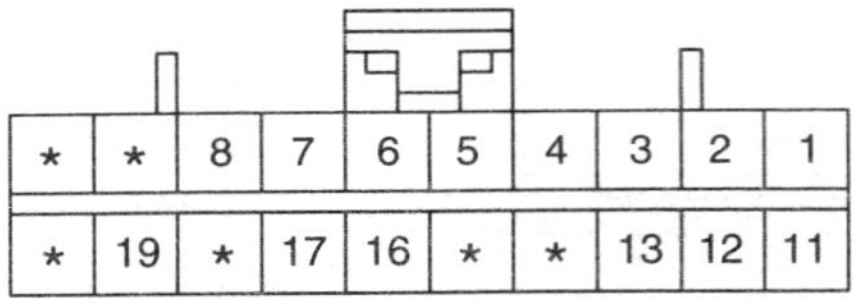

*	*	8	7	6	5	4	3	2	1
*	19	*	17	16	*	*	13	12	11

AMP_040M2_20F_B

M30-L

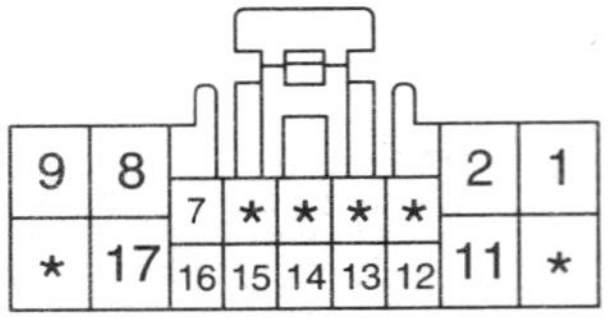

9	8	7	*	*	*	*	2	1
*	17	16	15	14	13	12	11	*

KET_0509_18F_B

R12

2	1

KET_SWP_02F_B

실내등 회로 (1)

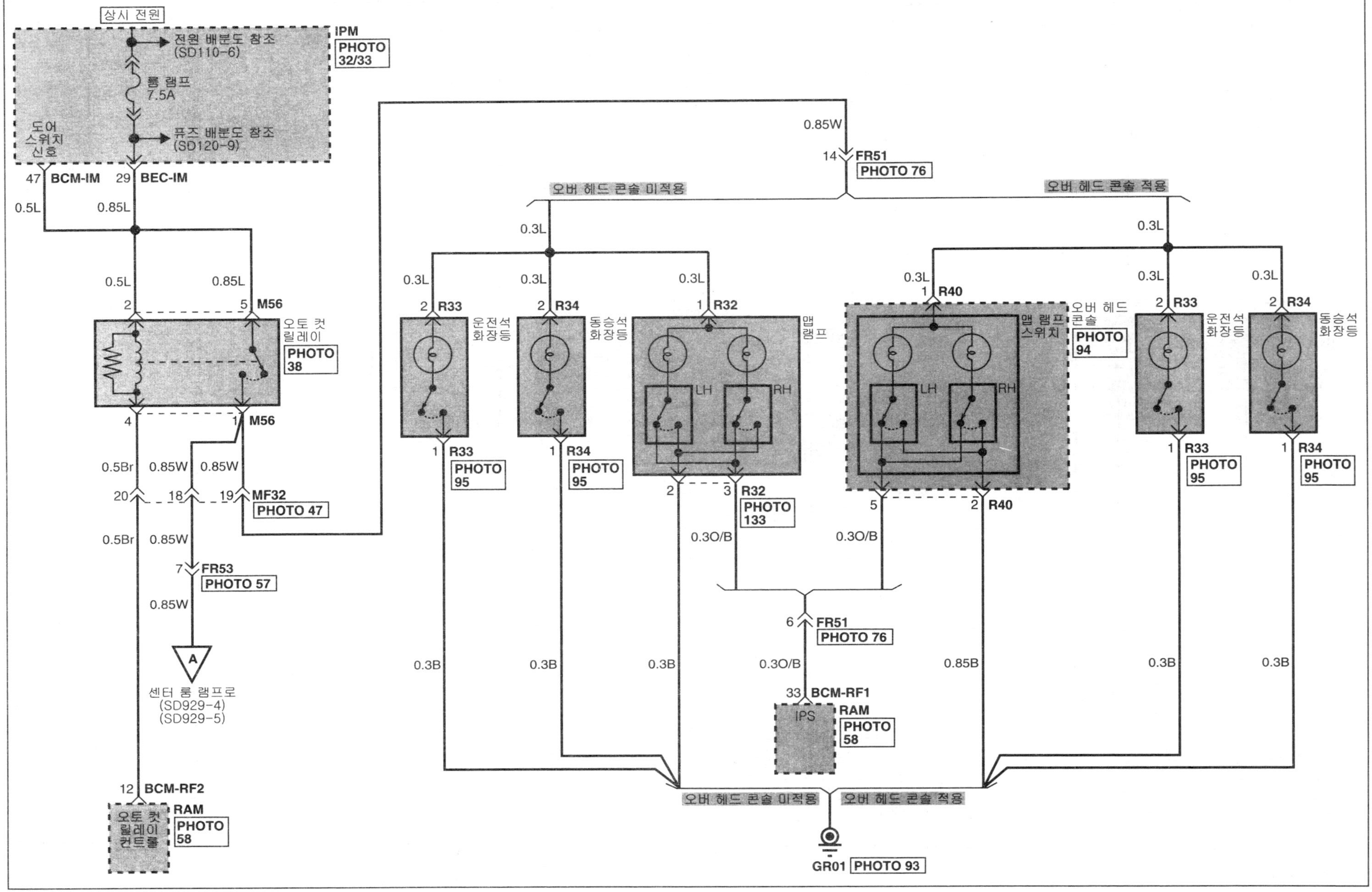

상시 전원

IPM PHOTO 32/33

전원 배분도 참조 (SD110-6)

룸 램프 7.5A

퓨즈 배분도 참조 (SD120-9)

도어 스위치 신호

47 BCM-IM 0.5L

29 BEC-IM 0.85L

0.5L 2 — 0.85L 5 M56

오토 컷 릴레이 PHOTO 38

4 — 1 M56

0.5Br 20 — 0.85W 18 — 0.85W 19 MF32 PHOTO 47

0.5Br 0.85W

7 FR53 PHOTO 57

0.85W

A 센터 룸 램프로 (SD929-4) (SD929-5)

12 BCM-RF2

RAM PHOTO 58 오토 컷 릴레이 컨트롤

0.85W 14 FR51 PHOTO 76

오버 헤드 콘솔 미적용

오버 헤드 콘솔 적용

0.3L

2 R33 운전석 화장등 — 1 R33 PHOTO 95 — 0.3B

2 R34 동승석 화장등 — 1 R34 PHOTO 95 — 0.3B

1 R32 맵 램프 LH RH — 2, 3 R32 PHOTO 133 — 0.3B, 0.3O/B

1 R40 맵 램프 스위치 LH RH — 오버 헤드 콘솔 PHOTO 94 — 5, 2 R40 — 0.3O/B, 0.85B

2 R33 운전석 화장등 — 1 R33 PHOTO 95 — 0.3B

2 R34 동승석 화장등 — 1 R34 PHOTO 95 — 0.3B

6 FR51 PHOTO 76

0.3O/B

33 BCM-RF1

IPS RAM PHOTO 58

오버 헤드 콘솔 미적용 | 오버 헤드 콘솔 적용

GR01 PHOTO 93

실내등 회로 (2)

SD929-2

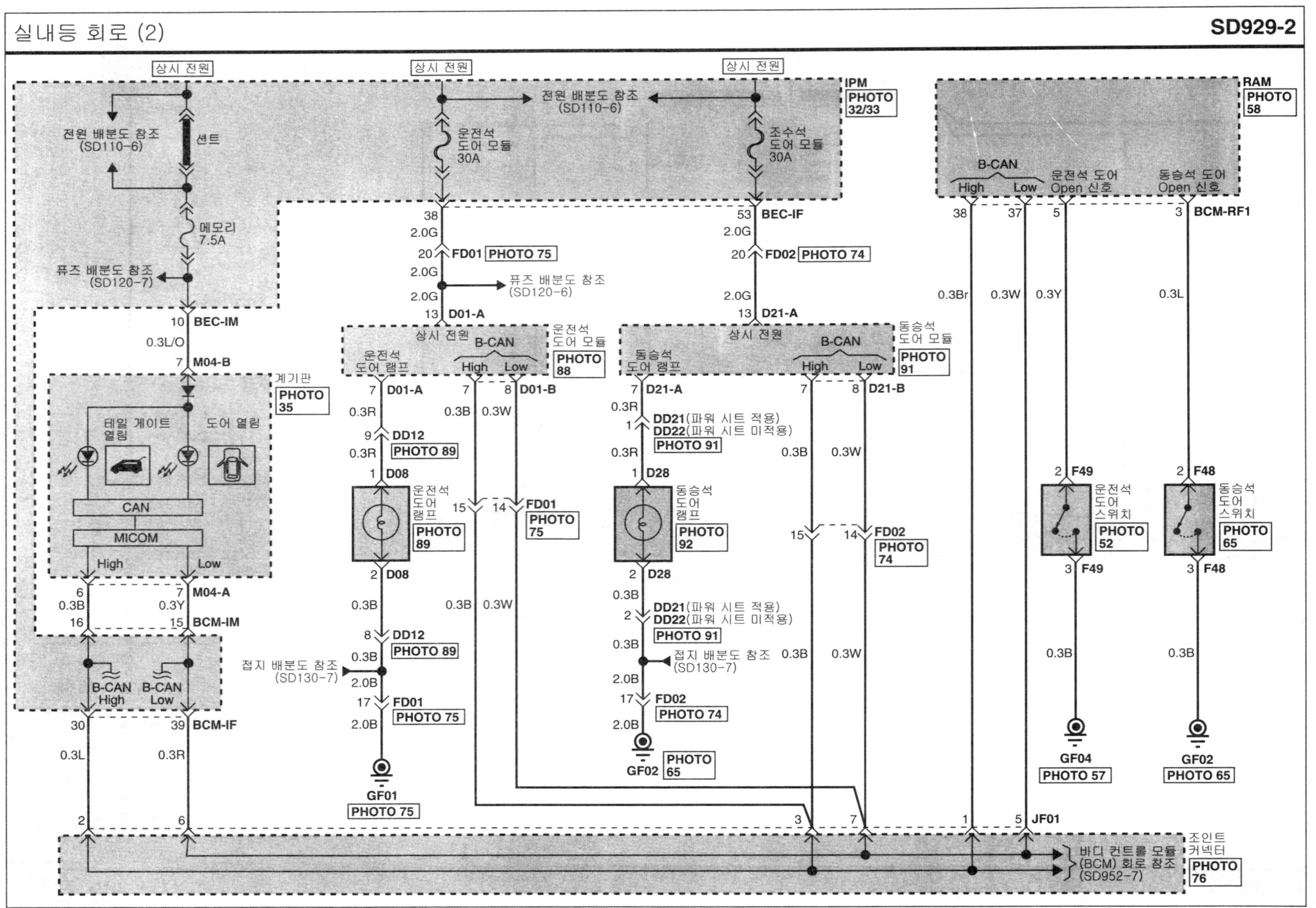

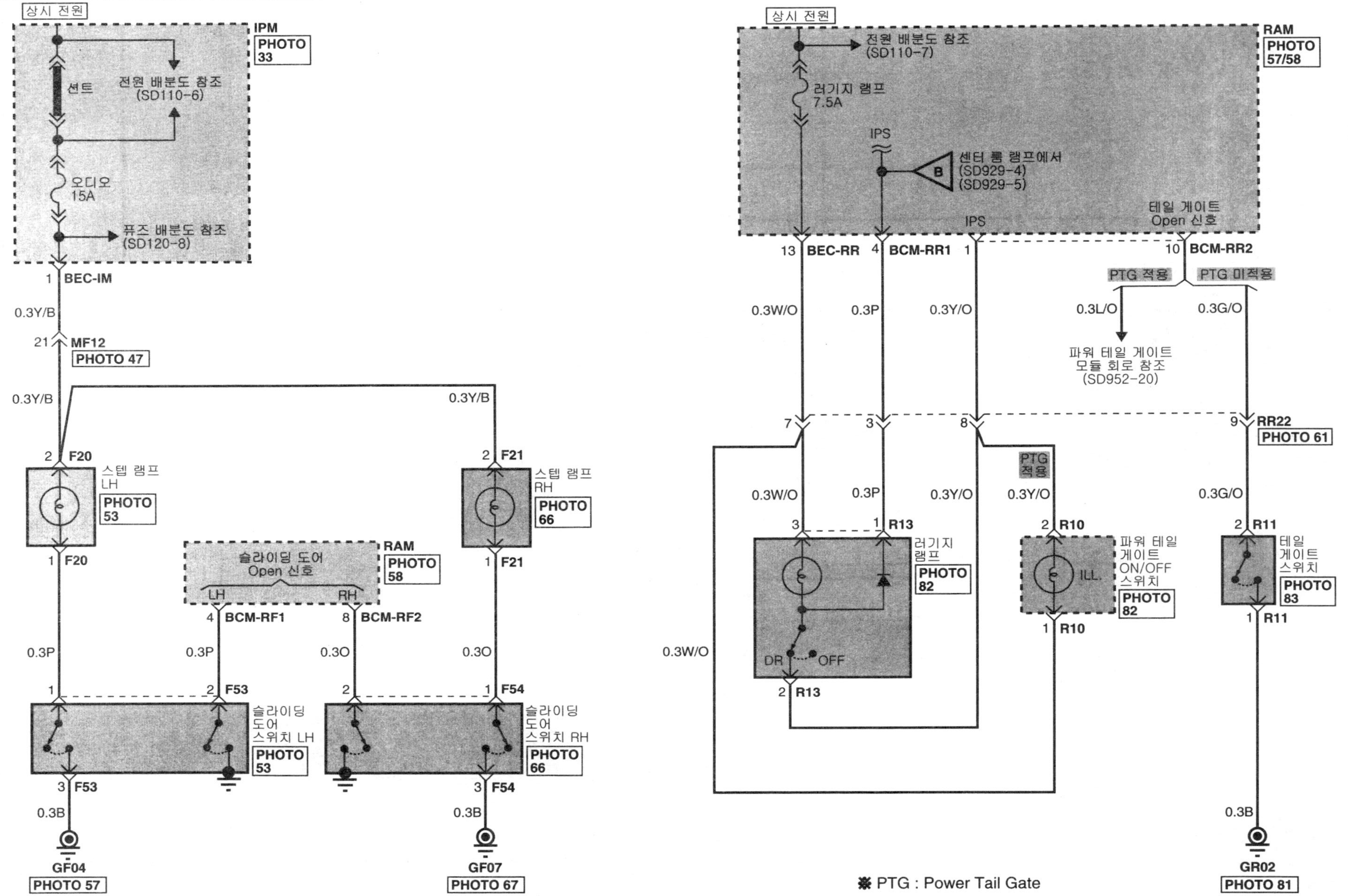

실내등 회로 (3)

※ PTG : Power Tail Gate

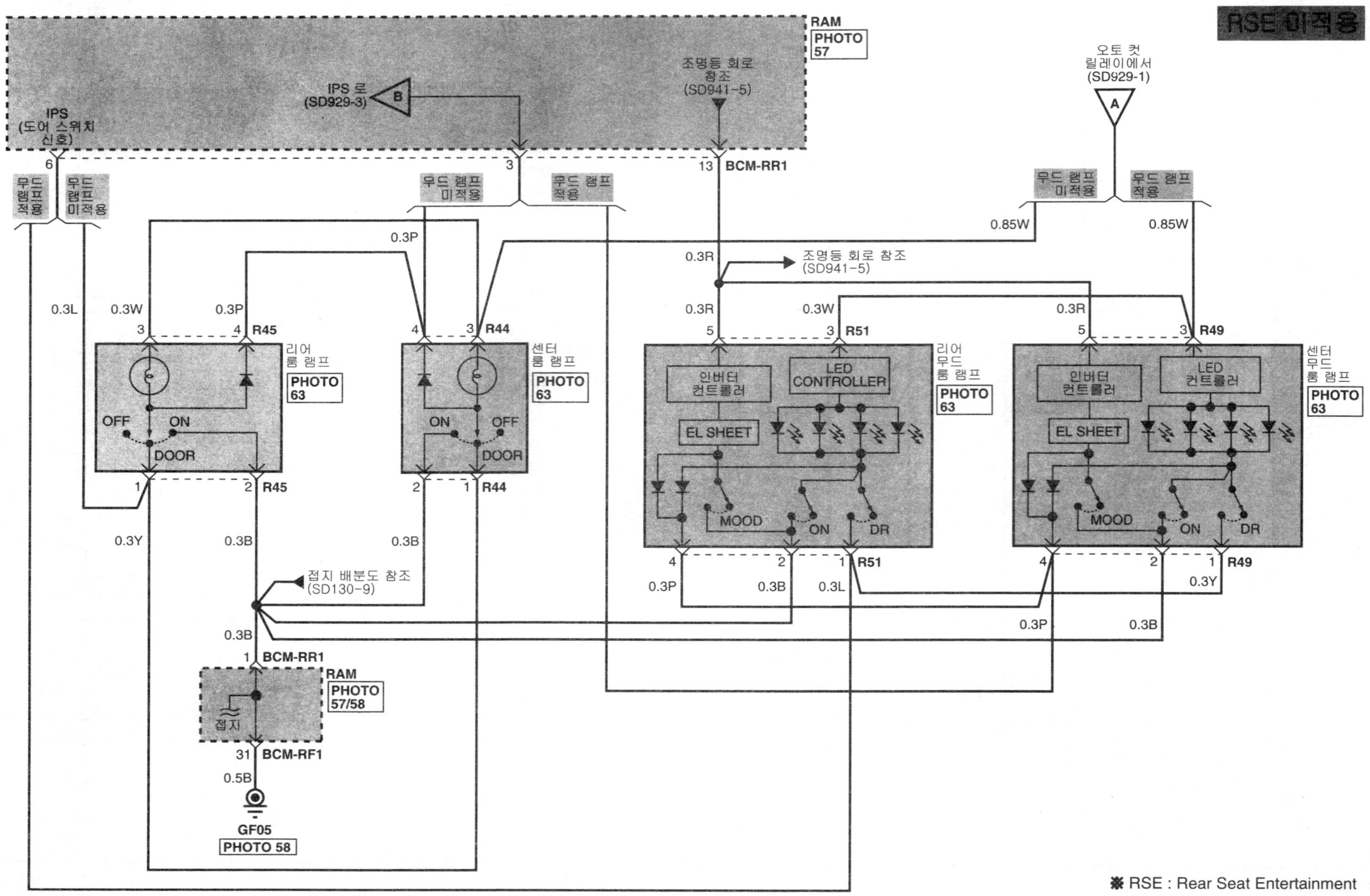

RSE 미적용

※ RSE : Rear Seat Entertainment

RSE 적용

※ RSE : Rear Seat Entertainment

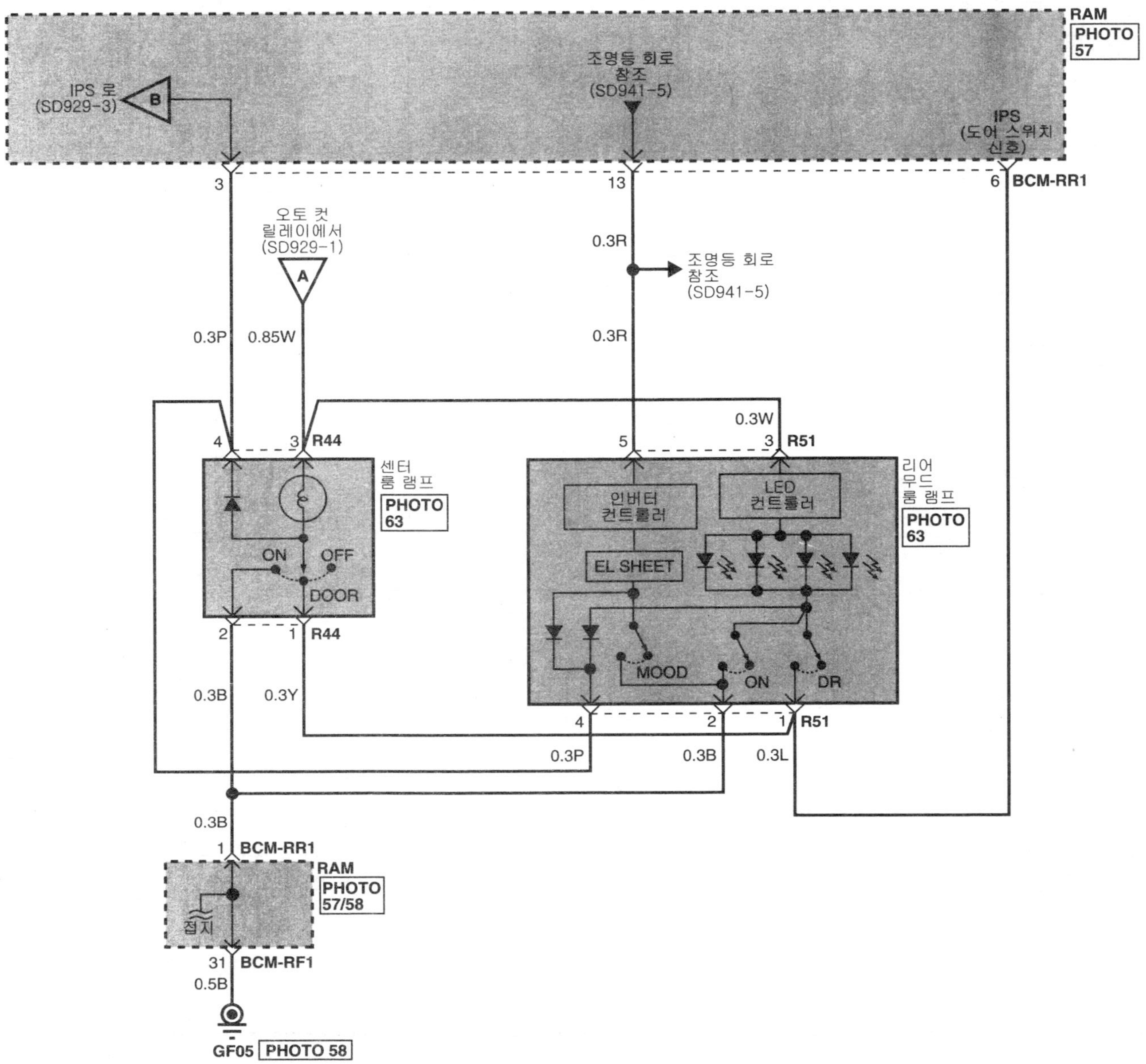

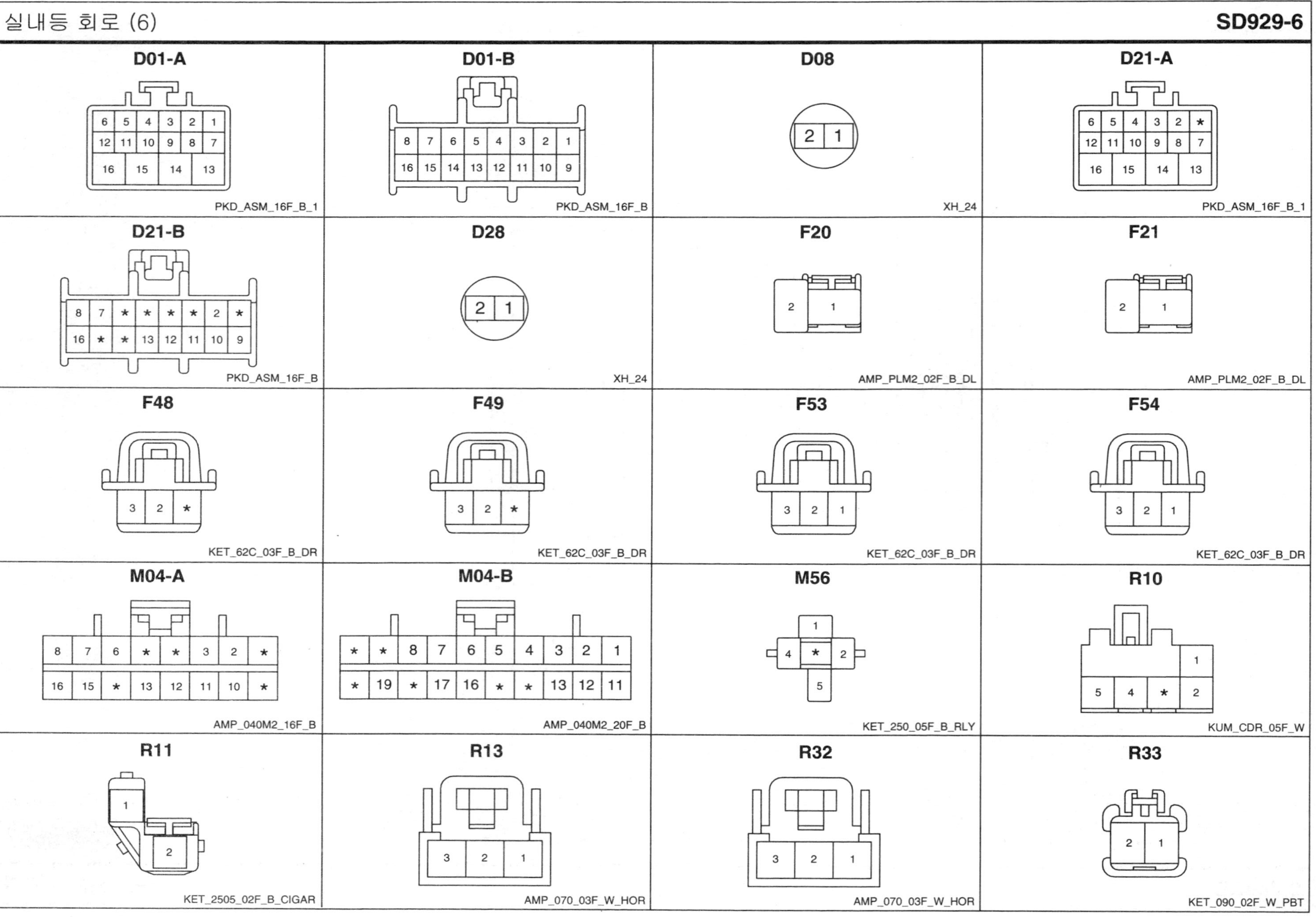

실내등 회로 (6)
SD929-6
D01-A
PKD_ASM_16F_B_1
D01-B
PKD_ASM_16F_B
D08
XH_24
D21-A
PKD_ASM_16F_B_1
D21-B
PKD_ASM_16F_B
D28
XH_24
F20
AMP_PLM2_02F_B_DL
F21
AMP_PLM2_02F_B_DL
F48
KET_62C_03F_B_DR
F49
KET_62C_03F_B_DR
F53
KET_62C_03F_B_DR
F54
KET_62C_03F_B_DR
M04-A
AMP_040M2_16F_B
M04-B
AMP_040M2_20F_B
M56
KET_250_05F_B_RLY
R10
KUM_CDR_05F_W
R11
KET_2505_02F_B_CIGAR
R13
AMP_070_03F_W_HOR
R32
AMP_070_03F_W_HOR
R33
KET_090_02F_W_PBT

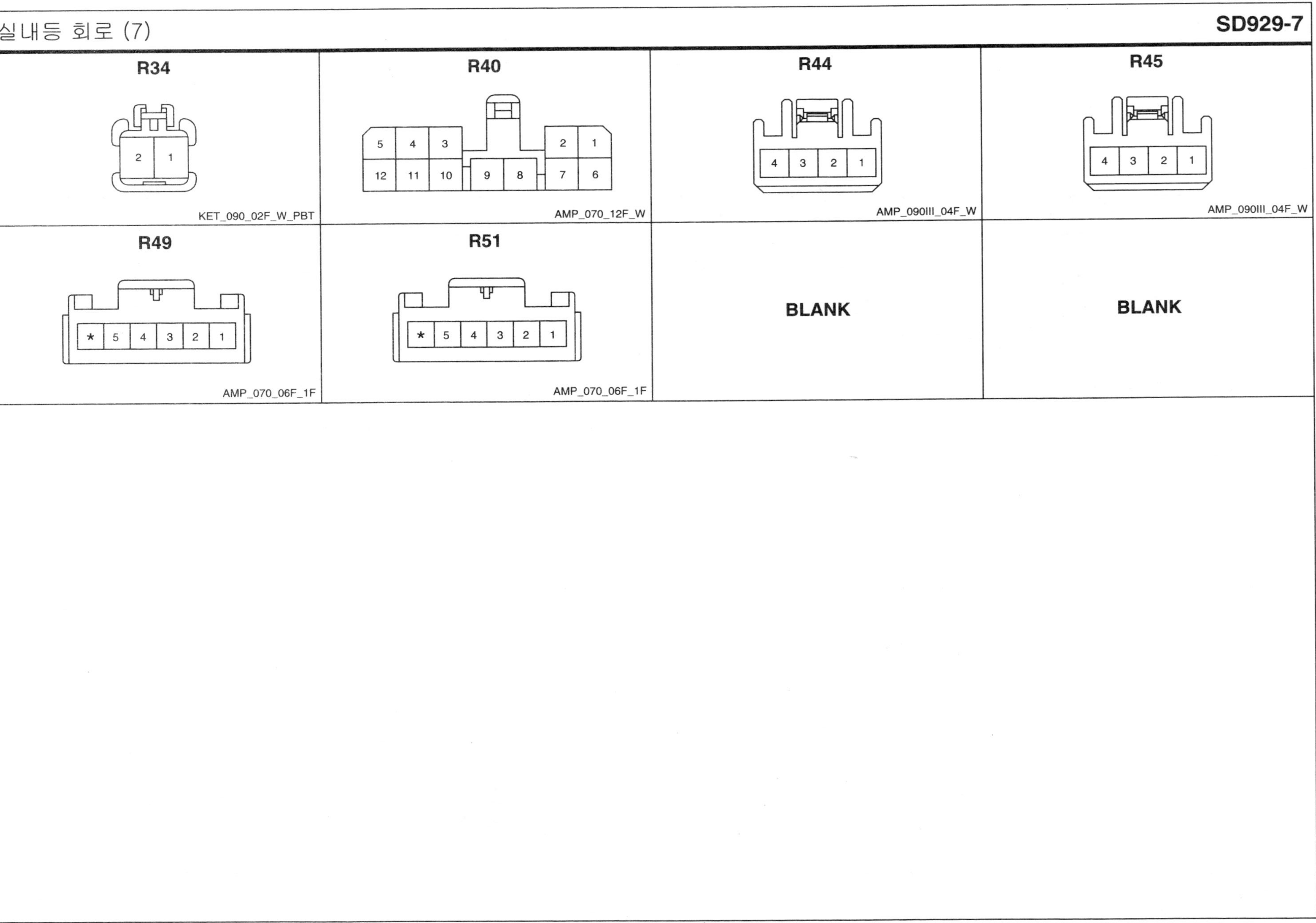

실내등 회로 (7)
SD929-7
R34
2
1
KET_090_02F_W_PBT
R40
5
4
3
2
1
12
11
10
9
8
7
6
AMP_070_12F_W
R44
4
3
2
1
AMP_090III_04F_W
R45
4
3
2
1
AMP_090III_04F_W
R49
*
5
4
3
2
1
AMP_070_06F_1F
R51
*
5
4
3
2
1
AMP_070_06F_1F
BLANK
BLANK

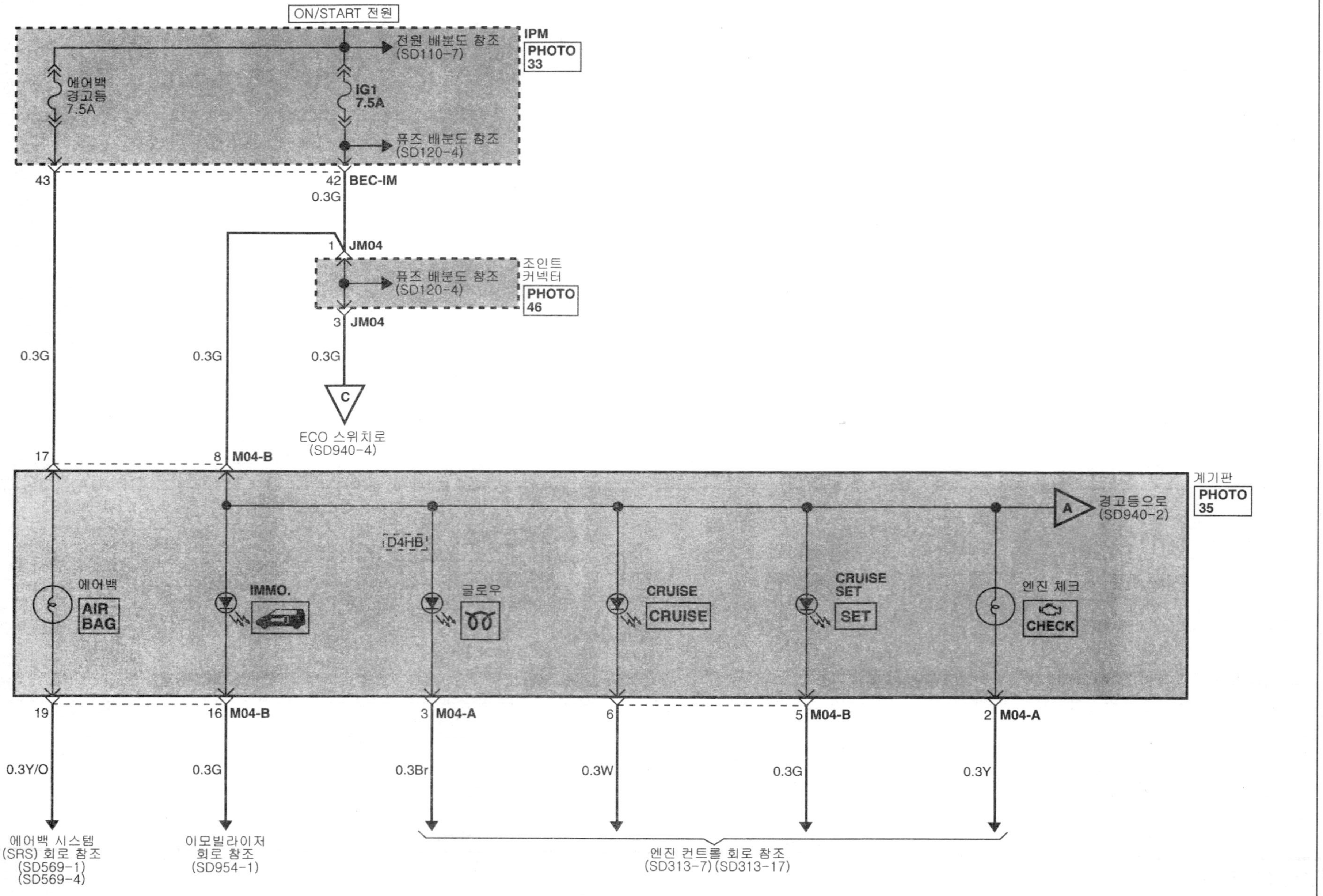

ON/START 전원
IPM
PHOTO 33
전원 배분도 참조 (SD110-7)
에어백 경고등 7.5A
IG1 7.5A
퓨즈 배분도 참조 (SD120-4)
43
42 BEC-IM
0.3G
1 JM04
조인트 커넥터
PHOTO 46
퓨즈 배분도 참조 (SD120-4)
3 JM04
0.3G
0.3G
0.3G
C
ECO 스위치로 (SD940-4)
17
8 M04-B
계기판
PHOTO 35
A
경고등으로 (SD940-2)
D4HB
에어백
AIR BAG
IMMO.
글로우
CRUISE
CRUISE
CRUISE SET
SET
엔진 체크
CHECK
19
16 M04-B
3 M04-A
6
5 M04-B
2 M04-A
0.3Y/O
0.3G
0.3Br
0.3W
0.3G
0.3Y
에어백 시스템 (SRS) 회로 참조 (SD569-1) (SD569-4)
이모빌라이저 회로 참조 (SD954-1)
엔진 컨트롤 회로 참조 (SD313-7) (SD313-17)

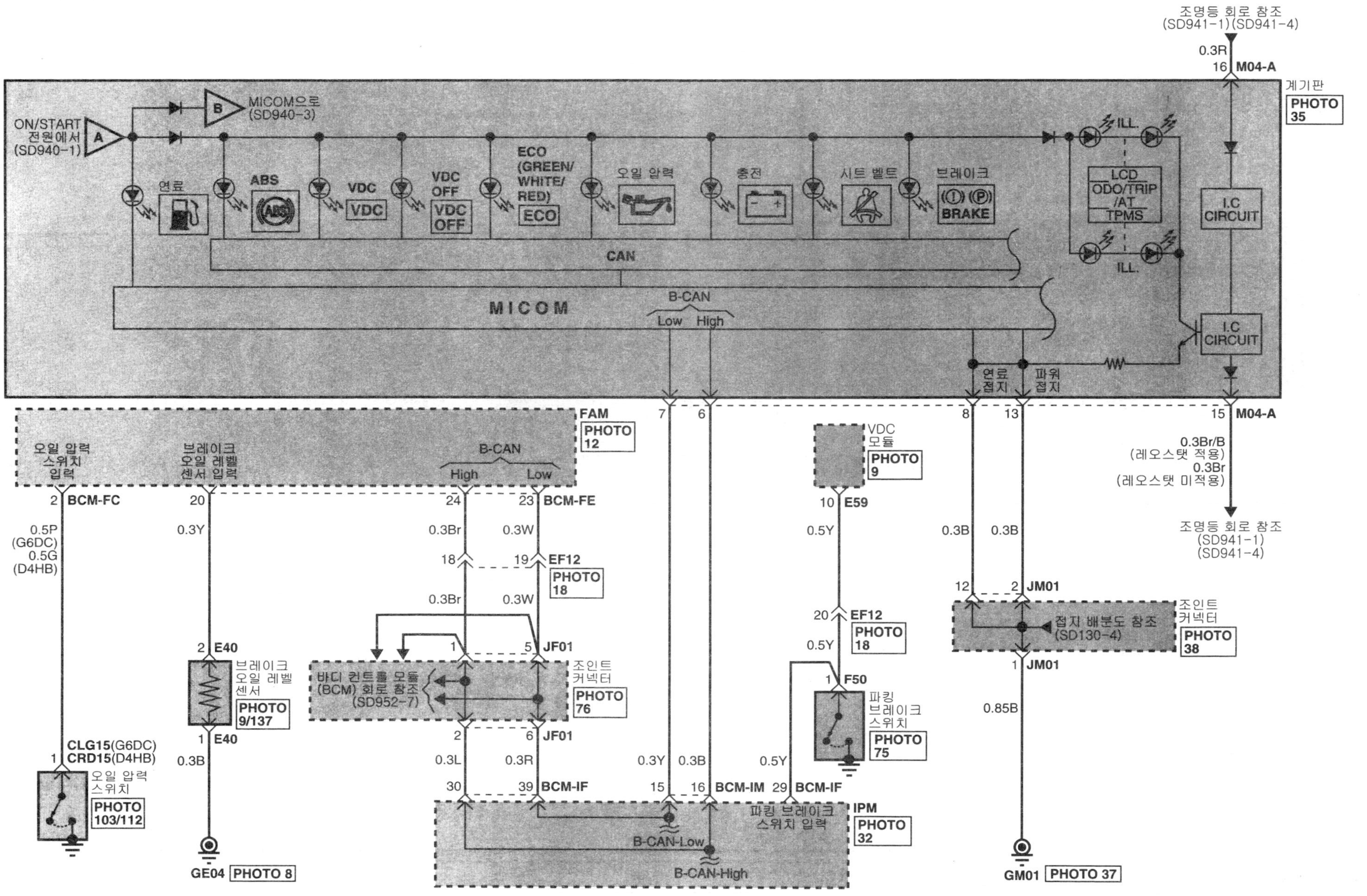

조명등 회로 참조
(SD941-1)(SD941-4)
0.3R
16 M04-A
계기판
PHOTO 35
ON/START 전원에서 (SD940-1)
A
B
MICOM으로 (SD940-3)
연료
ABS
VDC
VDC OFF
ECO (GREEN/ WHITE/ RED)
ECO
오일 압력
충전
시트 벨트
브레이크
BRAKE
ILL.
LCD ODO/TRIP /AT TPMS
ILL.
I.C CIRCUIT
I.C CIRCUIT
CAN
MICOM
B-CAN
Low High
연료 접지
파워 접지
7
6
8
13
15 M04-A
0.3Br/B
(레오스탯 적용)
0.3Br
(레오스탯 미적용)
조명등 회로 참조
(SD941-1)
(SD941-4)
FAM
PHOTO 12
오일 압력 스위치 입력
브레이크 오일 레벨 센서 입력
B-CAN
High Low
2 BCM-FC
20
24
23 BCM-FE
0.5P (G6DC) 0.5G (D4HB)
0.3Y
0.3Br
0.3W
18
19 EF12
PHOTO 18
0.3Br
0.3W
1
5 JF01
조인트 커넥터
PHOTO 76
바디 컨트롤 모듈 (BCM) 회로 참조 (SD952-7)
2
6 JF01
0.3L
0.3R
30
39 BCM-IF
2 E40
브레이크 오일 레벨 센서
PHOTO 9/137
1 E40
0.3B
GE04 PHOTO 8
1 CLG15(G6DC)
CRD15(D4HB)
오일 압력 스위치
PHOTO 103/112
VDC 모듈
PHOTO 9
10 E59
0.5Y
20 EF12
PHOTO 18
0.5Y
1 F50
파킹 브레이크 스위치
PHOTO 75
0.5Y
0.3Y
0.3B
15
16 BCM-IM
29 BCM-IF
IPM
PHOTO 32
파킹 브레이크 스위치 입력
B-CAN-Low
B-CAN-High
0.3B
0.3B
12
2 JM01
조인트 커넥터
PHOTO 38
접지 배분도 참조 (SD130-4)
1 JM01
0.85B
GM01 PHOTO 37

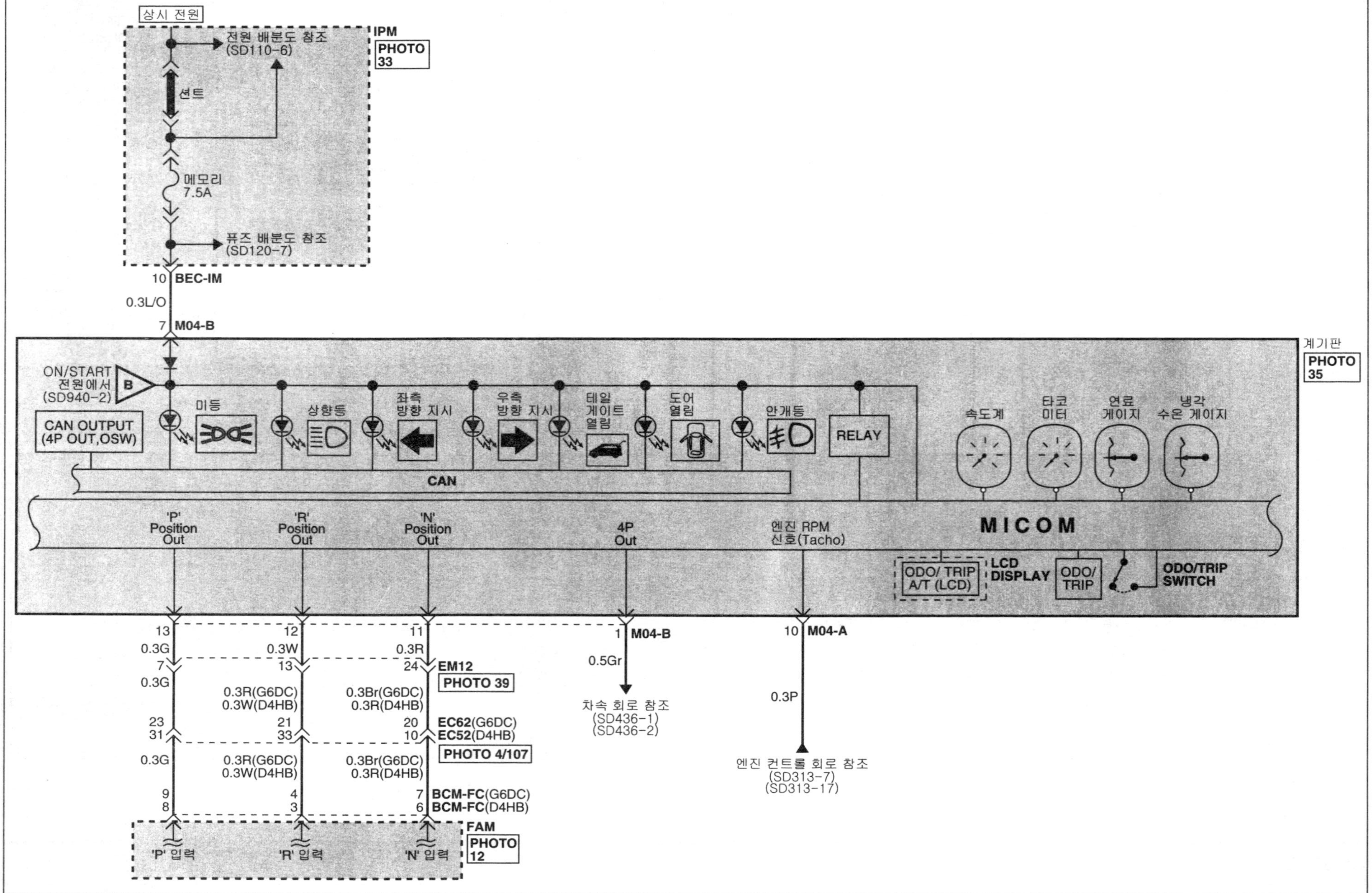

상시 전원

IPM
PHOTO 33

전원 배분도 참조
(SD110-6)

션트

메모리
7.5A

퓨즈 배분도 참조
(SD120-7)

10 BEC-IM
0.3L/O
7 M04-B

계기판
PHOTO 35

ON/START
전원에서
(SD940-2)
B

CAN OUTPUT
(4P OUT,OSW)

미등
상향등
좌측
방향 지시
우측
방향 지시
테일
게이트
열림
도어
열림
안개등
RELAY

속도계
타코
미터
연료
게이지
냉각
수온 게이지

CAN

'P'
Position
Out

'R'
Position
Out

'N'
Position
Out

4P
Out

엔진 RPM
신호(Tacho)

MICOM

ODO/ TRIP
A/T (LCD)
LCD
DISPLAY
ODO/
TRIP
ODO/TRIP
SWITCH

13 12 11 1 M04-B
0.3G 0.3W 0.3R
7 13 24 EM12
PHOTO 39
0.3G
0.3R(G6DC)
0.3W(D4HB)
0.3Br(G6DC)
0.3R(D4HB)
23 21 20 EC62(G6DC)
31 33 10 EC52(D4HB)
PHOTO 4/107
0.3G
0.3R(G6DC)
0.3W(D4HB)
0.3Br(G6DC)
0.3R(D4HB)
9 4 7 BCM-FC(G6DC)
8 3 6 BCM-FC(D4HB)

FAM
PHOTO 12
'P' 입력
'R' 입력
'N' 입력

0.5Gr
차속 회로 참조
(SD436-1)
(SD436-2)

10 M04-A
0.3P
엔진 컨트롤 회로 참조
(SD313-7)
(SD313-17)

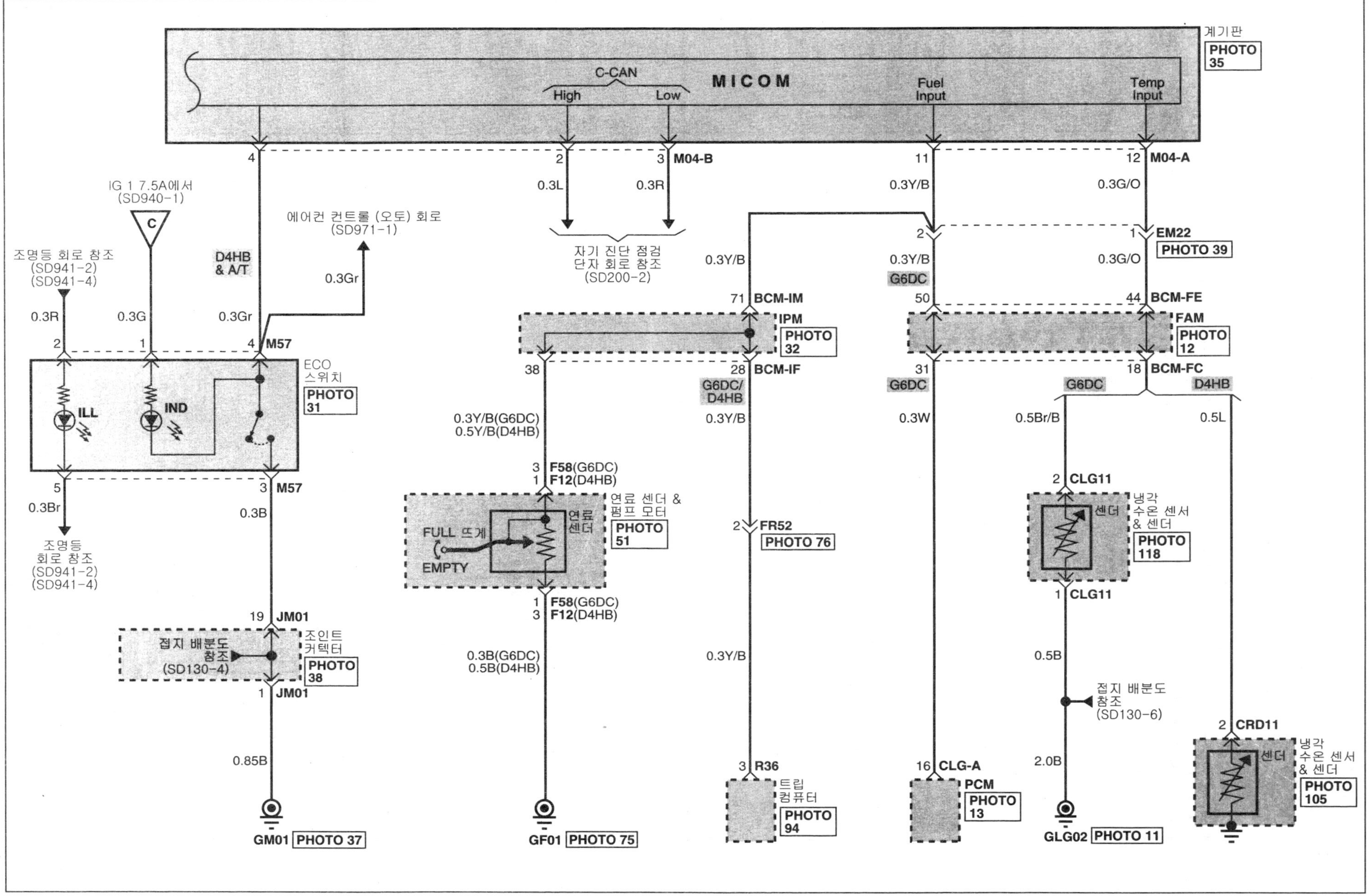

계기판 PHOTO 35

MICOM

C-CAN High Low

Fuel Input

Temp Input

4 M57 0.3Gr D4HB & A/T

2 0.3L

3 M04-B 0.3R

자기 진단 점검 단자 회로 참조 (SD200-2)

11 0.3Y/B

12 M04-A 0.3G/O

1 EM22 PHOTO 39 0.3G/O

44 BCM-FE

FAM PHOTO 12

18 BCM-FC

G6DC 0.5Br/B

D4HB 0.5L

2 CLG11

냉각 수온 센서 & 센더 PHOTO 118

센더

1 CLG11 0.5B

접지 배분도 참조 (SD130-6)

2.0B GLG02 PHOTO 11

2 CRD11

냉각 수온 센서 & 센더 PHOTO 105

센더

2 0.3Y/B G6DC 50

31 G6DC 0.3W

16 CLG-A PCM PHOTO 13

0.3Y/B 71 BCM-IM

IPM PHOTO 32

28 BCM-IF G6DC/D4HB 0.3Y/B

2 FR52 PHOTO 76

0.3Y/B

3 R36 트립 컴퓨터 PHOTO 94

38

0.3Y/B(G6DC)
0.5Y/B(D4HB)

3 F58(G6DC)
1 F12(D4HB)

연료 센더 & 펌프 모터 PHOTO 51

연료 센더

FULL 뜨게 EMPTY

1 F58(G6DC)
3 F12(D4HB)

0.3B(G6DC)
0.5B(D4HB)

GF01 PHOTO 75

IG 1 7.5A에서 (SD940-1)

C

0.3G 1

에어컨 컨트롤 (오토) 회로 (SD971-1)

0.3Gr

조명등 회로 참조 (SD941-2) (SD941-4)

0.3R 2

ECO 스위치 PHOTO 31

ILL

IND

5 0.3Br

조명등 회로 참조 (SD941-2) (SD941-4)

3 M57 0.3B

19 JM01

조인트 커넥터 PHOTO 38

접지 배분도 참조 (SD130-4)

1 JM01 0.85B

GM01 PHOTO 37

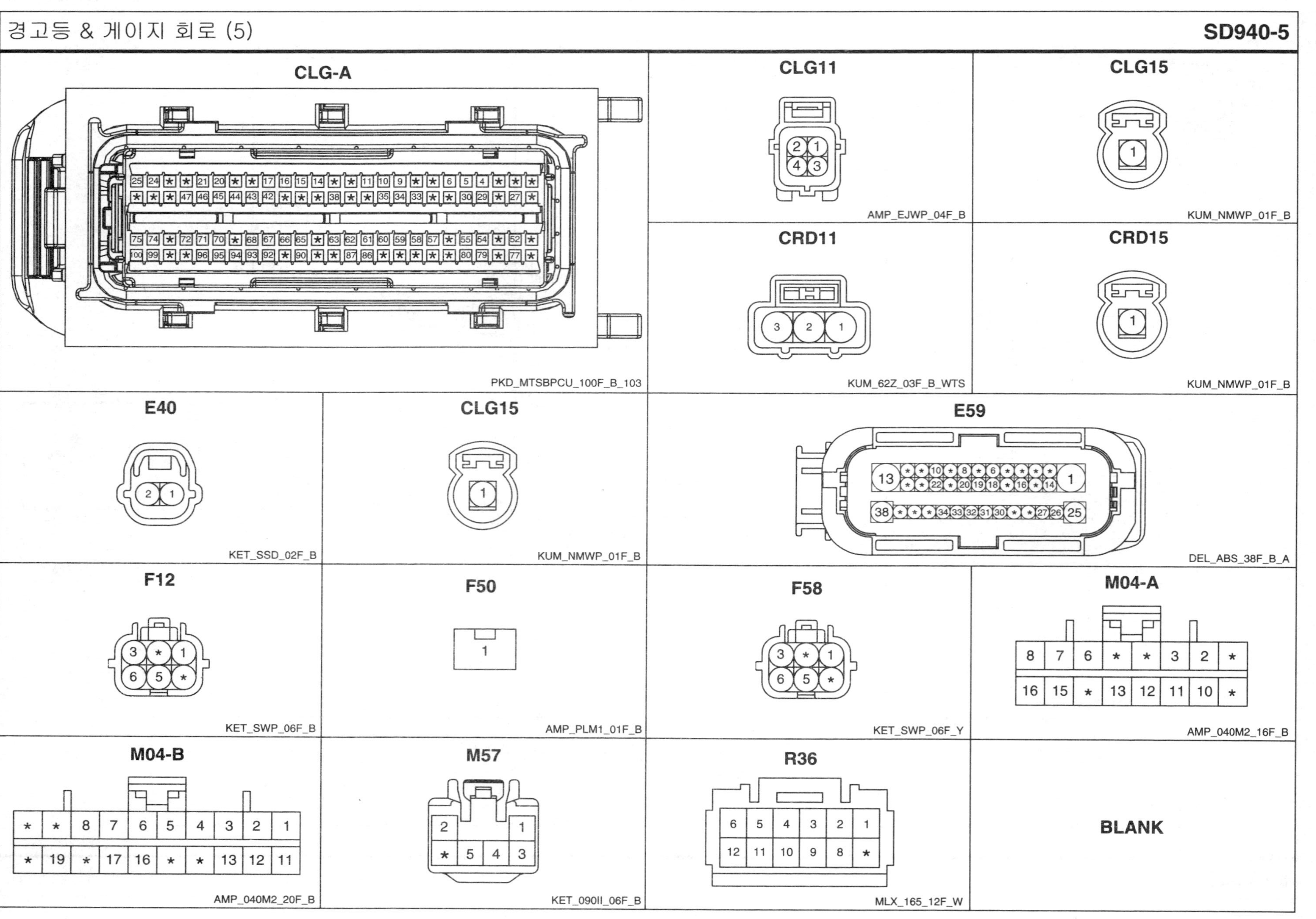
CLG-A
PKD_MTSBPCU_100F_B_103
CLG11
AMP_EJWP_04F_B
CLG15
KUM_NMWP_01F_B
CRD11
KUM_62Z_03F_B_WTS
CRD15
KUM_NMWP_01F_B
E40
KET_SSD_02F_B
CLG15
KUM_NMWP_01F_B
E59
DEL_ABS_38F_B_A
F12
KET_SWP_06F_B
F50
AMP_PLM1_01F_B
F58
KET_SWP_06F_Y
M04-A
AMP_040M2_16F_B
M04-B
AMP_040M2_20F_B
M57
KET_090II_06F_B
R36
MLX_165_12F_W
BLANK

조명등 회로 (1)

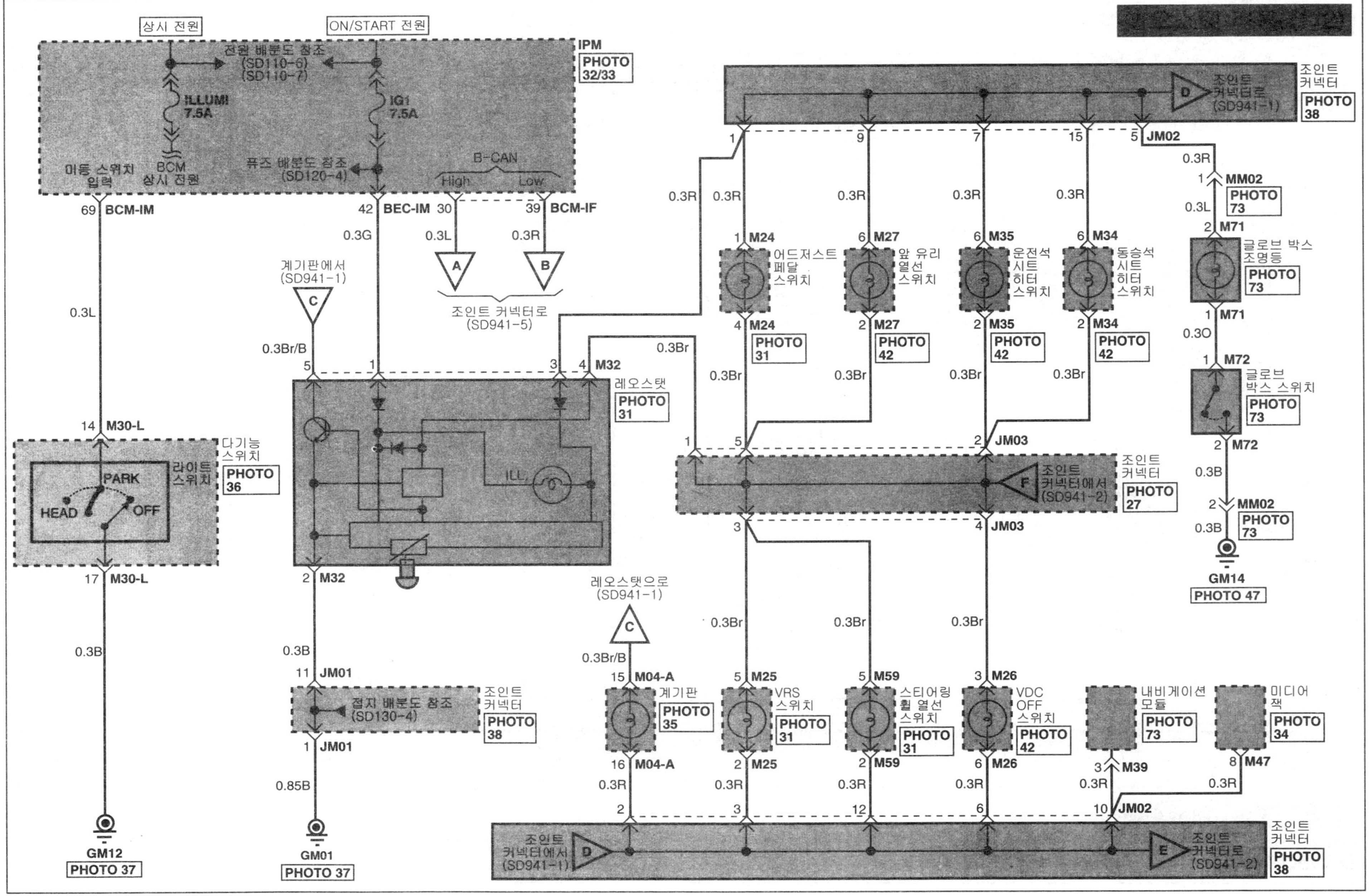

SD941-1

상시 전원
ON/START 전원
IPM
PHOTO 32/33
전원 배분도 참조 (SD110-6) (SD110-7)
ILLUMI 7.5A
IG1 7.5A
퓨즈 배분도 참조 (SD120-4)
미등 스위치 입력
BCM 상시 전원
B-CAN
High
Low
69 BCM-IM
42 BEC-IM
30
39 BCM-IF
0.3L
0.3G
0.3L
0.3R
A
B
조인트 커넥터로 (SD941-5)
계기판에서 (SD941-1)
C
0.3Br/B
5
1
3
4 M32
레오스탯
PHOTO 31
ILL.
2 M32
0.3B
11 JM01
접지 배분도 참조 (SD130-4)
조인트 커넥터
PHOTO 38
1 JM01
0.85B
GM01
PHOTO 37
14 M30-L
다기능 스위치
라이트 스위치
PHOTO 36
PARK
HEAD
OFF
17 M30-L
0.3B
GM12
PHOTO 37

조인트 커넥터로 (SD941-1)
D
조인트 커넥터
PHOTO 38
1
9
7
15
5 JM02
0.3R
0.3R
0.3R
0.3R
0.3R
0.3R
1 MM02
PHOTO 73
0.3L
2 M71
1 M24
어드저스트 페달 스위치
4 M24
PHOTO 31
6 M27
앞 유리 열선 스위치
2 M27
PHOTO 42
6 M35
운전석 시트 히터 스위치
2 M35
PHOTO 42
6 M34
동승석 시트 히터 스위치
2 M34
PHOTO 42
글로브 박스 조명등
PHOTO 73
1 M71
0.3O
1 M72
글로브 박스 스위치
PHOTO 73
2 M72
0.3B
2 MM02
PHOTO 73
0.3B
GM14
PHOTO 47
0.3Br
0.3Br
0.3Br
0.3Br
0.3Br
1
5
2 JM03
조인트 커넥터에서 (SD941-2)
F
조인트 커넥터
PHOTO 27
3
4 JM03
레오스탯으로 (SD941-1)
C
0.3Br/B
0.3Br
0.3Br
0.3Br
15 M04-A
계기판
PHOTO 35
16 M04-A
5 M25
VRS 스위치
PHOTO 31
2 M25
5 M59
스티어링 휠 열선 스위치
PHOTO 31
2 M59
3 M26
VDC OFF 스위치
PHOTO 42
6 M26
내비게이션 모듈
PHOTO 73
3 M39
미디어 잭
PHOTO 34
8 M47
0.3R
0.3R
0.3R
0.3R
0.3R
0.3R
2
3
12
6
10 JM02
조인트 커넥터에서 (SD941-1)
D
E
조인트 커넥터로 (SD941-2)
조인트 커넥터
PHOTO 38

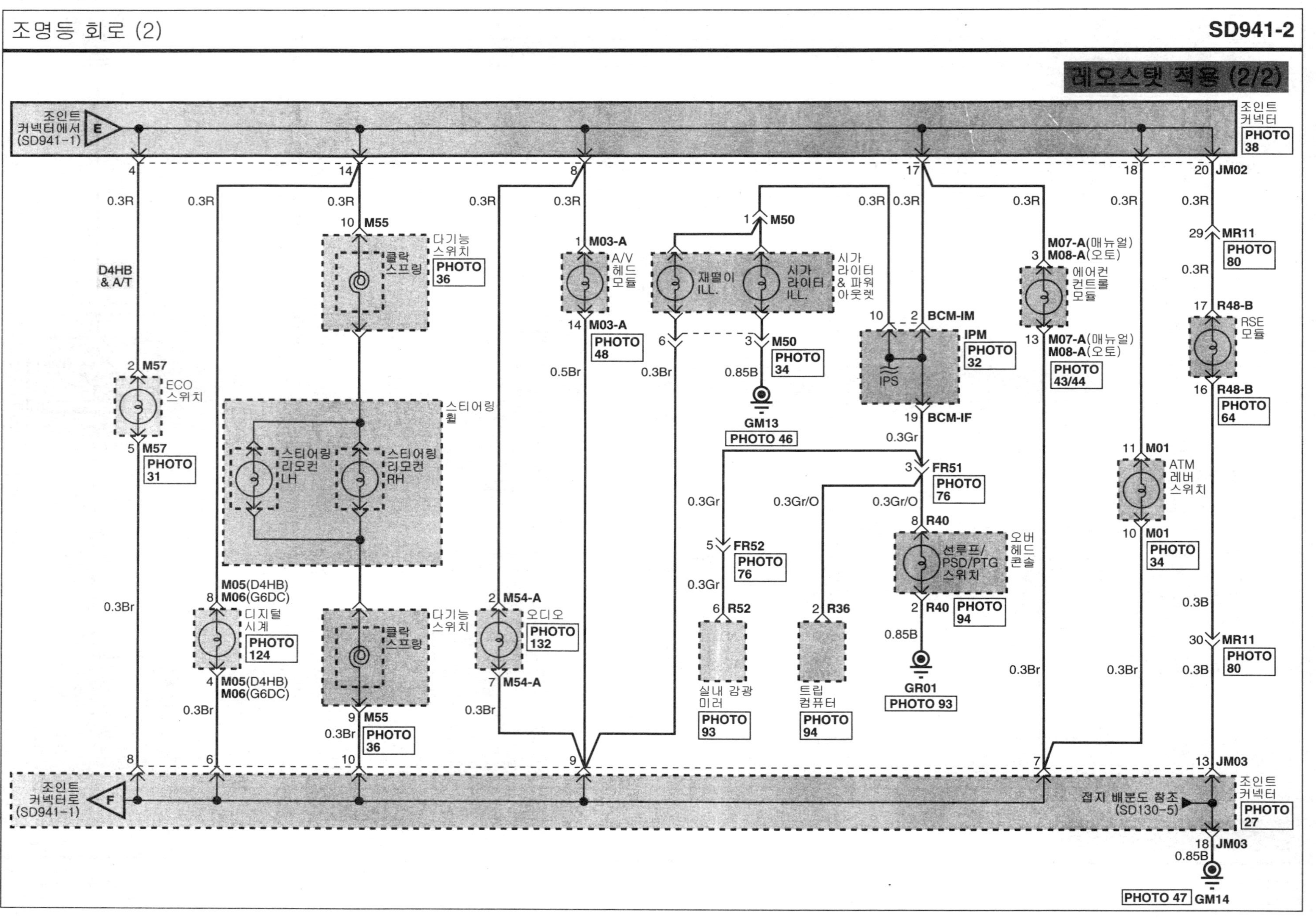
레오스탯 적용 (2/2)
조인트 커넥터에서 (SD941-1)
E
조인트 커넥터
PHOTO 38
JM02
4
0.3R
D4HB & A/T
2 M57
ECO 스위치
5 M57
PHOTO 31
0.3Br
14
0.3R
10 M55
다기능 스위치
클락 스프링
PHOTO 36
스티어링 휠
스티어링 리모컨 LH
스티어링 리모컨 RH
8 M05(D4HB) M06(G6DC)
디지털 시계
PHOTO 124
4 M05(D4HB) M06(G6DC)
0.3Br
9 M55
0.3Br
PHOTO 36
8
1 M03-A
A/V 헤드 모듈
14 M03-A
PHOTO 48
0.5Br
2 M54-A
오디오
PHOTO 132
7 M54-A
1 M50
재떨이 ILL.
시가 라이터 ILL.
시가 라이터 & 파워 아웃렛
6
3 M50
PHOTO 34
0.85B
GM13
PHOTO 46
17
10
2 BCM-IM
IPM
PHOTO 32
IPS
19 BCM-IF
0.3Gr
3 FR51
PHOTO 76
0.3Gr/O
5 FR52
PHOTO 76
6 R52
실내 감광 미러
PHOTO 93
2 R36
트립 컴퓨터
PHOTO 94
8 R40
선루프/ PSD/PTG 스위치
오버 헤드 콘솔
2 R40
PHOTO 94
GR01
PHOTO 93
3 M07-A(매뉴얼) M08-A(오토)
에어컨 컨트롤 모듈
13 M07-A(매뉴얼) M08-A(오토)
PHOTO 43/44
18
11 M01
ATM 레버 스위치
10 M01
PHOTO 34
20
29 MR11
PHOTO 80
17 R48-B
RSE 모듈
16 R48-B
PHOTO 64
0.3B
30 MR11
PHOTO 80
13 JM03
조인트 커넥터로 (SD941-1)
F
6
10
9
7
접지 배분도 참조 (SD130-5)
조인트 커넥터
PHOTO 27
18 JM03
0.85B
PHOTO 47
GM14

레오스탯 미적용 (1/2)

상시 전원

IPM PHOTO 32

전원 배분도 참조 (SD110-6)

ILLUMI 7.5A

BCM 상시 전원

미등 스위치 입력

B-CAN High Low

69 BCM-IM 0.3L

30 0.3L A

39 BCM-IF 0.3R B

조인트 커넥터로 (SD941-5)

14 M30-L

다기능 스위치 PHOTO 36

라이트 스위치

PARK HEAD OFF

17 M30-L 0.3B

GM12 PHOTO 37

조인트 커넥터로 (SD941-3) C

조인트 커넥터 PHOTO 38

JM02 1 9 7 15 5

0.3R 0.3R 0.3R 0.3R 0.3R

1 MM02 PHOTO 73

0.3L

1 M24 어드저스트 페달 스위치 PHOTO 31 4 M24

6 M27 앞 유리 열선 스위치 PHOTO 42 2 M27

6 M35 운전석 시트 히터 스위치 PHOTO 42 2 M35

6 M34 동승석 시트 히터 스위치 PHOTO 42 2 M34

2 M71 글로브 박스 조명등 PHOTO 73 1 M71

0.3O

1 M72 글로브 박스 스위치 PHOTO 73 2 M72

0.3B

2 MM02 PHOTO 73

0.3B

GM14 PHOTO 47

0.3Br 0.3Br 0.3Br 0.3Br

5 2 JM03

조인트 커넥터로 (SD941-4) E

조인트 커넥터 PHOTO 27

7 3 4 JM03

오토 에어컨 / 매뉴얼 에어컨

0.3Br 0.3Br 0.3Br 0.3Br 0.3Br 0.3Br

13 M08-A 에어컨 컨트롤 모듈 PHOTO 44 3 M08-A

13 M07-A 에어컨 컨트롤 모듈 PHOTO 43 3 M07-A

10 M01 ATM 레버 스위치 PHOTO 34 11 M01

5 M25 VRS 스위치 PHOTO 31 2 M25

5 M59 스티어링 휠 열선 스위치 PHOTO 31 2 M59

3 M26 VDC OFF 스위치 PHOTO 42 6 M26

내비게이션 모듈 PHOTO 73 3 M39

미디어 잭 PHOTO 34 8 M47

0.3R 0.3R 0.3R 0.3R 0.3R 0.3R 0.3R 0.3R

17 18 3 12 6 10 JM02

조인트 커넥터에서 (SD941-3) C

조인트 커넥터로 (SD941-4) D

조인트 커넥터 PHOTO 38

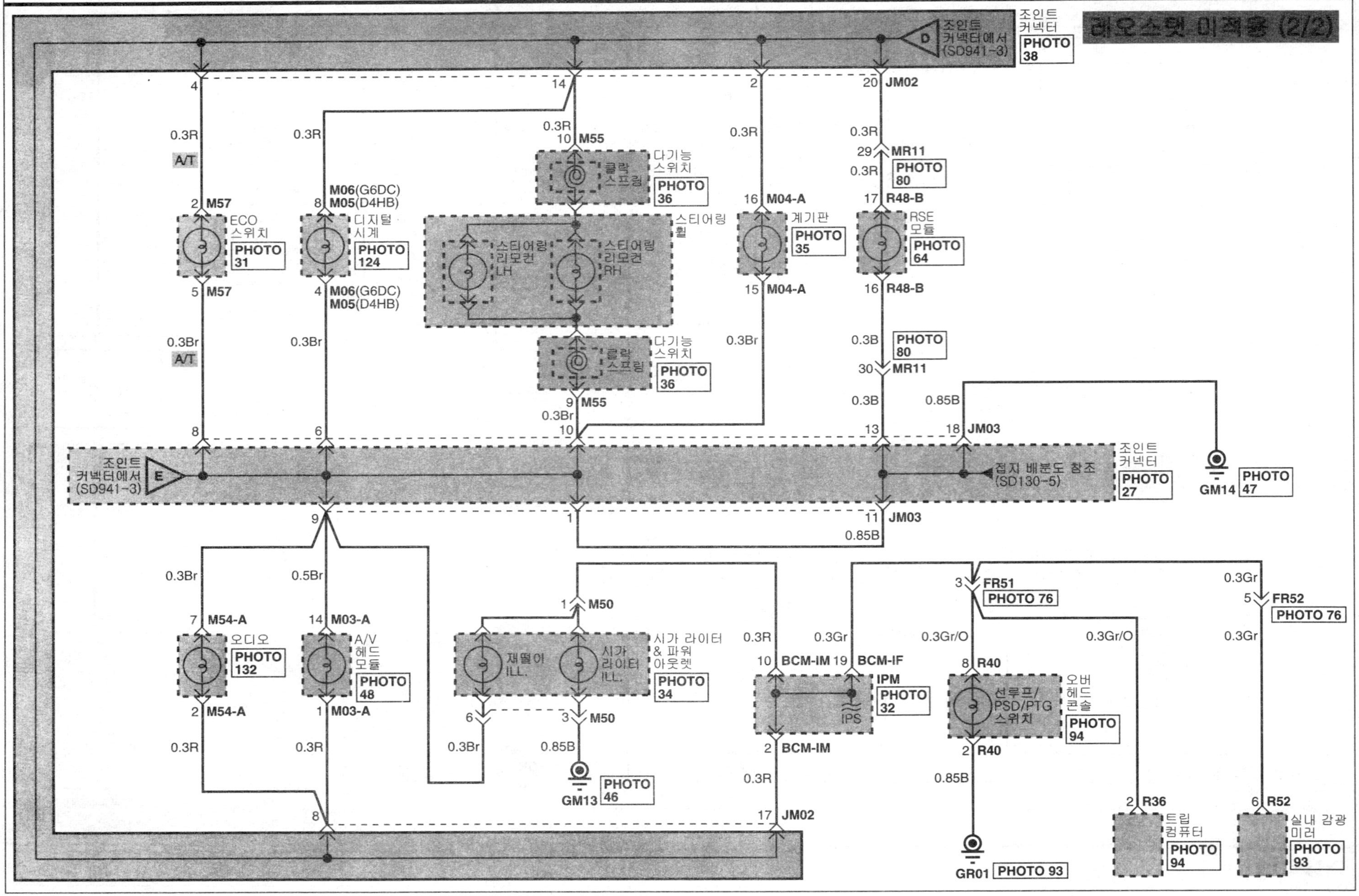

레오스탯 미적용 (2/2)

조인트 커넥터에서 (SD941-3) D
조인트 커넥터 PHOTO 38
JM02
4 0.3R A/T
2 M57 ECO 스위치 PHOTO 31 5 M57
0.3Br A/T
14 0.3R
8 M06(G6DC) M05(D4HB) 디지털 시계 PHOTO 124 4 M06(G6DC) M05(D4HB)
0.3Br
0.3R 10 M55 다기능 스위치 클락 스프링 PHOTO 36
스티어링 휠 스티어링 리모컨 LH 스티어링 리모컨 RH
다기능 스위치 클락 스프링 PHOTO 36 9 M55 0.3Br 10
2 0.3R 16 M04-A 계기판 PHOTO 35 15 M04-A 0.3Br
20 JM02 0.3R 29 MR11 PHOTO 80 0.3R 17 R48-B RSE 모듈 PHOTO 64 16 R48-B
0.3B PHOTO 80 30 MR11 0.3B 13
0.85B 18 JM03
GM14 PHOTO 47
조인트 커넥터에서 (SD941-3) E
접지 배분도 참조 (SD130-5)
조인트 커넥터 PHOTO 27
8 6 10 13 18
9 1 11 JM03 0.85B
0.3Br 7 M54-A 오디오 PHOTO 132 2 M54-A 0.3R
0.5Br 14 M03-A A/V 헤드 모듈 PHOTO 48 1 M03-A 0.3R
8
1 M50 재떨이 ILL. 시가 라이터 ILL. 시가 라이터 & 파워 아웃렛 PHOTO 34
6 0.3Br 3 M50 0.85B GM13 PHOTO 46
0.3R 10 BCM-IM 19 BCM-IF 0.3Gr IPM PHOTO 32 IPS 2 BCM-IM 0.3R 17 JM02
3 FR51 PHOTO 76 0.3Gr/O 8 R40 선루프/PSD/PTG 스위치 오버헤드 콘솔 PHOTO 94 2 R40 0.85B GR01 PHOTO 93
0.3Gr/O 2 R36 트립 컴퓨터 PHOTO 94
0.3Gr 5 FR52 PHOTO 76 0.3Gr 6 R52 실내 감광 미러 PHOTO 93

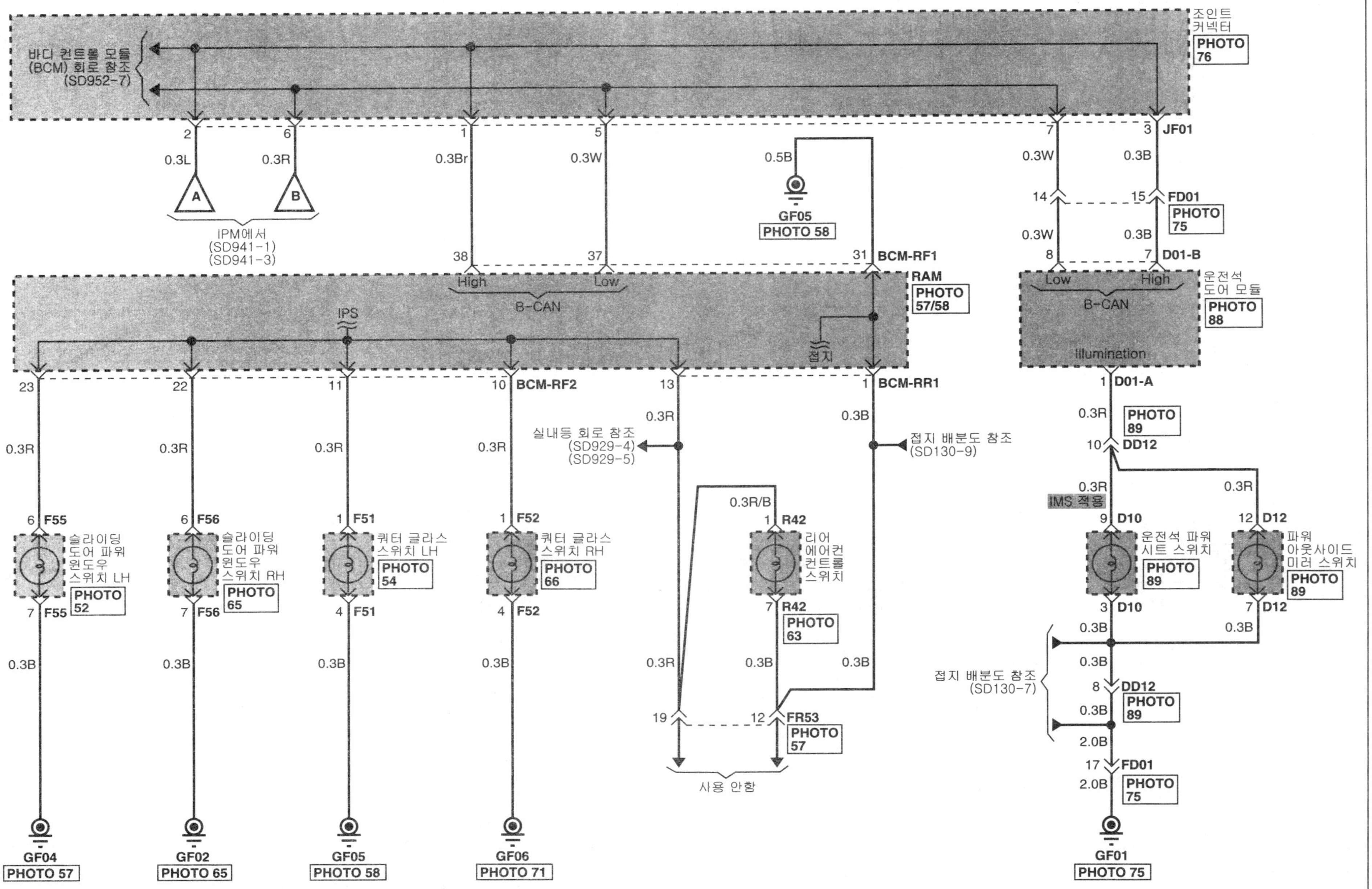

조명등 회로 (5)

바디 컨트롤 모듈 (BCM) 회로 참조 (SD952-7)
조인트 커넥터 PHOTO 76
JF01
2 0.3L A
6 0.3R B
IPM에서 (SD941-1) (SD941-3)
1 0.3Br
5 0.3W
7 0.3W
3 0.3B
FD01 PHOTO 75
14 15
0.3W 0.3B
8 7 D01-B
0.5B
GF05 PHOTO 58
31 BCM-RF1
RAM PHOTO 57/58
38 37
High Low
B-CAN
IPS
접지
운전석 도어 모듈 PHOTO 88
Low High
B-CAN
Illumination
1 D01-A
0.3R PHOTO 89
10 DD12
23 22 11 10 BCM-RF2
13 0.3R
1 BCM-RR1 0.3B
실내등 회로 참조 (SD929-4) (SD929-5)
접지 배분도 참조 (SD130-9)
0.3R 0.3R 0.3R 0.3R
6 F55 슬라이딩 도어 파워 윈도우 스위치 LH PHOTO 52 7 F55
6 F56 슬라이딩 도어 파워 윈도우 스위치 RH PHOTO 65 7 F56
1 F51 쿼터 글라스 스위치 LH PHOTO 54 4 F51
1 F52 쿼터 글라스 스위치 RH PHOTO 66 4 F52
0.3R/B
1 R42 리어 에어컨 컨트롤 스위치 7 R42 PHOTO 63
0.3R IMS 적용
9 D10 운전석 파워 시트 스위치 PHOTO 89 3 D10
0.3R
12 D12 파워 아웃사이드 미러 스위치 PHOTO 89 7 D12
0.3B 0.3B 0.3B 0.3B
0.3R 0.3B 0.3B
19 12 FR53 PHOTO 57
사용 안함
0.3B 0.3B
접지 배분도 참조 (SD130-7)
0.3B
8 DD12 PHOTO 89
0.3B
2.0B
17 FD01 PHOTO 75
2.0B
GF04 PHOTO 57
GF02 PHOTO 65
GF05 PHOTO 58
GF06 PHOTO 71
GF01 PHOTO 75

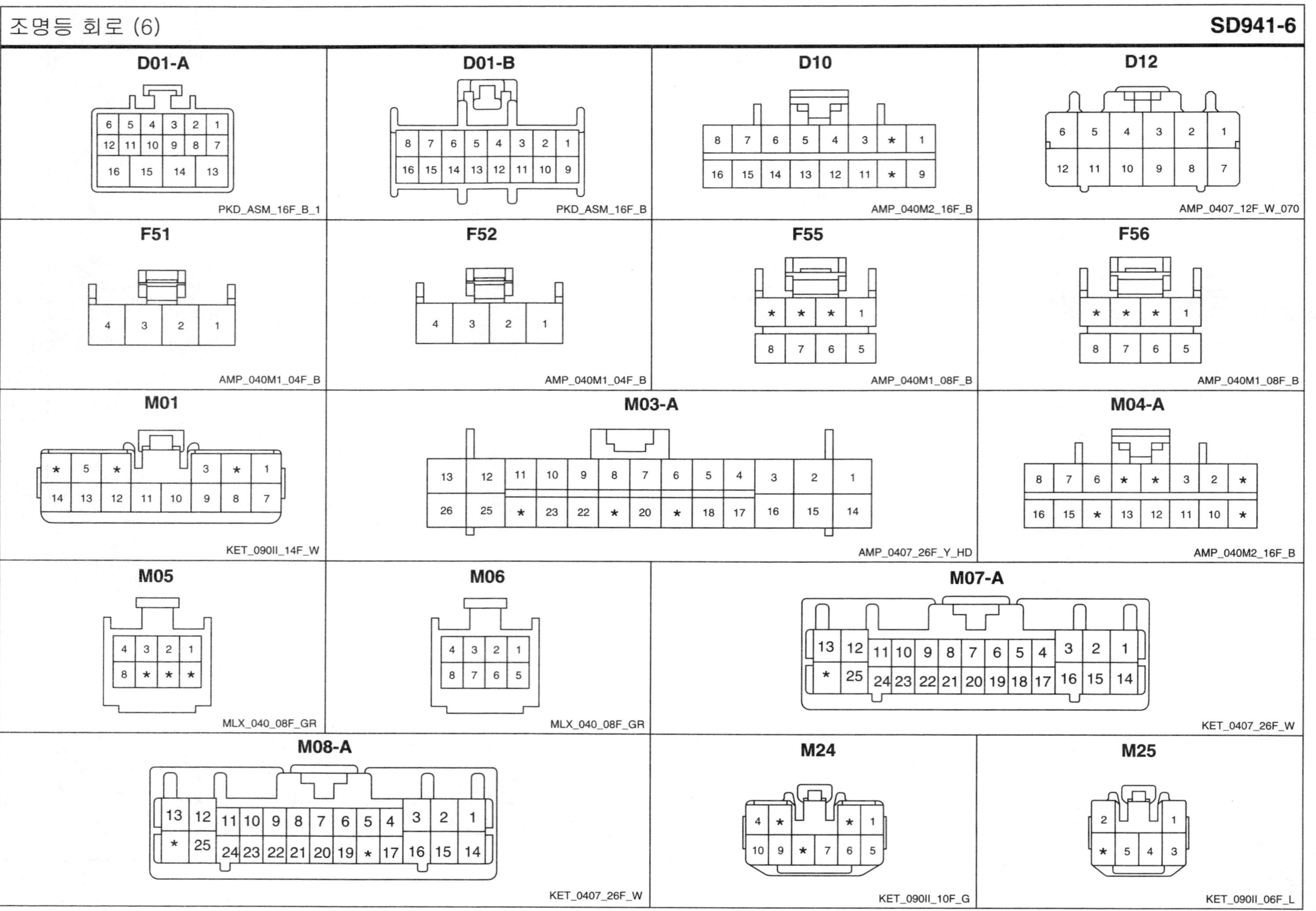
D01-A
PKD_ASM_16F_B_1
D01-B
PKD_ASM_16F_B
D10
AMP_040M2_16F_B
D12
AMP_0407_12F_W_070
F51
AMP_040M1_04F_B
F52
AMP_040M1_04F_B
F55
AMP_040M1_08F_B
F56
AMP_040M1_08F_B
M01
KET_090II_14F_W
M03-A
AMP_0407_26F_Y_HD
M04-A
AMP_040M2_16F_B
M05
MLX_040_08F_GR
M06
MLX_040_08F_GR
M07-A
KET_0407_26F_W
M08-A
KET_0407_26F_W
M24
KET_090II_10F_G
M25
KET_090II_06F_L

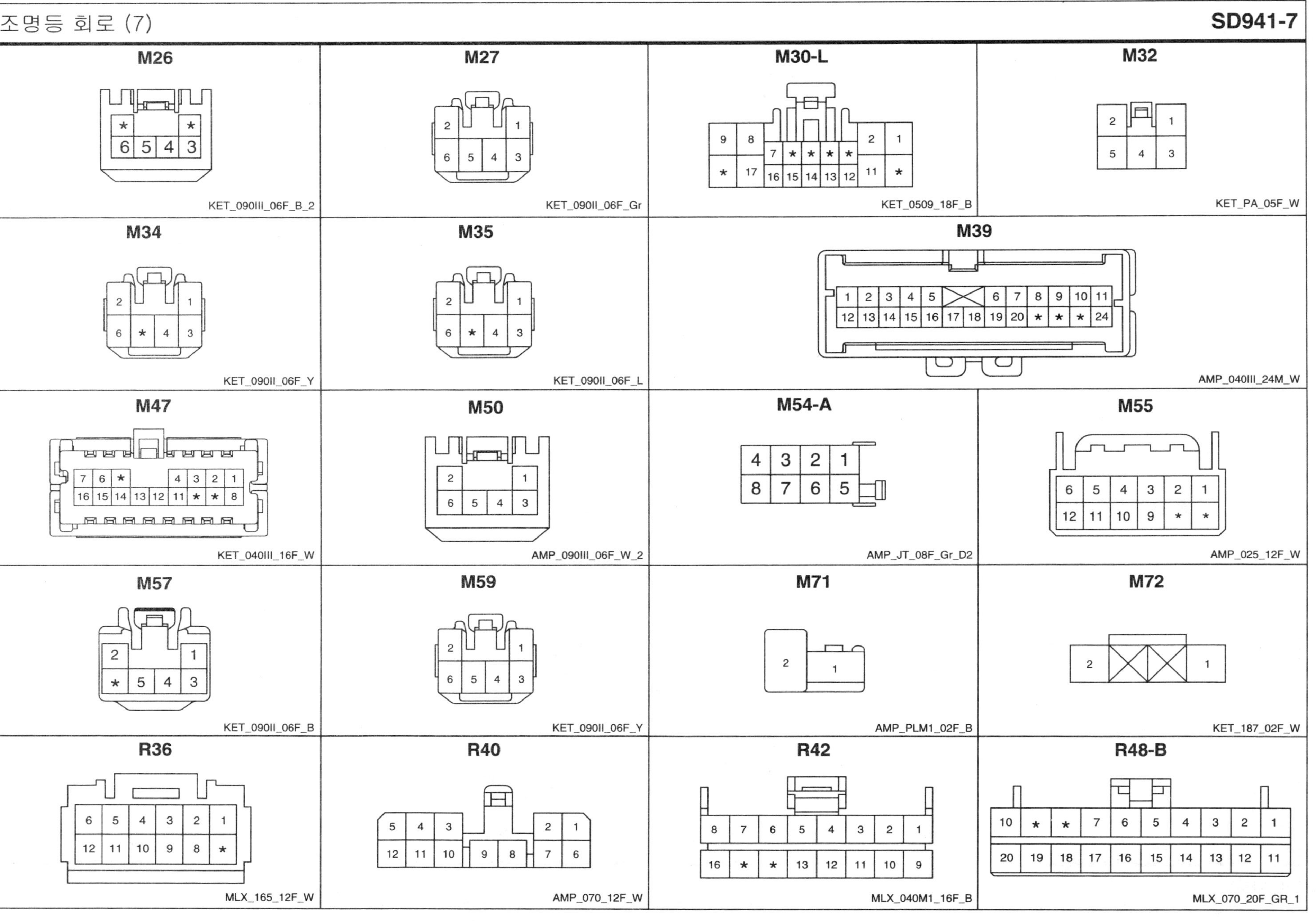
M26
KET_090III_06F_B_2
M27
KET_090II_06F_Gr
M30-L
KET_0509_18F_B
M32
KET_PA_05F_W
M34
KET_090II_06F_Y
M35
KET_090II_06F_L
M39
AMP_040III_24M_W
M47
KET_040III_16F_W
M50
AMP_090III_06F_W_2
M54-A
AMP_JT_08F_Gr_D2
M55
AMP_025_12F_W
M57
KET_090II_06F_B
M59
KET_090II_06F_Y
M71
AMP_PLM1_02F_B
M72
KET_187_02F_W
R36
MLX_165_12F_W
R40
AMP_070_12F_W
R42
MLX_040M1_16F_B
R48-B
MLX_070_20F_GR_1

R52	BLANK	BLANK	BLANK
5 4 3 * 1 10 9 8 * 6 SUM_025_10_B			

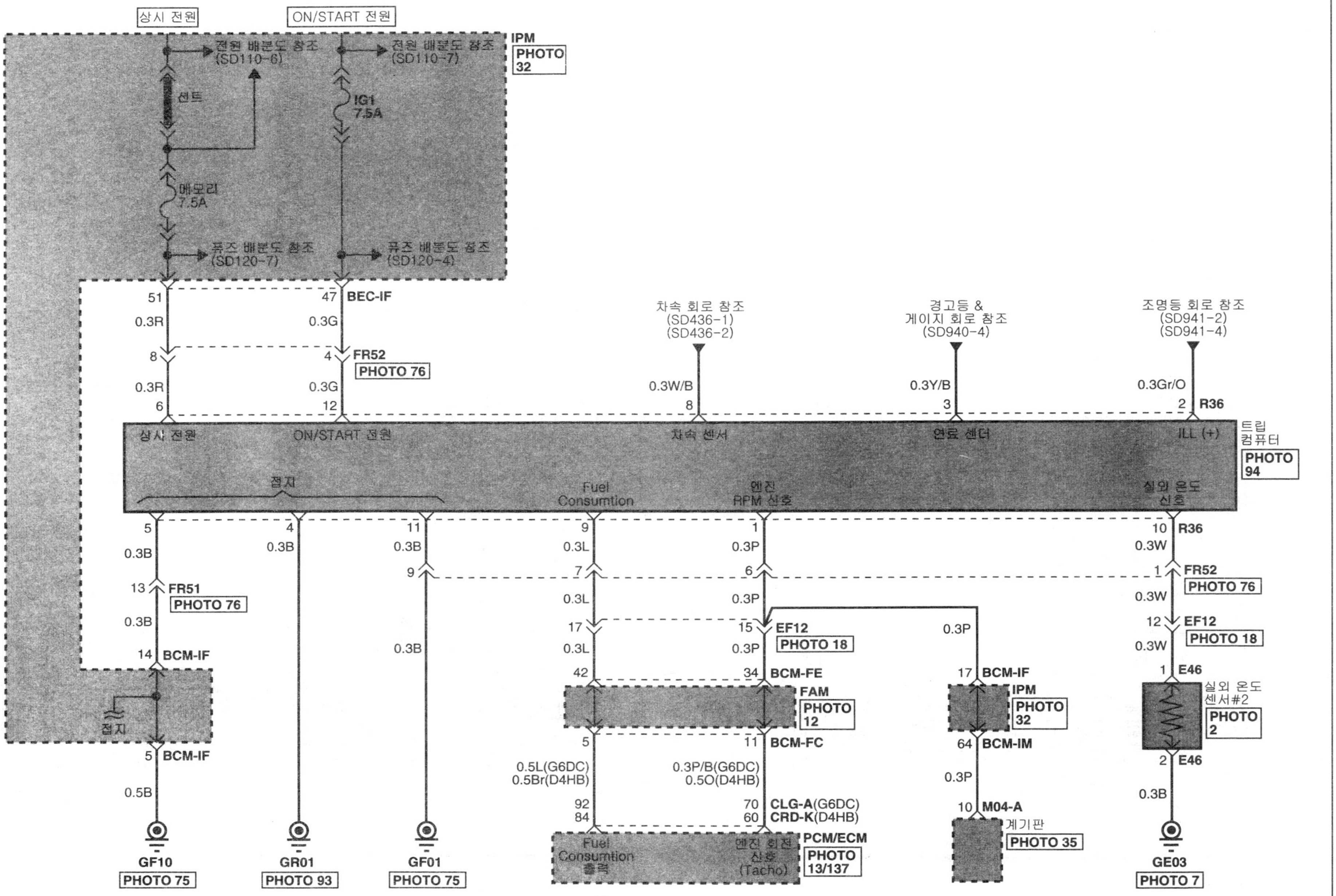

상시 전원
ON/START 전원
IPM
PHOTO 32
전원 배분도 참조 (SD110-6)
전원 배분도 참조 (SD110-7)
센트
IG1 7.5A
메모리 7.5A
퓨즈 배분도 참조 (SD120-7)
퓨즈 배분도 참조 (SD120-4)
51 0.3R 8 0.3R 6
47 BEC-IF 0.3G 4 FR52 PHOTO 76 0.3G 12
차속 회로 참조 (SD436-1) (SD436-2)
0.3W/B 8
경고등 & 게이지 회로 참조 (SD940-4)
0.3Y/B 3
조명등 회로 참조 (SD941-2) (SD941-4)
0.3Gr/O 2 R36
트립 컴퓨터
PHOTO 94
상시 전원
ON/START 전원
차속 센서
연료 센더
ILL (+)
접지
Fuel Consumtion
엔진 RPM 신호
실외 온도 신호
5 0.3B 13 FR51 PHOTO 76 0.3B 14 BCM-IF
접지
5 BCM-IF 0.5B
GF10 PHOTO 75
4 0.3B
GR01 PHOTO 93
11 0.3B 9 0.3B
GF01 PHOTO 75
9 0.3L 7 0.3L 17 0.3L 42
1 0.3P 6 0.3P 15 EF12 PHOTO 18 0.3P 34 BCM-FE
FAM PHOTO 12
5 11 BCM-FC
0.5L(G6DC) 0.5Br(D4HB)
0.3P/B(G6DC) 0.5O(D4HB)
92 84
70 60 CLG-A(G6DC) CRD-K(D4HB)
PCM/ECM PHOTO 13/137
Fuel Consumtion 출력
엔진 회전 신호 (Tacho)
0.3P 17 BCM-IF
IPM PHOTO 32
64 BCM-IM 0.3P 10 M04-A
계기판 PHOTO 35
10 R36 0.3W 1 FR52 PHOTO 76 0.3W 12 EF12 PHOTO 18 0.3W 1 E46
실외 온도 센서#2 PHOTO 2
2 E46 0.3B
GE03 PHOTO 7

트립 컴퓨터 회로 (2)

SD942-2

CLG-A

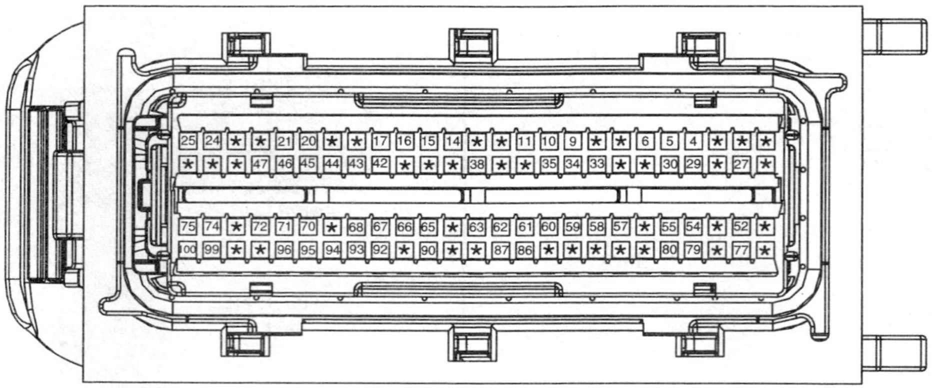

PKD_MTSBPCU_100F_B_103

CRD-K

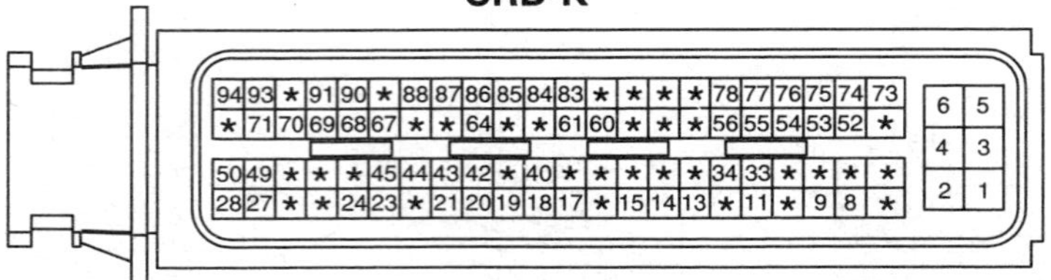

AMP_ECU_94F_B

E46

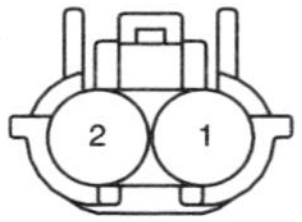

KET_SWP_02F_Gr

M04-A

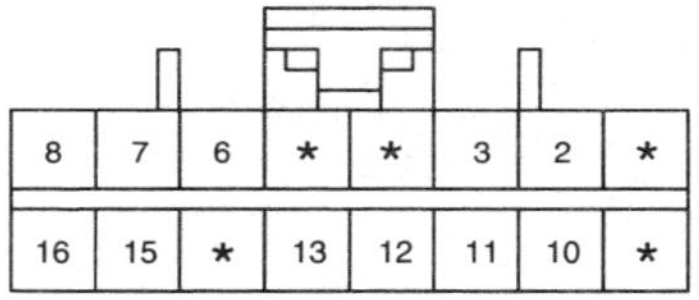

AMP_040M2_16F_B

R36

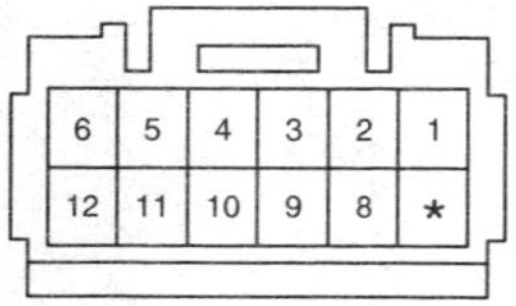

MLX_165_12F_W

BLANK

BLANK

BLANK

시계 & 시가 라이터 (파워 아웃렛) 회로 (1)

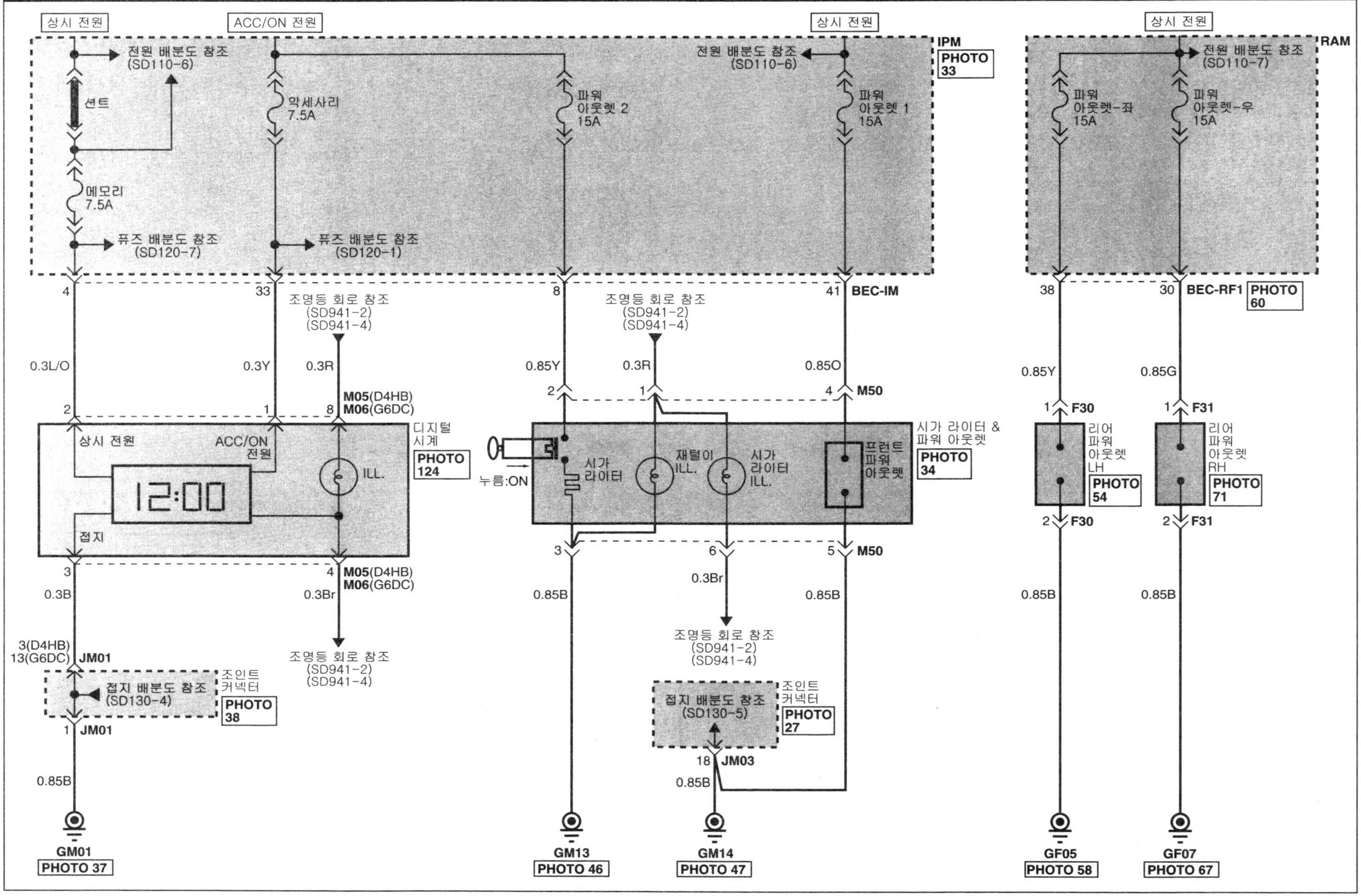

시계 & 시가 라이터 (파워 아웃렛) 회로 (2)

SD945-2

F30	F31	M05	M06
KET_2505_02F_B_CIGAR	KET_2505_02F_B_CIGAR	MLX_040_08F_GR	MLX_040_08F_GR
M50	**BLANK**	**BLANK**	**BLANK**
AMP_090III_06F_W_2			

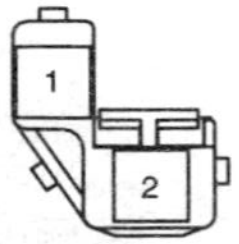

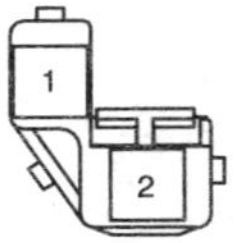

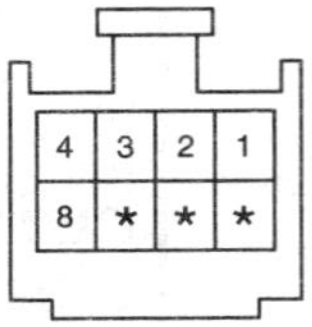

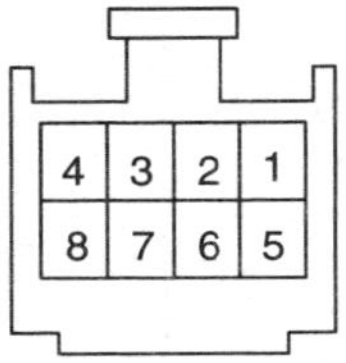

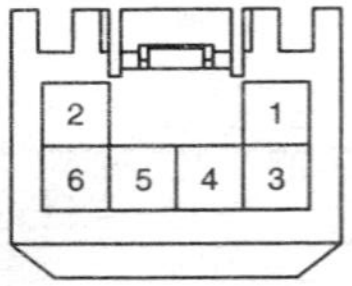

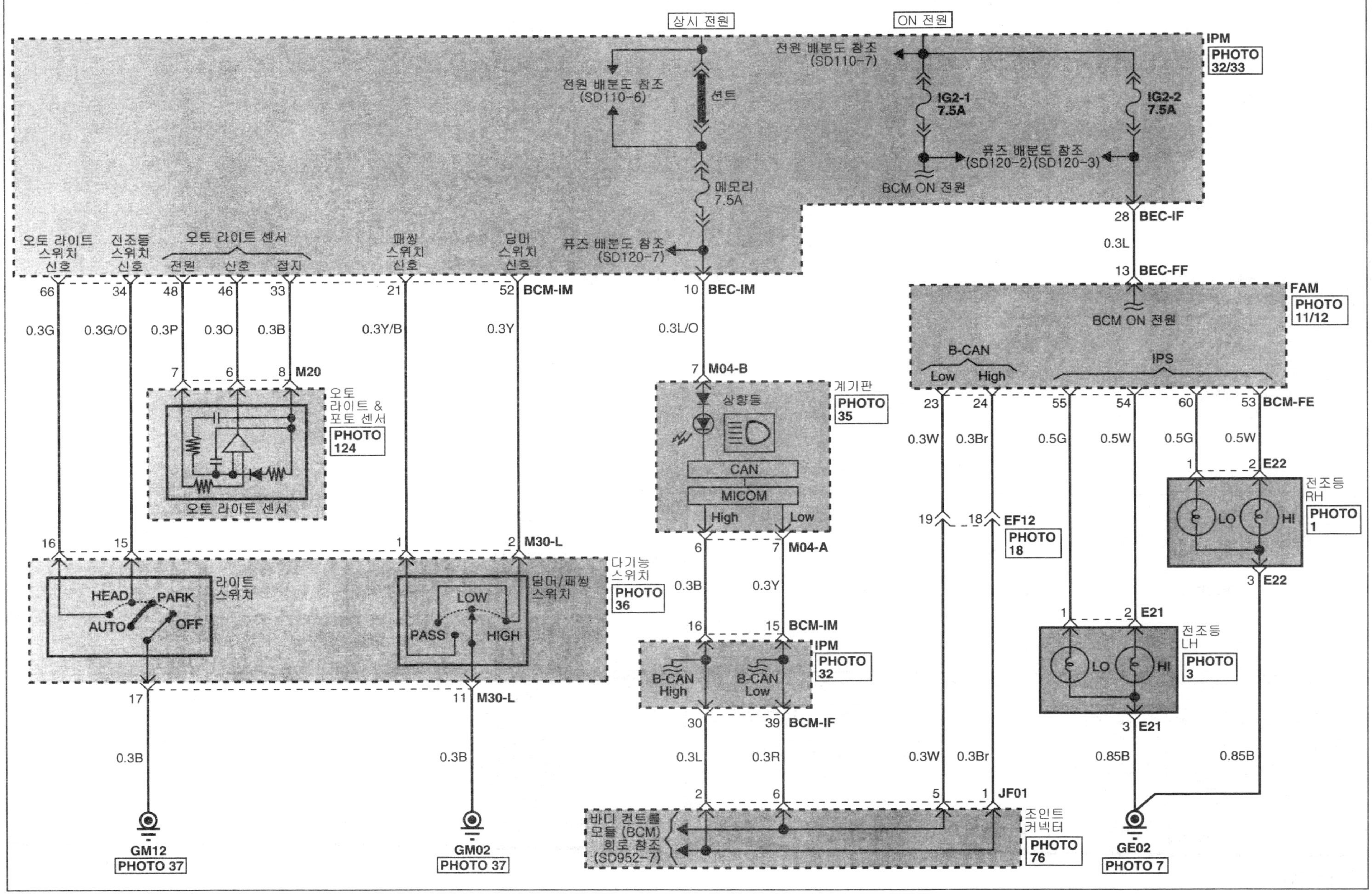

상시 전원
ON 전원
IPM
PHOTO 32/33
전원 배분도 참조 (SD110-6)
션트
메모리 7.5A
퓨즈 배분도 참조 (SD120-7)
전원 배분도 참조 (SD110-7)
IG2-1 7.5A
IG2-2 7.5A
퓨즈 배분도 참조 (SD120-2)(SD120-3)
BCM ON 전원
28 BEC-IF
0.3L
13 BEC-FF
FAM
PHOTO 11/12
BCM ON 전원
B-CAN
Low
High
IPS
오토 라이트 스위치 신호
전조등 스위치 신호
오토 라이트 센서
전원
신호
접지
패씽 스위치 신호
딤머 스위치 신호
66
34
48
46
33
21
52 BCM-IM
10 BEC-IM
0.3G
0.3G/O
0.3P
0.3O
0.3B
0.3Y/B
0.3Y
0.3L/O
7
6
8 M20
오토 라이트 & 포토 센서
PHOTO 124
오토 라이트 센서
7 M04-B
계기판
PHOTO 35
상향등
CAN
MICOM
High
Low
23
24
55
54
60
53 BCM-FE
0.3W
0.3Br
0.5G
0.5W
0.5G
0.5W
1
2 E22
전조등 RH
PHOTO 1
LO
HI
3 E22
19
18 EF12
PHOTO 18
16
15
1
2 M30-L
다기능 스위치
PHOTO 36
라이트 스위치
HEAD
PARK
AUTO
OFF
LOW
PASS
HIGH
딤머/패씽 스위치
6
7 M04-A
0.3B
0.3Y
1
2 E21
전조등 LH
PHOTO 3
LO
HI
16
15 BCM-IM
IPM
PHOTO 32
B-CAN High
B-CAN Low
17
11 M30-L
30
39 BCM-IF
3 E21
0.3B
0.3B
0.3L
0.3R
0.3W
0.3Br
0.85B
0.85B
2
6
5
1 JF01
바디 컨트롤 모듈 (BCM) 회로 참조 (SD952-7)
조인트 커넥터
PHOTO 76
GM12
PHOTO 37
GM02
PHOTO 37
GE02
PHOTO 7

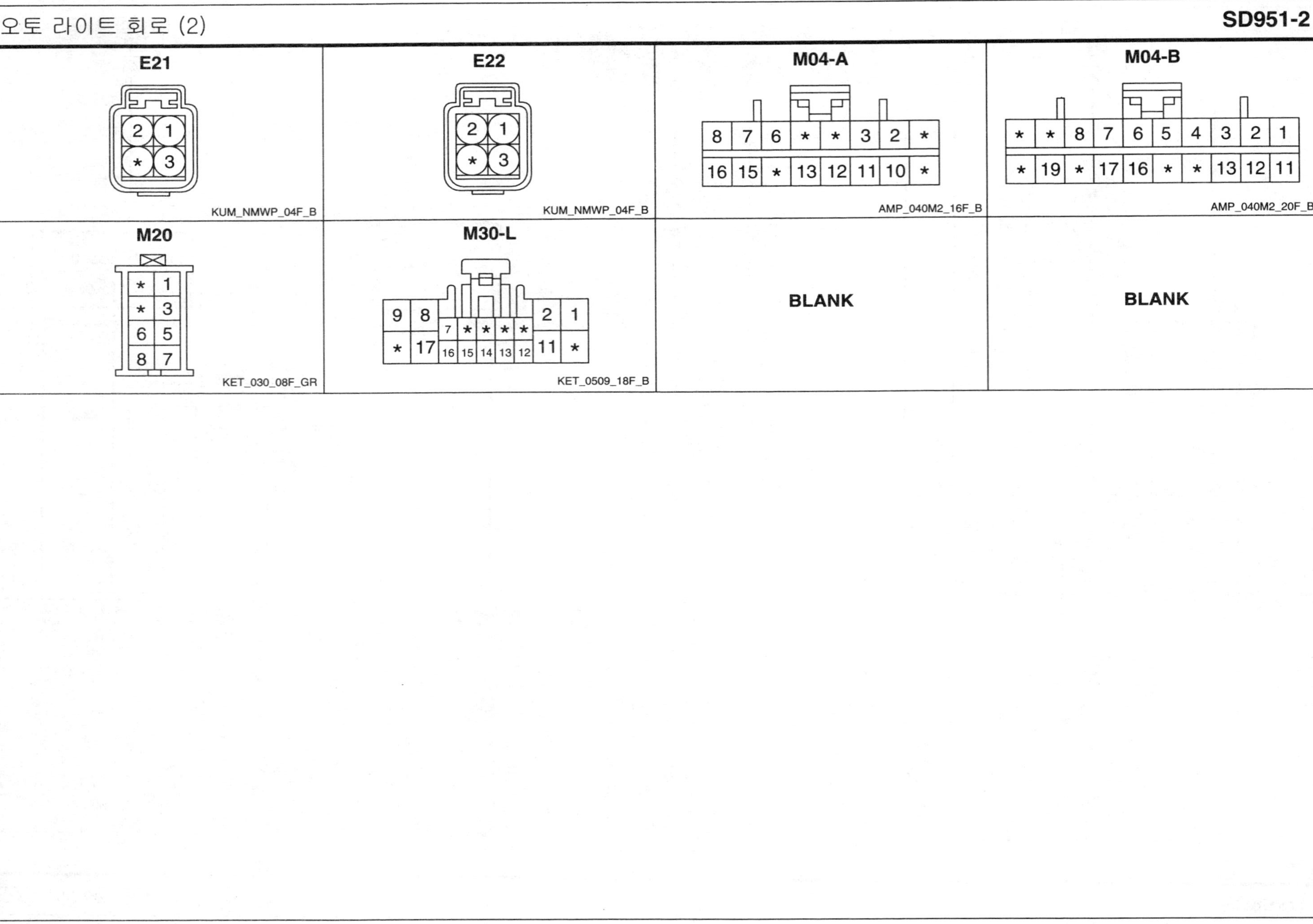
E21
2 1
* 3
KUM_NMWP_04F_B
E22
2 1
* 3
KUM_NMWP_04F_B
M04-A
8 7 6 * * 3 2 *
16 15 * 13 12 11 10 *
AMP_040M2_16F_B
M04-B
* * 8 7 6 5 4 3 2 1
* 19 * 17 16 * * 13 12 11
AMP_040M2_20F_B
M20
* 1
* 3
6 5
8 7
KET_030_08F_GR
M30-L
9 8 7 * * * * 2 1
* 17 16 15 14 13 12 11 *
KET_0509_18F_B
BLANK
BLANK

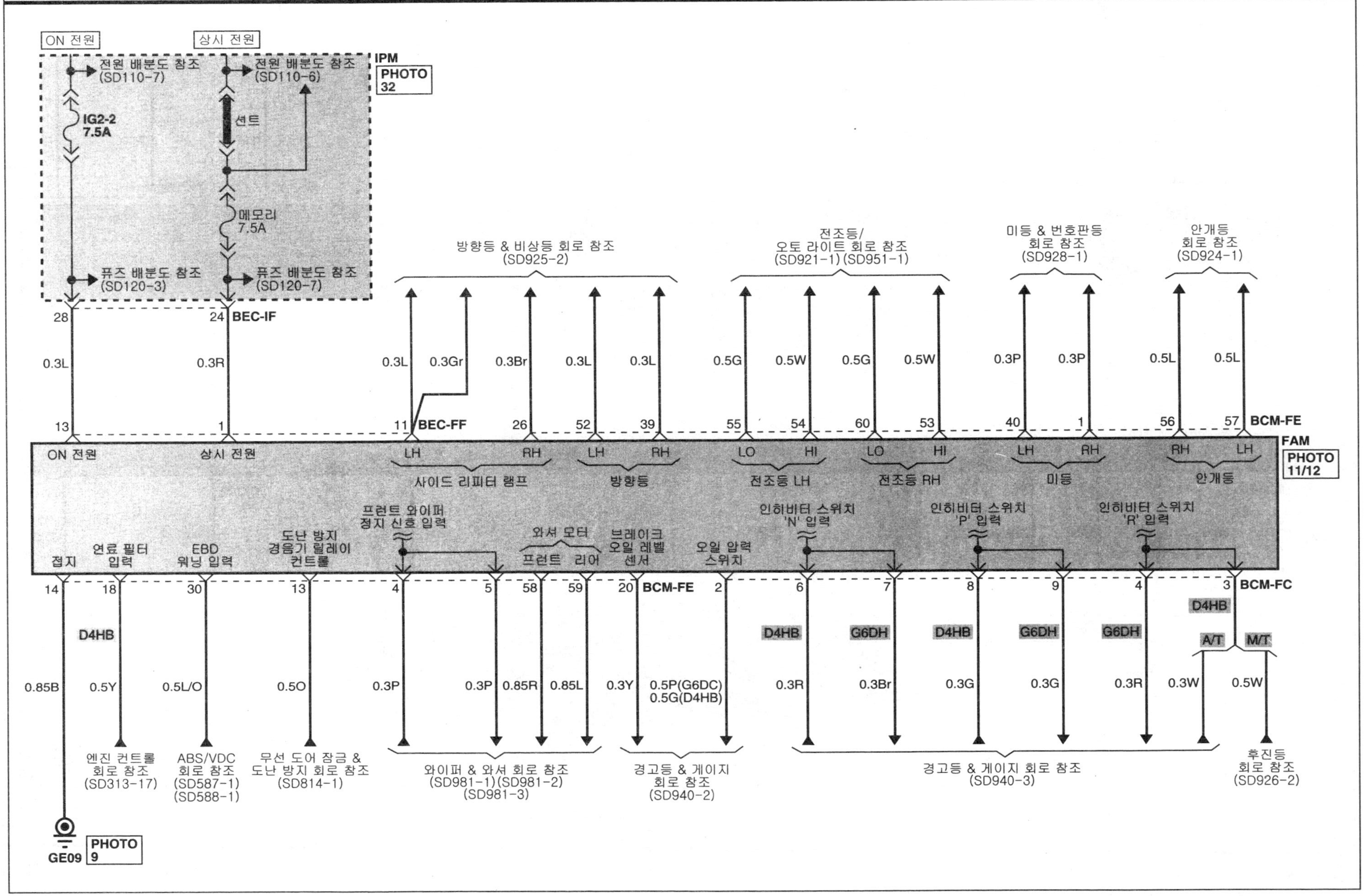

ON 전원
상시 전원
전원 배분도 참조 (SD110-7)
전원 배분도 참조 (SD110-6)
IPM
PHOTO 32
IG2-2 7.5A
센트
메모리 7.5A
퓨즈 배분도 참조 (SD120-3)
퓨즈 배분도 참조 (SD120-7)
28
24 BEC-IF
0.3L
0.3R
13
1
방향등 & 비상등 회로 참조 (SD925-2)
0.3L
0.3Gr
0.3Br
0.3L
0.3L
11 BEC-FF
26
52
39
전조등/ 오토 라이트 회로 참조 (SD921-1) (SD951-1)
0.5G
0.5W
0.5G
0.5W
55
54
60
53
미등 & 번호판등 회로 참조 (SD928-1)
0.3P
0.3P
40
1
안개등 회로 참조 (SD924-1)
0.5L
0.5L
56
57 BCM-FE
FAM
PHOTO 11/12
ON 전원
상시 전원
LH RH 사이드 리피터 램프
LH RH 방향등
LO HI 전조등 LH
LO HI 전조등 RH
LH RH 미등
RH LH 안개등
접지
연료 필터 입력
EBD 워닝 입력
도난 방지 경음기 릴레이 컨트롤
프런트 와이퍼 정지 신호 입력
와셔 모터 프런트 리어
브레이크 오일 레벨 센서
오일 압력 스위치
인히비터 스위치 'N' 입력
인히비터 스위치 'P' 입력
인히비터 스위치 'R' 입력
14
18
30
13
4
5
58
59
20 BCM-FE
2
6
7
8
9
4
3 BCM-FC
D4HB
D4HB
G6DH
D4HB
G6DH
G6DH
D4HB
A/T
M/T
0.85B
0.5Y
0.5L/O
0.5O
0.3P
0.3P
0.85R
0.85L
0.3Y
0.5P(G6DC) 0.5G(D4HB)
0.3R
0.3Br
0.3G
0.3G
0.3R
0.3W
0.5W
엔진 컨트롤 회로 참조 (SD313-17)
ABS/VDC 회로 참조 (SD587-1) (SD588-1)
무선 도어 잠금 & 도난 방지 회로 참조 (SD814-1)
와이퍼 & 와셔 회로 참조 (SD981-1) (SD981-2) (SD981-3)
경고등 & 게이지 회로 참조 (SD940-2)
경고등 & 게이지 회로 참조 (SD940-3)
후진등 회로 참조 (SD926-2)
GE09
PHOTO 9

상시 전원

FAM
PHOTO 11

IPM 1 50A
IPM 3 50A

18
7 BEC-FF

5.0B
5.0B

39
12 BEC-IF

전원 배분도 참조 (SD110-7)

2.0Y
2.0W
2
5 M29

이그니션 스위치
PHOTO 123

AM
AM
LOCK
ACC
ON
START
LOCK
ACC
ON
START

4
6
3 M29

2.0P
2.0G
2.0L

7
55
16 BEC-IM

전조등/ 오토 라이트 회로 참조 (SD921-1) (SD951-1)

0.3Y/B
0.3Y
0.3G/O
0.3G
0.3P
0.3O
0.3B

21
52
34
66
48
46
33 BCM-IM

IPM
PHOTO 32/33

전원 배분도 참조 (SD110-6)
센트
ILLUMI 7.5A
상시 전원
메모리 7.5A
상시 전원

전원 배분도 참조 (SD110-7)
악세사리 7.5A
퓨즈 배분도 참조 (SD120-1)
ACC/ON 전원

IG1 7.5A
퓨즈 배분도 참조 (SD120-4)
ON/START 전원

전원 배분도 참조 (SD110-7)
IG2-1 7.5A
퓨즈 배분도 참조 (SD120-2)
ON 전원

패싱 스위치 신호
딤머 스위치 신호
전조등 스위치 신호
오토 라이트 스위치 신호
전원
신호
접지
오토 라이트 센서

접지
접지
미등 스위치 입력
안개등 스위치 입력
방향등 스위치
LH
RH
비상등 스위치
도난 경보 출력
도난 방지 IND.
리어 와이퍼 저속 스위치 입력
리어 간헐 와이퍼 스위치 입력
리어 와셔 스위치 입력

5
14 BCM-IF
2 BEC-IF
69
18
13
60
23
42
38
53
28
12 BCM-IM

0.5B
0.3B
0.5B
0.3L
0.3W
0.3Y
0.3O
0.3P(오토 에어컨)
0.3G/O(매뉴얼 에어컨)
0.5Y
0.3Y
0.3W
0.3L/B
0.3R

접지 배분도 참조 (SD130-10)

GF10
PHOTO 75

GF01
PHOTO 75

미등 & 번호판등/ 안개등 회로 참조 (SD928-1) (SD924-1)

방향등 & 비상등 회로 참조 (SD925-1)

무선 도어 잠금 & 도난 방지 회로 참조 (SD814-1)

주차 보조 시스템 회로 참조 (SD957-1)

와이퍼 & 와셔 회로 참조 (SD981-3)

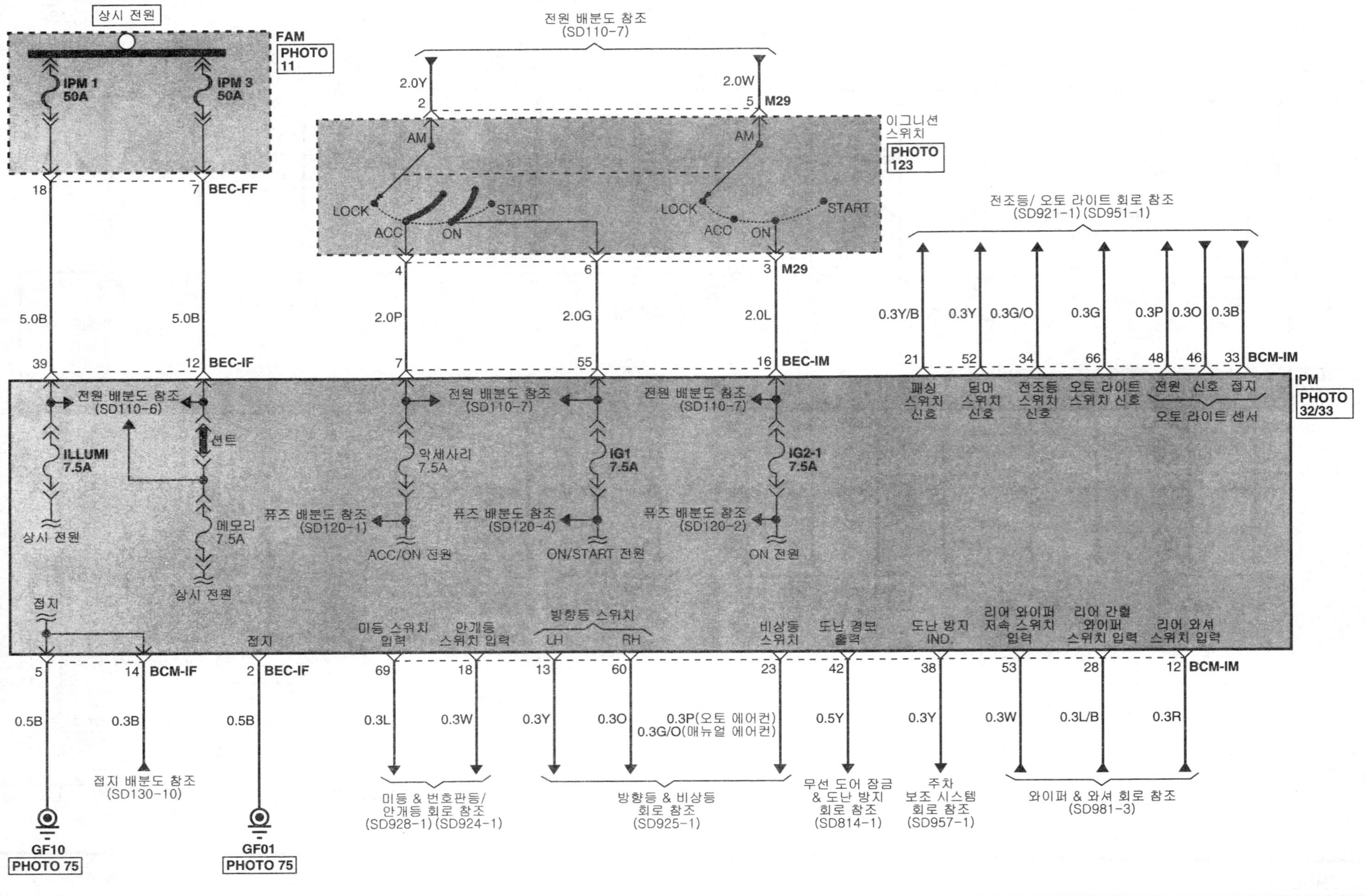

디포거 회로 참조 (SD879-1) (SD879-2)
조명등 회로 참조 (SD941-2) (SD941-4)
충전 회로 참조 (SD373-1) (SD373-2)
후진등 회로 참조 (SD926-1) (SD926-2)
선루프 회로 참조 (SD816-1)
경고등 & 게이지 회로 참조 (SD940-2)
A/V & 내비게이션 회로 참조 (SD969-1)
에어백 시스템 (SRS) 회로 참조 (SD569-1) (SD569-2) (SD569-4)

0.3G/B 0.3P 0.3G/O 0.3L 0.3R 0.3R 0.3Gr 0.5G 0.3W 0.3R/B 0.3P/B 0.3G 0.3O 0.5Y 0.3P/B 0.3R 0.5L(G6DC) 0.3L(D4HB)

25 62 36 19 2 10 BCM-IM 19 34 BCM-IF 9 55 BCM-IM 18 15 22 29 35 42 BCM-IF 14 BEC-IA

IPM
PHOTO 32/33

앞 유리 열선 스위치 입력
앞 유리 열선 IND.
리어 디포거 스위치 입력
리어 디포거 IND.
조명등 IPS
엔진 회전 신호 입력
후진 신호 출력
선루프 Open 신호 입력
선루프 릴레이 코일 전원
파킹 브레이크 스위치 입력
A/V Tail 출력
시트 벨트 스위치 입력
충돌 신호 입력

키 홀 조명등
키 리마인드 스위치 입력
도어 언록 신호 입력
SOUND MUTE 신호 출력
K-라인

1 3 42 7 70 BCM-IM

0.3R 0.3W 0.5Y 0.3O 0.3W

6 4 M45

Transponder
안테나 코일
IND.
이그니션 키 조명등 & 도어 워닝 스위치
PHOTO 123

2 1 5 3 M45

G6DH 0.3L G6DH 0.3G 0.3B 0.3B

이모빌라이저 회로 참조 (SD954-1)
GM11
PHOTO 37
오디오 회로 참조 (SD961-4)
자기 진단 점검 단자 회로 참조 (SD200-1)

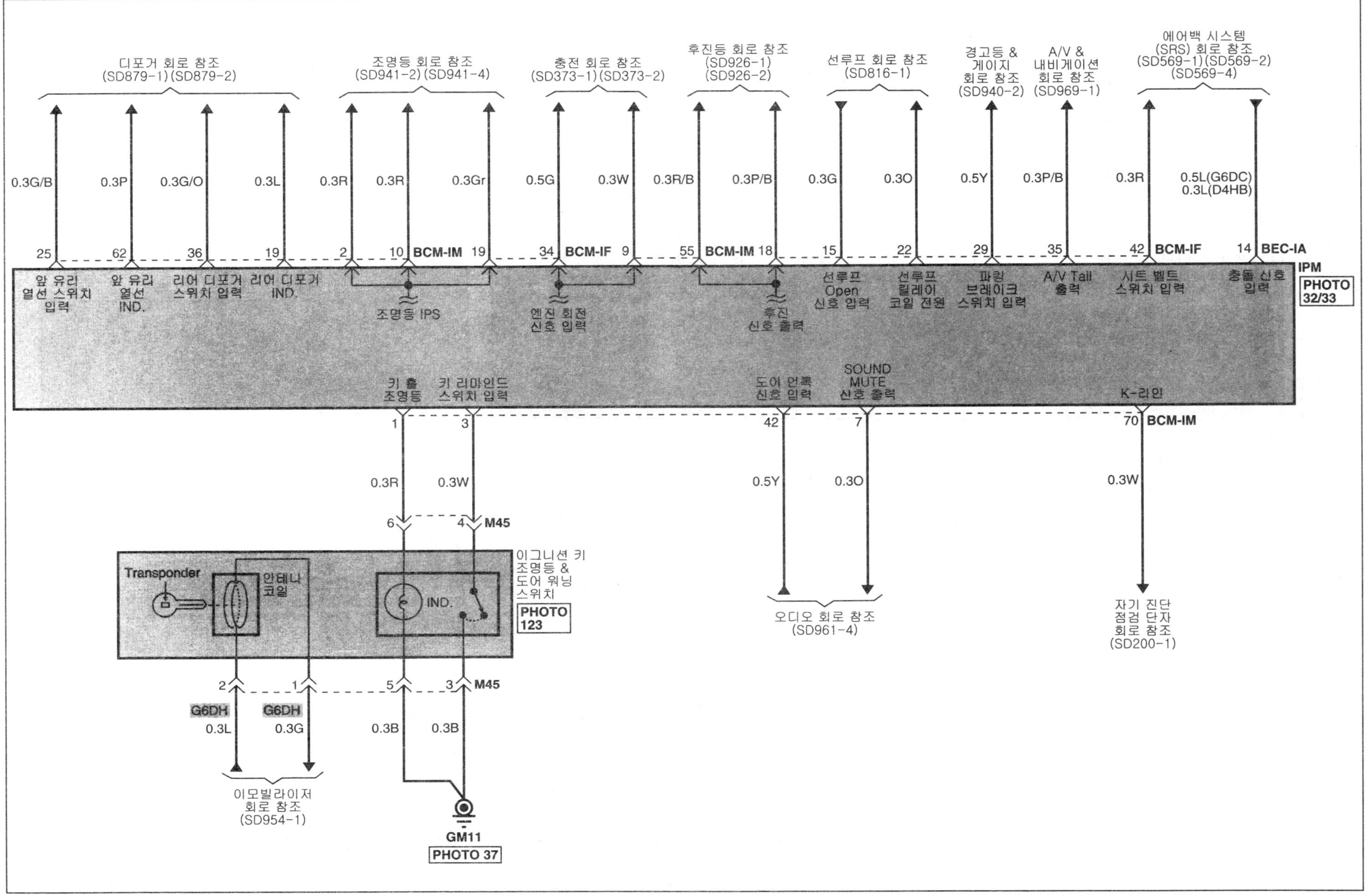

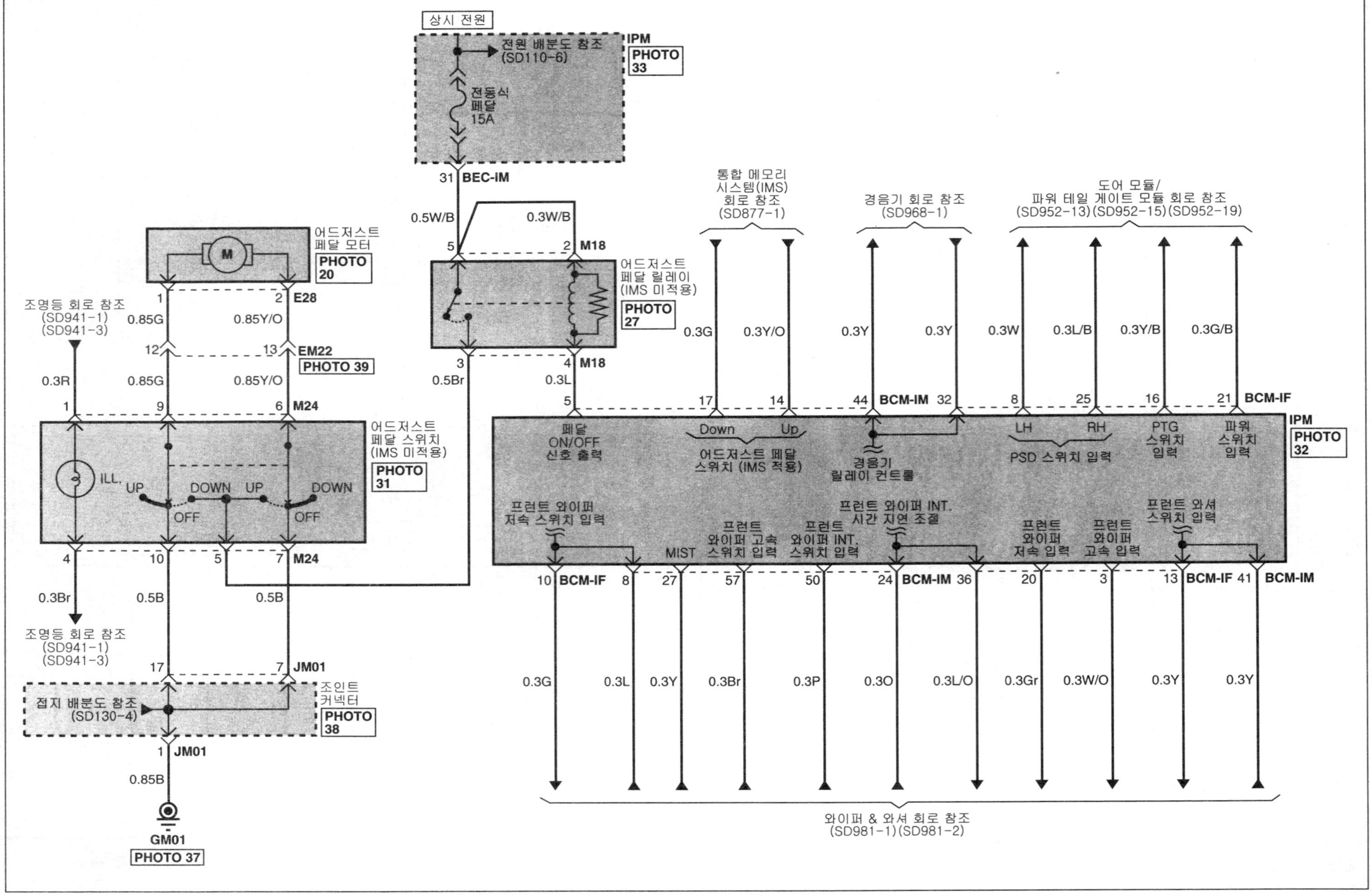

상시 전원
전원 배분도 참조 (SD110-6)
전동식 페달 15A
IPM
PHOTO 33
31 BEC-IM
0.5W/B
0.3W/B
5
2 M18
어드저스트 페달 릴레이 (IMS 미적용)
PHOTO 27
3
4 M18
0.5Br
0.3L
어드저스트 페달 모터
PHOTO 20
M
1
2 E28
0.85G
0.85Y/O
12
13 EM22
PHOTO 39
0.85G
0.85Y/O
조명등 회로 참조 (SD941-1) (SD941-3)
0.3R
1
9
6 M24
어드저스트 페달 스위치 (IMS 미적용)
PHOTO 31
ILL.
UP
DOWN
UP
DOWN
OFF
OFF
4
10
5
7 M24
0.3Br
0.5B
0.5B
조명등 회로 참조 (SD941-1) (SD941-3)
17
7 JM01
접지 배분도 참조 (SD130-4)
조인트 커넥터
PHOTO 38
1 JM01
0.85B
GM01
PHOTO 37
통합 메모리 시스템(IMS) 회로 참조 (SD877-1)
경음기 회로 참조 (SD968-1)
도어 모듈/ 파워 테일 게이트 모듈 회로 참조 (SD952-13)(SD952-15)(SD952-19)
0.3G
0.3Y/O
0.3Y
0.3Y
0.3W
0.3L/B
0.3Y/B
0.3G/B
5
17
14
44 BCM-IM 32
8
25
16
21 BCM-IF
IPM
PHOTO 32
페달 ON/OFF 신호 출력
Down
Up
어드저스트 페달 스위치 (IMS 적용)
경음기 릴레이 컨트롤
LH
RH
PSD 스위치 입력
PTG 스위치 입력
파워 스위치 입력
프런트 와이퍼 저속 스위치 입력
MIST
프런트 와이퍼 고속 스위치 입력
프런트 와이퍼 INT. 스위치 입력
프런트 와이퍼 INT. 시간 지연 조절
프런트 와이퍼 저속 입력
프런트 와이퍼 고속 입력
프런트 와셔 스위치 입력
10 BCM-IF
8
27
57
50
24 BCM-IM 36
20
3
13 BCM-IF 41
BCM-IM
0.3G
0.3L
0.3Y
0.3Br
0.3P
0.3O
0.3L/O
0.3Gr
0.3W/O
0.3Y
0.3Y
와이퍼 & 와셔 회로 참조 (SD981-1)(SD981-2)

상시 전원
FAM
PHOTO 11
RAM 2 50A
16 BEC-FF
5.0B
ON 전원
상시 전원
IPM
PHOTO 32
전원 배분도 참조 (SD110-7)
IG2-2 7.5A
전원 배분도 참조 (SD110-6)
센트
메모리 7.5A
퓨즈 배분도 참조 (SD120-3)
퓨즈 배분도 참조 (SD120-7)
27
17 BEC-IF
0.3L
0.3R
40
20
8 BEC-RF1
방향등 & 비상등 회로 참조 (SD925-2)
후진등 회로 참조 (SD926-1)(SD926-2)
미등 & 번호판등 회로 참조 (SD928-1)
0.3L
0.3L
0.3R
0.3R
0.3R
0.3P
0.3P
0.3R
31
40
19
20
21
37
35 BCM-RF2 16 BCM-RR2
RAM
PHOTO 57/58/60
전원 배분도 참조 (SD110-7)
상시 전원
퓨즈 배분도 참조 (SD120-3)
ON 전원
퓨즈 배분도 참조 (SD120-8)
상시 전원
LH RH 방향등
LH RH 후진등
후방 주차 보조 컨트롤 모듈
LH RH 미등
번호판등
접지
접지
슬라이딩 도어 파워 윈도우 스위치
LH Up Down
RH Up Down
쿼터 글라스 스위치
LH Close Open
RH Close Open
슬라이딩 도어 파워 윈도우 스위치 조명등 LH RH
쿼터 글라스 스위치 조명등 LH RH
리어 에어컨 스위치 조명등
1 BCM-RR1 31
39
20
11
2
30
10
1 BCM-RF1 7
6
23
22
11
10 BCM-RF2 13 BCM-RR1
0.3B
0.5B
0.5B
0.3W
0.3R/B
0.3W/B
0.3R/B
0.3P
0.3O
0.3P
0.3O
0.3R
0.3R
0.3R
0.3R
0.3R
접지 배분도 참조 (SD130-9)
GF05
PHOTO 58
GF12
PHOTO 57
파워 윈도우 회로 참조 (SD824-2)
에어컨 컨트롤 회로 참조 (SD971-3) (SD971-15)

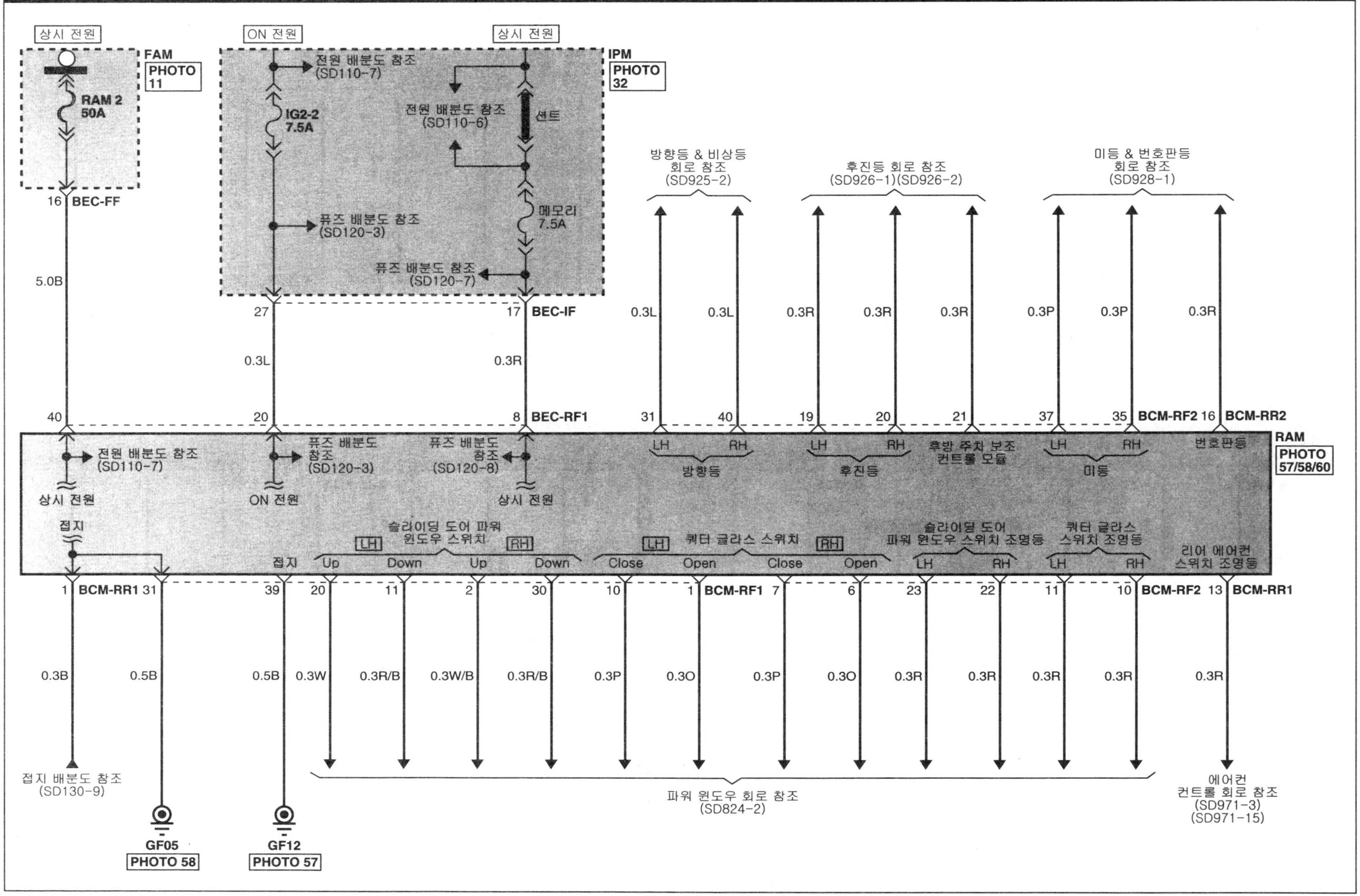

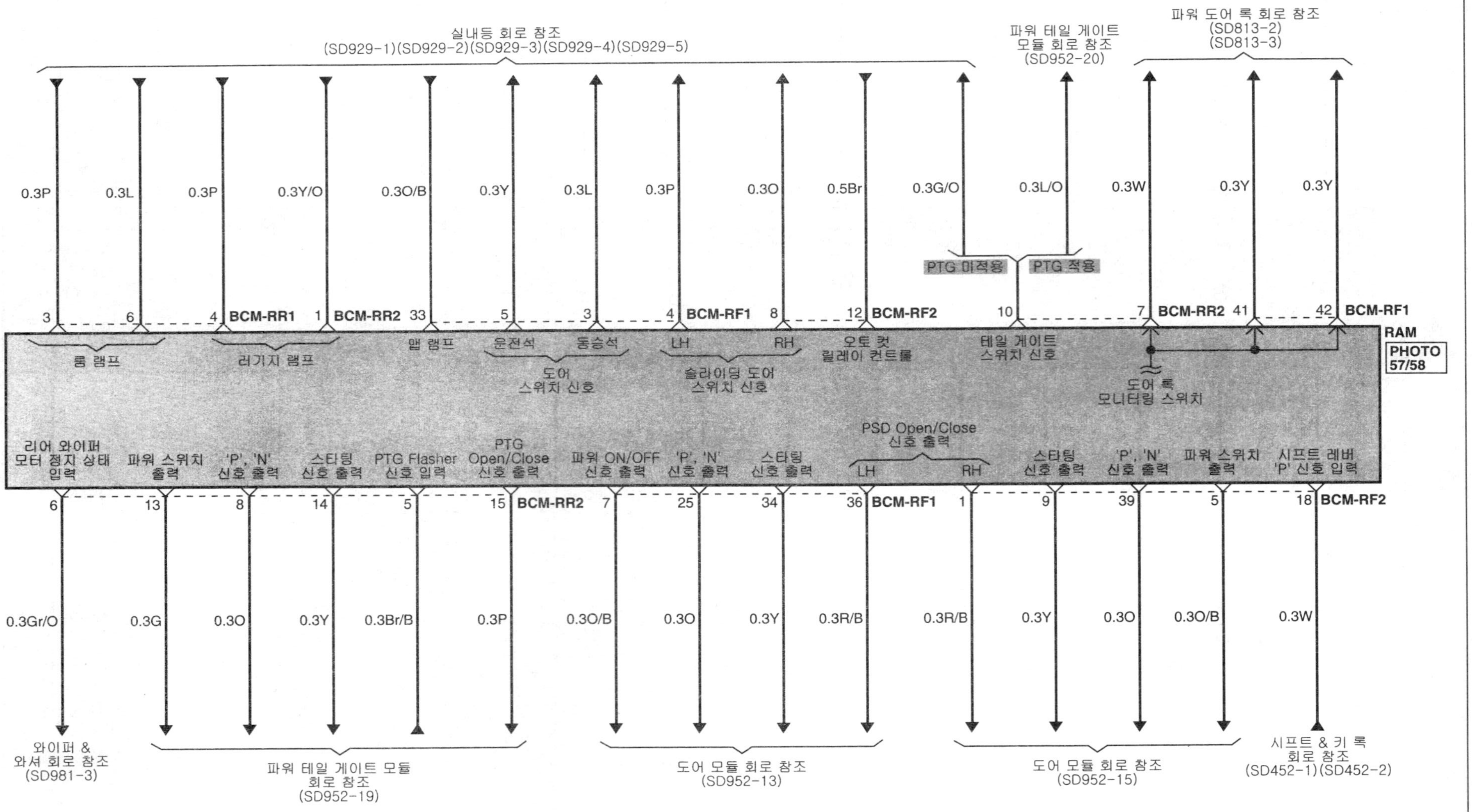

바디 컨트롤 모듈 (BCM) 회로 (6)

실내등 회로 참조
(SD929-1)(SD929-2)(SD929-3)(SD929-4)(SD929-5)

파워 테일 게이트
모듈 회로 참조
(SD952-20)

파워 도어 록 회로 참조
(SD813-2)
(SD813-3)

0.3P
0.3L
0.3P
0.3Y/O
0.3O/B
0.3Y
0.3L
0.3P
0.3O
0.5Br
0.3G/O
0.3L/O
0.3W
0.3Y
0.3Y

PTG 미적용
PTG 적용

3
6
4 BCM-RR1
1 BCM-RR2
33
5
3
4 BCM-RF1
8
12 BCM-RF2
10
7 BCM-RR2
41
42 BCM-RF1

RAM
PHOTO 57/58

룸 램프
러기지 램프
맵 램프
운전석
동승석
도어 스위치 신호
LH
RH
슬라이딩 도어 스위치 신호
오토 컷 릴레이 컨트롤
테일 게이트 스위치 신호
도어 록 모니터링 스위치

PSD Open/Close 신호 출력

리어 와이퍼 모터 정지 상태 입력
파워 스위치 출력
'P', 'N' 신호 출력
스타팅 신호 출력
PTG Flasher 신호 입력
PTG Open/Close 신호 출력
파워 ON/OFF 신호 출력
'P', 'N' 신호 출력
스타팅 신호 출력
LH
RH
스타팅 신호 출력
'P', 'N' 신호 출력
파워 스위치 출력
시프트 레버 'P' 신호 입력

6
13
8
14
5
15 BCM-RR2
7
25
34
36 BCM-RF1
1
9
39
5
18 BCM-RF2

0.3Gr/O
0.3G
0.3O
0.3Y
0.3Br/B
0.3P
0.3O/B
0.3O
0.3Y
0.3R/B
0.3R/B
0.3Y
0.3O
0.3O/B
0.3W

와이퍼 &
와셔 회로 참조
(SD981-3)

파워 테일 게이트 모듈
회로 참조
(SD952-19)

도어 모듈 회로 참조
(SD952-13)

도어 모듈 회로 참조
(SD952-15)

시프트 & 키 록
회로 참조
(SD452-1)(SD452-2)

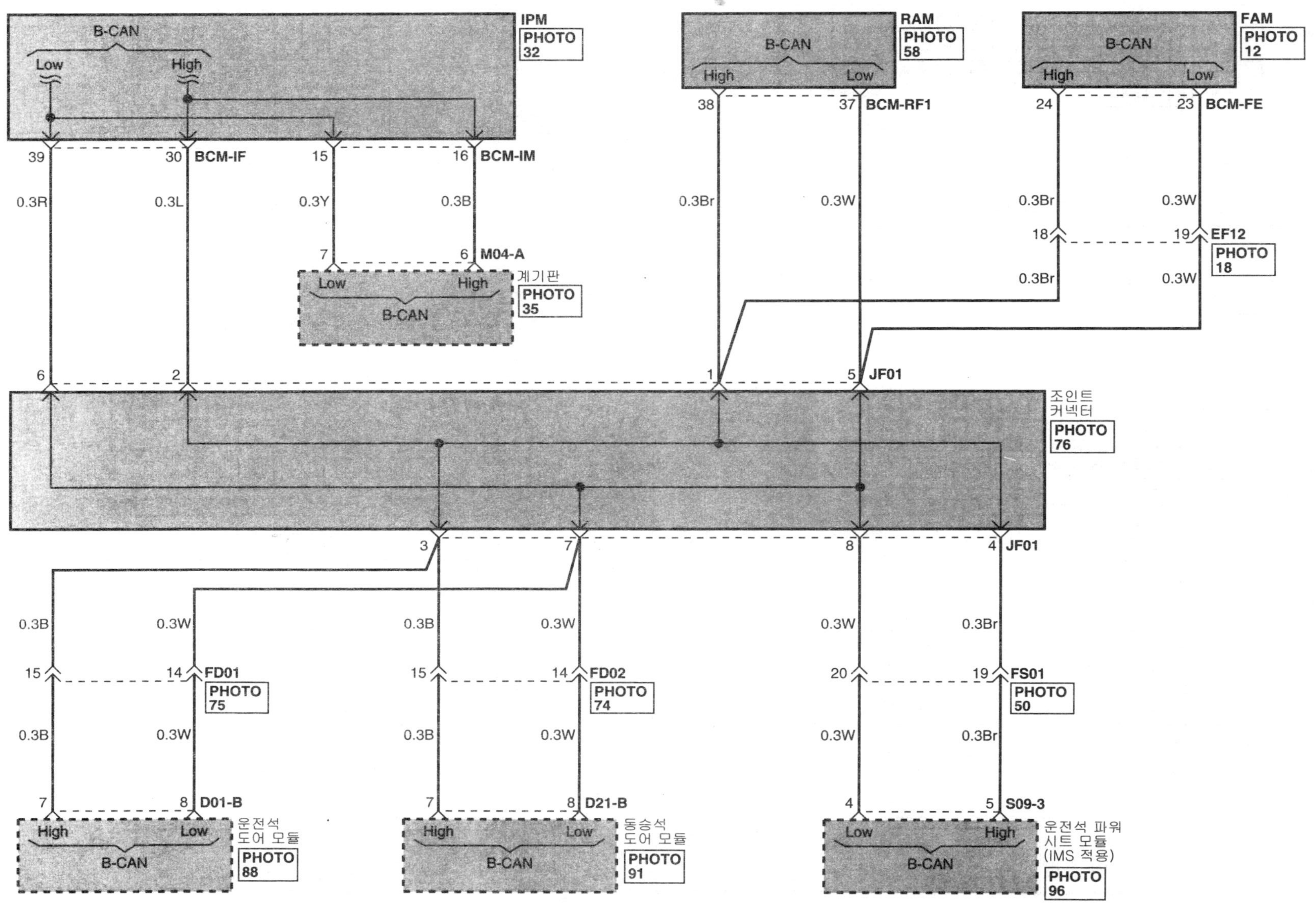

IPM PHOTO 32
B-CAN
Low High
39 30 BCM-IF 15 16 BCM-IM
0.3R 0.3L 0.3Y 0.3B
7 6 M04-A
Low High
B-CAN
계기판 PHOTO 35

RAM PHOTO 58
B-CAN
High Low
38 37 BCM-RF1
0.3Br 0.3W

FAM PHOTO 12
B-CAN
High Low
24 23 BCM-FE
0.3Br 0.3W
18 19 EF12 PHOTO 18
0.3Br 0.3W

6 2 1 5 JF01
조인트 커넥터 PHOTO 76
3 7 8 4 JF01

0.3B 0.3W 0.3B 0.3W 0.3W 0.3Br
15 14 FD01 PHOTO 75
15 14 FD02 PHOTO 74
20 19 FS01 PHOTO 50
0.3B 0.3W 0.3B 0.3W 0.3W 0.3Br
7 8 D01-B
7 8 D21-B
4 5 S09-3

High Low B-CAN
운전석 도어 모듈 PHOTO 88

High Low B-CAN
동승석 도어 모듈 PHOTO 91

Low High B-CAN
운전석 파워 시트 모듈 (IMS 적용) PHOTO 96

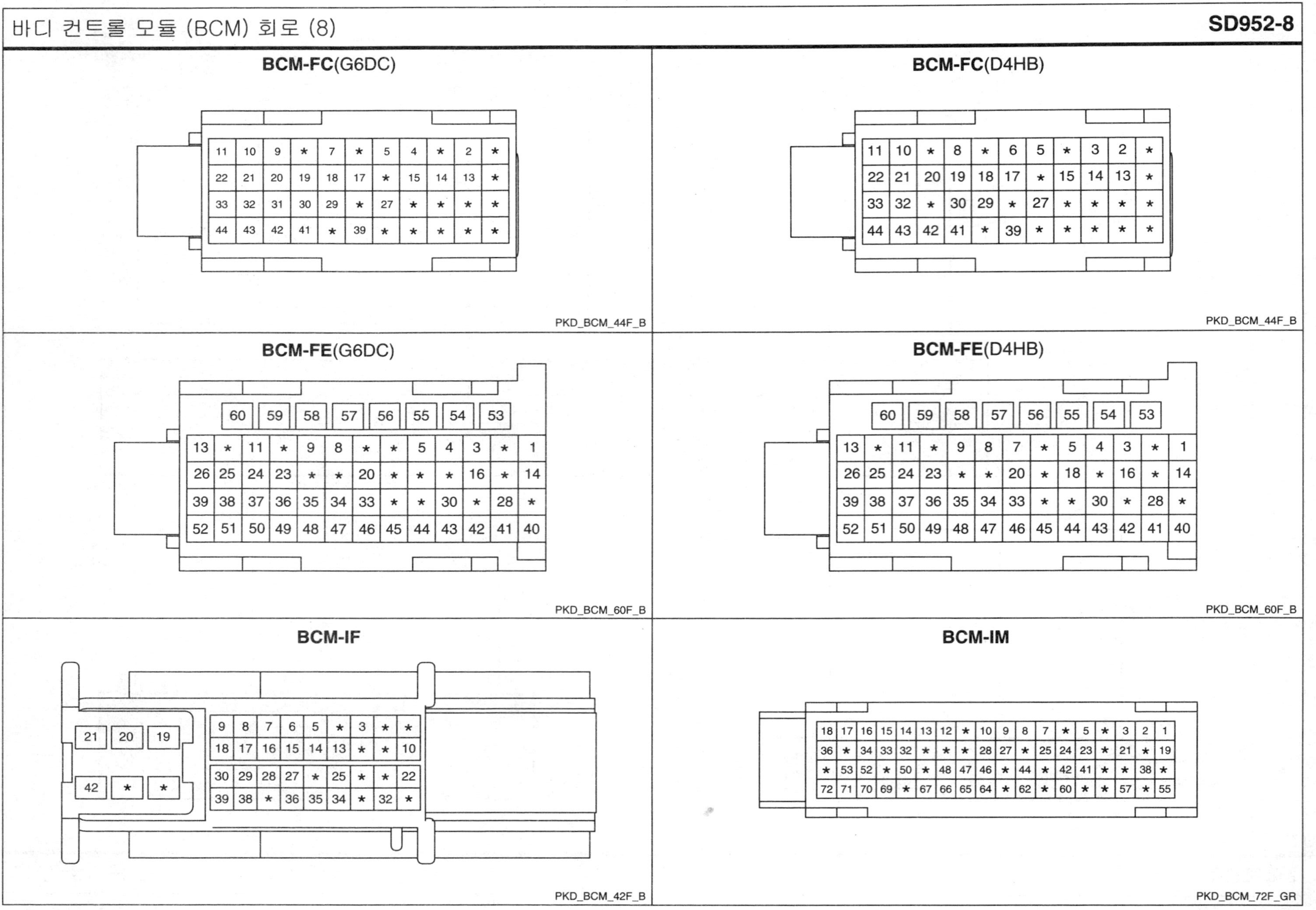
BCM-FC(G6DC)
11 10 9 * 7 * 5 4 * 2 *
22 21 20 19 18 17 * 15 14 13 *
33 32 31 30 29 * 27 * * * *
44 43 42 41 * 39 * * * * *
PKD_BCM_44F_B
BCM-FC(D4HB)
11 10 * 8 * 6 5 * 3 2 *
22 21 20 19 18 17 * 15 14 13 *
33 32 * 30 29 * 27 * * * *
44 43 42 41 * 39 * * * * *
PKD_BCM_44F_B
BCM-FE(G6DC)
60 59 58 57 56 55 54 53
13 * 11 * 9 8 * * 5 4 3 * 1
26 25 24 23 * * 20 * * * 16 * 14
39 38 37 36 35 34 33 * * 30 * 28 *
52 51 50 49 48 47 46 45 44 43 42 41 40
PKD_BCM_60F_B
BCM-FE(D4HB)
60 59 58 57 56 55 54 53
13 * 11 * 9 8 7 * 5 4 3 * 1
26 25 24 23 * * 20 * 18 * 16 * 14
39 38 37 36 35 34 33 * * 30 * 28 *
52 51 50 49 48 47 46 45 44 43 42 41 40
PKD_BCM_60F_B
BCM-IF
21 20 19
42 * *
9 8 7 6 5 * 3 * *
18 17 16 15 14 13 * * 10
30 29 28 27 * 25 * * 22
39 38 * 36 35 34 * 32 *
PKD_BCM_42F_B
BCM-IM
18 17 16 15 14 13 12 * 10 9 8 7 * 5 * 3 2 1
36 * 34 33 32 * * * 28 27 * 25 24 23 * 21 * 19
* 53 52 * 50 * 48 47 46 * 44 * 42 41 * * 38 *
72 71 70 69 * 67 66 65 64 * 62 * 60 * * 57 * 55
PKD_BCM_72F_GR

BCM-RF1

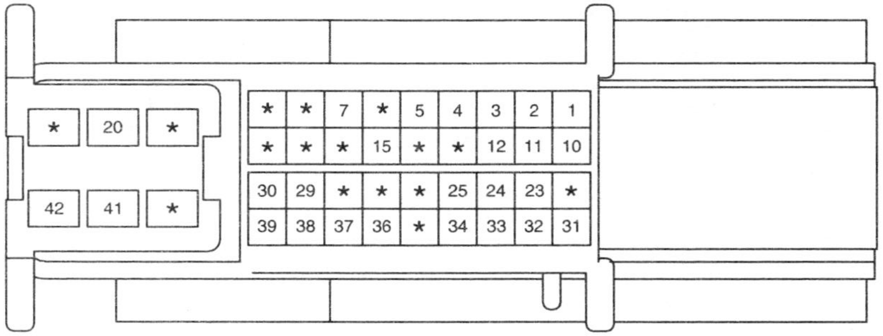

*	20	*
42	41	*

*	*	7	*	5	4	3	2	1
*	*	*	15	*	*	12	11	10
30	29	*	*	*	25	24	23	*
39	38	37	36	*	34	33	32	31

PKD_BCM_42F_GR

BCM-RF2

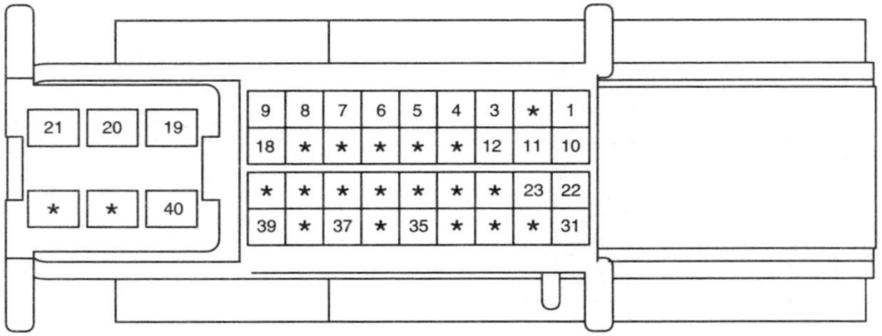

21	20	19
*	*	40

9	8	7	6	5	4	3	*	1
18	*	*	*	*	*	12	11	10
*	*	*	*	*	*	*	23	22
39	*	37	*	35	*	*	*	31

PKD_BCM_42F_B

BCM-RR1

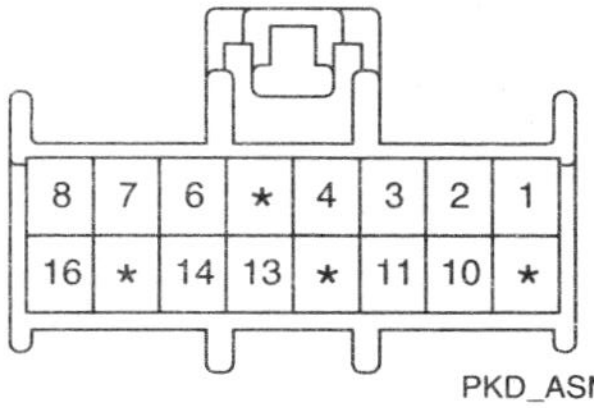

8	7	6	*	4	3	2	1
16	*	14	13	*	11	10	*

PKD_ASM_16F_GR

BCM-RR2

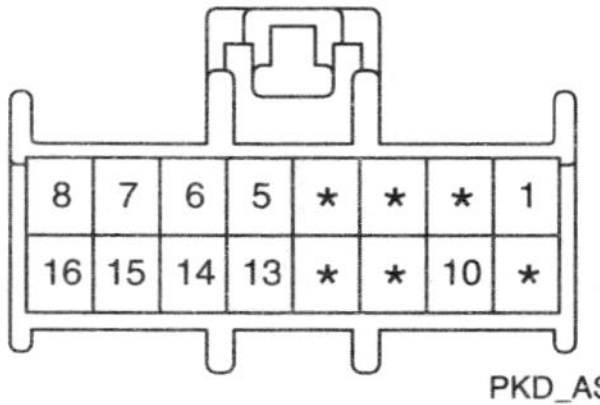

8	7	6	5	*	*	*	1
16	15	14	13	*	*	10	*

PKD_ASM_16F_B

S09-3

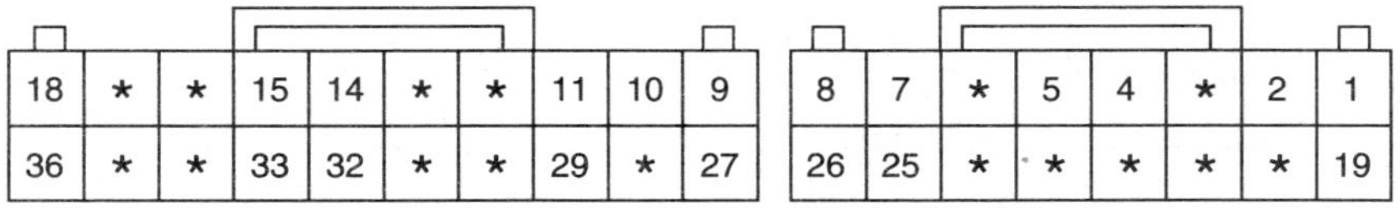

18	*	*	15	14	*	*	11	10	9
36	*	*	33	32	*	*	29	*	27

AMP_175967_2

8	7	*	5	4	*	2	1
26	25	*	*	*	*	*	19

AMP_175966_2

BEC-IA

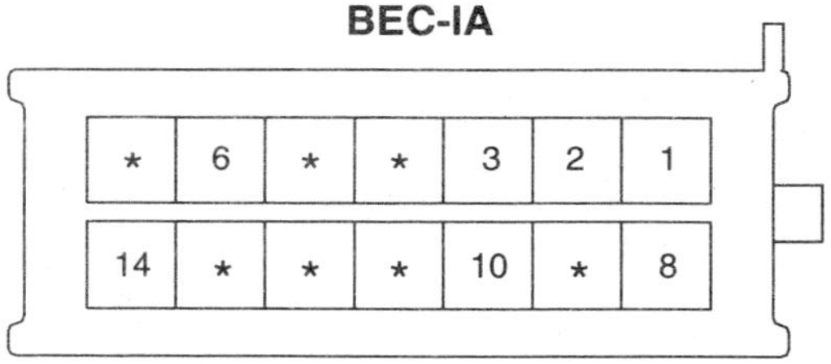

*	6	*	*	3	2	1
14	*	*	*	10	*	8

PKD_MIX_14F_Y_ABG

BEC-FF

3, 9, 11, 13, 19, *

2

8, 7, 6, 5

18, 17, 16, 15

*

1, 4, 10, *, 14, 20

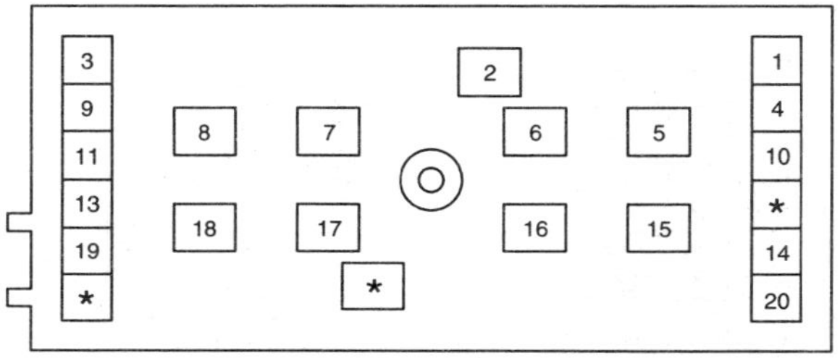

PKD_PE_22F_B

BLANK

BLANK

바디 컨트롤 모듈 (BCM) 회로 (10)

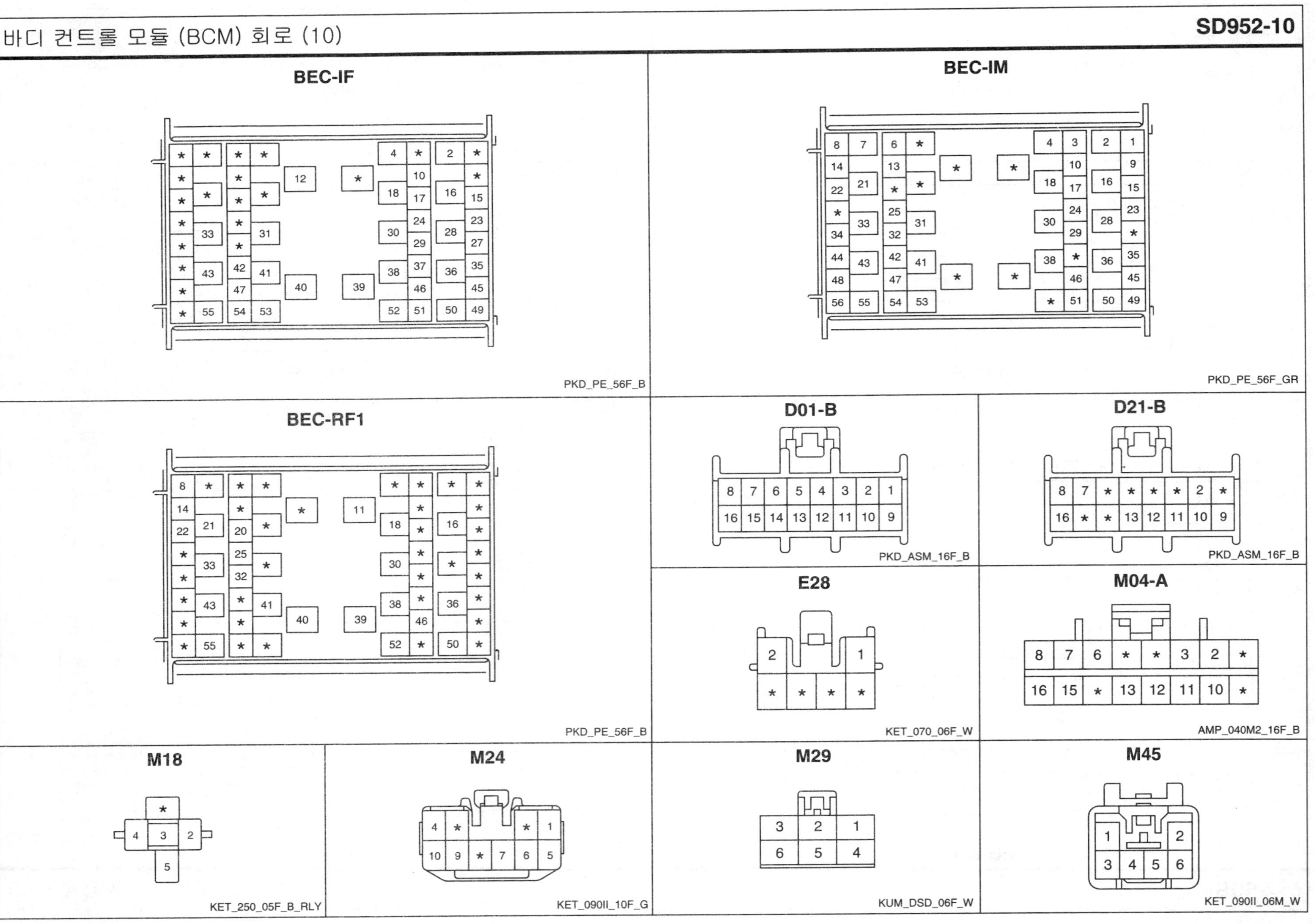

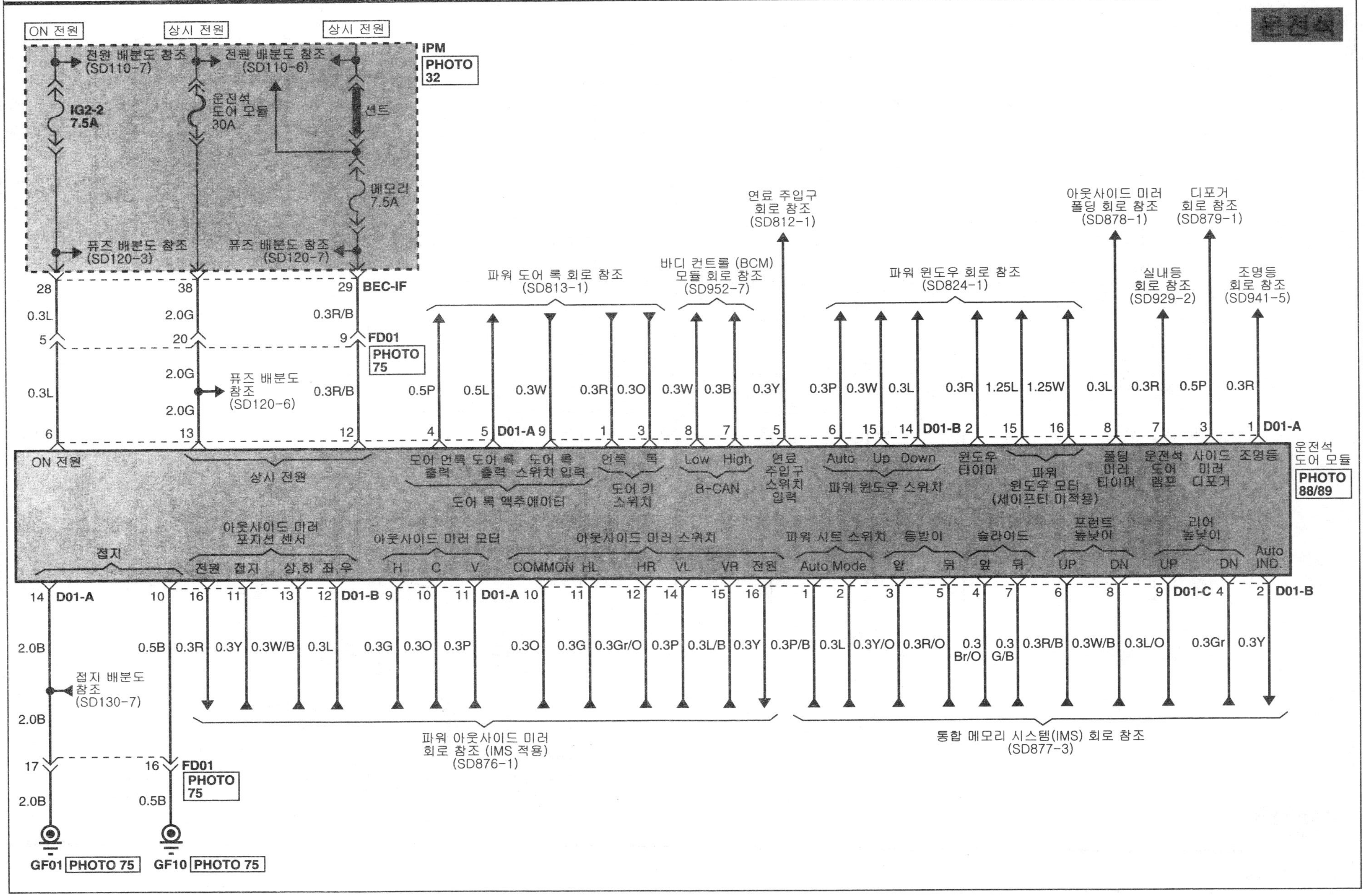

운전석

ON 전원
상시 전원
상시 전원
전원 배분도 참조 (SD110-7)
전원 배분도 참조 (SD110-6)
IG2-2 7.5A
운전석 도어 모듈 30A
센트
메모리 7.5A
퓨즈 배분도 참조 (SD120-3)
퓨즈 배분도 참조 (SD120-7)
IPM
PHOTO 32
BEC-IF
FD01
PHOTO 75
퓨즈 배분도 참조 (SD120-6)
파워 도어 록 회로 참조 (SD813-1)
바디 컨트롤 (BCM) 모듈 회로 참조 (SD952-7)
연료 주입구 회로 참조 (SD812-1)
파워 윈도우 회로 참조 (SD824-1)
아웃사이드 미러 폴딩 회로 참조 (SD878-1)
실내등 회로 참조 (SD929-2)
디포거 회로 참조 (SD879-1)
조명등 회로 참조 (SD941-5)
D01-A
D01-B
운전석 도어 모듈
PHOTO 88/89
ON 전원
상시 전원
도어 언록 출력
도어 록 출력
도어 록 스위치 입력
도어 록 액추에이터
언록
록
도어 키 스위치
Low
High
B-CAN
연료 주입구 스위치 입력
Auto
Up
Down
파워 윈도우 스위치
윈도우 타이머
파워 윈도우 모터 (세이프티 미적용)
폴딩 미러 타이머
운전석 도어 램프
사이드 미러 디포거
조명등
접지
아웃사이드 미러 포지션 센서
전원
접지
상,하
좌,우
아웃사이드 미러 모터
H
C
V
아웃사이드 미러 스위치
COMMON
HL
HR
VL
VR
전원
파워 시트 스위치
Auto Mode
등받이
앞
뒤
슬라이드
프런트 높낮이
UP
DN
리어 높낮이
Auto IND.
D01-C
접지 배분도 참조 (SD130-7)
GF01 PHOTO 75
GF10 PHOTO 75
파워 아웃사이드 미러 회로 참조 (IMS 적용) (SD876-1)
통합 메모리 시스템(IMS) 회로 참조 (SD877-3)

동승석

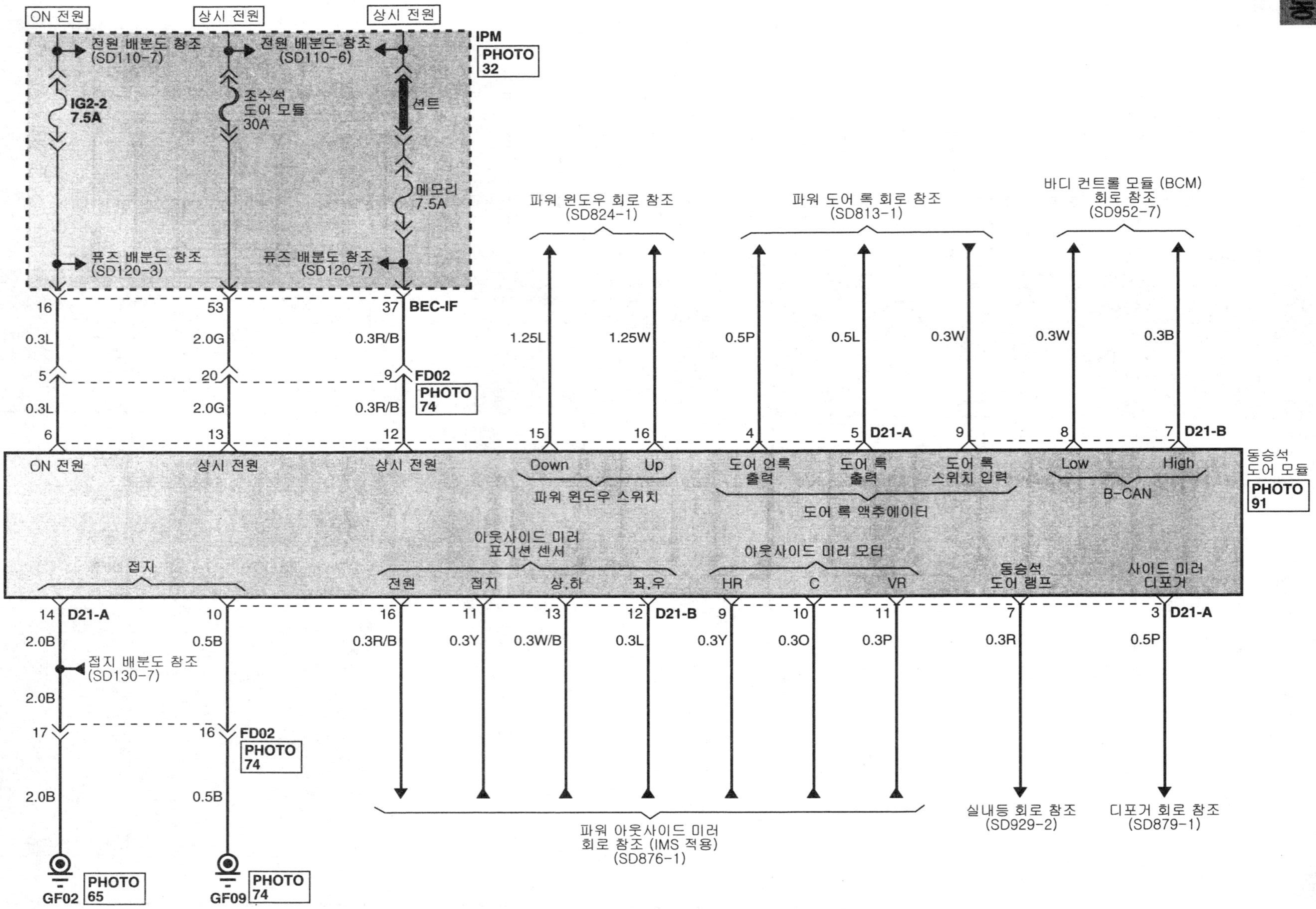

ON 전원 | 상시 전원 | 상시 전원

IPM
PHOTO 32

전원 배분도 참조 (SD110-7)
전원 배분도 참조 (SD110-6)
IG2-2 7.5A
조수석 도어 모듈 30A
션트
메모리 7.5A
퓨즈 배분도 참조 (SD120-3)
퓨즈 배분도 참조 (SD120-7)

BEC-IF 16 / 53 / 37
0.3L | 2.0G | 0.3R/B
FD02 5 / 20 / 9
PHOTO 74
0.3L | 2.0G | 0.3R/B
6 | 13 | 12

파워 윈도우 회로 참조 (SD824-1)
파워 도어 록 회로 참조 (SD813-1)
바디 컨트롤 모듈 (BCM) 회로 참조 (SD952-7)

1.25L | 1.25W | 0.5P | 0.5L | 0.3W | 0.3W | 0.3B
15 | 16 | 4 | 5 D21-A | 9 | 8 | 7 D21-B

동승석 도어 모듈
PHOTO 91

ON 전원 | 상시 전원 | 상시 전원
Down | Up — 파워 윈도우 스위치
도어 언록 출력 | 도어 록 출력 | 도어 록 스위치 입력 — 도어 록 액추에이터
Low | High — B-CAN

접지
아웃사이드 미러 포지션 센서: 전원 | 접지 | 상,하 | 좌,우
아웃사이드 미러 모터: HR | C | VR
동승석 도어 램프
사이드 미러 디포거

D21-A 14 | 10 | 16 | 11 | 13 | 12 D21-B | 9 | 10 | 11 | 7 | 3 D21-A
2.0B | 0.5B | 0.3R/B | 0.3Y | 0.3W/B | 0.3L | 0.3Y | 0.3O | 0.3P | 0.3R | 0.5P

접지 배분도 참조 (SD130-7)
2.0B
FD02 17 / 16
PHOTO 74
2.0B | 0.5B

GF02 PHOTO 65
GF09 PHOTO 74

파워 아웃사이드 미러 회로 참조 (IMS 적용) (SD876-1)
실내등 회로 참조 (SD929-2)
디포거 회로 참조 (SD879-1)

슬라이딩 도어 LH (1/2)

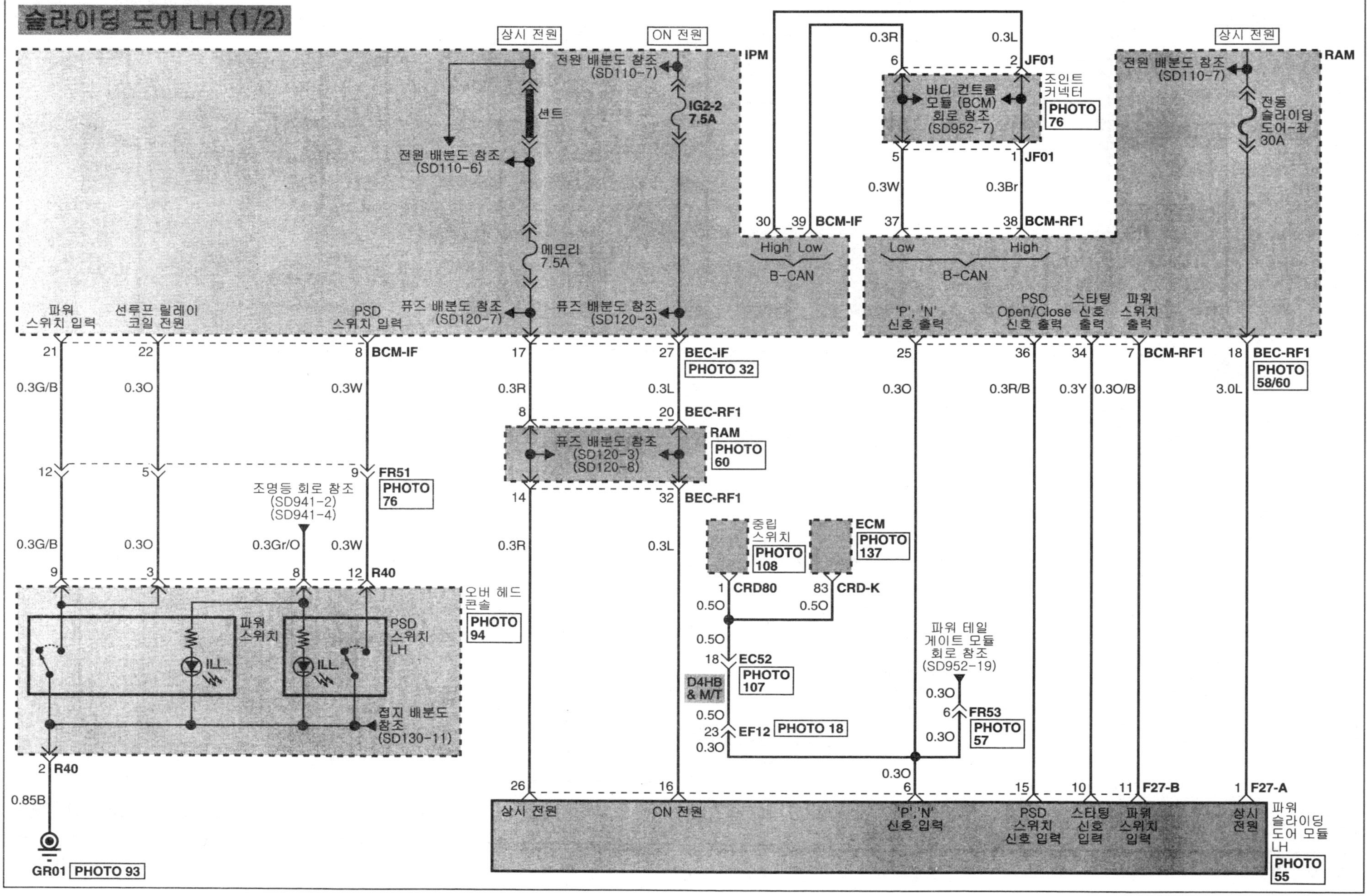

상시 전원
ON 전원
상시 전원
IPM
RAM
전원 배분도 참조 (SD110-7)
전원 배분도 참조 (SD110-6)
션트
IG2-2 7.5A
메모리 7.5A
퓨즈 배분도 참조 (SD120-7)
퓨즈 배분도 참조 (SD120-3)
전동 슬라이딩 도어-좌 30A
바디 컨트롤 모듈 (BCM) 회로 참조 (SD952-7)
조인트 커넥터
PHOTO 76
JF01
0.3R
0.3L
0.3W
0.3Br
30 39 BCM-IF
37 38 BCM-RF1
High Low
B-CAN
Low High
B-CAN
파워 스위치 입력
선루프 릴레이 코일 전원
PSD 스위치 입력
'P', 'N' 신호 출력
PSD Open/Close 신호 출력
스타팅 신호 출력
파워 스위치 출력
21 22 8 BCM-IF
17 27 BEC-IF
PHOTO 32
25 36 34 7 BCM-RF1
18 BEC-RF1
PHOTO 58/60
0.3G/B 0.3O 0.3W 0.3R 0.3L 0.3O 0.3R/B 0.3Y 0.3O/B 3.0L
8 20 BEC-RF1
RAM
PHOTO 60
퓨즈 배분도 참조 (SD120-3) (SD120-8)
14 32 BEC-RF1
12 5 9 FR51
PHOTO 76
조명등 회로 참조 (SD941-2) (SD941-4)
0.3G/B 0.3O 0.3Gr/O 0.3W 0.3R 0.3L
9 3 8 12 R40
오버 헤드 콘솔
PHOTO 94
파워 스위치
PSD 스위치 LH
ILL.
접지 배분도 참조 (SD130-11)
2 R40
0.85B
GR01
PHOTO 93
중립 스위치
PHOTO 108
ECM
PHOTO 137
1 CRD80
83 CRD-K
0.5O
0.5O
0.5O
18 EC52
PHOTO 107
D4HB & M/T
0.5O
23 EF12
PHOTO 18
0.3O
파워 테일 게이트 모듈 회로 참조 (SD952-19)
0.3O
6 FR53
PHOTO 57
0.3O
0.3O
26 16 6 15 10 11 F27-B
1 F27-A
상시 전원
ON 전원
'P', 'N' 신호 입력
PSD 스위치 신호 입력
스타팅 신호 입력
파워 스위치 입력
상시 전원
파워 슬라이딩 도어 모듈 LH
PHOTO 55

슬라이딩 도어 LH (2/2)

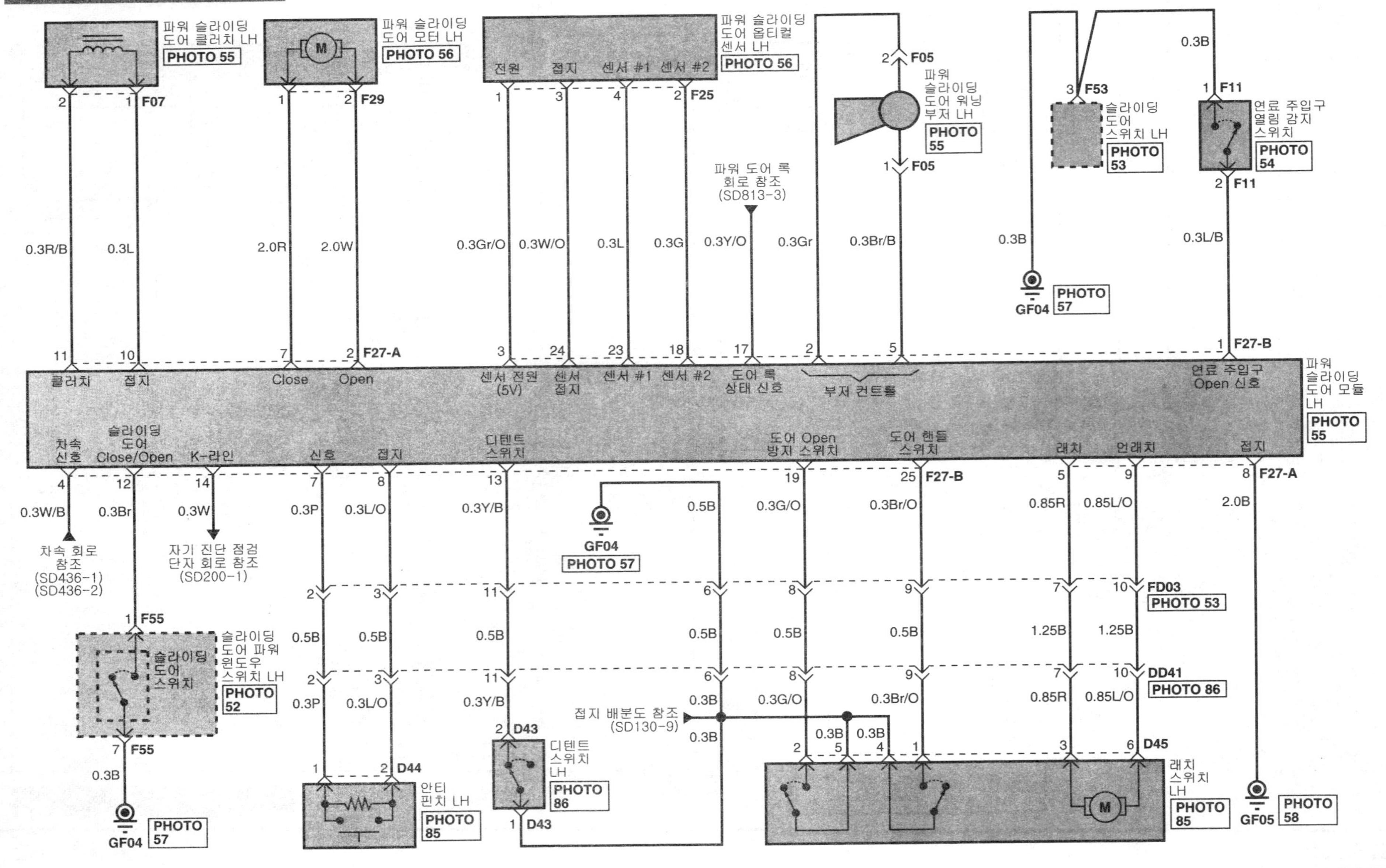

파워 슬라이딩 도어 클러치 LH
PHOTO 55
F07
0.3R/B
0.3L
파워 슬라이딩 도어 모터 LH
PHOTO 56
F29
2.0R
2.0W
파워 슬라이딩 도어 옵티컬 센서 LH
PHOTO 56
전원
접지
센서 #1
센서 #2
F25
0.3Gr/O
0.3W/O
0.3L
0.3G
파워 도어 록 회로 참조 (SD813-3)
0.3Y/O
0.3Gr
F05
파워 슬라이딩 도어 워닝 부저 LH
PHOTO 55
0.3Br/B
F53
슬라이딩 도어 스위치 LH
PHOTO 53
0.3B
GF04
PHOTO 57
F11
연료 주입구 열림 감지 스위치
PHOTO 54
0.3L/B
F27-A
F27-B
클러치
접지
Close
Open
센서 전원 (5V)
센서 접지
센서 #1
센서 #2
도어 록 상태 신호
부저 컨트롤
연료 주입구 Open 신호
파워 슬라이딩 도어 모듈 LH
PHOTO 55
차속 신호
슬라이딩 도어 Close/Open
K-라인
신호
접지
디텐트 스위치
도어 Open 방지 스위치
도어 핸들 스위치
래치
언래치
접지
0.3W/B
0.3Br
0.3W
0.3P
0.3L/O
0.3Y/B
0.5B
0.3G/O
0.3Br/O
0.85R
0.85L/O
2.0B
차속 회로 참조 (SD436-1) (SD436-2)
자기 진단 점검 단자 회로 참조 (SD200-1)
GF04
PHOTO 57
FD03
PHOTO 53
1.25B
DD41
PHOTO 86
F55
슬라이딩 도어 스위치
슬라이딩 도어 파워 윈도우 스위치 LH
PHOTO 52
0.3B
GF04
PHOTO 57
접지 배분도 참조 (SD130-9)
D43
디텐트 스위치 LH
PHOTO 86
D44
안티 핀치 LH
PHOTO 85
D45
래치 스위치 LH
PHOTO 85
GF05
PHOTO 58

슬라이딩 도어 RH (1/2)

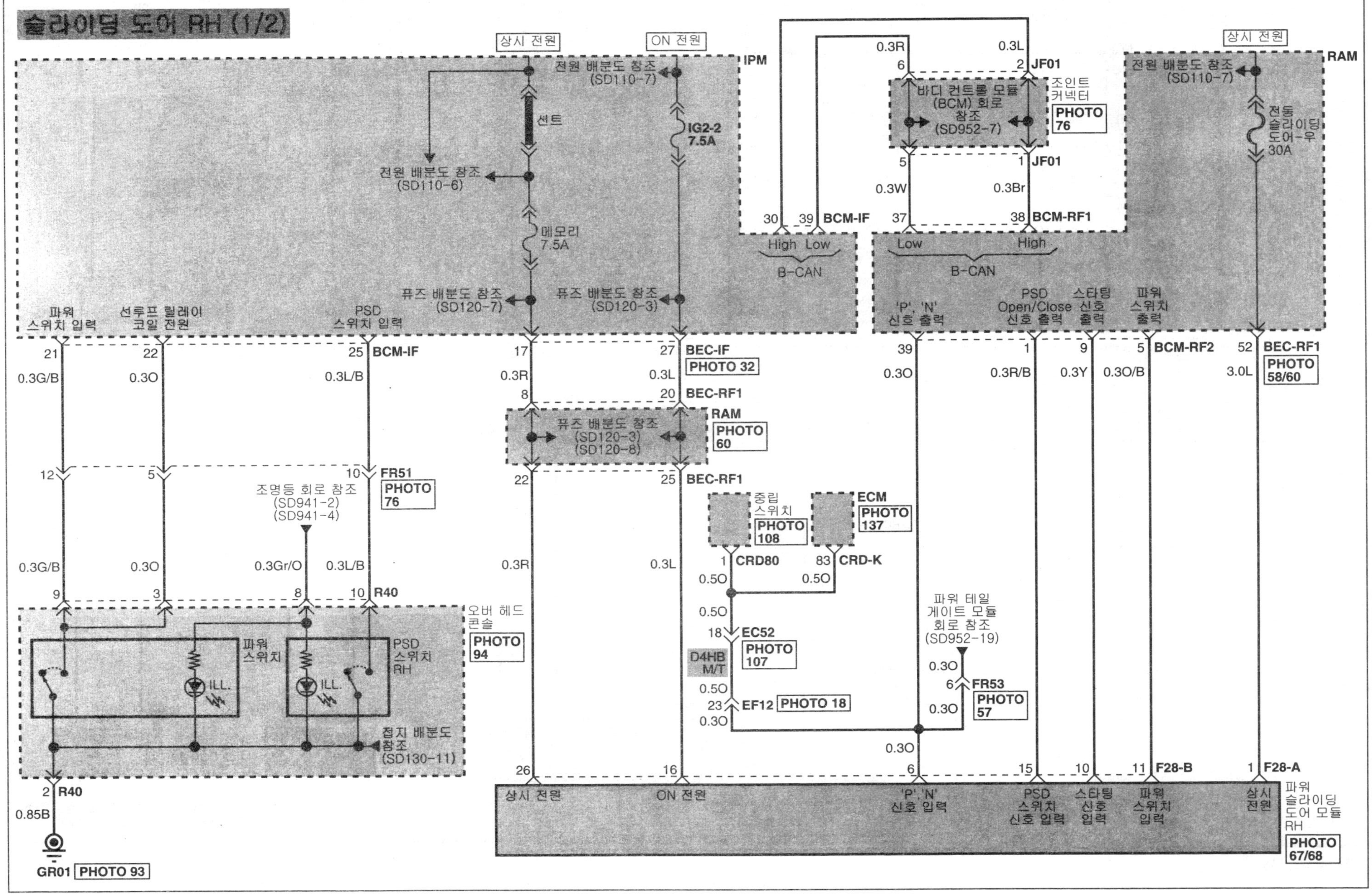

상시 전원
ON 전원
IPM
전원 배분도 참조 (SD110-7)
센트
IG2-2 7.5A
전원 배분도 참조 (SD110-6)
메모리 7.5A
퓨즈 배분도 참조 (SD120-7)
퓨즈 배분도 참조 (SD120-3)
파워 스위치 입력
선루프 릴레이 코일 전원
PSD 스위치 입력
21 22 25 BCM-IF
0.3G/B 0.3O 0.3L/B
17 27 BEC-IF PHOTO 32
0.3R 0.3L
8 20 BEC-RF1
RAM PHOTO 60
퓨즈 배분도 참조 (SD120-3) (SD120-8)
22 25 BEC-RF1
12 5 10 FR51 PHOTO 76
조명등 회로 참조 (SD941-2) (SD941-4)
0.3G/B 0.3O 0.3Gr/O 0.3L/B
9 3 8 10 R40
오버 헤드 콘솔 PHOTO 94
파워 스위치
PSD 스위치 RH
ILL.
접지 배분도 참조 (SD130-11)
2 R40
0.85B
GR01 PHOTO 93
0.3R 0.3L
30 39 BCM-IF
High Low B-CAN
0.3R 6
0.3L 2 JF01
바디 컨트롤 모듈 (BCM) 회로 참조 (SD952-7)
조인트 커넥터 PHOTO 76
5 1 JF01
0.3W 0.3Br
37 38 BCM-RF1
Low High B-CAN
'P', 'N' 신호 출력
PSD Open/Close 신호 출력
스타팅 신호 출력
파워 스위치 출력
39 1 9 5 BCM-RF2
0.3O 0.3R/B 0.3Y 0.3O/B
상시 전원
RAM
전원 배분도 참조 (SD110-7)
전동 슬라이딩 도어-우 30A
52 BEC-RF1 PHOTO 58/60
3.0L
중립 스위치 PHOTO 108
ECM PHOTO 137
1 CRD80
83 CRD-K
0.5O 0.5O
0.5O
18 EC52 PHOTO 107
D4HB M/T
0.5O
23 EF12 PHOTO 18
0.3O
파워 테일 게이트 모듈 회로 참조 (SD952-19)
0.3O
6 FR53 PHOTO 57
0.3O
0.3O
26 16 6 15 10 11 F28-B 1 F28-A
상시 전원
ON 전원
'P', 'N' 신호 입력
PSD 스위치 신호 입력
스타팅 신호 입력
파워 스위치 입력
상시 전원
파워 슬라이딩 도어 모듈 RH PHOTO 67/68

슬라이딩 도어 RH (2/2)

파워 슬라이딩 도어 클러치 RH PHOTO 67
2 1 F08
0.3R/B 0.3L
11 클러치 10 접지

파워 슬라이딩 도어 모터 RH PHOTO 68
1 2 F22
2.0R 2.0W
7 Close 2 Open F28-A

파워 슬라이딩 도어 옵티컬 센서 RH PHOTO 66
전원 접지 센서 #1 센서 #2
1 3 4 2 F26
0.3Gr/O 0.3W/O 0.3L 0.3G
3 센서 전원 (5V) 24 센서 접지 23 센서 #1 18 센서 #2

파워 슬라이딩 도어 워닝 부저 RH PHOTO 68
2 F06
1 F06
0.3Gr 0.3Br/B
2 5 부저 컨트롤

파워 도어 록 회로 참조 (SD813-3)
0.3Y/O
17 도어 록 상태 신호

0.5B
22 9 F28-B 접지

파워 슬라이딩 도어 모듈 RH PHOTO 67/68

차속 신호 4 0.3W/B 차속 회로 참조 (SD436-1) (SD436-2)

슬라이딩 도어 Open/Close 12 0.3Br
1 F56 슬라이딩 도어 파워 윈도우 스위치 RH PHOTO 65 (슬라이딩 도어 스위치)
7 F56 0.3B GF02 PHOTO 65

K-라인 14 0.3W 자기 진단 점검 단자 회로 참조 (SD200-1)

신호 7 0.3P — 2 0.5B 2 0.3P — 1
접지 8 0.3L/O — 3 0.5B 3 0.3L/O — 2 D54
안티 핀치 RH PHOTO 85

디텐트 스위치 13 0.3Y/B — 11 0.5B 11 0.3Y/B — 2 D53
디텐트 스위치 RH PHOTO 86
1 D53

GF07 PHOTO 67 0.5B — 6 0.5B 6 0.3B
접지 배분도 참조 (SD130-10)
0.3B

도어 Open 방지 스위치 19 0.3G/O — 8 0.5B 8 0.3G/O — 2
0.3B 5 0.3B 4
도어 핸들 스위치 25 F28-B 0.3Br/O — 9 0.5B 9 0.3Br/O — 1

래치 5 0.85R — 7 1.25B 7 0.85R — 3
언래치 9 0.85L/O — 10 1.25B 10 0.85L/O — 6 D55
FD04 PHOTO 67
DD51 PHOTO 86
래치 스위치 RH PHOTO 85

접지 8 F28-A 2.0B GF07 PHOTO 67

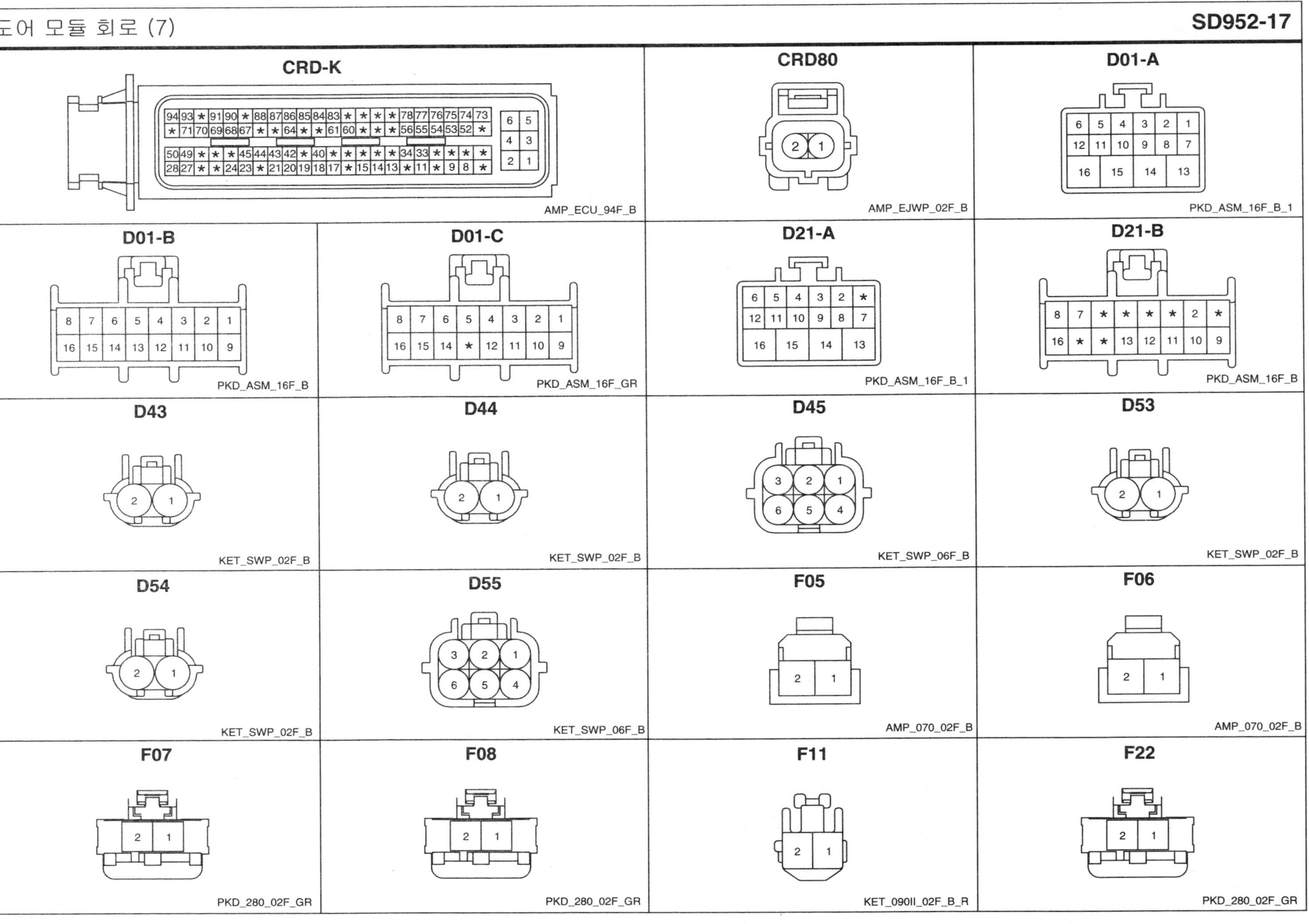
CRD-K
AMP_ECU_94F_B
CRD80
AMP_EJWP_02F_B
D01-A
PKD_ASM_16F_B_1
D01-B
PKD_ASM_16F_B
D01-C
PKD_ASM_16F_GR
D21-A
PKD_ASM_16F_B_1
D21-B
PKD_ASM_16F_B
D43
KET_SWP_02F_B
D44
KET_SWP_02F_B
D45
KET_SWP_06F_B
D53
KET_SWP_02F_B
D54
KET_SWP_02F_B
D55
KET_SWP_06F_B
F05
AMP_070_02F_B
F06
AMP_070_02F_B
F07
PKD_280_02F_GR
F08
PKD_280_02F_GR
F11
KET_090II_02F_B_R
F22
PKD_280_02F_GR

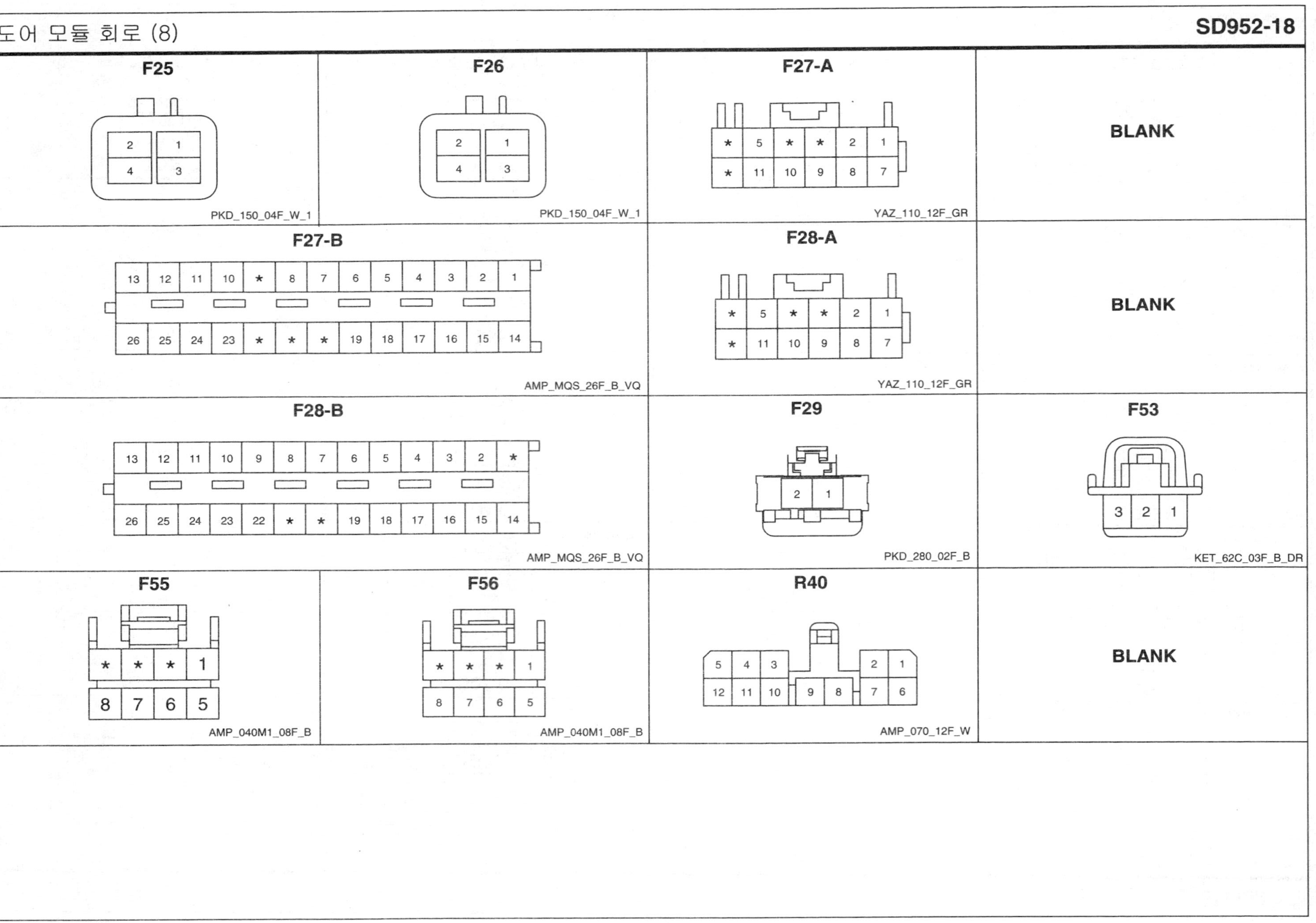

도어 모듈 회로 (8)
SD952-18
F25
PKD_150_04F_W_1
F26
PKD_150_04F_W_1
F27-A
YAZ_110_12F_GR
BLANK
F27-B
AMP_MQS_26F_B_VQ
F28-A
YAZ_110_12F_GR
BLANK
F28-B
AMP_MQS_26F_B_VQ
F29
PKD_280_02F_B
F53
KET_62C_03F_B_DR
F55
AMP_040M1_08F_B
F56
AMP_040M1_08F_B
R40
AMP_070_12F_W
BLANK

파워 테일 게이트 모듈 (PTM) 회로 (1)

상시 전원

ON 전원

IPM

전원 배분도 참조 (SD110-7)

션트

전원 배분도 참조 (SD110-6)

IG2-2 7.5A

메모리 7.5A

퓨즈 배분도 참조 (SD120-7)

퓨즈 배분도 참조 (SD120-3)

파워 스위치 입력

선루프 릴레이 코일 전원

PTG 스위치 입력

21 22 16 BCM-IF

17 27 BEC-IF PHOTO 32

0.3G/B 0.3O 0.3Y/B 0.3R 0.3L

8 20 BEC-RF1

RAM PHOTO 58/60

퓨즈 배분도 참조 (SD120-3) (SD120-8)

2 3 BEC-RR

12 5 11 FR51 PHOTO 76

조명등 회로 참조 (SD941-2) (SD941-4)

0.3G/B 0.3O 0.3Gr/O 0.3Y/B 0.3R 0.3R/O

9 3 8 11 R40

오버 헤드 콘솔 PHOTO 94

파워 스위치

PTG 스위치

ILL.

접지 배분도 참조 (SD130-11)

2 R40

0.85B

GR01 PHOTO 93

0.3R 0.3L

6 2 JF01

바디 컨트롤 모듈 (BCM) 회로 참조 (SD952-7)

조인트 커넥터 PHOTO 76

5 1 JF01

0.3W 0.3Br

30 39 BCM-IF 37 38 BCM-RF1

High Low B-CAN

Low High B-CAN

RAM

전원 배분도 참조 (SD110-7)

전동 테일 게이트 30A

정지 신호 출력

PTG 스위치 출력

Flasher 신호 입력

스타팅 신호 출력

파워 스위치 출력

8 15 5 14 13 BCM-RR2 7 BEC-RR PHOTO 57/58

0.3O 0.3P 0.3Br/B 0.3Y 0.3G 3.0W

중립 스위치 PHOTO 108

ECM PHOTO 137

1 CRD80 83 CRD-K

0.5O 0.5O

퓨즈 배분도 참조 (SD120-3)

0.5O

18 EC52 PHOTO 107

D4HB M/T

0.3R/O 0.5O

23 EF12 PHOTO 18

0.3O

도어 모듈 회로 참조 (SD952-13) (SD952-15)

6 FR53 PHOTO 57

0.3O 0.3O

26 16 6 15 9 10 11 R41-B 1 R41-A

상시 전원

ON 전원

'P','N' 신호

PTG 스위치 입력

미등 Flash

스타팅 신호 입력

파워 스위치 입력

상시 전원

파워 테일 게이트 모듈 PHOTO 62

파워 테일 게이트 모듈 (PTM) 회로 (2)

핀치 스위치 LH PHOTO 82
핀치 스위치 RH PHOTO 81
테일 게이트 Open 신호 RAM PHOTO 57
10 BCM-RR2
래치 & 씬치 #1 PHOTO 83
래치 & 씬치 #2 PHOTO 83

1 2 R08
2 1 R09
1 4 5 2 3 6 R14
1 2 R15

0.3Br 0.3W/B 0.3W/B 0.3Gr 0.3L/O 0.3B 0.3L/O 0.3G/B 0.3Y/B 0.5W 0.5O 0.5Y 0.5Gr/O

접지 배분도 참조 (SD130-11)
0.85B
PHOTO 81 GR02

3 5 4 RR12 PHOTO 61
10 15 16 17 18 19 20 RR12 PHOTO 61
0.3L/O

0.3Br 0.3W/B 0.3Gr 0.3L/O 0.3G/B 0.3Y/B 0.5W 0.5O 0.5Y 0.5Gr/O

7 8 19 25 17 13 R41-B 4 3 5 6 R41-A

Detect 리턴 Detect Primary 2'ND Detent Cinch Relax Unlatch 리턴

파워 테일 게이트 모듈 PHOTO 62

테일 게이트 Open/Close 전원 (5V) 접지 센서 #1 센서 #2 리턴 부저 K-라인 차속 신호 접지 Close Open 클러치 리턴

12 3 24 23 18 2 5 14 4 R41-B 8 2 7 11 10 R41-A

0.3P/B PHOTO 61
21 RR12
실내등 회로 참조 (SD929-3)
0.3W/O 0.3P/B 0.3W/O 0.3R/B 0.3O/B 0.3Br/O 0.3L 0.3L/B 0.3W 0.3Gr/B 2.0B 2.0R 2.0L 0.3Y 0.3G

1 4 R10
ILL.
파워 테일 게이트 ON/OFF 스위치 PHOTO 82
2 5 R10
0.3Y/O 0.3B
접지 배분도 참조 (SD130-11)
실내등 회로 참조 (SD929-3)
0.85B
GR02 PHOTO 81

1 3 2 4 R43
전원 접지 센서 #1 센서 #2
파워 테일 게이트 옵티컬 센서 PHOTO 62

1 2 RR12 PHOTO 61
0.3L 0.3L/B
5 R02
파워 테일 게이트 워닝 부저 PHOTO 82
2 R02

자기 진단 점검 단자 회로 참조 (SD200-1)
차속 회로 참조 (SD436-1) (SD436-2)

10 FR53 PHOTO 57
2.0B
GF05 PHOTO 58

2 1 3 4 R46
M
파워 테일 게이트 모터 PHOTO 62

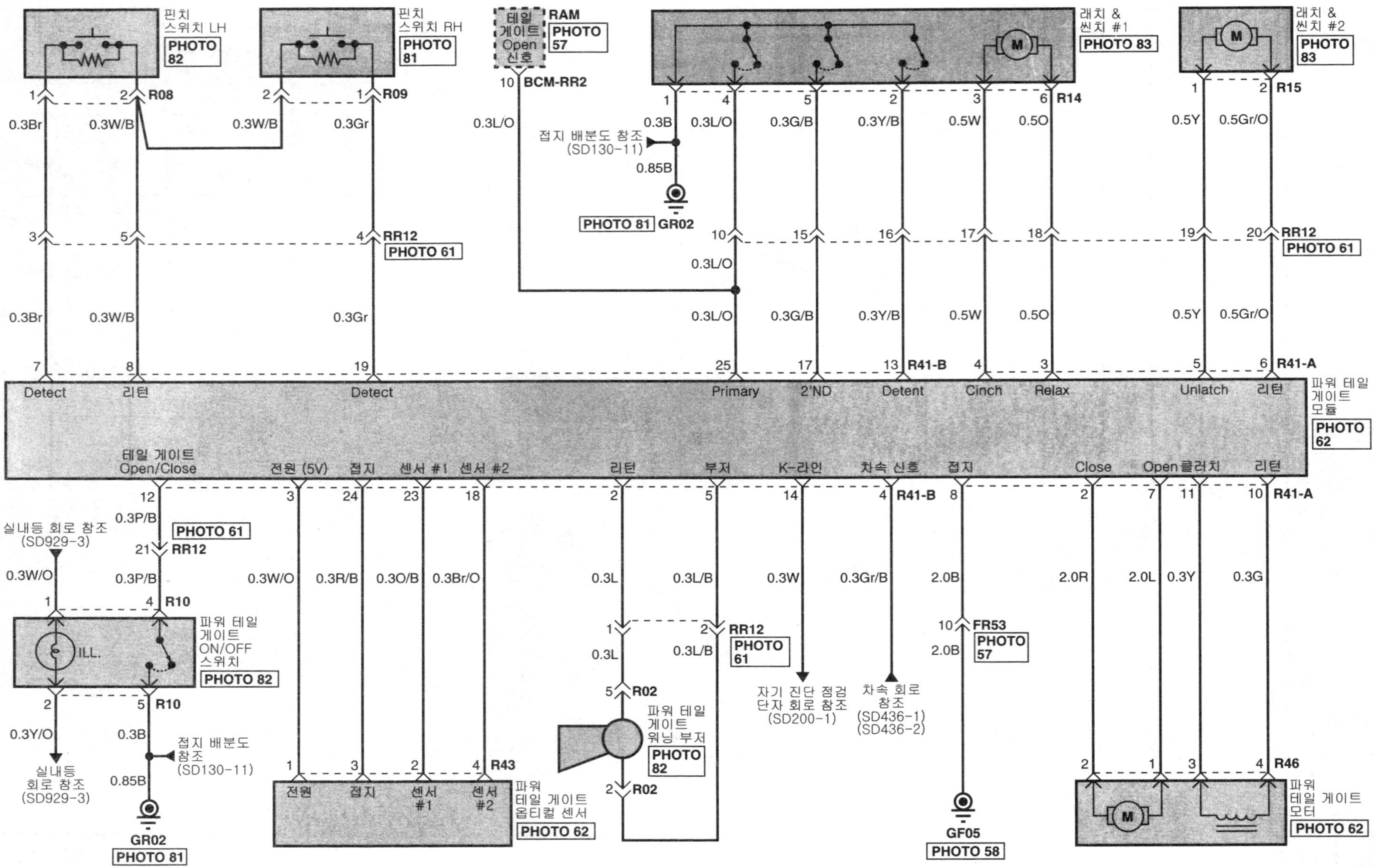

CRD-K 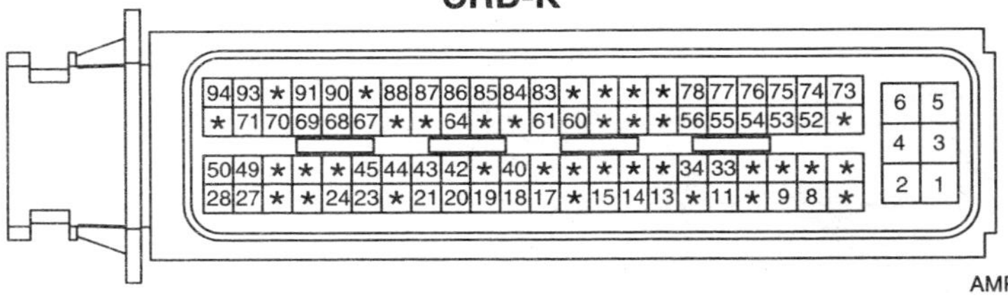
94 93 * 91 90 * 88 87 86 85 84 83 * * * * 78 77 76 75 74 73
* 71 70 69 68 67 * * 64 * * 61 60 * * * 56 55 54 53 52 *
50 49 * * * 45 44 43 42 * 40 * * * * * 34 33 * * * *
28 27 * * 24 23 * 21 20 19 18 17 * 15 14 13 * 11 * 9 8 *
6 5 4 3 2 1
AMP_ECU_94F_B
CRD80 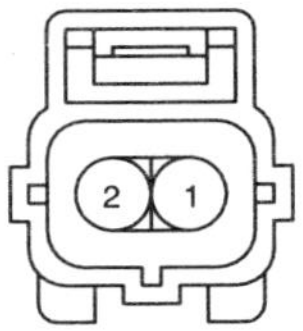
2 1
AMP_EJWP_02F_B
R02 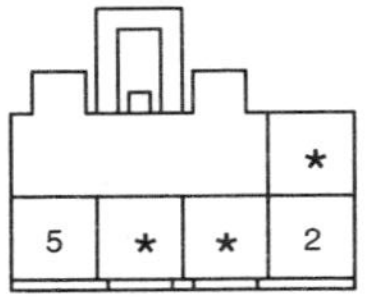
*
5 * * 2
KUM_CDR_05F_W
R08 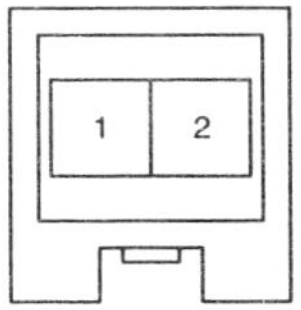
1 2
AMP_090III_02M_W
R09 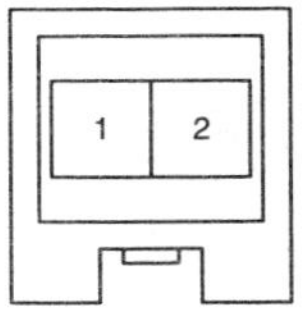
1 2
AMP_090III_02M_W
R10 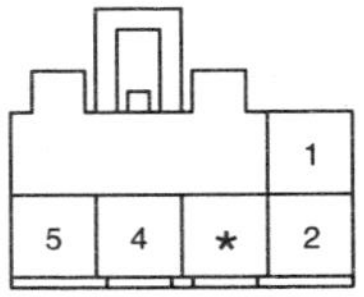
1
5 4 * 2
KUM_CDR_05F_W
R14 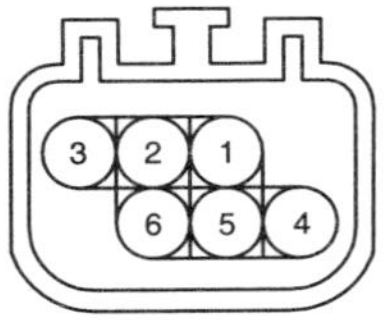
3 2 1
6 5 4
EPC_06F
R15 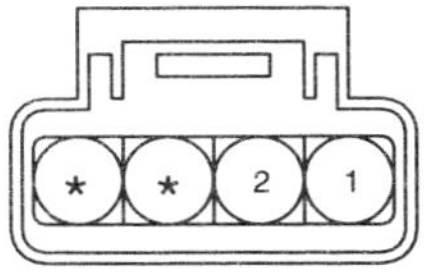
* * 2 1
EPC_3116_04F_B
R40 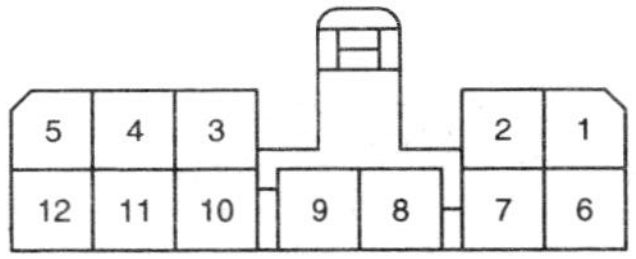
5 4 3 2 1
12 11 10 9 8 7 6
AMP_070_12F_W
R41-A 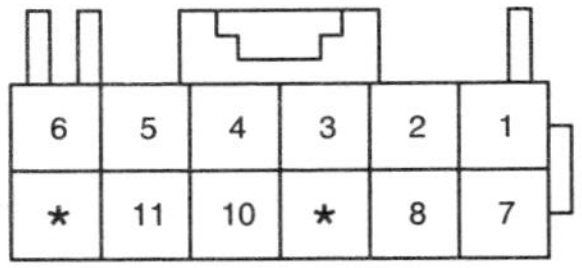
6 5 4 3 2 1
* 11 10 * 8 7
YAZ_110_12F_GR
BLANK
R41-B 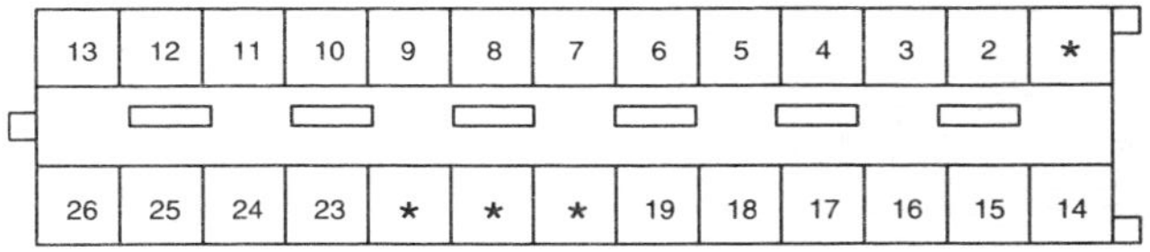
13 12 11 10 9 8 7 6 5 4 3 2 *
26 25 24 23 * * * 19 18 17 16 15 14
AMP_MQS_26F_B_VQ
R43 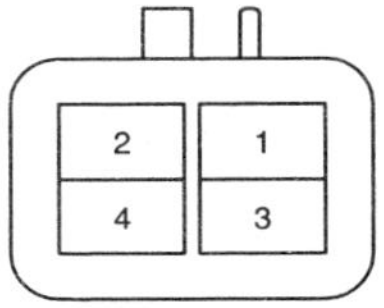
2 1
4 3
PKD_150_04F_W_1
R46 
2 4 1 3
EPC_3507_04F_B

G6DC : LAMBDA II 3.5L

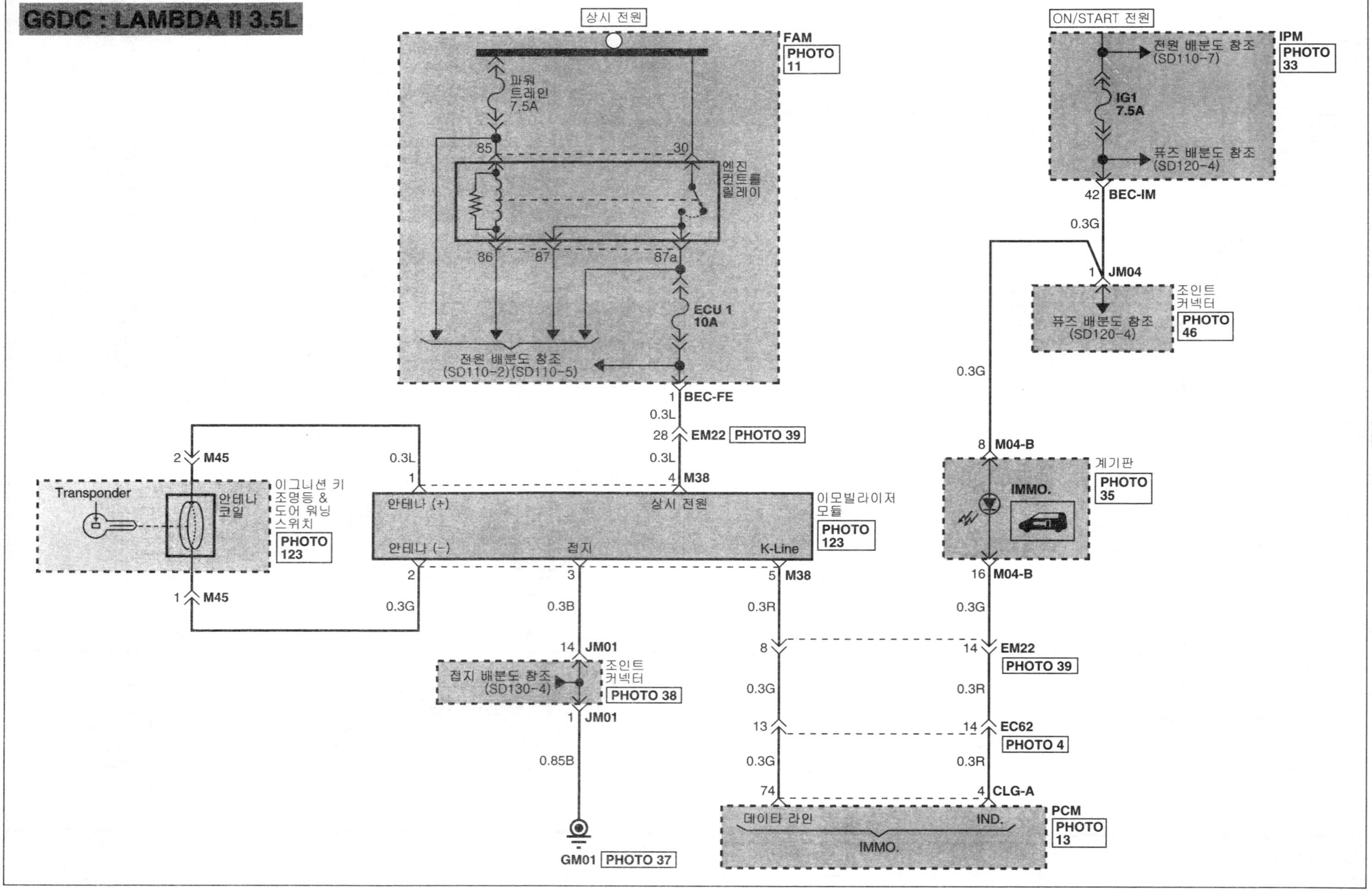

CLG-A

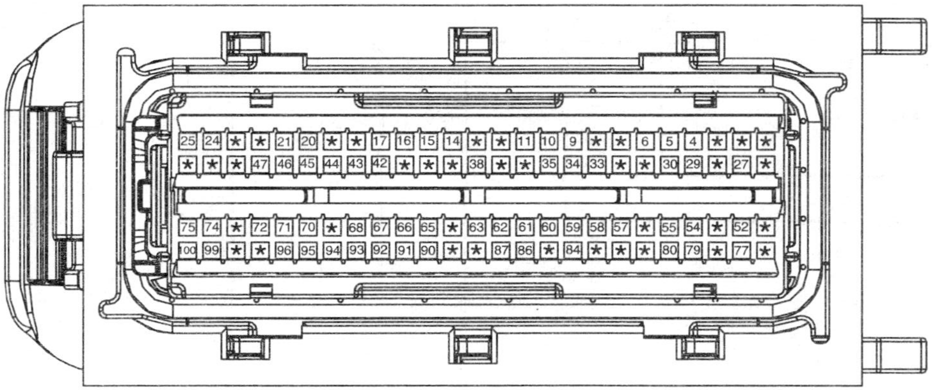

PKD_MTSBPCU_100F_B_103

M04-B

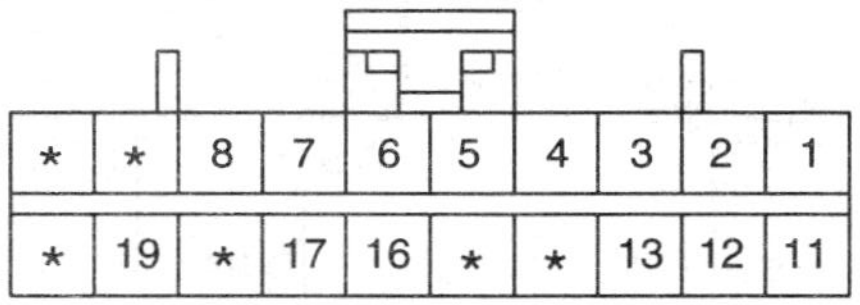

*	*	8	7	6	5	4	3	2	1
*	19	*	17	16	*	*	13	12	11

AMP_040M2_20F_B

M38

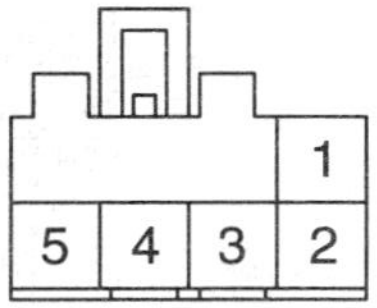

KUM_CDR_05F_W

M45

KET_090II_06M_W

BLANK

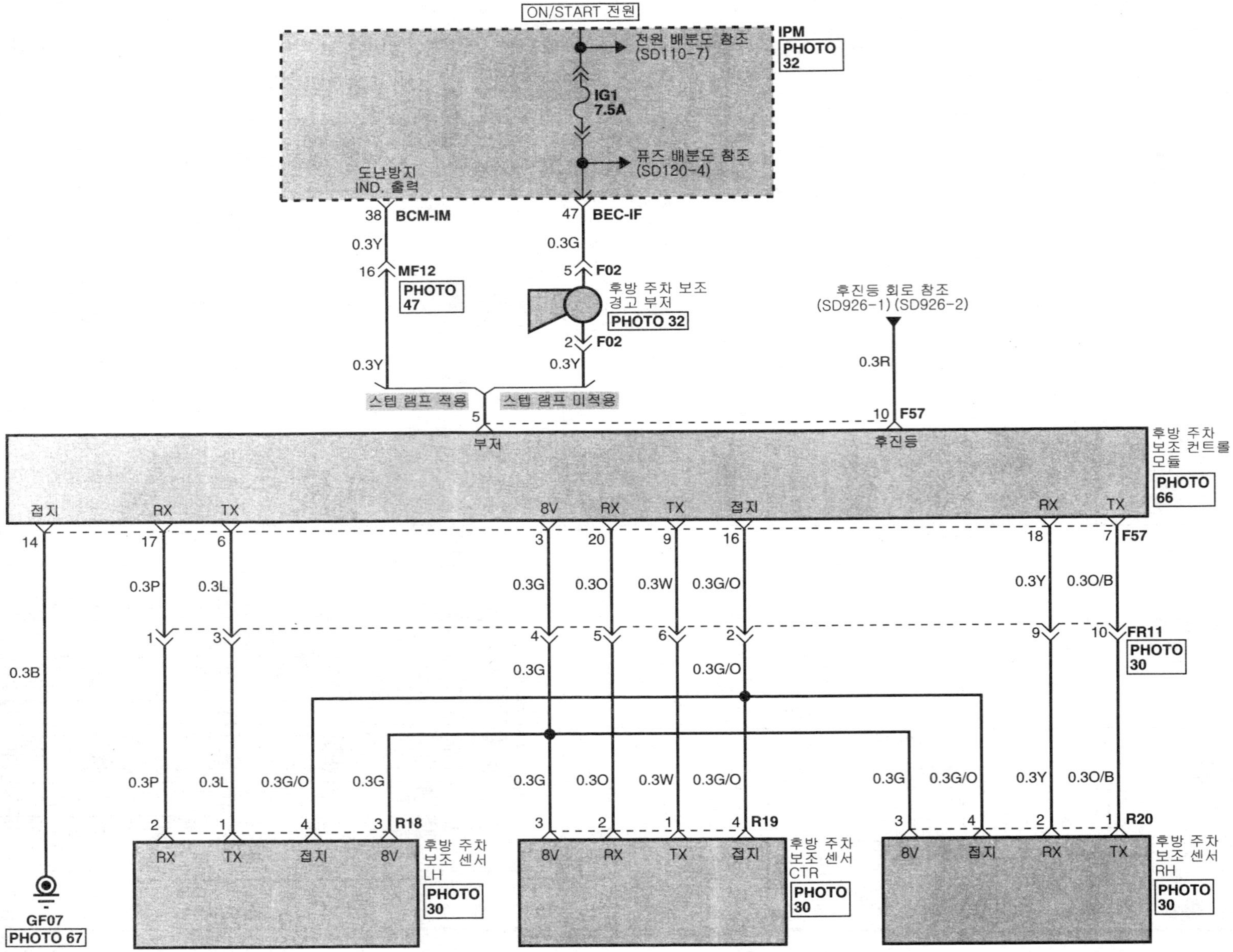

주차 보조 시스템 회로 (1)

ON/START 전원
IPM
PHOTO 32
전원 배분도 참조 (SD110-7)
IG1 7.5A
퓨즈 배분도 참조 (SD120-4)
도난방지 IND. 출력
38 BCM-IM
47 BEC-IF
0.3Y
0.3G
16 MF12
PHOTO 47
5 F02
후방 주차 보조 경고 부저
PHOTO 32
2 F02
0.3Y
0.3Y
후진등 회로 참조 (SD926-1) (SD926-2)
0.3R
10 F57
스텝 램프 적용
스텝 램프 미적용
5
부저
후진등
후방 주차 보조 컨트롤 모듈
PHOTO 66
접지 RX TX 8V RX TX 접지 RX TX
14 17 6 3 20 9 16 18 7 F57
0.3P 0.3L 0.3G 0.3O 0.3W 0.3G/O 0.3Y 0.3O/B
1 3 4 5 6 2 9 10 FR11
PHOTO 30
0.3B
0.3G 0.3G/O
0.3P 0.3L 0.3G/O 0.3G 0.3G 0.3O 0.3W 0.3G/O 0.3G 0.3G/O 0.3Y 0.3O/B
2 1 4 3 R18
RX TX 접지 8V
후방 주차 보조 센서 LH
PHOTO 30
3 2 1 4 R19
8V RX TX 접지
후방 주차 보조 센서 CTR
PHOTO 30
3 4 2 1 R20
8V 접지 RX TX
후방 주차 보조 센서 RH
PHOTO 30
GF07
PHOTO 67

F02	F57	R18	R19
* / 5 * * 2 KUM_CDR_05F_W	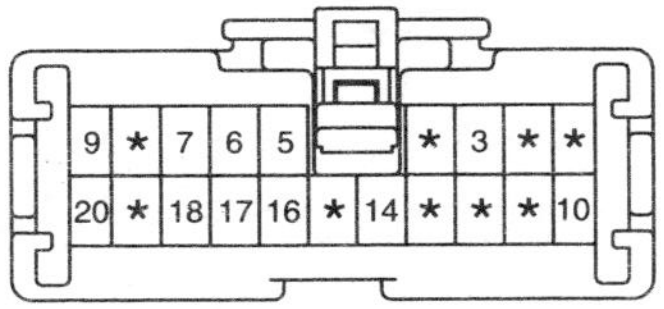 9 * 7 6 5 * 3 * * / 20 * 18 17 16 * 14 * * * 10 KUM_040III_20F_W	 2 1 / 4 3 AMP_EJWP_04F_B	 2 1 / 4 3 AMP_EJWP_04F_B
R20 2 1 / 4 3 AMP_EJWP_04F_B	BLANK	BLANK	BLANK

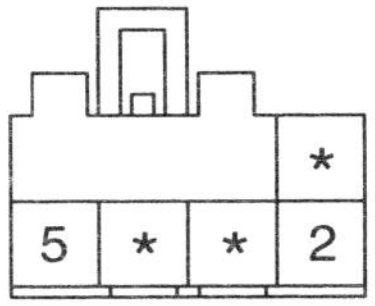

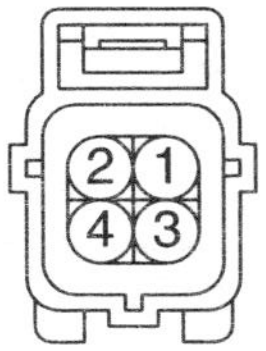

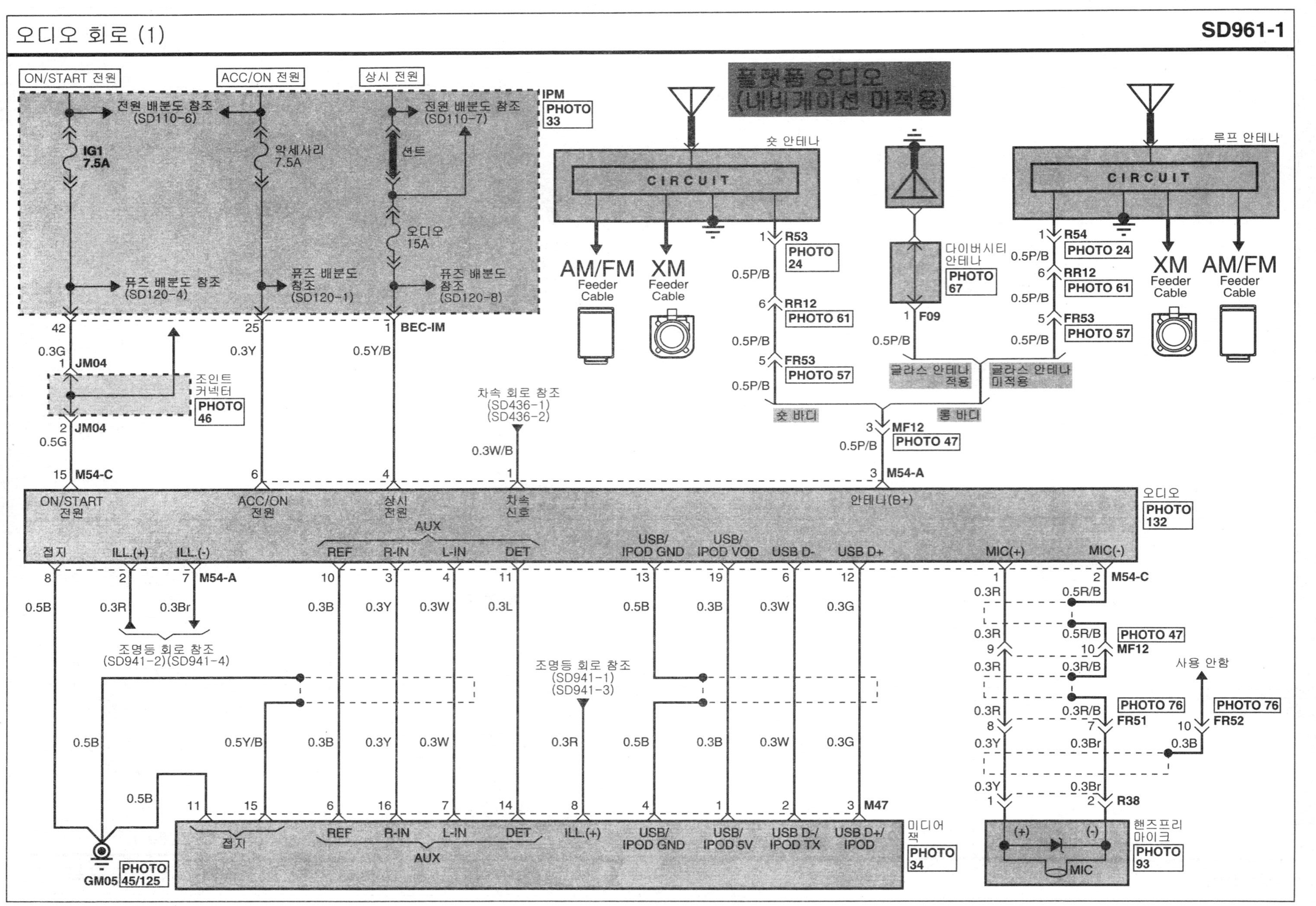
ON/START 전원
ACC/ON 전원
상시 전원
전원 배분도 참조 (SD110-6)
전원 배분도 참조 (SD110-7)
IG1 7.5A
악세사리 7.5A
션트
오디오 15A
퓨즈 배분도 참조 (SD120-4)
퓨즈 배분도 참조 (SD120-1)
퓨즈 배분도 참조 (SD120-8)
IPM
PHOTO 33
BEC-IM
JM04
조인트 커넥터
PHOTO 46
M54-C
M54-A
플랫폼 오디오 (내비게이션 미적용)
숏 안테나
루프 안테나
CIRCUIT
AM/FM Feeder Cable
XM Feeder Cable
R53
PHOTO 24
RR12
PHOTO 61
FR53
PHOTO 57
다이버시티 안테나
PHOTO 67
F09
R54
글라스 안테나 적용
글라스 안테나 미적용
숏 바디
롱 바디
MF12
PHOTO 47
차속 회로 참조 (SD436-1) (SD436-2)
오디오
PHOTO 132
ON/START 전원
ACC/ON 전원
상시 전원
차속 신호
안테나(B+)
AUX
접지
ILL.(+)
ILL.(-)
REF
R-IN
L-IN
DET
USB/ IPOD GND
USB/ IPOD VOD
USB D-
USB D+
MIC(+)
MIC(-)
조명등 회로 참조 (SD941-2)(SD941-4)
조명등 회로 참조 (SD941-1) (SD941-3)
사용 안함
PHOTO 76
FR51
FR52
R38
M47
미디어 잭
PHOTO 34
USB/ IPOD 5V
USB D-/ IPOD TX
USB D+/ IPOD
핸즈프리 마이크
PHOTO 93
MIC
GM05
PHOTO 45/125

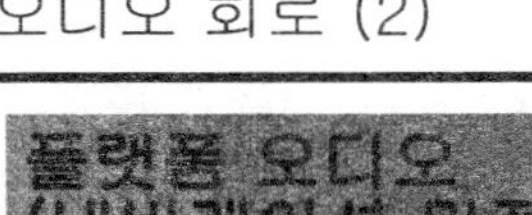

운전석 도어 스피커 PHOTO 87
2 D06
1 D06
0.85G
13 FD01 PHOTO 75
0.85G

운전석 트위터 스피커 PHOTO 126
2 F46
1 F46
0.85O
12 FD01 PHOTO 75
0.85O

동승석 도어 스피커 PHOTO 90
2 D26
1 D26
0.85R
13 FD02 PHOTO 74
0.85R

동승석 트위터 스피커 PHOTO 129
2 F45
1 F45
0.85L
12 FD02 PHOTO 74
0.85L

0.85G 0.85O 0.85R 0.85L
1 2 19 20 MF12 PHOTO 47
0.85G 0.85O 0.85R 0.85L
3 7 2 6 M54-B

오디오 PHOTO 132
FL(+) FL(-) FR(+) FR(-)
RL (-) RL (+) RR (-) RR (+) 오디오 리모컨 리모컨 접지

8 4 5 1 M54-B
16 17 M54-C
0.85Y 0.85B 0.85W 0.85Br 0.3L/B 0.3R
2 1 4 3 MF32 PHOTO 47
0.85Y 0.85B 0.85W 0.85Br

조명등 회로 참조 (SD941-2)(SD941-4)
0.3R 0.3Br
11 12 10 9 M55

다기능 스위치 PHOTO 36
클락 스프링

2 F39(롱 바디)
1 F40(숏 바디)
리어 스피커 LH PHOTO 57/131
1 F39(롱 바디)
2 F40(숏 바디)

2 F42(롱 바디)
1 F43(숏 바디)
리어 스피커 RH PHOTO 68/131
1 F42(롱 바디)
2 F43(숏 바디)

스티어링 휠
오디오 리모컨 스위치
MODE MUTE VOL UP VOL DOWN
(+) (-)
ILL.

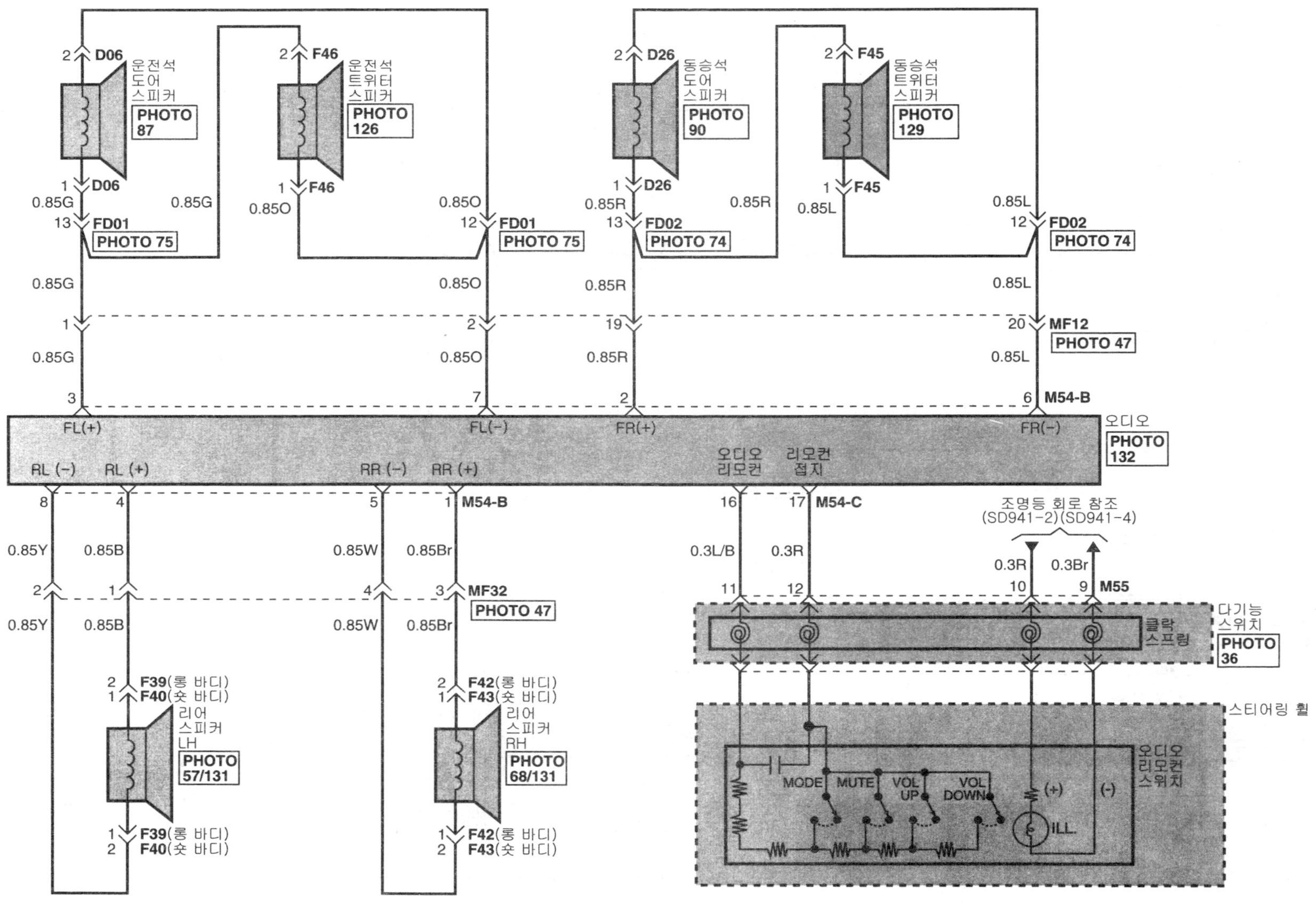

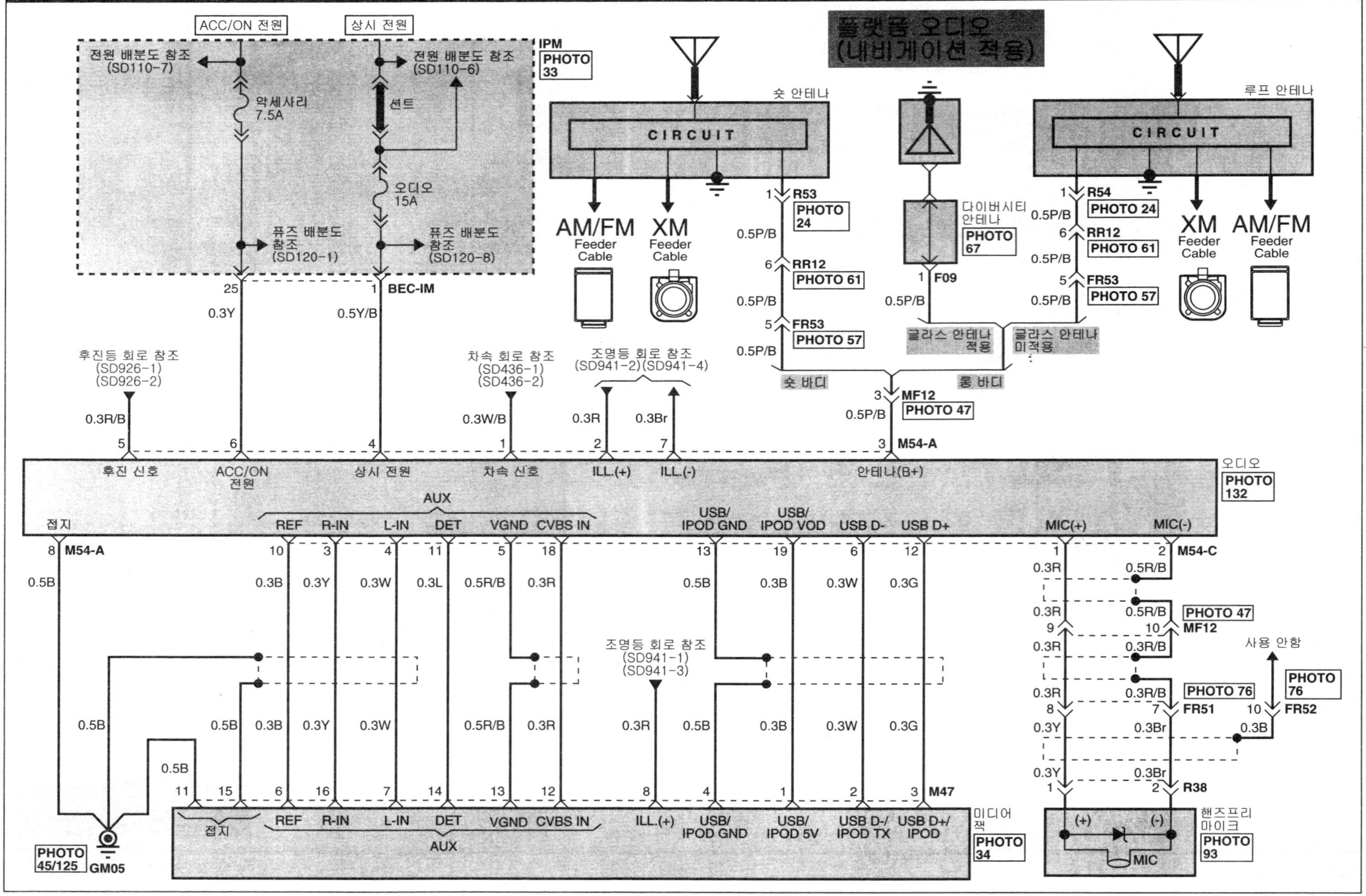

플랫폼 오디오
(내비게이션 적용)

ACC/ON 전원
상시 전원
IPM
PHOTO 33
전원 배분도 참조
(SD110-7)
전원 배분도 참조
(SD110-6)
악세사리
7.5A
션트
오디오
15A
퓨즈 배분도
참조
(SD120-1)
퓨즈 배분도
참조
(SD120-8)
25
1
BEC-IM
0.3Y
0.5Y/B

숏 안테나
CIRCUIT
AM/FM
Feeder
Cable
XM
Feeder
Cable
1 R53
PHOTO 24
0.5P/B
6 RR12
PHOTO 61
0.5P/B
5 FR53
PHOTO 57
0.5P/B
숏 바디

다이버시티
안테나
PHOTO 67
1 F09
0.5P/B
글라스 안테나
적용
글라스 안테나
미적용

루프 안테나
CIRCUIT
1 R54
PHOTO 24
0.5P/B
6 RR12
PHOTO 61
0.5P/B
5 FR53
PHOTO 57
0.5P/B
XM
Feeder
Cable
AM/FM
Feeder
Cable
롱 바디

3 MF12
PHOTO 47
0.5P/B
3 M54-A

후진등 회로 참조
(SD926-1)
(SD926-2)
0.3R/B
5
6
4
차속 회로 참조
(SD436-1)
(SD436-2)
0.3W/B
1
조명등 회로 참조
(SD941-2)(SD941-4)
0.3R
2
0.3Br
7

오디오
PHOTO 132
후진 신호
ACC/ON
전원
상시 전원
차속 신호
ILL.(+)
ILL.(-)
안테나(B+)
AUX
접지
REF
R-IN
L-IN
DET
VGND
CVBS IN
USB/
IPOD GND
USB/
IPOD VOD
USB D-
USB D+
MIC(+)
MIC(-)

8 M54-A
0.5B
10 0.3B
3 0.3Y
4 0.3W
11 0.3L
5 0.5R/B
18 0.3R
13 0.5B
19 0.3B
6 0.3W
12 0.3G
1 0.3R
2 M54-C 0.5R/B

0.3R
0.5R/B
PHOTO 47
9
10 MF12
0.3R
0.3R/B
0.3R
0.3R/B
PHOTO 76
8
7 FR51
사용 안함
PHOTO 76
10 FR52
0.3B
0.3Y
0.3Br
0.3Y
0.3Br
1
2 R38

조명등 회로 참조
(SD941-1)
(SD941-3)

0.5B
0.5B
0.3B
0.3Y
0.3W
0.5R/B
0.3R
0.3R
0.5B
0.3B
0.3W
0.3G
0.5B
11
15
6
16
7
14
13
12
8
4
1
2
3 M47

PHOTO 45/125
GM05

접지
REF
R-IN
L-IN
DET
VGND
CVBS IN
AUX
ILL.(+)
USB/
IPOD GND
USB/
IPOD 5V
USB D-/
IPOD TX
USB D+/
IPOD
미디어
잭
PHOTO 34

(+)
(-)
MIC
핸즈프리
마이크
PHOTO 93

플랫폼 오디오 (내비게이션 적용)

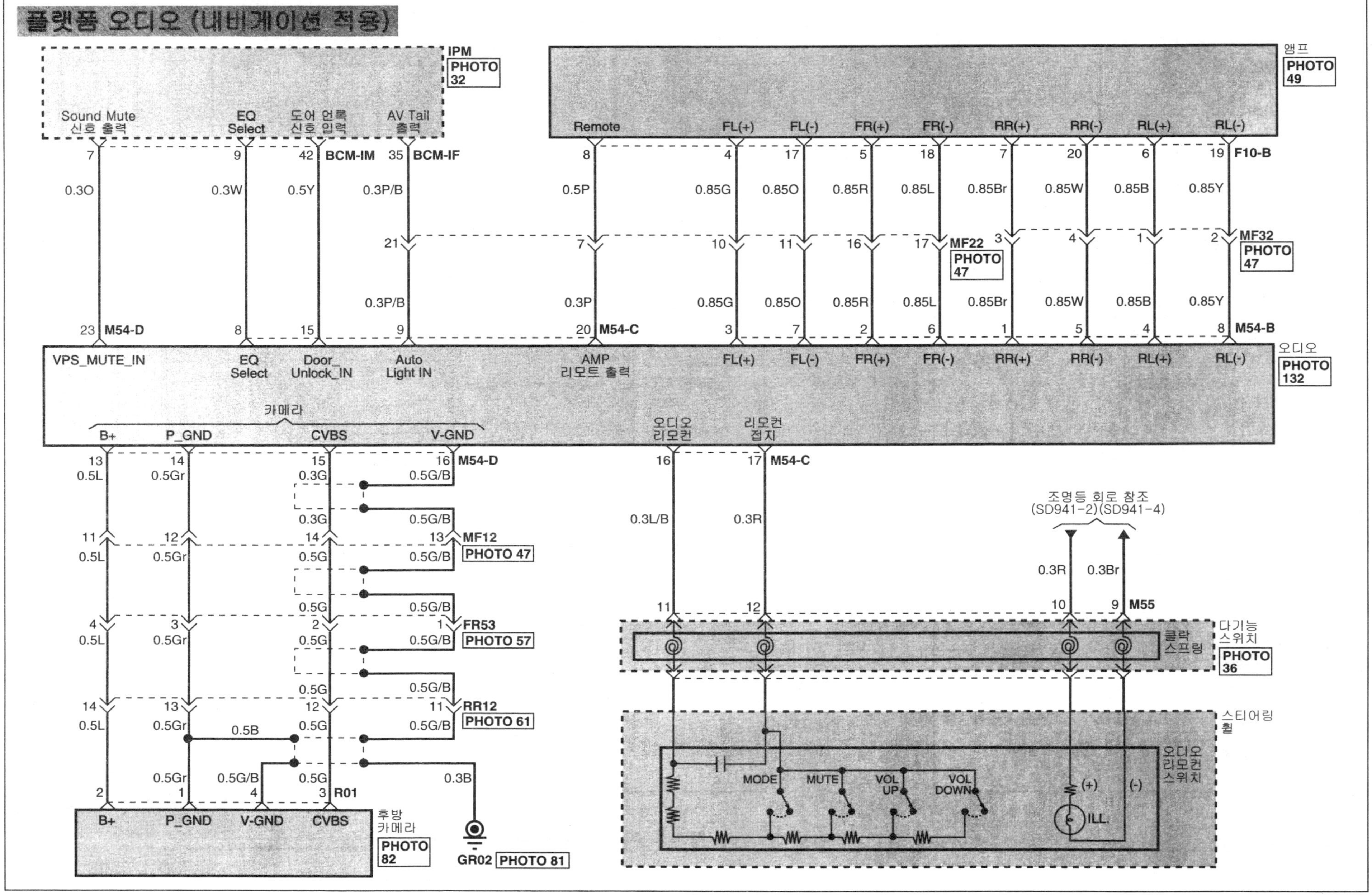

IPM PHOTO 32
Sound Mute 신호 출력
EQ Select
도어 언록 신호 입력
AV Tail 출력
7 0.3O
9 0.3W
42 BCM-IM 0.5Y
35 BCM-IF 0.3P/B
21
0.3P/B
23 M54-D
8
15
9

앰프 PHOTO 49
Remote
FL(+)
FL(-)
FR(+)
FR(-)
RR(+)
RR(-)
RL(+)
RL(-)
8 4 17 5 18 7 20 6 19 F10-B
0.5P 0.85G 0.85O 0.85R 0.85L 0.85Br 0.85W 0.85B 0.85Y
7 10 11 16 17 MF22 PHOTO 47
3 4 1 2 MF32 PHOTO 47
0.3P 0.85G 0.85O 0.85R 0.85L 0.85Br 0.85W 0.85B 0.85Y
20 M54-C 3 7 2 6 1 5 4 8 M54-B

오디오 PHOTO 132
VPS_MUTE_IN
EQ Select
Door_Unlock_IN
Auto Light IN
AMP 리모트 출력
FL(+)
FL(-)
FR(+)
FR(-)
RR(+)
RR(-)
RL(+)
RL(-)
카메라
B+
P_GND
CVBS
V-GND
오디오 리모컨
리모컨 접지

13 0.5L
14 0.5Gr
15 0.3G
16 M54-D 0.5G/B
0.3G
0.5G/B
11 0.5L
12 0.5Gr
14 0.5G
13 MF12 PHOTO 47 0.5G/B
0.5G
0.5G/B
4 0.5L
3 0.5Gr
2 0.5G
1 FR53 PHOTO 57 0.5G/B
0.5G
0.5G/B
14 0.5L
13 0.5Gr
12 0.5G
11 RR12 PHOTO 61 0.5G/B
0.5B
0.5Gr
0.5G/B
0.5G
0.3B
2 1 4 3 R01
B+
P_GND
V-GND
CVBS
후방 카메라 PHOTO 82
GR02 PHOTO 81

16 17 M54-C
0.3L/B 0.3R
조명등 회로 참조 (SD941-2)(SD941-4)
0.3R 0.3Br
11 12 10 9 M55
클락 스프링
다기능 스위치 PHOTO 36
스티어링 휠
오디오 리모컨 스위치
MODE
MUTE
VOL UP
VOL DOWN
(+)
(-)
ILL.

상시 전원

IPM PHOTO 32

전원 배분도 참조 (SD110-6)

앰프 25A

BEC-IF 30 18 4

1.25Y 1.25Y 1.25Y

F10-B 2 1 3

D06 운전석 도어 스피커 PHOTO 87

F46 운전석 트위터 스피커 PHOTO 126

FD01 PHOTO 75

MF12 PHOTO 47

MF22 PHOTO 47

0.85G 0.85O

D26 동승석 도어 스피커 PHOTO 90

F45 동승석 트위터 스피커 PHOTO 129

FD02 PHOTO 74

MF12 PHOTO 47

MF22 PHOTO 47

0.85R 0.85L

F10-A

앰프 PHOTO 49

상시 전원 · 접지 · 우퍼 스피커 (+) (-) (+) (-) · FL(+) FL(-) · RR(-) RR(+) · RL(-) RL(+) · FR(+) FR(-) · (-) (+)

16 14 15 · 1.25B 1.25B 1.25B

GF08 PHOTO 74

13 26 12 25 · 1.25W 1.25Br 1.25W 1.25Br

F47 우퍼 스피커 PHOTO 58

23 10 F10-B · 0.85L 0.85R

F44 리어 스피커 RH (JBL) PHOTO 68

13 5 · 0.85W 0.85B

F41 리어 스피커 LH (JBL) PHOTO 56

14 6 F10-A · 0.85B 0.85W

MF22 PHOTO 47

M23 프런트 센터 스피커 PHOTO 124

RSE 적용

※ RSE : Rear Seat Entertainment

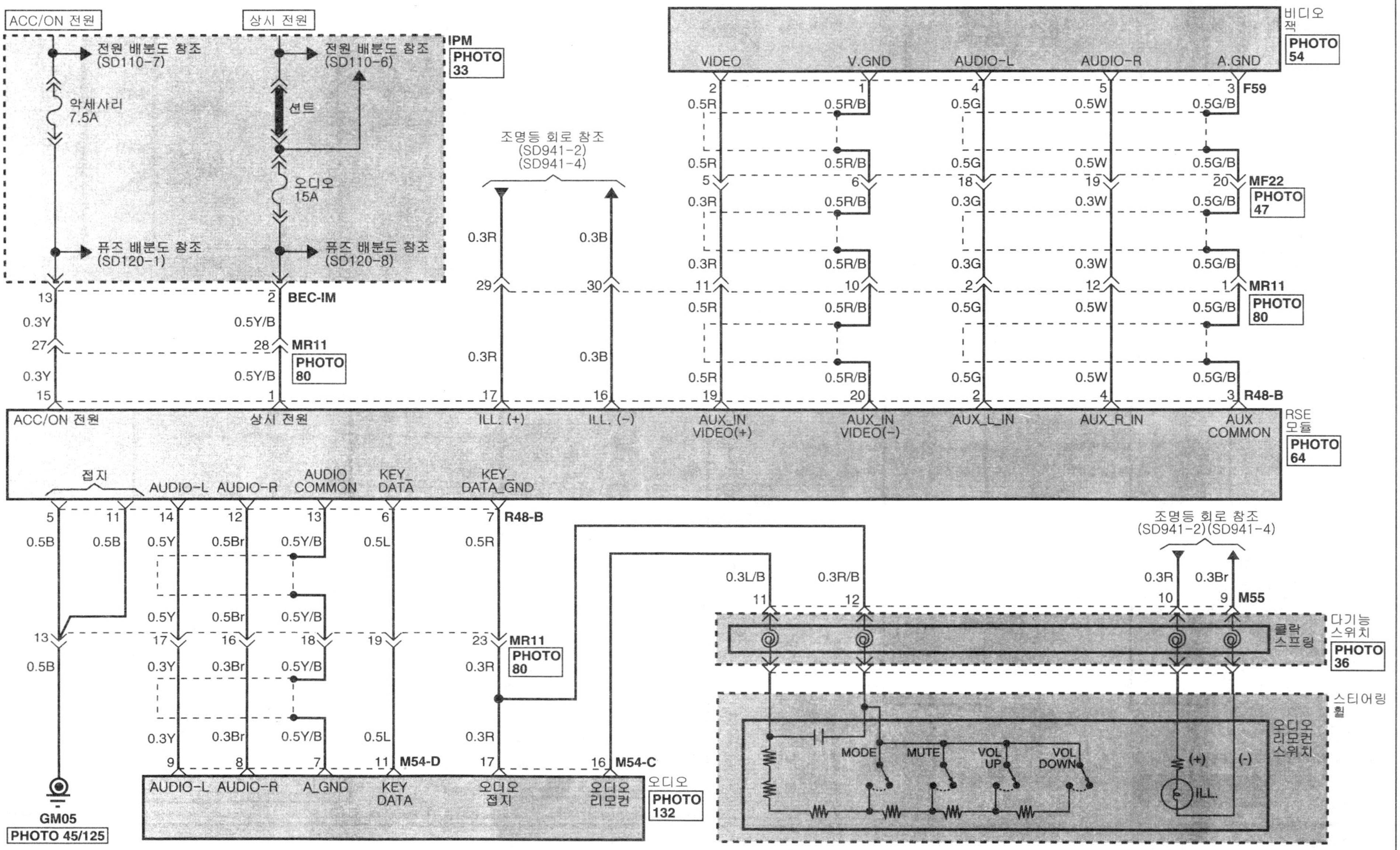

ACC/ON 전원
상시 전원
전원 배분도 참조 (SD110-7)
전원 배분도 참조 (SD110-6)
악세사리 7.5A
션트
오디오 15A
퓨즈 배분도 참조 (SD120-1)
퓨즈 배분도 참조 (SD120-8)
IPM PHOTO 33
BEC-IM
MR11 PHOTO 80
13 0.3Y 27 0.3Y 15
2 0.5Y/B 28 0.5Y/B 1

조명등 회로 참조 (SD941-2) (SD941-4)
0.3R 29 0.3R 17
0.3B 30 0.3B 16

비디오 잭 PHOTO 54
VIDEO V.GND AUDIO-L AUDIO-R A.GND
F59
MF22 PHOTO 47
MR11 PHOTO 80
R48-B

	VIDEO	V.GND	AUDIO-L	AUDIO-R	A.GND
F59	2	1	4	5	3
	0.5R	0.5R/B	0.5G	0.5W	0.5G/B
	0.5R	0.5R/B	0.5G	0.5W	0.5G/B
MF22	5	6	18	19	20
	0.3R	0.5R/B	0.3G	0.3W	0.5G/B
	0.3R	0.5R/B	0.3G	0.3W	0.5G/B
MR11	11	10	2	12	1
	0.5R	0.5R/B	0.5G	0.5W	0.5G/B
	0.5R	0.5R/B	0.5G	0.5W	0.5G/B
R48-B	19	20	2	4	3

RSE 모듈 PHOTO 64
ACC/ON 전원 상시 전원 ILL. (+) ILL. (-) AUX_IN VIDEO(+) AUX_IN VIDEO(-) AUX_L_IN AUX_R_IN AUX COMMON
접지 AUDIO-L AUDIO-R AUDIO COMMON KEY_ DATA KEY_ DATA_GND

	접지	접지	AUDIO-L	AUDIO-R	AUDIO COMMON	KEY_DATA	KEY_DATA_GND
R48-B	5	11	14	12	13	6	7
	0.5B	0.5B	0.5Y	0.5Br	0.5Y/B	0.5L	0.5R
			0.5Y	0.5Br	0.5Y/B		
MR11 PHOTO 80	13		17	16	18	19	23
	0.5B		0.3Y	0.3Br	0.5Y/B		0.3R
			0.3Y	0.3Br	0.5Y/B	0.5L	0.3R
M54-D / M54-C			9	8	7	11	17

GM05 PHOTO 45/125

오디오 PHOTO 132
AUDIO-L AUDIO-R A_GND KEY DATA 오디오 접지 오디오 리모컨
16 M54-C

조명등 회로 참조 (SD941-2)(SD941-4)
0.3L/B 11
0.3R/B 12
0.3R 10
0.3Br 9 M55

다기능 스위치 PHOTO 36
클락 스프링

스티어링 휠
오디오 리모컨 스위치
MODE MUTE VOL UP VOL DOWN
(+) (-) ILL.

RSE 적용

※ RSE : Rear Seat Entertainment

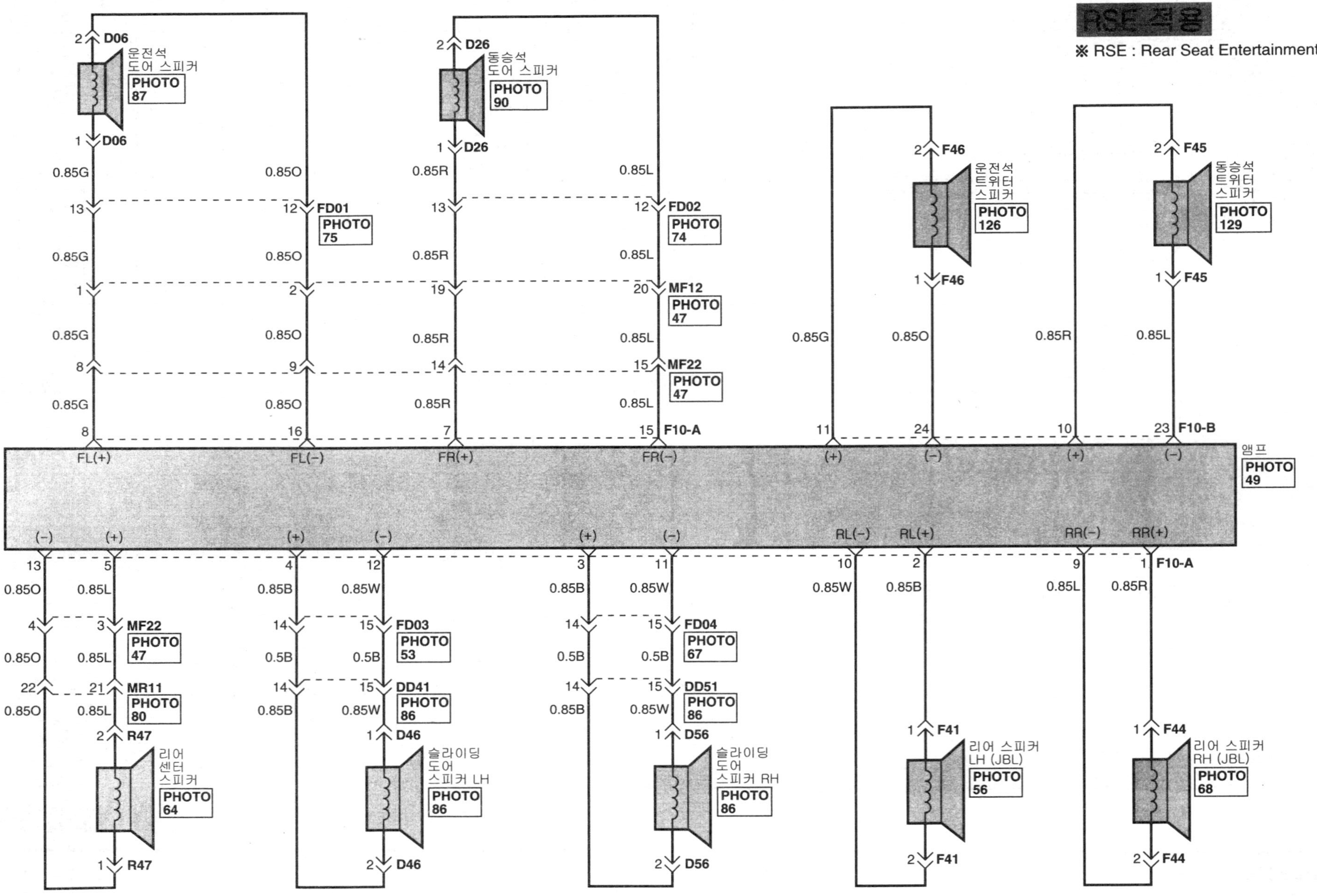

D06 운전석 도어 스피커 PHOTO 87

D26 동승석 도어 스피커 PHOTO 90

F46 운전석 트위터 스피커 PHOTO 126

F45 동승석 트위터 스피커 PHOTO 129

FD01 PHOTO 75

FD02 PHOTO 74

MF12 PHOTO 47

MF22 PHOTO 47

F10-A

F10-B

앰프 PHOTO 49

FL(+) FL(-) FR(+) FR(-) (+) (-) (+) (-)

(-) (+) (+) (-) (+) (-) RL(-) RL(+) RR(-) RR(+)

0.85G 0.85O 0.85R 0.85L 0.85B 0.85W 0.5B

MF22 PHOTO 47

MR11 PHOTO 80

R47 리어 센터 스피커 PHOTO 64

FD03 PHOTO 53

DD41 PHOTO 86

D46 슬라이딩 도어 스피커 LH PHOTO 86

FD04 PHOTO 67

DD51 PHOTO 86

D56 슬라이딩 도어 스피커 RH PHOTO 86

F41 리어 스피커 LH (JBL) PHOTO 56

F44 리어 스피커 RH (JBL) PHOTO 68

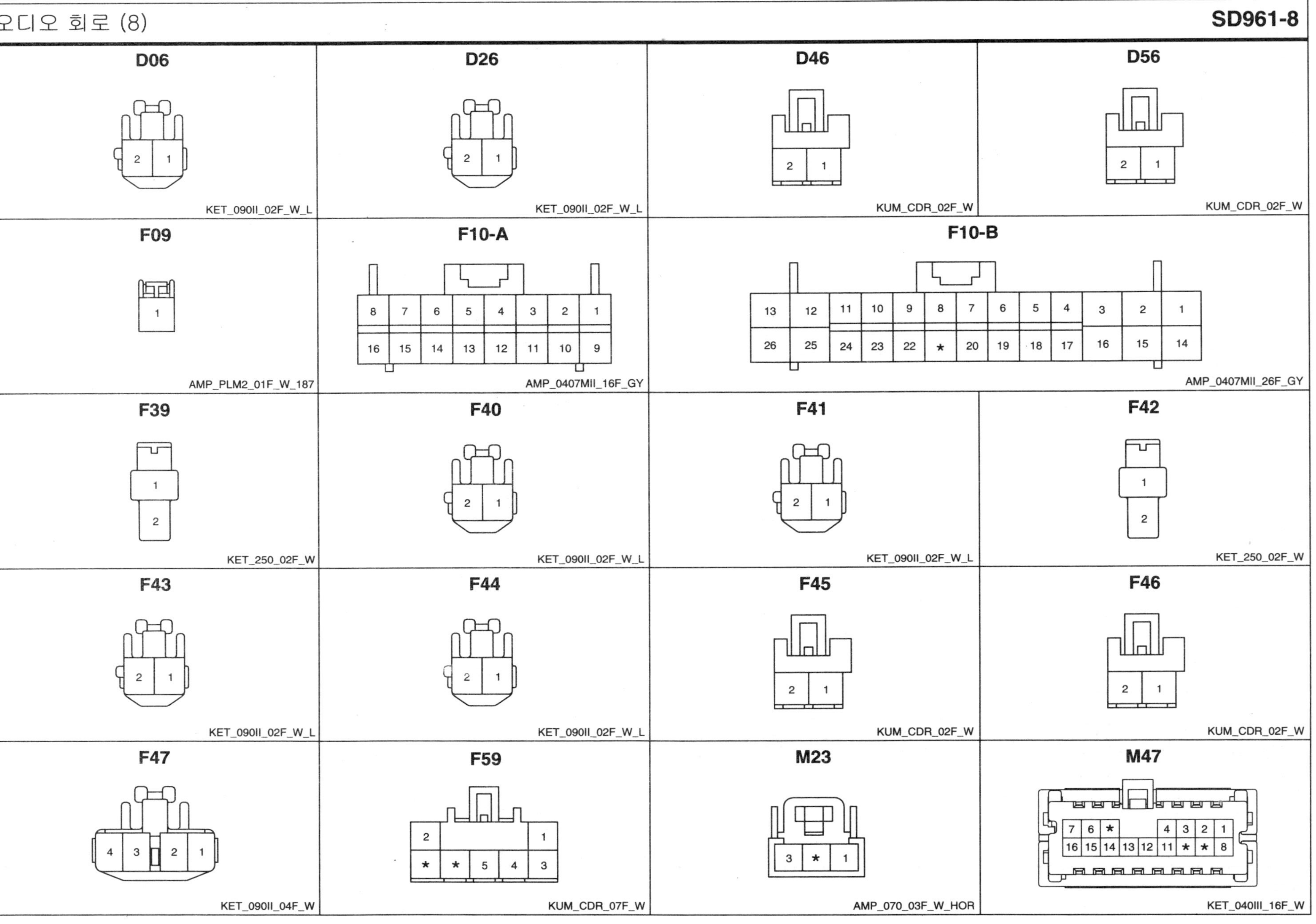
D06
KET_090II_02F_W_L
D26
KET_090II_02F_W_L
D46
KUM_CDR_02F_W
D56
KUM_CDR_02F_W
F09
AMP_PLM2_01F_W_187
F10-A
AMP_0407MII_16F_GY
F10-B
AMP_0407MII_26F_GY
F39
KET_250_02F_W
F40
KET_090II_02F_W_L
F41
KET_090II_02F_W_L
F42
KET_250_02F_W
F43
KET_090II_02F_W_L
F44
KET_090II_02F_W_L
F45
KUM_CDR_02F_W
F46
KUM_CDR_02F_W
F47
KET_090II_04F_W
F59
KUM_CDR_07F_W
M23
AMP_070_03F_W_HOR
M47
KET_040III_16F_W

M54-A

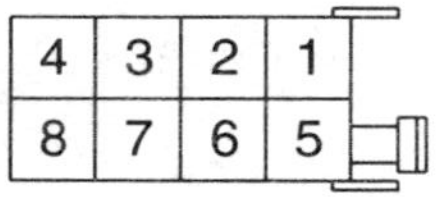

4	3	2	1
8	7	6	5

AMP_JT_08F_Gr_D2

M54-B

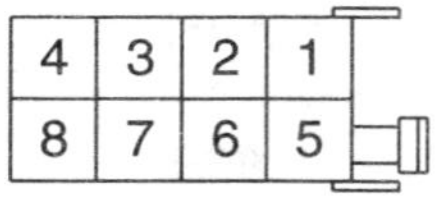

4	3	2	1
8	7	6	5

AMP_JT_08F_Br_D1

M54-C

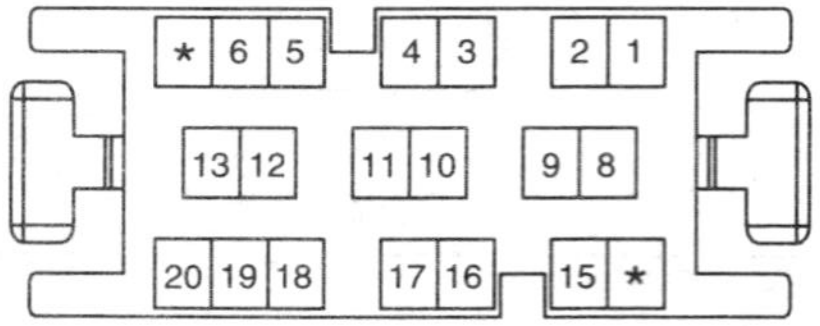

*	6	5	4	3	2	1
13	12	11	10	9	8	
20	19	18	17	16	15	*

AMP_MTIII_20F_B

M54-D

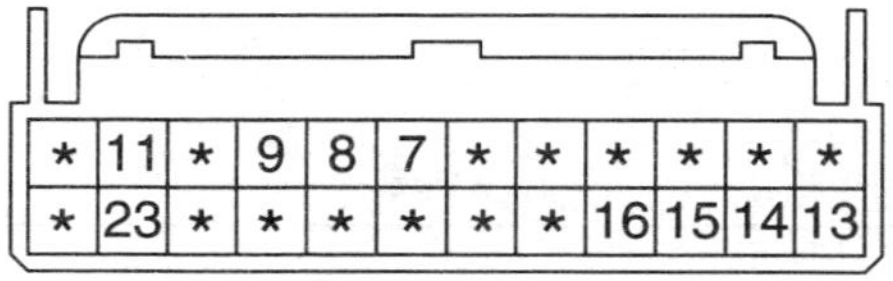

*	11	*	9	8	7	*	*	*	*	*	*
*	23	*	*	*	*	*	*	16	15	14	13

AMP_025_24F_W

M55

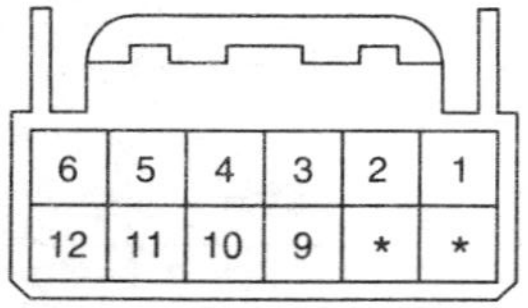

6	5	4	3	2	1
12	11	10	9	*	*

AMP_025_12F_W

R01

2	1
4	3

AMP_EJWP_04F_B

R38

1	2	*	*

AMP_MQS_04M_B_040

R47

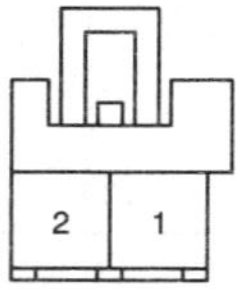

2	1

KUM_CDR_02F_W

R48-A

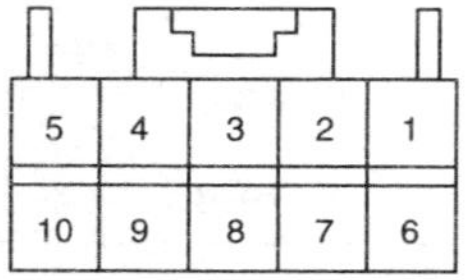

5	4	3	2	1
10	9	8	7	6

MLX_070_10F_GR

R48-B

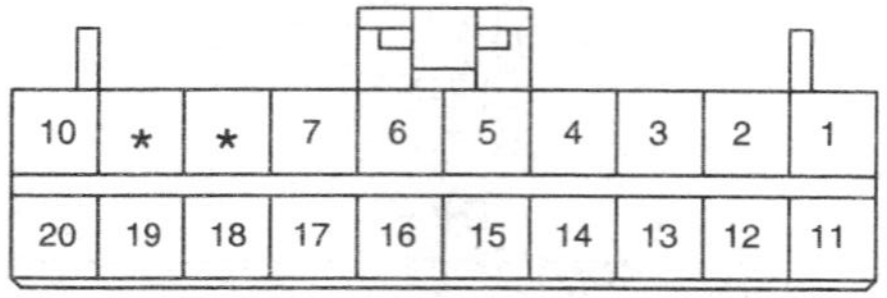

10	*	*	7	6	5	4	3	2	1
20	19	18	17	16	15	14	13	12	11

MLX_070_20F_GR_1

R53

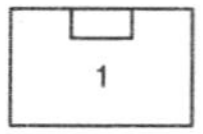

1

AMP_PLML_01F_B

R54

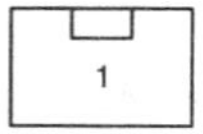

1

AMP_PLML_01F_B

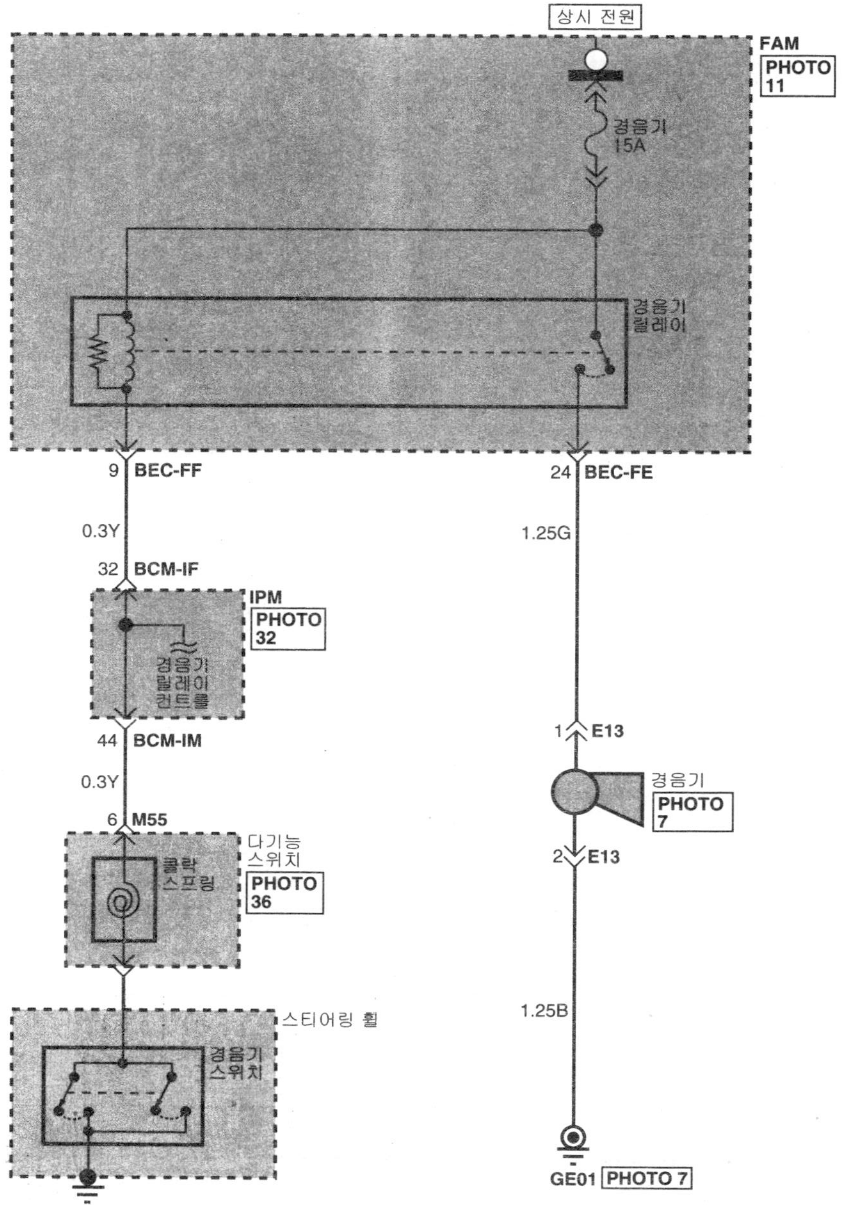

경음기 회로 (1)

SD968-1

상시 전원
FAM
PHOTO 11
경음기 15A
경음기 릴레이
9 BEC-FF
24 BEC-FE
0.3Y
1.25G
32 BCM-IF
IPM
PHOTO 32
경음기 릴레이 컨트롤
44 BCM-IM
0.3Y
6 M55
다기능 스위치
PHOTO 36
클락 스프링
스티어링 휠
경음기 스위치
1 E13
경음기
PHOTO 7
2 E13
1.25B
GE01 PHOTO 7

E13	M55	BLANK	BLANK
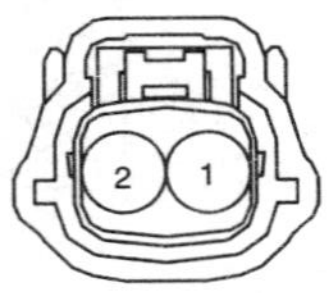 2 1 MLX_HORN_02F_B_FILT	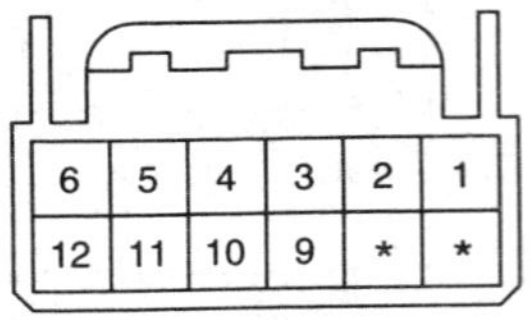 6 5 4 3 2 1 12 11 10 9 * * AMP_025_12F_W		

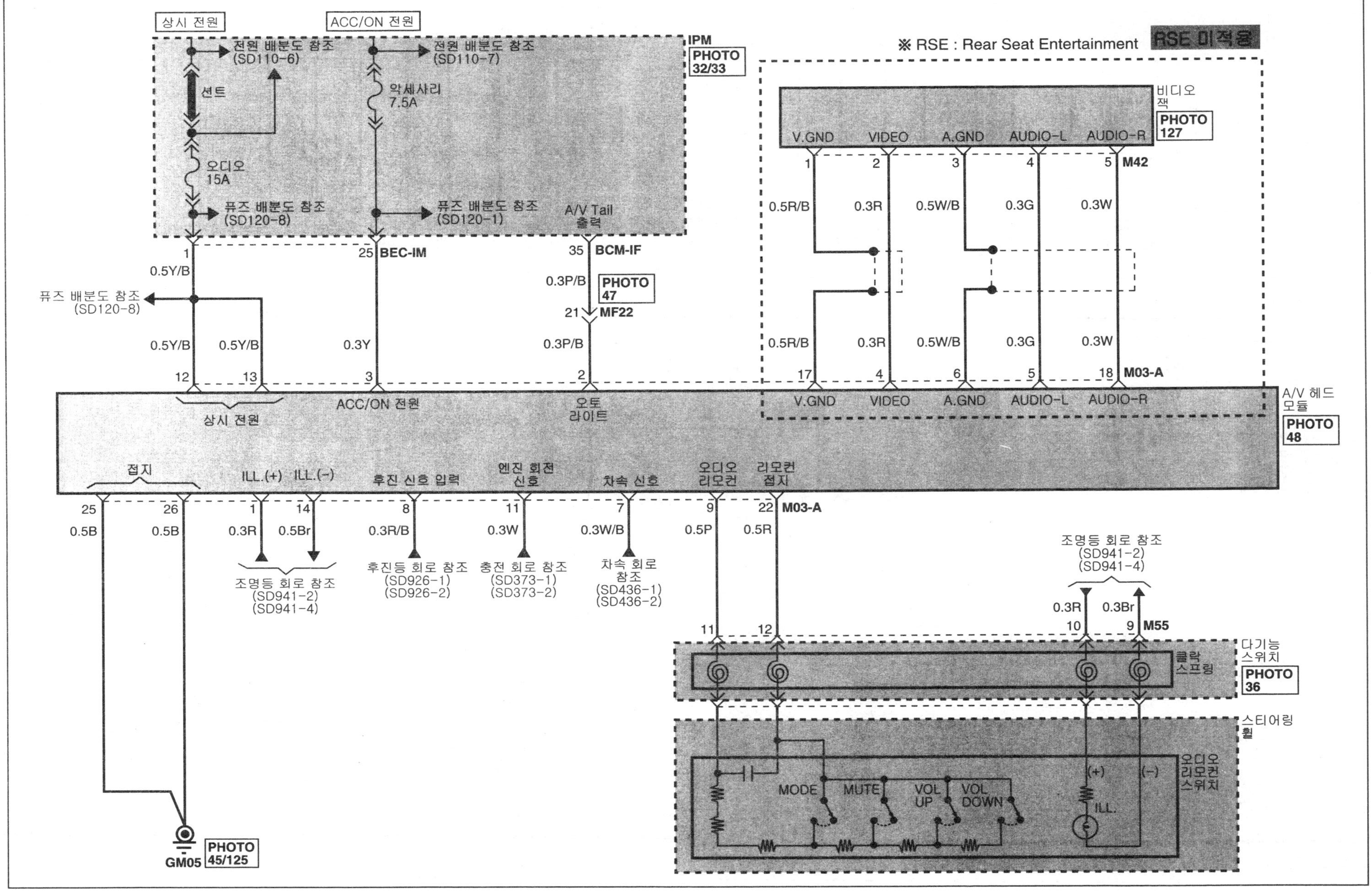

상시 전원

ACC/ON 전원

IPM
PHOTO 32/33

전원 배분도 참조 (SD110-6)

션트

오디오 15A

퓨즈 배분도 참조 (SD120-8)

전원 배분도 참조 (SD110-7)

악세사리 7.5A

퓨즈 배분도 참조 (SD120-1)

A/V Tail 출력

1 0.5Y/B

25 BEC-IM

35 BCM-IF

0.3P/B

PHOTO 47

21 MF22

퓨즈 배분도 참조 (SD120-8)

0.5Y/B 0.5Y/B 0.3Y 0.3P/B

12 13 3 2

상시 전원

ACC/ON 전원

오토 라이트

※ RSE : Rear Seat Entertainment

RSE 미적용

비디오 잭

PHOTO 127

V.GND VIDEO A.GND AUDIO-L AUDIO-R

1 2 3 4 5 M42

0.5R/B 0.3R 0.5W/B 0.3G 0.3W

0.5R/B 0.3R 0.5W/B 0.3G 0.3W

17 4 6 5 18 M03-A

V.GND VIDEO A.GND AUDIO-L AUDIO-R

A/V 헤드 모듈

PHOTO 48

접지

ILL.(+) ILL.(-)

후진 신호 입력

엔진 회전 신호

차속 신호

오디오 리모컨

리모컨 접지

25 26 1 14 8 11 7 9 22 M03-A

0.5B 0.5B 0.3R 0.5Br 0.3R/B 0.3W 0.3W/B 0.5P 0.5R

조명등 회로 참조 (SD941-2) (SD941-4)

후진등 회로 참조 (SD926-1) (SD926-2)

충전 회로 참조 (SD373-1) (SD373-2)

차속 회로 참조 (SD436-1) (SD436-2)

조명등 회로 참조 (SD941-2) (SD941-4)

0.3R 0.3Br

11 12 10 9 M55

다기능 스위치

PHOTO 36

클락 스프링

스티어링 휠

오디오 리모컨 스위치

MODE MUTE VOL UP VOL DOWN

(+) (-) ILL.

GM05

PHOTO 45/125

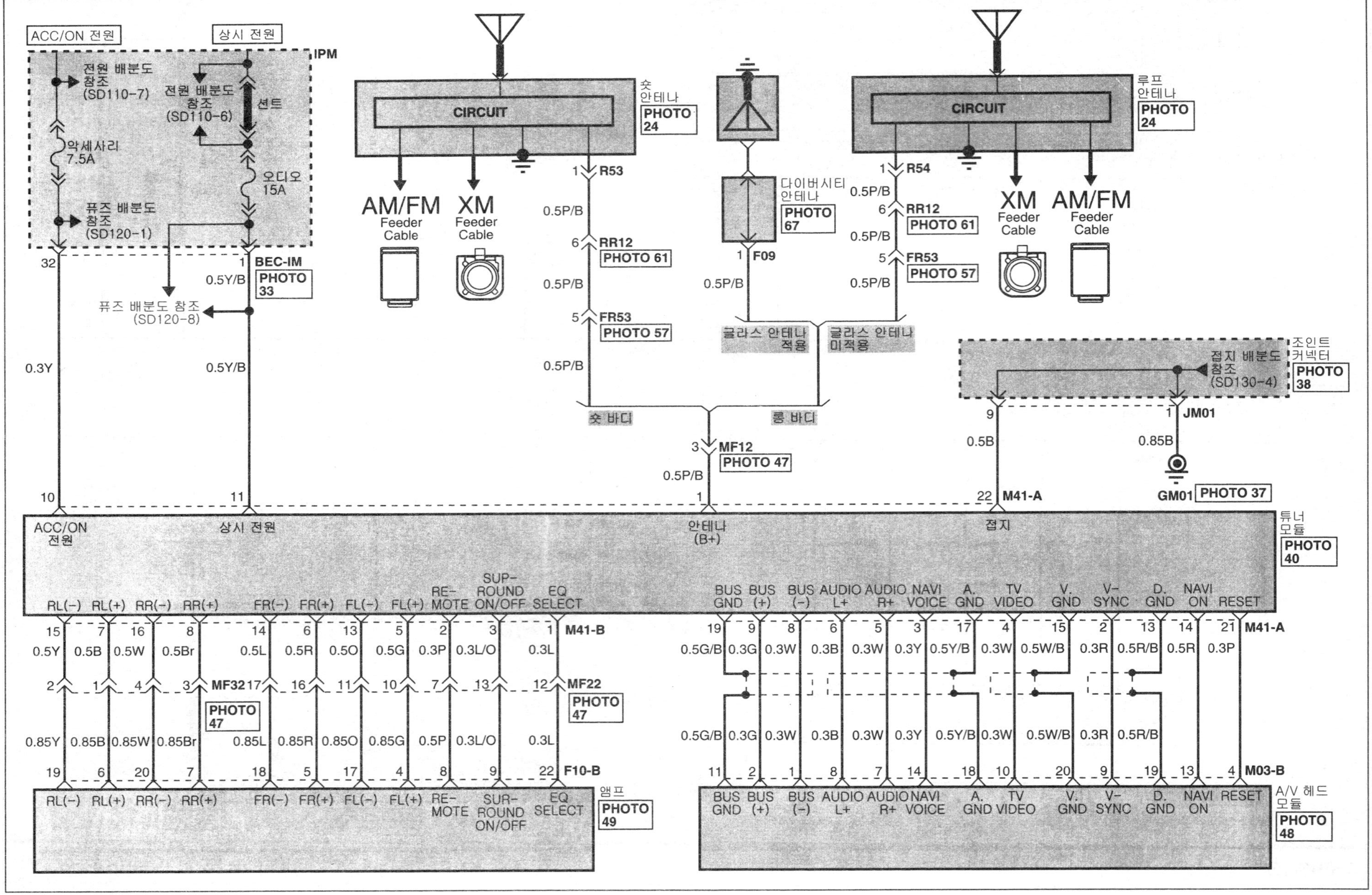

ACC/ON 전원

상시 전원

IPM

전원 배분도 참조 (SD110-7)

전원 배분도 참조 (SD110-6)

션트

악세사리 7.5A

오디오 15A

퓨즈 배분도 참조 (SD120-1)

32

1 BEC-IM PHOTO 33

0.5Y/B

퓨즈 배분도 참조 (SD120-8)

0.3Y

0.5Y/B

CIRCUIT

AM/FM Feeder Cable

XM Feeder Cable

숏 안테나 PHOTO 24

1 R53

0.5P/B

6 RR12 PHOTO 61

0.5P/B

5 FR53 PHOTO 57

0.5P/B

다이버시티 안테나 PHOTO 67

1 F09

0.5P/B

글라스 안테나 적용

글라스 안테나 미적용

숏 바디

롱 바디

3 MF12 PHOTO 47

0.5P/B

루프 안테나 PHOTO 24

CIRCUIT

1 R54

0.5P/B

6 RR12 PHOTO 61

0.5P/B

5 FR53 PHOTO 57

0.5P/B

XM Feeder Cable

AM/FM Feeder Cable

조인트 커넥터 PHOTO 38

접지 배분도 참조 (SD130-4)

9

1 JM01

0.5B

0.85B

GM01 PHOTO 37

10

11

1

22 M41-A

튜너 모듈 PHOTO 40

ACC/ON 전원

상시 전원

안테나 (B+)

접지

RL(-) RL(+) RR(-) RR(+) FR(-) FR(+) FL(-) FL(+) RE-MOTE SUP-ROUND ON/OFF EQ SELECT

BUS GND, BUS (+), BUS (-), AUDIO L+, AUDIO R+, NAVI VOICE, A. GND, TV VIDEO, V. GND, V-SYNC, D. GND, NAVI ON, RESET

M41-B: 15 7 16 8 14 6 13 5 2 3 1

0.5Y 0.5B 0.5W 0.5Br 0.5L 0.5R 0.5O 0.5G 0.3P 0.3L/O 0.3L

MF32: 2 1 4 3, PHOTO 47

MF22: 17 16 11 10 7 13 12, PHOTO 47

0.85Y 0.85B 0.85W 0.85Br 0.85L 0.85R 0.85O 0.85G 0.5P 0.3L/O 0.3L

F10-B: 19 6 20 7 18 5 17 4 8 9 22

M41-A: 19 9 8 6 5 3 17 4 15 2 13 14 21

0.5G/B 0.3G 0.3W 0.3B 0.3W 0.3Y 0.5Y/B 0.3W 0.5W/B 0.3R 0.5R/B 0.5R 0.3P

0.5G/B 0.3G 0.3W 0.3B 0.3W 0.3Y 0.5Y/B 0.3W 0.5W/B 0.3R 0.5R/B

M03-B: 11 2 1 8 7 14 18 10 20 9 19 13 4

RL(-) RL(+) RR(-) RR(+) FR(-) FR(+) FL(-) FL(+) RE-MOTE SUR-ROUND ON/OFF EQ SELECT

앰프 PHOTO 49

BUS GND, BUS (+), BUS (-), AUDIO L+, AUDIO R+, NAVI VOICE, A. GND, TV VIDEO, V. GND, V-SYNC, D. GND, NAVI ON, RESET

A/V 헤드 모듈 PHOTO 48

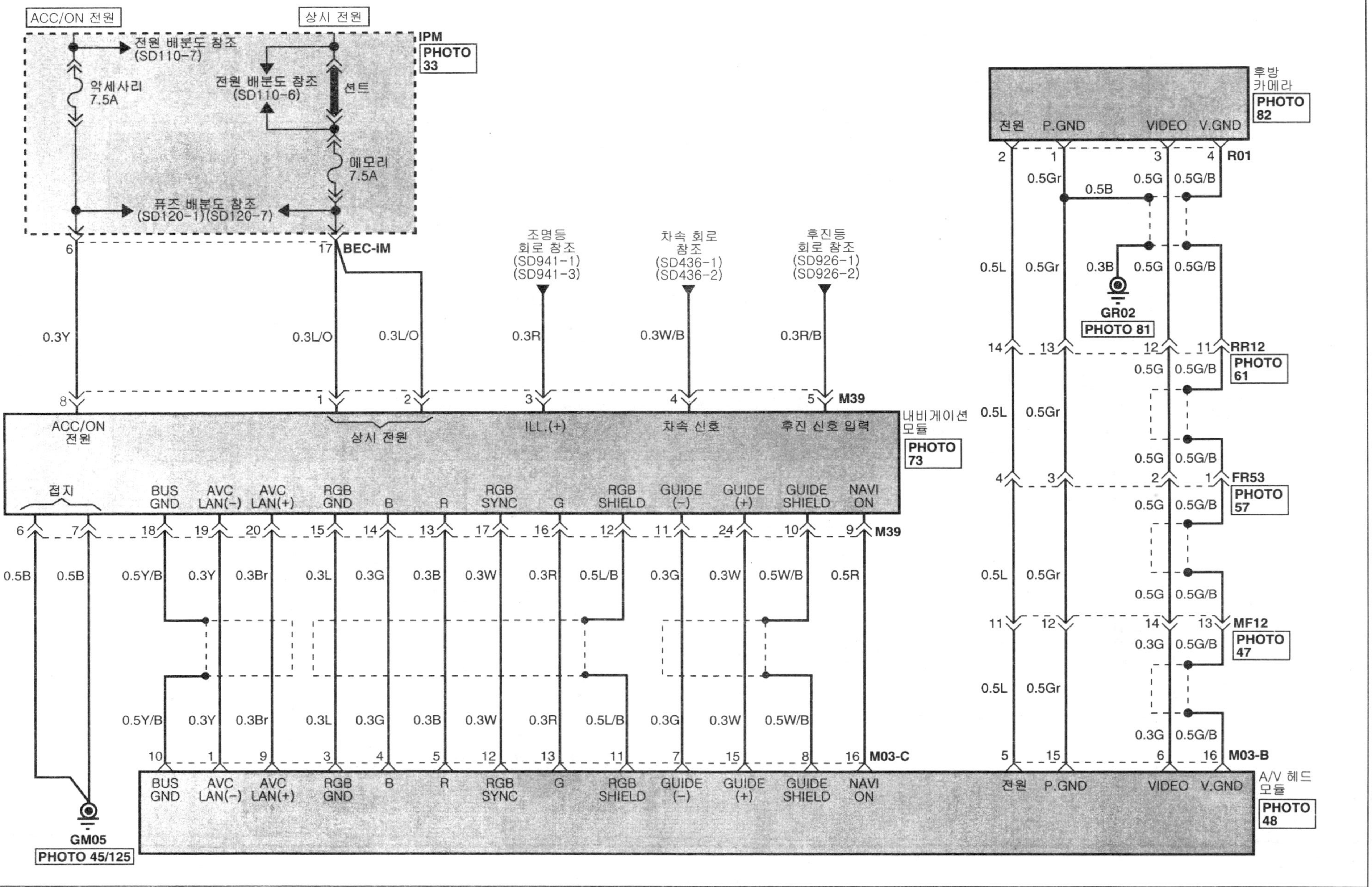

ACC/ON 전원
상시 전원
IPM
PHOTO 33
전원 배분도 참조 (SD110-7)
악세사리 7.5A
전원 배분도 참조 (SD110-6)
션트
메모리 7.5A
퓨즈 배분도 참조 (SD120-1)(SD120-7)
BEC-IM
조명등 회로 참조 (SD941-1) (SD941-3)
차속 회로 참조 (SD436-1) (SD436-2)
후진등 회로 참조 (SD926-1) (SD926-2)
0.3Y
0.3L/O
0.3L/O
0.3R
0.3W/B
0.3R/B
M39
내비게이션 모듈
PHOTO 73
ACC/ON 전원
상시 전원
ILL.(+)
차속 신호
후진 신호 입력
접지
BUS GND
AVC LAN(-)
AVC LAN(+)
RGB GND
B
R
RGB SYNC
G
RGB SHIELD
GUIDE (-)
GUIDE (+)
GUIDE SHIELD
NAVI ON
0.5B
0.5B
0.5Y/B
0.3Y
0.3Br
0.3L
0.3G
0.3B
0.3W
0.3R
0.5L/B
0.3G
0.3W
0.5W/B
0.5R
GM05
PHOTO 45/125
M03-C
후방 카메라
PHOTO 82
전원
P.GND
VIDEO
V.GND
R01
0.5L
0.5Gr
0.5B
0.3B
0.5G
0.5G/B
GR02
PHOTO 81
RR12
PHOTO 61
FR53
PHOTO 57
MF12
PHOTO 47
0.3G
M03-B
A/V 헤드 모듈
PHOTO 48

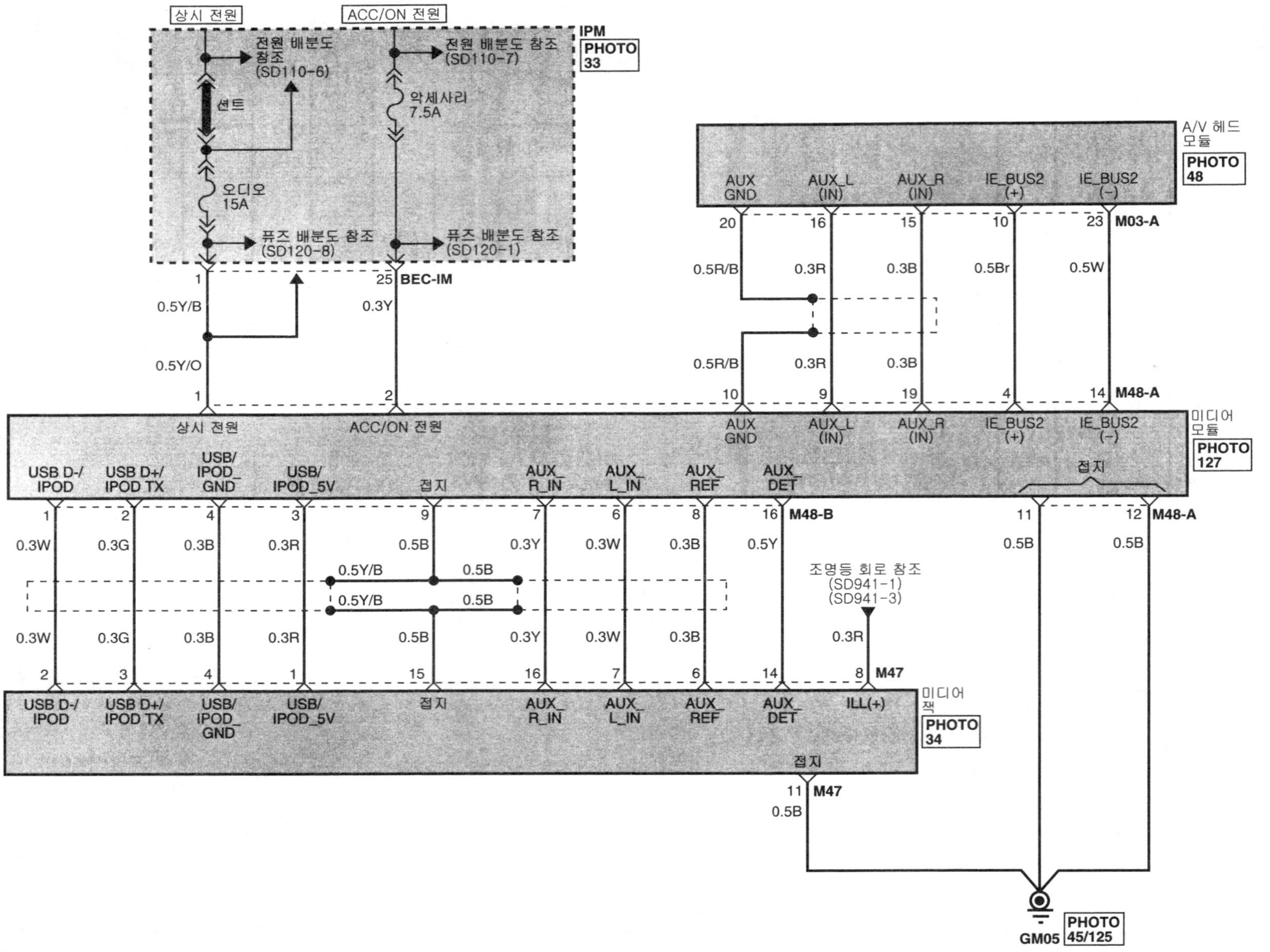

상시 전원
ACC/ON 전원
IPM
PHOTO 33
전원 배분도 참조 (SD110-6)
션트
오디오 15A
퓨즈 배분도 참조 (SD120-8)
전원 배분도 참조 (SD110-7)
악세사리 7.5A
퓨즈 배분도 참조 (SD120-1)
1
25 BEC-IM
0.5Y/B
0.3Y
0.5Y/O
1
2
A/V 헤드 모듈
PHOTO 48
AUX GND
AUX_L (IN)
AUX_R (IN)
IE_BUS2 (+)
IE_BUS2 (-)
20
16
15
10
23 M03-A
0.5R/B
0.3R
0.3B
0.5Br
0.5W
0.5R/B
0.3R
0.3B
10
9
19
4
14 M48-A
미디어 모듈
PHOTO 127
상시 전원
ACC/ON 전원
AUX GND
AUX_L (IN)
AUX_R (IN)
IE_BUS2 (+)
IE_BUS2 (-)
USB D-/ IPOD
USB D+/ IPOD TX
USB/ IPOD_ GND
USB/ IPOD_5V
접지
AUX_ R_IN
AUX_ L_IN
AUX_ REF
AUX_ DET
접지
1
2
4
3
9
7
6
8
16 M48-B
11
12 M48-A
0.3W
0.3G
0.3B
0.3R
0.5B
0.3Y
0.3W
0.3B
0.5Y
0.5B
0.5B
0.5Y/B
0.5B
0.5Y/B
0.5B
조명등 회로 참조 (SD941-1) (SD941-3)
0.3W
0.3G
0.3B
0.3R
0.5B
0.3Y
0.3W
0.3B
0.3R
2
3
4
1
15
16
7
6
14
8 M47
미디어 잭
PHOTO 34
USB D-/ IPOD
USB D+/ IPOD TX
USB/ IPOD_ GND
USB/ IPOD_5V
접지
AUX_ R_IN
AUX_ L_IN
AUX_ REF
AUX_ DET
ILL(+)
접지
11 M47
0.5B
GM05
PHOTO 45/125

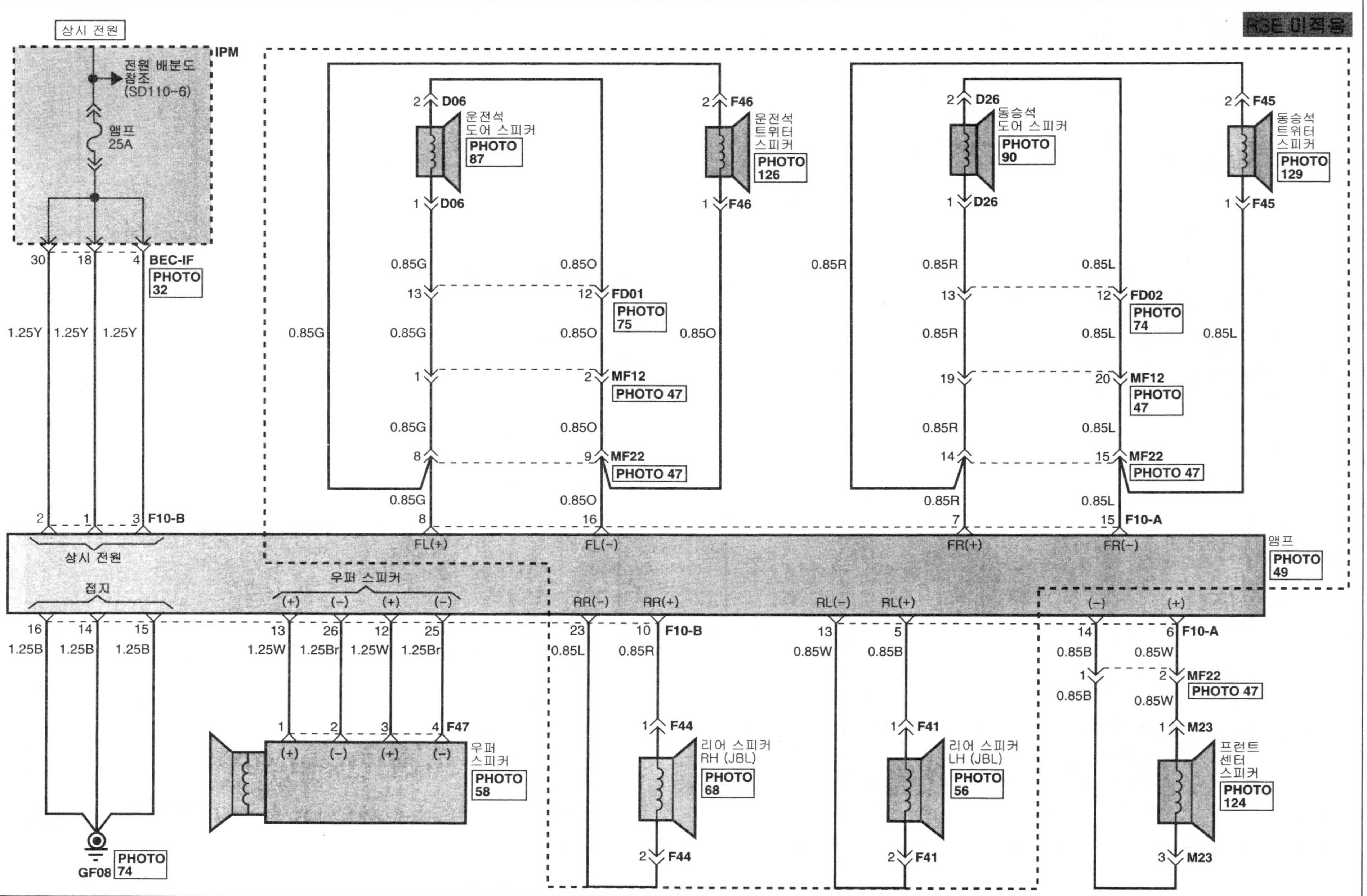

RSE 미적용

상시 전원

IPM
전원 배분도 참조 (SD110-6)
앰프 25A

30 18 4 BEC-IF PHOTO 32
1.25Y 1.25Y 1.25Y
2 1 3 F10-B

2 D06 운전석 도어 스피커 PHOTO 87 1 D06
0.85G 13 0.85G 1 0.85G 8 0.85G 8
0.85G

2 F46 운전석 트위터 스피커 PHOTO 126 1 F46
0.85O 12 FD01 PHOTO 75 0.85O 2 MF12 PHOTO 47 0.85O 9 MF22 PHOTO 47 0.85O 16
0.85O

0.85R
2 D26 동승석 도어 스피커 PHOTO 90 1 D26
0.85R 13 0.85R 19 0.85R 14 0.85R 7

2 F45 동승석 트위터 스피커 PHOTO 129 1 F45
0.85L 12 FD02 PHOTO 74 0.85L 20 MF12 PHOTO 47 0.85L 15 MF22 PHOTO 47 0.85L 15 F10-A
0.85L

앰프 PHOTO 49
상시 전원
접지
FL(+) FL(-) FR(+) FR(-)
우퍼 스피커 (+) (-) (+) (-)
RR(-) RR(+) RL(-) RL(+) (-) (+)

16 14 15
1.25B 1.25B 1.25B
GF08 PHOTO 74

13 26 12 25
1.25W 1.25Br 1.25W 1.25Br
1 2 3 4 F47
(+) (-) (+) (-)
우퍼 스피커 PHOTO 58

23 0.85L
10 F10-B 0.85R
1 F44 리어 스피커 RH (JBL) PHOTO 68 2 F44

13 0.85W
5 0.85B
1 F41 리어 스피커 LH (JBL) PHOTO 56 2 F41

14 0.85B 1 0.85B
6 F10-A 0.85W 2 MF22 PHOTO 47 0.85W
1 M23 프런트 센터 스피커 PHOTO 124 3 M23

RSE 적용

※ RSE : Rear Seat Entertainment

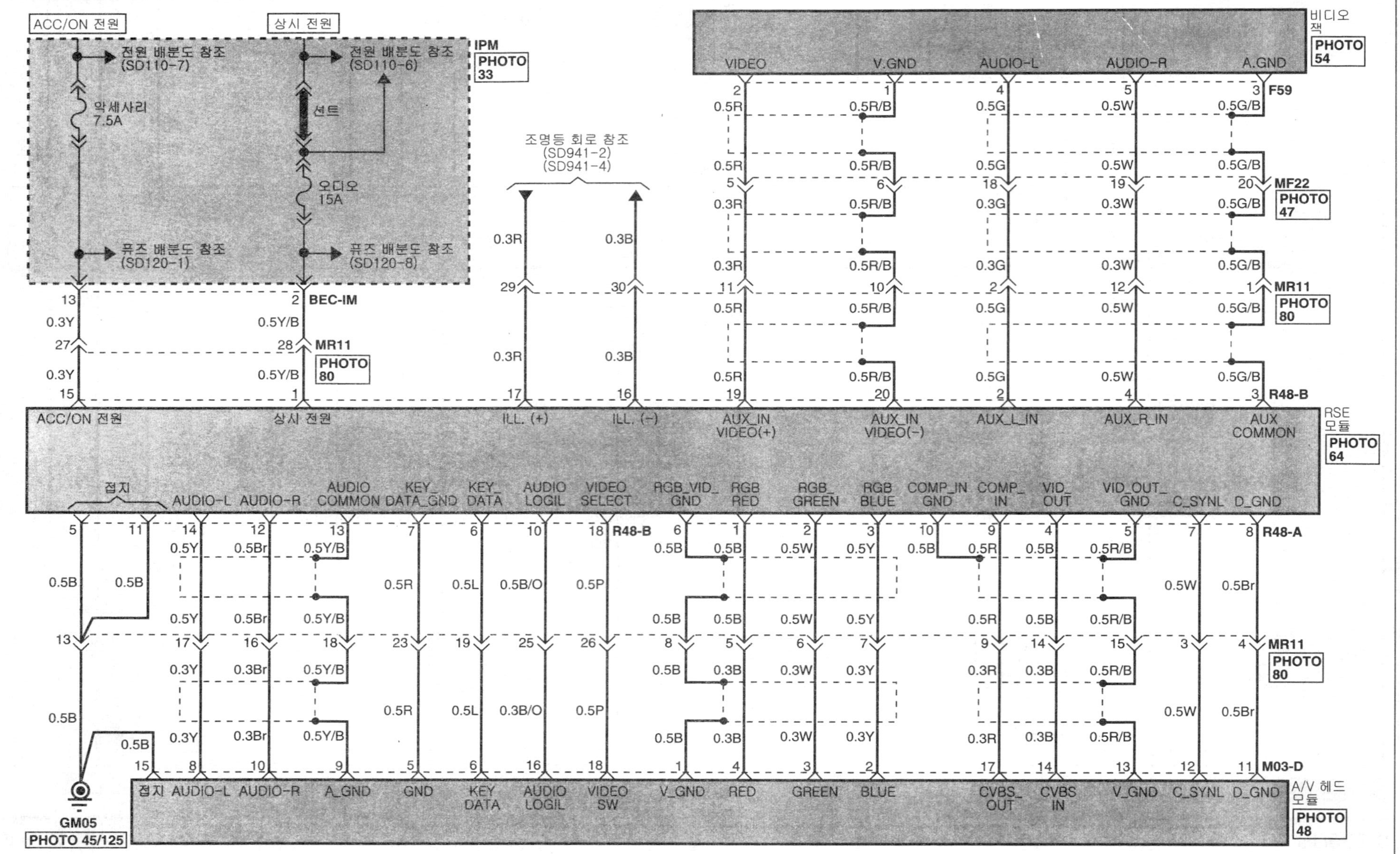

ACC/ON 전원

상시 전원

IPM PHOTO 33

전원 배분도 참조 (SD110-7)

전원 배분도 참조 (SD110-6)

악세사리 7.5A

션트

오디오 15A

퓨즈 배분도 참조 (SD120-1)

퓨즈 배분도 참조 (SD120-8)

13 0.3Y 27 0.3Y 15

2 BEC-IM 0.5Y/B 28 MR11 PHOTO 80 0.5Y/B 1

조명등 회로 참조 (SD941-2) (SD941-4)

0.3R 29 0.3R 17

0.3B 30 0.3B 16

비디오 잭 PHOTO 54

VIDEO V.GND AUDIO-L AUDIO-R A.GND

F59

MF22 PHOTO 47

MR11 PHOTO 80

R48-B

RSE 모듈 PHOTO 64

ACC/ON 전원 상시 전원 ILL. (+) ILL. (-) AUX_IN VIDEO(+) AUX_IN VIDEO(-) AUX_L_IN AUX_R_IN AUX COMMON

접지 AUDIO-L AUDIO-R AUDIO COMMON KEY_ DATA_GND KEY_ DATA AUDIO LOGIL VIDEO SELECT RGB_VID_ GND RGB RED RGB_ GREEN RGB BLUE COMP_IN GND COMP_ IN VID_ OUT VID_OUT_ GND C_SYNL D_GND

R48-A

MR11 PHOTO 80

M03-D

A/V 헤드 모듈 PHOTO 48

접지 AUDIO-L AUDIO-R A_GND GND KEY DATA AUDIO LOGIL VIDEO SW V_GND RED GREEN BLUE CVBS_ OUT CVBS IN V_GND C_SYNL D_GND

GM05 PHOTO 45/125

회로	비디오 잭	배선	F59→MF22	배선	MF22→MR11	배선	MR11→R48-B	배선	RSE 모듈
VIDEO	2	0.5R	5	0.3R	11	0.5R	19		AUX_IN VIDEO(+)
V.GND	1	0.5R/B	6	0.5R/B	10	0.5R/B	20		AUX_IN VIDEO(-)
AUDIO-L	4	0.5G	18	0.3G	2	0.5G	2		AUX_L_IN
AUDIO-R	5	0.5W	19	0.3W	12	0.5W	4		AUX_R_IN
A.GND	3	0.5G/B	20	0.5G/B	1	0.5G/B	3		AUX COMMON

RSE 모듈	R48-A/B	배선	MR11	배선	M03-D	A/V 헤드 모듈
접지	5	0.5B	13	0.5B	15 (0.5B)	접지
접지	11	0.5B	13			
AUDIO-L	14	0.5Y	17	0.3Y	8	AUDIO-L
AUDIO-R	12	0.5Br	16	0.3Br	10	AUDIO-R
AUDIO COMMON	13	0.5Y/B	18	0.5Y/B	9	A_GND
KEY_DATA_GND	7	0.5R	23	0.5R	5	GND
KEY_DATA	6	0.5L	19	0.5L	6	KEY DATA
AUDIO LOGIL	10	0.5B/O	25	0.3B/O	16	AUDIO LOGIL
VIDEO SELECT	18 (R48-B)	0.5P	26	0.5P	18	VIDEO SW
RGB_VID_GND	6	0.5B	8	0.5B	1	V_GND
RGB RED	1	0.5B	5	0.3B	4	RED
RGB_GREEN	2	0.5W	6	0.3W	3	GREEN
RGB BLUE	3	0.5Y	7	0.3Y	2	BLUE
COMP_IN GND	10	0.5B				
COMP_IN	9	0.5R	9	0.3R	17	CVBS_OUT
VID_OUT	4	0.5B	14	0.3B	14	CVBS IN
VID_OUT_GND	5	0.5R/B	15	0.5R/B	13	V_GND
C_SYNL	7	0.5W	3	0.5W	12	C_SYNL
D_GND	8	0.5Br	4	0.5Br	11	D_GND

RSE 적용

※ RSE : Rear Seat Entertainment

운전석 도어 스피커 PHOTO 87 (D06 2, D06 1)
0.85G — 13 / 0.85G — 1 / 0.85G — 8 / 0.85G — 8 FL(+)
0.85O — 12 FD01 PHOTO 75 / 0.85O — 2 / 0.85O — 9 / 0.85O — 16 FL(−)

동승석 도어 스피커 PHOTO 90 (D26 2, D26 1)
0.85R — 13 / 0.85R — 19 / 0.85R — 14 / 0.85R — 7 FR(+)
0.85L — 12 FD02 PHOTO 74 / 0.85L — 20 MF12 PHOTO 47 / 0.85L — 15 MF22 PHOTO 47 / 0.85L — 15 F10-A FR(−)

운전석 트위터 스피커 PHOTO 126 (F46 2, F46 1)
0.85G — 11 (+) / 0.85O — 24 (−)

동승석 트위터 스피커 PHOTO 129 (F45 2, F45 1)
0.85R — 10 (+) / 0.85L — 23 F10-B (−)

앰프 PHOTO 49

(−) 13 0.85O — 4 0.85O — 22 0.85O
(+) 5 0.85L — 3 MF22 PHOTO 47 0.85L — 21 MR11 PHOTO 80 0.85L — 2 R47
리어 센터 스피커 PHOTO 64 (R47 2, R47 1)

(+) 4 0.85B — 14 0.5B — 14 0.85B
(−) 12 0.85W — 15 FD03 PHOTO 53 0.5B — 15 DD41 PHOTO 86 0.85W — 1 D46
슬라이딩 도어 스피커 LH PHOTO 86 (D46 1, D46 2)

(+) 3 0.85B — 14 0.5B — 14 0.85B
(−) 11 0.85W — 15 FD04 PHOTO 67 0.5B — 15 DD51 PHOTO 86 0.85W — 1 D56
슬라이딩 도어 스피커 RH PHOTO 86 (D56 1, D56 2)

RL(−) 10 0.85W
RL(+) 2 0.85B — 1 F41
리어 스피커 LH (JBL) PHOTO 56 (F41 1, F41 2)

RR(−) 9 0.85L
RR(+) 1 F10-A 0.85R — 1 F44
리어 스피커 RH (JBL) PHOTO 68 (F44 1, F44 2)

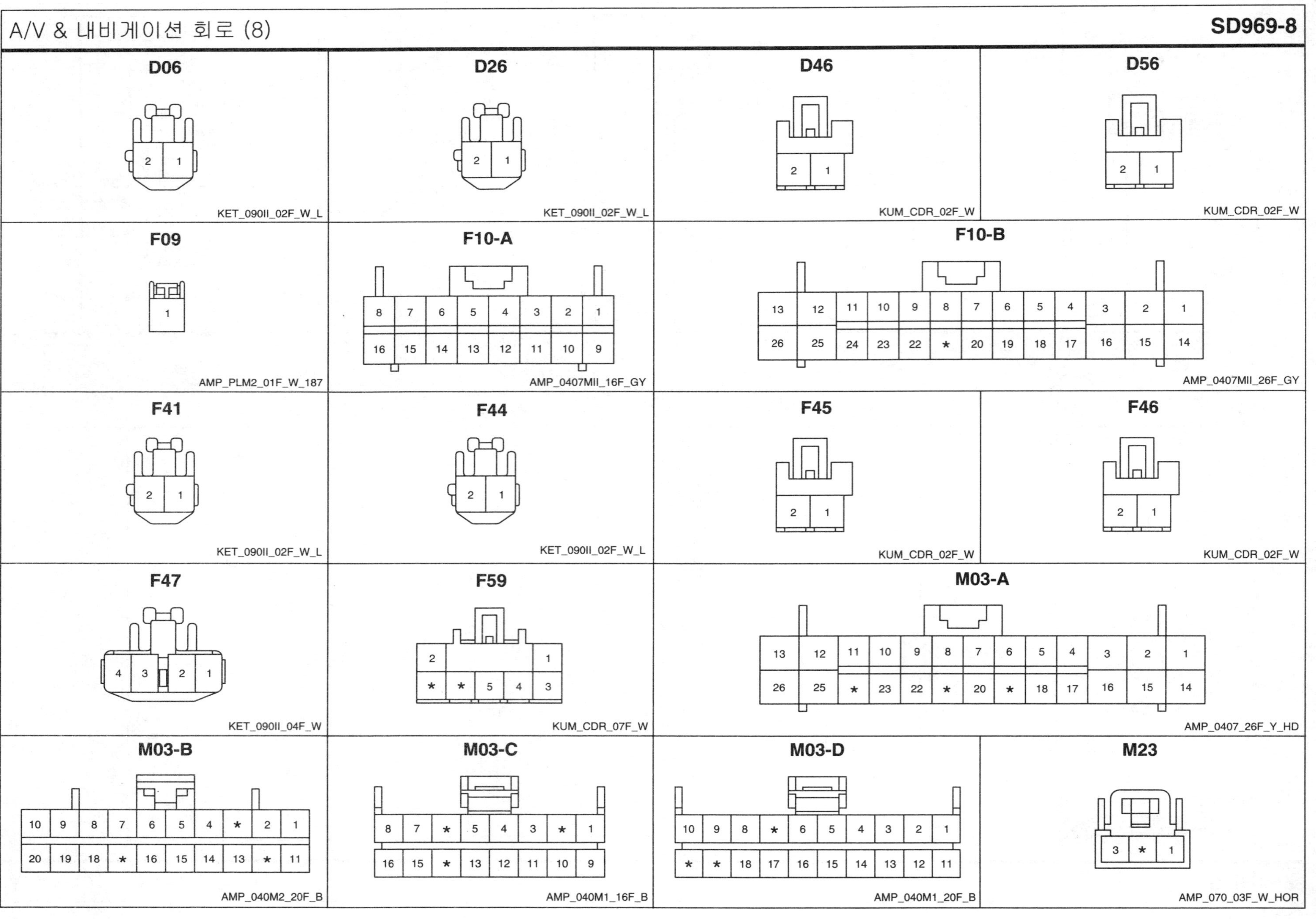
D06
KET_090II_02F_W_L
D26
KET_090II_02F_W_L
D46
KUM_CDR_02F_W
D56
KUM_CDR_02F_W
F09
AMP_PLM2_01F_W_187
F10-A
AMP_0407MII_16F_GY
F10-B
AMP_0407MII_26F_GY
F41
KET_090II_02F_W_L
F44
KET_090II_02F_W_L
F45
KUM_CDR_02F_W
F46
KUM_CDR_02F_W
F47
KET_090II_04F_W
F59
KUM_CDR_07F_W
M03-A
AMP_0407_26F_Y_HD
M03-B
AMP_040M2_20F_B
M03-C
AMP_040M1_16F_B
M03-D
AMP_040M1_20F_B
M23
AMP_070_03F_W_HOR

M39

1	2	3	4	5			6	7	8	9	10	11
12	13	14	15	16	17	18	19	20	*	*	*	24

AMP_040III_24M_W

M41-A

11	10	9	8	*	6	5	4	3	2	1
22	21	*	19	*	17	*	15	14	13	*

AMP_0407_22F_W_HD

M41-B

8	7	6	5	*	3	2	1
16	15	14	13	*	*	*	*

AMP_0407_16F_W_040

M42

2				1
*	*	5	4	3

KUM_CDR_07F_W

M47

7	6	*			4	3	2	1
16	15	14	13	12	11	*	*	8

KET_040III_16F_W

M48-A

10	9	*	*	*	*	4	*	2	1
*	19	*	*	*	*	14	*	12	11

AMP_040M2_20F_B

M48-B

8	7	6	*	4	3	2	1
16	*	*	*	*	*	*	9

AMP_040M2_16F_B

M55

6	5	4	3	2	1
12	11	10	9	*	*

AMP_025_12F_W

R01

2	1
4	3

AMP_EJWP_04F_B

R47

2	1

KUM_CDR_02F_W

R48-A

5	4	3	2	1
10	9	8	7	6

MLX_070_10F_GR

R48-B

10	*	*	7	6	5	4	3	2	1
20	19	18	17	16	15	14	13	12	11

MLX_070_20F_GR_1

R53

1

AMP_PLML_01F_B

R54

1

AMP_PLML_01F_B

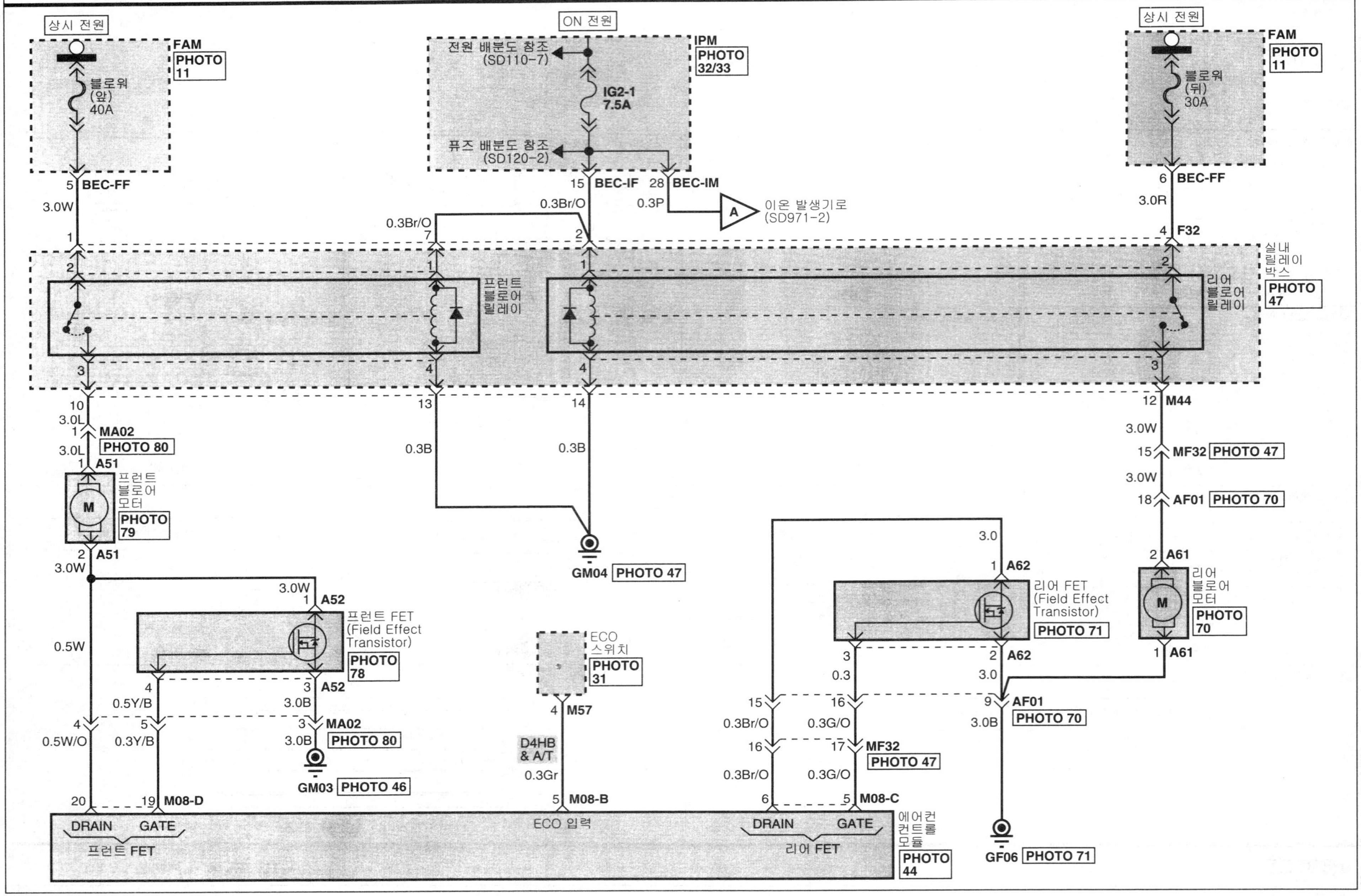

에어컨 컨트롤 (오토) 회로 (1)

상시 전원
FAM PHOTO 11
블로워 (앞) 40A
5 BEC-FF
3.0W

ON 전원
IPM PHOTO 32/33
전원 배분도 참조 (SD110-7)
IG2-1 7.5A
퓨즈 배분도 참조 (SD120-2)
15 BEC-IF
28 BEC-IM
0.3Br/O
0.3P
A 이온 발생기로 (SD971-2)

상시 전원
FAM PHOTO 11
블로워 (뒤) 30A
6 BEC-FF
3.0R
4 F32

0.3Br/O
7
2
1
프런트 블로어 릴레이
리어 블로어 릴레이
실내 릴레이 박스 PHOTO 47
3
4
10
13
14
12 M44

3.0L
1 MA02 PHOTO 80
3.0L
1 A51
프런트 블로어 모터 PHOTO 79
2 A51
3.0W

0.3B
0.3B
GM04 PHOTO 47

3.0W
15 MF32 PHOTO 47
3.0W
18 AF01 PHOTO 70
2 A61
리어 블로어 모터 PHOTO 70
1 A61

3.0W
1 A52
프런트 FET (Field Effect Transistor) PHOTO 78
0.5W
4
3 A52
0.5Y/B
3.0B
4
5
3 MA02 PHOTO 80
0.5W/O
0.3Y/B
3.0B
GM03 PHOTO 46
20
19 M08-D

ECO 스위치 PHOTO 31
4 M57
D4HB & A/T
0.3Gr
5 M08-B

3.0
1 A62
리어 FET (Field Effect Transistor) PHOTO 71
3
2 A62
0.3
3.0
15
16
9 AF01 PHOTO 70
0.3Br/O
0.3G/O
3.0B
16
17 MF32 PHOTO 47
0.3Br/O
0.3G/O
6
5 M08-C
GF06 PHOTO 71

DRAIN GATE
프런트 FET
ECO 입력
DRAIN GATE
리어 FET
에어컨 컨트롤 모듈 PHOTO 44

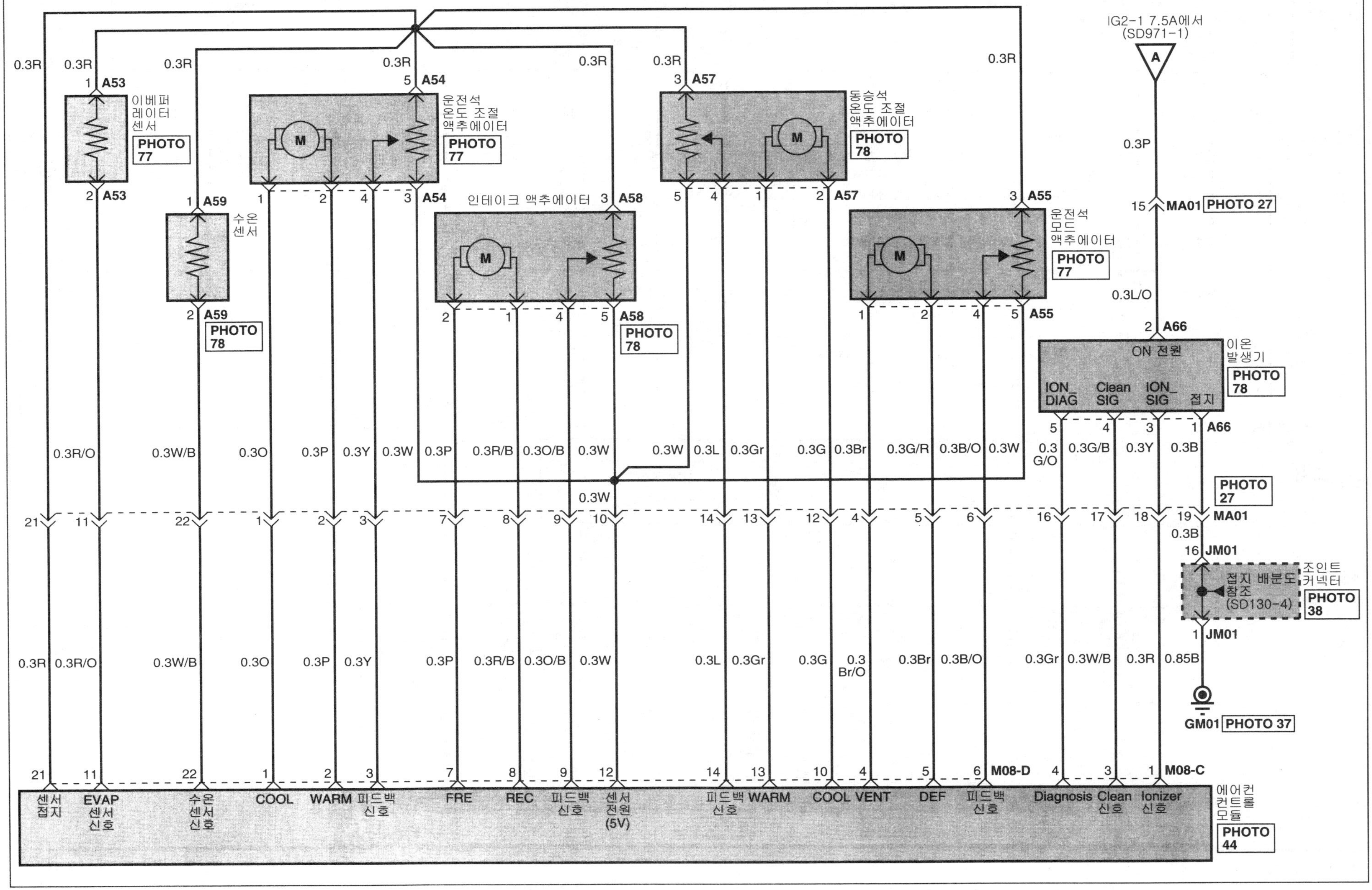

에어컨 컨트롤 (오토) 회로 (2)

IG2-1 7.5A에서 (SD971-1)

A

0.3P

15 MA01 PHOTO 27

0.3L/O

2 A66

이온 발생기 PHOTO 78

ON 전원

ION_ DIAG | Clean SIG | ION_ SIG | 접지

5 4 3 1 A66

0.3 G/O | 0.3G/B | 0.3Y | 0.3B

PHOTO 27

16 17 18 19 MA01

0.3B

16 JM01

조인트 커넥터 PHOTO 38

접지 배분도 참조 (SD130-4)

1 JM01

0.3Gr | 0.3W/B | 0.3R | 0.85B

GM01 PHOTO 37

1 A53 이베퍼레이터 센서 PHOTO 77 2 A53

1 A59 수온 센서 2 A59 PHOTO 78

5 A54 운전석 온도 조절 액추에이터 PHOTO 77 1 2 4 3 A54

인테이크 액추에이터 3 A58 2 1 4 5 A58 PHOTO 78

3 A57 동승석 온도 조절 액추에이터 PHOTO 78 5 4 1 2 A57

3 A55 운전석 모드 액추에이터 PHOTO 77 1 2 4 5 A55

M

0.3R 0.3R 0.3R 0.3R 0.3R 0.3R 0.3R

0.3R/O 0.3W/B 0.3O 0.3P 0.3Y 0.3W 0.3P 0.3R/B 0.3O/B 0.3W 0.3W 0.3L 0.3Gr 0.3G 0.3Br 0.3G/R 0.3B/O 0.3W

0.3W

21 11 22 1 2 3 7 8 9 10 14 13 12 4 5 6

0.3R 0.3R/O 0.3W/B 0.3O 0.3P 0.3Y 0.3P 0.3R/B 0.3O/B 0.3W 0.3L 0.3Gr 0.3G 0.3 Br/O 0.3Br 0.3B/O

21 11 22 1 2 3 7 8 9 12 14 13 10 4 5 6 M08-D 4 3 1 M08-C

센서 접지 | EVAP 센서 신호 | 수온 센서 신호 | COOL | WARM | 피드백 신호 | FRE | REC | 피드백 신호 | 센서 전원 (5V) | 피드백 신호 | WARM | COOL | VENT | DEF | 피드백 신호 | Diagnosis | Clean 신호 | Ionizer 신호

에어컨 컨트롤 모듈 PHOTO 44

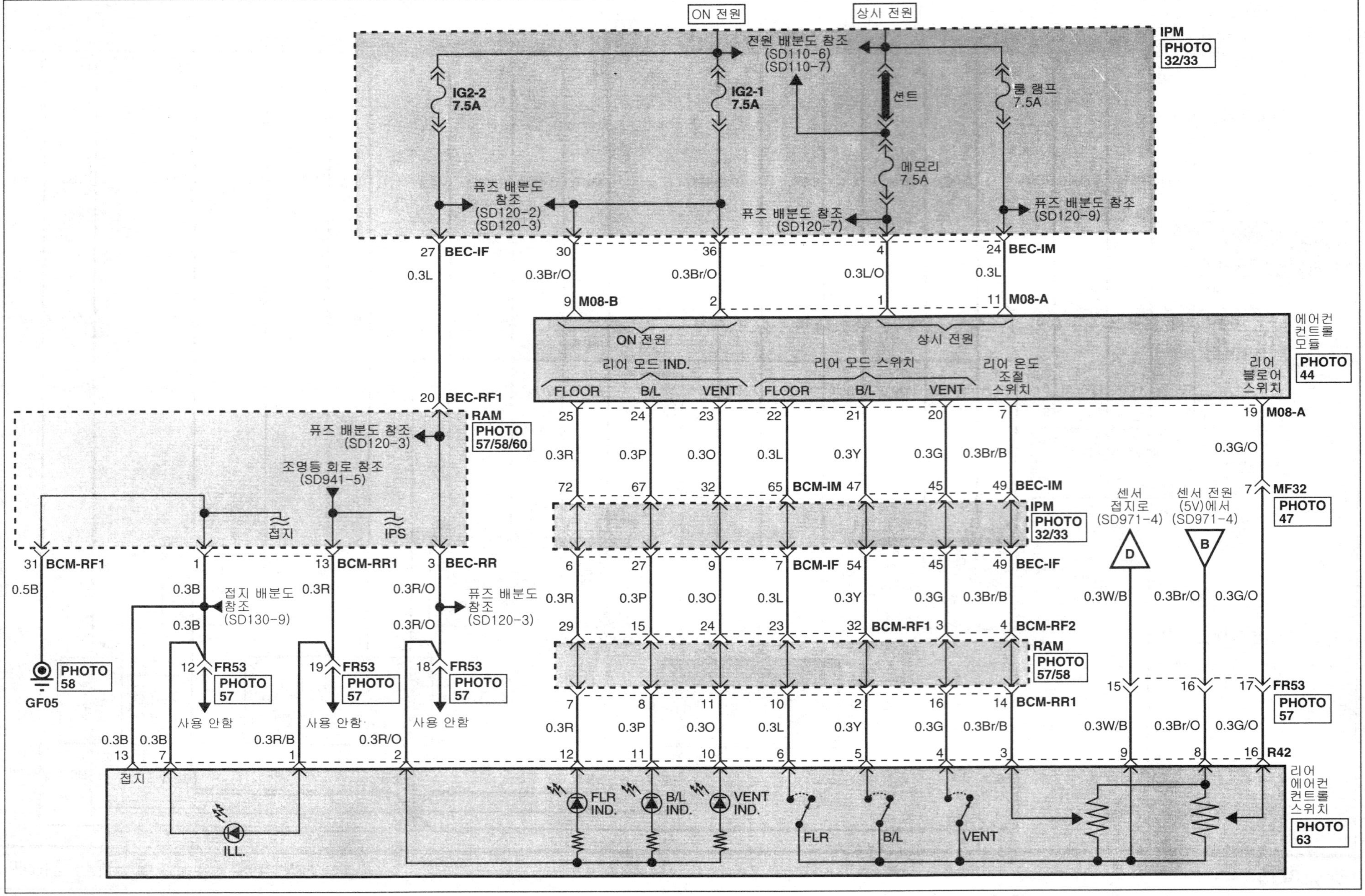

ON 전원
상시 전원
IPM PHOTO 32/33
전원 배분도 참조 (SD110-6) (SD110-7)
IG2-2 7.5A
IG2-1 7.5A
센트
룸 램프 7.5A
메모리 7.5A
퓨즈 배분도 참조 (SD120-2) (SD120-3)
퓨즈 배분도 참조 (SD120-7)
퓨즈 배분도 참조 (SD120-9)
27 BEC-IF 30 36 4 24 BEC-IM
0.3L 0.3Br/O 0.3Br/O 0.3L/O 0.3L
9 M08-B 2 1 11 M08-A
ON 전원
상시 전원
리어 모드 IND.
리어 모드 스위치
리어 온도 조절 스위치
리어 블로어 스위치
에어컨 컨트롤 모듈 PHOTO 44
FLOOR B/L VENT FLOOR B/L VENT
20 BEC-RF1
RAM PHOTO 57/58/60
퓨즈 배분도 참조 (SD120-3)
조명등 회로 참조 (SD941-5)
접지
IPS
25 24 23 22 21 20 7 19 M08-A
0.3R 0.3P 0.3O 0.3L 0.3Y 0.3G 0.3Br/B 0.3G/O
72 67 32 65 BCM-IM 47 45 49 BEC-IM 7 MF32 PHOTO 47
IPM PHOTO 32/33
센서 접지로 (SD971-4)
센서 전원 (5V)에서 (SD971-4)
D
B
31 BCM-RF1 1 13 BCM-RR1 3 BEC-RR
6 27 9 7 BCM-IF 54 45 49 BEC-IF
0.5B 0.3B 0.3R 0.3R/O
접지 배분도 참조 (SD130-9)
퓨즈 배분도 참조 (SD120-3)
0.3R 0.3P 0.3O 0.3L 0.3Y 0.3G 0.3Br/B 0.3W/B 0.3Br/O 0.3G/O
0.3B 0.3R/O
29 15 24 23 32 BCM-RF1 3 4 BCM-RF2
RAM PHOTO 57/58
12 FR53 PHOTO 57
19 FR53 PHOTO 57
18 FR53 PHOTO 57
15 16 17 FR53 PHOTO 57
PHOTO 58
GF05
사용 안함
사용 안함
사용 안함
7 8 11 10 2 16 14 BCM-RR1
0.3R 0.3P 0.3O 0.3L 0.3Y 0.3G 0.3Br/B 0.3W/B 0.3Br/O 0.3G/O
0.3B 0.3B 0.3R/B 0.3R/O
13 7 1 2 12 11 10 6 5 4 3 9 8 16 R42
접지
리어 에어컨 컨트롤 스위치 PHOTO 63
FLR IND.
B/L IND.
VENT IND.
ILL.
FLR
B/L
VENT

리어 모드 액추에이터 PHOTO 72

리어 온도 조절 액추에이터 PHOTO 72

실외 온도 센서 #1 PHOTO 2

A65 A64 E47

AF01 PHOTO 70

리어 에어컨 컨트롤 스위치로 (SD971-3)

리어 에어컨 컨트롤 스위치에서 (SD971-3)

MF32 PHOTO 47

EM12 PHOTO 39

오토 라이트 & 포토 센서로 (SD971-5) (SD971-7)

실내 온도 센서에서 (SD971-5) (SD971-7)

0.3P/B 0.3O 0.3O/B 0.3Br/O 0.3R/B 0.3L/B 0.3G/B 0.3W/B 0.3Y/B 0.3L

M08-A M08-B

VENT FLOOR 피드백 신호 센서 전원 (5V) 피드백 신호 WARM COOL 센서 접지 센서(+)

에어컨 컨트롤 모듈 PHOTO 44

K-라인 차속 신호 비상등 스위치 입력 리어 디포거 IND. 리어 디포거 스위치 ILL.(+) ILL.(-) 접지

0.3W 0.3W/B 0.3P 0.3L 0.3G/O 0.3R 0.3Br 0.3B 0.3B

JM03

조인트 커넥터 PHOTO 27

접지 배분도 참조 (SD130-5)

0.85B

GM14 PHOTO 47

자기 진단 점검 단자 회로 참조 (SD200-1)

차속 회로 참조 (SD436-1) (SD436-2)

방향등 & 비상등 회로 참조 (SD925-1)

디포거 회로 참조 (SD879-1)

조명등 회로 참조 (SD941-2)(SD941-3)

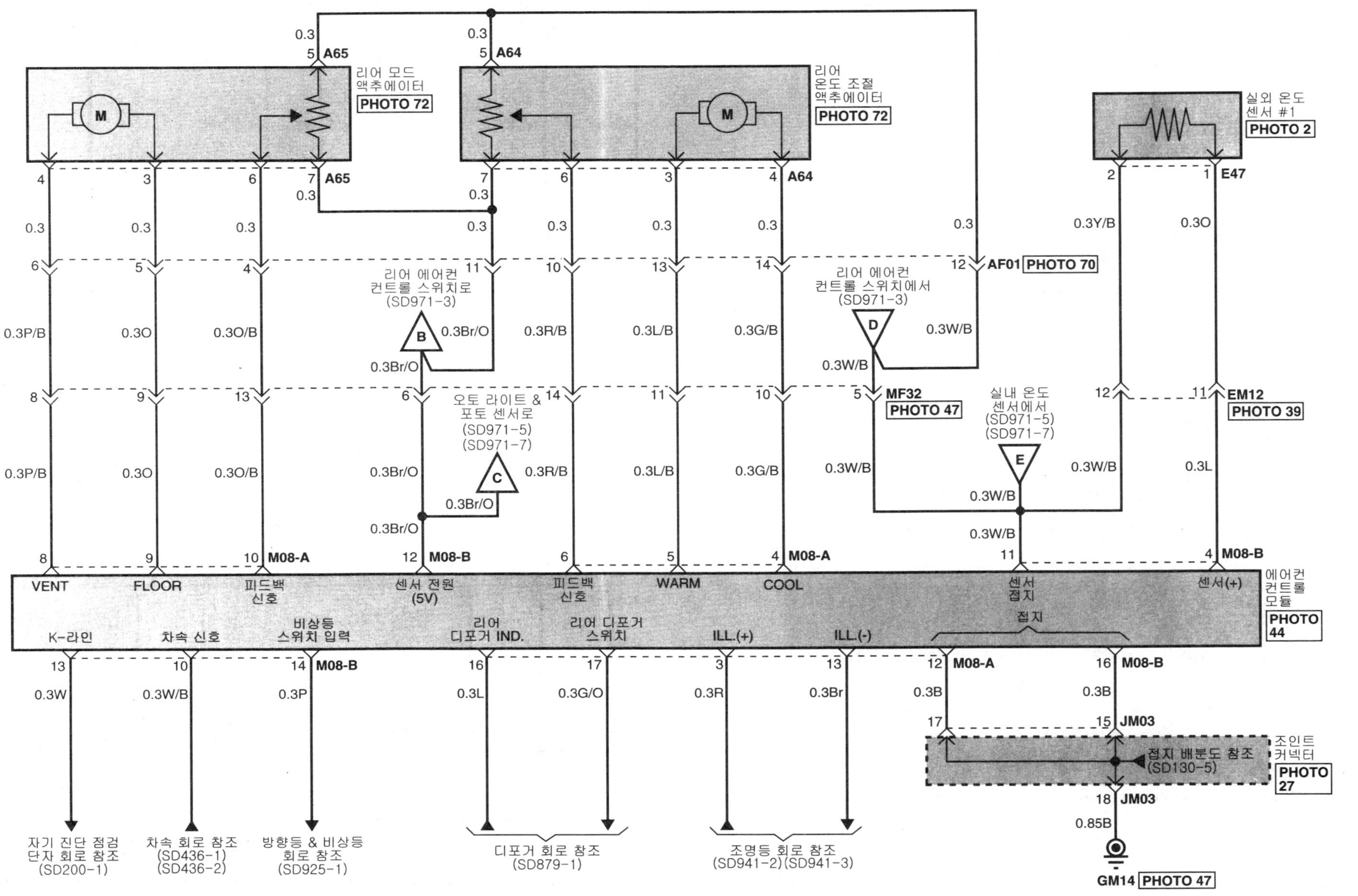

G6DC : LAMBDA II 3.5L

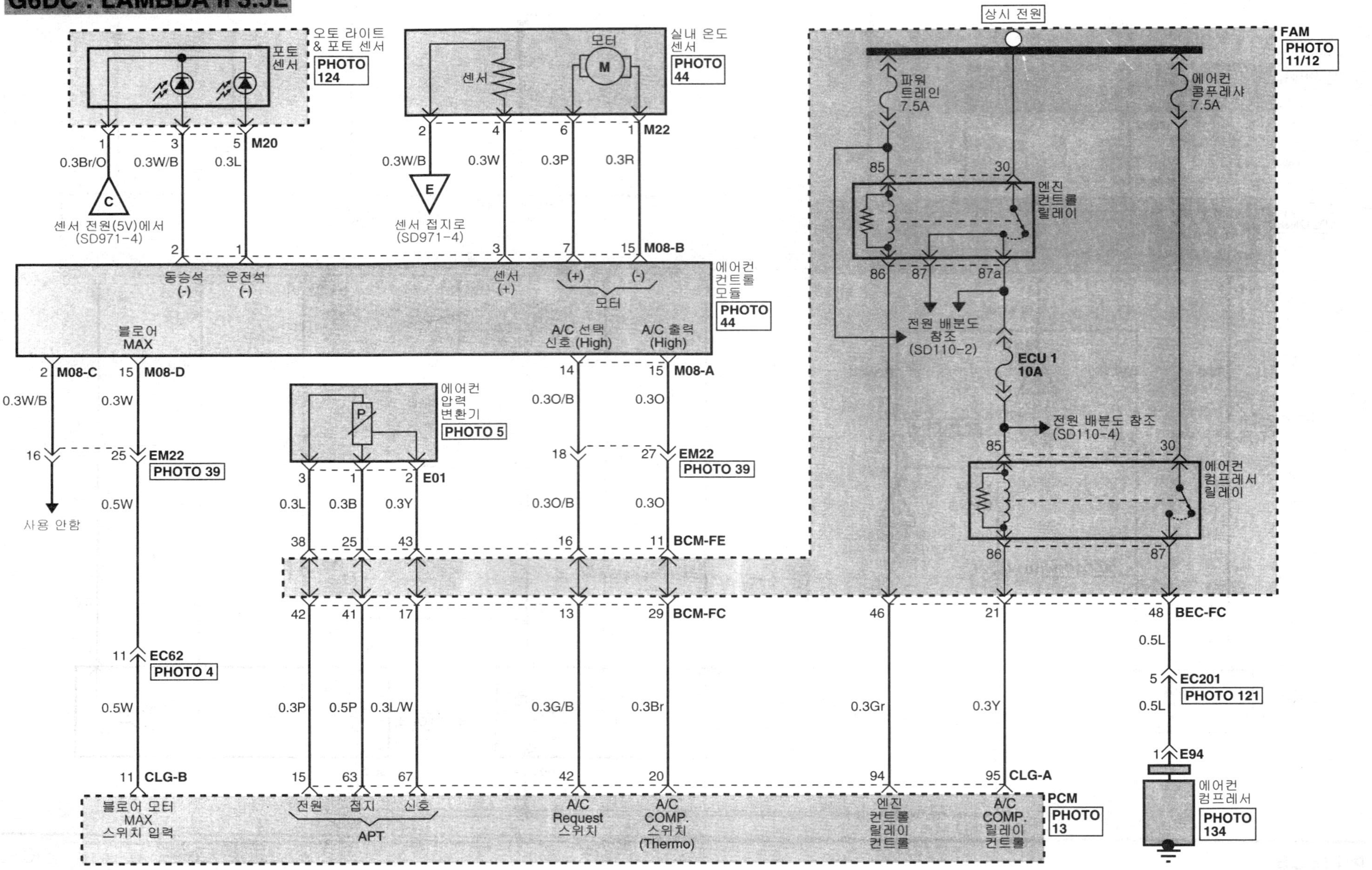

D4HB : R 2.2L

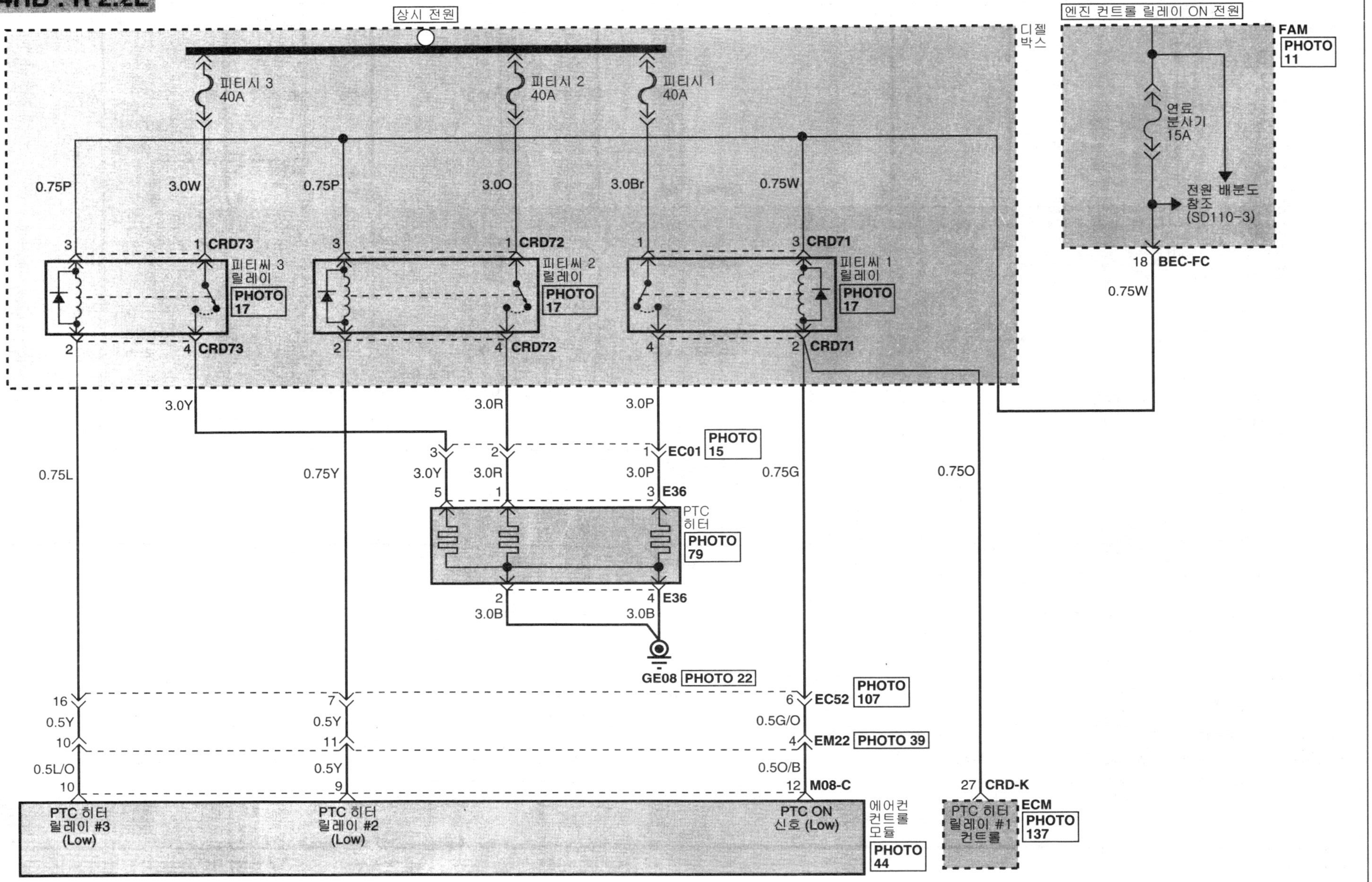

상시 전원
디젤 박스
피티시 3 40A
피티시 2 40A
피티시 1 40A
0.75P
3.0W
0.75P
3.0O
3.0Br
0.75W
CRD73
CRD72
CRD71
피티씨 3 릴레이 PHOTO 17
피티씨 2 릴레이 PHOTO 17
피티씨 1 릴레이 PHOTO 17
엔진 컨트롤 릴레이 ON 전원
FAM PHOTO 11
연료 분사기 15A
전원 배분도 참조 (SD110-3)
18 BEC-FC
0.75W
3.0Y
3.0R
3.0P
EC01 PHOTO 15
0.75L
0.75Y
3.0Y
3.0R
3.0P
E36
0.75G
0.75O
PTC 히터 PHOTO 79
3.0B
3.0B
GE08 PHOTO 22
EC52 PHOTO 107
0.5Y
0.5Y
0.5G/O
EM22 PHOTO 39
0.5L/O
0.5Y
0.5O/B
M08-C
27 CRD-K
PTC 히터 릴레이 #3 (Low)
PTC 히터 릴레이 #2 (Low)
PTC ON 신호 (Low)
에어컨 컨트롤 모듈 PHOTO 44
PTC 히터 릴레이 #1 컨트롤
ECM PHOTO 137

D4HB : R 2.2L

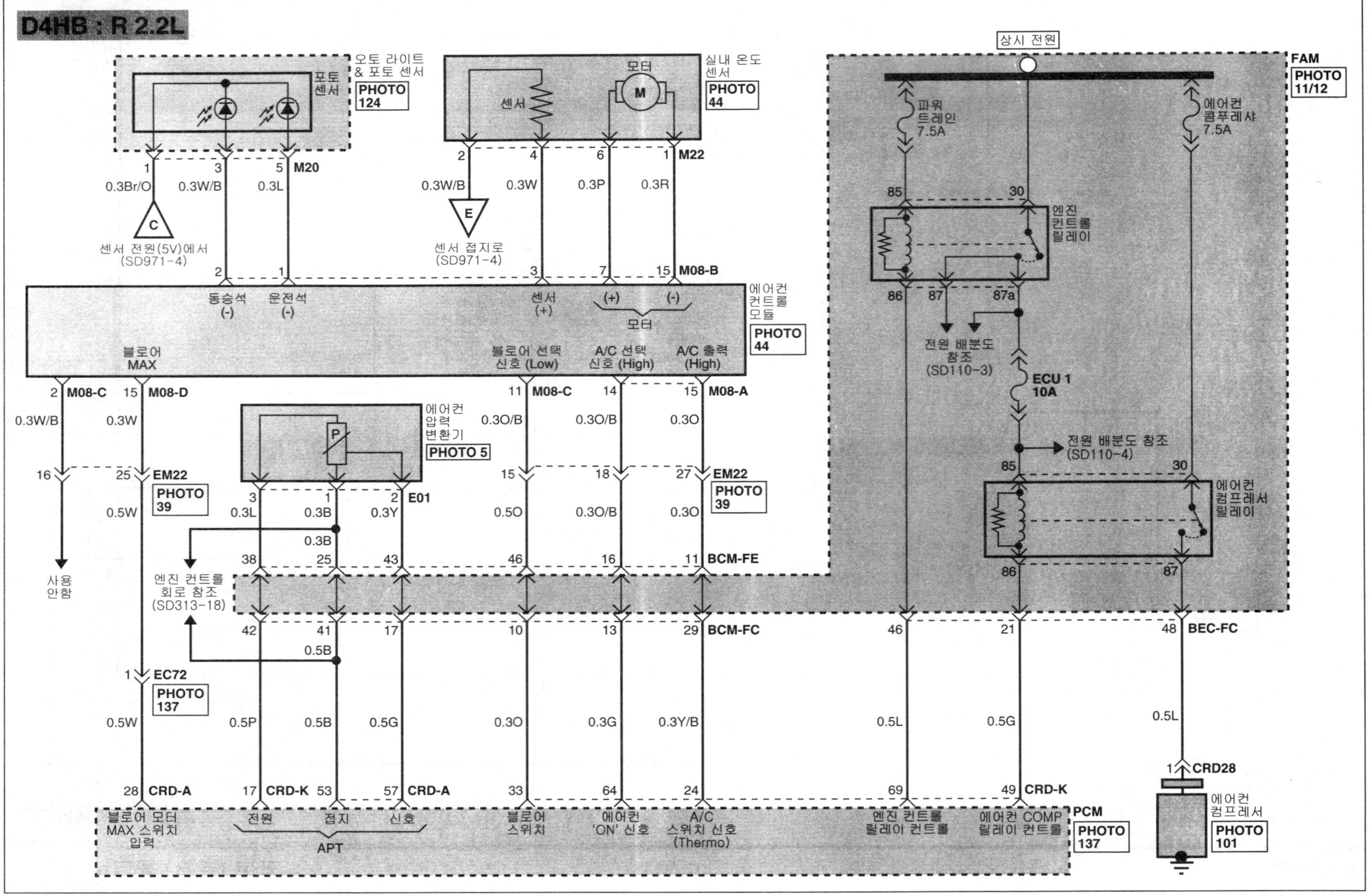

오토 라이트 & 포토 센서 PHOTO 124
포토 센서
M20 1 3 5
0.3Br/O 0.3W/B 0.3L
센서 전원(5V)에서 (SD971-4)

실내 온도 센서 PHOTO 44
센서 모터 M
M22 2 4 6 1
0.3W/B 0.3W 0.3P 0.3R
센서 접지로 (SD971-4)

에어컨 컨트롤 모듈 PHOTO 44
M08-B 2 1 3 7 15
동승석 (-) 운전석 (-) 센서 (+) (+) (-) 모터
블로어 MAX
블로어 선택 신호 (Low)
A/C 선택 신호 (High)
A/C 출력 (High)
M08-C 2, M08-D 15, M08-C 11, 14, M08-A 15
0.3W/B 0.3W 0.3O/B 0.3O/B 0.3O

에어컨 압력 변환기 PHOTO 5
E01 3 1 2
0.3L 0.3B 0.3Y

EM22 PHOTO 39: 16 25 15 18 27
0.5W 0.5O 0.3O/B 0.3O
0.3B
BCM-FE 38 25 43 46 16 11
BCM-FC 42 41 17 10 13 29
0.5B
사용 안함
엔진 컨트롤 회로 참조 (SD313-18)

EC72 PHOTO 137: 1
0.5W 0.5P 0.5B 0.5G 0.3O 0.3G 0.3Y/B

상시 전원
FAM PHOTO 11/12
파워 트레인 7.5A
에어컨 콤푸레샤 7.5A
엔진 컨트롤 릴레이 85 30 86 87 87a
전원 배분도 참조 (SD110-3)
ECU 1 10A
전원 배분도 참조 (SD110-4)
에어컨 컴프레서 릴레이 85 30 86 87
BEC-FC 46 21 48
0.5L 0.5G 0.5L
CRD28 1
에어컨 컴프레서 PHOTO 101

PCM PHOTO 137
28 CRD-A, 17 CRD-K 53, 57 CRD-A, 33, 64, 24, 69, 49 CRD-K
블로어 모터 MAX 스위치 입력
전원 접지 신호 APT
블로어 스위치
에어컨 'ON' 신호
A/C 스위치 신호 (Thermo)
엔진 컨트롤 릴레이 컨트롤
에어컨 COMP 릴레이 컨트롤

CLG-A

PKD_MTSBPCU_100F_B_103

CLG-B

PKD_MTSBPCU_100F_B_104

CRD-A

AMP_ECU_60F_B

CRD-K

AMP_ECU_94F_B

A51

KET_MG610043

A52

KET_MG610047

A53

AMP_368538_1(W)

A54

KUM_PH845_07020(B)

A55

KUM_PH845_07010(W)

A57

KUM_PH845_07020(B)

A58

KUM_PH845_07010(L)

A59

AMP_368538_2(B)

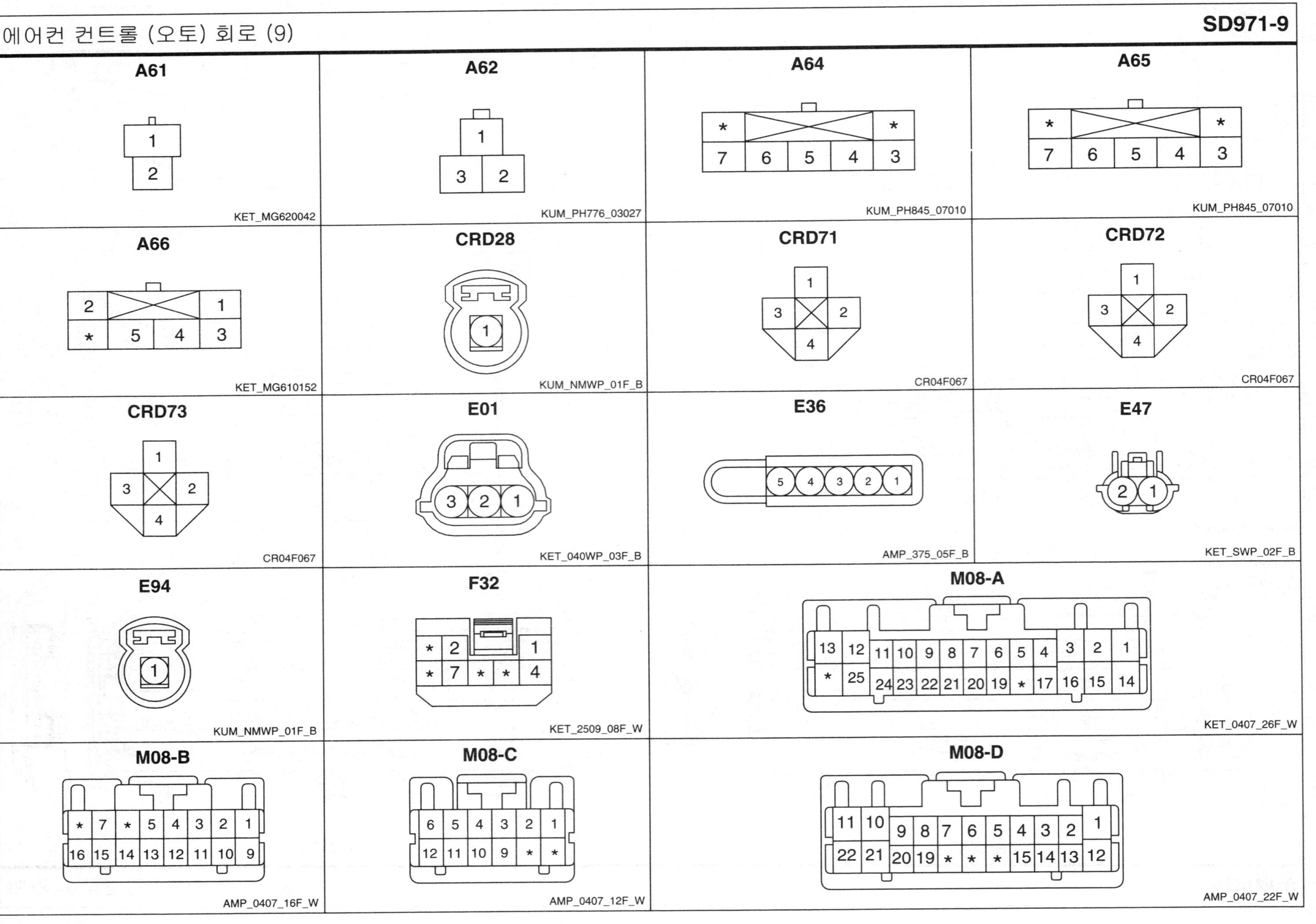
A61
1
2
KET_MG620042
A62
1
3 2
KUM_PH776_03027
A64
* *
7 6 5 4 3
KUM_PH845_07010
A65
* *
7 6 5 4 3
KUM_PH845_07010
A66
2 1
* 5 4 3
KET_MG610152
CRD28
1
KUM_NMWP_01F_B
CRD71
1
3 2
4
CR04F067
CRD72
1
3 2
4
CR04F067
CRD73
1
3 2
4
CR04F067
E01
3 2 1
KET_040WP_03F_B
E36
5 4 3 2 1
AMP_375_05F_B
E47
2 1
KET_SWP_02F_B
E94
1
KUM_NMWP_01F_B
F32
* 2 1
* 7 * * 4
KET_2509_08F_W
M08-A
13 12 11 10 9 8 7 6 5 4 3 2 1
* 25 24 23 22 21 20 19 * 17 16 15 14
KET_0407_26F_W
M08-B
* 7 * 5 4 3 2 1
16 15 14 13 12 11 10 9
AMP_0407_16F_W
M08-C
6 5 4 3 2 1
12 11 10 9 * *
AMP_0407_12F_W
M08-D
11 10 9 8 7 6 5 4 3 2 1
22 21 20 19 * * * 15 14 13 12
AMP_0407_22F_W

M20	M22	M44	M57
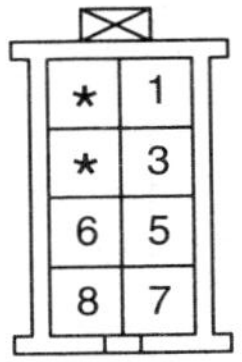 * 1 / * 3 / 6 5 / 8 7 KET_030_08F_GR	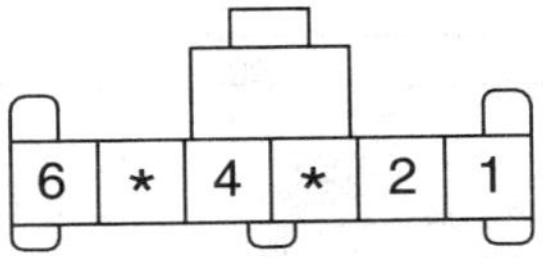 6 * 4 * 2 1 KET_91A_06F_W	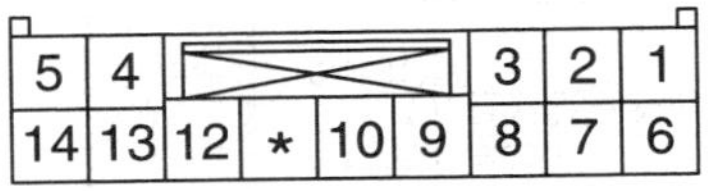 5 4 3 2 1 / 14 13 12 * 10 9 8 7 6 AMP_0925_14F_W	 2 1 / * 5 4 3 KET_090II_06F_B
R42 8 7 6 5 4 3 2 1 / 16 * * 13 12 11 10 9 AMP_040M1_16F_B	BLANK	BLANK	BLANK

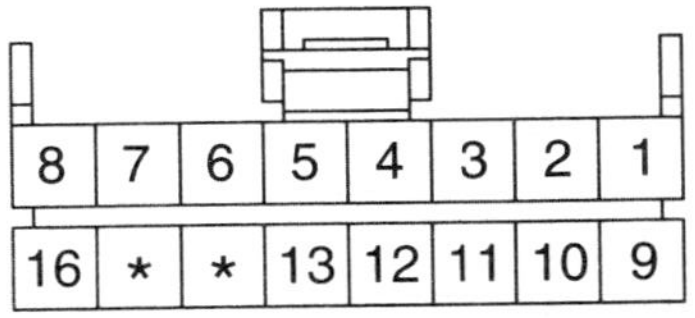

에어컨 컨트롤 (매뉴얼) 회로 (1)

SD971-11

에어컨 컨트롤 (매뉴얼) 회로 (2)

ON 전원
상시 전원
IPM PHOTO 33
전원 배분도 참조 (SD110-7)
IG2-1 7.5A
전원 배분도 참조 (SD110-6)
센트
룸 램프 7.5A
메모리 7.5A
퓨즈 배분도 참조 (SD120-2)
퓨즈 배분도 참조 (SD120-7) (SD120-9)
36 4 24 BEC-IM
0.3Br/O 0.3L/O 0.3L
2 1 11 M07-A

PHOTO 77 운전석 온도 조절 액추에이터 5 A54 — 1 2 4 3 A54
PHOTO 78 동승석 모드 액추에이터 5 A56 — 1 2 4 3 A56
3 A58 — PHOTO 78 인테이크 액추에이터 — 5 4 2 1 A58
2 A53 이베퍼레이터 센서 PHOTO 77 — 1 A53
0.3R 0.3R 0.3R 0.3R
0.3W 0.3W 0.3W

0.3R 0.3O 0.3P 0.3Y 0.3Br 0.3G/R 0.3B/O 0.3W 0.3O/B 0.3P 0.3R/B 0.3R/O
21 1 2 3 4 5 6 10 9 7 8 11 MA01 PHOTO 27
0.3R 0.3O 0.3P 0.3Y 0.3Br/O 0.3Br 0.3B/O 0.3W 0.3P 0.3R/B 0.3R/O

리어 모드 & 리어 온도 조절 액추에이터에서 (SD971-14) (SD971-16) D 0.3R
리어 모드 & 리어 온도 조절 액추에이터로 (SD971-14) (SD971-16) A 0.3W
0.3R 0.3W 0.3O/B

21 1 2 3 4 5 6 12 9 7 8 11 M07-B

에어컨 컨트롤 모듈 PHOTO 43
ON 전원 | 상시 전원 | 센서 접지 | COOL | WARM | 피드백 신호 | VENT | DEF | 피드백 신호 | 센서 전원 (5V) | 피드백 신호 | FRE | REC | EVAP 센서 신호
리어 디포거 스위치 IND. Input | ILL.(+) | ILL.(-) | 접지 | 차속 신호 | 비상등 스위치 입력

16 17 3 13 12 18 M07-A 22 M07-B
0.3L 0.3G/O 0.3R 0.3Br 0.3B 0.3W/B 0.3G/O
17 JM03
접지 배분도 참조 (SD130-5)
조인트 커넥터 PHOTO 27
18 JM03
0.85B
GM14 PHOTO 47

디포거 회로 참조 (SD879-1)
조명등 회로 참조 (SD941-2) (SD941-3)
차속 회로 참조 (SD436-1) (SD436-2)
방향등 & 비상등 회로 참조 (SD925-1)

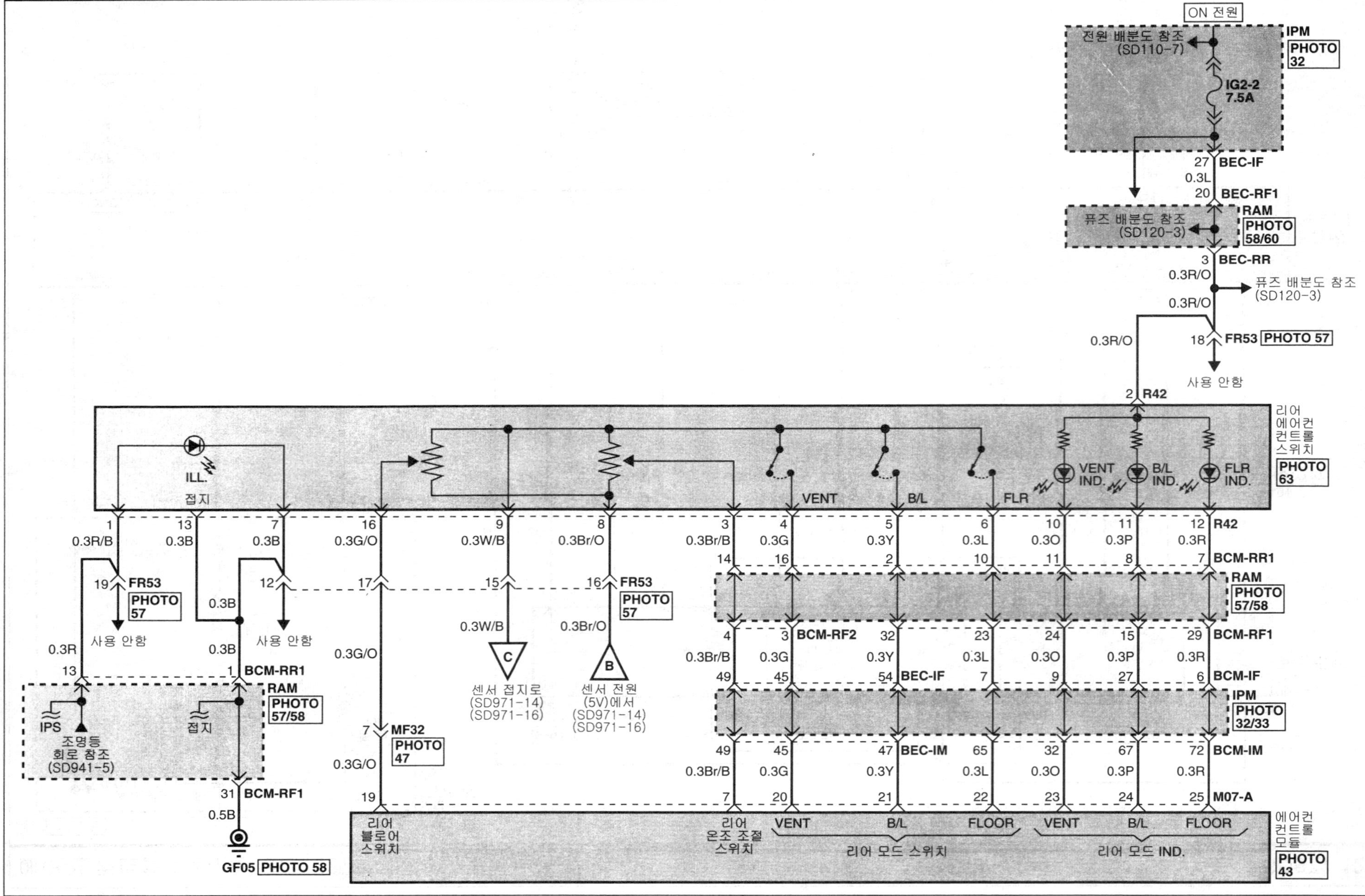

ON 전원
전원 배분도 참조 (SD110-7)
IPM PHOTO 32
IG2-2 7.5A
27 BEC-IF
0.3L
20 BEC-RF1
RAM PHOTO 58/60
퓨즈 배분도 참조 (SD120-3)
3 BEC-RR
0.3R/O
퓨즈 배분도 참조 (SD120-3)
0.3R/O
0.3R/O
18 FR53 PHOTO 57
사용 안함
2 R42
리어 에어컨 컨트롤 스위치 PHOTO 63
ILL.
접지
VENT
B/L
FLR
VENT IND.
B/L IND.
FLR IND.
1 0.3R/B
13 0.3B
7 0.3B
16 0.3G/O
9 0.3W/B
8 0.3Br/O
3 0.3Br/B
4 0.3G
5 0.3Y
6 0.3L
10 0.3O
11 0.3P
12 0.3R R42
14 16 2 10 11 8 7 BCM-RR1
RAM PHOTO 57/58
4 3 BCM-RF2 32 23 24 15 29 BCM-RF1
0.3Br/B 0.3G 0.3Y 0.3L 0.3O 0.3P 0.3R
49 45 54 BEC-IF 7 9 27 6 BCM-IF
IPM PHOTO 32/33
49 45 47 BEC-IM 65 32 67 72 BCM-IM
0.3Br/B 0.3G 0.3Y 0.3L 0.3O 0.3P 0.3R
7 20 21 22 23 24 25 M07-A
19 FR53 PHOTO 57
사용 안함
0.3R
13
12
사용 안함
0.3B
0.3B
1 BCM-RR1
RAM PHOTO 57/58
IPS
조명등 회로 참조 (SD941-5)
접지
31 BCM-RF1
0.5B
GF05 PHOTO 58
17
15
16 FR53 PHOTO 57
0.3W/B
0.3Br/O
C
센서 접지로 (SD971-14) (SD971-16)
B
센서 전원 (5V)에서 (SD971-14) (SD971-16)
0.3G/O
7 MF32 PHOTO 47
0.3G/O
19
리어 블로어 스위치
리어 온조 조절 스위치
VENT B/L FLOOR
리어 모드 스위치
VENT B/L FLOOR
리어 모드 IND.
에어컨 컨트롤 모듈 PHOTO 43

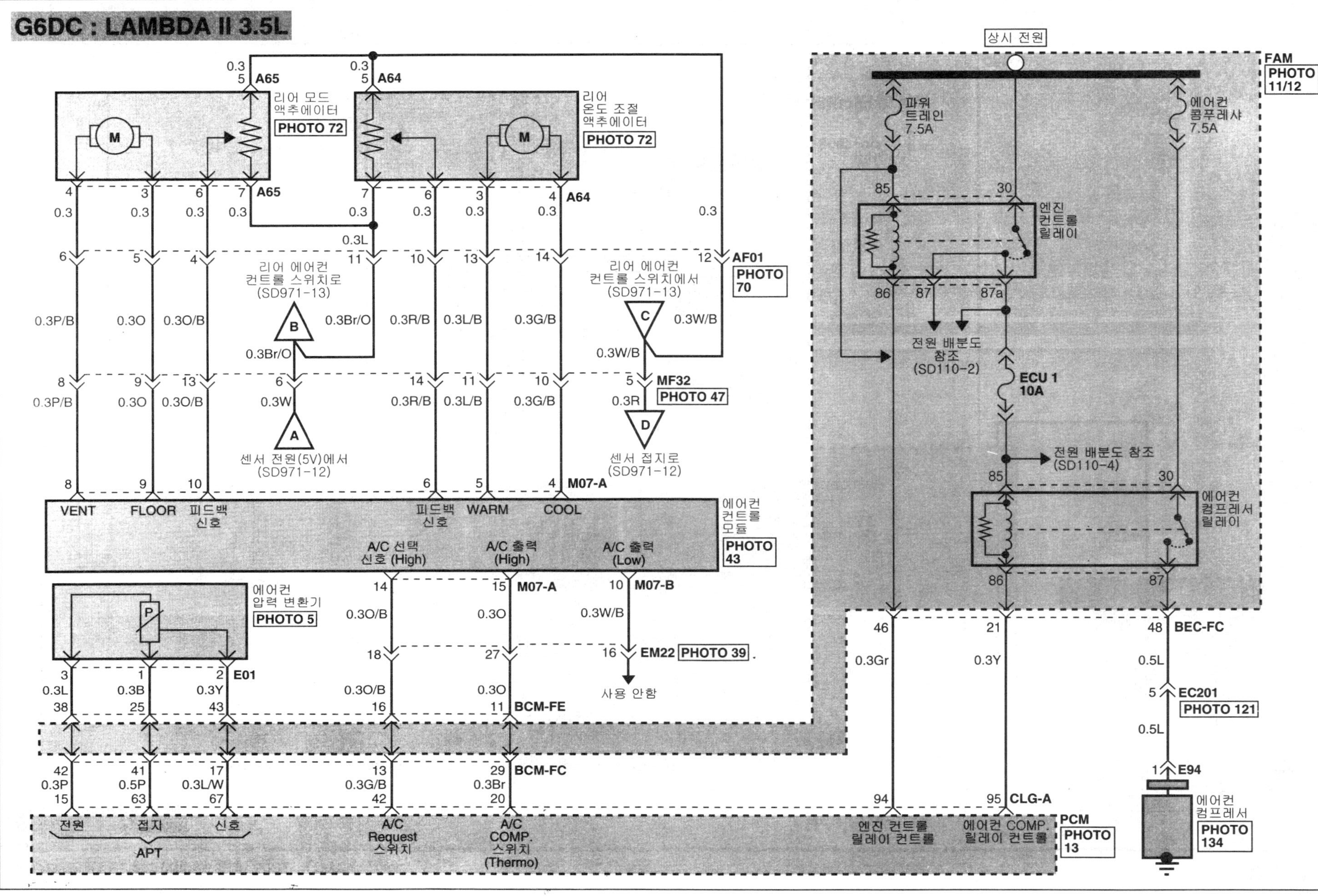
G6DC : LAMBDA II 3.5L
상시 전원
FAM
PHOTO 11/12
파워 트레인 7.5A
에어컨 콤푸레샤 7.5A
엔진 컨트롤 릴레이
전원 배분도 참조 (SD110-2)
ECU 1 10A
전원 배분도 참조 (SD110-4)
에어컨 컴프레서 릴레이
A65
A64
리어 모드 액추에이터
PHOTO 72
리어 온도 조절 액추에이터
PHOTO 72
AF01
PHOTO 70
리어 에어컨 컨트롤 스위치로 (SD971-13)
리어 에어컨 컨트롤 스위치에서 (SD971-13)
MF32
PHOTO 47
센서 전원(5V)에서 (SD971-12)
센서 접지로 (SD971-12)
M07-A
VENT
FLOOR
피드백 신호
피드백 신호
WARM
COOL
에어컨 컨트롤 모듈
PHOTO 43
A/C 선택 신호 (High)
A/C 출력 (High)
A/C 출력 (Low)
M07-B
에어컨 압력 변환기
PHOTO 5
E01
EM22
PHOTO 39
사용 안함
BCM-FE
BCM-FC
BEC-FC
EC201
PHOTO 121
E94
에어컨 컴프레서
PHOTO 134
CLG-A
PCM
PHOTO 13
전원
접지
신호
APT
A/C Request 스위치
A/C COMP. 스위치 (Thermo)
엔진 컨트롤 릴레이 컨트롤
에어컨 COMP. 릴레이 컨트롤

에어컨 컨트롤 (매뉴얼) 회로 (5)

SD971-15

D4HB : R 2.2L

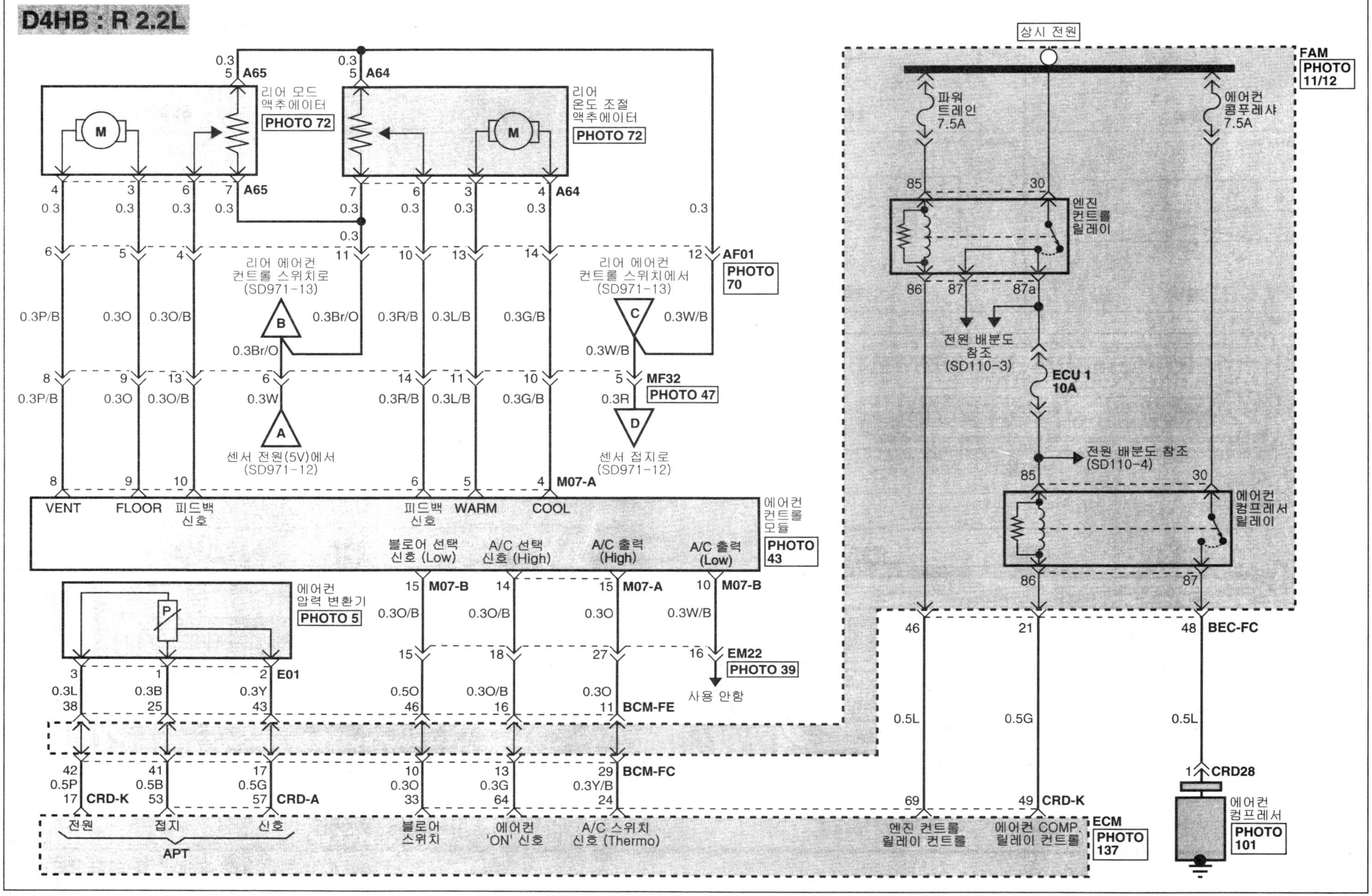

D4HB : R 2.2L

상시 전원
FAM PHOTO 11/12
파워 트레인 7.5A
에어컨 콤푸레샤 7.5A
85 30 엔진 컨트롤 릴레이 86 87 87a
전원 배분도 참조 (SD110-3)
ECU 1 10A
전원 배분도 참조 (SD110-4)
85 30 에어컨 컴프레서 릴레이 86 87
46 21 48 BEC-FC
0.5L 0.5G 0.5L
1 CRD28
에어컨 컴프레서 PHOTO 101
69 49 CRD-K
엔진 컨트롤 릴레이 컨트롤
에어컨 COMP. 릴레이 컨트롤
ECM PHOTO 137

0.3 5 A65
0.3 5 A64
리어 모드 액추에이터 PHOTO 72
리어 온도 조절 액추에이터 PHOTO 72
M M
4 3 6 7 A65
7 6 3 4 A64
0.3 0.3 0.3 0.3 0.3 0.3 0.3 0.3 0.3 0.3
6 5 4 11 10 13 14 12 AF01 PHOTO 70
리어 에어컨 컨트롤 스위치로 (SD971-13)
리어 에어컨 컨트롤 스위치에서 (SD971-13)
B C
0.3P/B 0.3O 0.3O/B 0.3Br/O 0.3R/B 0.3L/B 0.3G/B 0.3W/B
0.3Br/O 0.3W/B
8 9 13 6 14 11 10 5 MF32 PHOTO 47
0.3P/B 0.3O 0.3O/B 0.3W 0.3R/B 0.3L/B 0.3G/B 0.3R
A D
센서 전원(5V)에서 (SD971-12)
센서 접지로 (SD971-12)
8 9 10 6 5 4 M07-A
VENT FLOOR 피드백 신호 피드백 신호 WARM COOL
에어컨 컨트롤 모듈 PHOTO 43
블로어 선택 신호 (Low)
A/C 선택 신호 (High)
A/C 출력 (High)
A/C 출력 (Low)
15 M07-B 14 15 M07-A 10 M07-B
0.3O/B 0.3O/B 0.3O 0.3W/B
15 18 27 16 EM22 PHOTO 39
사용 안함
0.5O 0.3O/B 0.3O
46 16 11 BCM-FE
10 13 29 BCM-FC
0.3O 0.3G 0.3Y/B
33 64 24
블로어 스위치
에어컨 'ON' 신호
A/C 스위치 신호 (Thermo)

에어컨 압력 변환기 PHOTO 5
P
3 1 2 E01
0.3L 0.3B 0.3Y
38 25 43
42 41 17
0.5P 0.5B 0.5G
17 CRD-K 53 57 CRD-A
전원 접지 신호
APT

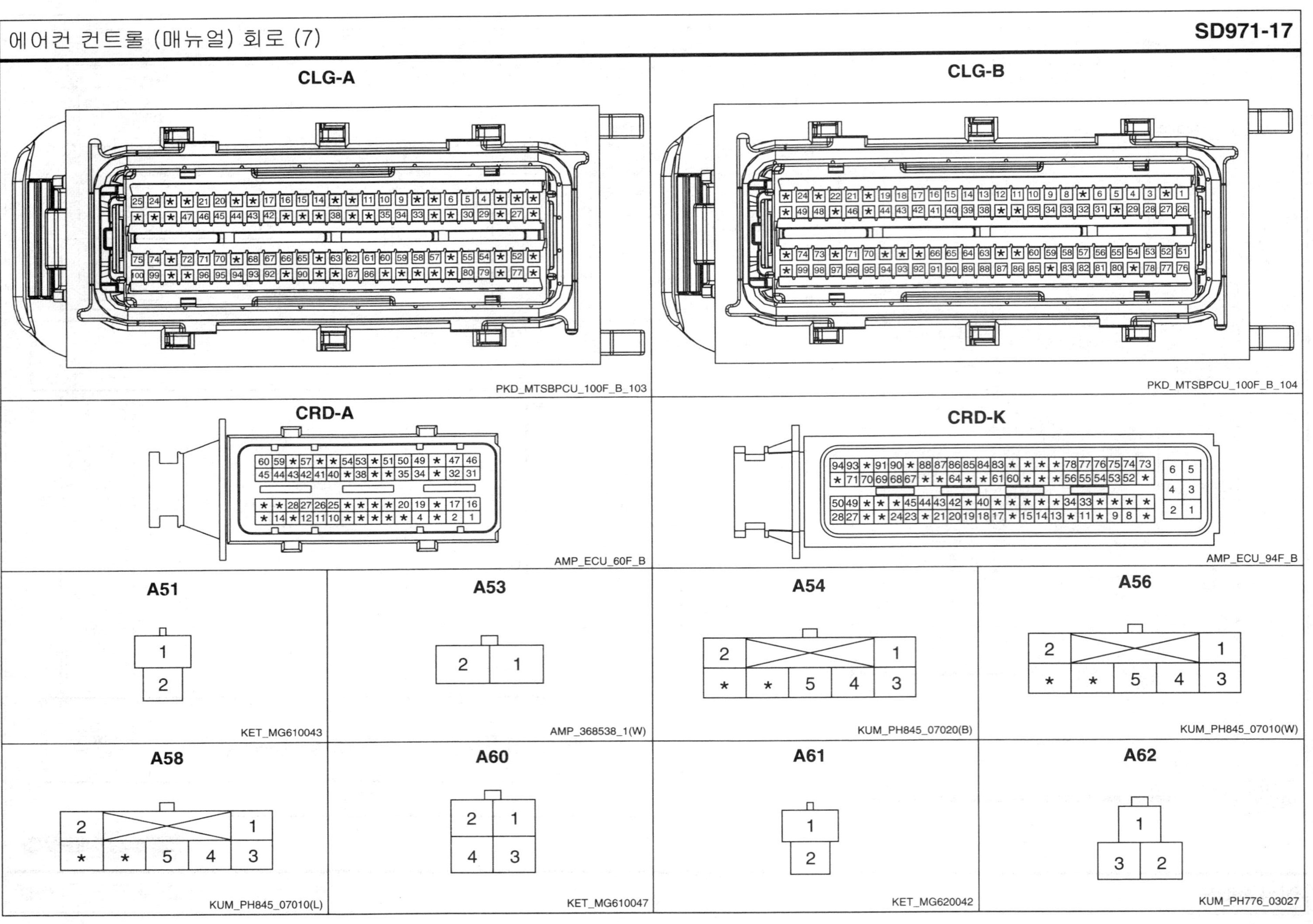
CLG-A
PKD_MTSBPCU_100F_B_103
CLG-B
PKD_MTSBPCU_100F_B_104
CRD-A
AMP_ECU_60F_B
CRD-K
AMP_ECU_94F_B
A51
KET_MG610043
A53
AMP_368538_1(W)
A54
KUM_PH845_07020(B)
A56
KUM_PH845_07010(W)
A58
KUM_PH845_07010(L)
A60
KET_MG610047
A61
KET_MG620042
A62
KUM_PH776_03027

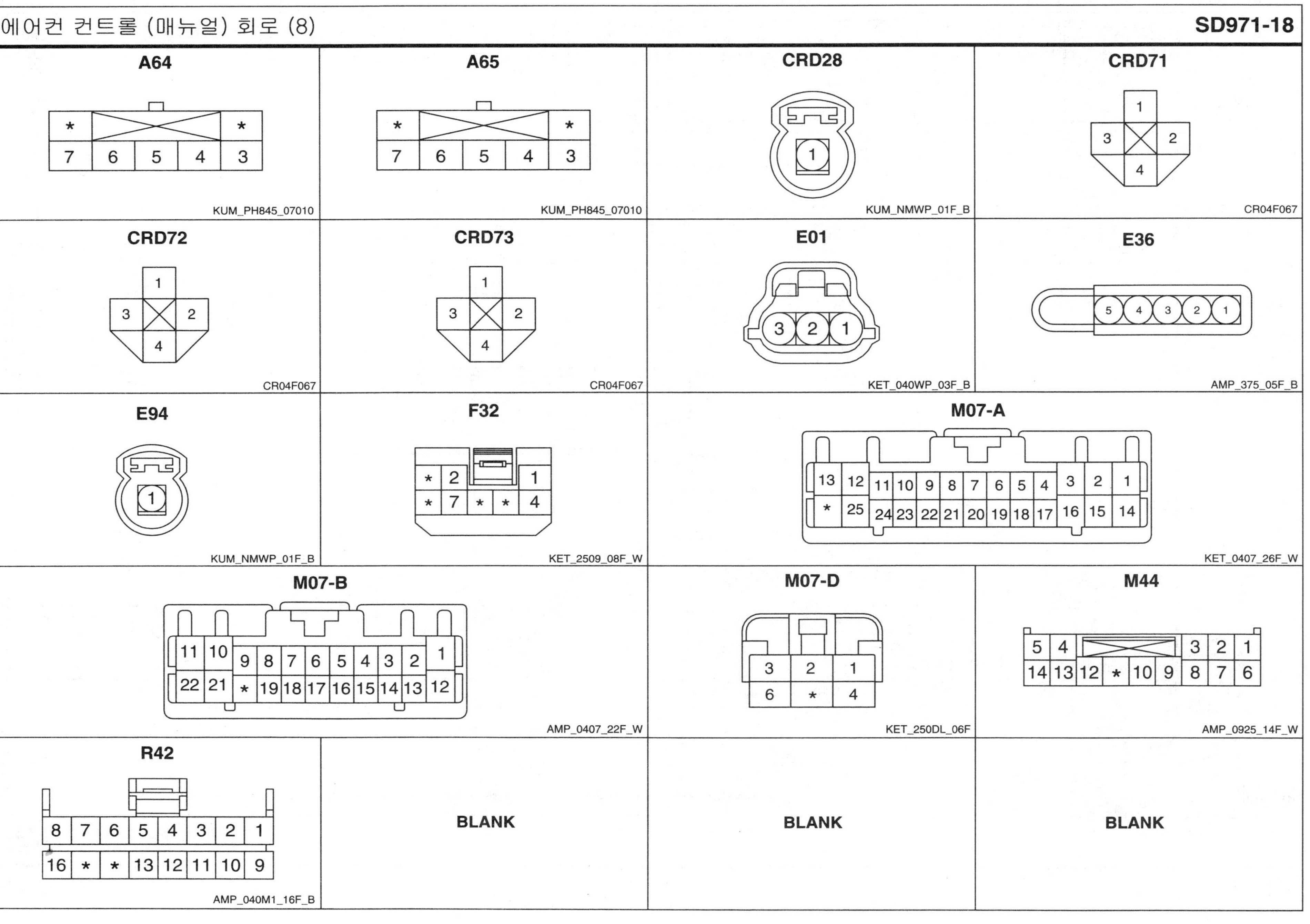
A64
KUM_PH845_07010
A65
KUM_PH845_07010
CRD28
KUM_NMWP_01F_B
CRD71
CR04F067
CRD72
CR04F067
CRD73
CR04F067
E01
KET_040WP_03F_B
E36
AMP_375_05F_B
E94
KUM_NMWP_01F_B
F32
KET_2509_08F_W
M07-A
KET_0407_26F_W
M07-B
AMP_0407_22F_W
M07-D
KET_250DL_06F
M44
AMP_0925_14F_W
R42
AMP_040M1_16F_B
BLANK
BLANK
BLANK

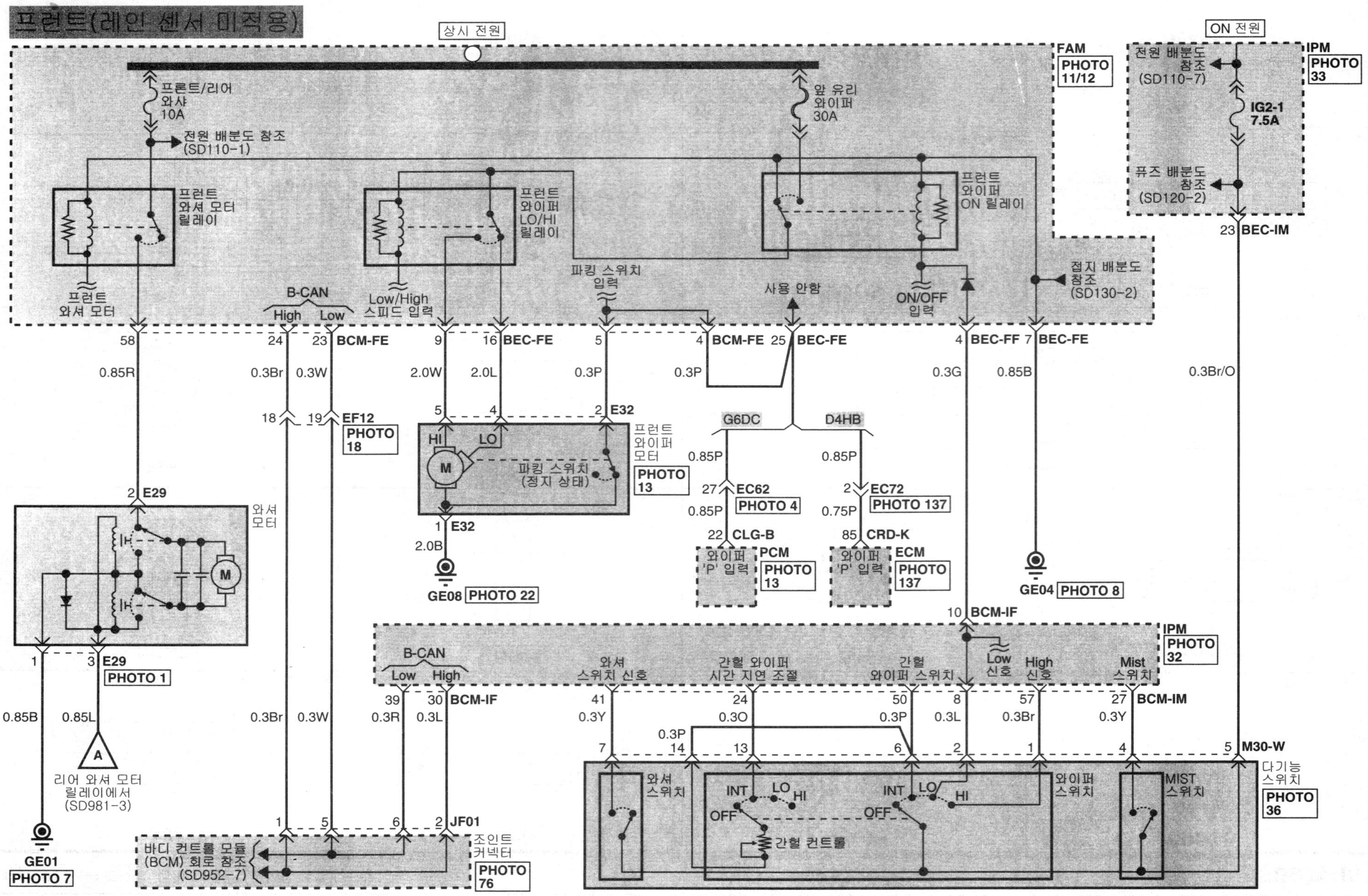

와이퍼 & 와셔 회로 (1)

SD981-1

프런트(레인 센서 미적용)

상시 전원

ON 전원

FAM PHOTO 11/12

IPM PHOTO 33

프론트/리어 와샤 10A

전원 배분도 참조 (SD110-1)

앞 유리 와이퍼 30A

전원 배분도 참조 (SD110-7)

IG2-1 7.5A

퓨즈 배분도 참조 (SD120-2)

프런트 와셔 모터 릴레이

프런트 와이퍼 LO/HI 릴레이

프런트 와이퍼 ON 릴레이

접지 배분도 참조 (SD130-2)

프런트 와셔 모터

B-CAN High Low

Low/High 스피드 입력

파킹 스위치 입력

사용 안함

ON/OFF 입력

58 0.85R

24 0.3Br

23 BCM-FE 0.3W

9 2.0W

16 BEC-FE 2.0L

5 0.3P

4 BCM-FE 0.3P

25 BEC-FE

4 BEC-FF 0.3G

7 BEC-FE 0.85B

23 BEC-IM 0.3Br/O

18 19 EF12 PHOTO 18

5 4 2 E32

HI LO M

파킹 스위치 (정지 상태)

프런트 와이퍼 모터 PHOTO 13

1 E32 2.0B

GE08 PHOTO 22

G6DC D4HB

0.85P 27 EC62 PHOTO 4 0.85P 22 CLG-B

와이퍼 'P' 입력 PCM PHOTO 13

0.85P 2 EC72 PHOTO 137 0.75P 85 CRD-K

와이퍼 'P' 입력 ECM PHOTO 137

GE04 PHOTO 8

2 E29

와셔 모터

M

1 3 E29 PHOTO 1

0.85B 0.85L

A 리어 와셔 모터 릴레이에서 (SD981-3)

GE01 PHOTO 7

10 BCM-IF

IPM PHOTO 32

B-CAN Low High

와셔 스위치 신호

간헐 와이퍼 시간 지연 조절

간헐 와이퍼 스위치

Low 신호

High 신호

Mist 스위치

39 0.3R

30 BCM-IF 0.3L

41 0.3Y

24 0.3O

50 0.3P

8 0.3L

57 0.3Br

27 BCM-IM 0.3Y

0.3Br 0.3W

0.3P

7 14 13 6 2 1 4 5 M30-W

와셔 스위치

INT LO HI OFF

간헐 컨트롤

와이퍼 스위치

MIST 스위치

다기능 스위치 PHOTO 36

1 5 6 2 JF01

바디 컨트롤 모듈 (BCM) 회로 참조 (SD952-7)

조인트 커넥터 PHOTO 76

프런트(레인 센서 적용)

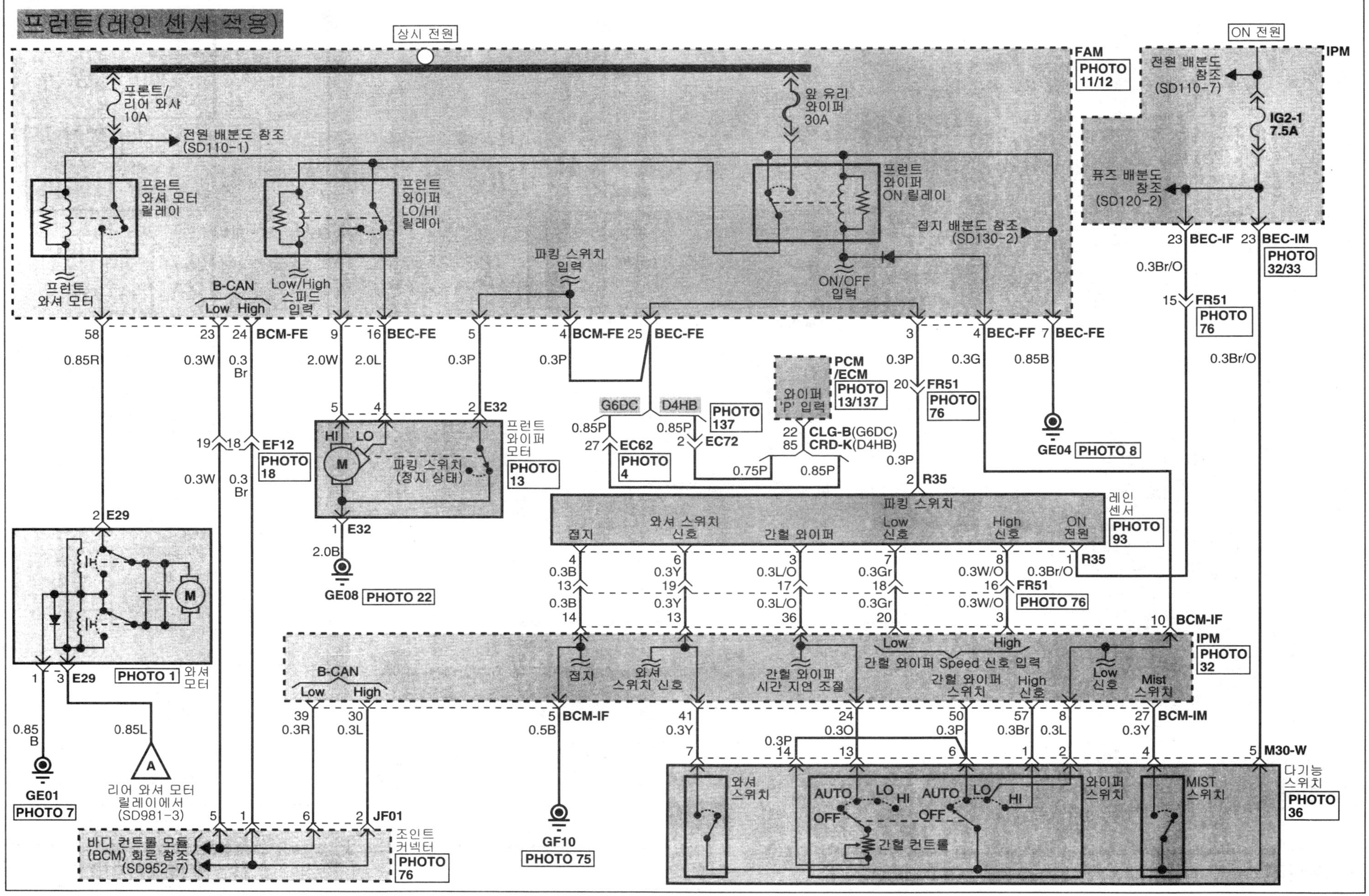

상시 전원

ON 전원

FAM PHOTO 11/12

IPM

프론트/리어 와셔 10A

전원 배분도 참조 (SD110-1)

앞 유리 와이퍼 30A

전원 배분도 참조 (SD110-7)

IG2-1 7.5A

퓨즈 배분도 참조 (SD120-2)

프런트 와셔 모터 릴레이

프런트 와이퍼 LO/HI 릴레이

프런트 와이퍼 ON 릴레이

접지 배분도 참조 (SD130-2)

프런트 와셔 모터

B-CAN Low High

Low/High 스피드 입력

파킹 스위치 입력

ON/OFF 입력

58 | 23 | 24 BCM-FE | 9 | 16 BEC-FE | 5 | 4 BCM-FE 25 BEC-FE | 3 | 4 BEC-FF 7 BEC-FE

23 BEC-IF 23 BEC-IM PHOTO 32/33

0.85R 0.3W 0.3 Br 2.0W 2.0L 0.3P 0.3P 0.3P 0.3G 0.85B 0.3Br/O 0.3Br/O

15 FR51 PHOTO 76

20 FR51 PHOTO 76

19 18 EF12 PHOTO 18

0.3W 0.3 Br

5 4 2 E32

프런트 와이퍼 모터 PHOTO 13

HI LO M

파킹 스위치 (정지 상태)

1 E32 2.0B GE08 PHOTO 22

G6DC D4HB

0.85P 27 EC62 PHOTO 4

0.85P 2 EC72 PHOTO 137

PCM /ECM PHOTO 13/137

와이퍼 'P' 입력

22 CLG-B(G6DC) 85 CRD-K(D4HB)

0.75P 0.85P

0.3P 2 R35

GE04 PHOTO 8

2 E29

PHOTO 1 와셔 모터

1 3 E29

0.85 B 0.85L

GE01 PHOTO 7

리어 와셔 모터 릴레이에서 (SD981-3)

레인 센서 PHOTO 93

파킹 스위치

접지 | 와셔 스위치 신호 | 간헐 와이퍼 | Low 신호 | High 신호 | ON 전원

4 0.3B 13 | 6 0.3Y 19 | 3 0.3L/O 17 | 7 0.3Gr 18 | 8 0.3W/O 16 | 1 R35 0.3Br/O FR51 PHOTO 76

0.3B 14 | 0.3Y 13 | 0.3L/O 36 | 0.3Gr 20 | 0.3W/O 3 | 10 BCM-IF

IPM PHOTO 32

B-CAN Low High

접지

와셔 스위치 신호

간헐 와이퍼 시간 지연 조절

Low High 간헐 와이퍼 Speed 신호 입력

간헐 와이퍼 스위치

High 신호

Low 신호

Mist 스위치

39 0.3R | 30 0.3L | 5 BCM-IF 0.5B | 41 0.3Y | 24 0.3O | 50 0.3P | 57 0.3Br | 8 0.3L | 27 BCM-IM 0.3Y

0.3P 14

7 13 6 1 2 4 5 M30-W

GF10 PHOTO 75

5 1 6 2 JF01

조인트 커넥터 PHOTO 76

바디 컨트롤 모듈 (BCM) 회로 참조 (SD952-7)

와셔 스위치

AUTO LO HI OFF

AUTO LO HI OFF

간헐 컨트롤

와이퍼 스위치

MIST 스위치

다기능 스위치 PHOTO 36

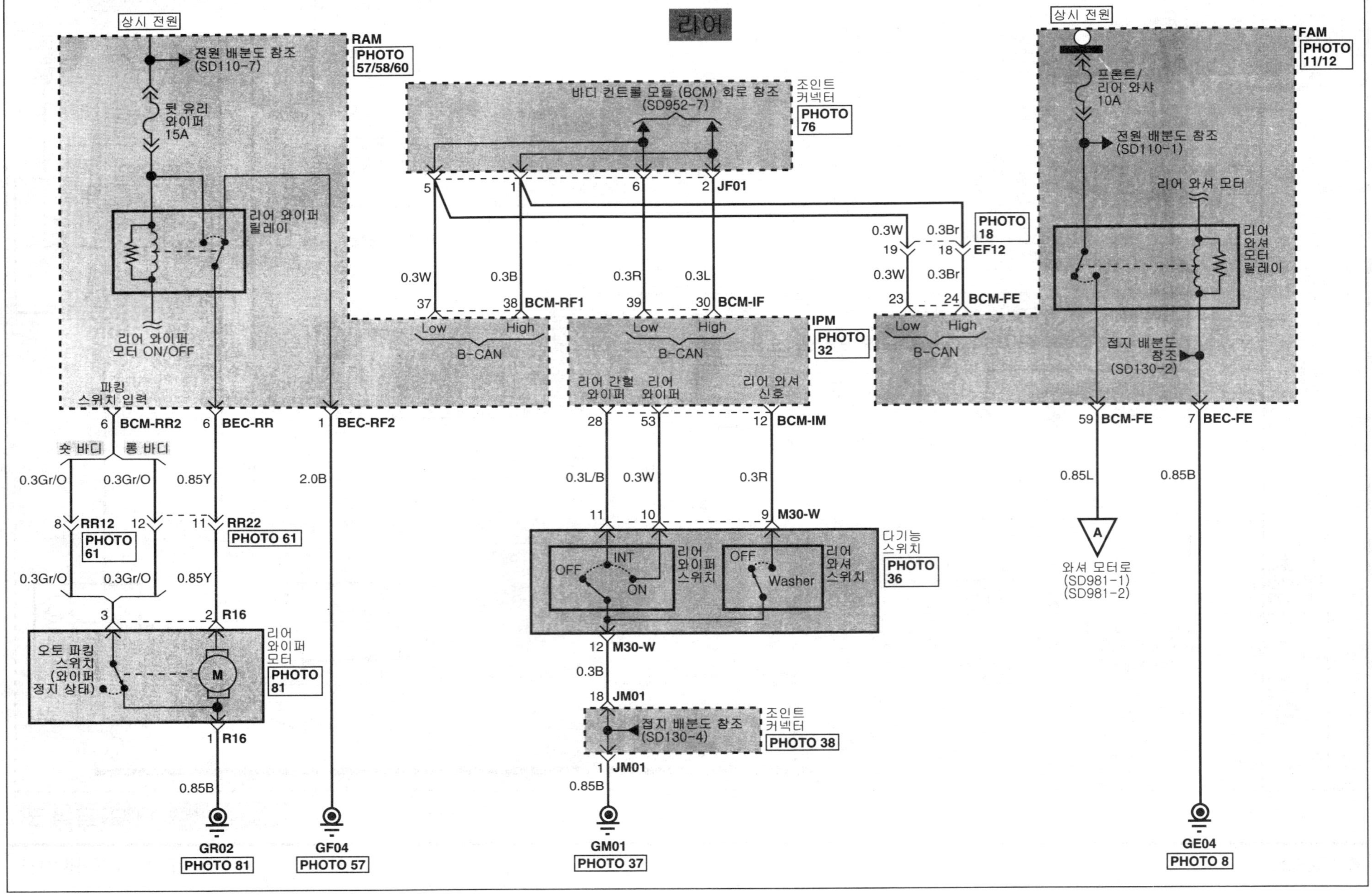

와이퍼 & 와셔 회로 (3)

SD981-3

리어

상시 전원

RAM
PHOTO 57/58/60

전원 배분도 참조 (SD110-7)

뒷 유리 와이퍼 15A

리어 와이퍼 릴레이

리어 와이퍼 모터 ON/OFF

파킹 스위치 입력

6 BCM-RR2
6 BEC-RR
1 BEC-RF2

숏 바디
롱 바디

0.3Gr/O
0.3Gr/O
0.85Y
2.0B

8 RR12
PHOTO 61
12
11 RR22
PHOTO 61

0.3Gr/O
0.3Gr/O
0.85Y

3
2 R16

오토 파킹 스위치 (와이퍼 정지 상태)

리어 와이퍼 모터
PHOTO 81

1 R16
0.85B

GR02
PHOTO 81

GF04
PHOTO 57

바디 컨트롤 모듈 (BCM) 회로 참조 (SD952-7)

조인트 커넥터
PHOTO 76

5
1
6
2 JF01

0.3W
0.3B
0.3R
0.3L

37
38 BCM-RF1
39
30 BCM-IF

Low
High
B-CAN

IPM
PHOTO 32

리어 간헐 와이퍼
리어 와이퍼
리어 와셔 신호

28
53
12 BCM-IM

0.3L/B
0.3W
0.3R

11
10
9 M30-W

OFF
INT
ON
리어 와이퍼 스위치

OFF
Washer
리어 와셔 스위치

다기능 스위치
PHOTO 36

12 M30-W
0.3B
18 JM01

접지 배분도 참조 (SD130-4)

조인트 커넥터
PHOTO 38

1 JM01
0.85B

GM01
PHOTO 37

0.3W
0.3Br
PHOTO 18
19
18 EF12
0.3W
0.3Br
23
24 BCM-FE

Low
High
B-CAN

상시 전원

FAM
PHOTO 11/12

프론트/리어 와샤 10A

전원 배분도 참조 (SD110-1)

리어 와셔 모터

리어 와셔 모터 릴레이

접지 배분도 참조 (SD130-2)

59 BCM-FE
7 BEC-FE

0.85L
0.85B

A

와셔 모터로 (SD981-1) (SD981-2)

GE04
PHOTO 8

CLG-B

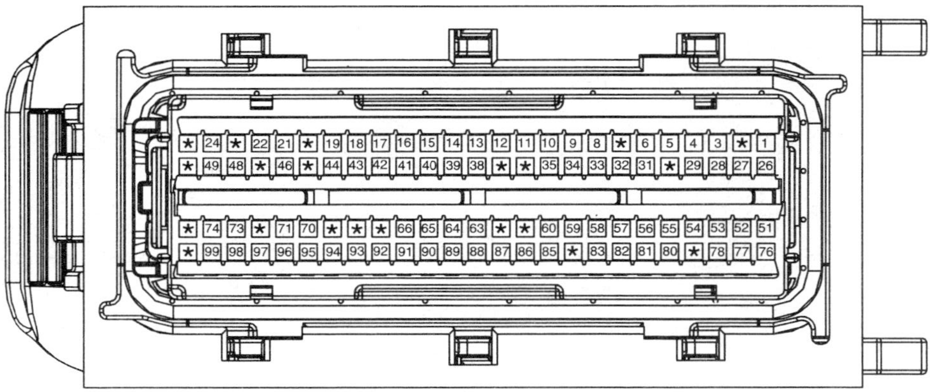

PKD_MTSBPCU_100F_B_104

CRD-K

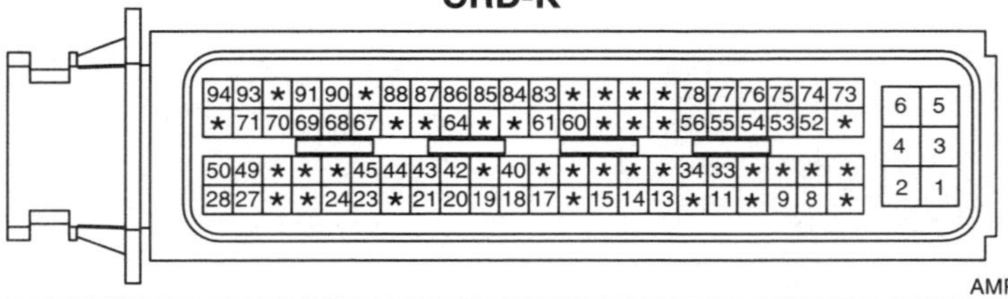

AMP_ECU_94F_B

E29

KET_090IIWP_03F_B

E32

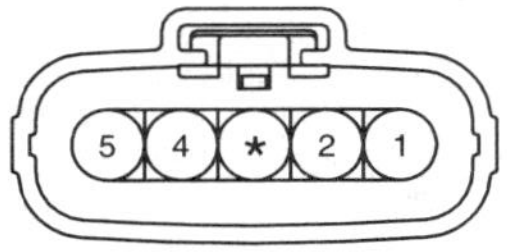

KUM_NDWP_05F_B

M30-W

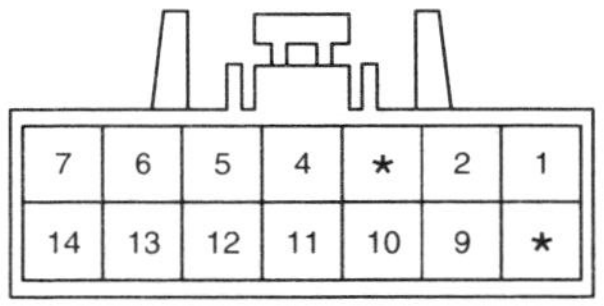

KET_090II_14F_B_SW

R16

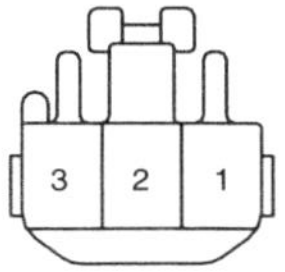

KET_090II_03F_W

R35

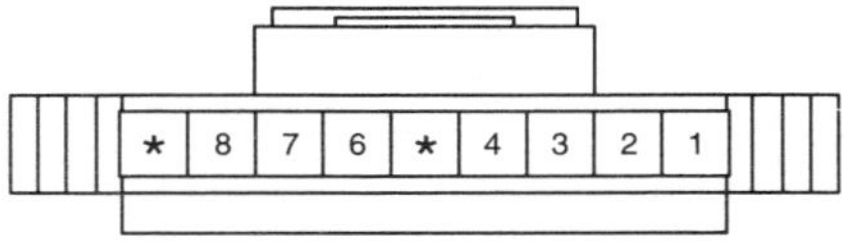

AMP_AQS_09F_B

BLANK

구성 부품 위치도

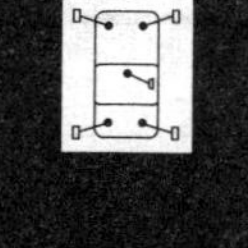

1. 프런트 엔드 모듈 좌측

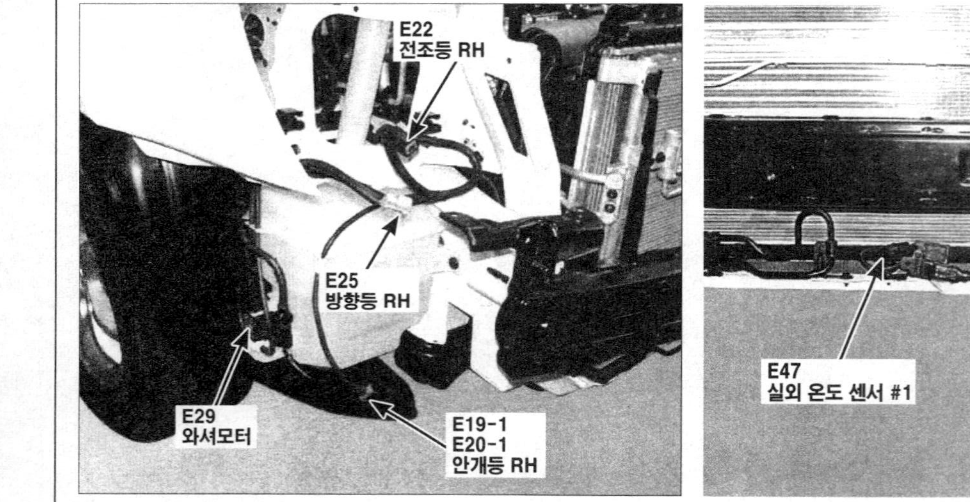

2. 프런트 엔드 모듈 중앙

3. 프런트 엔드 모듈 우측

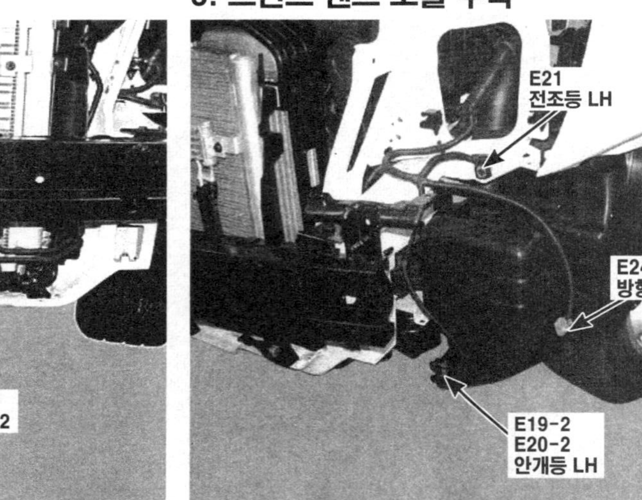
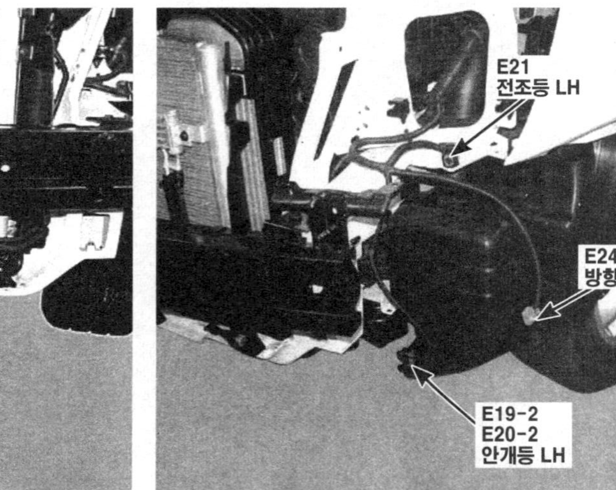

4.엔진 룸 좌측

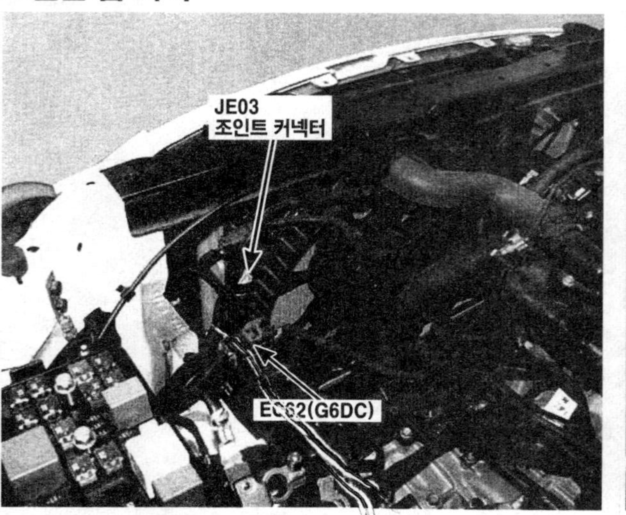
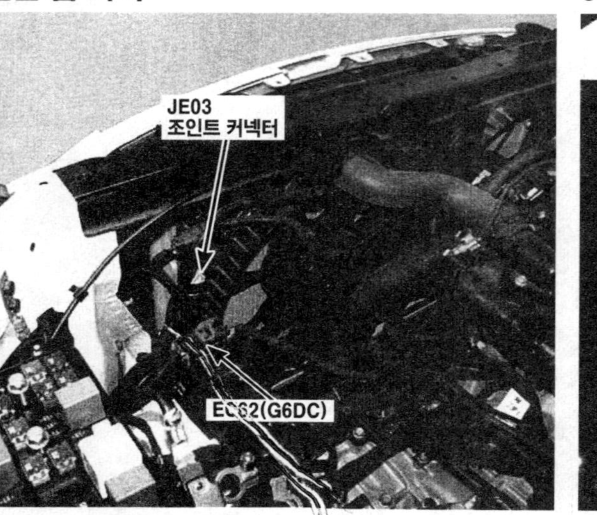

5.엔진 룸 우측

6. 우측 앞 휠 하우징

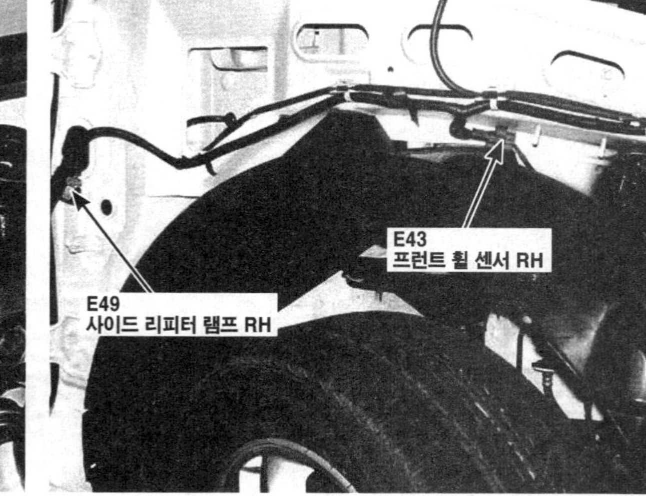

7. 엔진 룸 우측

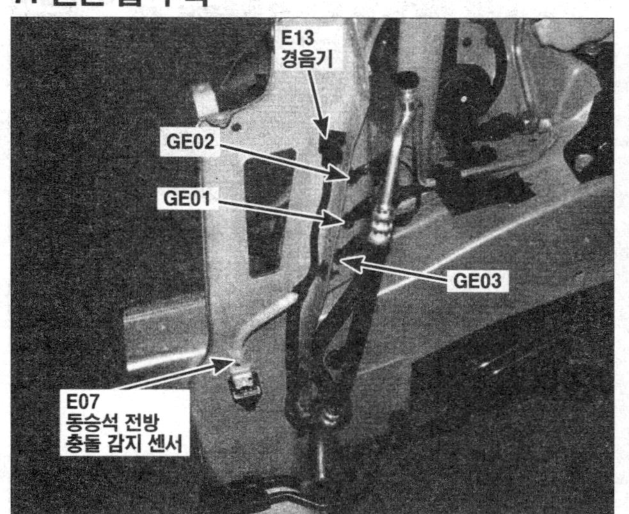

8. 엔진 룸 좌측

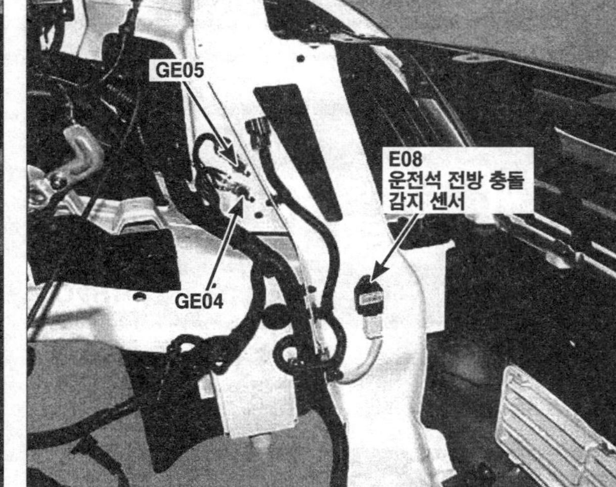

9. 엔진 룸 좌측 뒤

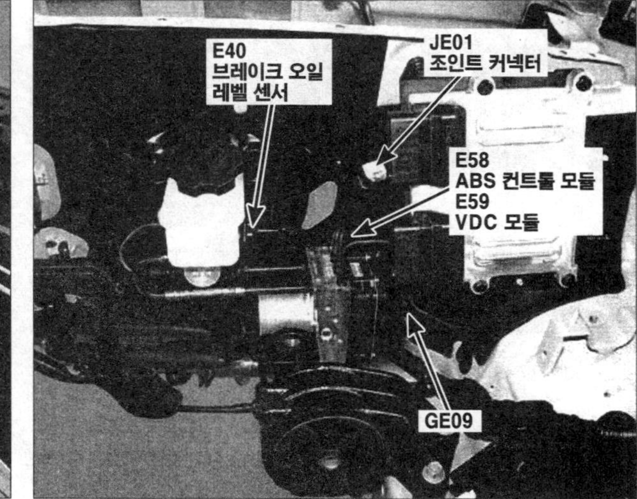

10. 엔진 룸 좌측 뒤

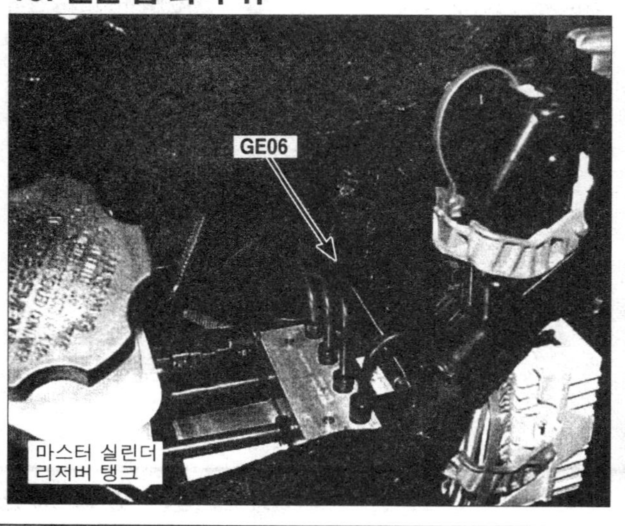

11. 엔진 룸 좌측

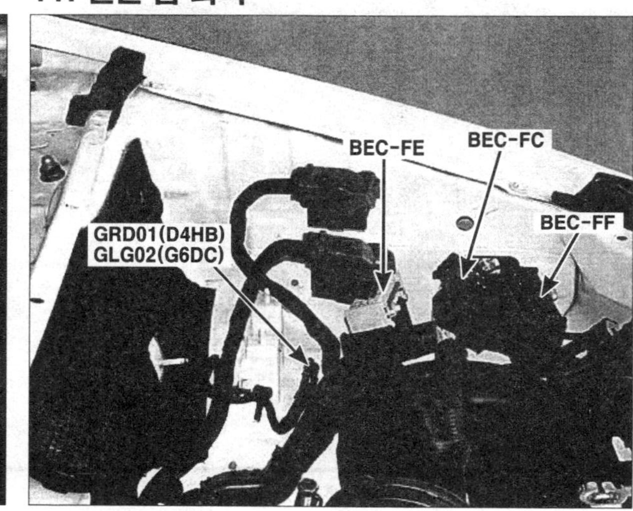

12. 엔진 룸 좌측

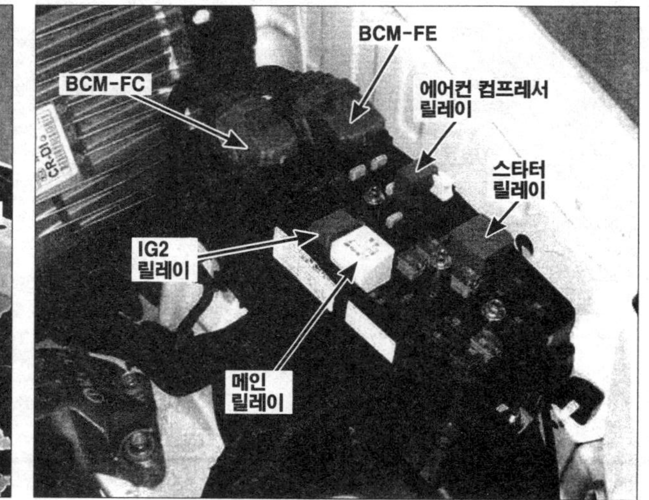

13. 엔진 룸 좌측 뒤

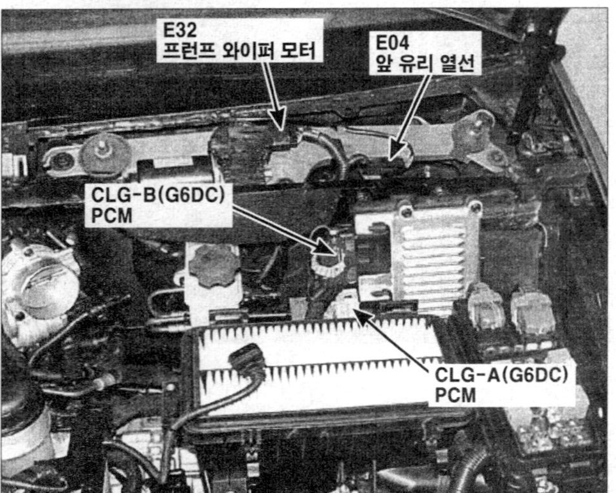

14. 좌측 앞 서스펜션

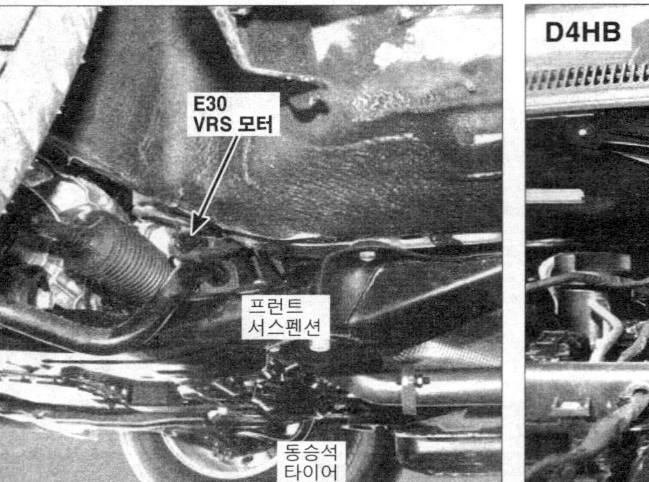

15. 엔진 룸 중앙 뒤

16. 엔진 위쪽

17. 엔진 룸 중앙 뒤

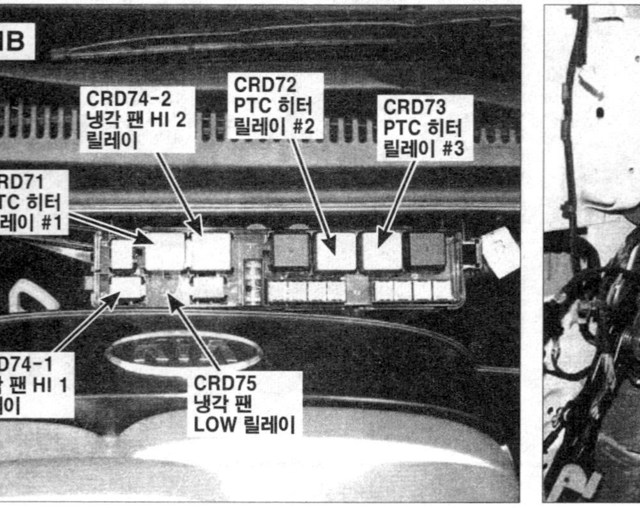

18. 대시 패널 좌측

19. 대시 패널 좌측 뒤

20. 대시 패널 좌측

21. 좌측 앞 휠 하우징

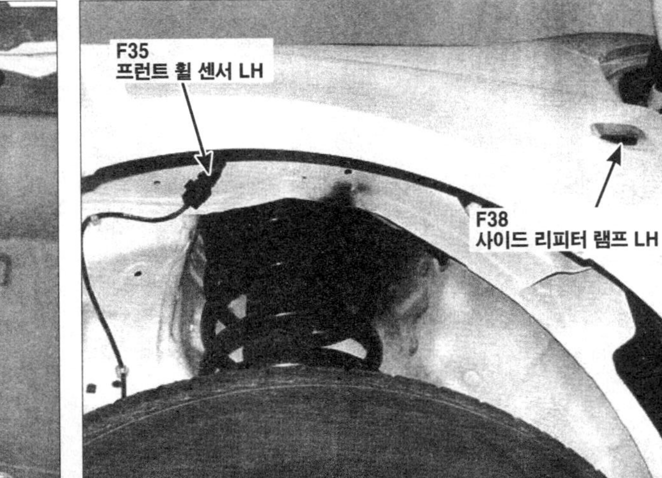
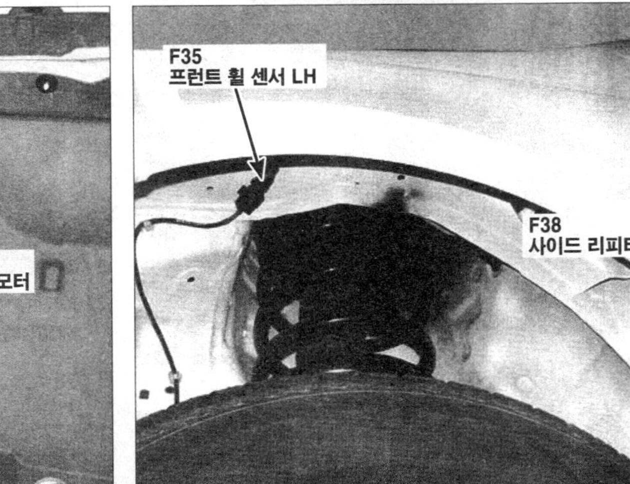

22. 플로어 콘솔 앞

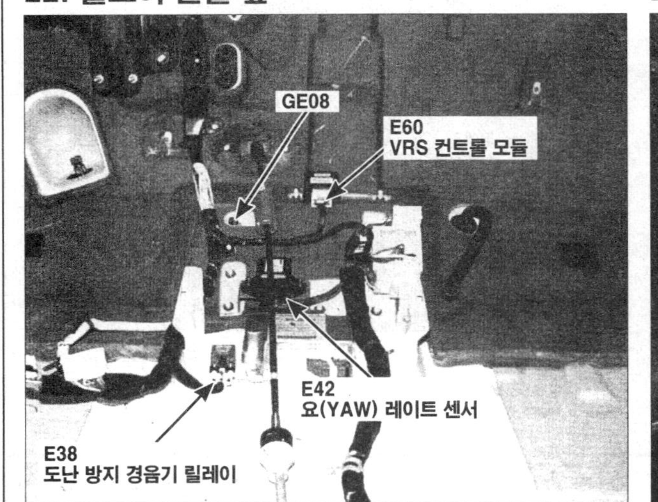
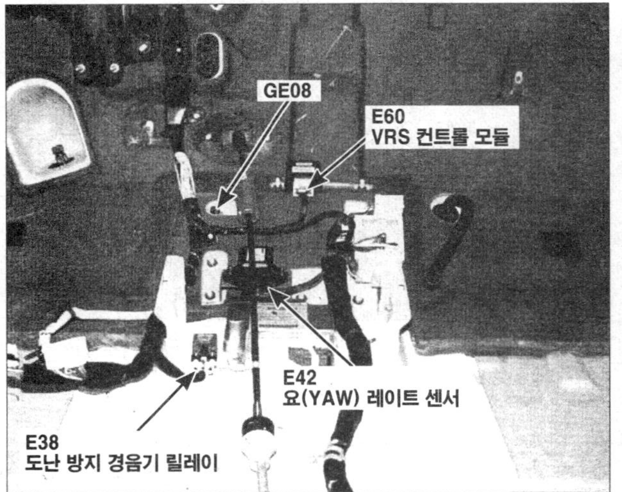

23. 러기지 룸 뒤쪽

24. 루프 트림 뒤쪽

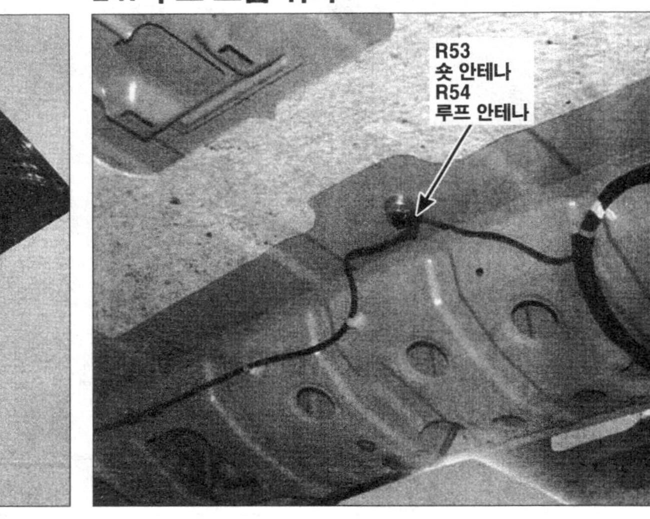

25. 휠 하우징

26.

BLANK

27. 대시 패널 중앙

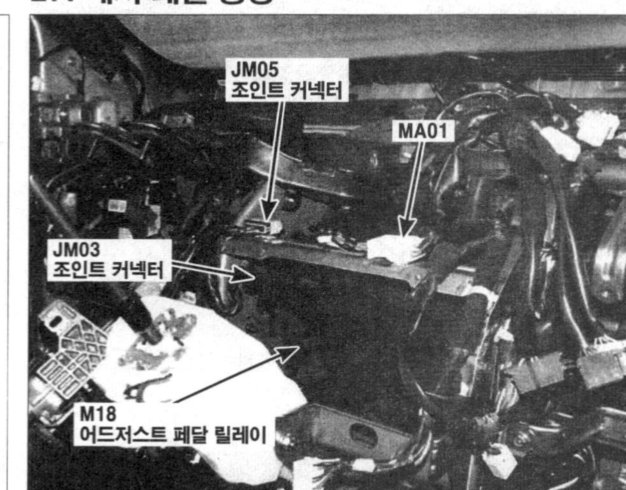

28. 동승석 시트

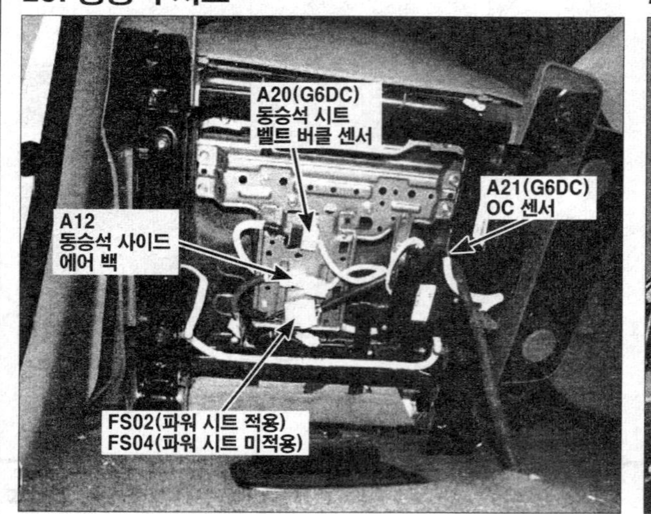
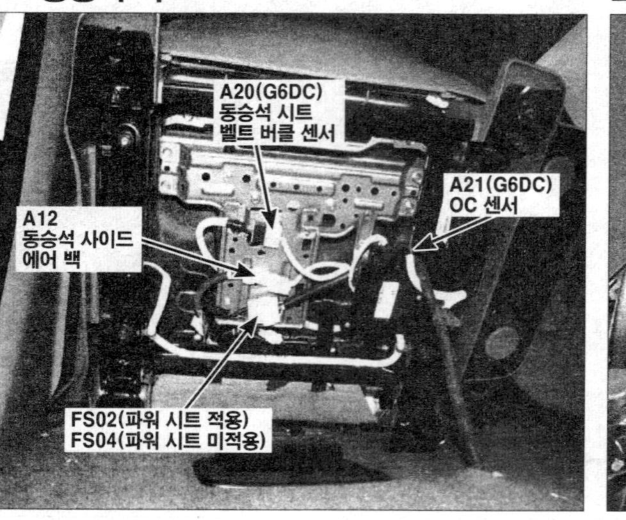

29. 엔진 룸 앞쪽

G6DC

E05
다기능 체크 커넥터

E37-B
냉각 팬 컨트롤러

E74
냉각 팬
릴레이

E37-A
냉각 팬 컨트롤러

30. 리어 범퍼

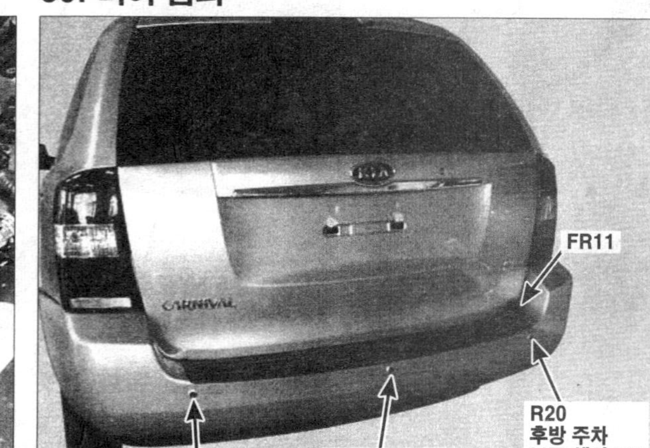

31. 대시 패널 좌측

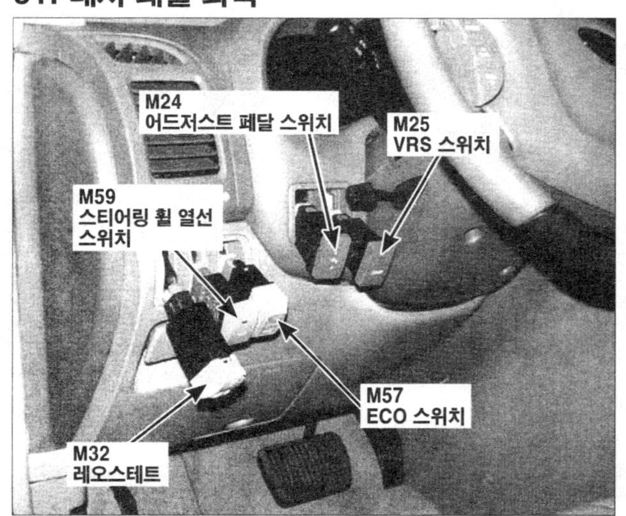

32. 대시 패널 좌측

33. 대시 패널 좌측

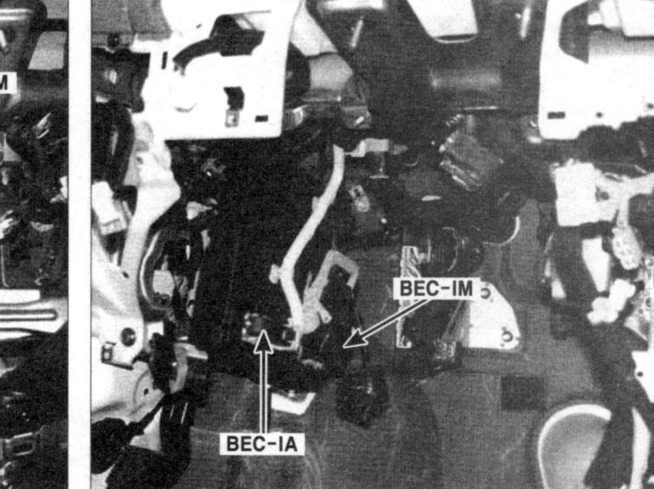

34. 대시 패널 중앙

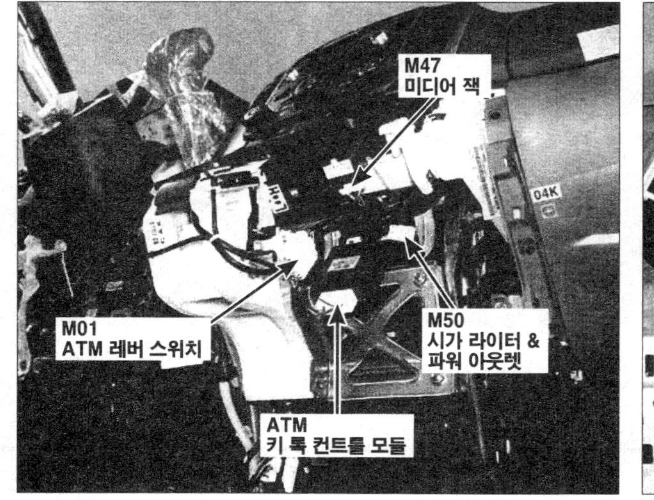

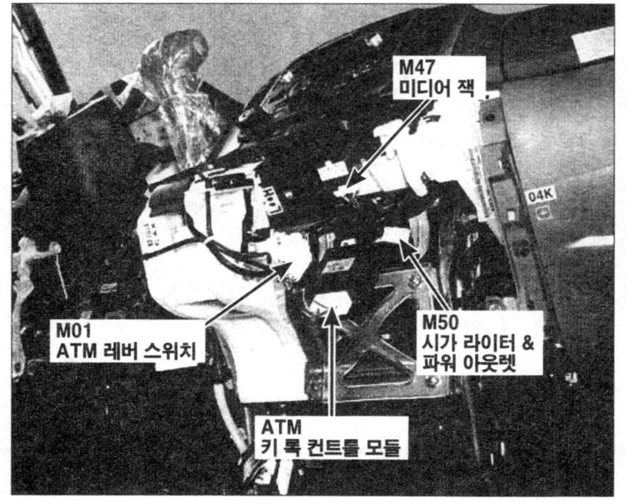

35. 대시 패널 좌측

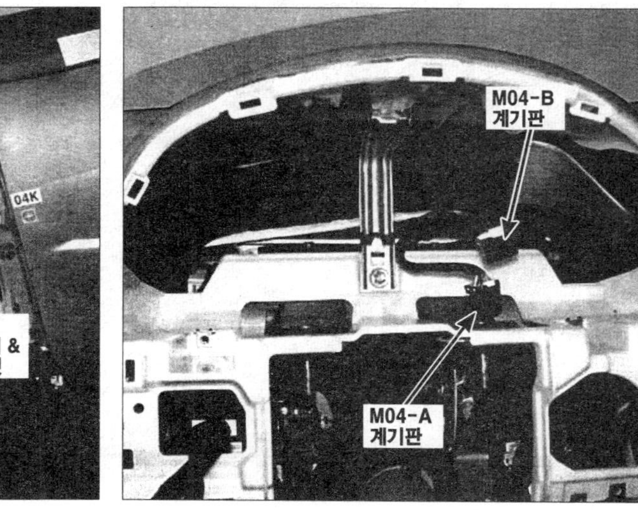

36. 스티어링 휠

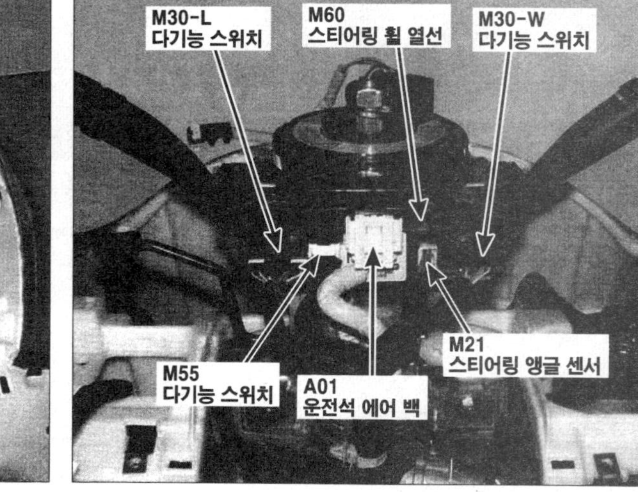

37. 대시 패널 좌측

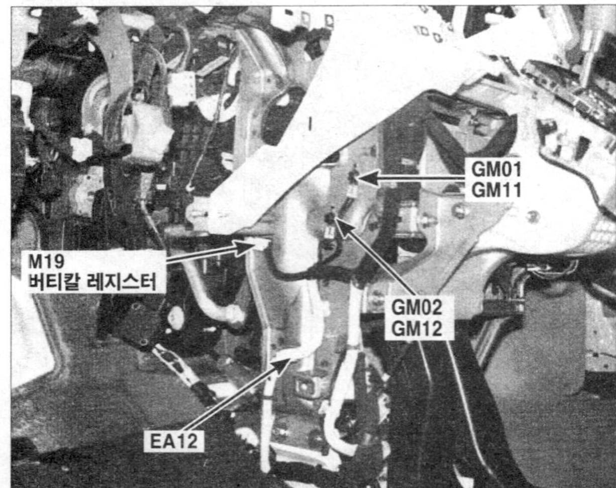

38. 대시 패널 좌측

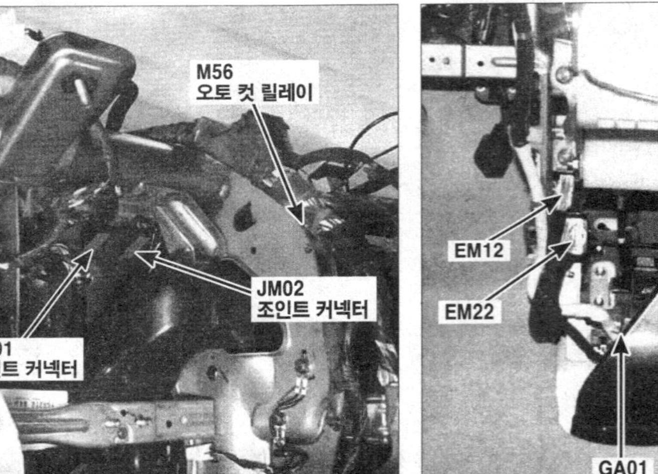

39. 대시 패널 중앙

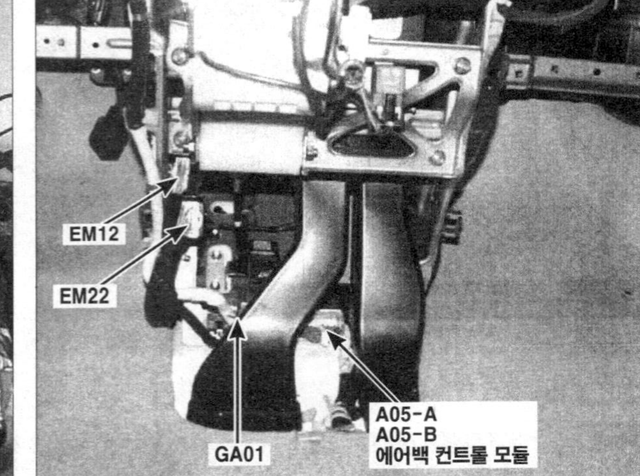

40. 대시 패널 중앙

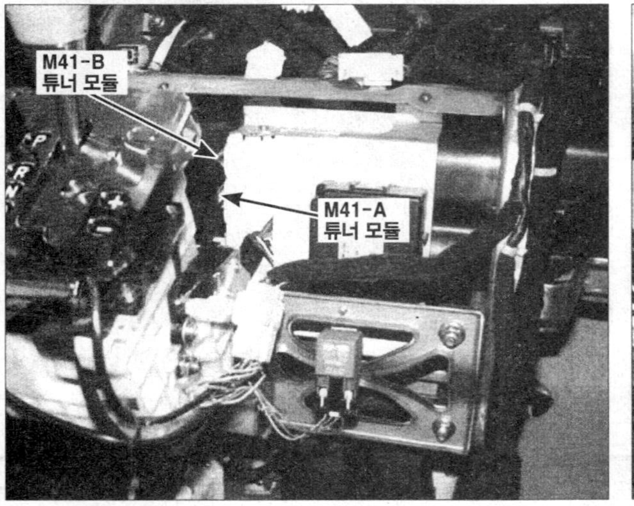

41. 연료 탱크 우측 앞

42.대시 패널 중앙

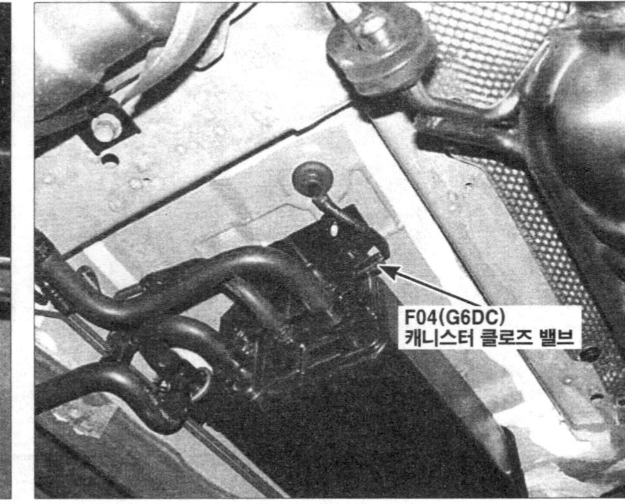

43. 대시 패널 중앙

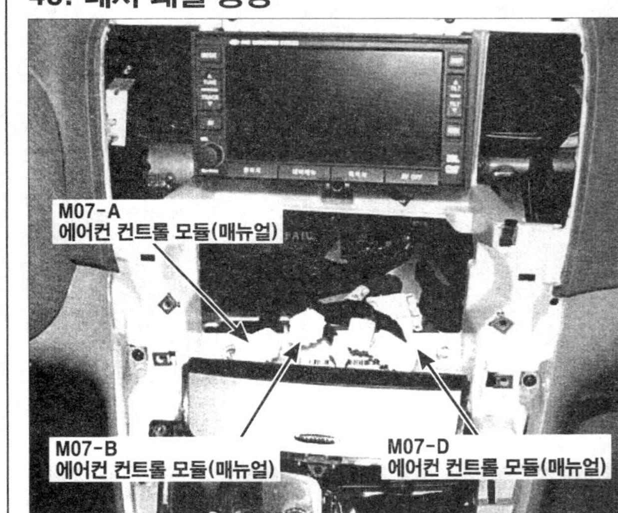

44. 대시 패널 중앙

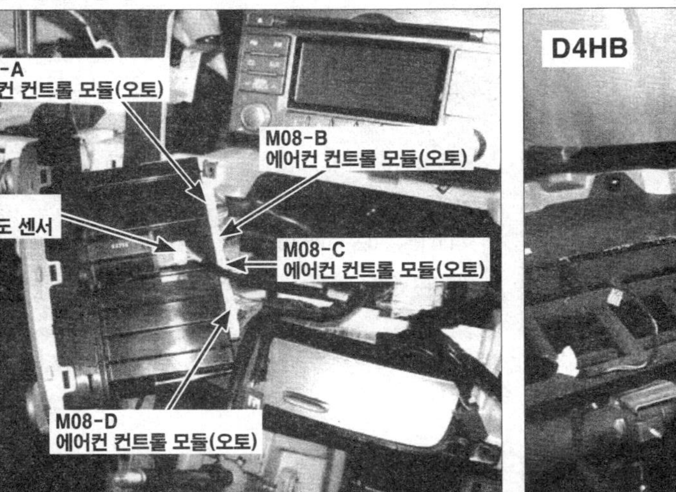

45. 대시 패널 우측

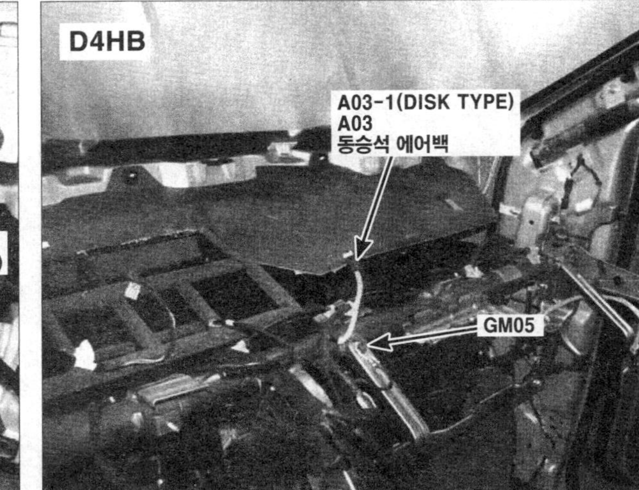

46. 대시 패널 우측

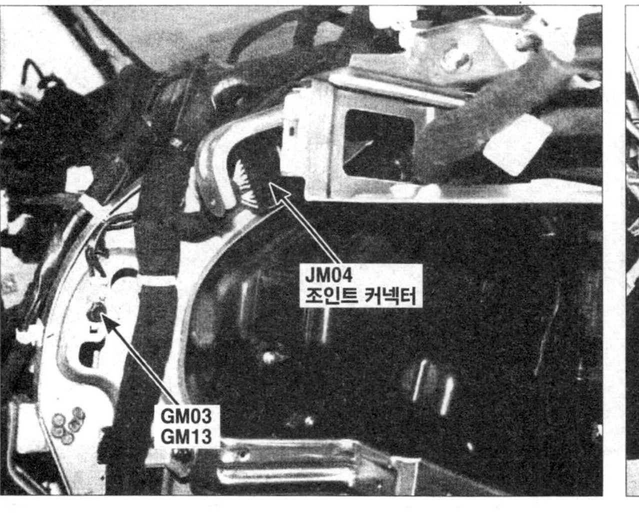
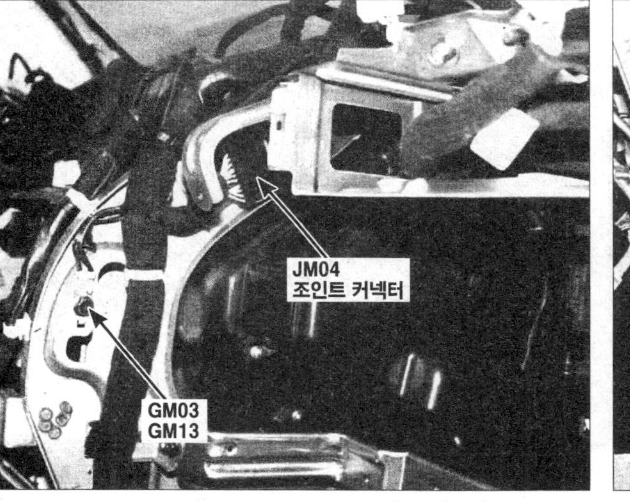

47. 대시 패널 우측

GM04
GM14
MF32
MF22
M44
실내 릴레이 박스
F32
실내 릴레이 박스
MF12

48. 대시 패널 중앙

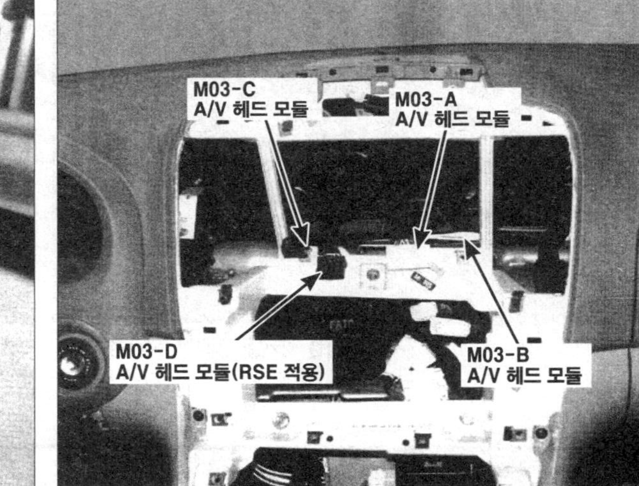

구성 부품 위치도 (9)

49. 운전석 시트 아래

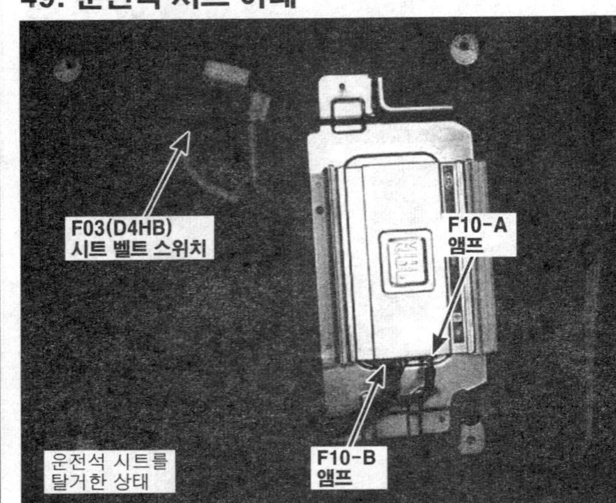

50. 운전석 시트 아래

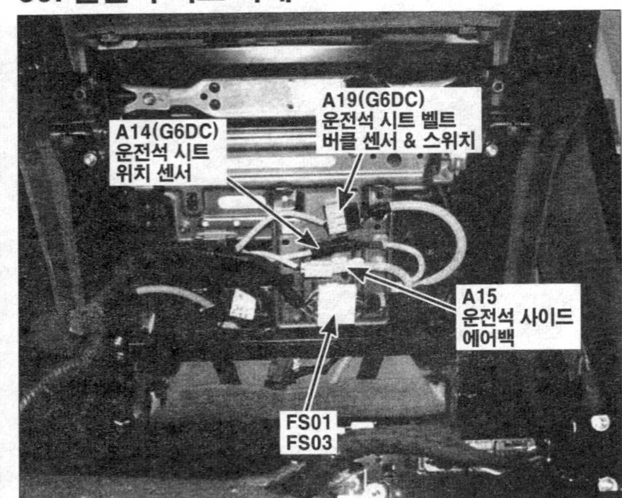

51. 리어 시트 좌측 아래

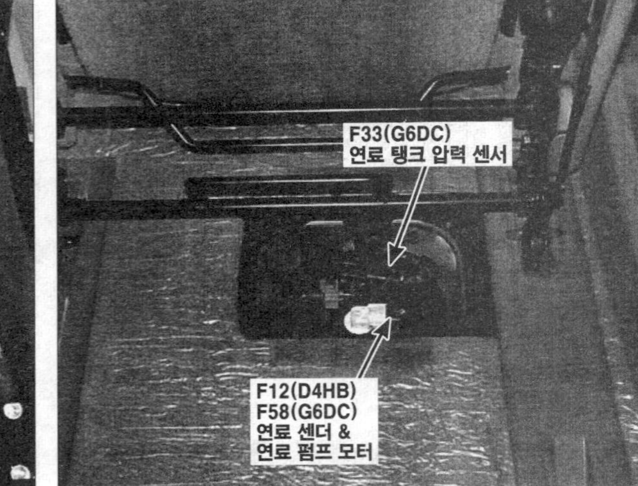

52. 좌측 B필러

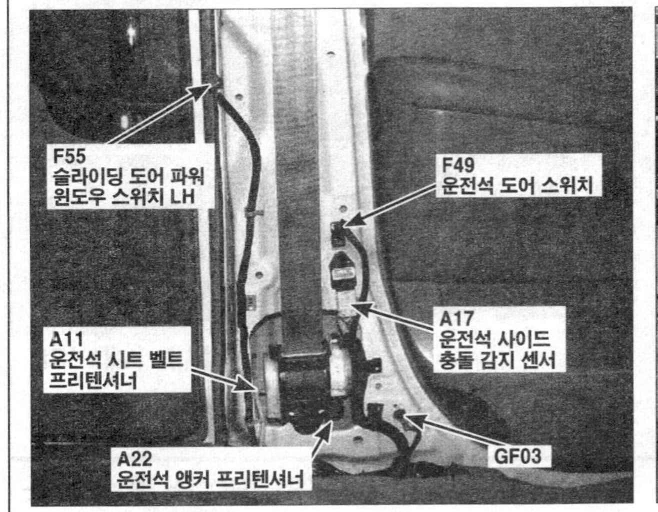
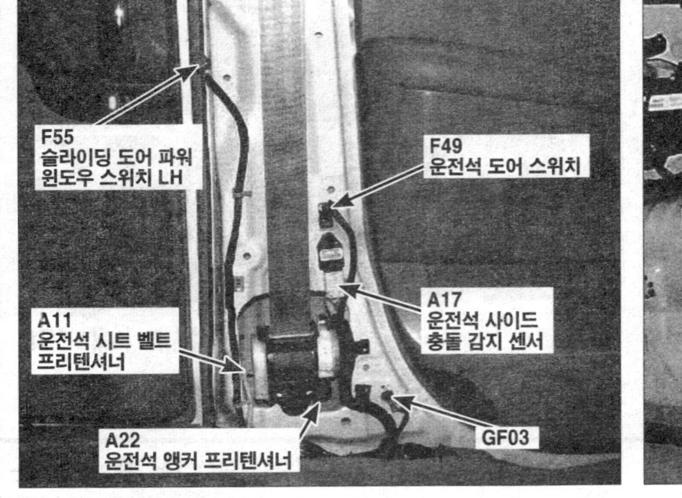

53. 좌측 러기지 패널

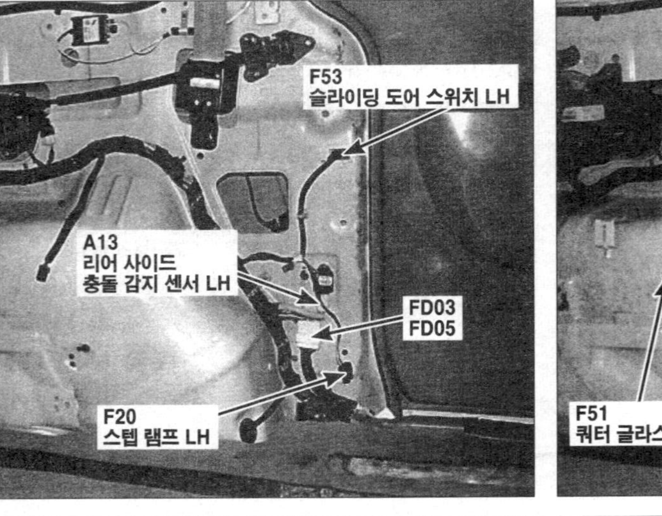

54. 좌측 러기지 패널

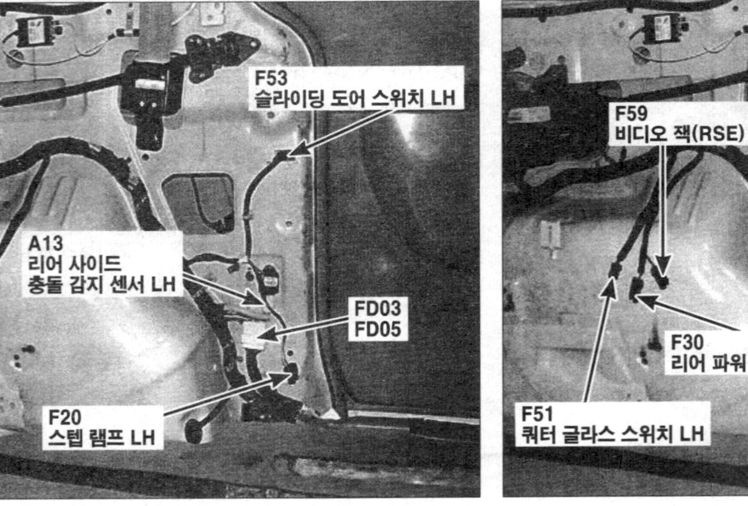

55. 좌측 러기지 패널

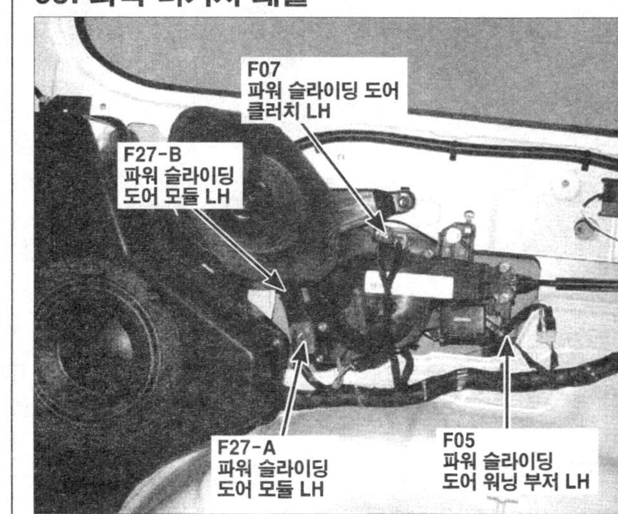

56. 좌측 러기지 패널

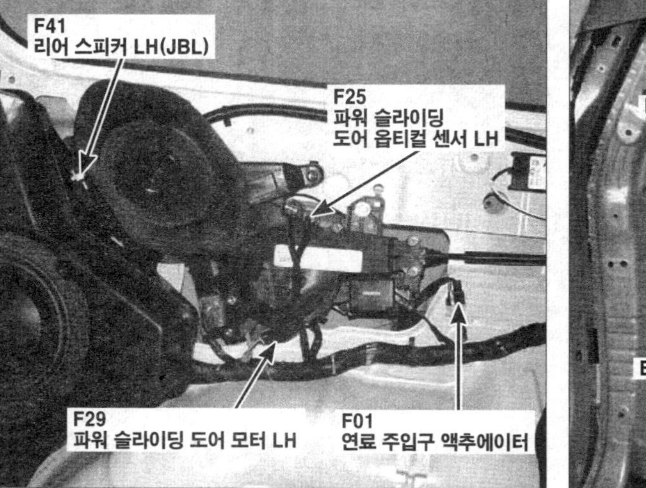

57. 좌측 러기지 패널

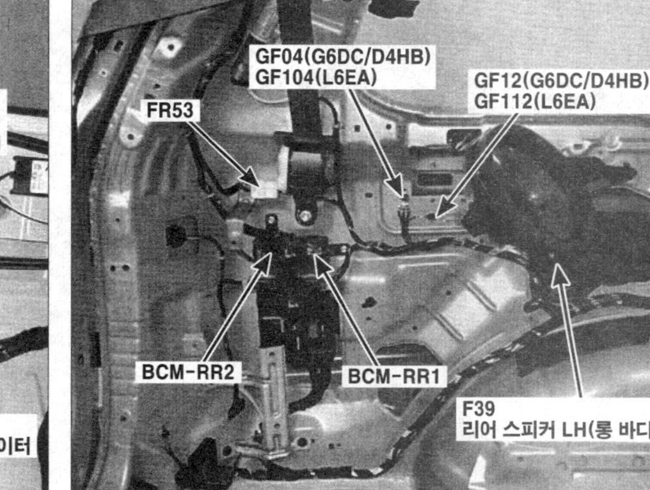

58. 좌측 러기지 패널

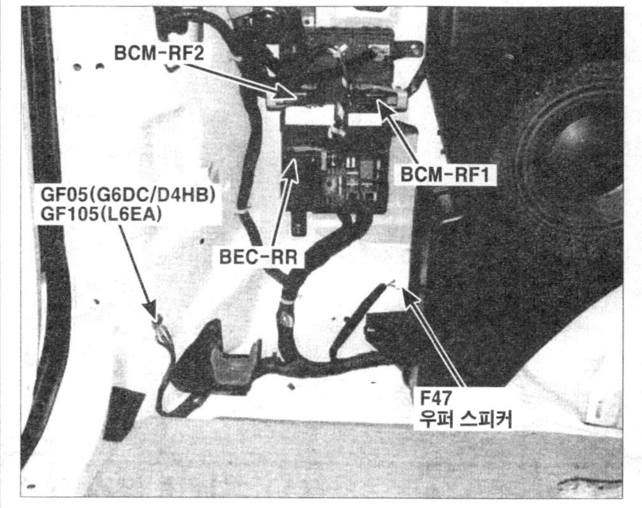

59. 좌측 러기지 패널

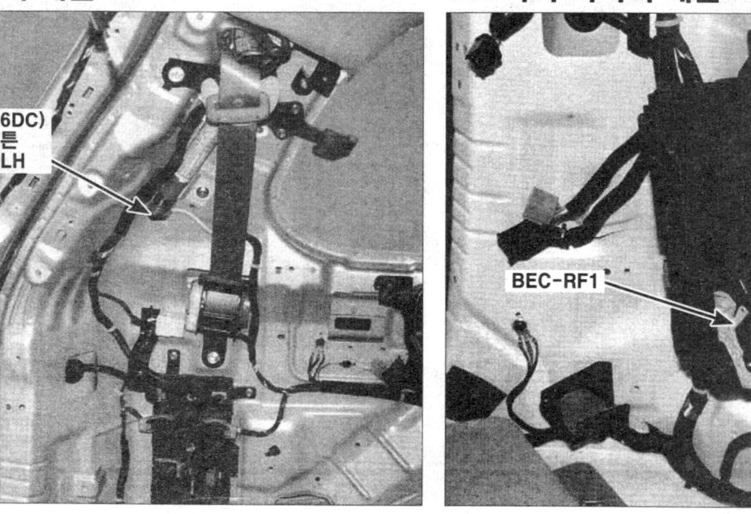

60. 좌측 러기지 패널

BEC-RF1
BEC-RF2

61. 좌측 러기지 패널

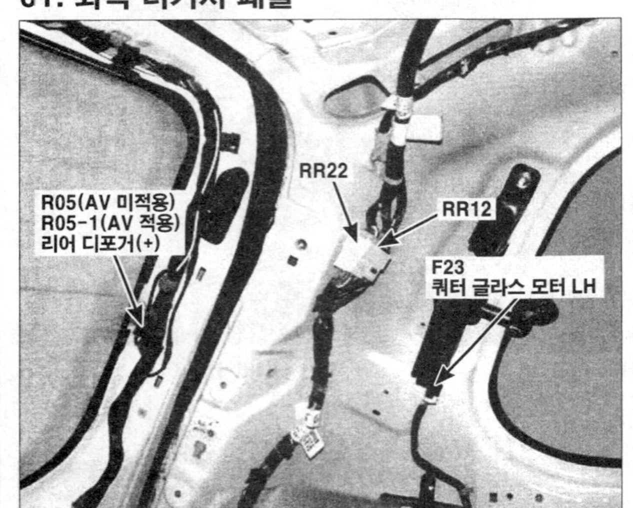

62. 좌측 러기지 패널

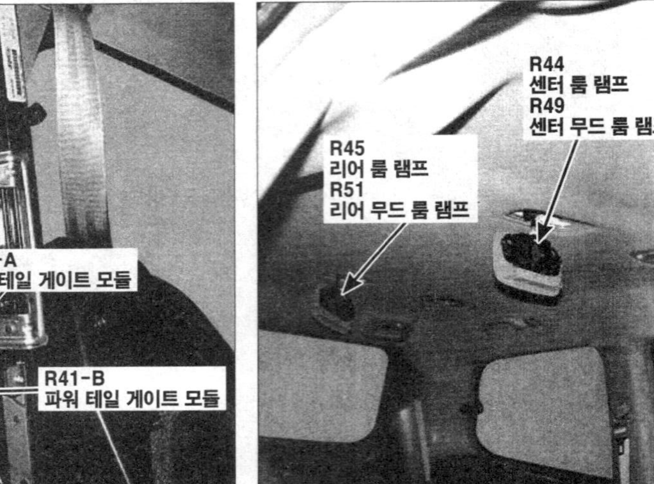

63. 루프 트림

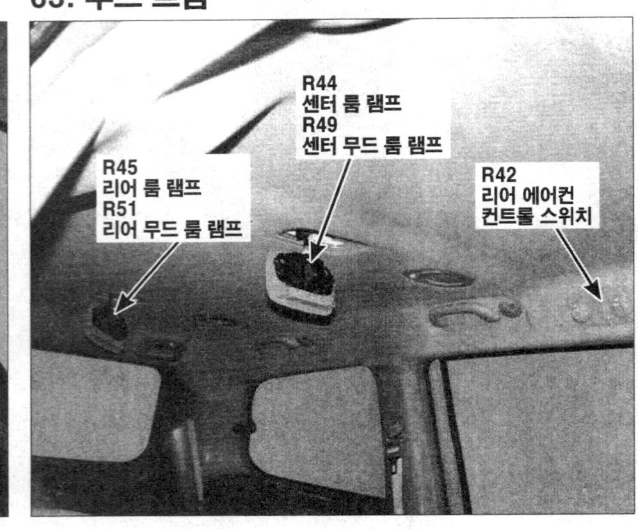

64. 루프 트림 뒤쪽

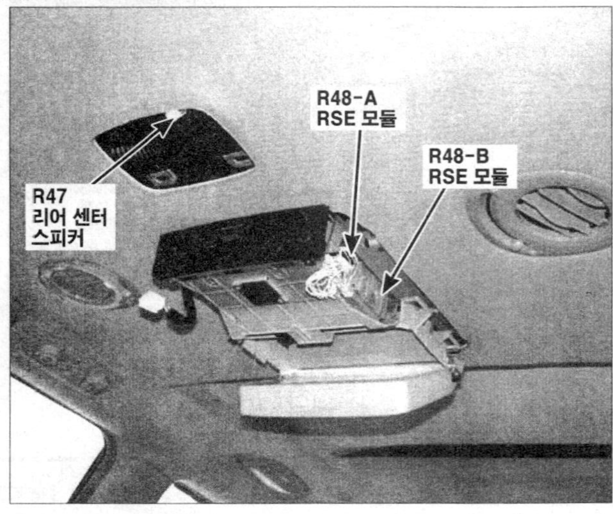

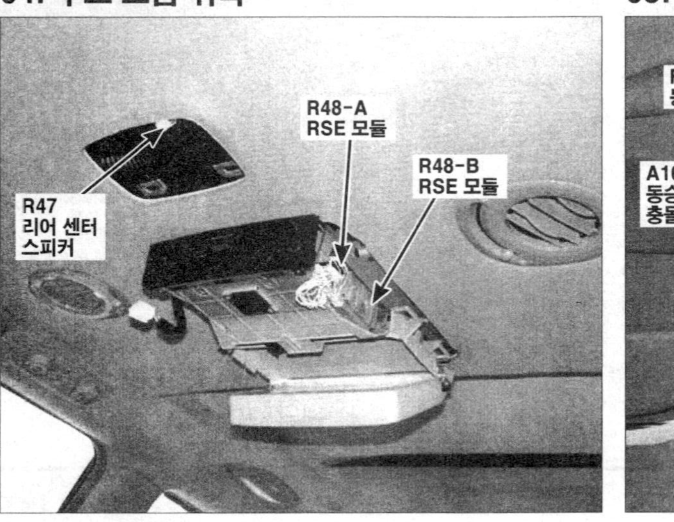

65. 우측 B필러

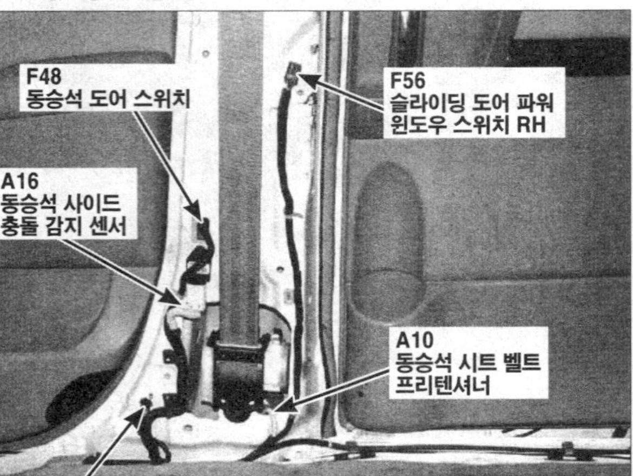

66. 우측 러기지 패널

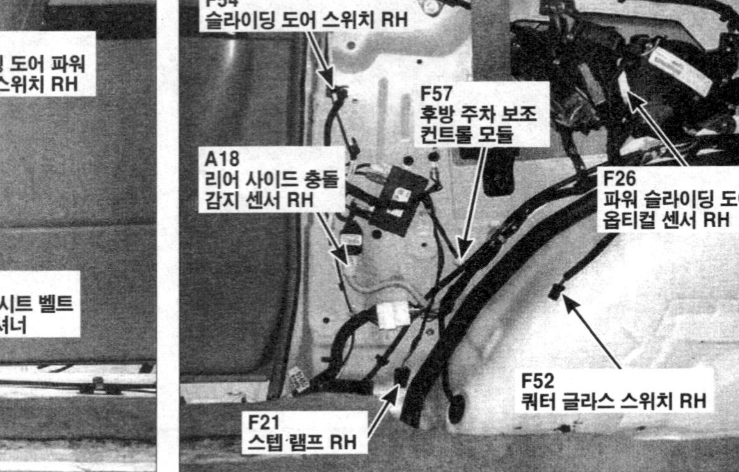

67. 우측 러기지 패널

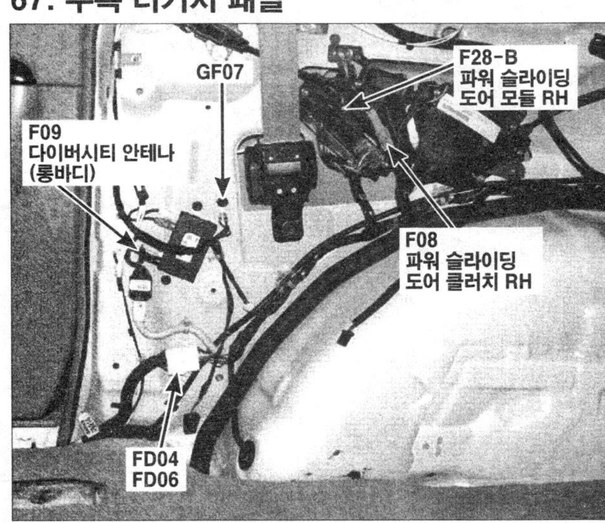

68. 우측 러기지 패널

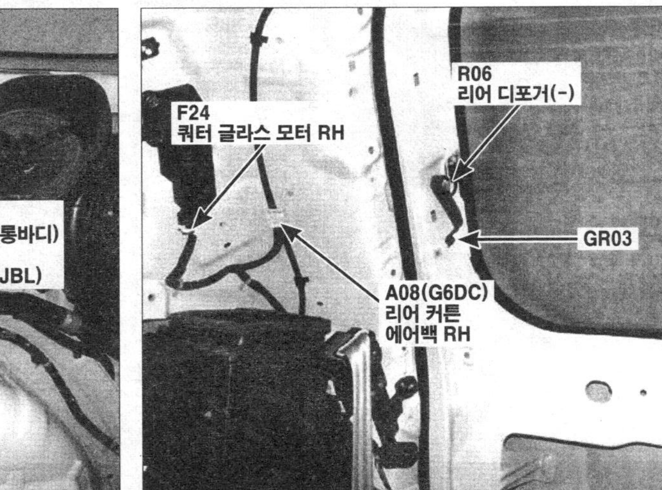

69. 우측 러기지 패널

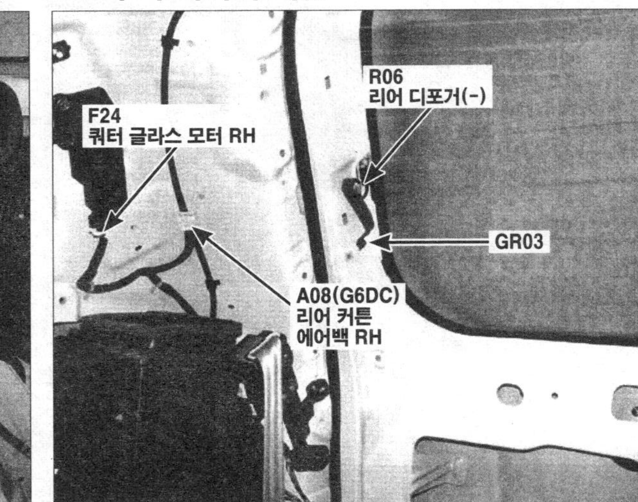

70. 우측 러기지 패널

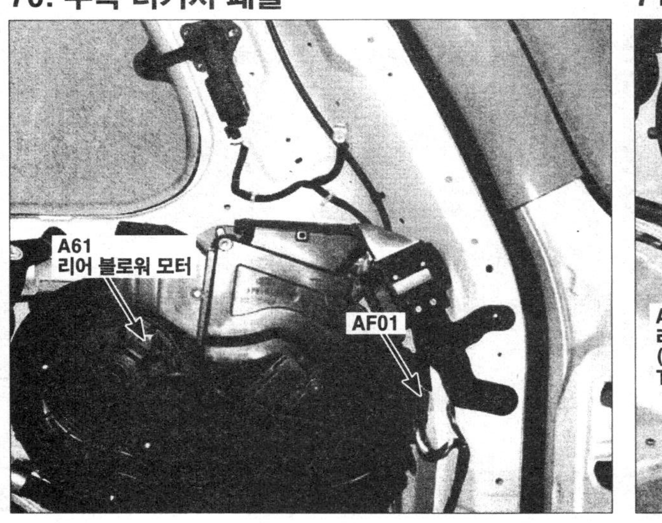

71. 우측 러기지 패널

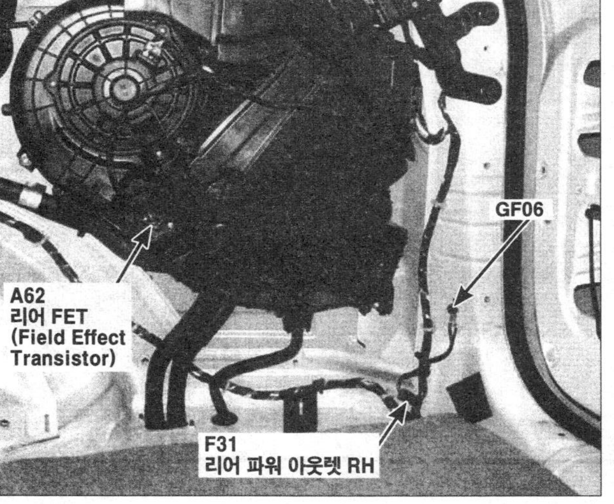

72. 우측 러기지 패널

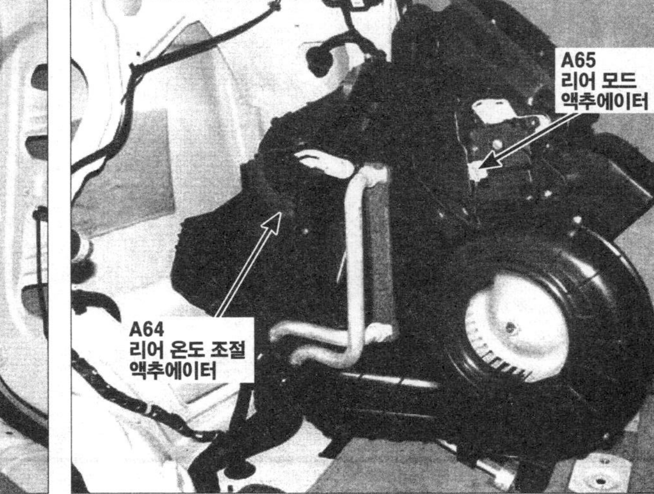

73. 글로브 박스

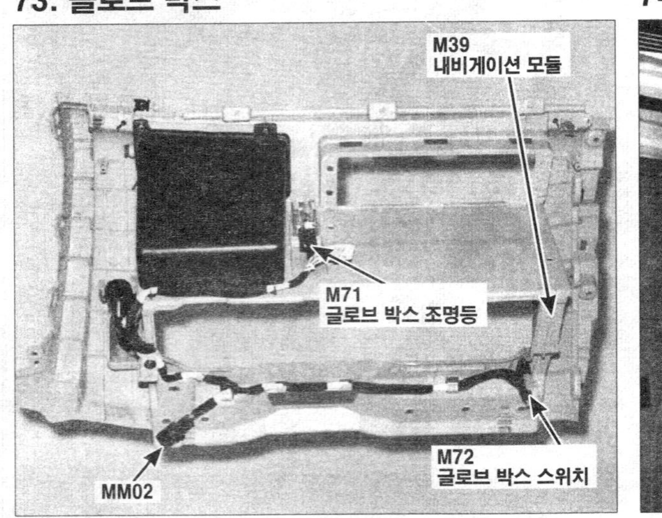

74. 우측 A필러 아래

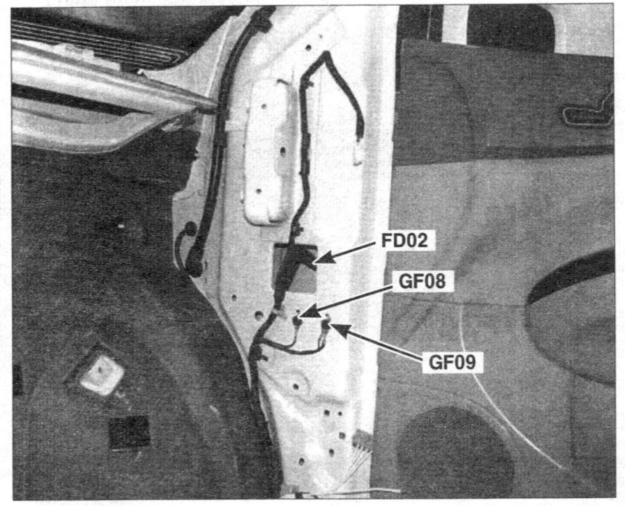

75. 좌측 A필러 아래

76. 좌측 A필러 아래

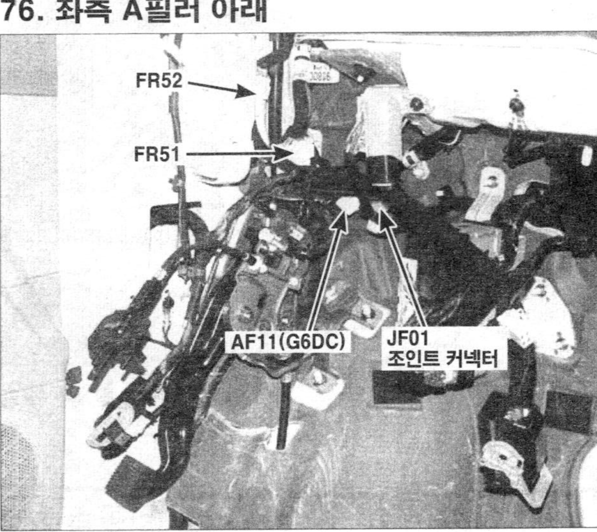

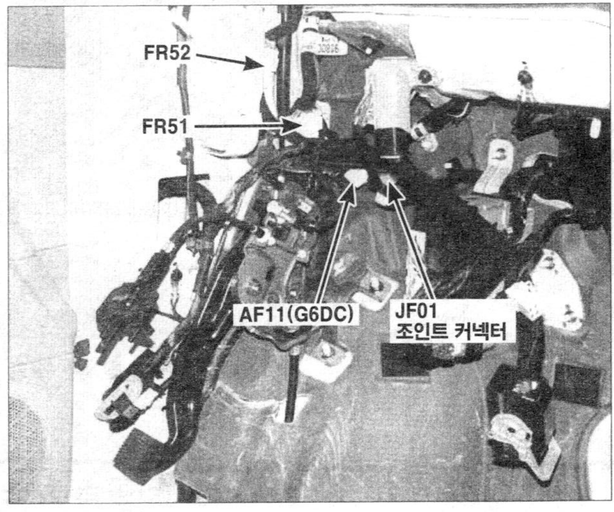

77. 대시 패널 좌측

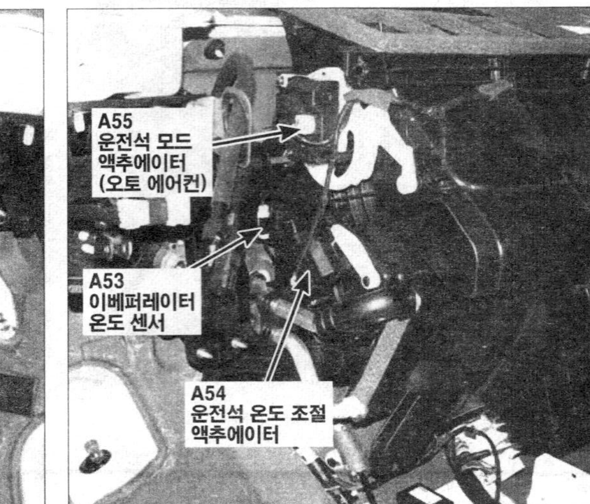

78. 대시 패널 우측

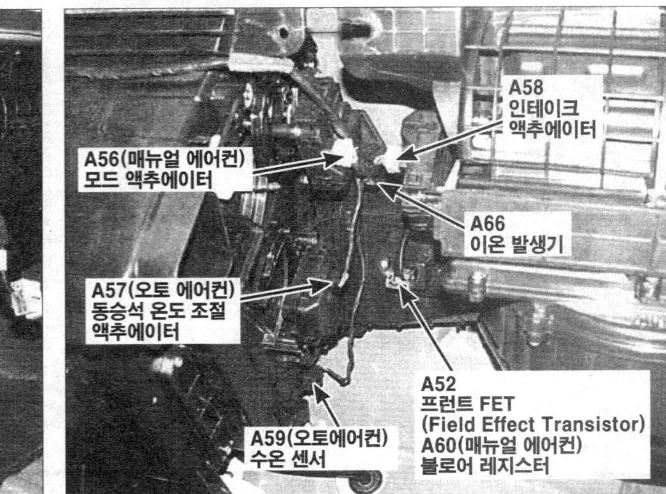

79. 대시 패널 우측 아래

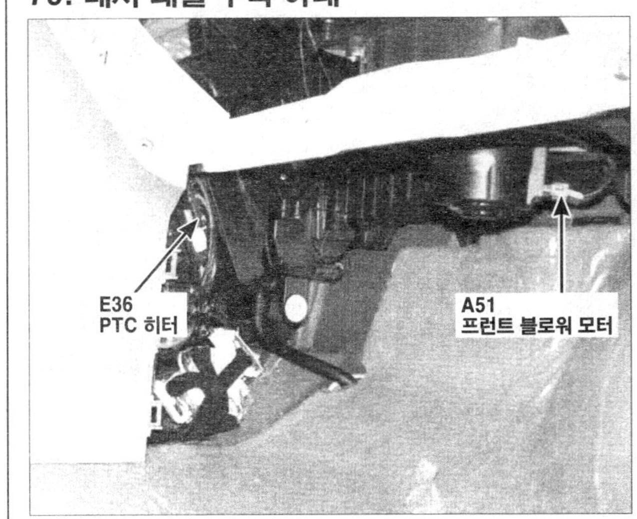

80. 대시 패널 우측 아래

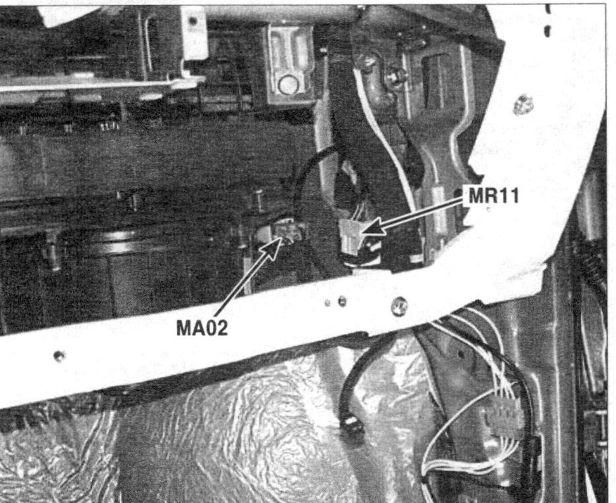

81. 테일 게이트

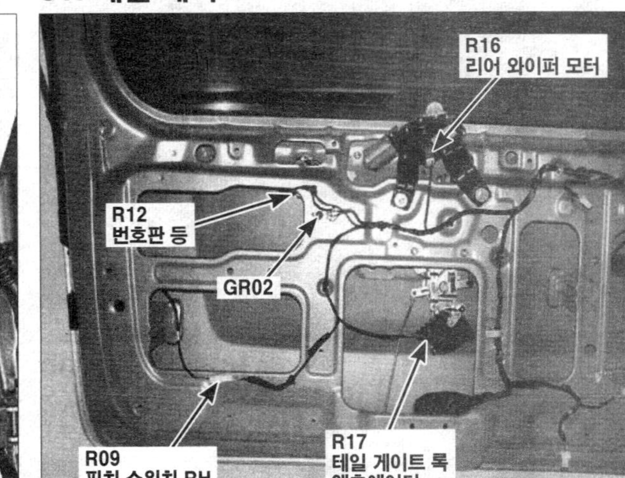

82. 테일 게이트

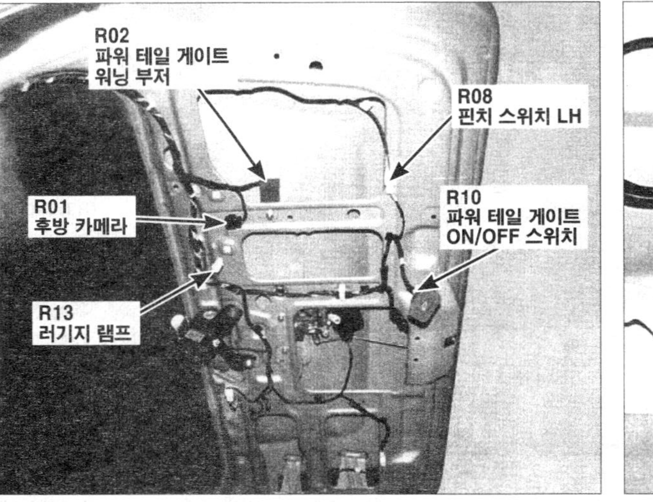
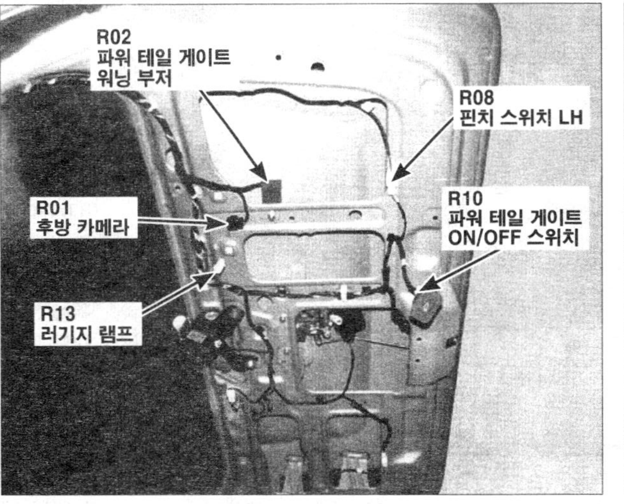

83. 테일 게이트

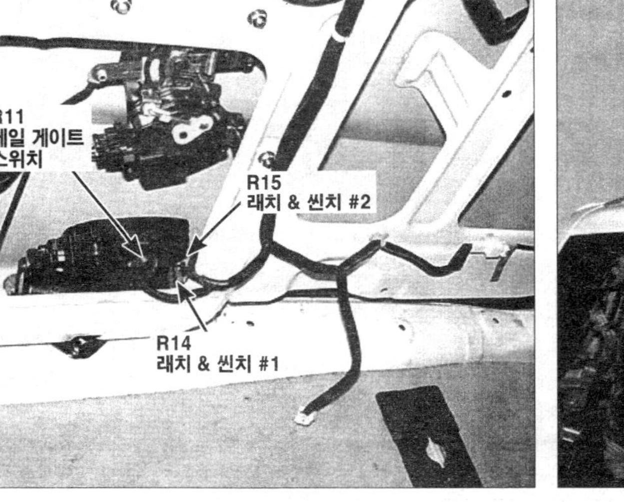

84. 테일 게이트

R03
R04(스포일러)
보조 정지등

85. 슬라이딩 도어

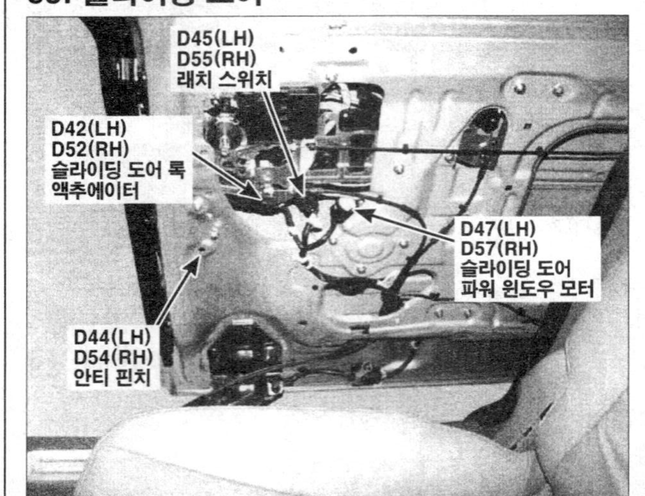

86. 슬라이딩 도어

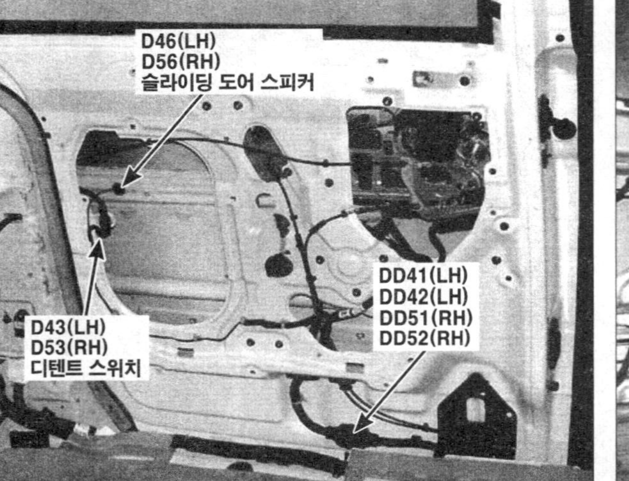

87. 운전석 도어

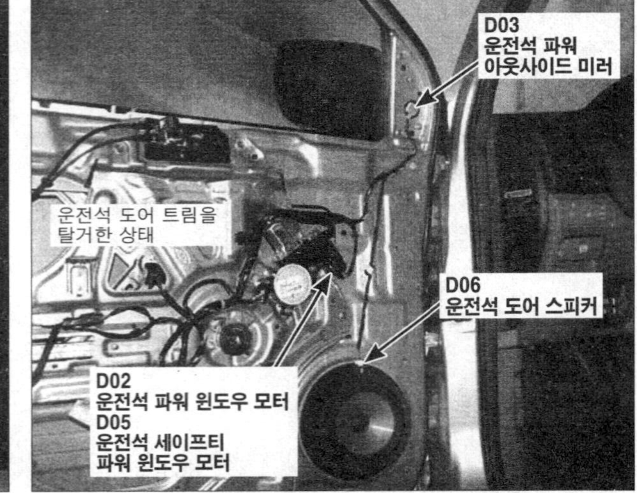

88. 운전석 도어

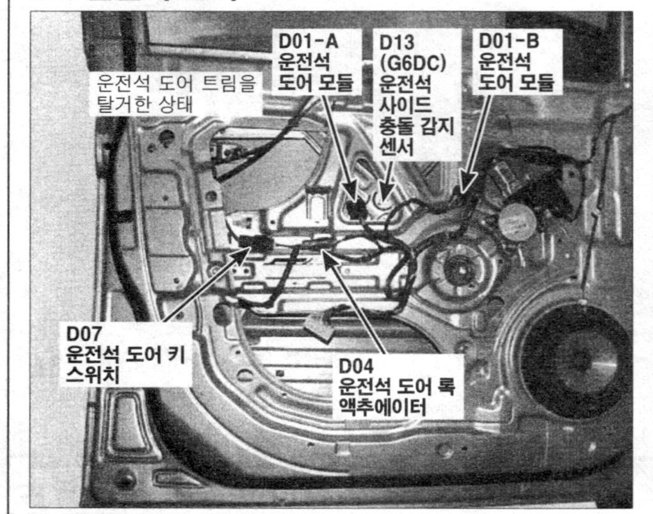

89. 운전석 도어 트림

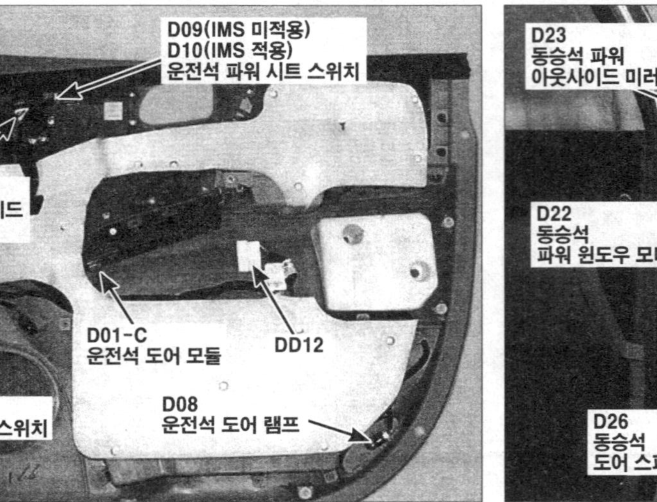

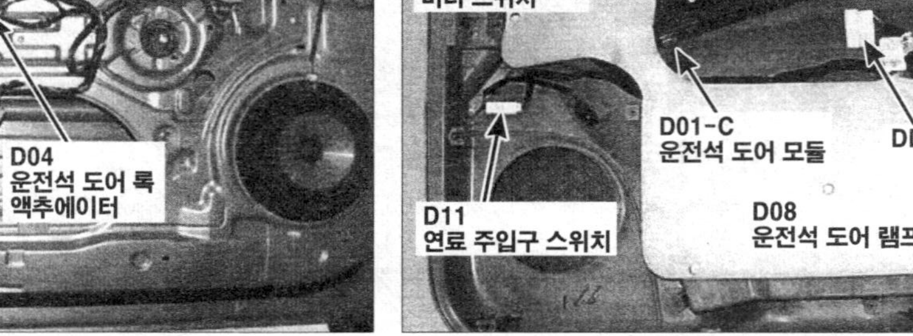

90. 동승석 도어

91. 동승석 도어 트림

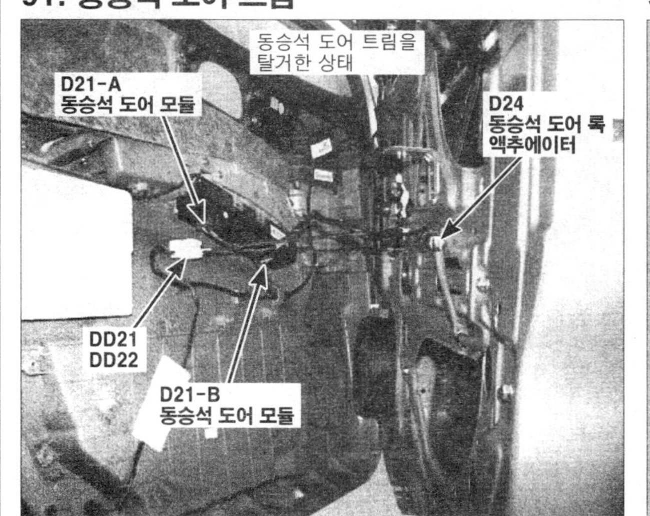

92. 동승석 도어 트림

93. 루프 트림 앞쪽

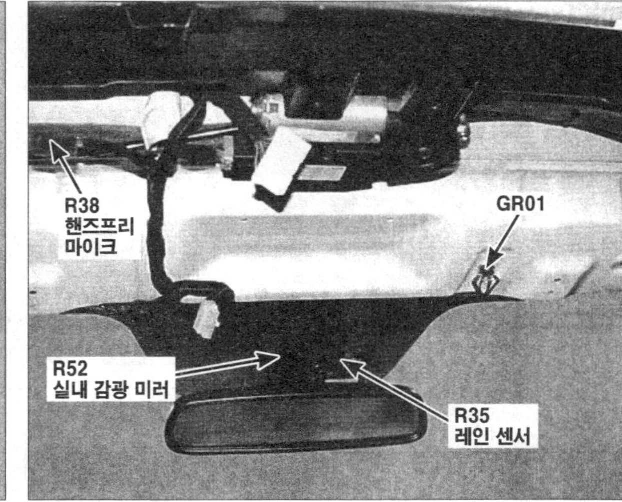

94.루프 트림 앞쪽

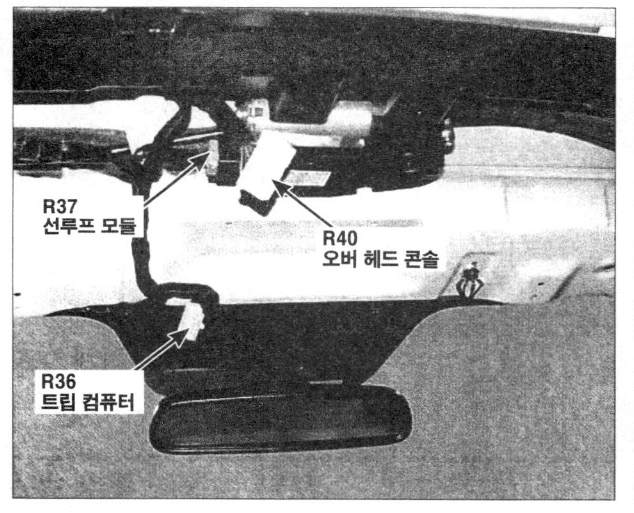

95. 루프 트림 앞쪽

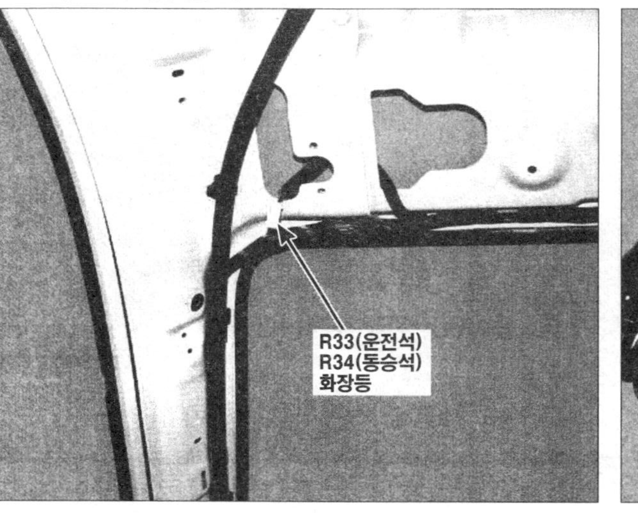

96.운전석 시트

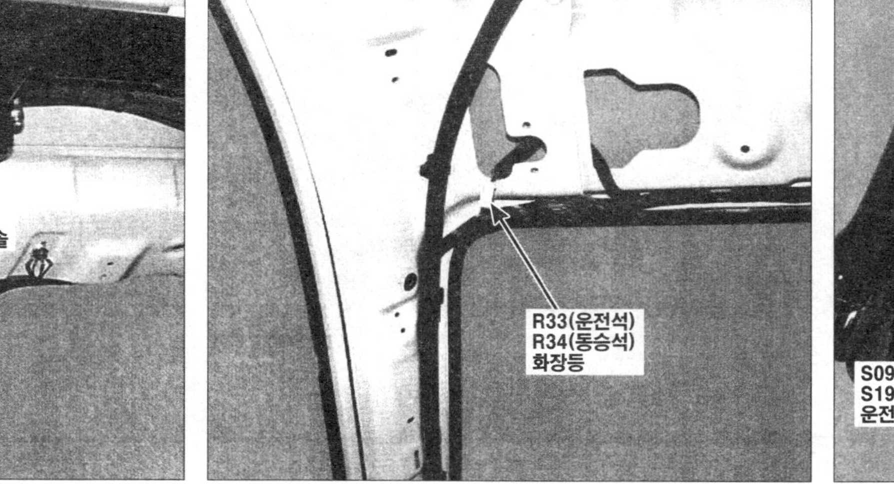

97. 운전석 시트

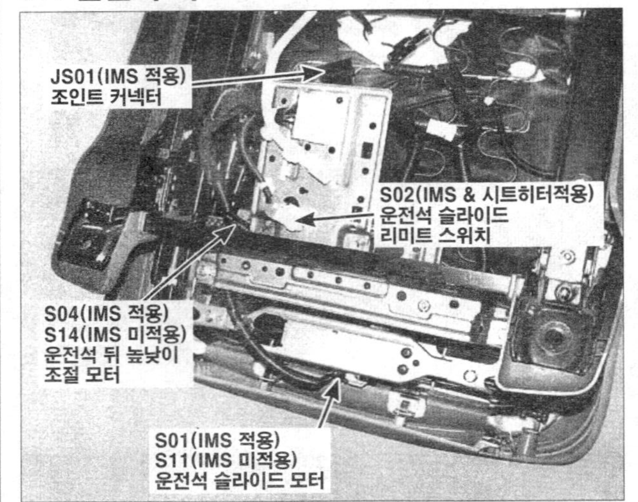

98. 동승석 시트

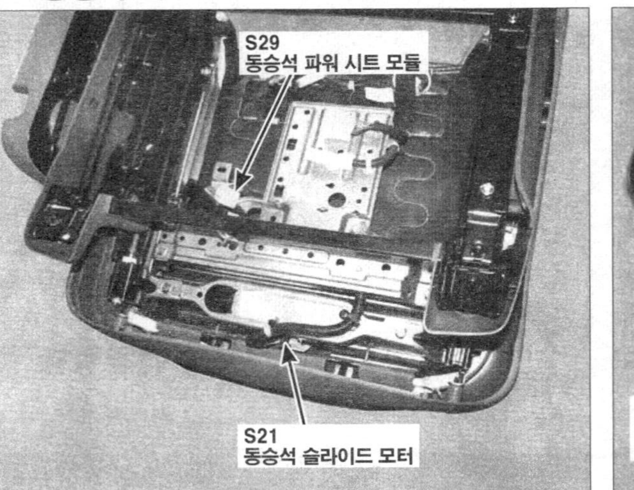

99. 동승석 시트

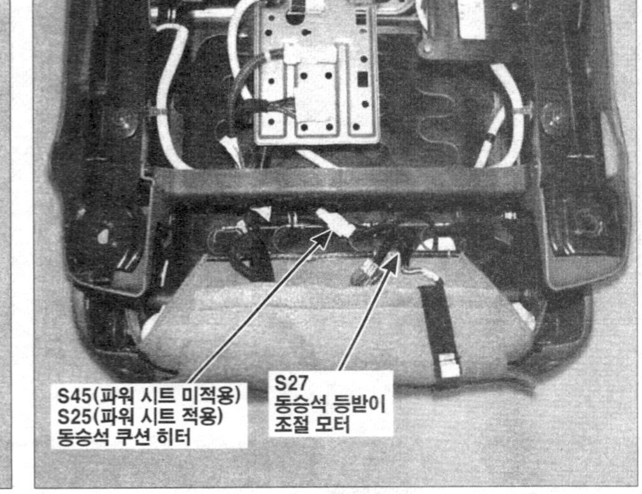

100. 대시 패널 좌측 아래

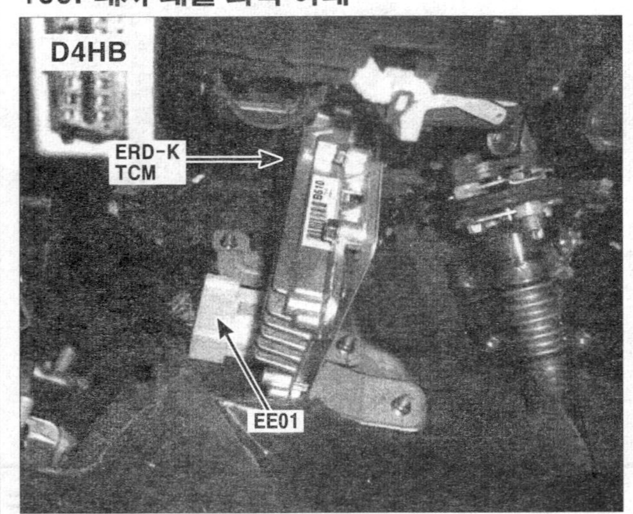

101. 엔진 앞쪽

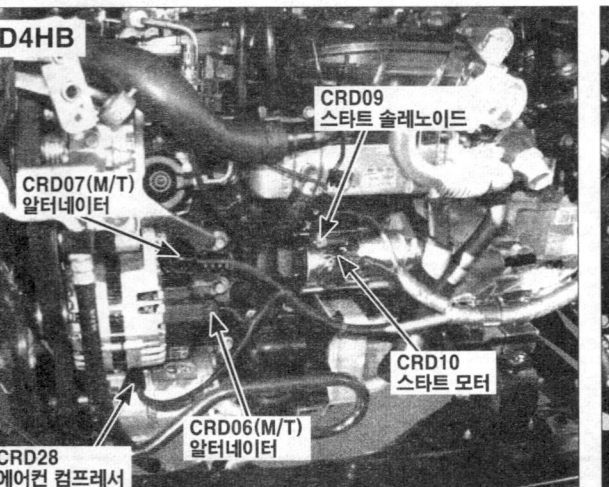

102. 엔진 위쪽

103. 엔진 앞쪽

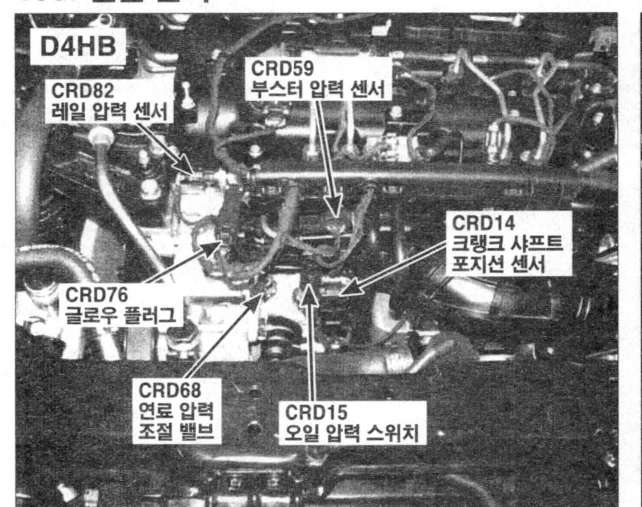

104. 엔진 앞쪽

105. 엔진 좌측

106. 엔진 룸 우측

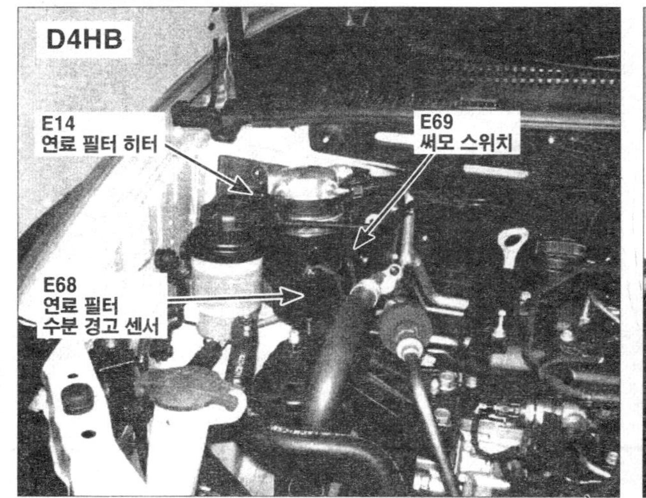
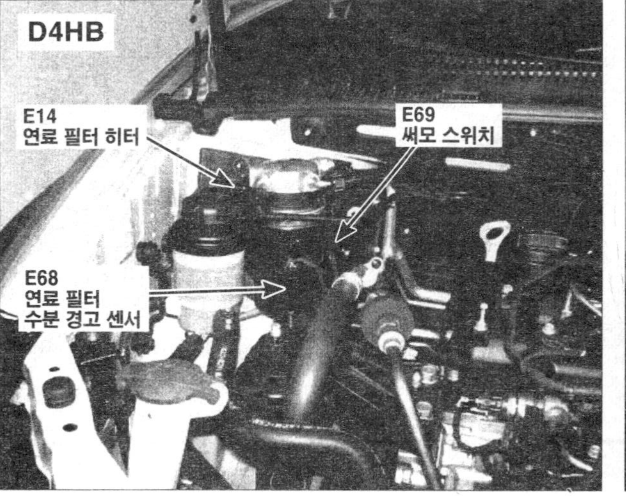

107. 엔진 룸 좌측 앞

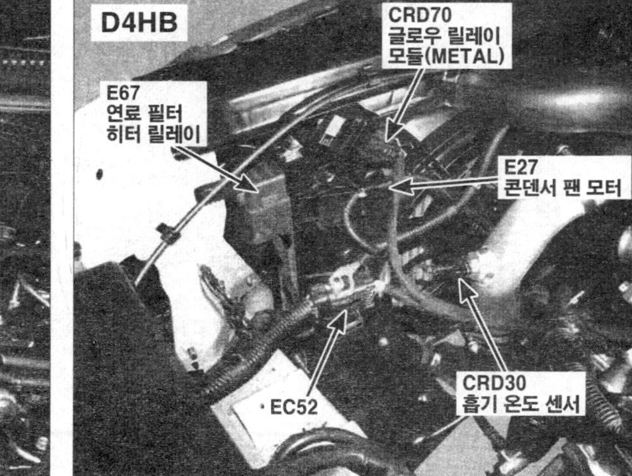

108. 엔진 룸 좌측

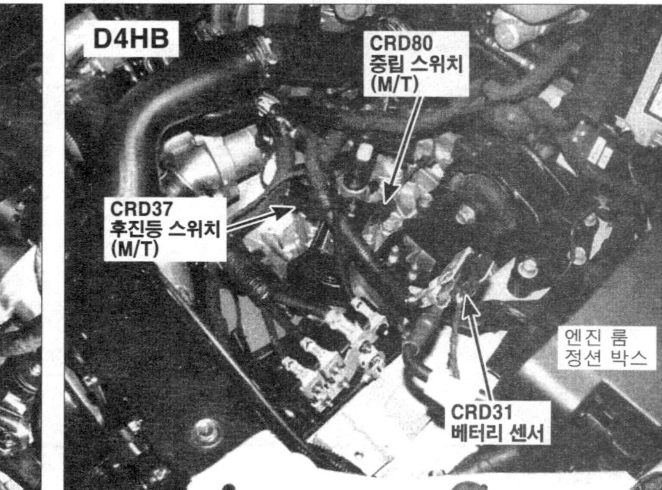

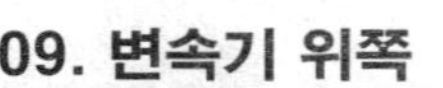

109. 변속기 위쪽

110. 엔진 룸 우측 앞

111. 엔진 룸 좌측

112. 엔진 룸 좌측

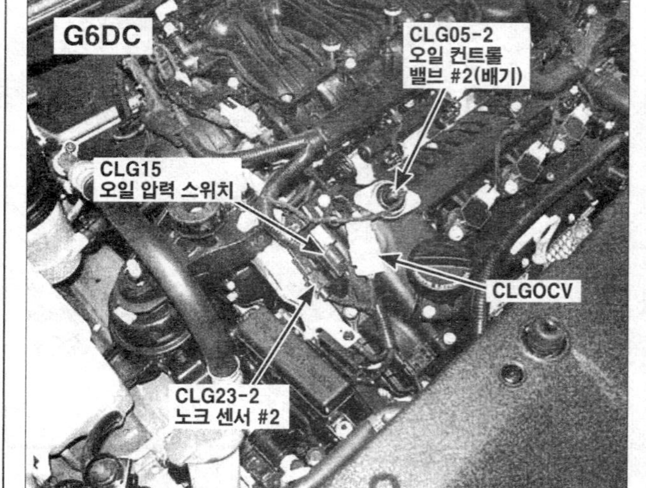

113. 엔진 위쪽

114. 엔진 좌측

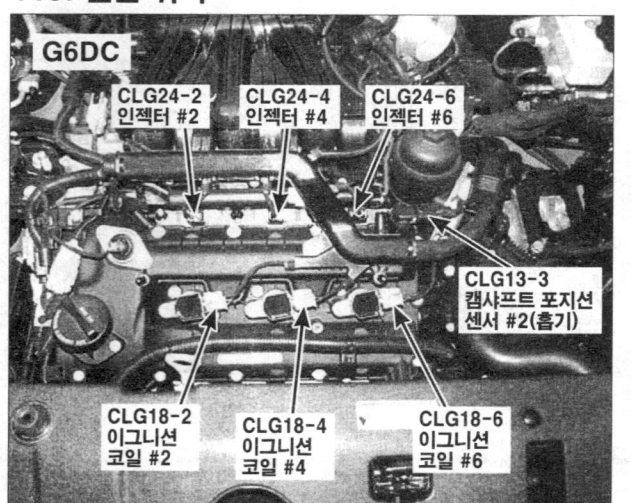

115. 엔진 앞쪽

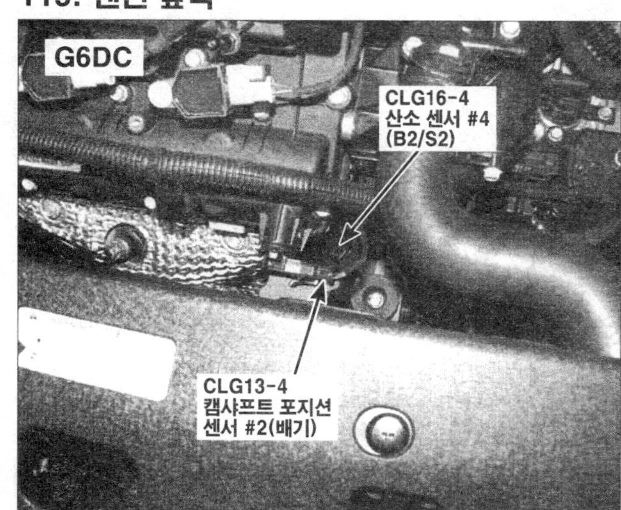

116. 엔진 좌측

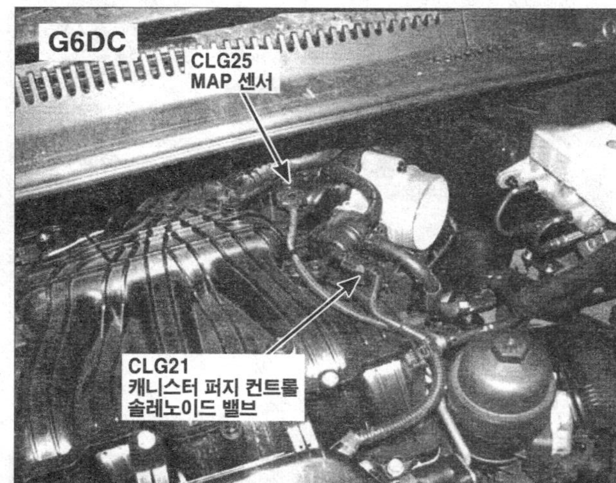

117. 엔진 좌측

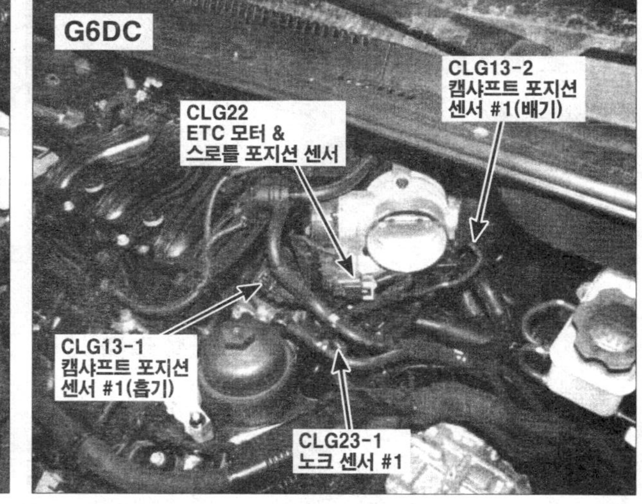

118. 엔진 좌측

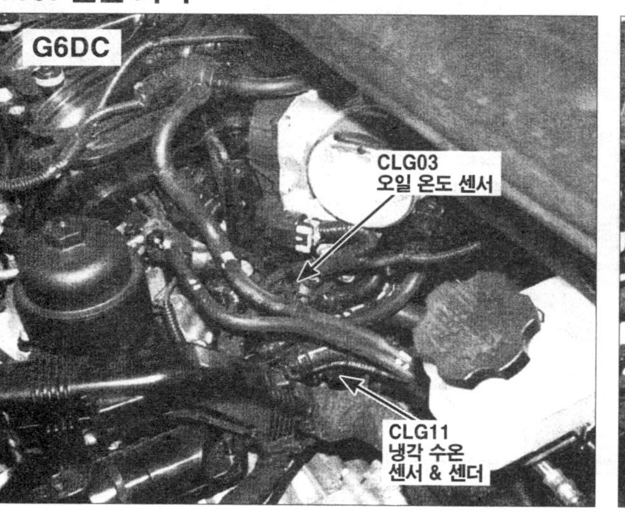

119. 엔진 위쪽

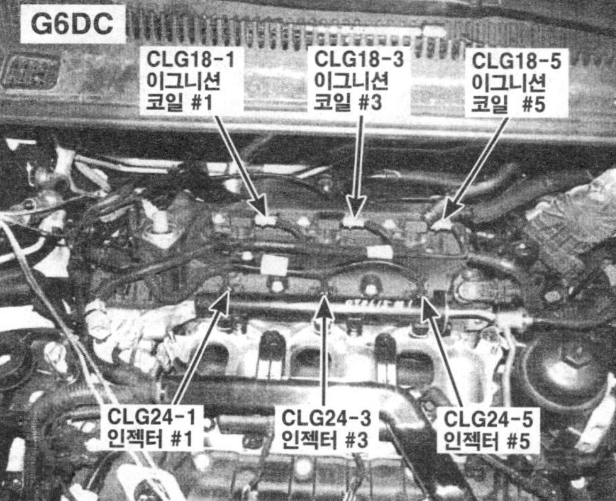

120. 엔진 룸 좌측

121. 엔진 좌측

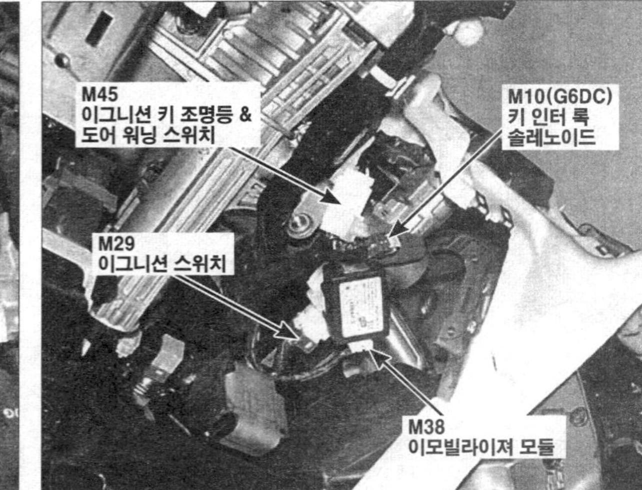

122. 변속기 위쪽

123. 대시 패널 좌측

124. 대시 패널 중앙

M20
오토 라이트 & 포토 센서
M05(D4HB)
M06(G6DC)
디지털 시계
M23
프런트 센터 스피커

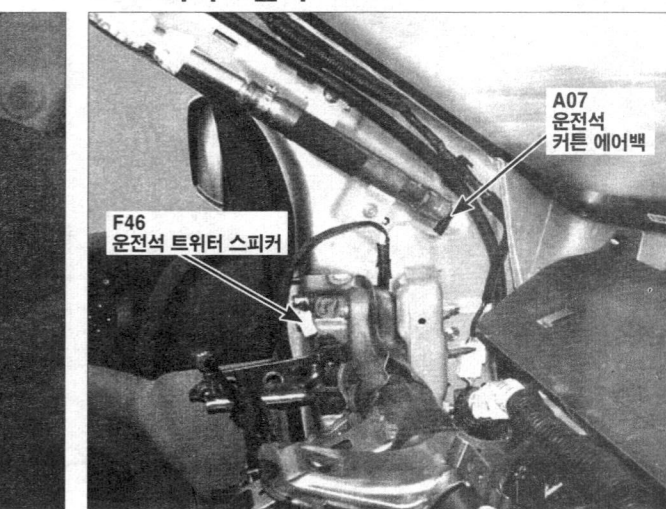

125. 대시 패널 우측

126. 좌측 A필러

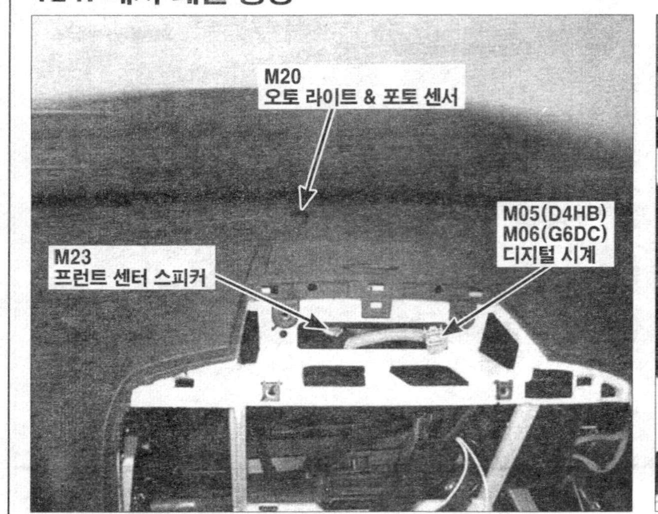

127. 대시 패널 중앙

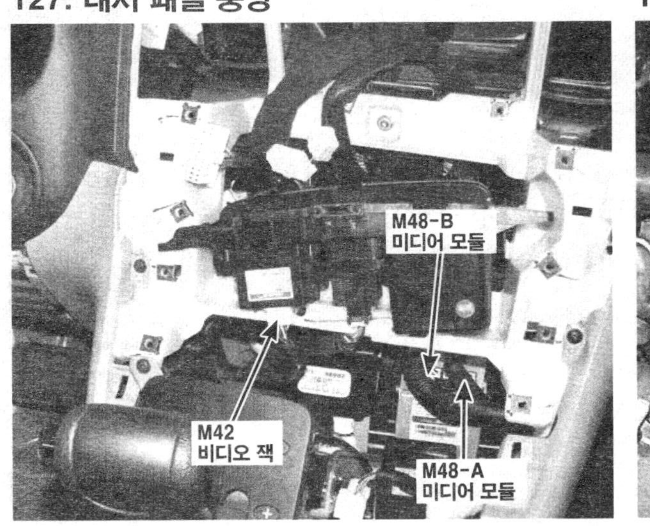

128. 대시 패널 좌측 아래

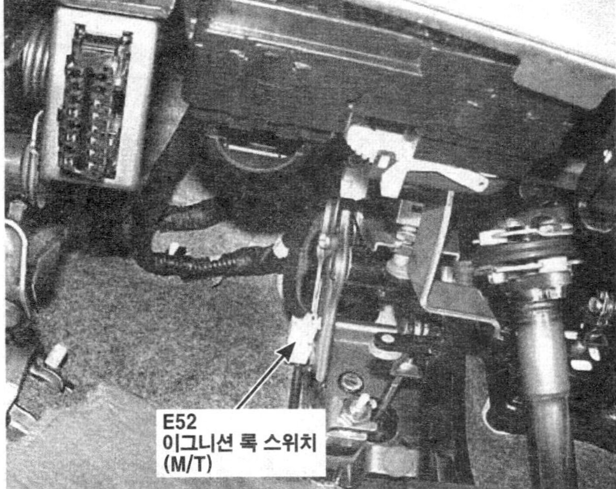

129. 우측 A필러

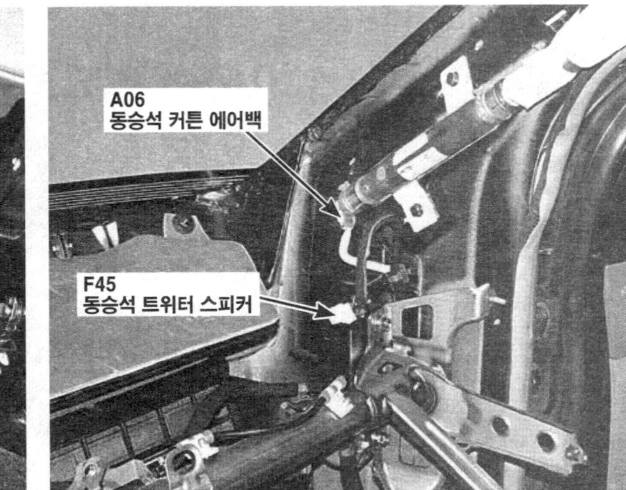

130. 대시 패널 좌측

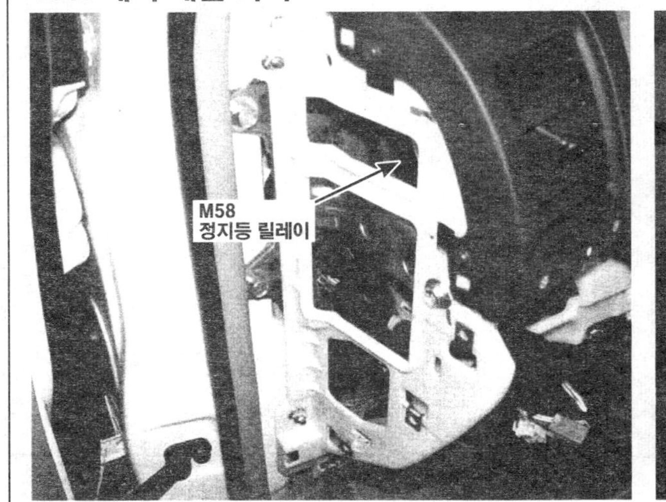
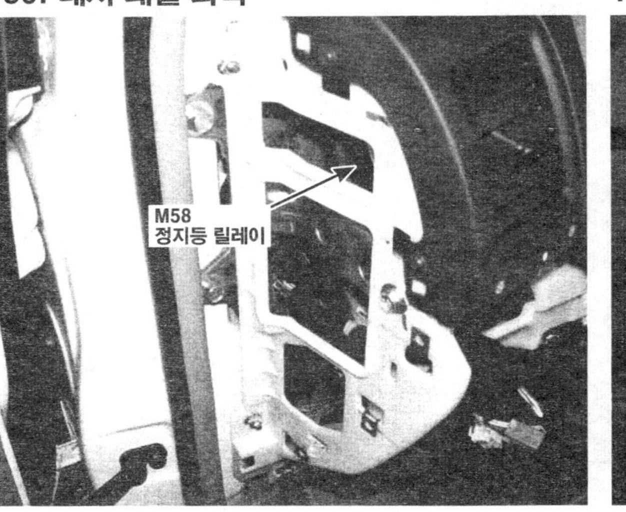

131. 러기지 패널

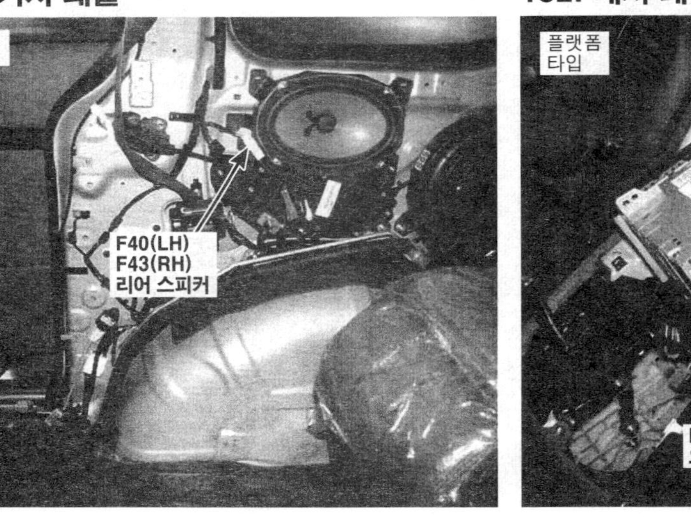

132. 대시 패널 중앙

플랫폼
타입
M54-C
오디오
M54-B
오디오
M54-A
오디오
M54-D
오디오

133. 루프 트림 앞쪽

134. 엔진 앞쪽

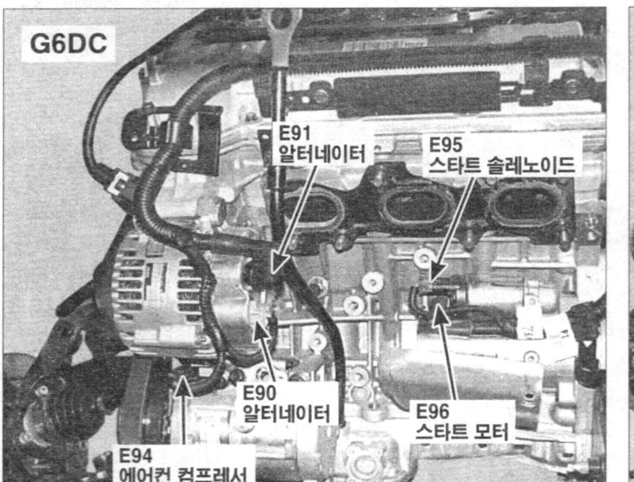

135. 엔진 앞쪽

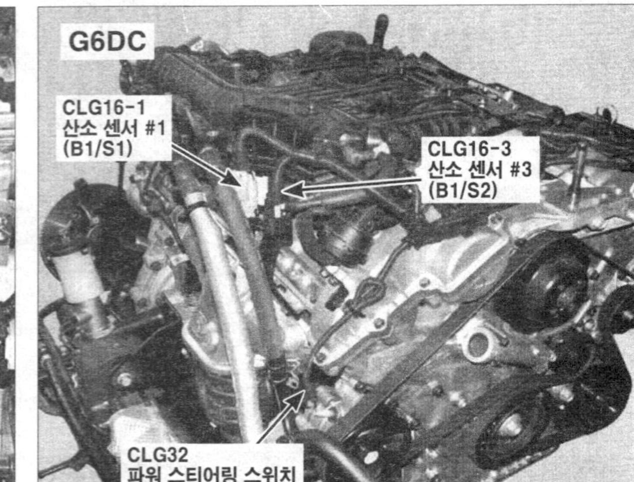

136. 엔진 앞쪽

137. 엔진 룸 좌측 뒤

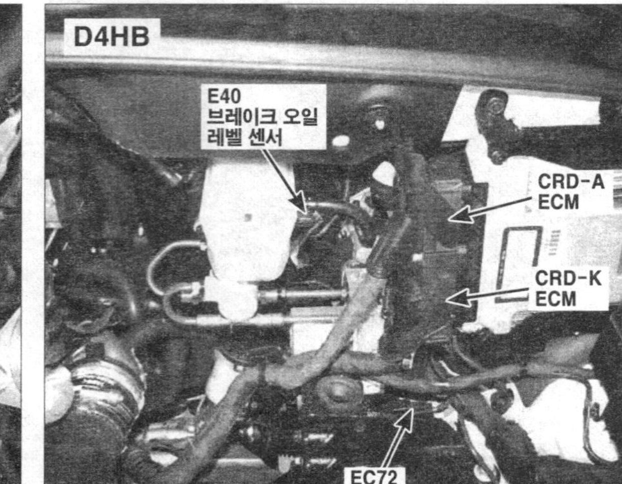

커넥터 식별도

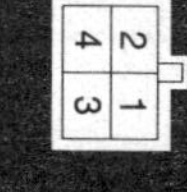

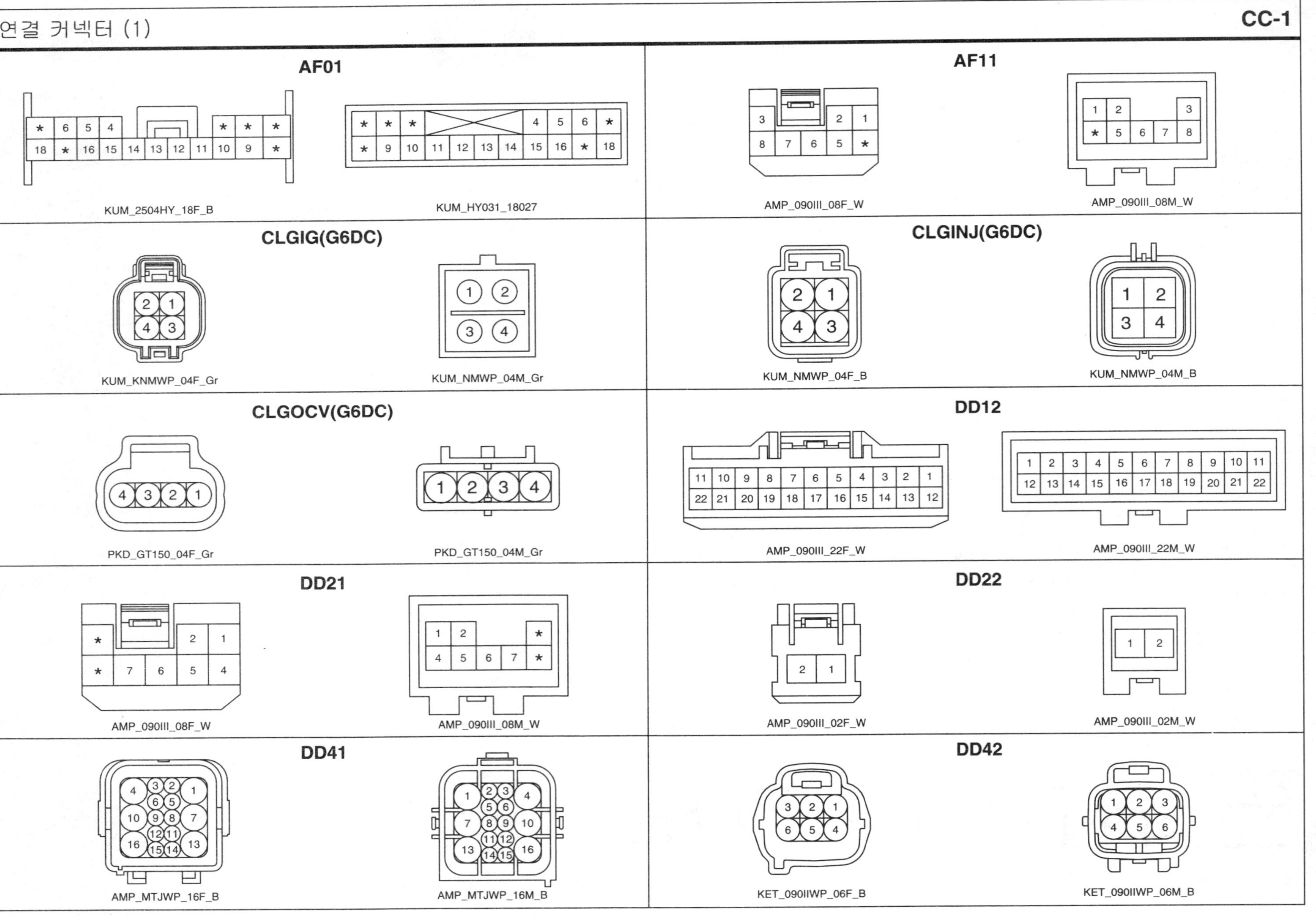
AF01
KUM_2504HY_18F_B
KUM_HY031_18027
AF11
AMP_090III_08F_W
AMP_090III_08M_W
CLGIG(G6DC)
KUM_KNMWP_04F_Gr
KUM_NMWP_04M_Gr
CLGINJ(G6DC)
KUM_NMWP_04F_B
KUM_NMWP_04M_B
CLGOCV(G6DC)
PKD_GT150_04F_Gr
PKD_GT150_04M_Gr
DD12
AMP_090III_22F_W
AMP_090III_22M_W
DD21
AMP_090III_08F_W
AMP_090III_08M_W
DD22
AMP_090III_02F_W
AMP_090III_02M_W
DD41
AMP_MTJWP_16F_B
AMP_MTJWP_16M_B
DD42
KET_090IIWP_06F_B
KET_090IIWP_06M_B

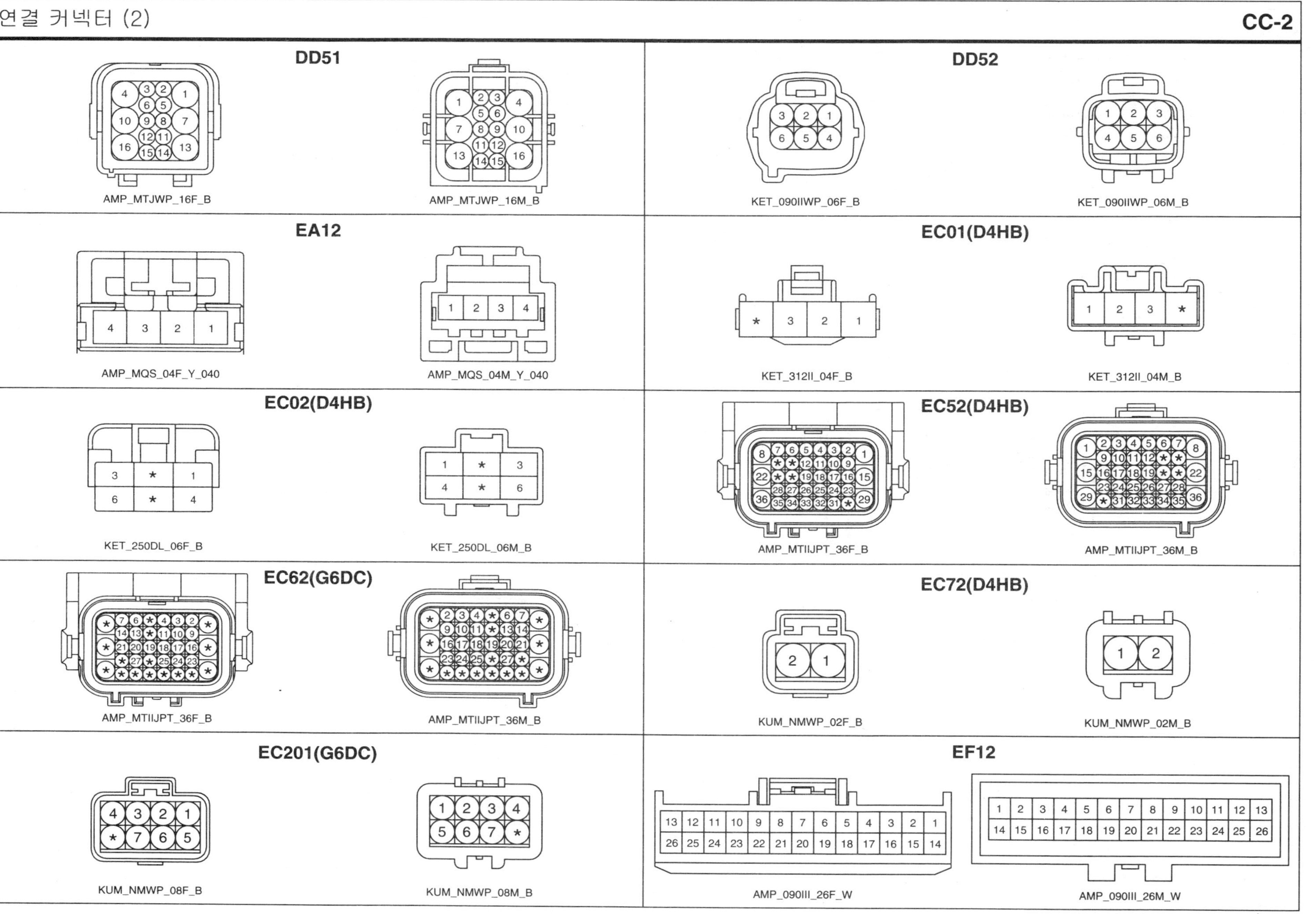
DD51
AMP_MTJWP_16F_B
AMP_MTJWP_16M_B
DD52
KET_090IIWP_06F_B
KET_090IIWP_06M_B
EA12
AMP_MQS_04F_Y_040
AMP_MQS_04M_Y_040
EC01(D4HB)
KET_312II_04F_B
KET_312II_04M_B
EC02(D4HB)
KET_250DL_06F_B
KET_250DL_06M_B
EC52(D4HB)
AMP_MTIIJPT_36F_B
AMP_MTIIJPT_36M_B
EC62(G6DC)
AMP_MTIIJPT_36F_B
AMP_MTIIJPT_36M_B
EC72(D4HB)
KUM_NMWP_02F_B
KUM_NMWP_02M_B
EC201(G6DC)
KUM_NMWP_08F_B
KUM_NMWP_08M_B
EF12
AMP_090III_26F_W
AMP_090III_26M_W

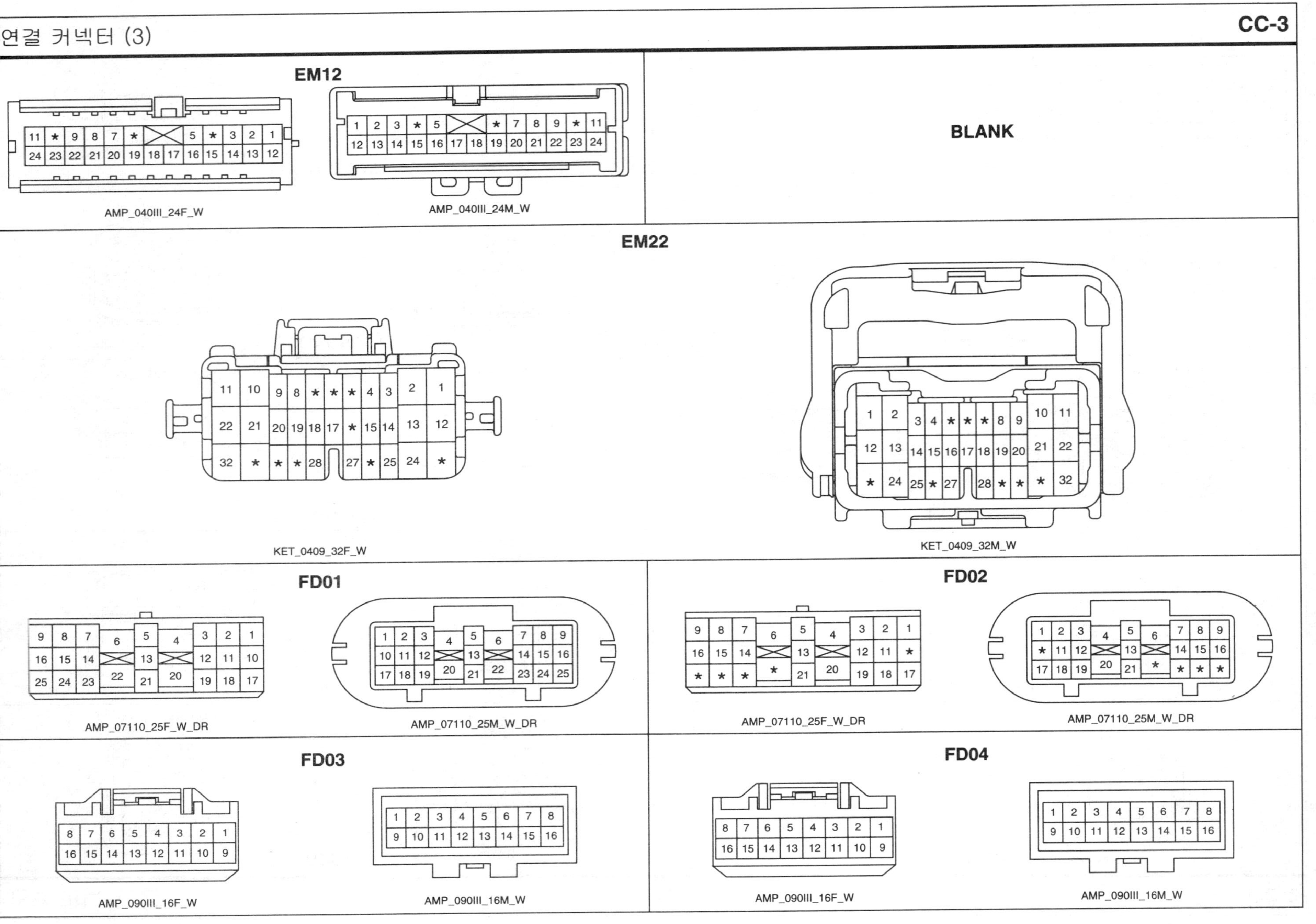
EM12
AMP_040III_24F_W
AMP_040III_24M_W
BLANK
EM22
KET_0409_32F_W
KET_0409_32M_W
FD01
AMP_07110_25F_W_DR
AMP_07110_25M_W_DR
FD02
AMP_07110_25F_W_DR
AMP_07110_25M_W_DR
FD03
AMP_090III_16F_W
AMP_090III_16M_W
FD04
AMP_090III_16F_W
AMP_090III_16M_W

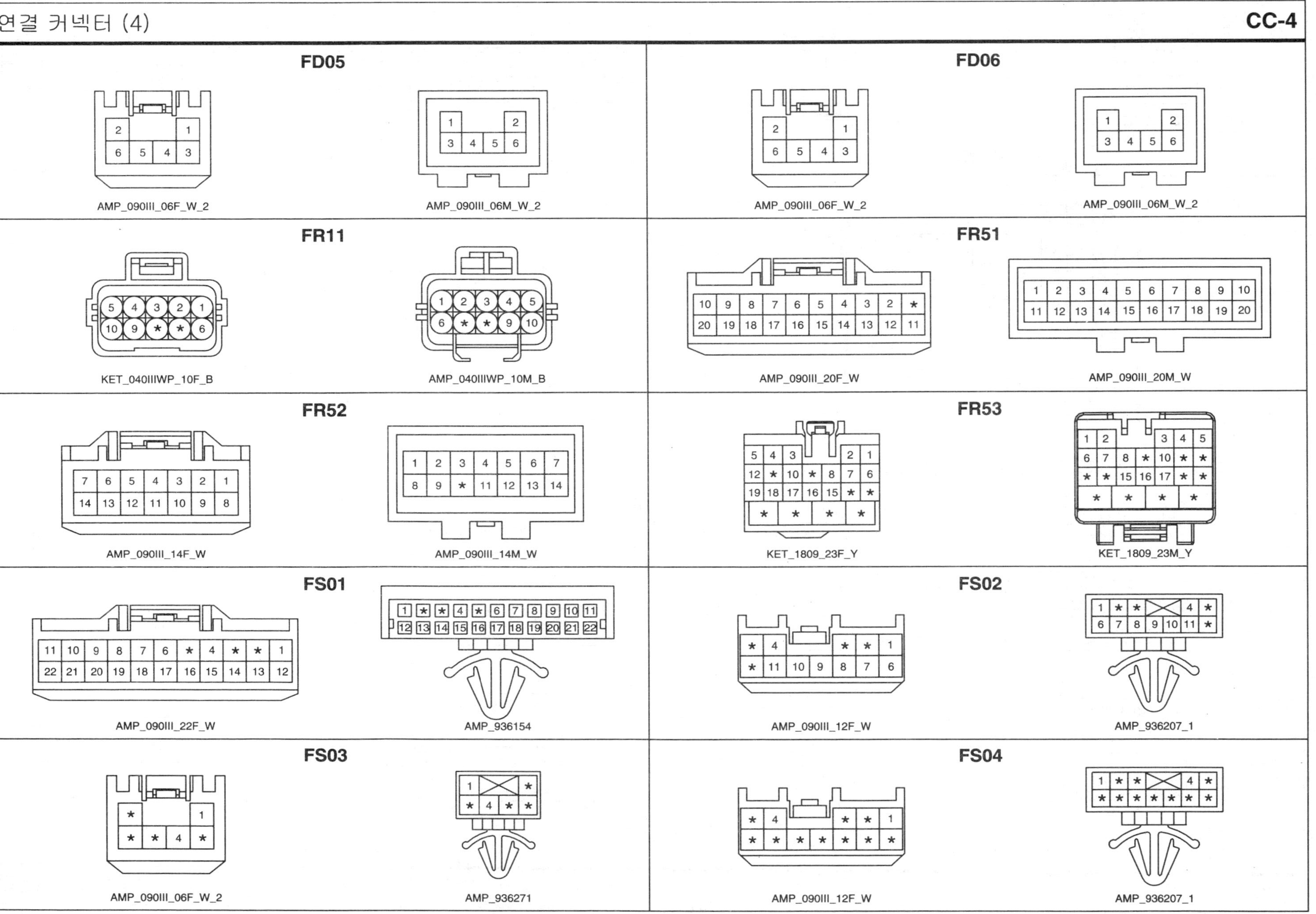
FD05
AMP_090III_06F_W_2
AMP_090III_06M_W_2
FD06
AMP_090III_06F_W_2
AMP_090III_06M_W_2
FR11
KET_040IIIWP_10F_B
AMP_040IIIWP_10M_B
FR51
AMP_090III_20F_W
AMP_090III_20M_W
FR52
AMP_090III_14F_W
AMP_090III_14M_W
FR53
KET_1809_23F_Y
KET_1809_23M_Y
FS01
AMP_090III_22F_W
AMP_936154
FS02
AMP_090III_12F_W
AMP_936207_1
FS03
AMP_090III_06F_W_2
AMP_936271
FS04
AMP_090III_12F_W
AMP_936207_1

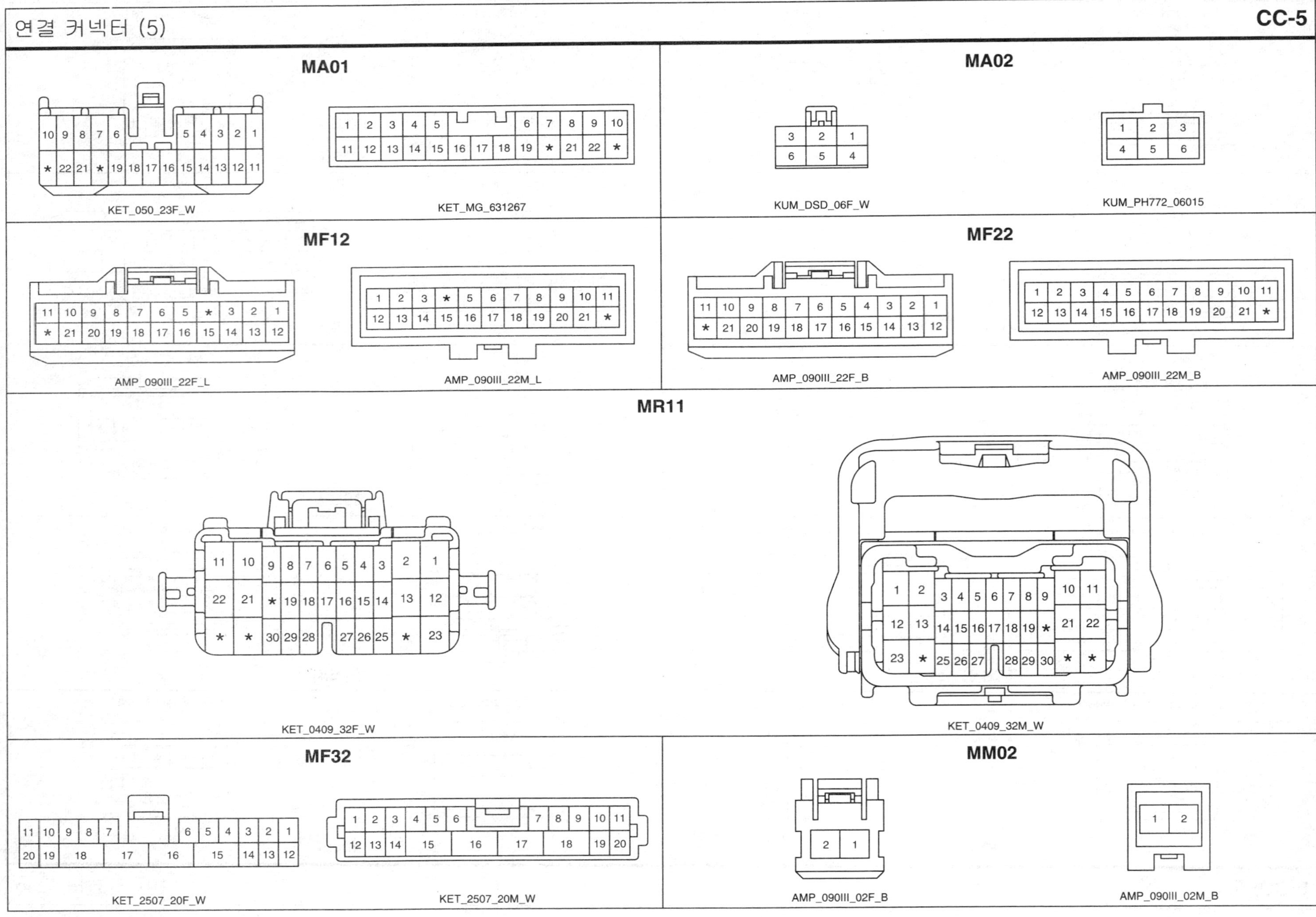
MA01
KET_050_23F_W
KET_MG_631267
MA02
KUM_DSD_06F_W
KUM_PH772_06015
MF12
AMP_090III_22F_L
AMP_090III_22M_L
MF22
AMP_090III_22F_B
AMP_090III_22M_B
MR11
KET_0409_32F_W
KET_0409_32M_W
MF32
KET_2507_20F_W
KET_2507_20M_W
MM02
AMP_090III_02F_B
AMP_090III_02M_B

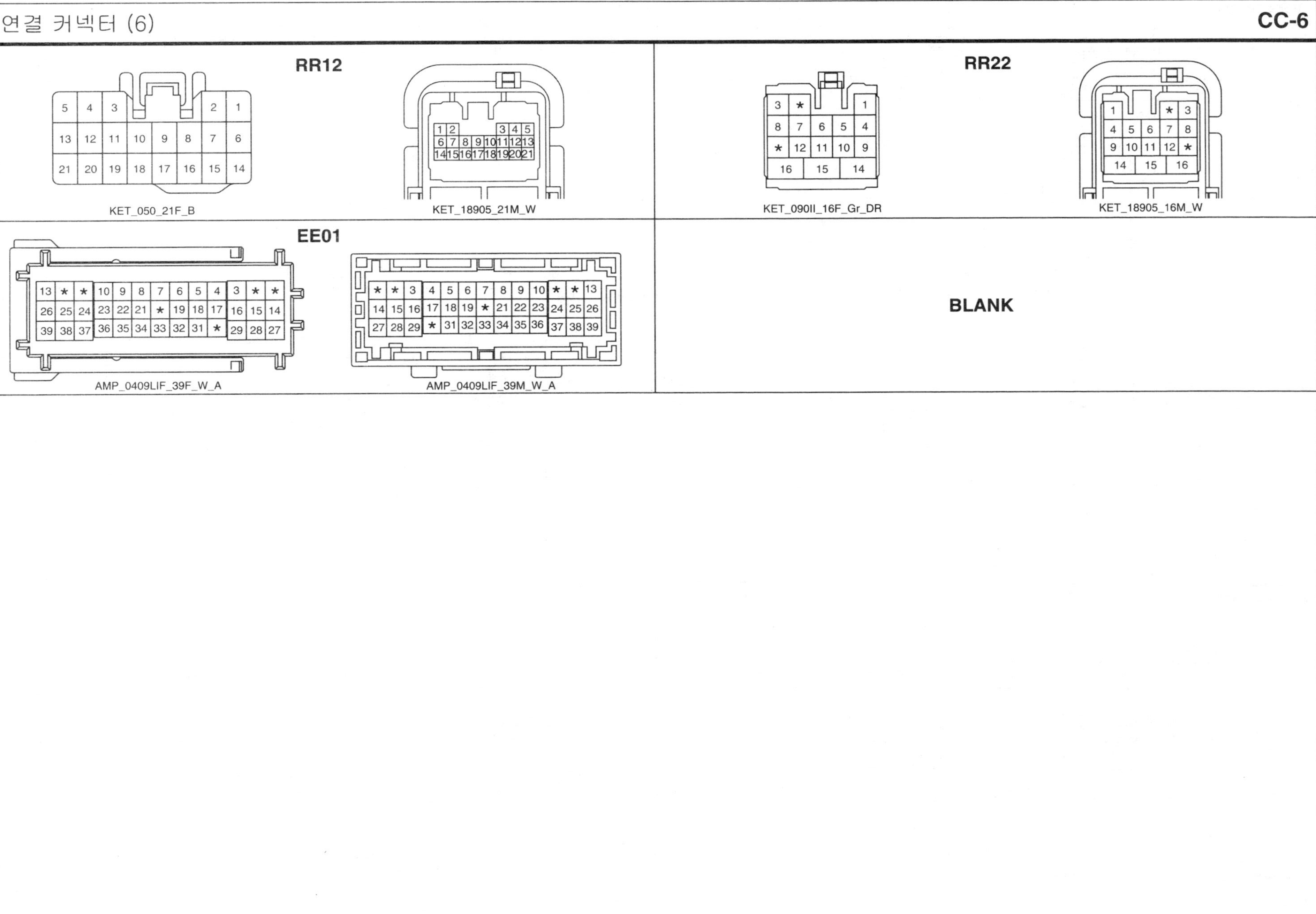
RR12
5 4 3 2 1
13 12 11 10 9 8 7 6
21 20 19 18 17 16 15 14
KET_050_21F_B
1 2 3 4 5
6 7 8 9 10 11 12 13
14 15 16 17 18 19 20 21
KET_18905_21M_W
RR22
3 * 1
8 7 6 5 4
* 12 11 10 9
16 15 14
KET_090II_16F_Gr_DR
1 * 3
4 5 6 7 8
9 10 11 12 *
14 15 16
KET_18905_16M_W
EE01
13 * * 10 9 8 7 6 5 4 3 * *
26 25 24 23 22 21 * 19 18 17 16 15 14
39 38 37 36 35 34 33 32 31 * 29 28 27
AMP_0409LIF_39F_W_A
* * 3 4 5 6 7 8 9 10 * * 13
14 15 16 17 18 19 * 21 22 23 24 25 26
27 28 29 * 31 32 33 34 35 36 37 38 39
AMP_0409LIF_39M_W_A
BLANK

프런트 에어리어 모듈 (Front Area Module) (1)

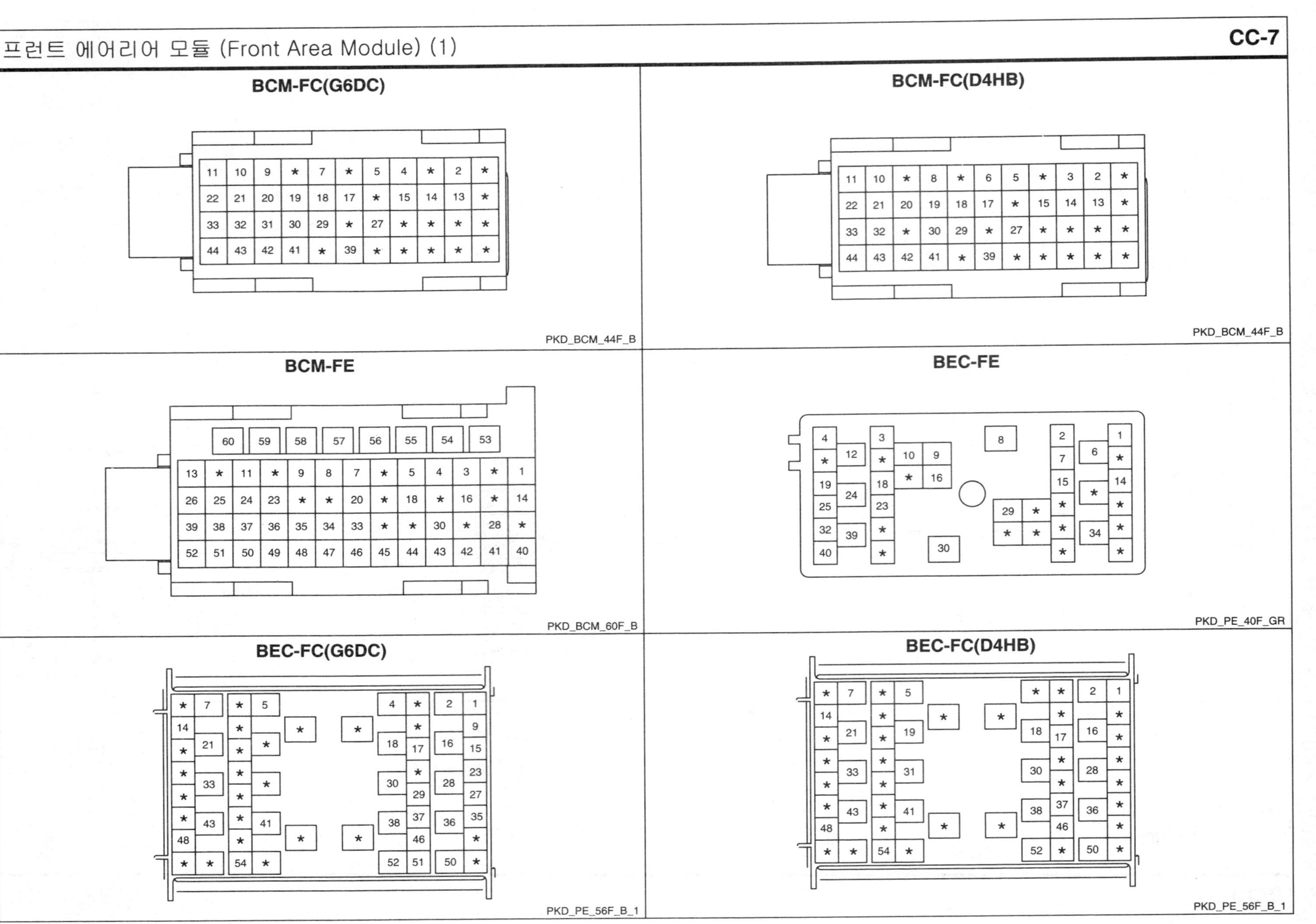

BEC-FF

3
9
11
13
19
*
8
7
2
6
5
18
17
*
16
15
1
4
10
*
14
20

PKD_PE_22F_B

BLANK

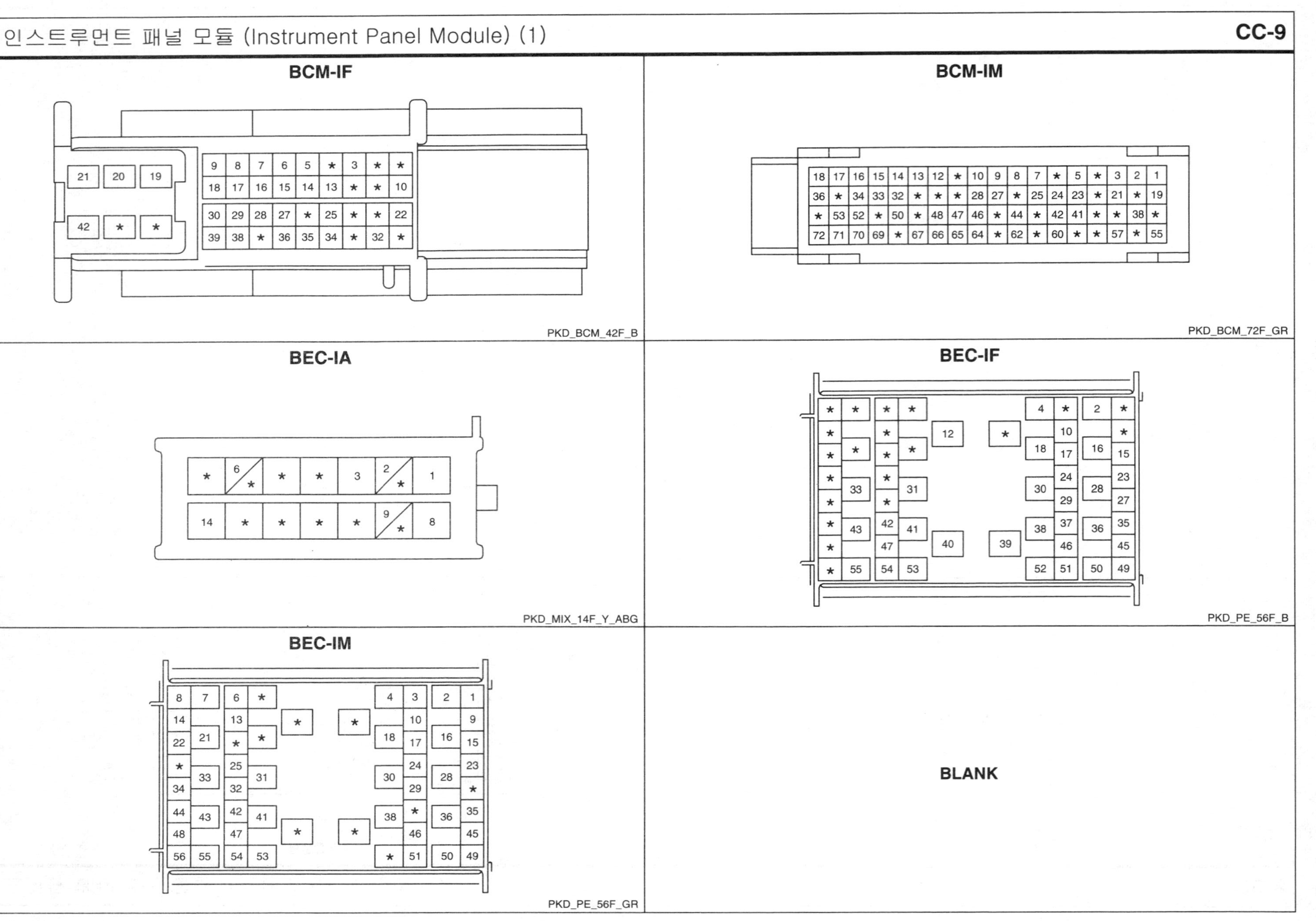
BCM-IF
PKD_BCM_42F_B
BCM-IM
PKD_BCM_72F_GR
BEC-IA
PKD_MIX_14F_Y_ABG
BEC-IF
PKD_PE_56F_B
BEC-IM
PKD_PE_56F_GR
BLANK

BCM-RF1

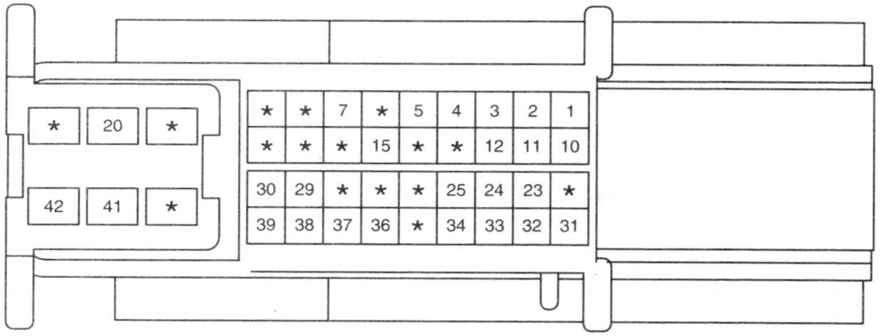

PKD_BCM_42F_GR

BCM-RF2

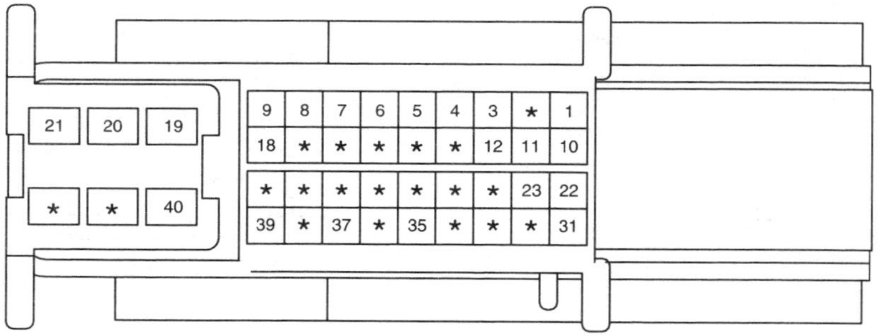

PKD_BCM_42F_B

BCM-RR1

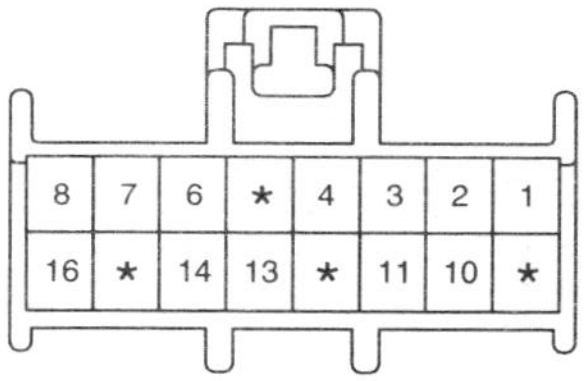

PKD_ASM_16F_GR

BCM-RR2

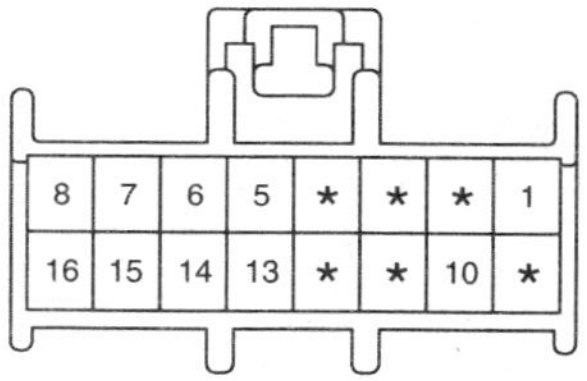

PKD_ASM_16F_B

BEC-RF1

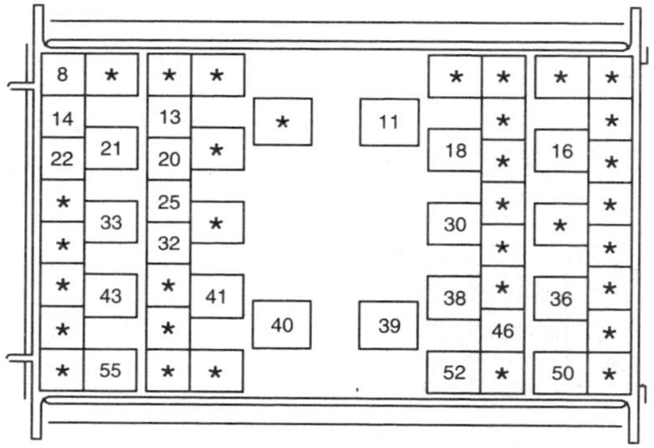

PKD_PE_56F_B

BEC-RF2

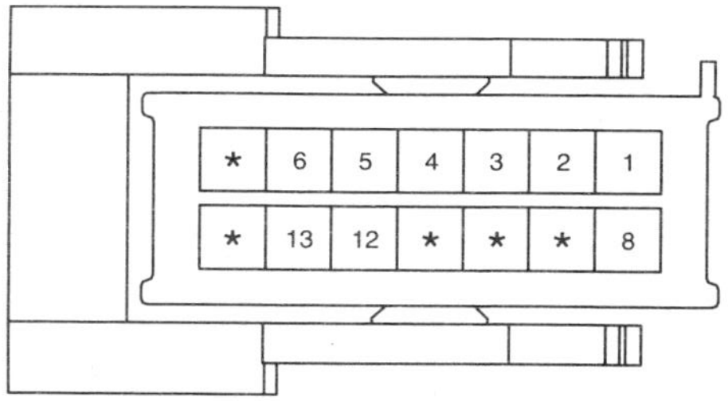

PKD_MIX_14F_B_ABG

BEC-RR

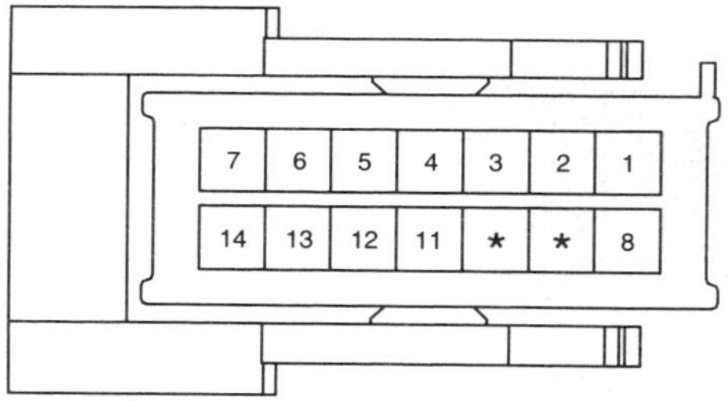

PKD_MIX_14F_GR_ABG

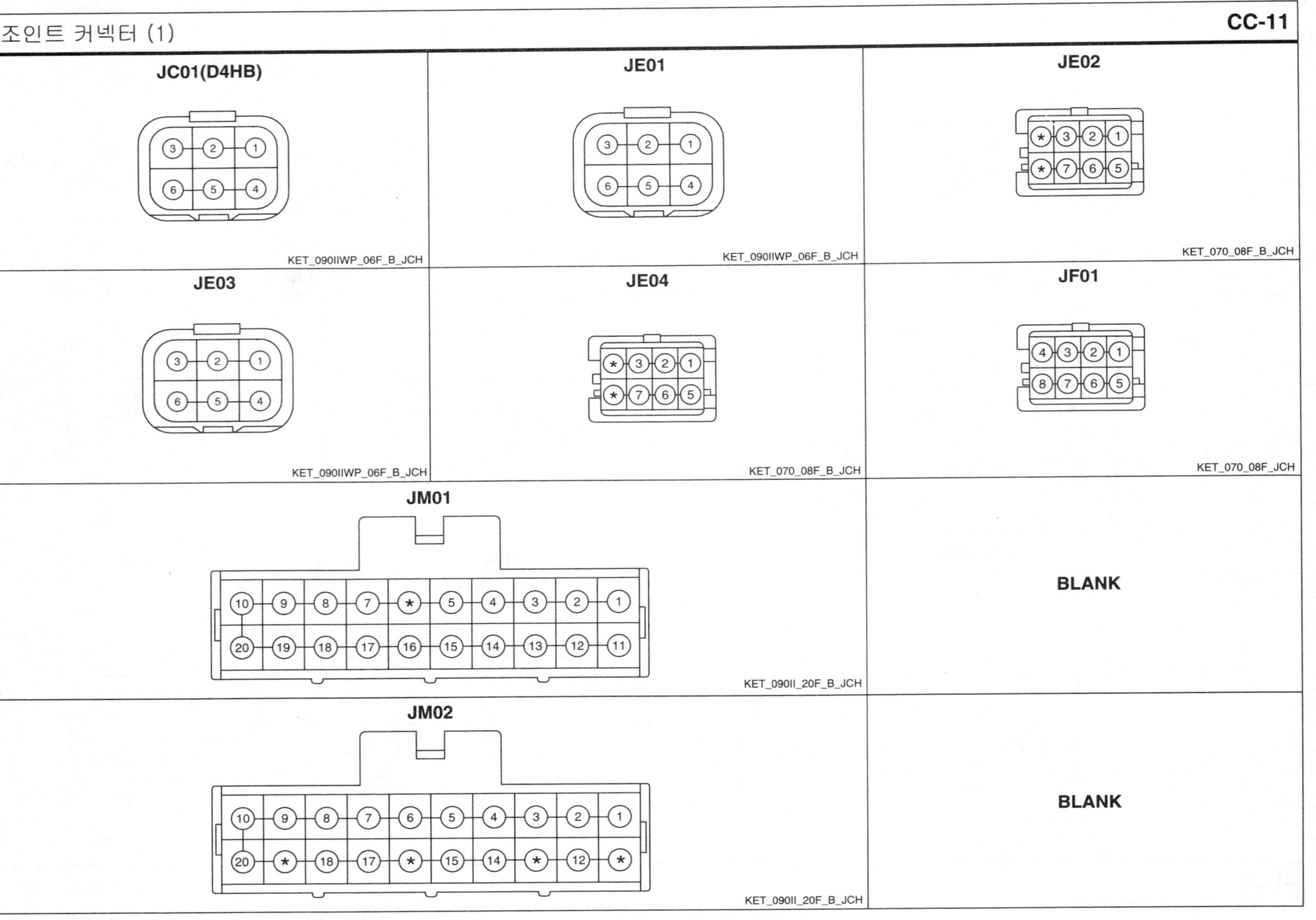
JC01(D4HB)
KET_090IIWP_06F_B_JCH
JE01
KET_090IIWP_06F_B_JCH
JE02
KET_070_08F_B_JCH
JE03
KET_090IIWP_06F_B_JCH
JE04
KET_070_08F_B_JCH
JF01
KET_070_08F_JCH
JM01
KET_090II_20F_B_JCH
BLANK
JM02
KET_090II_20F_B_JCH
BLANK

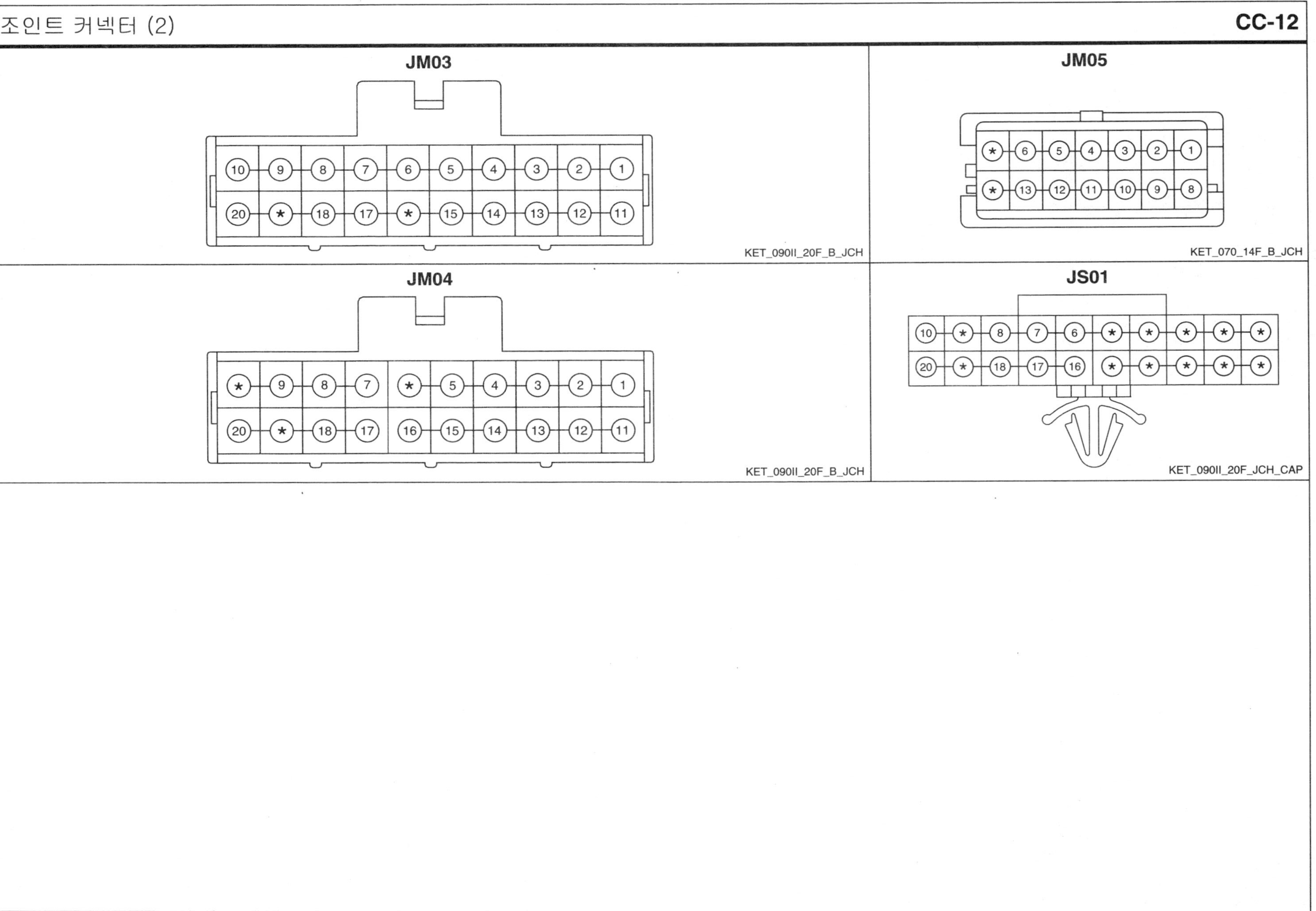
조인트 커넥터 (2)
CC-12
JM03
10 9 8 7 6 5 4 3 2 1
20 * 18 17 * 15 14 13 12 11
KET_090II_20F_B_JCH
JM05
* 6 5 4 3 2 1
* 13 12 11 10 9 8
KET_070_14F_B_JCH
JM04
* 9 8 7 * 5 4 3 2 1
20 * 18 17 16 15 14 13 12 11
KET_090II_20F_B_JCH
JS01
10 * 8 7 6 * * * * *
20 * 18 17 16 * * * * *
KET_090II_20F_JCH_CAP

하네스 위치도

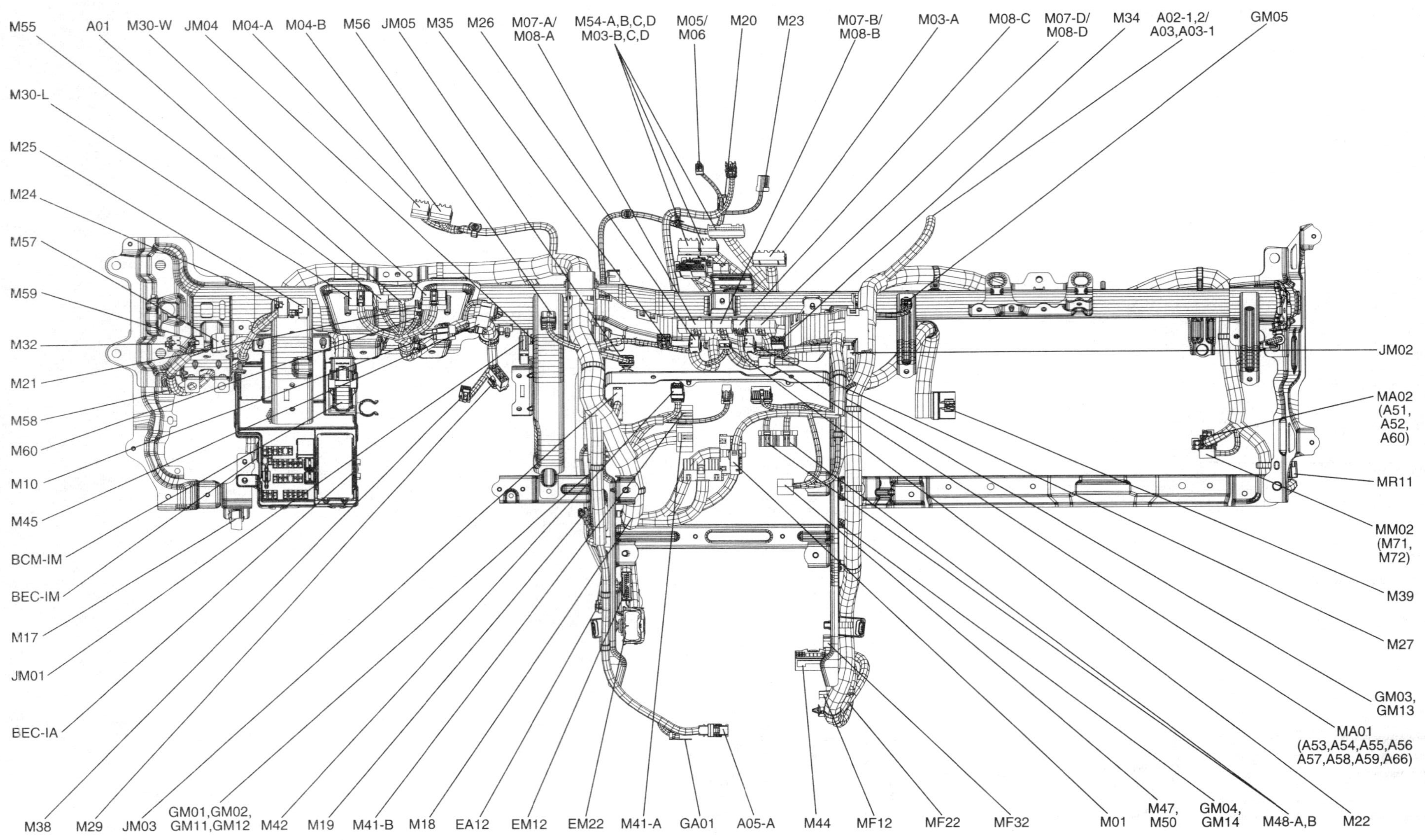

M55
A01
M30-W
JM04
M04-A
M04-B
M56
JM05
M35
M26
M07-A/
M08-A
M54-A,B,C,D
M03-B,C,D
M05/
M06
M20
M23
M07-B/
M08-B
M03-A
M08-C
M07-D/
M08-D
M34
A02-1,2/
A03,A03-1
GM05
M30-L
M25
M24
M57
M59
M32
M21
M58
M60
M10
M45
BCM-IM
BEC-IM
M17
JM01
BEC-IA
JM02
MA02
(A51,
A52,
A60)
MR11
MM02
(M71,
M72)
M39
M27
GM03,
GM13
MA01
(A53,A54,A55,A56
A57,A58,A59,A66)
M38
M29
JM03
GM01,GM02,
GM11,GM12
M42
M19
M41-B
M18
EA12
EM12
EM22
M41-A
GA01
A05-A
M44
MF12
MF22
MF32
M01
M47,
M50
GM04,
GM14
M48-A,B
M22

메인 하네스

M01	ATM 레버 스위치
M03-A	A/V 헤드 모듈
M03-B	A/V 헤드 모듈
M03-C	A/V 헤드 모듈
M03-D	A/V 헤드 모듈(RSE 적용)
M04-A	계기판
M04-B	계기판
M05	디지털 시계(D4HB)
M06	디지털 시계(G6DC)
M07-A	에어컨 컨트롤 모듈(매뉴얼)
M07-B	에어컨 컨트롤 모듈(매뉴얼)
M07-D	에어컨 컨트롤 모듈(매뉴얼)
M08-A	에어컨 컨트롤 모듈(오토)
M08-B	에어컨 컨트롤 모듈(오토)
M08-C	에어컨 컨트롤 모듈(오토)
M08-D	에어컨 컨트롤 모듈(오토)
M10	키 인터록 솔레노이드(G6DC)
M17	자기 진단 점검 단자
M18	어드저스트 페달 릴레이
M19	버티칼 레지스터
M20	오토 라이트 & 포토 센서
M21	스티어링 앵글 센서
M22	실내 온도 센서
M23	프런트 센터 스피커
M24	어드저스트 페달 스위치
M25	VRS 스위치
M26	VDC OFF 스위치
M27	앞 유리 열선 스위치
M29	이그니션 스위치
M30-L	다기능 스위치
M30-W	다기능 스위치
M32	레오스테트
M34	동승석 시트 히터 스위치
M35	운전석 시트 히터 스위치
M38	이모빌라이저 모듈
M39	내비게이션 모듈
M41-A	튜너 모듈
M41-B	튜너 모듈
M42	비디오 잭
M44	실내 릴레이 박스
M45	이그니션 키 조명등 & 도어 워닝 스위치
M47	미디어 잭
M48-A	미디어 모듈
M48-B	미디어 모듈
M50	시가 라이터 & 파워 아웃렛
M54-A	오디오
M54-B	오디오
M54-C	오디오
M54-D	오디오
M55	다기능 스위치
M56	오토 컷 릴레이
M57	ECO 스위치
M58	정지등 릴레이
M59	스티어링 휠 열선 스위치
M60	스티어링 휠 열선
BCM-IM	IPM 접속 커넥터
BEC-IM	IPM 접속 커넥터
JM01	조인트 커넥터
JM02	조인트 커넥터
JM03	조인트 커넥터
JM04	조인트 커넥터
JM05	조인트 커넥터
EM12	프런트 하네스 접속 커넥터
EM22	프런트 하네스 접속 커넥터
MA01	프런트 에어컨 하네스 접속 커넥터
MA02	프런트 에어컨 하네스 접속 커넥터
MF12	플로어 하네스 접속 커넥터
MF22	플로어 하네스 접속 커넥터
MF32	플로어 하네스 접속 커넥터
MM02	글로브 박스 하네스 접속 커넥터
MR11	루프 NO.3 하네스 접속 커넥터
GM01	접지
GM02	접지
GM03	접지
GM04	접지
GM05	접지
GM11	접지
GM12	접지
GM13	접지
GM14	접지

에어백 하네스

A01	운전석 에어백
A02-1	동승석 에어백 #1(G6DC)
A02-2	동승석 에어백 #2(G6DC)
A03	동승석 에어백(D4HB)
A03-1	동승석 에어백(DISK TYPE)(D4HB)
A05-A	에어백 컨트롤 모듈
BEC-IA	IPM 접속 커넥터
EA12	프런트 하네스 접속 커넥터
GA01	접지

프런트 에어컨 하네스

A51	프런트 블로어 모터
A52	프런트 FET (Field Effect Transistor)
A53	이베퍼레이터 센서
A54	운전석 온도 조절 액추에이터
A55	운전석 모드 액추에이터(오토 에어컨)
A56	동승석 모드 액추에이터(오토 에어컨)
A56	모드 액추에이터(매뉴얼 에어컨)
A57	동승석 온도 조절 액추에이터
A58	인테이크 액추에이터
A59	수온 센서(오토 에어컨)
A60	블로어 레지스터(매뉴얼 에어컨)
A66	이온 발생기(오토 에어컨)
MA01	메인 하네스 접속 커넥터
MA02	메인 하네스 접속 커넥터

글로브 박스 하네스

M71	글로브 박스 조명등
M72	글로브 박스 스위치
MM02	메인 하네스 접속 커넥터

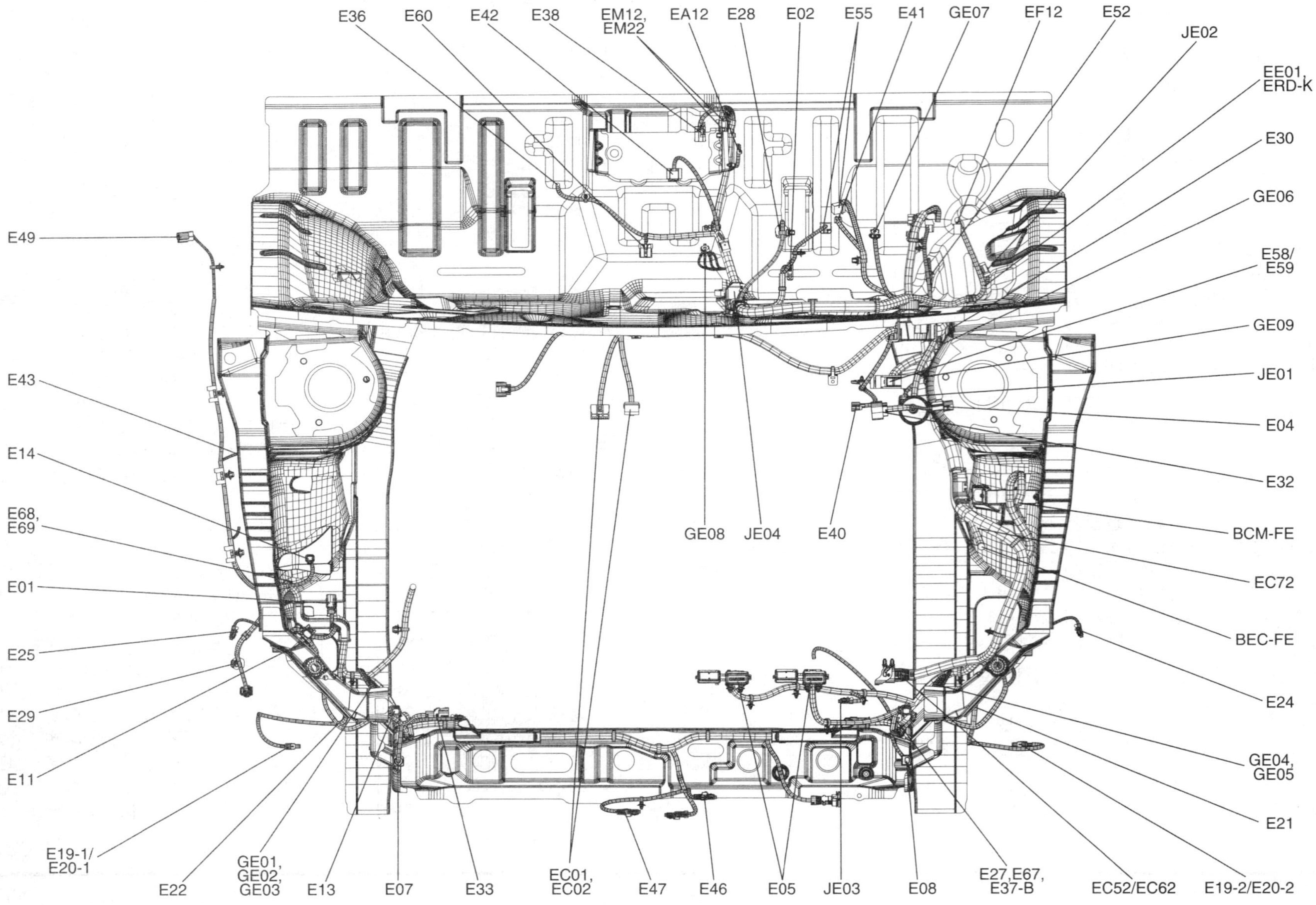

E36
E60
E42
E38
EM12, EM22
EA12
E28
E02
E55
E41
GE07
EF12
E52
JE02
EE01, ERD-K
E30
GE06
E58/ E59
GE09
JE01
E04
E32
BCM-FE
EC72
BEC-FE
E24
GE04, GE05
E21
E19-2/E20-2
EC52/EC62
E27,E67, E37-B
E08
JE03
E05
E46
E47
EC01, EC02
E33
E07
E13
GE01, GE02, GE03
E22
E19-1/ E20-1
E11
E29
E25
E01
E68, E69
E14
E43
E49
GE08
JE04
E40

프런트 하네스

E01	에어컨 압력 변환기
E02	악셀 페달 포지션 센서
E04	앞 유리 열선
E05	다기능 체크 커넥터
E07	동승석 전방 충돌 감지 센서
E08	운전석 전방 충돌 감지 센서
E11	도난 방지 경음기
E13	경음기
E14	연료 필터 히터(D4HB)
E19-1	안개등 RH (프로젝션)
E19-2	안개등 LH (프로젝션)
E20-1	안개등 RH
E20-2	안개등 LH
E21	전조등 LH
E22	전조등 RH
E24	방향등 LH
E25	방향등 RH
E27	콘덴서 팬 모터
E28	어드저스트 페달 모터
E29	와셔 모터
E30	VRS 모터
E32	프런트 와이퍼 모터
E33	냉각 팬 모터
E36	PTC 히터
E37-B	냉각 팬 컨트롤러
E38	도난 방지 경음기 릴레이
E40	브레이크 오일 레벨 센서
E41	브레이크 페달 포지션 센서
E42	요(YAW) 레이트 센서
E43	프런트 휠 센서 RH
E46	실외 온도 센서 #2
E47	실외 온도 센서 #1
E49	사이드 리피터 램프 RH
E52	이그니션 록 스위치(M/T)
E55	정지등 스위치
E58	ABS 컨트롤 모듈
E59	VDC 컨트롤 모듈
E60	VRS 컨트롤 모듈
E67	연료 필터 히터 릴레이(D4HB)
E68	연료 필터 수분 경고 센서(D4HB)
E69	써모 스위치
BCM-FE	FAM 접속 커넥터
BEC-FE	FAM 접속 커넥터
JE01	조인트 커넥터
JE02	조인트 커넥터
JE03	조인트 커넥터
JE04	조인트 커넥터
EA12	에어백 하네스 접속 커넥터
EC01	컨트롤 하네스 접속 커넥터
EC02	컨트롤 하네스 접속 커넥터
EC52	컨트롤 하네스 접속 커넥터
EC62	컨트롤 하네스 접속 커넥터
EC72	컨트롤 하네스 접속 커넥터
EE01	TCU EXT. 하네스 접속 커넥터 (D4HB)
EF12	플로어 하네스 접속 커넥터
EM12	메인 하네스 접속 커넥터
EM22	메인 하네스 접속 커넥터
GE01	접지
GE02	접지
GE03	접지
GE04	접지
GE05	접지
GE06	접지
GE07	접지
GE08	접지
GE09	접지

TCU EXT. 하네스

ERD-K	TCM(D4HB)
EE01	프런트 하네스 접속 커넥터

G6DC : LAMBDA II 3.5L

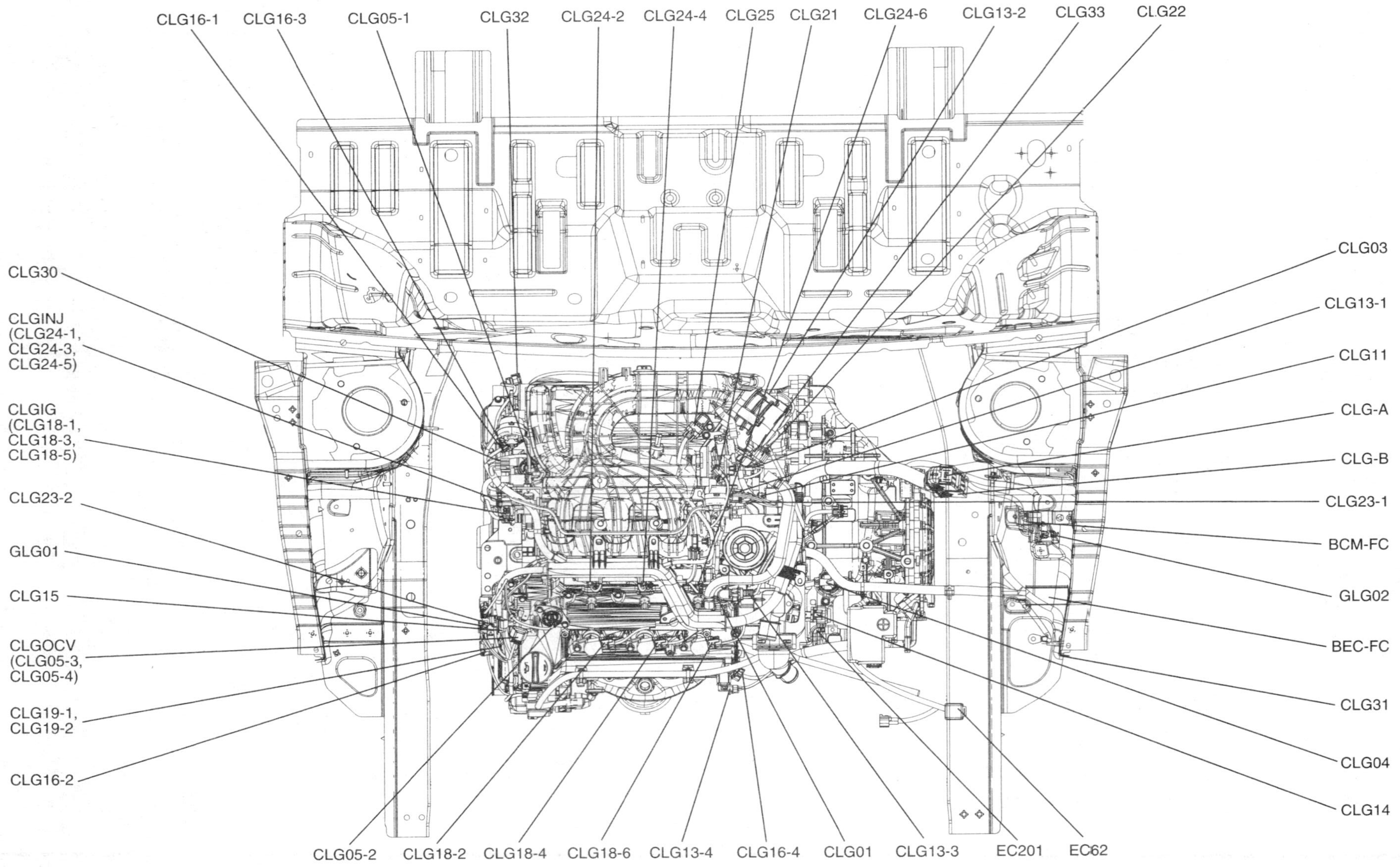

컨트롤 하네스 (G6DC : LAMBDA II 3.5L)

CLG-A	PCM
CLG-B	PCM
CLG01	인히비터 스위치
CLG03	오일 온도 센서
CLG04	ATM 솔레노이드
CLG05-1	오일 컨트롤 밸브 #1(배기)
CLG05-2	오일 컨트롤 밸브 #2(배기)
CLG11	냉각 수온 센서 & 센더
CLG13-1	캠샤프트 포지션 센서 #1(흡기)
CLG13-2	캠샤프트 포지션 센서 #1(배기)
CLG13-3	캠샤프트 포지션 센서 #2(흡기)
CLG13-4	캠샤프트 포지션 센서 #2(배기)
CLG14	크랭크샤프트 포지션 센서
CLG15	오일 압력 스위치
CLG16-1	산소 센서 #1(B1/S1)
CLG16-2	산소 센서 #2(B2/S1)
CLG16-3	산소 센서 #3(B1/S2)
CLG16-4	산소 센서 #4(B2/S2)
CLG18-2	이그니션 코일 #2
CLG18-4	이그니션 코일 #4
CLG18-6	이그니션 코일 #6
CLG19-1	콘덴서 #1
CLG19-2	콘덴서 #2
CLG21	캐니스터 퍼지 컨트롤 솔레노이드 밸브
CLG22	ETC 모터 & 스로틀 포지션 센서
CLG23-1	노크 센서 #1
CLG23-2	노크 센서 #2
CLG24-2	인젝터 #2
CLG24-4	인젝터 #4
CLG24-6	인젝터 #6
CLG25	MAP 센서
CLG30	가변 흡기 밸브
CLG31	배터리 센서
CLG32	파워 스티어링 스위치
CLG33	대기압 센서
BCM-FC	FAM 접속 커넥터
BEC-FC	FAM 접속 커넥터
CLGIG	이그니션 코일 하네스 접속 커넥터
CLGINJ	인젝터 하네스 접속 커넥터
CLGOCV	오일 컨트롤 밸브 하네스 접속 커넥터
EC62	프런트 하네스 접속 커넥터
EC201	배터리 하네스 접속 커넥터
GLG01	접지
GLG02	접지

이그니션 코일 하네스

CLG18-1	이그니션 코일 #1
CLG18-3	이그니션 코일 #3
CLG18-5	이그니션 코일 #5
CLGIG	컨트롤 하네스 접속 커넥터

인젝터 하네스

CLG24-1	인젝터 #1
CLG24-3	인젝터 #3
CLG24-5	인젝터 #5
CLGINJ	컨트롤 하네스 접속 커넥터

오일 컨트롤 밸브 하네스

CLG05-3	오일 컨트롤 밸브 #1(흡기)
CLG05-4	오일 컨트롤 밸브 #2(흡기)
CLGOCV	컨트롤 하네스 접속 커넥터

D4HB : R 2.2L

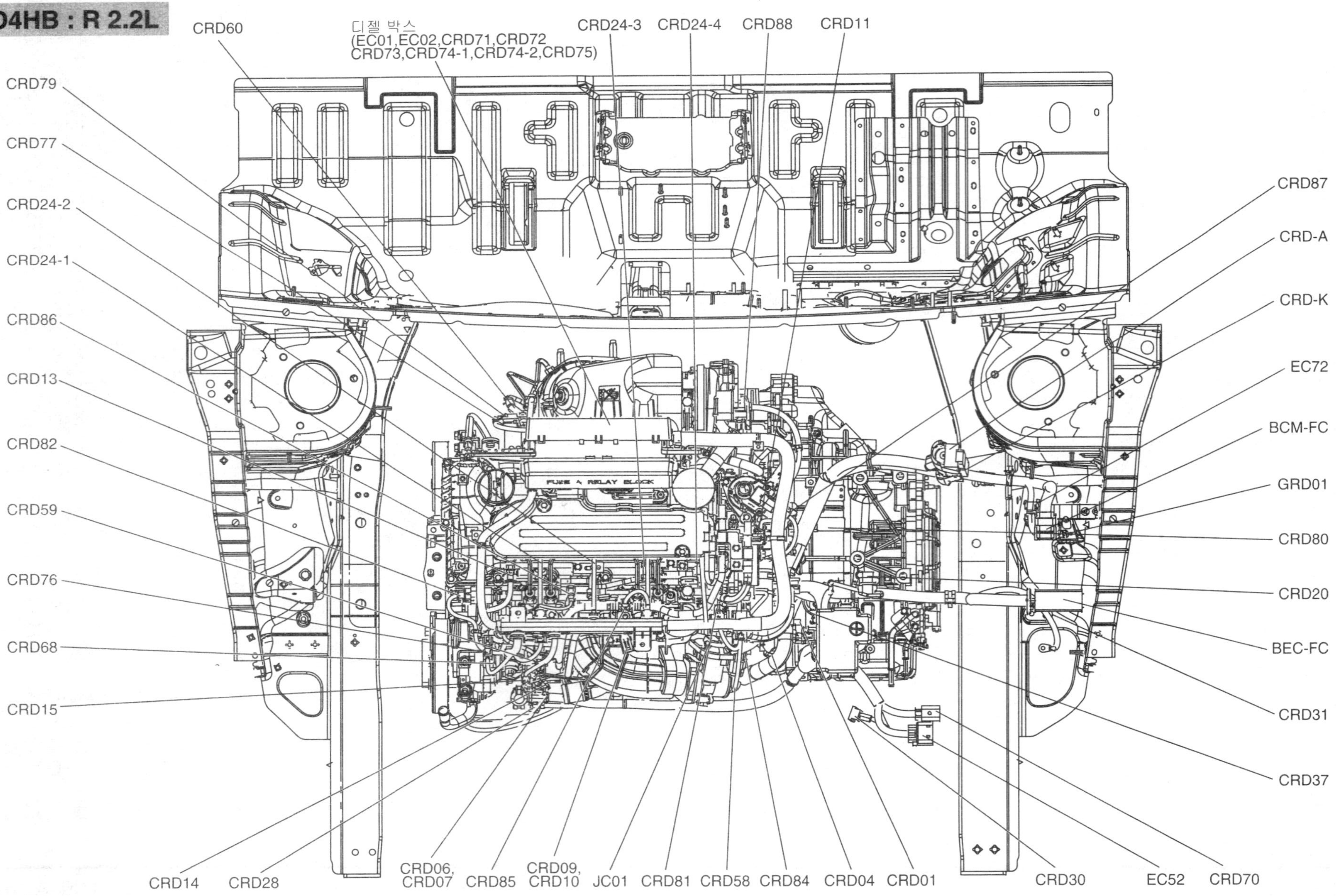

CRD60
디젤 박스
(EC01,EC02,CRD71,CRD72
CRD73,CRD74-1,CRD74-2,CRD75)
CRD24-3
CRD24-4
CRD88
CRD11
CRD79
CRD77
CRD24-2
CRD24-1
CRD86
CRD13
CRD82
CRD59
CRD76
CRD68
CRD15
CRD87
CRD-A
CRD-K
EC72
BCM-FC
GRD01
CRD80
CRD20
BEC-FC
CRD31
CRD37
CRD14
CRD28
CRD06,
CRD07
CRD85
CRD09,
CRD10
JC01
CRD81
CRD58
CRD84
CRD04
CRD01
CRD30
EC52
CRD70

컨트롤 하네스 (D4HB : R 2.2L)

CRD-A	ECM
CRD-K	ECM
CRD01	인히비터 스위치
CRD04	ATM 솔레노이드
CRD06	알터네이터
CRD07	알터네이터
CRD09	스타트 솔레노이드
CRD10	스타트 모터
CRD11	냉각 수온 센서 & 센더
CRD13	캠샤프트 포지션 센서
CRD14	크랭크샤프트 포지션 센서
CRD15	오일 압력 스위치
CRD20	메스 에어 플로우 센서
CRD24-1	인젝터 #1
CRD24-2	인젝터 #2
CRD24-3	인젝터 #3
CRD24-4	인젝터 #4
CRD28	에어컨 컴프레서
CRD30	흡기 온도 센서
CRD31	배터리 센서
CRD37	후진등 스위치(M/T)
CRD58	에어 컨트롤 밸브
CRD59	부스터 압력 센서
CRD60	DPF 차압 센서
CRD68	연료 압력 조절 밸브
CRD70	글로우 릴레이 모듈(METAL)
CRD71	PTC 히터 릴레이 #1
CRD72	PTC 히터 릴레이 #2
CRD73	PTC 히터 릴레이 #3
CRD74-1	냉각 팬 HIGH 릴레이 #1
CRD74-2	냉각 팬 HIGH 릴레이 #2
CRD75	냉각 팬 LOW 릴레이
CRD76	글로우 플러그
CRD77	배기 가스 온도 센서
CRD79	람다 센서
CRD80	중립 스위치(M/T)
CRD81	레일 압력 조절 밸브
CRD82	레일 압력 센서
CRD84	가변 스월 컨트롤 액추에이터
CRD85	연료 온도 센서
CRD86	EGR 쿨링 바이패스 솔레노이드 밸브
CRD87	EGR 액추에이터
CRD88	전자식 VGT 액추에이터
BCM-FC	FAM 접속 커넥터
BEC-FC	FAM 접속 커넥터
JC01	조인트 커넥터
EC01	프런트 하네스 접속 커넥터
EC02	프런트 하네스 접속 커넥터
EC52	프런트 하네스 접속 커넥터
EC72	프런트 하네스 접속 커넥터
GRD01	접지

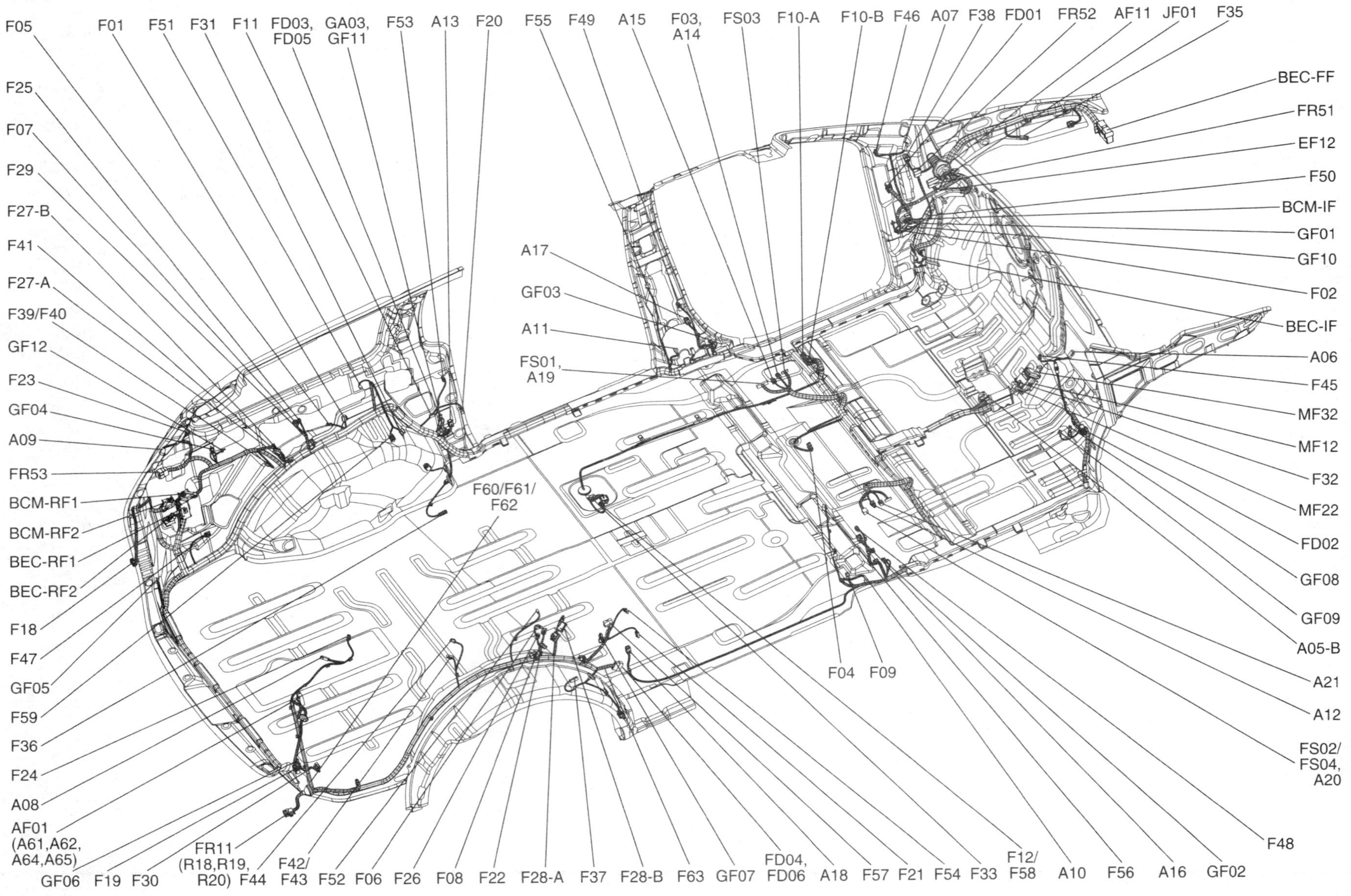

플로어 하네스 (1)

F05
F01
F51
F31
F11
FD03, FD05
GA03, GF11
F53
A13
F20
F55
F49
A15
F03, A14
FS03
F10-A
F10-B
F46
A07
F38
FD01
FR52
AF11
JF01
F35
BEC-FF
FR51
EF12
F50
BCM-IF
GF01
GF10
F02
BEC-IF
A06
F45
MF32
MF12
F32
MF22
FD02
GF08
GF09
A05-B
A21
A12
FS02/ FS04, A20
F48
F25
F07
F29
F27-B
F41
F27-A
F39/F40
GF12
F23
GF04
A09
FR53
BCM-RF1
BCM-RF2
BEC-RF1
BEC-RF2
F18
F47
GF05
F59
F36
F24
A08
AF01 (A61,A62, A64,A65)
GF06
F19
F30
FR11 (R18,R19, R20)
F44
F42/ F43
F52
F06
F26
F08
F22
F28-A
F37
F28-B
F63
GF07
FD04, FD06
A18
F57
F21
F54
F33
F12/ F58
A10
F56
A16
GF02
A17
GF03
A11
FS01, A19
F60/F61/ F62
F04
F09

플로어 하네스

F01	연료 주입구 액추에이터
F02	후방 주차 보조 경고 부저
F03	시트 벨트 스위치
F04	캐니스터 클로즈 밸브(G6DC)
F05	파워 슬라이딩 도어 워닝 부저 LH
F06	파워 슬라이딩 도어 워닝 부저 RH
F07	파워 슬라이딩 도어 클러치 LH
F08	파워 슬라이딩 도어 클러치 RH
F09	다이버시티 안테나(롱바디)
F10-A	앰프
F10-B	앰프
F11	연료 주입구 열림 감지 스위치
F12	연료 센더 & 펌프 모터(D4HB)
F18	리어 콤비네이션 램프 LH
F19	리어 콤비네이션 램프 RH
F20	스텝 램프 LH
F21	스텝 램프 RH
F22	파워 슬라이딩 도어 모터 RH
F23	쿼터 글라스 모터 LH
F24	쿼터 글라스 모터 RH
F25	파워 슬라이딩 도어 옵티컬 센서 LH
F26	파워 슬라이딩 도어 옵티컬 센서 RH
F27-A	파워 슬라이딩 도어 모듈 LH
F27-B	파워 슬라이딩 도어 모듈 LH
F28-A	파워 슬라이딩 도어 모듈 RH
F28-B	파워 슬라이딩 도어 모듈 RH
F29	파워 슬라이딩 도어 모터 LH
F30	리어 파워 아웃렛 LH
F31	리어 파워 아웃렛 RH
F32	실내 릴레이 박스
F33	연료 탱크 압력 센서(G6DC)
F35	프런트 휠 센서 LH
F36	리어 휠 센서 LH
F37	리어 휠 센서 RH
F38	사이드 리피터 램프 LH
F39	리어 스피커 LH(롱바디)
F40	리어 스피커 LH(숏바디)
F41	리어 스피커 LH(JBL)
F42	리어 스피커 RH(롱바디)
F43	리어 스피커 RH(숏바디)
F44	리어 스피커 RH(JBL)
F45	동승석 트위터 스피커
F46	운전석 트위터 스피커
F47	우퍼 스피커
F48	동승석 도어 스위치
F49	운전석 도어 스위치
F50	파킹 브레이크 스위치
F51	쿼터 글라스 스위치 LH
F52	쿼터 글라스 스위치 RH
F53	슬라이딩 도어 스위치 LH
F54	슬라이딩 도어 스위치 RH
F55	슬라이딩 도어 파워 윈도우 스위치 LH
F56	슬라이딩 도어 파워 윈도우 스위치 RH
F57	후방 주차 보조 컨트롤 모듈
F58	연료 센더 & 펌프 모터(G6DC)
F59	비디오 잭(RSE)
F60	휠체어 리프트 릴레이
F61	시트 리프트 릴레이
F62	휠체어 리프트 모터
F63	시트 리프트 모터
BCM-IF	IPM 접속 커넥터
BCM-RF1	RAM 접속 커넥터
BCM-RF2	RAM 접속 커넥터
BEC-FF	FAM 접속 커넥터
BEC-IF	IPM 접속 커넥터
BEC-RF1	RAM 접속 커넥터
BEC-RF2	RAM 접속 커넥터
JF01	조인트 커넥터
AF01	리어 에어컨 하네스 접속 커넥터
AF11	에어백 하네스 접속 커넥터
EF12	프런트 하네스 접속 커넥터
FD01	운전석 도어 하네스 접속 커넥터
FD02	동승석 도어 하네스 접속 커넥터
FD03	슬라이딩 도어 LH 하네스 접속 커넥터
FD04	슬라이딩 도어 RH 하네스 접속 커넥터
FD05	파워 케이블 LH 하네스 접속 커넥터
FD06	파워 케이블 RH 하네스 접속 커넥터
FR11	BWS EXT. 하네스 접속 커넥터
FR51	루프 NO.1 하네스 접속 커넥터
FR52	루프 NO.1 하네스 접속 커넥터
FR53	루프 NO.2 하네스 접속 커넥터
FS01	시트 하네스 접속 커넥터
FS02	시트 하네스 접속 커넥터
FS03	시트 하네스 접속 커넥터
FS04	시트 하네스 접속 커넥터
MF12	메인 하네스 접속 커넥터
MF22	메인 하네스 접속 커넥터
MF32	메인 하네스 접속 커넥터
GF01	접지
GF02	접지
GF03	접지
GF04	접지
GF05	접지
GF06	접지
GF07	접지
GF08	접지
GF09	접지
GF10	접지
GF11	접지
GF12	접지

에어백 와이어링 하네스

A05-B	에어백 컨트롤 모듈
A06	동승석 커튼 에어백
A07	운전석 커튼 에어백
A08	리어 커튼 에어백 RH(G6DC)
A09	리어 커튼 에어백 LH(G6DC)
A10	동승석 시트 벨트 프리텐셔너
A11	운전석 시트 벨트 프리텐셔너
A12	동승석 사이드 에어백
A13	리어 사이드 충돌 감지 센서 LH
A14	운전석 시트 위치 센서(G6DC)
A15	운전석 사이드 에어백
A16	동승석 사이드 충돌 감지 센서(D4HB)
A17	운전석 사이드 충돌 감지 센서(D4HB)
A18	리어 사이드 충돌 감지 센서 RH
A19	운전석 시트 벨트 버클 센서 & 스위치 (G6DC)
A20	동승석 시트 벨트 버클 센서(G6DC)
A21	OC 센서(G6DC)
A22	운전석 앵커 프리텐셔너(D4HB)
AF11	플로어 하네스 접속 커넥터
GA03	접지

리어 에어컨 하네스

A61	리어 블로어 모터
A62	리어 FET(Field Effect Transistor)
A64	리어 온도 조절 액추에이터
A65	리어 모드 액추에이터
AF01	플로어 하네스 접속 커넥터

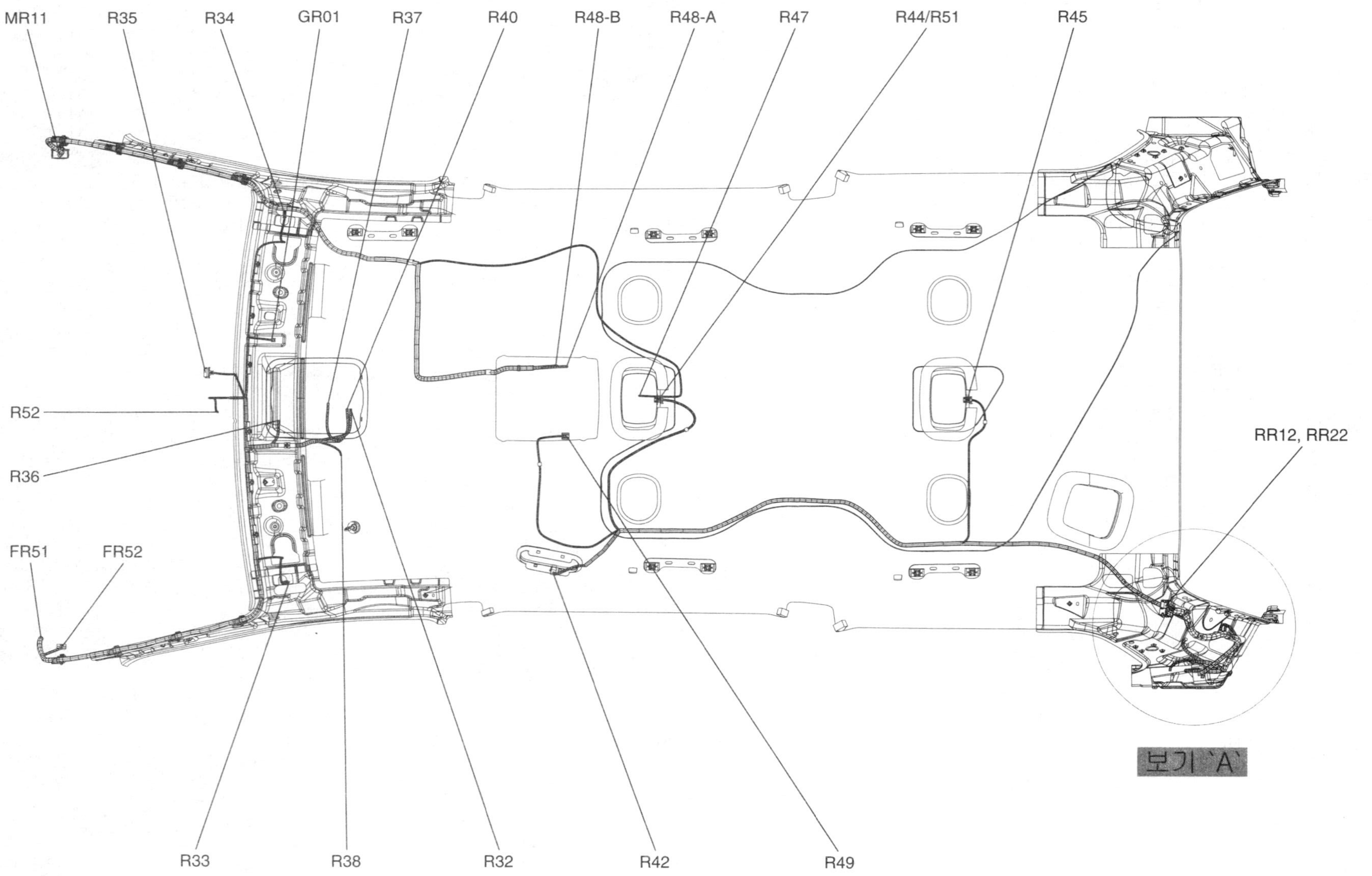

MR11
R35
R34
GR01
R37
R40
R48-B
R48-A
R47
R44/R51
R45
R52
R36
FR51
FR52
RR12, RR22
보기 `A`
R33
R38
R32
R42
R49

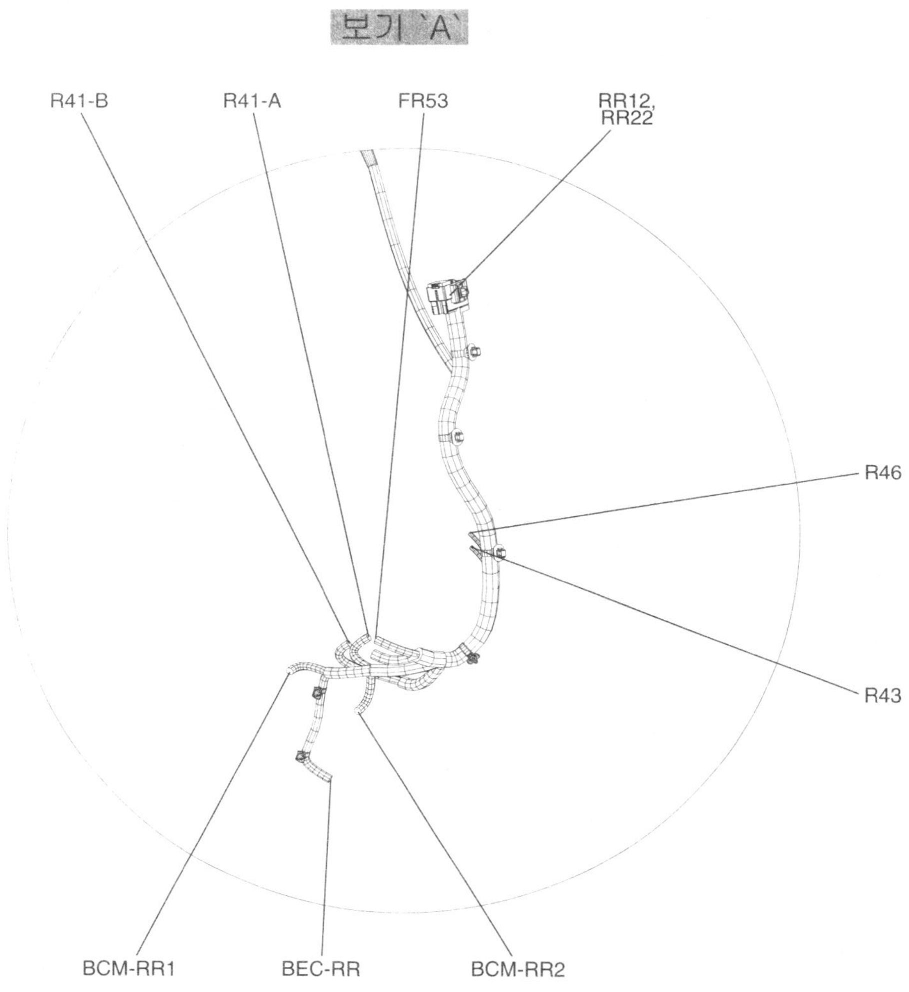

루프 NO.1 하네스

R32	맵 램프
R33	운전석 화장등
R34	동승석 화장등
R35	레인 센서
R36	트립 컴퓨터
R37	선루프 모듈
R38	핸즈프리 마이크
R40	오버 헤드 콘솔
R52	실내 감광 미러
FR51	플로어 하네스 접속 커넥터
FR52	플로어 하네스 접속 커넥터
GR01	접지

루프 NO.2 하네스

R41-A	파워 테일 게이트 모듈
R41-B	파워 테일 게이트 모듈
R42	리어 에어컨 컨트롤 스위치
R43	파워 테일 게이트 옵티컬 센서
R44	센터 룸 램프
R45	리어 룸 램프
R46	파워 테일 게이트 모터
R49	센터 무드 룸 램프
R51	리어 무드 룸 램프
BCM-RR1	RAM 접속 커넥터
BCM-RR2	RAM 접속 커넥터
BEC-RR	RAM 접속 커넥터
FR53	플로어 하네스 접속 커넥터
RR12	테일 게이트 하네스 접속 커넥터
RR22	테일 게이트 하네스 접속 커넥터

루프 NO.3 하네스

R47	리어 센터 스피커
R48-A	RSE 모듈
R48-B	RSE 모듈
MR11	메인 하네스 접속 커넥터

도어 하네스 (1)

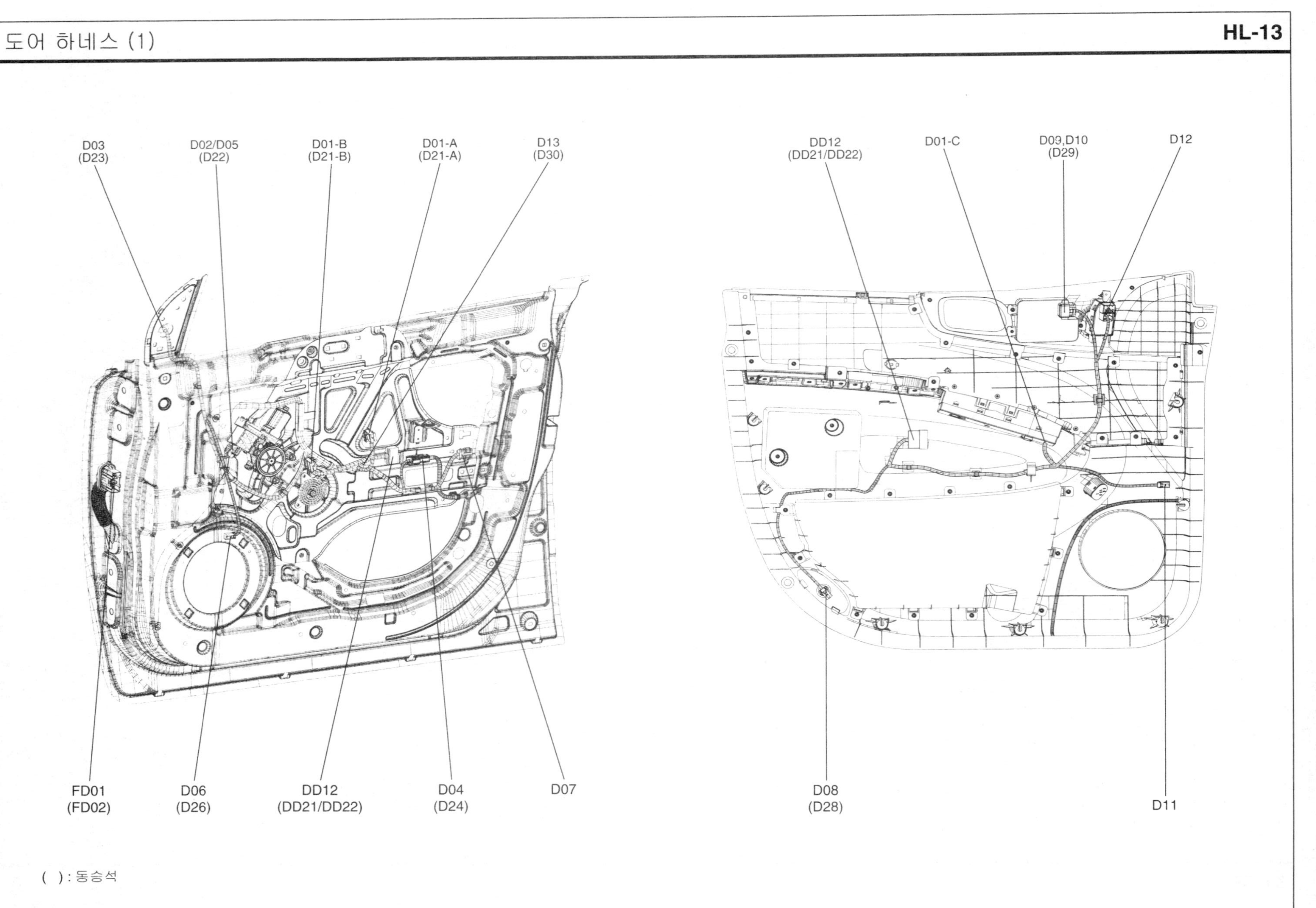
D03
(D23)
D02/D05
(D22)
D01-B
(D21-B)
D01-A
(D21-A)
D13
(D30)
FD01
(FD02)
D06
(D26)
DD12
(DD21/DD22)
D04
(D24)
D07
DD12
(DD21/DD22)
D01-C
D09,D10
(D29)
D12
D08
(D28)
D11

( ) : 동승석

운전석 도어 하네스

D01-A 운전석 도어 모듈
D01-B 운전석 도어 모듈
D02 운전석 파워 윈도우 모터
D03 운전석 파워 아웃사이드 미러
D04 운전석 도어 록 액추에이터
D05 운전석세이프티 파워 윈도우 모터
D06 운전석 도어 스피커
D07 운전석 도어 키 스위치
D13 운전석 사이드 충돌 감지 센서(G6DC)
DD12 운전석 도어 EXT. 하네스 접속 커넥터
FD01 플로어 하네스 접속 커넥터

운전석 도어 EXT. 하네스

D01-C 운전석 도어 모듈
D08 운전석 도어 램프
D09 운전석 파워 시트 스위치(IMS 미적용)
D10 운전석 파워 시트 스위치(IMS 적용)
D11 연료 주입구 스위치
D12 파워 아웃사이드 미러 스위치
DD12 운전석 도어 하네스 접속 커넥터

동승석 도어 하네스

D21-A 동승석 도어 모듈
D21-B 동승석 도어 모듈
D22 동승석 파워 윈도우 모터
D23 동승석 파워 아웃사이드 미러
D24 동승석 도어 록 액추에이터
D26 동승석 도어 스피커
D30 동승석 사이드 충돌 감지 센서(G6DC)
DD21 동승석 도어 EXT. 하네스 접속 커넥터
DD22 동승석 도어 EXT. 하네스 접속 커넥터
FD02 플로어 하네스 접속 커넥터

동승석 도어 EXT. 하네스

D28 동승석 도어 램프
D29 동승석 파워 시트 스위치
DD21 동승석 도어 하네스 접속 커넥터
DD22 동승석 도어 하네스 접속 커넥터

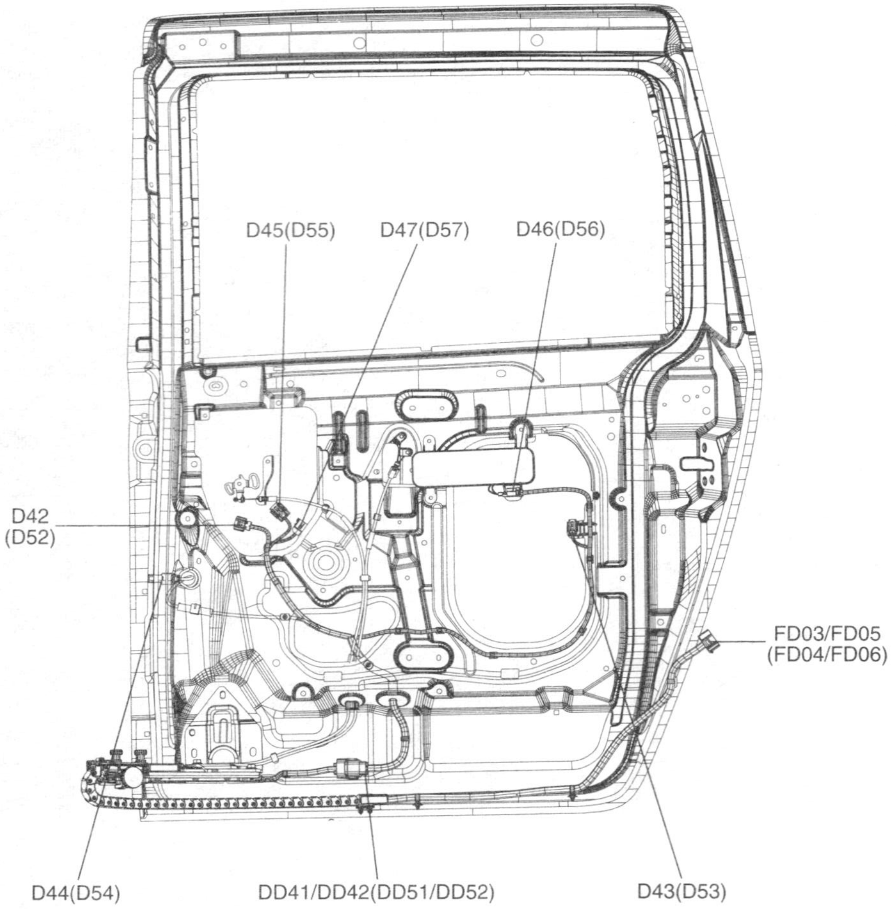

슬라이딩 도어 LH 하네스

D42	슬라이딩 도어 록 액추에이터 LH
D43	디텐트 스위치 LH
D44	안티 핀치 LH
D45	래치 스위치 LH
D46	슬라이딩 도어 스피커 LH
D47	슬라이딩 도어 파워 윈도우 모터 LH
DD41	파워 케이블 LH 하네스 접속 커넥터
DD42	파워 케이블 LH 하네스 접속 커넥터

파워 케이블 LH 하네스

DD41	슬라이딩 도어 LH 하네스 접속 커넥터
DD42	슬라이딩 도어 LH 하네스 접속 커넥터
FD03	플로어 하네스 접속 커넥터
FD05	플로어 하네스 접속 커넥터

슬라이딩 도어 RH 하네스

D52	슬라이딩 도어 록 액추에이터 RH
D53	디텐트 스위치 RH
D54	안티 핀치 RH
D55	래치 스위치 RH
D56	슬라이딩 도어 스피커 RH
D57	슬라이딩 도어 파워 윈도우 모터 RH
DD51	파워 케이블 RH 하네스 접속 커넥터
DD52	파워 케이블 RH 하네스 접속 커넥터

파워 케이블 RH 하네스

DD51	슬라이딩 도어 RH 하네스 접속 커넥터
DD52	슬라이딩 도어 RH 하네스 접속 커넥터
FD04	플로어 하네스 접속 커넥터
FD06	플로어 하네스 접속 커넥터

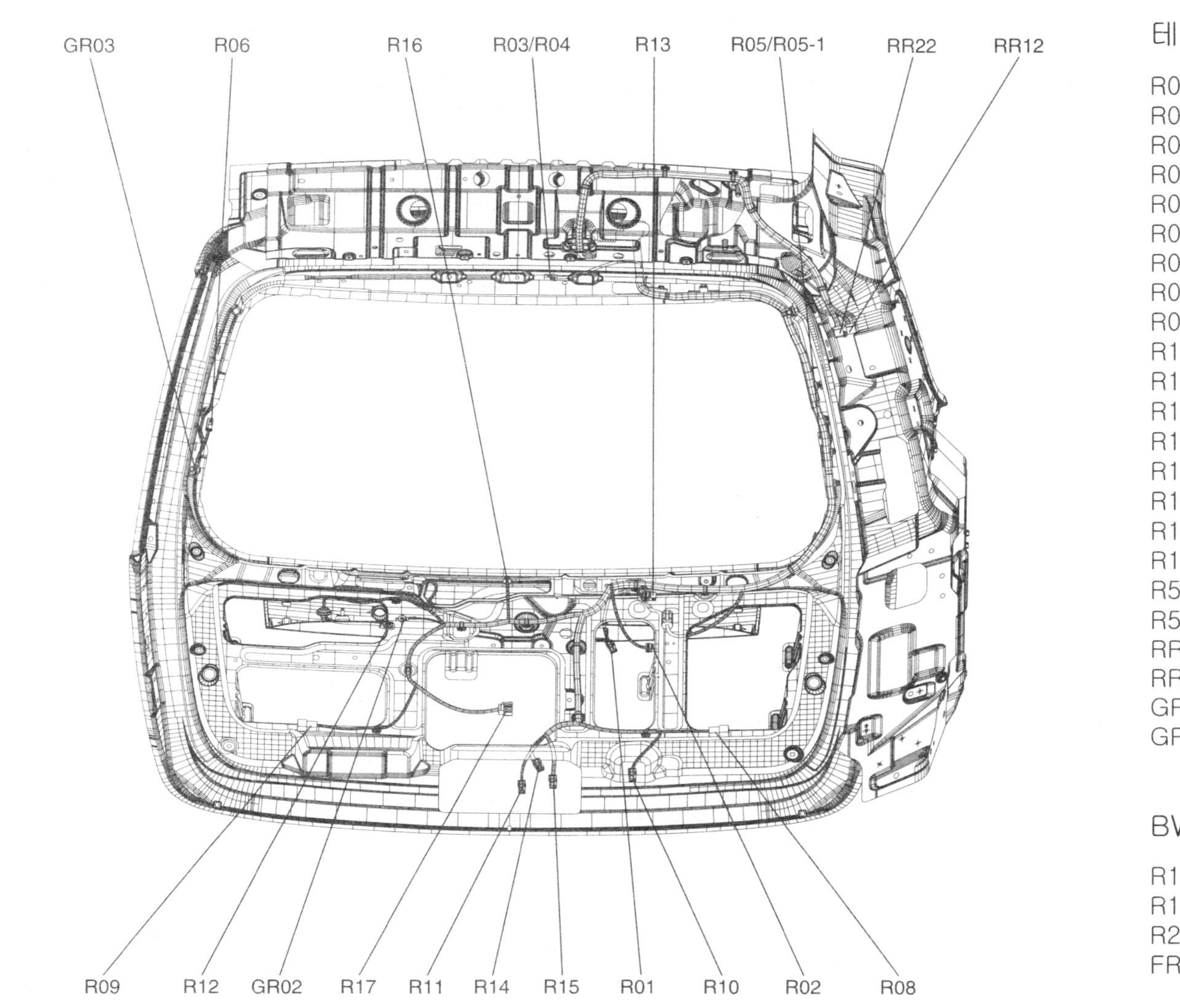

테일 게이트 하네스

R01	후방 카메라
R02	파워 테일 게이트 워닝 부저
R03	보조 정지등
R04	보조 정지등(스포일러)
R05	리어 디포거(+) (AV 미적용)
R05-1	리어 디포거(+) (AV 적용)
R06	리어 디포거(-)
R08	핀치 스위치 LH
R09	핀치 스위치 RH
R10	파워 테일 게이트 ON/OFF 스위치
R11	테일 게이트 스위치
R12	번호판 등
R13	러기지 램프
R14	래치 & 씬치 #1
R15	래치 & 씬치 #2
R16	리어 와이퍼 모터
R17	테일 게이트 록 액추에이터
R53	숏 안테나(숏 바디)
R54	루프 안테나(롱 바디)
RR12	루프 하네스 접속 커넥터
RR22	루프 하네스 접속 커넥터
GR02	접지
GR03	접지

BWS EXT. 하네스

R18	후방 주차 보조 센서 LH
R19	후방 주차 보조 센서 CTR
R20	후방 주차 보조 센서 RH
FR11	플로어 하네스 접속 커넥터

운전석 시트

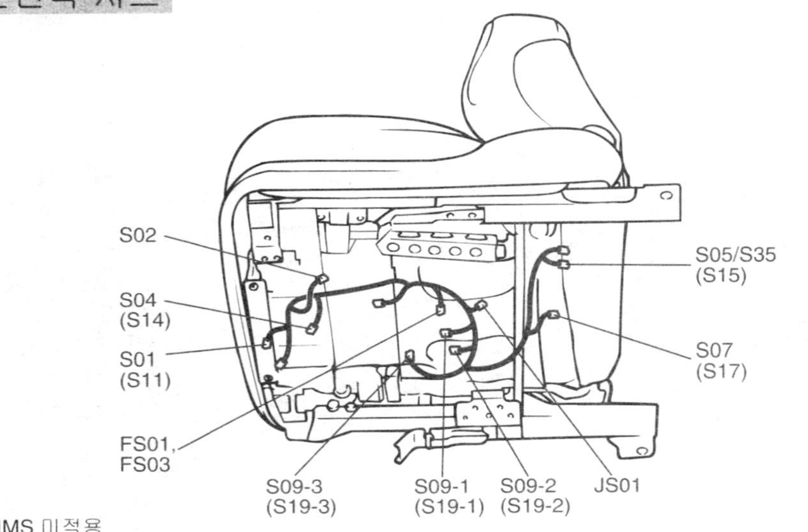

( ) : IMS 미적용

동승석 시트

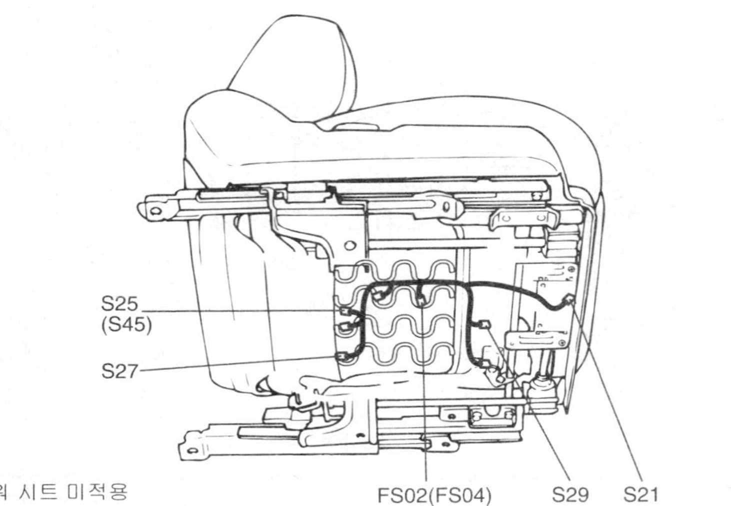

( ) : 파워 시트 미적용

운전석 시트 하네스 (IMS 적용)

S01	운전석 슬라이드 모터
S02	운전석 슬라이드 리미트 스위치
S04	운전석 뒤 높낮이 조절 모터
S05	운전석 쿠션 히터
S07	운전석 등받이 조절 모터
S09-1	운전석 파워 시트 모듈
S09-2	운전석 파워 시트 모듈
S09-3	운전석 파워 시트 모듈
JS01	조인트 커넥터
FS01	플로어 하네스 접속 커넥터

운전석 시트 하네스 (IMS 미적용)

S11	운전석 슬라이드 모터
S14	운전석 뒤 높낮이 조절 모터
S15	운전석 쿠션 히터
S17	운전석 등받이 조절 모터
S19-1	운전석 파워 시트 모듈
S19-2	운전석 파워 시트 모듈
S19-3	운전석 파워 시트 모듈
FS01	플로어 하네스 접속 커넥터

운전석 시트 하네스 (IMS & 파워 시트 미적용)

S35	운전석 쿠션 히터
FS03	플로어 하네스 접속 커넥터

동승석 시트 하네스 (파워 시트 적용)

S21	동승석 슬라이드 모터
S25	동승석 쿠션 히터
S27	동승석 등받이 조절 모터
S29	동승석 파워 시트 모듈
FS02	플로어 하네스 접속 커넥터

동승석 시트 하네스 (파워 시트 미적용)

S45	동승석 쿠션 히터
FS04	플로어 하네스 접속 커넥터

G6DC

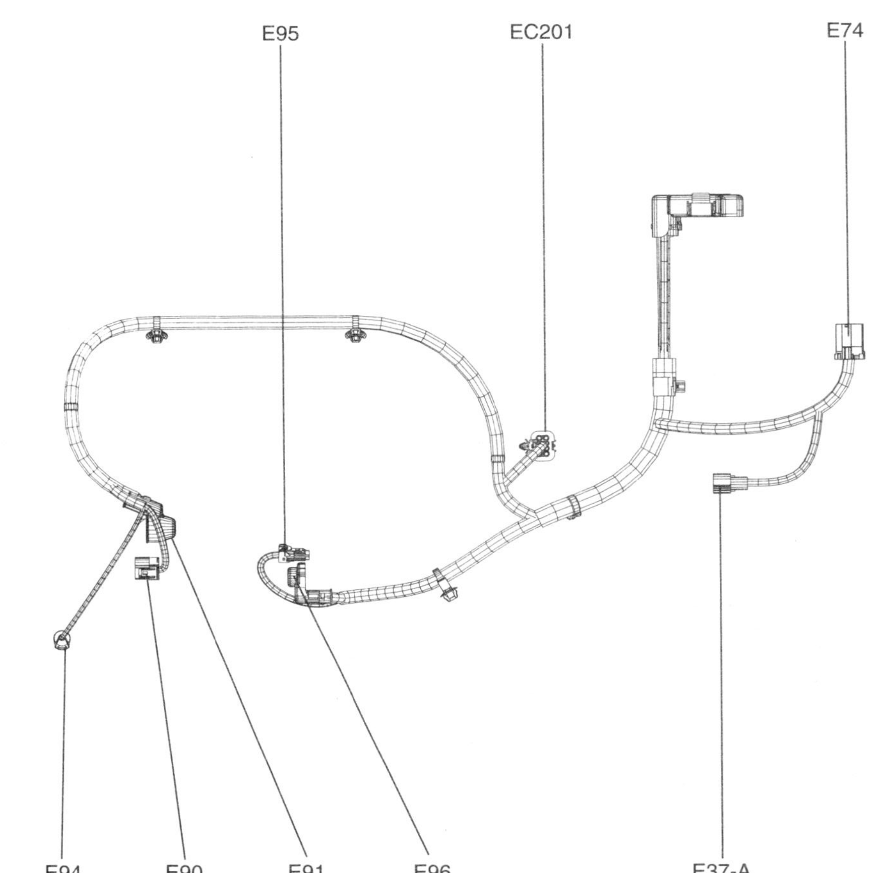

배터리 하네스 (G6DC : LAMBDA II 3.5L)

E37-A	냉각 팬 컨트롤러
E74	냉각 팬 릴레이
E90	알터네이터
E91	알터네이터
E94	에어컨 컴프레서
E95	스타트 솔레노이드
E96	스타트 모터
EC201	컨트롤 하네스 접속 커넥터

부품 인덱스

부품 인덱스 (1)

명칭	회로도
가	
가변 스월 컨트롤 액추에이터	(SD313-18)
가변 흡기 밸브	(SD313-3)
경음기	(SD968-1)
계기판	(SD940-1)/(SD940-2)/(SD940-3)/(SD940-4)
글로브 박스 스위치	(SD941-1)
글로브 박스 조명등	(SD941-1)
글로우 릴레이 모듈 (METAL)	(SD313-16)
글로우 플러그	(SD313-16)
나	
내비게이션 모듈	(SD969-3)
냉각 수온 센서 & 센더	(SD313-6)/(SD313-16)/(SD940-4)
냉각 팬 릴레이	(SD253-1)
냉각 팬 모터	(SD253-2)
냉각 팬 컨트롤러	(SD253-1)
냉각 팬 HI 1 릴레이	(SD253-2)
냉각 팬 HI 2 릴레이	(SD253-2)
냉각 팬 LOW 릴레이	(SD253-2)
노크 센서 #1	(SD313-6)
노크 센서 #2	(SD313-6)
다	
다기능 스위치 (라이트)	(SD921-1)/(SD924-1)/(SD925-1)/(SD928-1) (SD941-1)/(SD941-3)/(SD951-1)
다기능 스위치 (와이퍼)	(SD981-1)/(SD981-2)/(SD981-3)
다기능 스위치 (리모콘)	(SD313-8)/(SD313-18)/(SD879-4)/(SD961-2) (SD961-4)/(SD961-6)/(SD968-1)/(SD969-1)
다기능 체크 커넥터	(SD200-4)
다이버시티 안테나 (룸바디)	(SD961-1)/(SD961-3)/(SD969-2)
대기압 센서	(SD313-6)
도난 방지 경음기	(SD814-1)
도난 방지 경음기 릴레이	(SD814-1)
동승석 도어 램프	(SD929-2)
동승석 도어 록 액추에이터	(SD813-1)/(SD814-1)
동승석 도어 모듈	(SD952-12)
동승석 도어 스피커	(SD961-2)/(SD961-5)/(SD961-7)/(SD969-5) (SD969-7)

명칭	회로도
동승석 도어 스위치	(SD929-2)
동승석 등받이 조절 모터	(SD880-2)
동승석 사이드 에어백	(SD569-3)
동승석 사이드 충돌 감지 센서	(SD569-3)/(SD569-5)
동승석 슬라이드 모터	(SD880-2)
동승석 시트 벨트 버클 센서	(SD569-2)
동승석 시트 벨트 프리텐셔너	(SD569-3)/(SD569-5)
동승석 시트 히터 스위치	(SD889-1)/(SD889-2)
동승석 에어백	(SD569-4)
동승석 에어백 #1	(SD569-1)
동승석 에어백 #2	(SD569-1)
동승석 온도 조절 액추에이터 (오토 에어컨)	(SD971-2)
동승석 전방 충돌 감지 센서	(SD569-1)/(SD569-4)
동승석 커튼 에어백	(SD569-3)/(SD569-5)
동승석 쿠션 히터	(SD889-1)/(SD889-2)
동승석 트위터 스피커	(SD961-2)/(SD961-5)/(SD961-7)/(SD969-5) (SD969-7)
동승석 파워 시트 모듈	(SD880-2)
동승석 파워 시트 스위치	(SD880-2)
동승석 파워 아웃사이드 미러	(SD876-1)/(SD876-2)/(SD878-1)/(SD878-2) (SD879-1)/(SD925-2)
동승석 파워 윈도우 모터	(SD824-1)
동승석 화장등	(SD929-1)
디지털 시계	(SD945-1)
디텐트 스위치 LH	(SD952-14)
디텐트 스위치 RH	(SD952-16)
라	
람다 센서	(SD313-15)
래치 & 씬치 #1	(SD952-20)
래치 & 씬치 #2	(SD952-20)
래치 스위치 LH	(SD952-14)
래치 스위치 RH	(SD952-16)
러기지 램프	(SD929-3)
레오스탯	(SD941-1)
레인 센서	(SD981-2)
레일 압력 센서	(SD313-16)
레일 압력 조절 밸브	(SD313-15)
루프 안테나	(SD961-1)/(SD961-3)/(SD969-2)

명칭	회로도
리어 디포거(-)	(SD879-1)
리어 디포거(+)	(SD879-1)
리어 룸 램프	(SD929-4)
리어 모드 액추에이터	(SD971-4)/(SD971-14)/(SD971-16)
리어 무드 룸 램프	(SD929-4)/(SD929-5)
리어 블로어 모터	(SD971-1)/(SD971-11)
리어 사이드 충돌 감지 센서 LH	(SD569-3)/(SD569-5)
리어 사이드 충돌 감지 센서 RH	(SD569-3)/(SD569-5)
리어 센터 스피커	(SD961-7)/(SD969-7)
리어 스피커 LH (롱바디/숏바디)	(SD961-2)
리어 스피커 LH (JBL)	(SD961-5)/(SD961-7)/(SD969-5)/(SD969-7)
리어 스피커 RH (롱바디/숏바디)	(SD961-2)
리어 스피커 RH (JBL)	(SD961-5)/(SD961-7)/(SD969-5)/(SD969-7)
리어 에어컨 컨트롤 스위치	(SD971-3)/(SD971-13)
리어 온도 조절 액추에이터	(SD971-4)/(SD971-14)/(SD971-16)
리어 와이퍼 모터	(SD981-3)
리어 커튼 에어백 LH	(SD569-3)
리어 커튼 에어백 RH	(SD569-3)
리어 콤비네이션 램프 LH	(SD925-2)/(SD926-1)/(SD926-2)/(SD927-2) (SD928-1)
리어 콤비네이션 램프 RH	(SD925-2)/(SD926-1)/(SD926-2)/(SD927-2) (SD928-1)
리어 파워 아웃렛 LH	(SD818-1)/(SD945-1)
리어 파워 아웃렛 RH	(SD818-1)/(SD945-1)
리어 휠 센서 LH	(SD587-1)/(SD588-1)
리어 휠 센서 RH	(SD587-1)/(SD588-1)
리어 FET (Field Effect Transistor)	(SD971-1)/(SD971-11)
마	
맵 램프	(SD929-1)
메스 에어 플로우 센서	(SD313-16)
모드 액추에이터 (매뉴얼 에어컨)	(SD971-12)
미디어 모듈	(SD969-4)
미디어 잭	(SD961-1)/(SD961-3)/(SD969-4)
바	
방향등 LH	(SD925-2)/(SD928-1)
방향등 RH	(SD925-2)/(SD928-1)
배기 가스 온도 센서	(SD313-18)

명칭	회로도
배터리 센서	(SD373-1)/(SD373-2)
버티칼 레지스터	(SD200-2)
번호판 등	(SD928-1)
보조 정지등	(SD927-2)
부스터 압력 센서	(SD313-16)
브레이크 오일 레벨 센서	(SD940-2)
브레이크 페달 포지션 센서	(SD877-1)
블로어 레지스터(매뉴얼 에어컨)	(SD971-11)
비디오 잭	(SD961-6)/(SD969-1)/(SD969-6)
사	
사이드 리피터 램프 LH	(SD925-2)
사이드 리피터 램프 RH	(SD925-2)
산소 센서 #1 (B1/S1)	(SD313-4)
산소 센서 #2 (B2/S1)	(SD313-4)
산소 센서 #3 (B1/S2)	(SD313-4)
산소 센서 #4 (B2/S2)	(SD313-4)
선루프 모듈	(SD816-1)
센터 룸 램프	(SD929-4)/(SD929-5)
센터 무드 룸 램프	(SD929-4)
숏 안테나	(SD961-1)/(SD961-3)/(SD969-2)
수온 센서 (오토 에어컨)	(SD971-2)
스타트 모터	(SD360-1)/(SD360-2)
스타트 솔레노이드	(SD360-1)/(SD360-2)
스텝 램프 LH	(SD929-3)
스텝 램프 RH	(SD929-3)
스티어링 앵글 센서	(SD588-2)
스티어링 휠 열선	(SD879-4)
스티어링 휠 열선 스위치	(SD879-4)
슬라이딩 도어 록 액추에이터 LH	(SD813-2)/(SD813-3)/(SD814-2)
슬라이딩 도어 록 액추에이터 RH	(SD813-2)/(SD813-3)/(SD814-2)
슬라이딩 도어 스위치 LH	(SD929-3)/(SD952-14)
슬라이딩 도어 스위치 RH	(SD929-3)
슬라이딩 도어 스피커 LH	(SD961-7)/(SD969-7)
슬라이딩 도어 스피커 RH	(SD961-7)/(SD969-7)
슬라이딩 도어 파워 윈도우 모터 LH	(SD824-3)
슬라이딩 도어 파워 윈도우 모터 RH	(SD824-3)
슬라이딩 도어 파워 윈도우 스위치 LH	(SD824-2)/(SD952-14)
슬라이딩 도어 파워 윈도우 스위치 RH	(SD824-2)/(SD952-16)

명칭	회로도
시가 라이터 & 파워 아웃렛	(SD945-1)
시트 리프트 릴레이	(SD818-1)
시트 리프트 모터	(SD818-1)
시트 벨트 스위치	(SD569-4)
실내 감광 미러	(SD851-1)/(SD851-2)
실내 릴레이 박스	(SD452-1)/(SD889-1)/(SD889-2)/(SD971-1) (SD971-11)
실내 온도 센서	(SD971-5)/(SD971-7)
실외 온도 센서 #1	(SD971-4)
실외 온도 센서 #2	(SD942-1)
써모 스위치	(SD361-1)
아	
안개등 LH	(SD924-1)
안개등 RH	(SD924-1)
안티 핀치 LH	(SD952-14)
안티 핀치 RH	(SD952-16)
알터네이터	(SD373-1)/(SD373-2)
앞 유리 열선	(SD879-2)
앞 유리 열선 스위치	(SD879-2)
앰프	(SD961-4)/(SD961-5)/(SD961-7)/(SD969-2) (SD969-5)/(SD969-7)
어드저스트 페달 릴레이	(SD952-4)
어드저스트 페달 모터	(SD877-1)/(SD952-4)
어드저스트 페달 스위치	(SD877-1)/(SD952-4)
에어 컨트롤 밸브	(SD313-18)
에어백 컨트롤 모듈	(SD569-1)/(SD569-2)/(SD569-3)/(SD569-4) (SD569-5)
에어컨 압력 변환기	(SD313-4)/(SD313-18)
에어컨 컨트롤 모듈(오토)	(SD971-1)/(SD971-2)/(SD971-3)/(SD971-4) (SD971-5)/(SD971-6)/(SD971-7)
에어컨 컨트롤 모듈(매뉴얼)	(SD971-11)/(SD971-12)/(SD971-13)/(SD971-14) (SD971-15)/(SD971-16)
에어컨 컴프레서	(SD971-5)/(SD971-7)/(SD971-14)/(SD971-14)
엑셀 페달 포지션 센서	(SD313-4)/(SD313-16)
연료 센더 & 연료 펌프 모터	(SD313-3)/(SD313-15)/(SD940-4)
연료 압력 조절 밸브	(SD313-18)
연료 온도 센서	(SD313-16)
연료 주입구 스위치	(SD812-1)

명칭	회로도
연료 주입구 액추에이터	(SD812-1)
연료 주입구 열림 감지 스위치	(SD952-14)
연료 탱크 압력 센서 (G6DC)	(SD313-4)
연료 필터 수분 경고 센서 (D4HB)	(SD313-17)
연료 필터 히터 (D4HB)	(SD361-1)
연료 필터 히터 릴레이 (D4HB)	(SD361-1)
오디오	(SD961-1)/(SD961-2)/(SD961-3)/(SD961-4) (SD961-6)
오버 헤드 콘솔	(SD816-1)/(SD929-1)/(SD952-13)/(SD952-15) (SD952-19)
오일 압력 스위치	(SD940-2)
오일 온도 센서	(SD313-6)
오일 컨트롤 밸브 #1 (배기)	(SD313-3)
오일 컨트롤 밸브 #1 (흡기)	(SD313-3)
오일 컨트롤 밸브 #2 (배기)	(SD313-3)
오일 컨트롤 밸브 #2 (흡기)	(SD313-3)
오토 라이트 & 포토 센서	(SD951-1)/(SD971-5)/(SD971-7)
오토 컷 릴레이	(SD929-1)
와셔 모터	(SD981-1)/(SD981-2)
요 (YAW) 레이트 센서	(SD588-2)
우퍼 스피커	(SD961-5)/(SD969-5)
운전석 도어 램프	(SD929-2)
운전석 도어 록 액추에이터	(SD813-1)/(SD814-1)
운전석 도어 모듈	(SD952-11)
운전석 도어 스위치	(SD929-2)
운전석 도어 스피커	(SD961-2)/(SD961-5)/(SD961-7)/(SD969-5) (SD969-7)
운전석 도어 키 스위치	(SD813-1)
운전석 뒤 높낮이 조절 모터	(SD877-2)/(SD880-1)
운전석 등받이 조절 모터	(SD877-2)/(SD880-1)
운전석 모드 액추에이터 (오토 에어컨)	(SD971-2)
운전석 사이드 에어백	(SD569-3)/(SD569-5)
운전석 사이드 충돌 감지 센서	(SD569-3)/(SD569-5)
운전석 세이프티 파워 윈도우 모터	(SD824-1)
운전석 슬라이드 리미트 스위치	(SD877-2)
운전석 슬라이드 모터	(SD877-2)/(SD880-1)
운전석 시트 벨트 버클 센서 & 스위치	(SD569-2)
운전석 시트 벨트 프리텐셔너	(SD569-3)/(SD969-5)
운전석 시트 위치 센서 (G6DC)	(SD569-2)

명칭	회로도
운전석 시트 히터 스위치	(SD889-1)/(SD889-2)
운전석 앵커 프리텐셔너	(SD569-5)
운전석 에어백	(SD569-1)/(SD569-4)
운전석 온도 조절 액추에이터	(SD971-2)/(SD971-12)
운전석 전방 충돌 감지 센서	(SD569-1)/(SD569-4)
운전석 커튼 에어백	(SD569-3)/(SD569-5)
운전석 쿠션 히터	(SD889-1)/(SD889-2)
운전석 트위터 스피커	(SD961-2)/(SD961-5)/(SD961-7)/(SD969-5) (SD969-7)
운전석 파워 시트 모듈	(SD877-1)/(SD877-2)/(SD880-1)
운전석 파워 시트 스위치	(SD877-3)/(SD880-1)
운전석 파워 아웃사이드 미러	(SD876-1)/(SD876-2)/(SD878-1)/(SD878-2) (SD879-1)/(SD925-2)
운전석 파워 윈도우 모터	(SD824-1)
운전석 화장등	(SD929-1)
이그니션 록 스위치 (M/T)	(SD313-18)/(SD360-2)
이그니션 스위치	(SD110-7)
이그니션 코일 #1	(SD313-5)
이그니션 코일 #2	(SD313-5)
이그니션 코일 #3	(SD313-5)
이그니션 코일 #4	(SD313-5)
이그니션 코일 #5	(SD313-5)
이그니션 코일 #6	(SD313-5)
이그니션 키 조명등 & 도어 워닝 스위치	(SD952-3)
이모빌라이저 모듈	(SD200-1)/(SD954-1)
이베퍼레이터 온도 센서	(SD971-2)/(SD971-12)
이온 발생기	(SD971-2)
인젝터 #1	(SD313-5)/(SD313-18)
인젝터 #2	(SD313-5)/(SD313-18)
인젝터 #3	(SD313-5)/(SD313-18)
인젝터 #4	(SD313-5)/(SD313-18)
인젝터 #5	(SD313-5)
인젝터 #6	(SD313-5)
인테이크 액추에이터	(SD971-2)/(SD971-12)
인히비터 스위치	(SD450-1)/(SD450-3)
자	
자기 진단 점검 단자	(SD200-1)
전자식 VGT 액추에이터	(SD313-15)

명칭	회로도
전조등 LH	(SD921-1)/(SD951-1)
전조등 RH	(SD921-1)/(SD951-1)
정지등 릴레이	(SD927-1)
정지등 스위치	(SD927-1)
중립 스위치 (M/T)	(SD313-17)/(SD952-13)/(SD952-15)/(SD952-19)
카	
캐니스터 클로즈 밸브	(SD313-3)
캐니스터 퍼지 컨트롤 솔레노이드 밸브	(SD313-3)
캠샤프트 포지션 센서	(SD313-16)
캠샤프트 포지션 센서 #1 (배기)	(SD313-6)
캠샤프트 포지션 센서 #1 (흡기)	(SD313-6)
캠샤프트 포지션 센서 #2 (배기)	(SD313-6)
캠샤프트 포지션 센서 #2 (흡기)	(SD313-6)
콘덴서 #1	(SD313-5)
콘덴서 #2	(SD313-5)
콘덴서 팬 모터 (D4HB)	(SD253-2)
쿼터 글라스 모터 LH	(SD824-4)
쿼터 글라스 모터 RH	(SD824-4)
쿼터 글라스 스위치 LH	(SD824-2)
쿼터 글라스 스위치 RH	(SD824-2)
크랭크샤프트 포지션 센서	(SD313-6)/(SD313-16)
키 인터 록 솔레노이드 (G6DC)	(SD452-1)
타	
테일 게이트 록 액추에이터	(SD813-2)/(SD813-3)/(SD814-2)
테일 게이트 스위치	(SD929-3)
튜너 모듈	(SD969-2)
트립 컴퓨터	(SD942-1)
파	
파워 스티어링 스위치	(SD313-8)
파워 슬라이딩 도어 모듈 LH	(SD952-13)/(SD952-14)
파워 슬라이딩 도어 모듈 RH	(SD952-15)/(SD952-16)
파워 슬라이딩 도어 모터 LH	(SD952-14)
파워 슬라이딩 도어 모터 RH	(SD952-16)
파워 슬라이딩 도어 옵티컬 센서 LH	(SD952-14)
파워 슬라이딩 도어 옵티컬 센서 RH	(SD952-16)
파워 슬라이딩 도어 워닝 부저 LH	(SD952-14)

부품 인덱스 (5)

명칭	회로도
파워 슬라이딩 도어 워닝 부저 RH	(SD952-16)
파워 슬라이딩 도어 클러치 LH	(SD952-14)
파워 슬라이딩 도어 클러치 RH	(SD952-16)
파워 아웃사이드 미러 스위치	(SD876-1)/(SD876-2)/(SD878-1)/(SD878-2)
파워 테일 게이트 모듈	(SD952-19)/(SD952-20)
파워 테일 게이트 모터	(SD952-20)
파워 테일 게이트 옵티컬 센서	(SD952-20)
파워 테일 게이트 워닝 부저	(SD952-20)
파워 테일 게이트 ON/OFF 스위치	(SD952-20)
파킹 브레이크 스위치	(SD588-2)/(SD940-2)
프런트 블로어 모터	(SD971-1)/(SD971-11)
프런트 센터 스피커	(SD961-5)/(SD969-5)
프런트 와이퍼 모터	(SD981-1)/(SD981-2)
프런트 휠 센서 LH	(SD587-1)/(SD588-1)
프런트 휠 센서 RH	(SD587-1)/(SD588-1)
프런트 FET (Field Effect Transistor)	(SD971-1)
핀치 스위치 LH	(SD952-20)
핀치 스위치 RH	(SD952-20)

하

명칭	회로도
핸즈프리 마이크	(SD961-1)/(SD961-3)
후방 주차 보조 경고 부저	(SD957-1)
후방 주차 보조 센서 CTR	(SD957-1)
후방 주차 보조 센서 LH	(SD957-1)
후방 주차 보조 센서 RH	(SD957-1)
후방 주차 보조 컨트롤 모듈	(SD957-1)
후방 카메라	(SD851-2)/(SD961-4)/(SD969-3)
후진등 스위치 (M/T)	(SD926-2)
휠체어 리프트 릴레이	(SD818-1)
휠체어 리프트 모터	(SD818-1)
흡기 온도 센서	(SD313-16)

기타

명칭	회로도
A/V 헤드 모듈	(SD969-1)/(SD969-2)/(SD969-3)/(SD969-4) (SD969-6)
ABS 컨트롤 모듈	(SD587-1)/(SD587-2)
ATM 레버 스위치	(SD450-1)/(SD450-3)/(SD452-1)/(SD452-2)
ATM 솔레노이드	(SD450-1)/(SD450-3)
DPF 차압 센서	(SD313-16)
ECM (D6HB)	(SD313-15)/(SD313-16)/(SD313-17)/(SD313-18) (SD313-19)
ECO 스위치	(SD940-4)
EGR 액추에이터	(SD313-18)
EGR 쿨링 바이패스 솔레노이드 밸브	(SD313-15)
ETC 모터 & 스로틀 포지션 센서	(SD313-4)
MAP 센서	(SD313-6)
OC 센서 (G6DC)	(SD569-2)
PCM (G6DC)	(SD313-3)/(SD313-4)/(SD313-5)/(SD313-6) (SD313-7)/(SD313-8)
PTC 히터	(SD971-6)/(SD971-15)
PTC 히터 릴레이 #1	(SD971-6)/(SD971-15)
PTC 히터 릴레이 #2	(SD971-6)/(SD971-15)
PTC 히터 릴레이 #3	(SD971-6)/(SD971-15)
RSE 모듈	(SD961-6)/(SD969-6)
TCM (D4HB)	(SD450-3)
VDC 모듈	(SD588-1)/(SD588-2)/(SD588-3)
VDC OFF 스위치	(SD588-1)
VRS 모터	(SD565-1)
VRS 스위치	(SD565-1)
VRS 컨트롤 모듈	(SD565-1)

현대자동차 지침서(Ⅰ)

승 용

※ 참고 : 아래 정가는 원자재의 상승 등으로 변동될 수 있음, 또한 절판된 매뉴얼은 주문 제작도 가능함

도 서 명		정 가	도 서 명		정 가	도 서 명		정 가
베르나	엔진·섀시(2002)	21,000	EF쏘나타	엔 진('98)	10,500	제네시스	엔 진(2008)	38,000
	전기회로도(2002)	5,500		섀 시('98)	20,500		섀 시(2008)	41,000
	전장회로도(2004)	5,100		전기회로집('98)	9,500		바 디(2008)	35,500
NEW 베르나	엔 진(2006)	35,700		정비지침서(2001)	8,000		전장회로도(2008)	12,500
	섀 시(2006)	42,500		전기회로집(2001)	8,000	제네시스(DH)	정비(1편)(2014)	22,500
	전장회로도(2006)	10,500		전장회로집(2003)	12,500		정비(2편)(2014)	45,000
아토스	정비지침서(2001)	18,000	NF쏘나타	엔 진(2005)	22,000		전장회로도(2014)	20,000
	전기회로집(2001)	5,500		섀 시(2005)	28,000	제네시스 쿠페	엔 진(2009)	29,500
클 릭	정비지침서(2002)	30,000		전장회로도(2005)	8,000		엔진•변속기(2009)	41,000
	전장회로도(2002)	5,000		정비(LPI보충판)(2005)	11,500		바 디(2009)	35,000
NEW 클릭	정비지침서(2006)	18,400		전장(보충)(2005)	10,000		전장회로도(2009)	13,000
	전장회로도(2006)	8,500		정비보충판(2005)	27,000			
	정비보충판(D4FA-디젤 1.5)	22,000		정비보충판(2007)	23,000			
라비타	정비지침서(2002)	21,000		정비보충판(2008)	52,000			
	전기회로집(2002)	7,000	YF쏘나타	정비지침서(2010)	51,000			
	전장회로도(2003)	4,900		전장회로도(2010)	15,000	에쿠스	엔 진('99)	10,500
투스카니	정비지침서(2001)	23,500	YF쏘나타 하이브리드	정비지침서(2012)	70,000		섀 시('99)	22,000
	전기회로집(2001)	7,000		전장회로도(2012)	18,000		전기회로집('99)	11,500
	정비지침서(2005)	20,000	YF쏘나타(LPI)	정비지침서(2013)	23,000		전기회로집(2000)	14,000
	전장회로도(2005)	4,800		전장회로도(2013)	19,000		정비지침서(2001)	7,500
	정비지침서(2007)	28,000	LF쏘나타	정비(1편)(2015)	59,500		정비지침서(2004)	11,000
벨로스터	정비지침서(보충판)(2012)	39,000		정비(2편)(2015)	44,000		전장회로도(2004)	8,200
	전장회로도(2012))	16,000		전장회로도(2015)	19,500		정비보충판(2005)	28,000
엑센트	엔 진(2011)	34,000	LF쏘나타 하이브리드	정비(1편)(2014)	31,000		전장회로도(2005)	8,000
	섀 시(2011)	21,000		정비(2편)(2014)	44,000		정비보충판(2007)	12,500
	전장회로도(2011)	19,000		전장회로도(2015)	22,000	뉴에쿠스	엔진1편(2009)	45,000
	전장회로도(2013)	16,000					엔진2편(2009)	50,000
i30	엔 진(2008)	36,500	그랜저XG	엔 진('98)	10,500		섀 시(2009)	44,000
	섀 시(2008)	37,000		섀 시('98)	21,500		바 디(2009)	42,500
	전장회로도(2008)	11,500		전기회로도('98)	10,500		전장회로도(2010)	20,000
	정비보충판(2008)	22,000		정비지침서(2002)	27,000			
	전장회로도(2015)	20,000		전장회로도(2002)	9,000			
i40	엔진•변속기(2012)	32,000		전장회로도(2005)	11,000			
	섀 시(2012)	32,000	그랜저(TG)	엔 진(2005)	46,000			
	전장회로도(2012)	21,000		섀 시(2005)	39,500			
아반떼XD	정비지침서(2003)	36,000		전장회로도(2005)	10,700			
	전장회로도(2003)	6,300		보충정비(LPI)(2005)	20,500			
	전장회로도(2005)	6,000		정비보충판(2007)	28,500			
아반떼(디젤)	정비지침서(2005)	24,500		전장회로도(2008)	19,000			
NEW 아반떼 (HD)	가솔린 엔진(2007)	41,000		엔 진(2009)	41,500			
	섀 시(2007)	36,500		엔진변속기(2009)	48,000			
	전장회로도(2007)	9,000		전장회로도(2009)	18,000			
	엔진(2007)	21,500	그랜저(HG)	엔 진(2011)	26,000			
	정비보충판(2010)	36,500		섀 시(2011)	33,000			
아반떼XD 하이브리드 LPI	전장회로도(2010)	12,000		전장회로도(2011)	26,000			
	정비지침서(2011)	51,000		전장회로도(2015)	23,000			
아반떼(MD)	전장회로도(2011)	18,000	그랜저(HG) 하이브리드	정비지침서1편(2014)	27,000			
	전장회로도(2013)	21,000		정비지침서2편(2014)	40,000			
				전장회로도(2014)	11,000			

현대자동차 지침서(Ⅱ)

※ 참고 : 아래 정가는 원자재의 상승 등으로 변동될 수 있음, 또한 절판된 매뉴얼은 주문 제작도 가능함

RV

도서명		정가	도서명		정가	도서명		정가
싼타모	엔 진('99)	12,000	투 싼	엔 진(2004)	13,500			
	샤 시('99)	19,000		샤 시(2004)	36,000			
	보디&전장('99)	14,000		전장회로도(2004)	8,000			
갤로퍼(Ⅱ)	엔 진('99)	11,500		정비보충판(2005)	14,000			
	샤 시('99)	15,000		전장회로도(2005)	8,000			
	보디&전장('99)	21,000		정비보충판(2007)	12,000			
대·C,(LPG V6엔진)	정비지침서(2002)	22,500	투 싼(ix)	정비지침서(2010)	46,000			
	전장회로도(2002)	4,500		전장회로도(2010)	14,000			
테라칸	정비지침서(2001)	27,000		전장보충판(2014)	13,500			
대·C,(LPG V6엔진)	전기회로집(2001)	7,500	싼타페	정비지침서(2000)	34,000			
대·C	J3엔진(2.9TCI)(2001)	7,000		전기배선도(2000)	13,500			
	전장회로도(2003)	10,000		전장회로도(2002)	9,000			
	정비지침서(2004)	5,000		전장회로도(2003)	6,000			
	전장회로도(2004)	4,500	*NEW* 싼타페	엔 진(2006)	21,100			
베라크루즈	엔진 · 변속기(2007)	34,000		샤 시(2006)	45,000			
	샤 시(2007)	37,000		전장회로도(2006)	8,800			
	전장회로도(2007)	10,500		정비보충판(2007)	27,000			
	정비보충판(2007)	28,500		전장회로도(2012)	14,000			
포 터	정비지침서('96)	20,000	싼타페	정비(1편)(2013)	49,500			
	전장회로도(2001)	6,500		정비(2편)(2013)	13,000			
포 터(Ⅱ)	정비지침서(2004)	41,000		전장회로도(2013)	16,000			
	전장회로도(2004)	6,500						
	정비보충판(2008)	18,500						
	전장회로도(2008)	6,500						
	정비보충판(2012)	38,000						
	전장회로도(2012)	8,000						
	전장회로도(2014)	6,500						
리베로	정비지침서(2000)	25,000						
	전기배선도(2000)	10,000						
	정비지침서(2002)	19,500						
대,(VE, 루카스)	전장회로도(2002)	5,000						
트라제XG	정비지침서('99)	26,000						
	전기회로집('99)	12,000						
	전장회로도(2002)	7,000						
	정비지침서(2004)	10,500						
	전장회로도(2004)	6,000						
	전장회로도(2006)	8,500						
스타렉스	엔 진('97)	10,500						
	샤 시('97)	18,000						
	전기회로도(2000)	8,000						
	정비지침서(2001)	24,000						
(LPG V6엔진)	전기회로집(2001)	8,000						
	D4CB엔진(2002)	5,000						
	정비지침서(2004)	11,500						
	전장회로도(2004)	5,500						
그랜드스타렉스	엔 진(2007)	23,500						
	샤 시(2007)	35,500						
	전장회로도(2007)	8,500						
	정비보충판(2009)	22,500						

현대자동차 지침서(Ⅲ)

※ 참고 : 아래 정가는 원자재의 상승 등으로 변동될 수 있음, 또한 절판된 매뉴얼은 주문 제작도 가능함

상 용

도서명		정가
카운티	엔 진('98)	9,000
	섀 시('98)	18,500
	전장회로도(2002)	8,000
마이티(3.5톤)	정비지침서('93)	20,500
마이티(Ⅱ)	엔 진('98)	9,000
	섀 시('98)	9,000
코러스	정비지침서('93)	18,000
현대4.5/5톤트럭	정비지침서('93)	12,500
슈퍼5톤트럭	정비지침서('98)	18,000
	전기회로집(2001)	8,000
S-2000자동변속기	정비지침서(2002)	12,500
슈퍼트럭	섀 시(2001)	21,000
	섀 시(2003)	21,500
슈퍼트럭파워텍	전장회로도(2002)	15,000
대형트럭·특장차	섀 시('93)	16,500
25톤트럭	정비지침서('96)	14,000
에어로버스	섀시1편(2000)	29,000
	섀시2편(2000)	29,000
	전기회로집(2000)	18,000
에어로퀸, 익스프레스, 에어로스페이스	정비지침서(2003)	37,000
슈퍼에어로시티	정비지침서(2000)	16,500
	전기회로집(2001)	5,500
	정비지침서(2003)	17,500
	정비지침서(2004)	7,600
에어로타운	정비지침서(2001)	15,500
D6디젤(엔진)	정비지침서('93)	8,000
D8디젤(엔진)	정비지침서('96)	8,500
V8디젤(엔진)	정비지침서('93)	8,500
D6CA(엔진)	정비지침서(2001) (16톤, 19톤, 19.5톤) 켸	8,000
D6AB/C(엔진)	정비지침서(2001) (8톤카고, 8.5톤, 9.5톤, 11톤, 11.5톤, 14톤, 16톤)	14,000
D6DA(엔진)	정비지침서(2002) (5톤, 8.5톤, 에어로타운)	8,000
C6DA	정비지침서(2004)	8,000
글로버900CNG	전장회로도(2004)	5,500
덤프, 트랙터, 믹서	정비지침서(2004)	23,100
현대 상용차	전기회로도('93)	11,000
e마이티·마이티Qt	정비지침서(2004)	14,000
	전장회로도(2004)	5,400
e카운티	정비지침서(2004)	18,000
	전장회로도(2004)	5,300
e카운티	정비지침서(2012)	30,500
	전장회로도(2012)	8,000
에어로퀸, 익스프레스, 에어로스페이스	정비지침서(2004)	10,400
	전장회로도(2004)	7,000
메가트럭	정비지침서(2004)	14,500
	전장회로도(2004)	6,000

도서명		정가
D6CB(엔진)	정비지침서(2004)	6,100
	정비지침서(2007)	7,000
e에어로타운	정비지침서(2004)	10,000
D4DD	엔 진(2004)	8,000
슈퍼에어로시티	정비지침서(2005)	5,800
	전장회로도(2005)	4,200
뉴파워트럭	전장회로도(2005)	6,000
e에어로타운	정비지침서(2006)	17,700
	전장회로도(2006)	5,500
메가트럭	전장회로도(2006)	6,200
	전장회로도(C6GA)(2010)	8,000
D6GA	엔진(2008)	19,500
	정비지침서(2011)	28,000
D6AB/D6AC	엔진고장진단(2005)	13,000
트라고/뉴파워트럭	정비(보충판)(2008)	19,000
트라고	섀 시(2007)	36,000
	전장회로도(2007)	15,000
	전장회로도(2008)	15,000
e마이티·마이티Qt	정비지침서섀시(2008)	25,000
	정비지침서(2008)	7,500
뉴파워트럭(보충판)	정비지침서(2004)	19,500
	전장회로도(2004)	7,500
메가트럭	정비지침서(2011)	28,000
	전장회로도(2010)	8,000
	전장회로도(2011)	13,000

도서명		정가

기아자동차 지침서(Ⅰ)

※ 참고 : 아래 정가는 원자재의 상승 등으로 변동될 수 있음, 또한 절판된 매뉴얼은 주문 제작도 가능함

구분	승용차·RV·상용차		구분	승용차·RV·상용차	
차 종	도 서 명	정 가	차 종	도 서 명	정 가
카렌스(Ⅱ)	정비지침서(XTREK 공용)(2002)	42,000	쎄라토	엔 진(2004)	19,600
	전장회로도(2002)	10,500		섀 시(2004)	32,500
	정비지침서 보충판(2002)	5,100		전장회로도(2004)	6,700
	정비지침서 / 전장회로도(2004)	18,900		정비지침서(1.5디젤 보충판)(2005)	29,000
카렌스(Ⅱ)/XTREK	전장회로도(2004)	7,100		전장회로도(2007)	10,000
카니발(Ⅱ)	정비지침서(2001)	28,000	모 닝	정비지침서(2004)	33,800
	전기배선도(2001)	8,400		전장회로도(2004)	5,900
	LPG전기배선도(2001)	8,400		정비지침서(보충판)(2007)	15,000
	정비지침서(보충판)(2002)	14,000		정비지침서(보충판)(2008)	35,000
	전장회로도(2003)	9,300	스포티지	엔 진(2004)	36,200
	전장회로도(2004)	9,000		섀 시(2004)	43,000
쏘렌토	정비지침서(2002)	26,000		전장회로도(2004)	11,500
	전장회로도(2002)	7,400		정비지침서(보충판)(2007)	12,500
	정비지침서(보충판)(2002)	7,000	프라이드	엔 진(2005)	21,500
	전장회로도(가솔린)(2002)	5,500		섀 시(2005)	35,000
	전장회로도(2004)	7,700		전장회로도(2005)	6,800
	정비지침서(보충판)(2004)	7,900		정비지침서(1.5디젤 보충판)(2005)	33,000
	정비/전장회로도(보충판)(2005)	25,000		전장보충판(D4FA-디젤1.5, 5도어)(2005)	5,000
	전장회로도(2006)	9,000		정비지침서(보충판)(2007)	20,000
	정비지침서(보충판)(2007)	22,000	그랜드카니발	엔 진(2006)	22,000
쏘렌토*R*	엔 진(2009)	27,500		섀 시(2006)	41,000
	섀 시(2009)	30,000		전장회로도(2006)	10,400
	전장회로도(2009)	13,000		정비지침서(보충판)(2006)	19,000
포르테	엔 진(2009)	35,000		정비지침서(보충판)(2007)	19,500
	섀 시(2009)	43,500		정비지침서(보충판)(2008)	27,000
	전장회로도(2009)	10,000	로 체	엔 진(2006)	27,800
포르테 하이브리드 LPI	정비지침서(2010)	34,000		섀 시(2006)	52,500
	전장회로도(2010)	8,000		전장회로도(2006)	9,000
쏘울	엔 진(2009)	38,500		정비지침서(보충판)(2008)	21,000
	섀 시(2009)	40,000	*NEW*로체	엔 진(2009)	31,500
	전장회로도(2009)	10,000		섀 시(2009)	30,500
*K3*정비지침서	정비지침서(2013)	55,000		전장회로도(2009)	9,500
	전장회로도(2013)	20,000	*NEW*오피러스	엔 진(2006)	40,000
K5	엔 진(2010)	39,000		섀 시(2006)	50,500
	섀 시(2010)	28,000		전장회로도(2006)	13,500
	전장회로도(2010)	18,000	*NEW*카렌스(Ⅱ)	엔 진(2006)	48,000
*K5*하이브리드	정비지침서(2012)	72,000		섀 시(2006)	44,000
	전장회로도(2012)	18,000		전장회로도(2006)	8,500
K7	엔 진(2010)	32,500	모하비	엔 진(2008)	32,500
	섀 시(2010)	30,500		섀 시(2008)	42,000
	전장회로도(2010)	22,500		전장회로도(2008)	12,500
K9	정비지침서Ⅰ편(2013)	57,000	모 닝(후속) (근간출간예정)	정비지침서(2012)	32,000
	정비지침서Ⅱ편(2013)	15,000		전장회로도(2012)	18,000
	전장회도도(2013)	29,000			

기아자동차 지침서(Ⅱ)

※ 참고 : 아래 정가는 원자재의 상승 등으로 변동될 수 있음, 또한 절판된 매뉴얼은 주문 제작도 가능함

승용차

차 종	도 서 명	정 가
승용·RV·상용차		
프레지오	정비지침서(전기포함)('95)	27,000
	정비지침서(2001)	15,000
봉고프론티어	정비지침서('97)	18,000
	정비지침서(2000전장 첨부)(2001)	17,700
봉고(Ⅲ)1톤	정비지침서(2004)	37,000
	전장회로도(2004)	6,000
봉고(Ⅲ)코치	정비지침서(2004)	30,700
	전장회로도(2004)	5,900
봉고(Ⅲ)	정비지침서(1톤,1.4톤 전장포함)(2004)	12,400
	정비지침서(보충판)(2008)	16,500
	전장회로도(2008)	6,000
프런티어	2.5톤 정비지침서('97)	15,500
	정비지침서(1.3톤, 2.5톤, 전장회로도 수록)('97)	14,000
타우너	정비지침서(전기배선도 첨부)(2001)	16,000
파맥스	2.5톤/3.5톤 정비지침서(2001)	22,000
라이노	정비지침서(2001)	13,000
봉고프런티어	정비지침서('97)	12,000
	전기배선도('97)	6,000
프런티어	전기배선도('97)	6,000
레토나	엔 진('97)	15,000
	섀시·전기배선도(보충판 첨부)('97)	17,000

전 차 종

차 종	도 서 명	정 가
승용·RV·상용차		
아벨라	정비지침서('97)	18,000
	바디수리서('97)	5,000
	전기배선도('97)	6,500
포텐샤	정비지침서('97)	16,000
	전기배선도('97)	10,000
크레도스	정비지침서('97)	20,000
세피아(Ⅱ)	정비지침서('97)	14,000
	전기배선도('97)	6,000
엔터프라이즈	정비지침서('97)	12,000
	전기배선도('97)	7,000
캐피탈	전기배선도('97)	10,000
콩코드	전기배선도('97)	6,000
카니발	정비지침서('97)	18,500
	전기장치(디젤)('97)	10,000
	LPG전기배선도('97)	9,000
	LPG추보판('97)	6,500
카렌스	정비지침서('97)	19,000
	전기배선도('97)	12,000
카스타	엔진·트랜스밋션('97)	18,000
	섀시·전기('97)	16,000
프레지오	정비지침서('97)	15,000
	전기배선도('97)	12,000
비 스 토	정비지침서(전기배선도)('97)	30,000
	정비지침서(2001)	24,000
	전기배선도(2001)	6,800
스펙트라	정비지침서(전기배선도)(2001)	29,000
스펙트라/스펙트라윙	전장회로도(정비·전장 포함)(2001 · 2003)	7,700
옵 티 마	정비지침서(2000)	21,000
	전기배선도(2000)	8,500
스포티지	전기배선도(2001)	7,000
카렌스	정비지침서(2001)	29,500
	전기회로도(2001)	9,200
옵티마리갈	정비지침서(보충판 포함)(2001)	40,500
	전장회로도(2001)	8,700
	전장회로도(보충판:LPG 포함)(2003)	16,000

제　　목 : **2013 그랜드카니발 전장회로도**
발행일자 : 2016년 11월 1일 발 행
저　　자 : 기아자동차(주) 해외서비스기술개발팀
발 행 인 : 김 길 현
발 행 처 : 도서출판 골든벨
서울시 용산구 원효로 245(원효로 1가 53-1)
등　　록 : 제 3-132호(1987. 12. 11)
대표전화 : 02) 713－4135 / FAX : 02) 718－5510
홈페이지 : http : //www.gbbook.co.FCCCCFCEkr
관련번호 : A4DE-KO34D
I S B N : 979-11-5806-173-9
정　　가 : 16,000원